Jahrbuch

der

Hafenbautechnischen Gesellschaft

Zwanzigster und einundzwanzigster Band

1950/51

Mit 4 Bildnissen
397 Abbildungen im Text
und auf 4 Tafeln

Springer-Verlag Berlin Heidelberg GmbH
1953

Ursprünglich erschienen bei Springer-Verlag OHG. Berlin/Göttingen/Heidelberg 1953
Softcover reprint of the hardcover 1st edition 1953

ISBN 978-3-642-45822-4 ISBN 978-3-642-45821-7 (eBook)
DOI 10.1007/978-3-642-45821-7

Inhaltsverzeichnis.

Verzeichnisse.

Ehrenmitglieder.

Am 22. September 1950 wurden anläßlich der 19. ordentlichen Hauptversammlung in Karlsruhe

Herr Ministerialdirektor i. R. Dr.-Ing. E. h. Gährs

in Anerkennung seiner Verdienste um die Gesellschaft und um den Bau leistungsfähiger See- und Binnenwasserstraßen zu den Häfen,

Herr Reg.-Baumeister a. D. Linsenhoff

Präsident der Arbeitsgemeinschaft der Bauindustrie in Anerkennung seiner Verdienste um die Gesellschaft und um die Weiterentwicklung der konstruktiven Gestaltung und Bauausführung von Seeschiffanlagen in den Seehäfen zu Ehrenmitgliedern der Gesellschaft ernannt.

Am 21. September 1951 wurde anläßlich der 20. ordentlichen Hauptversammlung in Bremen

Herr Baudirektor i. R. Wundram

in Anerkennung seiner Verdienste um die Gesellschaft während seiner langjährigen Tätigkeit als Vorsitzender des Ausschusses für Hafenumschlagtechnik sowie um die Entwicklung und die betrieblich wirtschaftliche Verwendung der Umschlaggeräte in den Häfen zum Ehrenmitglied der Gesellschaft ernannt.

Direktor Heinrich Krewinkel †.

Am 11. Juli 1951, kurz nach seinem 62. Geburtstage, starb Direktor Heinrich Krewinkel, der jahrelang innerhalb unseres Vorstandes das Amt des Schatzmeisters bekleidete. Seine lebensfrohe Art und seine innige Verbundenheit mit seiner ihn treu pflegenden Gattin und seinen Kindern ließen ihm das Sterben schwer werden, obgleich der Tod für ihn eine Erlösung von dem schweren Leiden der letzten Wochen bedeutete.

Schon früh kam er durch den ihm nahestehenden Mitbegründer unserer Gesellschaft, den Generaldirektor Dr.-Ing. e. h. Kauermann, mit der HTG in Berührung. Im Juli 1921 trat er der HTG als Mitglied bei und löste Herrn Dr. Kauermann, der 1934 aus gesundheitlichen Gründen das Amt des Schatzmeisters niederlegte, in diesem Amte ab. In diesen zwei Jahrzehnten hat Heinrich Krewinkel mit der ihm eigenen Energie, mit Geschick und Erfolg die Finanzgeschäfte der Gesellschaft geführt. Wenn regelmäßig das Standardwerk des Hafenbaues und Hafenbetriebes — das Jahrbuch der Hafenbautechnischen Gesellschaft — erscheinen konnte, so hat der Schatzmeister der Gesellschaft einen entscheidenden Anteil daran gehabt. Er sorgte dafür, daß die erheblichen Mittel für dieses Werk zur Verfügung standen. Als nach dem Kriege die Hafenbautechnische Gesellschaft ihre Arbeit wieder aufnahm, war es eine Selbstverständlichkeit, daß Direktor Krewinkel die Aufgaben des Schatzmeisters wieder in seine bewährte Hand nahm. Trotz der geldlichen Schwierigkeiten nach der Währungsreform gelang es ihm nach kurzer Zeit, die finanzielle Grundlage für das erste nach dem Kriege erschienene Jahrbuch zu sichern.

Heinrich Krewinkel wurde am 25. Juni 1889 zu Düsseldorf geboren. Seine erste kaufmännische Ausbildung erhielt er bei einem Düsseldorfer Röhrenwerk. Nachdem er seine kaufmännischen Kenntnisse bei anderen Industriewerken erweitern konnte, trat er 1915 bei der Firma Schieß AG., Düsseldorf ein und erhielt dort unter anderem den Auftrag, Verbesserungen in der Betriebsorganisation auszuarbeiten. Als Anerkennung für seine geschickte und erfolgreiche Tätigkeit wurde er 1923, also schon mit 34 Jahren, in den Vorstand dieser Firma berufen.

Am 1. Juli 1926 schied er aus diesem Unternehmen aus und gründete die Düsseldorfer Filiale der Deutschen Hollerith Maschinen GmbH., Berlin-Lichterfelde Ost (heute die „IBM. Deutschland", Internationale Büromaschinen GmbH., Stuttgart). Seinen großen Fähigkeiten auf dem Gebiete der Betriebsorganisation, seinem unermüdlichen Eifer und nicht minder seiner geschickten Verhandlungsgabe, verbunden mit seinem freundlichen und verbindlichen Wesen, gelang es, die Düsseldorfer Geschäftsstelle zu einer „Verkaufsdirektion Westdeutschland" zu machen, der die Geschäftsstellen Düsseldorf, Essen, Köln und Dortmund unterstellt waren. Wenn ein Direktor der amerikanischen Muttergesellschaft ihn als den Pionier für die Einführung dieser Spezial-Büromaschinen bezeichnete, so hat er die Tätigkeit Heinrich Krewinkels, der auch ein guter Kenner dieser komplizierten Maschinen war, richtig erkannt. Schwere Arbeit brachte der Wiederaufbau des durch den Krieg stark in Mitleidenschaft gezogenen Unternehmens. Das Bürogebäude in Düsseldorf war durch Bomben fast ganz zerstört. Mit rastlosem Eifer nahm er sich dieser Aufbauarbeit an. Bald waren neue Büroräume und damit die notwendige Grundlage geschaffen, das ins Stocken geratene Geschäft wieder hochzubringen. Die hiermit verbundenen seelischen und körperlichen Anspannungen haben seiner Gesundheit einen Stoß versetzt, von dem er sich trotz seiner wiederholten Kuren nicht mehr erholen konnte.

Um das Bild Heinrich Krewinkels zu vervollständigen, muß neben seiner ernsten und mühevollen geschäftlichen Aufbauarbeit auch die andere Seite des Lebens erwähnt werden. Wenn er als jüngerer Mann durch Wandern seine Liebe zur Natur zeigte, so hat er diese Freude an der Natur immer bewahrt, auch später, als ihn geschäftliche Aufgaben nicht mehr zum Wandern kommen ließen. Literarisch beschäftigte er sich gern mit alter und neuer Geschichte. Auch politische Fragen interessierten ihn. In den Stunden der Entspannung liebte er beim guten Tropfen Wein frohe Geselligkeit. Mit seiner rheinischen Fröhlichkeit und seinem Humor war er in Freundeskreisen sehr beliebt, nicht minder aber auch wegen seines ihm eigenen stets hilfsbereiten Wesens.

Ein großer Kreis von Freunden, mit ihnen die Hafenbautechnische Gesellschaft, trauern um den so früh Dahingegangenen, dem sie ein ehrendes Andenken bewahren.

Die Hafenbautechnische Gesellschaft 1950/51.

Die erste Nachkriegstagung im Jahre 1949 in Hamburg hatte in den Fachkreisen einen erfreulichen Widerhall gefunden und die dazu Berufenen in dem Willen und dem Mute bestärkt, organisatorisch, fachlich und wirtschaftlich wiederaufzubauen, was die HTG durch Krieg und Kriegsfolgen verloren hatte. Die Schwierigkeiten waren groß: Die darniederliegende Wirtschaft — einst ein großzügiger Förderer der HTG — wurde durch einschränkende Bestimmungen der Besatzungsmächte weiterhin vielfach in ihrem Bemühen behindert, Zusammenbruch und Demontagen zu überwinden. Aus staatlichen Kassen, die für wissenschaftliche und Forschungsinstitute des Staates selbst nicht die notwendigsten Mittel bereitstellen konnten, war eben nach der Währungsreform mit Unterstützung nicht zu rechnen. Vor allem war, da die HTG Werbung und Tätigkeit zunächst auf die deutschen See- und Binnenhäfen diesseits der Zonengrenze beschränken mußte, der Kreis der Hafenfachleute kleiner geworden; manche der aus der Heimat Vertriebenen oder aus der Laufbahn gedrängten Kollegen waren in eine andere übergewechselt oder ohne Stellung, die übrigen aber beruflich aufs äußerste eingespannt. Dennoch gelang es in verhältnismäßig kurzer Zeit, eine große Anzahl Mitglieder zu aktiver Mitarbeit zu gewinnen und der Gesellschaft wieder eine materielle Basis zu schaffen. Wenn auch mit der Herausgabe des 19. Bandes der Jahrbücher die verfügbaren Mittel nahezu erschöpft wurden, so konnte doch durch Zuwendungen der Förderer und Spenden anderer — wofür auch an dieser Stelle gedankt sei — in der Zwischenzeit die Finanzierung des 20. Bandes gesichert werden.

In dem vorliegenden Band wurde erstmalig davon abgesehen, die anläßlich der Hauptversammlungen gehaltenen Vorträge abzudrucken, um einerseits eine Überfüllung mit Themen von überwiegend örtlicher oder zeitbedingter Bedeutung zu vermeiden, andererseits Abhandlungen über aktuelle Probleme schneller der Fachwelt zugänglich zu machen. Sie wurden daher jeweils in dem Gesellschaftsorgan, der „Hansa“, veröffentlicht. Aus Ablauf und Vortragsprogramm der nunmehr wieder regelmäßig, und zwar abwechselnd in einem See- und einem Binnenhafen veranstalteten Tagungen läßt sich ebenso wie aus den jeweils erstatteten Tätigkeits- und Arbeitsberichten der Geschäftsführung und der Ausschüsse der Gang des Wiederaufbaus der HTG im einzelnen ablesen.

Die 19. ordentliche Hauptversammlung fand vom 21. bis 23. September 1950 in Karlsruhe statt und wurde von über 400 Teilnehmern besucht. Im Rahmen der Veranstaltungen bot sich Gelegenheit zur Besichtigung der städtischen Rheinhäfen, des Theodor-Rehbock-Flußbaulaboratoriums der Technischen Hochschule und der Bundesanstalt für Wasser-, Erd- und Grundbau sowie zu einer Fahrt durch das Murgtal über die Schwarzenbachtalsperre in den Hochschwarzwald. Anläßlich der Vortragsveranstaltung wurden folgende Themen behandelt[1]:

Hafendirektor Langfritz, Karlsruhe:

Anlagen und wirtschaftliche Bedeutung des Karlsruher Hafens.

Professor Dr.-Ing. Wittmann, Karlsruhe:

Häfen und Wasserstraßen am Oberrhein.

Direktor Hartwig, Mannheim:

Einfluß der Modernisierung der Verkehrsmittel auf die Gestaltung der Landanlagen in den Binnenhäfen.

Reg.-Baurat Finke, Duisburg-Ruhrort:

Neuartige Verankerungen von Stahlspundwänden durch horizontale Betonortpfähle mit verdicktem Pfahlfuß.

Im nächsten Jahre folgte die HTG einer Einladung des Senats der Hansestadt Bremen und des Magistrats der Stadt Bremerhaven. Die Zahl der Mitglieder und Gäste aus Wissenschaft und Verwaltung, der Bau- und Maschinenindustrie sowie der Hafenbenutzer des In- und Auslandes, die sich an den Veranstaltungen der 20. ordentlichen Hauptversammlung vom 20. bis 22. September 1951 beteiligten, war auf etwa 550 gestiegen. Hierbei wurden folgende Vorträge gehalten[2]:

---

[1] „Hansa“ 1950 Nr. 37, Hafenbautechnisches Heft Nr. 9 und Nr. 46/47, Hafenbautechnisches Heft Nr. 11.

[2] „Hansa“ 1951 Nr. 37/38, Hafenbautechnisches Heft Nr. 9 und Nr. 46/47, Hafenbautechnisches Heft Nr. 11.

Senator Harmssen, Bremen:

Die Seehäfen als Kraftzentren der Volkswirtschaft.

Richard Bertram, Bremen:

Schiffsgeschwindigkeiten und Liegezeiten in den Seehäfen.

Dr. Theel, Hamburg:

Die Bedeutung der Mineralölwirtschaft für die westdeutschen Seehäfen.

Oberregierungsbaurat Wegner, Hamburg:

Die Zufahrten für See- und Binnenschiffe zu den großen deutschen Nordseehäfen an Elbe, Weser, Ems.

Hafenbaudirektor Mühlradt, Hamburg und Dr.-Ing. Berghaus, Bremen:

Kranausrüstung von Stückguthäfen.

Die Tagung war mit einer Besichtigung des Hafens Bremen eingeleitet worden und schloß mit einer Weserfahrt entlang den Häfen von Elsfleth, Brake, Nordenham, Blexen nach Bremerhaven sowie der Besichtigung von Fischereihafen und Überseehafen dort.

Aus Anlaß der 19. und 20. Hauptversammlung wurde in Würdigung ihrer Verdienste um die Gesellschaft beim Wiederaufbau wie in der zurückliegenden Zeit

Herrn Ministerialdirektor Dr.-Ing. E. h. Gährs,
Herrn Regierungsbaumeister a. D. Linsenhoff,
Herrn Baudirektor i. R. Wundram

die Ehrenmitgliedschaft der HTG verliehen.

Indessen blieben der Gesellschaft in diesen Jahren des Wiederaufbaus Verluste nicht erspart. So riß der Tod eine schmerzliche Lücke in die Reihen der tätigsten Mitglieder, als der Schatzmeister, Herr Direktor Heinrich Krewinkel, am 11. Juli 1951 einem Herzleiden erlag. Ferner beklagt die Gesellschaft den Tod ihrer langjährigen Mitglieder,

des Herrn Reg.-Baudirektors Otto Treplin, Kiel (1950),
des Herrn Oberbaurat a. D. Arnold Hellmuth, Düsseldorf (1951),
des Herrn Ing. Friedrich Möller, Wilhelmshaven (1951).

Die Mitgliederbewegung nahm einen günstigen Verlauf, indem unermüdliche Werbung der Gesellschaft viele der früheren und zahlreiche neue Mitglieder zuführte. Betrug die Zahl z. Z. der Hamburger Tagung 1949 noch 313, so wies das Mitgliederverzeichnis vom 1. Mai 1951 einen Bestand von 416, das vom 1. Februar 1952 von 506 Mitgliedern aus.

Die von der ersten Mitgliederversammlung nach dem Kriege gebildeten Fachausschüsse nahmen alsbald ihre Arbeit mit der Sichtung der zahlreichen mit dem Wiederaufbau der Häfen verbundenen Probleme auf. Der Ausschuß für Hafenumschlagtechnik war wieder der bewährten Leitung von Herrn Baudirektor i. R. Wundram, Hamburg, übertragen, zum Vorsitzenden des Ausschusses zur Vereinfachung und Vereinheitlichung der Berechnung und Gestaltung von Ufereinfassungen war Herr Dr.-Ing. Lackner, Bremen, berufen worden. 1950 wurde auch der Ausschuß für Hafenverkehrswege neu ins Leben gerufen und mit dem Vorsitz Herr Hafendirektor Bumm, Duisburg-Ruhrort, betraut. Der 20. Hauptversammlung in Bremen konnte bereits eine Anzahl abgeschlossener Arbeiten und Empfehlungen bekanntgegeben werden.

Mit der Normalisierung der Verhältnisse in der Bundesrepublik wurden nach und nach die technisch-wissenschaftlichen Gesellschaften und Dachorganisationen, deren Tätigkeit erzwungenermaßen geruht hatte, wieder zugelassen, wie auch die Wiederaufnahme der Beziehungen zu ausländischen gleichartigen Organisationen gestattet wurde. So trat die HTG dem wiedererstandenen Deutschen Verband technisch-wissenschaftlicher Vereine bei, der seinerzeit von dem damaligen Vorsitzenden der HTG, Geheimrat Professor Dr.-Ing. de Thierry, lange Jahre hindurch geleitet worden war. Dadurch ist u. a. die Verbindung zum Rationalisierungs-Kuratorium der deutschen Wirtschaft und zur Deutschen Forschungsgemeinschaft, die 1951 aus dem Zusammenschluß der Notgemeinschaft der deutschen Wissenschaft mit dem Deutschen Forschungsrat hervorgegangen ist, gewährleistet. 1951 wurde die korporative Mitgliedschaft im Internationalen Ständigen Verband für Schiffahrtskongresse (Brüssel) erneuert. Zu mehreren technisch-wissenschaftlichen Vereinen wurden neue Beziehungen angeknüpft, alte erneuert. Sei es, daß Vereinbarungen über eine gegenseitige korporative Mitgliedschaft getroffen, sei es, daß gemeinsame Vortragsabende veranstaltet wurden oder daß Fachausschüsse mit verwandten Arbeitsgebieten ihre Aufgabenstellung abgrenzten. Insbesondere wurde der Wille zur Fortsetzung der jahrelangen harmonischen Zusammenarbeit mit der Schiffbautechnischen Gesellschaft damit bekundet, daß der Vorsitzende jeder Gesellschaft in den Vorstand der anderen berufen wurde.

Die Zusammenarbeit mit der „Hansa", Zeitschrift für Schiffahrt, Schiffbau, Hafen, als Organ der Gesellschaft hat sich zufriedenstellend entwickelt. In den monatlich erscheinenden „Hafenbautechnischen Heften" wurde den mit dem Hafenwesen zusammenhängenden Fragen ein besonderer Platz eingeräumt, so daß diese zusammengefaßt eine wertvolle Ergänzung der Jahrbücher bilden. Über die Vorgänge in der Gesellschaft und geschäftliche Angelegenheiten wurden die Mitglieder durch Rundschreiben unterrichtet.

Infolge Ausscheidens der Herren Direktor Krewinkel und Professor Dr.-Ing. E. h. Dr.-Ing. Dörnen aus dem Vorstande und durch Hinzuwahl des Vorsitzenden der Schiffbautechnischen Gesellschaft änderte sich die Zusammensetzung des Vorstandes, dem nunmehr folgende Herren angehören:

Professor Dr.-Ing. E. h. Dr.-Ing. Agatz, Bremen.
Hafenbaudirektor Mühlradt, Hamburg.
Oberstadtdirektor Dr. Nagel, Neuß.
Direktor Goedhart, Lübeck.
Reedereidirektor Etterich, Düsseldorf.
Direktor Amsinck, Hamburg.
Baudirektor Dr.-Ing. Bolle, Hamburg.
Hafendirektor Bumm, Duisburg-Ruhrort.
Direktor Hartwig, Mannheim.
Reg.-Baumeister a. D. Linsenhoff, Frankfurt a. M.,
Dipl.-Ing. v. Oswald, Hamburg.
Professor Dr.-Ing. Schnadel, Hamburg.
Direktor Hermann Tigler, Angermund, Bez. Düsseldorf.

Als Geschäftsführer wurde an Stelle des aus beruflichen Gründen ausgeschiedenen Herrn Oberbaurat Wegner, Hamburg, Herr Oberbaurat Feuerhake, Hamburg, berufen.

Hat so der Wiederaufbau der Gesellschaft einen teilweisen Abschluß erreicht, so bleibt noch manches zu tun. U. a. gilt es, die verlorengegangenen Beziehungen zu den Fachkreisen des Auslandes teils wieder anzuknüpfen, teils weiter auszubauen. Der nach Zahl der ausländischen Teilnehmer und der beteiligten Nationen trotz Reise- und Devisenschwierigkeiten stetig größer gewordene Besuch der Tagungen sowie die zunehmende Zahl der Beitrittserklärungen zeugen von dem Interesse des Auslandes an den Arbeiten und der Zielsetzung der HTG. Möge auch der 20. Band der Jahrbücher, der in erster Linie über die Aufgaben und das bisher Erreichte beim Wiederaufbau der deutschen Häfen berichten soll, die ausländischen Hafenfachleute zur gemeinsamen Erörterung bei der Lösung von Hafenproblemen anregen.

Die Aufgaben der Wasserbauverwaltung des Bundes an den Binnenwasserstraßen im Bundesgebiet nach dem Kriege.

Von Regierungsbaudirektor **Erich Seiler**, Bonn.

I. Die Folgen des Krieges an den Binnenwasserstraßen im Bundesgebiet.

Nach der Kapitulation im Jahre 1945 standen die Dienststellen der früheren Reichswasserstraßenverwaltung einer fast unlösbar scheinenden Aufgabe gegenüber. Zahlreiche Bauwerke waren schwer beschädigt. Von den 1270 Brücken, die über die Wasserstraßen in den Westzonen führten, waren 968 zerstört, davon sämtliche Brücken über den Rhein. Ihre Trümmer versperrten den Schiffahrtsweg und behinderten die Vorflut. 370000 t Stahl und 400000 m³ Beton und Mauerwerk lagen in den Wasserstraßen Die schwerste Schadensstelle bildete die noch in den letzten Kriegstagen gesprengte Überführung des Mittellandkanals über die Weser bei Minden.

3750 Fahrzeuge aller Art waren in den Binnenwasserstraßen gesunken, im Rhein allein 1685. Unter diesen Fahrzeugen befanden sich rd. 400 Spezialgeräte der Wasserstraßenverwaltung, die somit auch für die Räumungsarbeiten ausfielen.

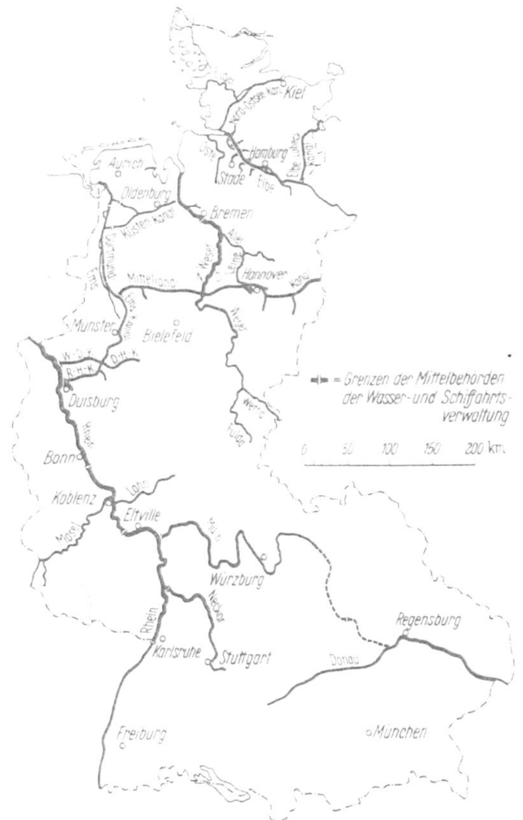

Abb. 1. Übersichtsplan der Bundeswasserstraßen.

Bei den Kanälen waren die Haltungen z. T. leergelaufen, da die Kanaldämme durch Bombenteppiche mehrfach völlig zerstört waren.

Es ist trotzdem in überraschend kurzer Zeit unter Anwendung neuer Methoden gelungen, die Wasserstraßen dem Verkehr wieder zugänglich zu machen *[1]*. Wenn auch bei weitem noch nicht alle Schäden beseitigt werden konnten, so bilden die Wasserstraßen doch heute, 7 Jahre nach Kriegsende, äußerlich wieder ein friedensmäßiges Bild. Ein großer Teil der Rheinbrücken ist wieder aufgebaut. 334 eigene Brücken der Verwaltung sind endgültig oder als Dauerbehelfsbrücken wiederhergestellt. 93% der gesunkenen Fahrzeuge, der Stahl- und Mauerwerkstrümmer wurden gehoben und beseitigt. Die Bauanlagen sind repariert und wieder betriebsfähig. Bereits am 18. Februar 1949 konnte nach knapp zweijähriger Bauzeit die neue Überführung des Mittellandkanals über die Weser dem Verkehr wieder übergeben werden *[2]*.

Die außergewöhnlichen Leistungen, die diese wenigen Angaben umschließen, bildeten jedoch nur die Voraussetzung dafür, daß sich die Wasserbauverwaltung der inzwischen neugebildeten Deutschen Bundesrepublik wieder ihren eigentlichen Aufgaben an den früheren Reichswasserstraßen im Bundesgebiet, jetzt Bundeswasserstraßen, zuwenden konnte. Auf Grund der Bestimmungen in Art. 89 des Grundgesetzes wurde die Verwaltung als Sonderverwaltung des Bundes neu organisiert. Die Aufgaben der Zentralinstanz auf dem Gebiete der Verwaltung, der Unterhaltung und des Ausbaues aller Wasserstraßen gingen auf die Abteilung Wasserbau im Bundesministerium für Verkehr über. Die Mittel- bzw. Bezirksbehörden erhielten die Bezeichnung Wasser- und Schiffahrtsdirektionen bzw. Wasser- und Schiffahrtsämter.

Eine Bestandsaufnahme der im Bundesgebiet verbliebenen früheren Reichswasserstraßen ergab folgendes:

Von den 9300 km Binnenwasserstraßen im früheren Reichsgebiet von 1936 befinden sich im Bundesgebiet noch 4754 km. Davon sind 3220 km regulierte Flüsse, 549 km kanalisierte Flüsse und 985 km Kanäle. Das gesamte Rheinstromgebiet, die Weser und die Donau sowie der wertvollste Teil der deutschen Kanäle gehören zum Bundesgebiet (s. Abb. 1).

Die Aufgaben, die als Folgen des Krieges alsbald an die Verwaltung herantraten, waren mannigfaltiger Art. Große Bauvorhaben, die nach 1933 begonnen worden waren, waren unfertig liegengeblieben. Neue Probleme ergaben sich aus der Änderung der strukturellen Verhältnisse nach dem Kriege. Die vielfältige Bedeutung der Wasserstraßen für das Gemeinschaftsleben des Volkes trat durch die Zusammendrängung der Bevölkerung stärker denn je in Erscheinung und erforderte erhöhte Berücksichtigung. In der Zukunft schließlich wird der geplante wirtschaftliche Zusammenschluß der westeuropäischen Staaten gerade auch auf dem Gebiete der Wasserstraßen bedeutende Aufgaben stellen und von der Verwaltung neue Initiative verlangen. Im folgenden soll ein kurzer Überblick darüber gegeben werden, in welcher Weise die Wasserbauverwaltung des Bundes diese Aufgaben inzwischen angefaßt und gefördert hat.

II. Die Wiederaufnahme der Arbeiten an den durch den Krieg unterbrochenen großen Baumaßnahmen.

Folgende große Baumaßnahmen mußten während des Krieges stillgelegt werden:

1. Die Arbeiten an der Rhein-Main-Donau-Großschiffahrtsstraße,
2. die Kanalisierung des Neckars zwischen Heilbronn und Plochingen,
3. die Kanalisierung der Mittelweser,
4. der Ausbau des Dortmund-Ems-Kanals für den Verkehr mit 1500-t-Schiffen.

1. Die Rhein-Main-Donau-Großschiffahrtsstraße.

Durch das Gesetz vom 11. Mai 1938 hatte es das Reich übernommen, die Rhein-Main-Donau-Großschiffahrtsstraße bis zum Jahre 1945 fertigzustellen. Die Arbeiten gerieten jedoch nach Kriegsbeginn sehr bald ins Stocken. Am Main konnte Würzburg im Jahre 1940 noch an die Großschiffahrtsstraße angeschlossen werden. Oberhalb Würzburgs war mit den Bauarbeiten an den 4 Staustufen: Randersacker, Goßmannsdorf, Wipfeld und Limbach begonnen. An der Donau waren die Arbeiten zur Niederwasserregulierung bis Regensburg nur z. T. durchgeführt. Mit den Arbeiten an der eigentlichen Kanalstrecke zwischen Main und Donau aber war noch nicht begonnen worden.

Das Land Bayern konnte die große Zahl der Flüchtlinge nur dann in den Wirtschaftsprozeß eingliedern, wenn es die bereits vor dem Kriege begonnene Industrialisierung des Landes in verstärktem Maße fortsetzte. Von den Verkehrsverbindungen und Rohstoffgebieten Mitteldeutschlands abgeschnitten, mußte es versuchen, einen unmittelbaren Anschluß an das Rheinstromgebiet zu gewinnen, um auf diese Weise die Revierferne zu überwinden und einen frachtgünstigen Transportweg zu den Rohstoff- und Absatzgebieten des Westens zu erhalten. In der richtigen Erkenntnis, daß dazu nicht erst die fertige Großschiffahrtsstraße, sondern vielmehr bereits die Fertigstellung jedes Teilstücks einen unschätzbaren Gewinn für die wirtschaftliche Entwicklung des Landes bedeuten mußte, ermöglichte zunächst das Land Bayern aus eigener Kraft alsbald nach dem Kriege die Wiederaufnahme der begonnenen Bauarbeiten. Nach Konsolidierung des Bundes trat dieser wieder in die Verträge des Reiches aus dem Jahre 1921 ein. Die Rhein-Main-Donau AG in München wurde durch Vertrag vom 9. September 1949 wieder in ihre Rechte als Bauherr der Großschiffahrtsstraße eingesetzt. Damit war die Fortführung der Bauarbeiten gesichert. Die inzwischen eingetretene Verkehrsentwicklung im Hafen Würzburg als dem vorläufigen Endhafen der Großschiffahrt auf dem Main, die aus Abb. 2 zu ersehen ist, hat alle optimistischen Voraussagen bereits übertroffen und bildet die beste Rechtfertigung für die Richtigkeit der gefaßten Entschlüsse *[3, 4, 5]*. Der jetzige Stand der Bauarbeiten ist aus der Übersichtstafel Abb. 3 zu ersehen.

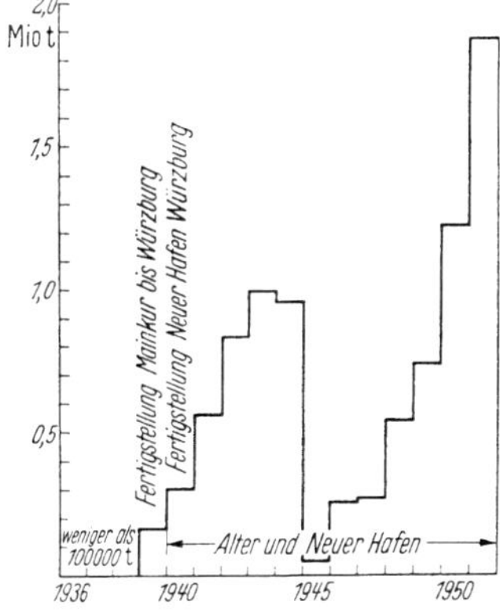

Abb. 2. Die Entwicklung des Verkehrs im Hafen Würzburg von 1936 bis 1951.

Trotz der geringen zur Verfügung stehenden Mittel konnten nach dem Kriege bereits beachtliche Fortschritte erzielt und der Bau neuer Staustufen konnte in Angriff genommen werden. In dem Bestreben, die neuen Strecken den nach dem Kriege beobachteten strukturellen Veränderungen im Binnenschiffahrtsverkehr anzupassen, dabei jedoch so rationell wie möglich zu bauen, wurden inzwischen folgende Änderungen der früheren Entwurfsgrundlagen vorgenommen:

a) Die 300 m langen Schleppzugschleusen werden durch ein Mittelhaupt in eine große und eine kleine Kammer unterteilt, um eine bessere Anpassungsfähigkeit an den Selbstfahrerverkehr zu erhalten.

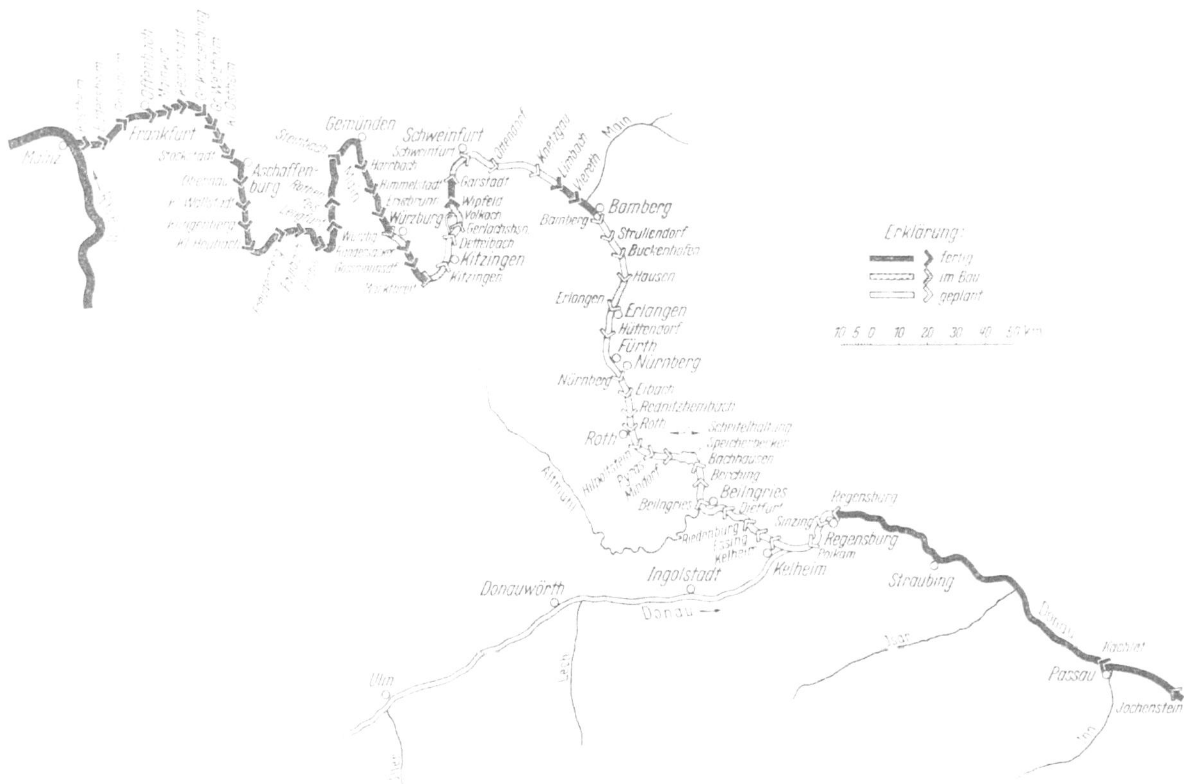

Abb. 3. Rhein-Main-Donau-Großschiffahrtsstraße. Stand der Bauarbeiten im Jahre 1952.

b) Die Baggertiefe wurde auf 2,70 m in Kies- und auf 2,80 m in Felsstrecken festgelegt, um die Möglichkeit einer Grundberührung bei höherer Geschwindigkeit auszuschließen.

c) Auf die Ausbaggerung der Kleinschiffahrtsrinne wird verzichtet. Dadurch werden erhebliche Baggermassen erspart. Auch die Wehrschwellen können höher gelegt werden.

d) Für den gesamten Main wurde der HSW-Stand neu errechnet.

Die technische Entwicklung bleibt daher in ständigem Fluß und die auf der fertigen Strecke gesammelten Erfahrungen werden bei der Anlage der neuen Strecken verwertet.

2. Die Kanalisierung des Neckars von Heilbronn bis Plochingen.

In Anbetracht dessen, daß sich der Verkehr auf dem Neckar seit Eröffnung der Großschiffahrtsstraße bis Heilbronn im Jahre 1935 über Erwarten günstig entwickelt hatte, und auf Grund der Tatsache, daß auch auf der Strecke Heilbronn—Plochingen bereits etwa 50% der Bauarbeiten inzwischen fertiggestellt waren, bestand kein Zweifel, daß die Arbeiten zur Kanalisierung des Neckars bis in den Stuttgarter Raum nach dem Kriege wiederaufgenommen werden mußten. Auch hier wurden die früheren Verträge vom Bund und dem Lande Württemberg-Baden als verbindlich anerkannt.

Inzwischen ist der Verkehr im Hafen Heilbronn, wie aus Abb. 4 zu ersehen, weiter erheblich angestiegen, so daß dieser Hafen nach Mannheim an die 3. Stelle aller deutschen Rheinhäfen gerückt ist. Die Wirtschaft des Stuttgarter Raumes erwartet daher mit Ungeduld die baldmögliche Fertigstellung des Kanals und damit den Anschluß an die Großschiffahrt des Rheinstromgebietes *[6]*.

Den jetzigen Stand der Bauarbeiten zeigt Abb. 5. Es ist nach dem Kriege bereits u. a. gelungen, die schwierigste Bauaufgabe der gesamten Strecke, den Durchgang durch Heilbronn, in Angriff zu nehmen und fertigzustellen. Diese Baustelle war die größte im Lande Württemberg-Baden nach dem Kriege. Eine Veränderung der technischen Grundlagen erwies sich am Neckar nicht als erforderlich. Schon von jeher hatte sich die Wasser- und Schiffahrtsdirektion Stuttgart als bauausführende Behörde Neuerungen gegenüber sehr aufgeschlossen gezeigt, so insbesondere auf dem Gebiete der umlauflosen Schleusen.

3. Die Kanalisierung der Mittelweser.

Im Gegensatz zu den Bauvorhaben in Süddeutschland ist es bisher nicht gelungen, eine tatkräftige Wiederaufnahme der Bauarbeiten zur Fertigstellung der Mittelweserkanalisierung zu erreichen. Lediglich die Staustufe Petershagen konnte inzwischen, insbesondere im Hinblick auf den Kohlentransport zu dem dort befindlichen Großdampfkraftwerk Lahde, fertiggestellt werden. Dagegen bilden die angefangenen Bauten an den restlichen 4 Staustufen

Schlüsselburg, fertig zu 9,5%
Landesbergen, fertig zu 4,7%
Drakenburg, fertig zu 60,0%
Langwedel, fertig zu 18,0%

z. Z. nur Gefahrenstellen für die Schiffahrt und bedürfen jährlich ohne volkswirtschaftlichen Nutzen erheblicher Beträge zu ihrer Unterhaltung. Abb. 6 gibt einen Überblick über den jetzigen Stand der Arbeiten. Dabei ist die Notwendigkeit der Fertigstellung dieser Arbeiten bei allen Sachverständigen unbestritten und durch Denkschriften und Aufsätze in Fachzeitschriften immer wieder nachgewiesen worden *[7, 8]*.

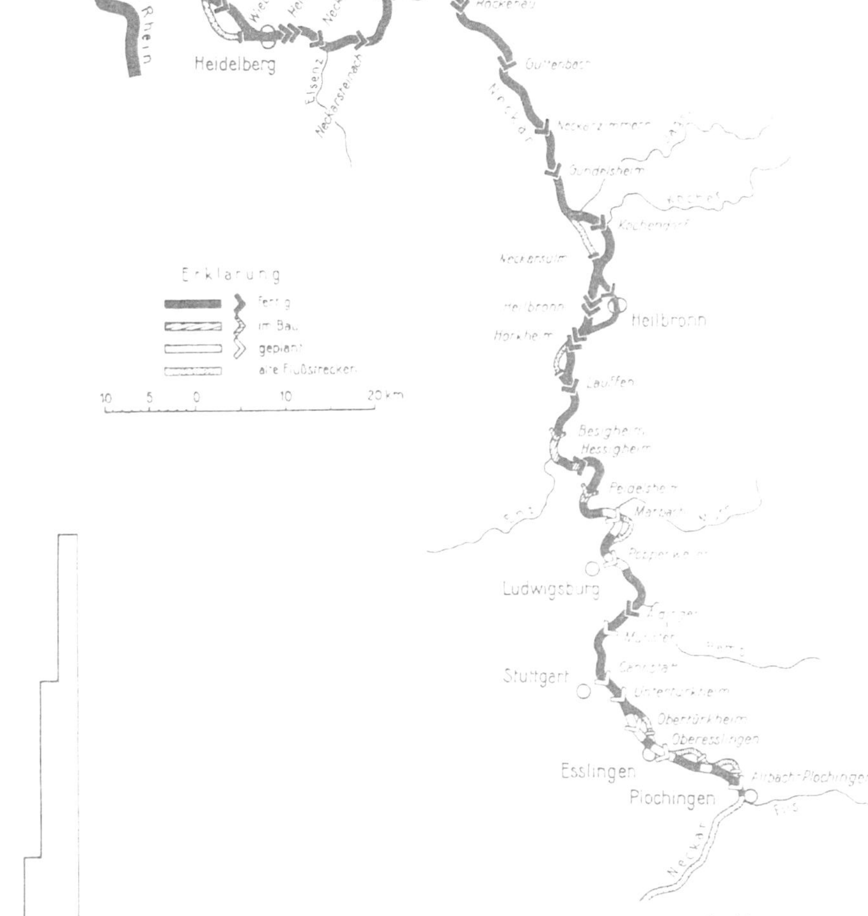

Abb. 5. Die Kanalisierung des Neckars von Mannheim bis Plochingen. Stand der Bauarbeiten 1952.

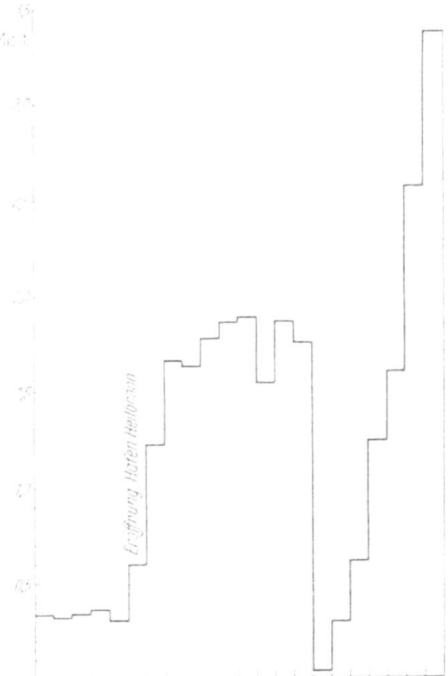

Abb. 4. Die Entwicklung des Verkehrs im Hafen Heilbronn von 1930 bis 1951.

Nur durch die Kanalisierung der Mittelweser kann der Seehafen Bremen, der sich nach dem Kriege immer mehr von einem Eisenbahnhafen zu einem Hafen mit Binnenschiffsumschlag entwickelt, einen leistungsfähigen Anschluß an das deutsche Wasserstraßennetz erhalten, wie auch umgekehrt insbesondere das Wirtschaftsgebiet Niedersachsens nur über die Mittelweser einen leistungsfähigen Verkehrsweg für Massengüter zum nächstgelegenen Seehafen erhält. Auch die Weserflotte selbst kann nur durch die Kanalisierung zu ihrer vollen Leistungsfähigkeit gelangen.

Man würde jedoch dem Bauvorhaben in keiner Weise gerecht, wollte man nur das Verkehrsinteresse zu seiner Begründung heranziehen. Gleichberechtigt, wenn nicht sogar überragend, ist das Interesse der Landeskultur. Wie bei anderen Flüssen macht sich auch an der Weser aus verschiedenen Ursachen ein ständiges Absinken der Sohle und der Wasserstände bemerkbar. Dadurch bleiben die das Vorland düngenden Überschwemmungen aus und die Grundwasserstände sinken ab, so daß eine bedeutende Minderung der landwirtschaftlichen Erträge unausbleiblich ist. Nur durch Kanalisierung des Flußlaufes kann eine weitere Wasserspiegelsenkung unmöglich gemacht, im Gegenteil der Wasserspiegel gehoben und dadurch der Landwirtschaft Mehrertrag gebracht werden.

Weiterhin ist zu bedenken, daß der Mittelweser erhebliche Wassermengen zur Speisung des Mittellandkanals entzogen werden müssen, und zwar insbesondere zu Zeiten geringer Wasserführung. Auch dieser wesentliche Grund für die Fertigstellung der Kanalisierung wird in seiner vollen Tragweite häufig übersehen *[9]*. Die Erfahrung hat nämlich gezeigt, daß für die Speisung des Mittellandkanals nicht, wie ursprünglich angenommen, 7,5 m³/sec, sondern bis zu 18,6 m³/sec benötigt werden. Der Wasserverbrauch des Mittellandkanals, nicht zuletzt zugunsten der an ihm ansässigen Industrie, beträgt jährlich etwa 100 Mio m³. Eder- und Diemeltalsperre können

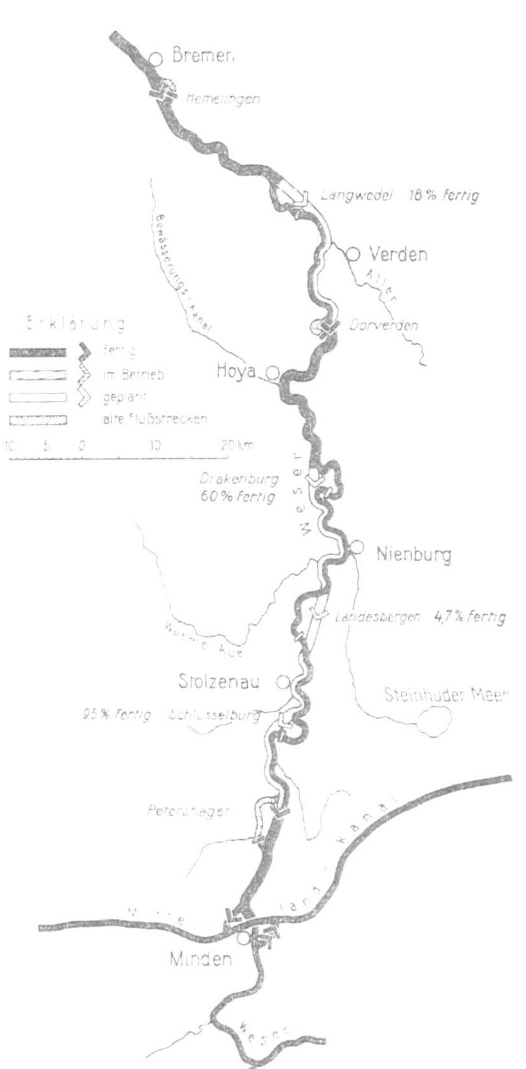

Abb. 6. Die Kanalisierung der Mittelweser. Stand der Arbeiten 1952.

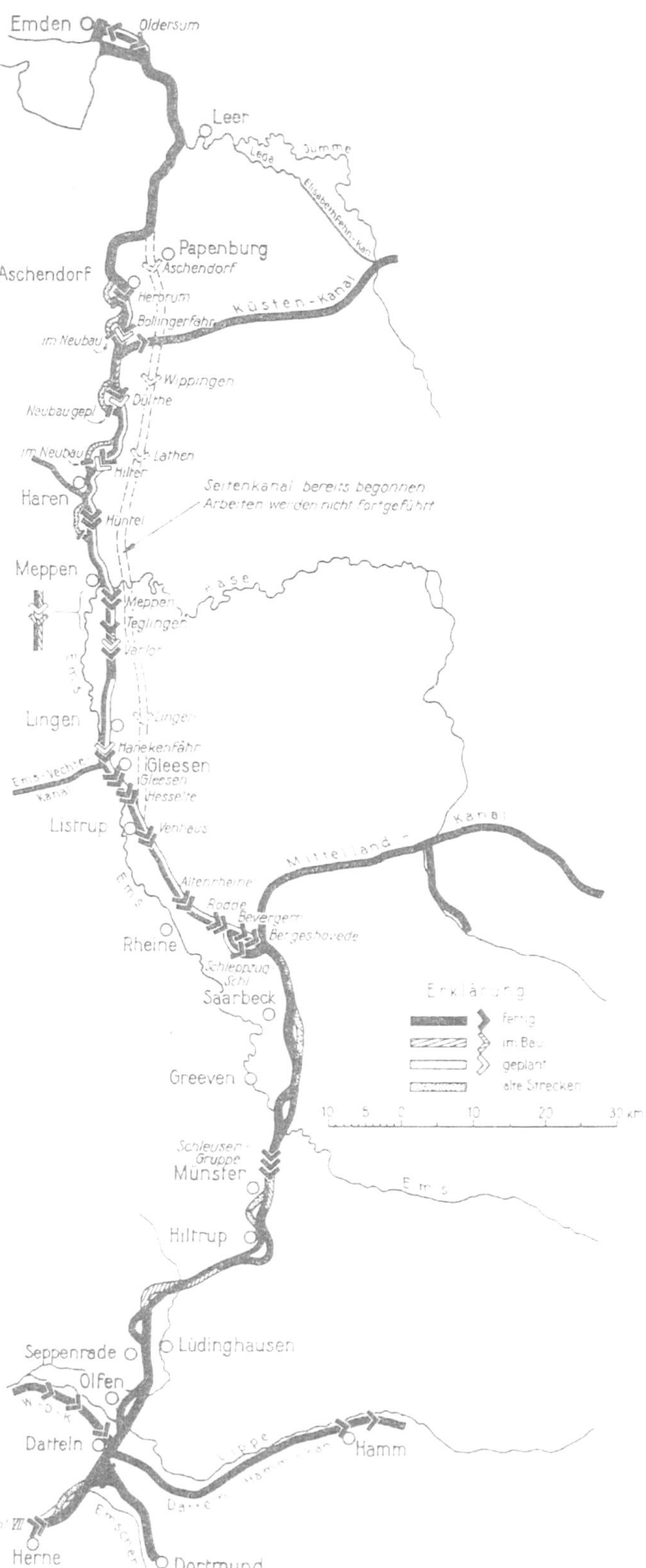

Abb. 7. Die Erweiterung des Dortmund-Ems-Kanals. Stand der Bauarbeiten 1952.

auch nicht annähernd durch Zuschußwasser diese Menge ausgleichen. Bei niedrigstem Wasserstand beläuft sich der Speisungswasserbedarf auf 60% der Gesamtwasserführung der Weser. Solange daher die Mittelweser nicht kanalisiert ist, denn anders können ohne entscheidende Schädigung von Schiffahrt und Landeskultur diese Wassermengen nicht zur Verfügung gestellt werden, bleibt das Mittellandkanalprojekt noch unvollendet.

Schließlich ist nicht zu verachten, daß dadurch gleichzeitig durch Wasserkraftwerke, deren Anlage durchaus rentabel ist, zusätzlich 117 Mio kWh/Jahr erzeugt werden können.

Um das Bauvorhaben finanziell zu fördern und dadurch den Baufortschritt zu beschleunigen, ist beabsichtigt, nach dem Vorbild der süddeutschen Kanalgesellschaften eine Mittelweser AG zu gründen, der als Aktionäre neben dem Bund die Länder Nordrhein-Westfalen, Niedersachsen und Bremen angehören sollen. Die Verhandlungen hierüber haben jedoch noch zu keinem endgültigen Ergebnis geführt, lassen aber hoffen, daß sie in Bälde zu einem erfolgreichen Abschluß gebracht werden.

4. Der Ausbau des Dortmund-Ems-Kanals.

Auch beim Dortmund-Ems-Kanal konnte mit der Wiederaufnahme der Arbeiten nur langsam begonnen werden. Hier lagen die Verhältnisse folgendermaßen (s. Abb. 7):

Auf der Südstrecke von Herne bis Bergeshövede waren die Arbeiten zur Erweiterung des Kanals für den Verkehr mit 1500-t-Schiffen schon ziemlich weit fortgeschritten. Dabei war die vorhandene Linienführung des Kanals beibehalten worden. Es fehlten insbesondere noch die Fertigstellung der Stadtstrecke Münster und der zweiten Fahrten bei Hiltrup und Lüdinghausen-Senden sowie die Sicherung des rechtsseitigen Kanalufers der Venner-Moor-Strecke und die Beseitigung mehrerer Engstellen.

Auf der Nordstrecke zwischen Bergeshövede bis Papenburg hatte man mit dem Bau eines neuen Seitenkanals begonnen, um statt bisher 11 Schleusen in Zukunft nur noch 4 Schleusen passieren zu müssen und dabei von den Verhältnissen auf der kanalisierten Ems unabhängig zu sein. Von diesem Seitenkanal war jedoch nur ein Teil der Erdarbeiten ausgeführt, während insbesondere die kostspieligen Kunstbauten noch nicht begonnen waren. Die Fertigstellung dieses Seitenkanals hätte unter Berücksichtigung der auf der vorhandenen Strecke ohnehin erforderlichen Maßnahmen noch 400 Mio DM (Preisstand 1950) gekostet. An die Aufbringung einer derartigen Summe war nach dem Kriege nicht mehr zu denken.

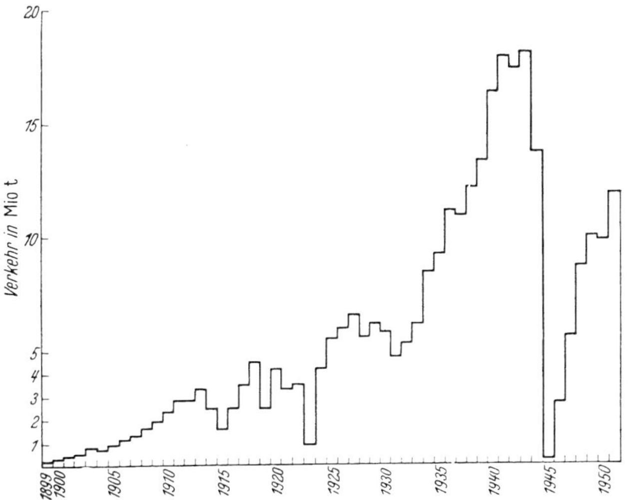

Abb. 8. Die Entwicklung des Verkehrs auf dem Dortmund-Ems-Kanal: Durchgang durch die Schleuse Münster von 1899 bis 1951.

Andererseits erholte sich die Schiffahrt nach dem Kriege wieder rasch, wie aus Abb. 8 zu ersehen ist. Die Schiffahrt kann daher auf eine grundlegende Verbesserung der Verhältnisse auch auf der nördlichen Strecke nicht mehr lange warten, da die Anlagen, die noch aus dem Jahre 1899 stammen, in den Abmessungen, Betriebseinrichtungen und im Unterhaltungszustand diesem Verkehr in keiner Weise mehr gewachsen sind *[10]*. Diese Anlagen waren für einen Verkehr von 3,0 bis höchstens 4,5 Mio t/Jahr bei einer Fahrzeuggeschwindigkeit von 3 km/Stunde berechnet. Heute beträgt dieser Verkehr mehr als das Dreifache und die mittlere Geschwindigkeit beträgt 6 km/Stunde. Hinzu kommt die ungleich stärkere Beanspruchung des Kanals durch die Umstellung der Binnenschiffahrt vom Schleppkahn zum Selbstfahrer, auf deren Folgen für den Wasserbauer im Abschnitt III. ausführlicher eingegangen wird.

Die Arbeiten zur Erweiterung des Kanals mußten daher wiederaufgenommen werden.

Auf dem südlichen Teil kam dabei auf Grund der örtlichen Verhältnisse und im Hinblick auf den bereits weit fortgeschrittenen Bauzustand nur die Vollendung der Arbeiten in dem vor dem Kriege beabsichtigten Umfang in Betracht *[11]*. Diese Arbeiten sind seit einiger Zeit wieder im Gange. Sie konnten bereits wesentlich gefördert werden (s. Abb. 7).

Für den nördlichen Teil dagegen mußte eine neue Lösung gesucht werden, die es gestattete, mit möglichst geringen Mitteln baldmöglichst der Schiffahrt wieder eine vollwertige Wasserstraße zur Verfügung zu stellen, die die volle Ausnutzung der vorhandenen Flotte gestattet *[12]*. Nach sorgfältigen Ermittlungen ergab sich dazu als wirtschaftlichste Lösung die folgende:

Die Linienführung des vorhandenen Kanals wird beibehalten, der Kanal jedoch durch Vergrößerung des Kanalquerschnitts und Bau neuer Schleusen für Regelschiffe von 67 m Länge und 2,50 m Abladetiefe (gegenüber bisher 2.0 m) benutzbar gemacht. Die Kosten für diesen Ausbau wurden 1950 zu 75 Mio DM veranschlagt. Allein die Vergrößerung der Tauchtiefe von 2.0 auf 2.50 m macht die vorhandene Flotte um 200000 t reicher, ohne daß ein Schiff neu gebaut oder verändert werden müßte. Dies allein ergibt einen volkswirtschaftlichen Gewinn von 40 Mio DM. Mit den Bauarbeiten wurde inzwischen begonnen. Sie sollen möglichst in 6 Jahren durchgeführt sein *[13]*.

Im Zusammenhang mit diesen Baumaßnahmen wird gleichzeitig im landeskulturellen Interesse die Ems auf Sommerhochwasser ausgebaut.

III. Neue Probleme an den Wasserstraßen nach dem Kriege.

Wie im Abschnitt II. bereits angedeutet, hat sich nach dem Kriege in dem Verhältnis der Zahl der Schleppkähne zu der Zahl der Selbstfahrer in überraschend kurzer Zeit ein grundlegender Strukturwandel in der Binnenschiffahrt vollzogen, der die Wasserbauverwaltung hinsichtlich Unterhaltung und Ausbau der Wasserstraßen vor neue schwerwiegende Aufgaben stellt. Abb. 9 zeigt die starke Zunahme der Selbstfahrertonnage nach dem Kriege. Da die Motorkähne schneller fahren und meist kleiner als die Schleppkähne sind, passieren sie einen Wasserlauf wesentlich öfter als ein Schleppkahn. Die Gegenüberstellung des Kahnraumes gibt daher noch kein vollständiges Bild von der gegenüber früher veränderten Beanspruchung der Wasserstraßen durch die Selbstfahrer. In Wirklichkeit ist der Anteil der Selbstfahrer am Kanalverkehr wesentlich größer als dies nach dem Verhältnis an Ladefähigkeit angenommen werden könnte. Wie aus Abb. 10 zu ersehen, übersteigt an der Schleuse Münster z. B. die Zahl der Selbstfahrer bereits die der Schleppkähne beträchtlich.

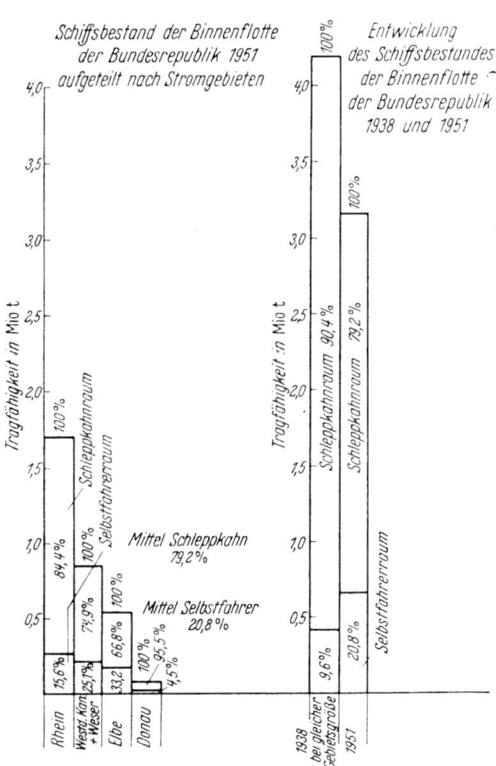

Abb. 9. Verhältnis Schleppkahn zu Selbstfahrer in der deutschen Binnenschiffsflotte vor und nach dem Kriege.

Die Motorisierung schreitet rasch weiter fort. Dabei ist wegen der kleineren Einheiten der Selbstfahrer die mittlere Auslastung der Fahrzeuge von etwa 550 t auf etwa 450 t gefallen. Die Zahl der Fahrzeuge muß daher bei gleicher Leistung im Jahre steigen. Hinzu kommt, daß früher auf einen Schleppzug von insgesamt 1500-t-Güter eine Schiffsschraube, nämlich die des Schleppdampfers entfiel. Heute aber hat jedes Motorschiff auf etwa 300 t Ladung eine Schiffsschraube. Da bei der steigenden Zahl der Schiffe die Begegnungen und Überholungen viel häufiger sind, vollzieht sich der Verkehr, der früher im wesentlichen in der Mitte des Kanals fuhr, heute im Richtungsbetrieb nahezu zweigleisig über den Böschungen des engen Kanalquerschnitts *[12]*. Ferner ist die mittlere Geschwindigkeit der Fahrzeuge heute gegenüber früher fast verdoppelt und liegt bei 6 km/Stunde in den Kanälen.

Erhöhte Geschwindigkeit, vermehrte Zahl der Schiffsschrauben, zweigleisige Benutzung der Kanäle und der gestiegene Verkehr greifen Böschungen und Ufer der Wasserstraßen heute ungleich stärker an als früher. Darauf muß bei der Unterhaltung und dem Ausbau von Wasserstraßen in Zukunft Rücksicht genommen werden.

Es ist in diesem Zusammenhang von Interesse, daß das noch vor dem Kriege zu beobachtende Streben der Binnenschiffahrt nach immer größeren Fahrzeugeinheiten jetzt nicht mehr vorhanden ist. Großer Kahnraum kann nicht mehr immer rationell ausgenutzt werden. Die Schiffahrt sieht heute vielmehr in Kähnen mittlerer Größe, denen durch Motorisierung eine größere Geschwindigkeit und Beweglichkeit gegeben wird, das wirtschaftliche Optimum. Sie hat daher auch bei der nach dem Kriege wiederaufgenommenen Typisierung des Kahnraumes zuerst den Typ „Gustav Königs" herausgebracht, dessen äußere Abmessungen dem bisherigen Dortmund-Ems-Kanal-Kahn entsprechen (s. Abb. 11) *[14]*.

Der Wasserbauer muß sich dieser grundsätzlichen Änderung der Verkehrsstruktur in der Binnenschiffahrt bei Um- und Neubauten an den Wasserstraßen anzupassen bemühen. Für die künftige Querschnittsgestaltung von Kanälen wird hierzu auf den Artikel von K. Helm in den „Studien zu Bau- und Verkehrsproblemen der Wasserstraßen" besonders hingewiesen *[15]*. Ferner ist der Sicherung der Uferböschungen weit mehr noch als bisher Beachtung zuzuwenden. Hier sind auf dem Gebiete der Lebendverbauung in den letzten Jahren beachtliche Fortschritte gemacht worden. Bei richtiger Gestaltung der Uferböschungen und geeigneter Auswahl der Pflanzen können hier an Anlage- und Unterhaltungskosten erhebliche Beträge eingespart werden *[16, 17]*.

Auch bei Schleusenanlagen ist dieser Strukturänderung Rechnung zu tragen. Schleppzugschleusen sind in jedem Falle mit einem Mittelhaupt zu versehen. Bei größerem Verkehr wird in Zukunft neben einer Schleppzugschleuse noch eine kürzere Schleuse für Selbstfahrer angeordnet werden müssen, wie z. B. jetzt am Main beim Umbau der Staustufe Offenbach (s. Abb. 12).

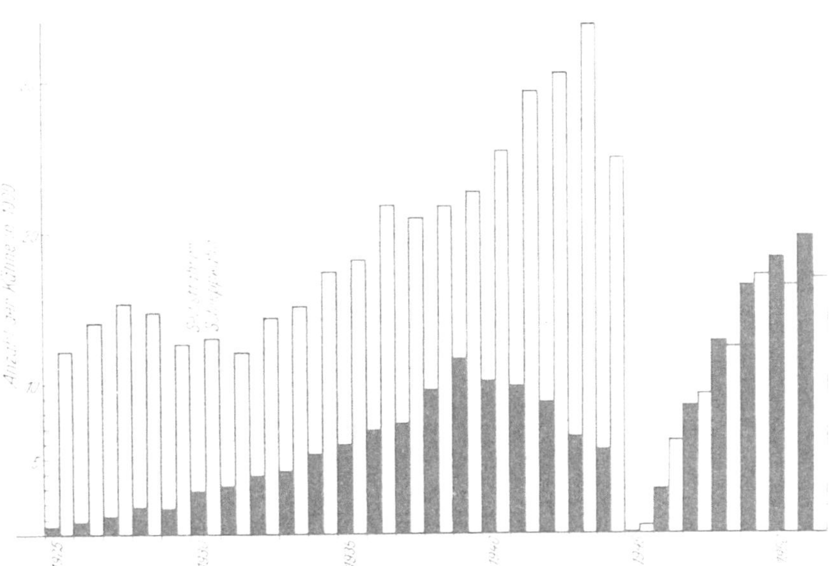

Abb. 10. Verhältnis der Zahl der Schleppkähne zu der Zahl der Selbstfahrer im Jahresverkehr an der Schleuse Münster von 1925 bis 1951.

In der nach dem Kriege neu errichteten Bundesanstalt für Wasser-, Erd- und Grundbau in Karlsruhe werden zur Verminderung der Füll- und Leerungszeiten von Schleusen immer neue Versuche für Fülleinrichtungen und Torverschlüsse durchgeführt, um auch auf diesem Gebiet den erhöhten Anforderungen der Schiffahrt entgegenzukommen. So ist es z. B. gelungen, durch eine Kombination von Längs- und Stichkanälen mit Torfüllung bei der neuen Schleppzugschleuse in Würzburg (300×12 m) bei 2,80 m Gefälle eine Füllzeit von nur 6,4 Minuten zu erreichen.

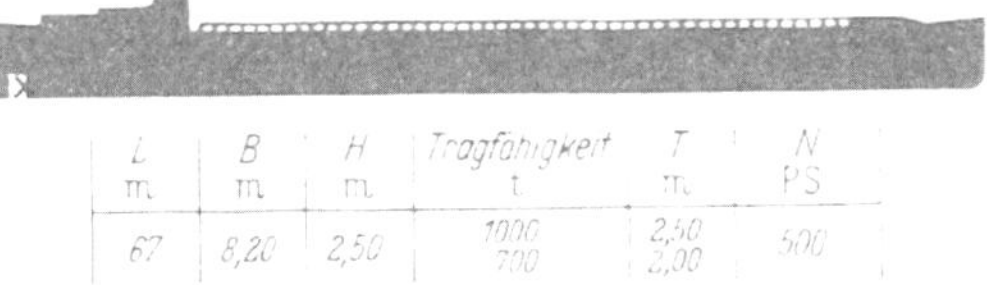

L m	B m	H m	Tragfähigkeit t	T m	N PS
67	8,20	2,50	1000 700	2,50 2,00	500

Abb. 11. Binnenschiffstyp „Gustav Königs".

Ein besonders beweiskräftiges Beispiel für den Einfluß der Strukturänderungen in der Binnenschiffahrt nach dem Kriege bildet der Küstenkanal. Bereits während des Krieges hatte dieser Kanal einen Verkehr aufzuweisen, der die Vorausschätzungen bei weitem übertraf. Jedoch blieb dabei, wie aus Abb. 13 zu ersehen, der Anteil der Selbstfahrer in mäßigen Grenzen. Nach dem Kriege erhielt gerade dieser Kanal auf Grund der veränderten politischen Verhältnisse und der zunehmenden Umstellung des Hafens Bremen von einem Eisenbahnhafen zu einem Hafen mit Binnenschiffsumschlag wieder sehr rasch eine erhebliche Verkehrsbedeutung für die Ein- und Ausfuhr Bremens

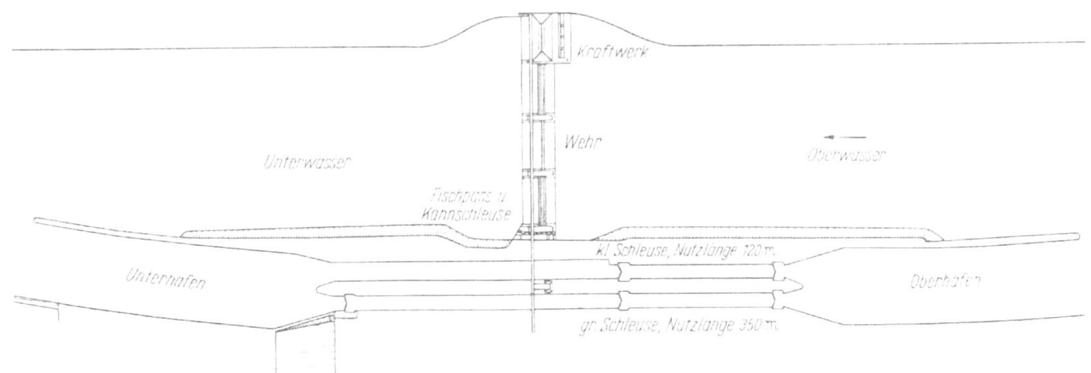

Abb. 12. Lageplan der neuen Stauanlage Offenbach am Main.

und der Unterweserhäfen und für die Versorgung Westdeutschlands. Bei dem Verkehr nach dem Kriege aber stellte sich das Verhältnis von Schleppkahn zu Selbstfahrer i. M. auf etwa 1 : 4 bis 1 : 5 (s. Abb. 13). Die Folge war, daß die nur schwach befestigten Ufer auf einer Strecke von 31 km Länge abbrachen und die Abbruchmassen das Kanalbett verschütteten. Der Kanal mußte daher auf dieser Strecke erneuert werden. Alte und neue Kanalquerschnitte zeigt Abb. 14. In unbesiedelten Gebieten wurden beim Neubau Unterwasserböschungen in der Neigung 1 : 7 angelegt, die einen einfachen, sparsamen und landschaftlich ansprechenden Uferschutz durch Bepflanzung mit Röhricht und Weiden erlaubten (s. Abb. 15) *[16, 17]*. Mit den Arbeiten wurde 1948 begonnen. Sie sind im wesentlichen durchgeführt.

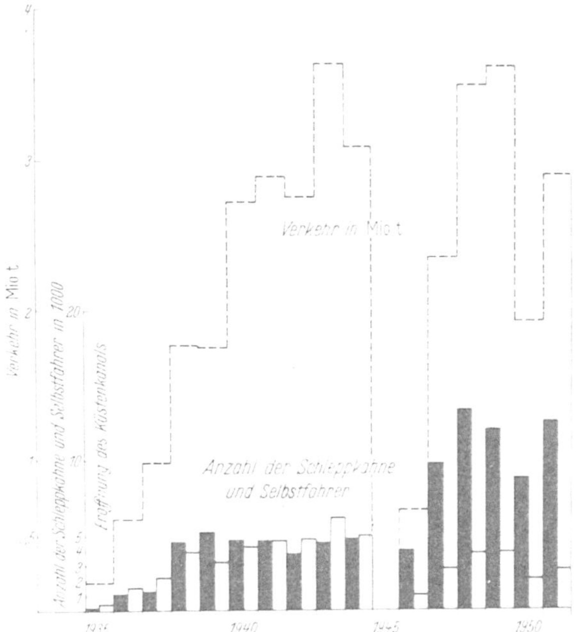

Abb. 13. Die Entwicklung des Verkehrs auf dem Küstenkanal von 1935 bis 1951.

Ein weiteres Problem von zunehmender Bedeutung bilden für die Wasserbauverwaltung die Erosionserscheinungen in den Flüssen. Wenn diese Erscheinungen auch als solche nicht neu sind, sondern bereits seit Jahrzehnten an allen regulierten Flüssen beobachtet werden, so haben sie jetzt an verschiedenen Stellen einen Zustand erreicht, dem aus landeskulturellen (s. S. 7, Kanalisierung der Mittelweser) und Verkehrsinteressen mit durchgreifenden Maßnahmen begegnet werden muß. Einen bedrohlichen Umfang haben diese Verhältnisse insbesondere auch am Niederrhein angenommen *[18]*. Die Ursachen dafür sind im wesentlichen die natürlichen Aufhöhungen der Vorländer durch Überschwemmungen, Regulierungsmaßnahmen, Baggerungen und die Einwirkungen des Schiffsverkehrs.

Unzweifelhaft haben erst die Regulierungsmaßnahmen den Rhein zu einer leistungsfähigen Wasserstraße gemacht. Strombauliche Maßnahmen führen jedoch im allgemeinen zu einer Vergrößerung der Abflußgeschwindigkeit, besonders bei Hochwasser, und hindern den Fluß, wie bisher seine überschüssige Kraft durch Ausuferung, Uferabbrüche und Stromverlegungen zu verbrauchen. Sie fördern daher den Geschiebetrieb. Andererseits wird dem Rhein durch die Staustufen am Hochrhein und durch Kanalisierung der wichtigsten Nebenflüsse mehr und mehr die Möglichkeit genommen, die erodierten Sohlenmassen durch Geschiebe aus dem Oberlauf und den Zubringern zu ersetzen.

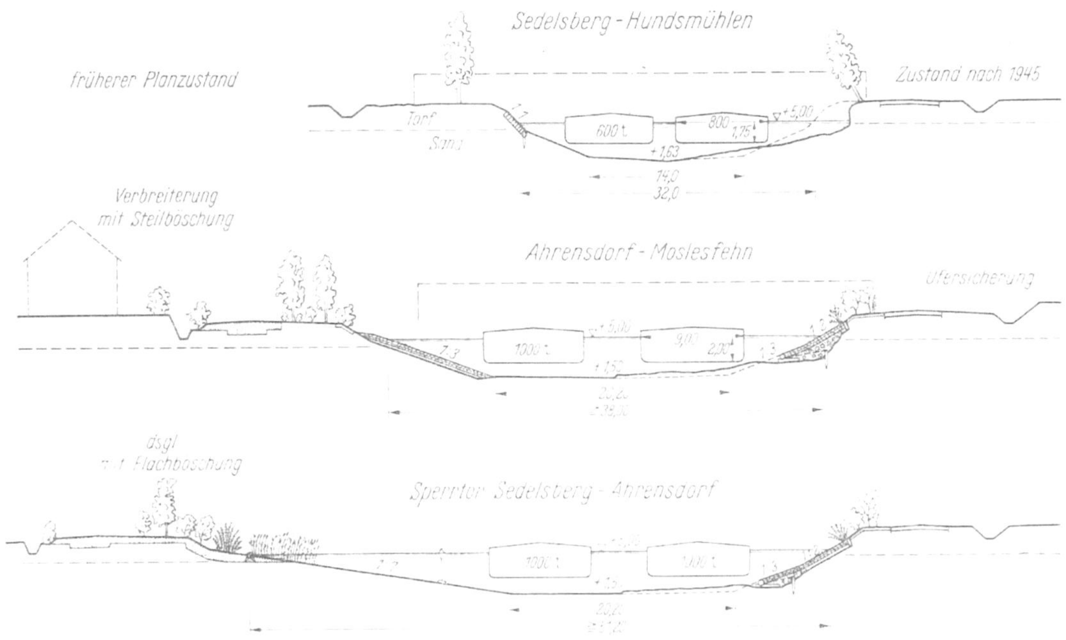

Abb. 14. Querschnitte des Küstenkanals vor und nach dem jetzigen Ausbau (die beiden unteren Bilder zeigen die neuen Abmessungen).

Schließlich wird die Sohle des Rheins selbst bei Niederwasser durch den regen Schiffsverkehr mit starken Schleppern und Selbstfahrern sowie tiefgehenden Schleppkähnen in Bewegung gehalten. Ähnlich können auch Schiffsliegeplätze wirken, bei denen zahlreiche Kähne dicht nebeneinander liegen und so wie ein Wehr wirken, unter dem sich das Wasser mit verstärkter Strömung seinen Weg bahnt.

Die größte Senkung des Rheinwasserspiegels ist bei Ruhrort zu verzeichnen, wo der Wasserspiegel bei gleicher Wassermenge seit den letzten 50 Jahren um jährlich 3,8 cm abgesunken ist. Die Folgen sind absinkende Grundwasserstände in den Vorländern, Gefährdung der Standsicherheit von Uferbauwerken und Verschlechterung der Zufahrten zu den Häfen. Nach umfangreichen Versuchen in der Bundesanstalt in Karlsruhe werden z. Z. durch Ausführung eines Großversuchs in der für die Schiffahrt besonders nachteiligen Strecke bei Düsseldorf/Heerdt die Ergebnisse der theoretischen Untersuchungen und der Versuche im Wasserbaulaboratorium überprüft, um für die weiteren Ausbaumaßnahmen zu zweckmäßigen und wirtschaftlichen Methoden zu gelangen.

Bei der Eingangsschleuse zum Wesel-Datteln-Kanal mußte der Unterdrempel bereits vertieft werden. Eine besonders interessante Maßnahme beabsichtigt man anzuwenden, um die Duisburg-Ruhrorter Häfen sowie die Schleuse I des Rhein-Herne-Kanals und die Ruhrschleuse den gesunkenen Rheinwasserständen anzupassen: Unter dem gesamten Hafengelände wurde bisher keine Kohle abgebaut. Nunmehr wird auch dieses Gebiet zum Abbau freigegeben. Dadurch kann das ganze Hafengelände im Laufe der Zeit nach einem genauen Plan so weit, wie es erforderlich ist, abgesenkt werden, ohne daß dadurch eine Gefährdung der Bauwerke eintritt. Auf diese Weise werden gewaltige Kosten erspart, die sonst für die Ausbaggerung des Hafens und die Verstärkung der Ufermauern sowie für den Neubau der beiden Eingangsschleusen zum Rhein-Herne-Kanal und zur Ruhr hätten ausgegeben werden müssen. Auch mit diesen Arbeiten ist bereits begonnen worden.

Abb. 15. Lebendverbauung als Uferschutz am Küstenkanal.

Weiterhin stellt der nach dem Kriege zu verzeichnende Energiemangel, der bereits ein für die gesamte Wirtschaft bedrohliches Ausmaß erreicht hat, wobei die steigende Tendenz des Energiebedarfs noch unvermindert anhält, auch die Wasserbauverwaltung vor neue große Probleme. Beim Ausbau der Flüsse wird jede wirtschaftlich vertretbare Möglichkeit zur gleichzeitigen Ausnutzung der Wasserkräfte ergriffen werden müssen *[19]*. Die gestiegenen Kohlenpreise haben dabei den Wert der Wasserkräfte noch erhöht. An besonders günstigen Ausbaustrecken wird sich sogar die Schiffahrt den Möglichkeiten der Energiegewinnung anpassen müssen. So wird z. B. jetzt in der Donau eine ungewöhnlich günstige Laufwasserkraftanlage in Zusammenarbeit mit der Republik Österreich auf der Grenzstrecke, etwa 22 km unterhalb Passau bei Jochenstein, in Angriff genommen. Dieses Kraftwerk wird bei rd. 10 m Fallhöhe fast 1 Milliarde kWh/Jahr zu liefern vermögen. Dabei sind dank der günstigen geographischen Lage die Gestehungskosten je kWh ungewöhnlich niedrig. Es handelt sich daher bei dieser Anlage um das größte und wirtschaftlich vorteilhafteste Laufwasserkraftwerk Mitteleuropas.

Aber abgesehen davon, daß die Wasserstraße unmittelbar als Energieträger ausgenutzt wird, ist es nicht ausgeschlossen, daß der ständig steigende Energiebedarf in der Zukunft auch auf die Wasserstraßenbaupolitik der Verwaltung einen zunehmenden Einfluß ausüben könnte. Es muß in diesem Zusammenhang auf die bedeutungsvolle Arbeit von Dr.-Ing. e. h. Dr. F. Marguerre über „Verbrauchsorientierte Stromerzeugung" hingewiesen werden *[20]*. Da die Übertragungsverluste auf langen Strecken zu groß werden, werden die von den Kohlenrevieren entfernt liegenden Gebiete ihren Energiebedarf am wirtschaftlichsten durch Wasserkraft und durch Errichtung von standortgebundenen Kohlekraftwerken auf der Basis hochwertiger Qualitätskohle decken müssen. Dazu aber muß die Kohle billig zum Standort der Kraftwerke transportiert werden. Hierfür kommt als billigster Transportweg nur die Wasserstraße in Betracht. Bereits ausgeführte bzw. im Bau befindliche Beispiele dafür sind das Großdampfkraftwerk Lahde an der Weser bei Minden und das Großdampfkraftwerk Aschaffenburg am Main. Weitere Großdampfkraftwerke in Süddeutschland werden folgen; denn deren Standort wird allein wegen des großen Bedarfs an Kühlwasser ebenfalls an einen leistungsfähigen Vorfluter gebunden sein. Hieraus können sich für den Ausbau der süddeutschen Wasserstraßen gewichtige Folgerungen ergeben.

IV. Die sonstigen Funktionen der Wasserstraßen für die Volkswirtschaft und ihre Bedeutung nach dem Kriege.

Während man feststellen kann, daß der Bevölkerung im allgemeinen die Funktionen der Wasserstraßen für die Schiffahrt und als Energiespender bewußt sind, da sie durch den Verkehr und durch die großen Bauanlagen sichtbar vor aller Augen liegen, besteht dagegen eine weitgehende Unwissenheit darüber, daß die Wasserstraßen außerdem noch zahlreiche andere Funktionen im Dasein der Menschen zu erfüllen haben, die mindestens ebenso wichtig, ja in vielen Fällen noch wichtiger als die beiden genannten sind.

Bei den natürlichen Wasserläufen steht deren Funktion als Vorfluter an erster Stelle. Das Verhalten des Vorfluters und das Wechselspiel zwischen Oberflächenabfluß und Grundwasser ist von der Gestalt des Einzugsgebietes des Vorfluters abhängig. Meistenteils haben die Maßnahmen, die im Einzugsgebiet und am Vorfluter bisher vorgenommen wurden, eine Beschleunigung des Abflusses des Wassers zur Folge gehabt. Besonders verheerend haben sich in dieser Hinsicht die starken Entwaldungen der letzten Zeit ausgewirkt, denen nur durch Wiederaufforstung in vollem Umfange begegnet werden kann. Auf der anderen Seite aber steigert sich der Wasserbedarf im Bundesgebiet infolge stärkerer Besiedlung, zunehmender Industrialisierung und höheren Lebensstandards der Bevölkerung ständig, so daß das Wasser an manchen Orten schon zur Mangelware geworden ist. Es müssen daher heute alle Maßnahmen am Wasser darauf gerichtet sein, das Rückhaltevermögen des Einzugsgebietes zu steigern.

Abb. 16. Stauhaltung Harrbach am Main.

In gleicher Weise wie die natürlichen Wasserläufe dienen auch die Kanäle der Wasserversorgung der Industrie und der Gemeinden. Es ist noch wenig bekannt, daß z. B. die nordwestdeutschen Kanäle an Industrie und Kommunen, an die Landwirtschaft und an Fischereibetriebe wesentlich mehr Wasser im Jahre abgeben, als die Talsperren in Gesamt-Westfalen zu fassen vermögen. Die Stadt Münster z. B. macht seit Jahrzehnten für ihre Wasserversorgung vom Kanalwasser Gebrauch und die an den Kanälen angesiedelte Industrie wäre ohne Wasserentnahme aus diesen Wasserstraßen nicht lebensfähig. Dank einer wohlorganisierten Wasserwirtschaft im Industriegebiet ist dabei die Güte des Kanalwassers in anerkannter Weise besser als das Wasser der meisten Flüsse.

Diese Feststellung ist besonders wichtig, da sie gleichzeitig die schweren Mißstände deutlich werden läßt, die in der letzten Zeit durch die zunehmende Verschmutzung der natürlichen Vorfluter eingetreten sind. Hier liegt eine der Hauptsorgen der Wasserbauverwaltung des Bundes. Jeder Verbraucher fordert das Wasser für sich in ausreichender Menge und Güte. Nur wenige aber sind sich bewußt, daß sie auch für die Reinigung des gebrauchten Wassers ihren Mitmenschen gegenüber verantwortlich sein sollten. Der Gebrauch des Wassers in der Siedlungswasserwirtschaft darf nicht mit der Ableitung des gebrauchten Wassers zum Vorfluter endigen. Er endigt vielmehr erst mit der Reinigung des gebrauchten Wassers! Und in gleicher Weise endigt auch jeder Fabrikationsprozeß erst mit der Reinigung des Fabrikabwassers. Hier liegt eine echte Gemeinschaftsaufgabe vor, die besser als mit polizeilichen Zwangsmaßnahmen von der Industrie und den öffentlichen Körperschaften durch Einsicht und Erkenntnis ihrer Verantwortung der Allgemeinheit gegenüber gelöst werden kann. Besonders ungünstig liegen hier die Verhältnisse am Main und am Neckar, die auf weiten Strecken nur noch Abwasserkanäle darstellen. Hoffentlich siegt hier bei den Anliegern noch rechtzeitig die Vernunft, ehe Seuchen und Verelendung harte Zuchtmeister werden.

Daß diese Verhältnisse auch unter weitaus schwierigeren Umständen durch Zusammenschluß aller Beteiligten gemeistert werden können, zeigen die durch die Genossenschaften geförderten vorbildlichen wasserwirtschaftlichen Verhältnisse im Ruhrgebiet. Hier auch können die Wasserstraßen ihrer weiteren Aufgabe, gleichzeitig der Volkserholung zu dienen, wieder zugeführt werden *[21]*. Längs des Rhein-Herne-Kanals, der der verkehrsreichste Kanal Deutschlands ist, ist es in Zusammenarbeit mit den Kommunalverwaltungen gelungen, Grünanlagen zu schaffen, die heute zu den wertvollsten Erholungsstätten dieses Gebietes gehören.

Die Wasserbauverwaltung des Bundes pflegt bei ihren Bauausführungen stets in Zusammenarbeit mit den Naturschutzbehörden auf die Landschaftsgestaltung besonderen Wert zu legen (s. Abb. 16).

V. Die Aufgaben der Wasserbauverwaltung des Bundes im Hinblick auf den wirtschaftlichen Zusammenschluß Europas.

Wenn die Völker Westeuropas sich zu wirtschaftlicher Zusammenarbeit vereinen, dann wird dadurch auch der Wasserstraßenverkehr neue Impulse erhalten. Dabei wird das Bestreben vorherrschen, die Verbindungen zwischen den Wasserstraßennetzen der einzelnen Staaten zu verbessern.

Ein Blick auf die Wasserstraßen der westeuropäischen Länder zeigt, daß in jedem dieser Länder ein Netz von Wasserstraßen vorhanden ist, das sich aus den geographischen und wirtschaftlichen Gegebenheiten dieser Länder historisch entwickelt hat. Es bestehen auch bereits Verbindungen zwischen diesen Wasserstraßennetzen, die im einzelnen zweifellos noch verbesserungsbedürftig sind und über deren Ergänzung das internationale Gespräch gerade jetzt in vollem Gange ist. Häufig diskutiert werden dabei die Pläne des Hochrheinausbaues, der Moselkanalisierung und des Maas-Rhein-Kanals. Mit an erster Stelle sollte jedoch in diesem Zusammenhang auch die Verbindung des Rheinstromgebietes mit der Donau durch die endgültige Fertigstellung der Rhein-Main-Donau-Großschiffahrtsstraße stehen, die besonders geeignet ist, die südosteuropäischen Staaten wirtschaftlich und politisch enger an den Westen anzuschließen. Dies ist eine wahrhaft europäische Aufgabe, die nur durch die Zusammenarbeit aller an der Binnenschiffahrt interessierten europäischen Staaten gelöst werden kann.

Bei der internationalen Diskussion gemeinsamer europäischer Verkehrsprobleme auf dem Gebiete der Wasserstraßen sollte man folgendem Problem seine besondere Aufmerksamkeit zuwenden, dessen Lösung mir für eine Verschmelzung der Wasserstraßennetze der verschiedenen Länder zu einem einheitlichen europäischen Wasserstraßennetz von grundlegender Bedeutung zu sein scheint. Dieses Problem wird deutlich, wenn man den Ausbauzustand der einzelnen Wasserstraßennetze miteinander vergleicht. Dabei zeigt sich eine große Mannigfaltigkeit in den Abmessungen der verschiedenen Wasserstraßen, die jeweils nur für Fahrzeuge mit sehr unterschiedlichen Größenverhältnissen und Fassungsvermögen benutzbar sind. Diese Mannigfaltigkeit hat sich zweifellos aus den geographischen Gegebenheiten historisch entwickelt. Doch sollte man nun versuchen, im Hinblick auf den wirtschaftlichen Zusammenschluß Europas bei der weiteren Planung auch hier zu einheitlichen Prinzipien zu gelangen. Man wird dabei zunächst von dem vorhandenen Zustand ausgehen müssen und zu untersuchen haben, welche Abmessungen der Wasserstraßen und welche Fahrzeugtypen sich für die bisherigen Verkehrsrelationen als besonders wirtschaftlich erwiesen haben, um daraus Rückschlüsse auf die Maßnahmen zu ziehen, die für den künftigen gemeinsamen Ausbau eines europäischen Wasserstraßennetzes als besonders zweckmäßig anzusehen sein werden. Im Zusammenhang mit den Veröffentlichungen aus Anlaß des 17. Internationalen Schiffahrtskongresses wurde von deutscher Seite dazu ein Vorschlag zur Diskussion gestellt, der eine Klasseneinteilung der Wasserstraßen zum Gegenstand hatte und der, wenn auch von den Verhältnissen in Deutschland ausgehend, geeignet erscheinen könnte, das internationale Gespräch über dieses Problem anzuregen *[22, 23]*. Hier scheint mir jedenfalls eines der vordringlichsten verkehrspolitischen Probleme auf dem Gebiete des weiteren Ausbaues von Wasserstraßen in Europa zu liegen, ein Problem, das bei den anderen Verkehrsträgern in diesem Ausmaß nicht in Erscheinung tritt.

Dieser kurze Überblick sollte zeigen, daß auf dem Gebiete des Wasserbaues nach dem Kriege wiederum eine Fülle neuer Aufgaben und Probleme an die Wasserbauverwaltung des Bundes herangetragen wurde und von ihr angefaßt wird. Wenn man vor dem Kriege eine Zeitlang geglaubt hat, daß die großen Aufgaben, die an die Jünger der Wasserbaukunst gestellt wurden, abgesehen vielleicht von der Vollendung der süddeutschen Wasserstraßenprojekte mit der Eröffnung des Mittellandkanals im Jahre 1938 zu einem gewissen Abschluß gelangt seien, so daß dem Wasserbauingenieur in Zukunft neben der Unterhaltung des Vorhandenen im wesentlichen nur noch administrative Aufgaben zufallen würden, so zeigt sich heute, daß diese Ansicht vollkommen fehlging. Auf allen Gebieten des Wasserbaues ist die Entwicklung neu in Fluß gekommen, das Tor zum technischen Fortschritt ist wieder aufgestoßen und ständig neue Probleme drängen zur Gestaltung.

Schrifttum.

[1] Scheid, Häringer, Horn: Beseitigung der Kriegsfolgen auf der Rheinstrecke von Lauterburg bis zur niederländischen Grenze. Aus „Der Rhein, Ausbau, Verkehr, Verwaltung". „Rhein" Verlagsges. m. b. H., Duisburg 1951.

[2] Wiederherstellung der Brücke des Mittellandkanals über die Weser bei Minden. — Sonderdruck der Verwaltung für Verkehr des Vereinigten Wirtschaftsgebietes.

[3] Die wirtschaftliche Bedeutung der Rhein-Main-Donau-Großschiffahrtsstraße. — Schriftenreihe des IFO-Instituts für Wirtschaftsforschung. H. 10, München 1951.

[4] Die wirtschaftliche Zweckmäßigkeit der Rhein-Main-Donau-Großschiffahrtsstraße. — Rhein-Main-Donau AG, München 1951, Selbstverlag.

[5] Most, O.: Zum gegenwärtigen Stand des Rhein-Main-Donau-Projektes. Heidelberg, Internat. Arch. Verkehrswesen Nr. 22, S. 513—519.

[6] Neckarkanal 1951. — Zeitschrift für Binnenschiffahrt, 1951. H. 11.

[7] Die Kanalisierung der Mittelweser von Minden bis Bremen. — Denkschrift, herausgegeben vom Verein zur Wahrung der Weserschiffahrtsinteressen E. V., Bremen.

[8] Kurzdenkschrift über die Notwendigkeit der Vollendung der Mittelweserkanalisierung. Hrsg. von der Wasser- und Schiffahrtsdirektion Hannover, 1950.

[9] Schumacher, G., Präsident: Die Speisung des Mittellandkanals muß sichergestellt werden. — Zt. „Die Weser", 1952, Nr. 4.

[10] 50 Jahre Dortmund-Ems-Kanal. Jubiläumsschrift, hrsg. von der Wasserstraßendirektion Münster, 1949.

[11] Denkschrift über den mittleren Teil des Dortmund-Ems-Kanals, der zugleich ein Teilstück des Mittellandkanals ist. — Hrsg. von der Wasser- und Schiffahrtsdirektion Münster, 1949 (mit Ergänzungen).

[12] Hilfer, K., Präsident: Der Dortmund-Ems-Kanal in seiner heutigen Gestalt und seinen künftigen Möglichkeiten. — Hrsg. von der Wasser- und Schiffahrtsdirektion Münster 1950.

[13] Tode: Der Ausbau des Dortmund-Ems-Kanals. — Z. „Hansa" 1951, H. 5, S. 721—722.

[14] Hartung, F.: Probleme des Binnenschiffbaues. — Z. „Hansa", 1951, H. 1/2, S. 104—109.

[15] Helm, K.: Über den Einfluß von Form und Größe des Wasserquerschnitts sowie der Schiffsform, der Geschwindigkeit und der Art des Antriebs auf die Gestaltung eines künstlichen Wasserlaufes. — Beitrag Nr. 14 in „Studien zu Bau- und Verkehrsproblemen der Wasserstraßen", hrsg. vom Bundesverkehrsministerium 1949.

[16] Heuson, R.: Biologischer Wasserbau und Wasserschutz. — Siebeneicher Verlag, Berlin-Charlottenburg, 1946.

[17] v. Kruedener, A.: Ingenieurbiologie. — Ernst Reinhardt Verlag München/Basel 1951.

[18] Eschweiler, W.: Wasserspiegel- und Sohlensenkung am Niederrhein. Aus „Der Rhein, Ausbau, Verkehr, Verwaltung". „Rhein"-Verlagsges. m. b. H., Duisburg 1951.

[19] Fuchs, Dr.-Ing.: Die Wasserkraftanlagen der Rhein-Main-Donau AG. — Vorträge des Deutschen Betonvereins E. V. 48. Hauptversammlung am 11. u. 12. 4. 1951 in Wiesbaden.

[20] Marguerre, F., Dr.-Ing. e. h. Dr.: Verbrauchsorientierte Stromerzeugung. Eine Untersuchung über den kapital- und kohlesparenden Verbund von rohstoff- und absatznahen Werken, 1951.

[21] Knieß: Wanderwege an Wasserstraßen im Industriegebiet. — Z. „Garten u. Landschaft", 1951, H. 3.

[22] Seiler, E.: Klasseneinteilung der Wasserstraßen im Hinblick auf den Verkehr von einheitlichen Schiffsgrößen. Beitrag Nr. 5 in „Studien zu Bau- und Verkehrsproblemen der Wasserstraßen", hrsg. vom Bundesverkehrsministerium 1949.

[23] Seiler, E.: Klasseneinteilung der Wasserstraßen, Möglichkeit übernationaler Vereinheitlichung in verschiedenen Staaten mit zusammenhängendem Wasserstraßennetz. — Beitrag Nr. 6 in „Studien zu Bau- und Verkehrsproblemen der Wasserstraßen", hrsg. vom Bundesverkehrsministerium 1949.

Der technische Stand der Binnenhäfen im Jahre 1952.

Von Hafendirektor Dipl.-Ing. **Hermann Bumm**, Duisburg.

Die deutschen Binnenhäfen konnten in den Jahren nach dem Kriege den Wiederaufbau der zerstörten Hafenanlagen so weit abschließen, daß sie dem zur Zeit bestehenden Verkehr in ausreichendem Maße wieder gerecht werden und außerdem noch genügende Leistungsreserven besitzen, um jeden Spitzenverkehr aufnehmen zu können. Über den Stand der Ausrüstung der größeren öffentlichen Häfen zu Ende des Jahres 1952 mit einem Umschlag von über 100000 t/Jahr gibt die umstehende Tabelle Auskunft:

I. Öffentliche Häfen.

Der frühere Ausbauzustand ist in den meisten Häfen, soweit es die Instandsetzung der Kaimauern und Ufer, der Hafenstraßen, der Bahnanlagen einschließlich deren Betriebsmittel und die Ausrüstung der Umschlageinrichtungen betrifft, wieder erreicht, so daß auf eine Gegenüberstellung mit dem Ausbauzustand der Binnenhäfen vor 1939 verzichtet wurde. Unbefriedigend ist nur der Bestand an Lagerhäusern, insbesondere in den stark zerstörten Häfen wie Mannheim, Frankfurt, Köln und Duisburg. In Zukunft wird sich der weitere Ausbau der Häfen, abgesehen vom Nachholbedarf an Lagerhäusern, auf die Modernisierung und Anpassung an die neuen Verkehrsverhältnisse infolge des stark angewachsenen Lastkraftwagenverkehrs und der Umstellung der Schiffahrt auf die schnell fahrenden Motorgüterschiffe einstellen müssen.

1. Neuanlage von Häfen.

Neuanlage oder Erweiterungen von Häfen haben in den Jahren nach dem Kriege in nennenswertem Umfange nicht stattgefunden. Nur in Regensburg wurde eine neue Kaianlage von 165 m Länge an der Donaulände geschaffen. Die vorhandene 750 m lange Umschlaganlage längs der Donau wurde durch Anschüttung der im Hafengebiet angefallenen Schuttmassen verlängert und durch eine Spundwand, Profil II mit normaler Verankerung mit Eisenbetonplatten gesichert. Die mit einem elektrischen Kran mit 5 t Tragfähigkeit ausgerüstete Kranbahn ruht wasserseitig auf einer Brunnenreihe. In Neuß ist ein Hafenbecken im Ausbau, das bei der Kiesgewinnung ohne Aufwendung besonderer Kosten anfällt. Hafenseitig sind hier nur die schräg geböschten Ufer mit einer Bruchsteinpflasterung zu versehen.

2. Stillegung von Hafenanlagen.

Auffallend ist, daß die umfangreichen Zerstörungen in keinem Hafen Gelegenheit gegeben haben, einzelne Hafenteile stillzulegen, um durch Zusammenlegung die in vielen öffentlichen Häfen sehr geringe Umschlagsleistung je lfdm. Uferlänge verbessern zu können. Es war auch in den größten und stark zerstörten Häfen wie Duisburg-Ruhrort oder Mannheim trotz des bedeutenden Rückganges im Umschlag nicht möglich, Hafenbecken zuzuschütten, weil trotz der großen Zerstörungen in jedem Hafenbecken noch so erhebliche volkswirtschaftliche Werte vorhanden waren, daß es nicht zu vertreten war, den erhalten gebliebenen Betriebsanlagen den Wasseranschluß zu entziehen oder sie abzubrechen und in andere Hafenbecken zu verlegen. Soweit Umschlaganlagen nicht wieder aufgebaut wurden oder durch Strukturänderung des Verkehrs in den Nachkriegsjahren außer Betrieb genommen und abgebaut worden sind, werden diese Hafenteile jetzt vorwiegend für die Ansiedlung von Industriebetrieben ausgenutzt.

In fast allen öffentlichen Häfen ist im allgemeinen eine teilweise Umwandlung zu Industriehäfen festzustellen. So sind durch die Strukturänderung im Kohlenverkehr der Duisburg-Ruhrorter Häfen z. B. die Mehrzahl der Kohlenkipper abgebrochen worden, und das Gelände wird voraussichtlich, soweit es nicht für Umschlagbetriebe in Anspruch genommen wird, zur Industrieansiedlung, die in ihrem Versand und Empfang auf den Wasserweg angewiesen ist, ausgenutzt. Auch in den Häfen des Oberrheins, denen durch die fortschreitende Kanalisierung von Main und Neckar Verkehr entzogen wird, ist eine ähnliche Entwicklung zu beobachten. Jede Schiffbarmachung oder Kanalisierung eines Flusses oder ein Kanalbau bewirkt eine Strukturänderung im Güteraufkommen der bestehenden Häfen und wird ein Teil des be-

Öffentliche Häfen.

Zahlentafel 1. Technische Ausrüstung der Häfen (Stand Ende 1952).

1	2	3	4	5			6	7	8		9				10	11
Hafen	Kailänge, die dem Umschlag dient	Gleisanlagen	Hafenstraßen	Krananlagen a) elektr. Kräne	b) Dampfkräne	c) Kranbrücken	Umschlagseinrichtungen Getreideheber- und Fallrohre	Lagerhäuser	Getreidespeicher a) Silos	b) Schüttböden	Tanklager für a) Mineralöl Anzahl		b) Speiseöl Anzahl		Ungedeckte Lagerplätze für Schiffsumschlag	Gesamt-Hafenumschlag im Jahre 1952
	km	km	km					m²	t	m³		m³		m³	m²	t
Rheinhäfen																
Emmerich	0,47	—	—	3	—	—	2	1 474	2 400	—	—	—	—	—	15 580	50 200
Orsoy	0,3	3,452	0,4	3	—	—	1	1 420	—	855	—	—	—	—	15 500	815 600
Kleve	0,33	4,6	0,32	—	2	—	1	3 200	4 500	—	1 Ölsauganl.		—	—	7 138	120 300
Wesel	0,53	0,53	0,53	3	2	—	—	500	—	—	—	—	—	—	3 000	822 100
				1 Kieselevator												
Duisburg-Ruhrort	24,8	419	25	52	45	33	9	48 950	62 918	38 000	186	128 000	—	—	1 400 000	10 153 300
Krefeld-Uerdingen	3,8	7,2	2,16	11	—	8	6	15 850	60 000	—	—	—	5	12 500	17 150	631 200
Düsseldorf	5,75	70	15,95	56	1	1	8	53 500	88 170	11 200	4	61 800	—	—	43 500	1 895 600
Neuß	8,8	96,87	10,5	15	—	9	15	120 000	72 000	12 000	13	5 870	34	23 350	250 000	980 055
				15 Laufkatzen												
Köln	6,2	60	20,5	50	7	1	2	105 000	100 000	—	31	22 650	—	—	190 000	2 389 000
Bonn	0,5	5,75	0,65	3	—	—	1	3 300	8 000	1 000	1	1 870	—	—	18 100	126 600
Beul																184 000
Brohl	0,745	1,270	0,4	4	—	—	—	87	—	—	—	—	—	—	3 190	124 900
Andernach															10 000	930 000
Weißenturm	0,40	—	—	2	—	—	—	—	—	—	—	—	—	—	—	—
Neuwied	0,675	2,10	—	7	3 Transportbdr.		—	300	—	—	—	—	—	—	7 800	1 305 700
Bendorf	1	4	1,5	4	2	—	—	46 000	—	—	1	2 681	—	—	70 000	270 300
Koblenz	1,15	12	1,15	5	—	—	—	4 000	—	—	2	11 000	—	—	13 000	287 800
Oberlahnstein	0,21	0,71	—	1	2	—	1	—	5 000	—	—	—	—	—	8 500	684 800
					1 Transportband											
				1 Schwimmkran		1 Kipper										
Bingen	0,78	4	0,8	6	—	1	1	10 700	—	4 500	6	4 700	4	220	14 000	178 800
Mainz rechtsrhein.	2,67	21,19	0,73	5	4	1	—	2 000	—	—	—	—	—	—	69 400	308 700
Mainz linksrhein.	4	31	—	18	—	2	2	25 500	6 900	5 100	—	4 000	—	—	10 000	1 001 900
					1 Transportband											
Gernsheim	0,57	1	1,15	—	2	1	—	—	—	—	—	—	—	—	6 100	375 800
					2 Siebwerke											
Worms	6,1	25	1,43	6	2	2	5	6 700	16 560	13 950	3	63 000	—	—	50 000	261 800
Ludwigshafen	17,5	32	10,2	36	2	8	1	30 000	12 000	10 000 t	—	30 000	—	—	200 000	3 642 400
				7 Kohlenentlader												
Mannheim	44	153	20	170	16	44	29	220 416	104 000	61 000 t	165	63 000	17	3 050	3 480 000	4 977 800
				61 Sieb- u. Brechwerke												
Karlsruhe	10,7	62	8,5	14	1	18	4	59 000	13 350	5 000 t	3	12 000	4	313	600 000	1 611 600
Kehl	2,2	42	7,5	7	—	5	2	26 000	11 680	6 380	3	660	—	—	345 021	493 300
Weil	1	—	—	2	—	—	—	700	1 200	—	—	—	—	—	29 900	120 100
Mainhäfen																
Frankfurt	11,195	118	9	62	7	2	6	79 421	34 000	6 600	11	34 000	—	—	505 600	3 106 300
Offenbach	3,92	9,38	1,5	2	—	4	—	650	—	—	3	4 500	—	—	106 000	144 300
Hanau	3,2	10	3	5	3	6	1	7 100	20 000	5 (0)	—	—	—	—	100 000	458 100
Aschaffenburg	4,5	29,4	3,72	11	1	8	7	8 000	750	10 764	2	134	—	—	400 000	858 300
Würzburg																1 942 900
Schweinfurt	0,305	0,392	—	3	—	—	—	—	—	—	—	—	—	—	600 f. Holz	140 700
Kitzingen	0,323	0,323	—	1	—	—	—	—	—	—	—	—	—	—	21 000	96 500
Bamberg	1,64	1,64	—	4	1	2	1	27 600	1 900	6 000	—	2 561	—	—	94 000	95 400
					6 Transportbdr.											
Neckarhäfen																
Heilbronn	5,2	17,5	—	23	—	—	3	17 000	29 000	—	—	4,8 Mio l	—	—	150 000	3 139 100
Donauhäfen																
Regensburg	2,86	44	2,7	26	1	17	2	17 200	30 000	—	51	40 385	—	—	10 745	2 370 200
Westdeutsches Kanalgebiet																
Mülheim-Ruhr	3,3	21,6	6,5	5	3	3	—	200	—	825	5	16 000	—	—	120 000	1 004 000
Essen	1,0	13	4,1	4	—	1	1	17 000	4 650m³	14 400	10	19 800	—	—	350 000	2 030 800
				1 Dieselgleiskran												
Gelsenkirchen	0,275	16,685	0,26	4	1	—	2	2 536	15 200	6 000	1	235	—	—	1 300	5 260 600
Wanne-Eickel	1,26	4,077	0,63	6	1	3	—	—	—	17 400	—	—	—	—	36 500	2 844 200
Recklinghausen	0,17	—	—	2	—	—	—	1 811	—	1 811	—	—	—	—	8 082	228 700
Datteln	0,27	—	—	—	2	—	—	—	—	—	—	—	—	—	2 500	88 200
Dortmund	8,5	8,5	9	27	—	9	7	50 000	29 000	—	—	4 000	—	—	300 000	4 405 200
Hamm	2,6	10	1,7	9	—	—	6	20 000	16 400	6 500	1	11	—	—	64 500	856 800
											1 f. Schwefels. = 1390 t					
Lünen	0,33	0,42	—	2	1	—	—	—	—	—	—	—	—	—	8 600	418 500
Münster	2,25	10	2,1	4	6	4	4	26 000	36 000	12 600	4	1 000	—	—	20 000	536 200
Mittellandkanalgebiet																
Osnabrück	1,75	21	3,5	3	—	3	2	10 000	8 000	4 000	6	957	—	—	30 000	358 900
Hannover	4,4	39,2	—	17	—	1	4	22 000	36 000	11 000	5	2 100	—	—	125 000	763 600
Misburg	0,42	6	1	3	—	—	—	—	—	—	—	—	—	—	10 000	826 300
				2 Bandanlagen für Kali												
Hildesheim	0,96	8	—	5	—	—	—	—	20 000	—	—	—	—	—	17 522	453 600
				4 Kalitransportbänder												
Braunschweig	1,1	13	2	6	—	—	3	7 000	15 000	10 000	—	—	—	—	120 000	534 800
				2 Salzverladeanlagen												
Wesergebiet																
Kassel	0,16	0,035	—	2	—	—	1	—	9 100	—	—	—	—	—	10 000	146 900
Hameln	0,61	0,61	—	2	—	1	6	11 500	11 500	—	2	900	—	—	—	101 600
Rinteln	0,36	0,36	—	—	1	—	2	6 000 t	12 500	—	—	—	—	—	600	
Minden	0,355	1,710	0,480	3	—	—	1	8 600	20 000	3 000	1	130	—	—	40 255	239 500
Oldenburg	0,75	1,15	1,15	9	1	1	2	9 500	2 000	—	2	140	—	—	4 000	397 600

stehenden Verkehrs auf die neuen Häfen abwandern lassen, besonders, wenn diese z. Z. Endhäfen an den schiffbaren Wasserläufen sind, wie z. B. zur Zeit Würzburg oder Heilbronn. Auch diese Häfen werden versuchen müssen, mit dem Fortschreiten der Main- bzw. der Neckarkanalisierung den entgangenen Verkehr durch Industrieansiedlung auszugleichen.

3. Lagerhäuser.

Die in den Seehäfen übliche Unterteilung in Schuppen und Speicher ist in den Binnenhäfen unbekannt. Vorwiegend sind hier die mehrstöckigen Lagerhäuser vorhanden, die nach der Bezeichnung der Seehäfen Schuppenspeicher sind, denn es erfolgt in ihnen sowohl die kurzfristige Lagerung der Schuppen bis zur Abfertigung durch die Spediteure als auch die langfristige Speicherung, letztere meist in den oberen Stockwerken.

Die Lagerhäuser waren in fast allen Häfen weitgehend zerstört. An dem Wiederaufbau derselben wird zwar laufend gearbeitet, aber es wird noch eine geraume Zeit dauern, bis die fehlenden Lagerhausflächen wieder geschaffen sind. Zum Teil sind sie bereits in den Jahren vor oder kurz nach der Währungsreform wieder aufgebaut worden. Der Materialmangel und die geringen zur Verfügung stehenden Geldmittel zwangen dazu, die erhalten gebliebenen Fundamente und Umfassungsmauern möglichst weitgehend auszunutzen, so daß der größte Teil der Lagerhäuser in den alten Abmessungen wieder erstanden ist. Nur soweit die Speicher mit Holzdecken ausgerüstet waren, sind diese durch Betondecken ersetzt und die Lagerhäuser durch Einbau moderner Lastenaufzüge verbessert worden. Als besondere Wiederaufbauleistung verdient die Errichtung einer Front von fünf Lagerhäusern an der Rheinreede und von zwei weiteren Lagerhäusern am Zollhafen in Mannheim mit einer Lagerfläche von insgesamt 130000 m² unter weitgehender Verwendung von Fertigbetonteilen hervorgehoben zu werden.

Bisher war es in keinem Binnenhafen möglich, neue, von vorhandenen Grundmauern unabhängige Lagerhäuser zu bauen. Sollte hierzu demnächst die Möglichkeit bestehen, so muß bei der Neuplanung die Stützenstellung von der bisher üblichen Spannweite von z. T. 4 bis 4,5 m auf 8 m vergrößert werden, um den, wenn auch erst in Zukunft, aber dann mit Sicherheit zu erwartenden Einsatz von Elektrokarren und Gabelstaplern die erforderliche Bewegungsmöglichkeit zu gewährleisten. Auch die Rampenbreite muß für die Rundfahrt der Elektrokarren auf der Wasserseite mit mindestens 3 m, besser aber mit 4 m und auf der Landseite mit mindestens 3 m vorgesehen werden.

4. Getreidesilos.

Zahlenmäßig zufriedenstellend ist der Stand an Getreidelagerraum mit den dazugehörigen Umschlagseinrichtungen. Die in den Häfen der Kriegseinwirkung zum Opfer gefallenen alten Holzsilos sind durch moderne Betonsilos ersetzt worden, so daß der früher vorhandene Getreideraum fast überall wieder erreicht ist.

5. Tankraum für Mineralöle.

Der Mineralölumschlag hat durch die ständig wachsende Motorisierung den Vorkriegsverkehr in den meisten Häfen überschritten, womit an allen Plätzen eine Vergrößerung des Tankraumes für Mineralöle verbunden ist. Besonders groß ist die Zunahme in den Duisburg-Ruhrorter Häfen. Neben dem Ausbau des Großtanklagers der Esso im Duisburger Parallelhafen von 25000 auf 45000 m³ Tanklagerraum ist in dem Ruhrorter Hafen, Becken A, ein Großtanklager mit einer Lagerfähigkeit für 55000 m³ Mineralöle in 22 Tankbehältern erstanden. 33000 m³ Tankraum dient zur Lagerung von Rohöl, das von den Rheinmündungshäfen in Tankern mit einer Tragfähigkeit bis zu 3000 t angefahren und in Fernleitungen von 150 bzw. 200 mm ∅ zu den Hydrierwerken der Ruhrchemie in Holten und der Gelsenberg Benzin A.-G. sowie Scholven-Chemie in Gelsenkirchen-Buer gefördert wird[1].

Für die Lagerung von Benzin und Benzol, Spezialbenzinen, Dieselöl und Heizöl sind 22000 m³ Tankraum vorgesehen.

6. Krananlagen.

Bemerkenswert ist die noch immer hohe Anzahl der Dampfkrane in den Binnenhäfen. Nur soweit sie durch Kriegseinwirkung weitgehend oder vollkommen zerstört waren, hat man sie durch neue elektrische Wippkrane ersetzt. So ist im Hafen Mannheim die neu geschaffene Lagerhausfront mit fünf neuen elektrischen Wippkranen ausgerüstet. Im Hafen Frankfurt sind für 22 alte, größtenteils zerstörte hydraulische Krane 6 elektrische Halbportal-Wippkrane mit einer Tragfähigkeit von 3 bzw. 5 t und ein fahrbarer Dieselgleiskran mit 3,5/10 t Tragfähigkeit erstellt worden, die den gleichen Umschlag wie die 22 hydraulischen Krane leisten können. Wo die alten Dampfkrane mit einfachen Mitteln wieder instand gesetzt werden konnten, sind sie aber auch weiterhin mit wirtschaftlichem Erfolg in Betrieb. Sie sind sehr robust und erreichen eine hohe Betriebssicherheit, dem allerdings der Nachteil der ständigen Unterdampfhaltung bzw. des Anheizens nach Betriebspausen gegenübersteht. Die Auswechslung der Dampfkrane geht auch

[1] Vgl. Hansa Jahrg. 1952 v. 20. 9. S. 1239.

nicht zuletzt so zögernd vor sich, weil die hohen Kapitalkosten, die für die Anschaffung elektrischer Wippkrane aufzubringen sind, bei der in den öffentlichen Häfen verhältnismäßig geringeren Auslastung kaum erwirtschaftet werden können.

7. Hafenstraßen.

Beim Wiederaufbau der Häfen wurde weitgehend die Gelegenheit ausgenutzt, die Umschlaganlagen dem zunehmenden Lastkraftwagenverkehr anzupassen. So ist in fast allen Häfen ein umfangreicher Ausbau der Ladestraßen festzustellen, wobei die Möglichkeit des direkten Umschlags Schiff/Lastkraftwagen besonders berücksichtigt wurde[1].

Man ist bestrebt, eine möglichst weitgehende Trennung des Eisenbahn- und Lastkraftwagenverkehrs zu erreichen. Die Wasserseite der Schuppen soll grundsätzlich dem Eisenbahnverkehr und die Landseite dem Lastkraftwagenverkehr vorbehalten bleiben. Die Auspflasterung der wasserseitigen Gleise und die gleichzeitige Benutzung dieses Verkehrsstreifens durch die Lastkraftwagen sollte nur ein Notbehelf sein, weil sie häufig Anlaß zu Kollisionen zwischen Lastkraftwagen und Eisenbahn gibt. Außerdem wird der Lastkraftwagenverkehr durch den Umschlag der Krane quer zur Fahrtrichtung erheblich gefährdet. Der direkte Umschlag Schiff/Lastkraftwagen wird daher zweckmäßig auf besondere Umschlagplätze zwischen den Lagerhäusern oder vor Kopf der Lagerhäuser verwiesen, wobei ein größerer Abstand von 50 bis 60 m zwischen den Lagerhäusern vorzuhalten ist. Derartige Umschlagplätze sind in den Häfen Mannheim und Karlsruhe geschaffen worden. Die wasserseitigen Rampen vor den Lagerhäusern können an diesen Umschlagplätzen durchgezogen werden, so daß die Krane die Güter direkt auf die Lastkraftwagen oder auf die Rampen absetzen können. Um die Möglichkeit zu schaffen, Güter kurzfristig abzustellen, können die Rampen vor Kopf der Lagerhäuser vorgezogen werden, so daß eine U-förmige Rampenanlage entsteht, an deren Innenkante die Lastkraftwagen vorfahren können. Derartige Umschlagplätze sind auch unabhängig von den Lagerhäusern meist an der Spitze oder der Wurzel der Hafenbecken geschaffen worden, wie in Braunschweig, Regensburg, Karlsruhe und Duisburg.

8. Hafenbahnen.

Mit der Zunahme der Lastkraftwagen in den Häfen ist meistens ein entsprechender Rückgang des Eisenbahnverkehrs festzustellen. Die Hafenbahnen sind durch die ungenügende Auslastung der Betriebsmittel zum größten Unkostenfaktor der Häfen geworden und erfordern fast überall in der Betriebsabrechnung einen erheblichen Zuschuß. Die meist seit der Jahrhundertwende oder zumindest seit der Vorkriegszeit vorhandenen Gleisanlagen sind nach dem heutigen Verkehrsumfang zu groß bemessen. Die zerstörten Gleisanlagen sind daher in vielen Häfen in dem früheren Umfang nicht wieder aufgebaut worden. Die landseitigen Gleisanlagen an den Schuppen sind häufig verschwunden, besonders, wenn auf der Wasserseite ausreichende Gleisanlagen für den Bahnverkehr vorhanden sind.

Die Unterhaltungskosten für die zu groß gewordenen Gleisanlagen belasten die Betriebsabrechnung der Hafenbahn erheblich, so daß die Rationalisierung der Gleisanlagen und der Abbau aller nicht unbedingt benötigten Gleise dringendes Gebot geworden ist. Es ist daher eine Überprüfung der Gleisanlagen in den Häfen erforderlich und zum Teil auch im Gange, die eine Vereinfachung des Rangier- und Zustellbetriebes und eine Verringerung der Gleisanlagen zum Ziele hat. Auch bei den Betriebsmitteln der Hafenbahnen ist eine weitgehende Modernisierung zu beobachten. In den Häfen Regensburg, Frankfurt und Neuß wurde mit der Umstellung des Betriebs von Dampf- auf Diesellokomotiven begonnen. Während der Bedienungsstunden für die Kaianlagen entsteht im Betrieb der Hafenbahnen eine hohe Spitze in der Belastung der Betriebsmittel, während außerhalb dieser Dienstzeiten der Lokomotivpark nur teilweise ausgelastet ist. Die Dampflokomotiven verursachen durch die ständige Unterdampfhaltung beträchtliche Betriebskosten, so daß der Einsatz von Diesellloks wirtschaftlich vorteilhafter erscheint, besonders, wenn erreicht werden kann, daß bei den Dieselloks die Einmannbedienung durchgeführt wird. Aber auch hier wirken die hohen Anschaffungskosten für eine Diesellokomotive stark hemmend, besonders, weil die Dampflokomotiven bereits vollständig abgeschrieben sind. Hinzu kommt der zur Zeit sehr hohe Preis für das Dieselöl. Die Betriebszeit der Dieselloks in den genannten Häfen ist aber noch zu kurz, um bereits jetzt endgültige Zahlen über die Wirtschaftlichkeit des Diesellokbetriebes bekanntgeben zu können.

9. Unterhaltung der Hafenanlagen.

Während die Beseitigung der Kriegsschäden in den Binnenhäfen in befriedigendem Umfange erfolgt ist, mußte die Unterhaltung der Hafenanlagen stark vernachlässigt werden. In den Jahren während und nach dem Kriege, d. h. also, seit rund 15 Jahren, sind diese für jeden Hafen so wichtigen Arbeiten sehr zurückgeblieben. Die Kaimauern stammen meist aus der Zeit der Jahrhundertwende. Sie sind vorwiegend aus Mauerwerk hergestellt, dessen Verblendung stark angegriffen ist, so daß in fast allen Häfen in großem Umfange Ausbesserungsarbeiten erforderlich sind. Die Unterhaltung der schräg geböschten Ufer verursacht gleichfalls erhebliche Kosten. Die Böschungen sind durch das Schraubenwasser der in starker Zu-

[1] Vgl. Hansa v. 19. 11. 52 S. 1644.

nahme begriffenen Motorschiffahrt vielfach unterspült und abgesackt, insbesondere ist der Vorwurf am Fuße des Böschungspflasters im Laufe der Jahre, in den Sanduntergrund eingespült und zum Teil vollständig verschwunden. Es wird zu prüfen sein, ob an Stelle der bisher üblichen Steinschüttung schwarze Decken zweckmäßiger sind, um den Unterhaltungsaufwand zu verringern. Die mit Erfolg beim Kanalbau angewandte schwarze Decke hat außerdem den Vorteil, daß sie bei niedrigen Wasserständen für die Schiffer besser begehbar ist.

Besonders groß ist der nachzuholende Unterhaltungsaufwand bei den Bahnanlagen. In den Häfen sind vielfach noch Gleisanlagen mit Profil Preußen 6 vorhanden, die dem Achsdruck der Großgüterwagen nicht mehr gewachsen sind und deshalb auf Profil Preußen 8 umgebaut werden müssen. Der Umbau der Gleisanlagen und der nachzuholende Unterhaltungsaufwand sind hier infolge des zurückgegangenen Eisenbahnverkehrs besonders unwirtschaftlich. Der Einsatz der hierfür erforderlichen Mittel ist aber nicht zu vermeiden, wenn man die Binnenhäfen im Umschlag mit allen Verkehrsträgern leistungsfähig erhalten will.

10. Vertiefung der Häfen.

In den Häfen des Niederrheins kommt das Problem der Hafenvertiefung hinzu. Durch das Absinken des Rheinwasserstandes[1] ist hier eine Vertiefung der Hafenbecken erforderlich. Zunächst sind von der Erscheinung der Rheinerosion in erster Linie die Duisburg-Ruhrorter Häfen betroffen, bei denen eine Vertiefung der Hafenbecken bis zu einem Maße von 4 m erforderlich wird.

In den Duisburger Häfen wird diese Vertiefung durch Schlagen von Spundwänden Prof. IV in die schräg geböschten Ufer und durch anschließende Ausbaggerung der Hafenbecken durchgeführt. Bei der Verankerung der Spundwände wurde die von den Duisburg-Ruhrorter Häfen entwickelte Verankerung durch horizontalliegende Eisenbetonpfähle mit gutem Erfolg angewandt.[2].

Bemerkenswert ist die im Rahmen der Hafenvertiefung im Jahre 1952 ausgeführte Absenkung der Sperrschleuse Marientor um 2,5 m durch nachträglichen Einbau eines Senkkastens unter der Schleusensohle[3].

In den Ruhrorter Häfen wird das Ziel der Hafenvertiefung durch den Abbau der Kohle unter den Hafenbecken erreicht, wodurch das ganze Hafengebiet um das erforderliche Maß von i. M. 1,6 m absinken wird[4].

Die Erfahrungen, die die Duisburg-Ruhrorter Häfen mit der nicht vorausgesehenen Erosion des Rheines machen mußten, zwingen dazu, beim Neubau von Hafenanlagen oder Kaimauern und allen anderen Bauten an regulierten oder noch zu regulierenden Flüssen und Strömen die zu erwartende Änderung der Flußsohle bei den Gründungsarbeiten zu berücksichtigen und keine Kosten für die wissenschaftliche Untersuchung, besonders auch für Modellversuche, zu scheuen, um sich ein möglichst genaues Bild über das zu erwartende Maß der Erosion machen zu können

II. Privathäfen.

Die Werks- und Privathäfen haben ihre Kriegsschäden inzwischen vollständig beseitigen können. Der Umschlag ist in den Privathäfen im Verhältnis zur ausgebauten Uferlänge außerordentlich hoch. Es zeigt sich hier der Vorteil, daß bereits bei der Planung von Werkshäfen sowohl die umzuschlagenden Güter, meist wenige Arten von Massengütern, als auch deren Mengen ziemlich genau bekannt sind. Sie können daher unter höchster Ausnutzung der Anlagen bemessen werden. Entsprechend der hohen Umschlagsleistung sind auch die Ufer der Werkshäfen mit einer verhältnismäßig großen Zahl meist sehr moderner Krane ausgerüstet. Über den Stand der Ausrüstung der Werkshäfen gibt Tabelle 2, Seite 22, Aufschluß.

Für den weiteren Ausbau der deutschen Binnenhäfen harren noch zahlreiche Fragen der Lösung, die besonders durch die Rationalisierung und Beschleunigung des Umschlags mit der Einführung des Behälterverkehrs, der Elektrokarren und Gabelstapler und der Transportbandförderung usw. umrissen sind. Der Übergang der Schiffahrt auf die schnell fahrenden Motorschiffe erfordert eine kürzere Abfertigung der Schiffe, wenn die höhere Fahrgeschwindigkeit der Transportmittel ihren Zweck erfüllen soll, und die Schiffahrt gegenüber Eisenbahn und Lastkraftwagen weiterhin konkurrenzfähig bleiben will. Es ist zu hoffen, daß den Häfen die erforderlichen Mittel zur Durchführung ihrer Aufgaben zur Verfügung stehen, um auch weiterhin ihren Platz in der Verkehrswirtschaft erhalten zu können.

[1] Vgl. Hansa v. 19. 11. 52 S. 1624. — [2] Vgl. Bautechn. v. 1. 1. 53 S. 20. — [3] Vgl. Hansa v. 20. 12. 52 S. 1793, Bautechn. v. 10. 52 S. 281. — [4] Vgl. Bautechn. v. 10. 52 S. 281.

Privathäfen.

Zahlentafel 2. Technische Ausrüstung der Häfen (Stand Ende 1952).

1	2	3	4	5			6	7		8				9	10
Hafen	Kailänge, die dem Umschlag dient	Gleisanlagen	Hafenstraßen	Krananlagen a) elektr. Kräne	b) Dampfkräne	c) Kranbrücken	Lagerhäuser	Getreidespeicher a) Silos	b) Schüttböden	Tanklager für a) Mineralöl Anzahl		b) Speiseöl Anzahl		Ungedeckte Lagerplätze für Schiffsumschlag	Gesamt-Hafenumschlag im Jahre 1952
	km	km	km				m²	t	m²		m³		m³	m²	t
Rheinhäfen															
Spyck	0,17	0,270	0,270	3 1 Getreideheber			5000	10 000	700	—	—	8	3370	300	
Rheinberg	0,255	1,100	—	1	—	2	—	—	—	—	—	—	—		197 900
Borth															711 900
Walsum-Nord	0,3	1,5	—	—	—	1	—	—	—	—	—	—	—	8 000	968 700
Walsum-Süd	1,396	12,490	1,15	13	—	2	—	—	—	1 Tankraum für 1000 m³ Schwefels.				38 100	2 550 000
Schwelgern	2,125	35,2	—	12	—	7	—	—	—	1 Tankraum für 1800 m³ Schwefels.				104 000	4 293 000
Rheinpreußen Homberg	0,48	9,7	2	5	1	1	—	—	—	14	857	—	—	37 000	1 118 700
Diergardt-Mevissen	0,200	0,790	—	2	—	—	—	—	—	—	—	—	—	4 500	745 700
Rheinhausen	1,08	—	—	4	—	6	—	—	—	—	—	—	—	35 000	1 951 600
Huckingen-Mannesmann	0,8	1,6	—	5	—	2	—	—	—	—	—	—	—	8 000	1 288 200
Leverkusen															1 151 300
Wesseling	1,86	17,38	—	7	3	—	—	—	—	—	—	—	—	—	4 458 700
Oberkassel															627 700
Linz-Linzhausen															220 700
Rheinfelden	0,18	—	—	2	1	—	250	—	—	—	—	—	—	700	116 600
Rhein-Herne-Kanal															
Teerverwertung	0,197	1,28	—	1	—	—	950	—	—	3	11 775	—	—	2 350	
Neumühl	0,23	2,871	—	2	—	—	—	—	—	1 Tankraum für 600 m³ Schwefels.				7 400	392 400
Concordia	0,24	1,5	—	2	—	—	—	—	—	—	—	—	—	—	280 100
Prosper	0,45	5,50		3	—	1					1 490			20 000	689 000
Bottrop	0,5	4,2	—	4	—	1	—	—	—	—	—	—	—	35 000	2 473 300
Altenessener Bergw.	0,4	4,8		3			—	—	—	—	—	—	—	78 000	
Nordstern	0,455	—	—	3	—	—	—	—	—	1	850 1 Schwefelsäurebehälter 1200 m³		—	2 550	1 657 900
Math. Stinnes	0,579	1,200	—	1	—	1	—	—	—		31 000	—	—	10 800	
Wilhelmine Viktoria	0,31	3	—	2	2	—	—	—	—	—	—	—	—	24 300	181 900
Gelsenberg	0,375	—	—	—	—	—	—	—	—	1 Benzinabfüllstation / 2 Ölentladestationen 2 Lagertanks für Schwefels. je 1200 m³					
Hugo	0,27	1,75	—	1	—	—	—	—	—	—	—	—	—	19 500	313 900
Graf Bismarck	0,39	1,7	—	3	—	1	—	—	—	—	—	—	—	30 000	780 100
Grimberg	1,155			8	—	5								105 000	1 337 900
Unser Fritz	0,212	0,668	—	2	—	—	—	—	—	—	—	—	—	3 284	147 700
Julia	0,35	1,250	—	3	—	1	—	—	—	—	—	—	—	30 000	774 100
Recklinghausen I	0,25	0,330	—	1	—	—	—	—	—	—	—	—	—	3 000	
Ewald König-Ludwig	0,425	1,350	—	2	—	—	—	—	—	1 Schwefelsäurebehälter 350 t				100000 t	382 600
Friedrich d. Große	0,28	—	—	3	—	—	—	—	—	—	—	—	—	—	705 900
Viktor	0,32	2	—	2	—	—	—	—	—	—	—	—	—	—	839 900
Wesel-Datteln-Kanal															
Fürst Leopold Baldur	0,27	0,6	0,5	1	—	—	—	—	—	—	—	—	—	7 200	226 900
Dorsten	0,08	—	—	—	—	1	150	—	900	—	—	—	—	10 000	
Brassert	0,24	0,85	—	1	—	—	—	—	—	—	—	—	—	5 600	242 500
Datteln-Hamm-Kanal															
Preußen	0,147	1,740	—	3	—	—	—	—	—	—	—	—	—	12 000	213 700
Haus Aden	0,3	0,3	—	1	—	—	—	—	—	—	—	—	—		
Heinrich Robert	0,325	1,531	—	1	—	—	—	—	—	3	250	—	—	—	141 100
Dortmund-Ems-Kanal															
Minister Achenbach	0,143	0,825	7	1	—	—	—	—	—	1 Schwefelsäuretank = 550 t			—	2 000	411 600
Emscher-Lippe	0,50	0,100	—	2	—	—	—	—	—	—	—		—	50 000 t	344 900
Saarbeck	0,50	1,90	—	—	2	1	—	—	—	—	—		—		
Mittellandkanal															
Piesberg	0,270	0,540	—	1	—	—	—	—	—	—	—		—	4 700	
Peine	0,460	3,412	—	—	—	3	—	—	—	—	—		—	22 000	696 100
Bleckenstedt-Beddingen	1,939	2,734	0,586	2	5	7	—	—	—	—	—		—	78 300	2 138 900

Der Wiederaufbau und Ausbau des Hamburger Hafens seit 1945.

Wirtschaftliche und technische Grundlagen für die Neugestaltung des Hamburger Hafens.

Von Hafen-Baudirektor Dipl.-Ing. **Friedrich Mühlradt,** Hamburg.

Über die Neugestaltung des Hamburger Hafens, seine Generalplanung und die Probleme des Wiederaufbaus der einzelnen Anlagen wird nachstehend in einer Reihe von Arbeiten ausführlich berichtet. Heute — zu Beginn des Jahres 1953 — ist es leicht, in einem Rückblick auf die Zeit seit dem großen Zusammenbruch im Mai 1945 sich an den Ablauf der Dinge zu erinnern und befriedigend festzustellen, daß im großen und ganzen das ursprünglich Geplante richtig geworden ist. Im Anfang dieser Zeit standen die Probleme riesengroß vor den Verantwortlichen. Es war nicht damit getan, daß man sich Gedanken über diese oder jene Art des Aufbaus machte. Mit dem Zerschlagen der technischen Anlagen des Hafens Hamburg war gleichzeitig sein Hinterland zur Hälfte abgetrennt, seine Handelsschiffahrt verloren, seine Auslandsverbindungen zerschnitten und sein Außenhandel zerstört. Diese Verluste bedrohten ernsthaft die Grundlagen seiner Existenz.

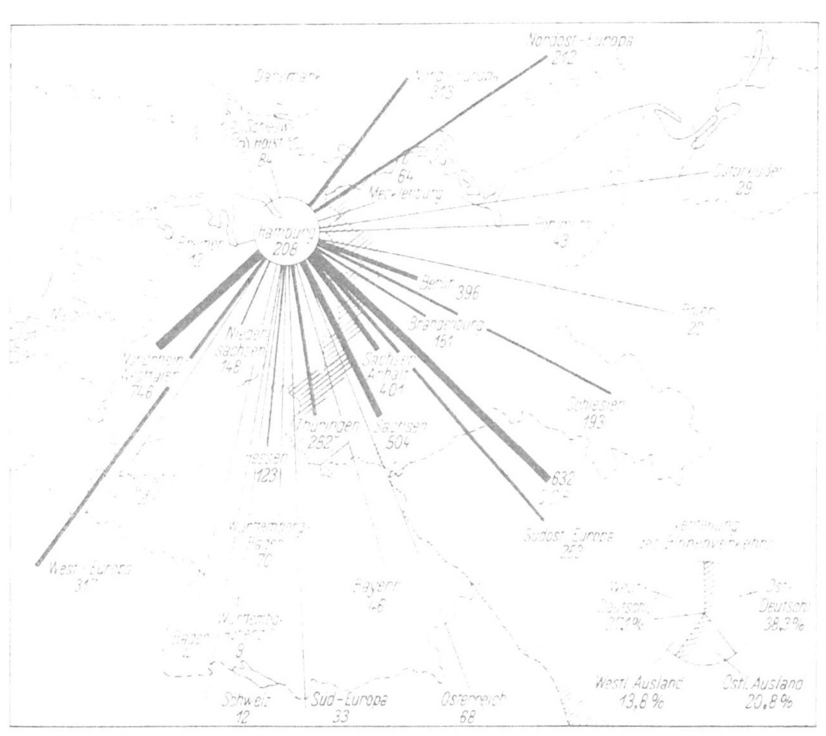

Nach Unterlagen des Handels-Stat.-Amtes Hamburg, Sachbearbeiter Herr Dr. Lellau, bearbeitet im Kartogr.-Büro Strom- u. Hafenbau Hamburg.

Abb. 1. Empfang des Hafens Hamburg im Binnenverkehr 1938 (Mengen in 1000 t).

Jeder Wiederaufbauplan nach dem Zusammenbruch mußte daher mit eingehenden wirtschaftlichen Überlegungen beginnen. Erst deren Ergebnisse konnten den technischen Plänen Unterlage und Ziel geben. Selbst heute noch, nach sieben Jahren Wiederaufbauarbeit, bedarf es immer wieder solcher wirtschaftlichen Überlegungen, um angesichts der labilen Weltwirtschaftslage Fehlinvestierungen zu vermeiden und doch das Notwendige zu tun. Die Schwierigkeit bei derartigen Überlegungen liegt darin, daß bei der überwiegend internationalen Bestimmtheit der Hamburger Hafenwirtschaft die entscheidenden Impulse nicht aus Hamburg, nicht einmal aus der Bundesrepublik, sondern fast immer von außen kommen.

Jede wirtschaftliche Überlegung mußte von der Tatsache ausgehen, daß früher wertmäßig über ein Drittel (1938: 36 %) des gesamtdeutschen Außenverkehrs (trockene und nasse Grenze!) über Hamburg ging. Von der Durchfuhr durch Deutschland liefen wertmäßig etwa 49% über Hamburg. Die gänzlich veränderte politische Lage nach 1945, insbesondere die Auswirkung der Zonengrenze, veränderte den früheren Besitzstand Hamburgs als Verkehrsplatz notwendig von Grund auf. Einen Überblick hierüber geben die nach Unterlagen des Handelsstatistischen Amtes, Hamburg angefertigten Bilder.

Die Abb. 1 und 2 zeigen Hamburgs Binnenverkehr im letzten Friedensjahr 1938 im Empfang und Versand in Gewichtsmengen. Im Empfang überragte das Ruhrgebiet (heute Nordrhein-Westfalen); daneben bestanden starke Verbindungen mit Niedersachsen, Hessen und mit den Gebieten der heutigen sowjetischen Besatzungszone (Thüringen, Sachsen, Sachsen-Anhalt, Schlesien, Brandenburg und Berlin). Bemerkenswert war auch der Anteil des Transitverkehrs mit Nord-, Nordost- und Westeuropa, der Tschechoslowakei und Südosteuropa. — Im Versand ergibt sich ein anderes Bild. Die Länder der Bundesrepublik waren zwar wichtig, besonders Nordrhein-Westfalen, Niedersachsen und Schleswig-Holstein; das Übergewicht hatten aber die Gebiete der sowjetischen Besatzungszone, vor allem die hochindustrialisierten Gebiete von Sachsen, Sachsen-Anhalt und Berlin. Hier zeigt sich mit aller Deutlichkeit, in wie großem Umfange Hamburg wirtschaftlich mit den Gebieten hinter dem eisernen Vorhang verbunden war (59,1 % im Empfang, 44,3 % im Versand). — Wie verschieden die nordwesteuropäischen Seehäfen von der politischen Grenzziehung betroffen wurden, zeigt die Abb. 3. Hier sind nach den Verkehrsmengen von 1938 die Binnenverkehre der sieben größeren nordwesteuropäischen Seehäfen mit den einzelnen deutschen Besatzungszonen dargestellt. In die Augen springend ist der Wettbewerb der westlichen Häfen einschließlich Hamburgs um die Gebiete der britischen Besatzungszone (Ruhrrevier); führend war Rotterdam, in weitem Abstand folgten Bremen, Hamburg und Emden. Im Verkehr mit der USA-Besatzungszone (Süddeutschland) standen Rotterdam und Hamburg gleich, während Bremen und Antwerpen in weitem Abstand folgten. In der französischen Besatzungszone überragte Rotterdam, erst in weitem Abstand folgte Antwerpen; der Anteil Bremens war gering, Hamburg verschwand praktisch. In der sowjetischen Besatzungszone dagegen überragte Hamburg; 39 % seines Binnenverkehrs war dorthin gerichtet; in weitem Abstand folgten Stettin und Lübeck; Bremens Verkehr erreichte 9 % des Hamburger Anteils; Rotterdam, Antwerpen und Emden erschienen praktisch nicht.

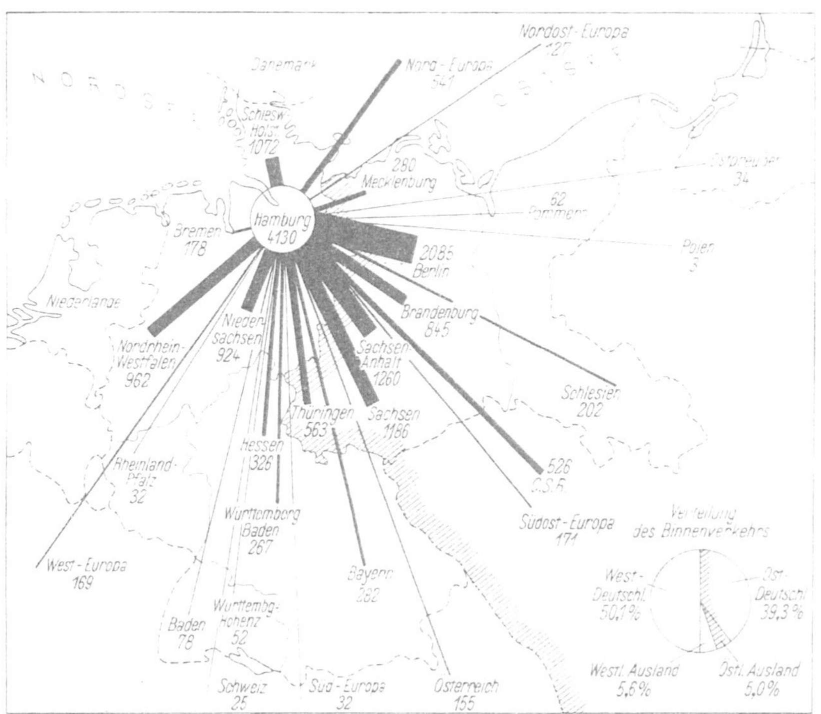

Nach Unterlagen des Handels-Stat.-Amtes Hamburg, Sachbearbeiter Herr Dr. Lellau, bearbeitet im Kartogr.-Büro Strom- u. Hafenbau Hamburg.

Abb. 2. Versand des Hafens Hamburg im Binnenverkehr 1938 (Mengen in 1000 t).

Die wirtschaftliche Abtrennung der jenseits des eisernen Vorhanges liegenden Gebiete mußte daher — mindestens auf längere Sicht — zu einem Strukturwandel des Hamburger Hafenverkehrs führen, d. h. zu wesentlichen Verlusten. Daneben zeichneten sich aber bereits 1946 einige andere wirtschaftliche Veränderungen ab, die bei einer Verkehrsplanung ebenfalls zu berücksichtigen waren. Schon 1946 mußte eine nüchterne Überlegung zu dem Ergebnis kommen, daß die zukünftige westdeutsche Wirtschaft die entscheidende Aufgabe zu erfüllen haben würde, ihre stark angewachsene Bevölkerung ausreichend zu versorgen und außerdem die gegen früher noch weniger autonome Ernährungswirtschaft (Verlust der Ostgebiete!) durch verstärkten Export zu entlasten; denn es war nicht anzunehmen, daß die Siegermächte dauernd zur Erhaltung der westdeutschen Wirtschaft Zuschüsse leisten würden. Das Wirtschaftspotential mußte also, sollte diese Überlegung richtig sein, gegenüber 1936 erheblich anwachsen und mit ihm natürlich der Außenhandel. Wenn auch Hamburg bei seiner Randlage nicht darauf rechnen konnte, seinen früheren Anteil an der gesamtdeutschen Wirtschaft jetzt im westdeutschen Gebiet allein zu halten, so war doch ein gewisser Ausgleich seiner Verluste zu erwarten. Trotz aller Unsicherheiten ließ sich so ein gewisser Überblick über den zukünftigen Verkehrsumfang gewinnen. Als daher der erste Wiederaufbauplan im März 1946 den englischen Aufsichtsbehörden vorgelegt wurde, nannte man von deutscher Seite als Ausbaugrundlage einen Verkehr von 70 % des Jahres 1936. Das setzte eine Wirtschaftsleistung Westdeutschlands von etwa 130 % des Jahres 1936 voraus. Rückwärtsschauend kann man heute feststellen, daß Hamburg im Jahre 1952 einen Gesamtumschlag von etwa 69 % erreichte bei einer westdeutschen Wirtschaftsleistung von etwa 150 % des Jahres 1936. Hamburg hat also selbst den vorgesehenen reduzierten Anteil am westdeutschen Wirtschaftsleben einschließlich Durchfuhr nicht voll halten können. Die in den Jahren 1949 und 1952 aufgestellten zweiten und dritten Wiederaufbaupläne haben mit ähnlichen Überlegungen, aber sehr viel besseren Zahlenunterlagen an den Grundsätzen des ersten Wiederaufbauplanes nichts geändert, sondern diese nur bestätigen können.

1. Die technischen Grundlagen.

Auf die oben kurz gezeichnete tiefgreifende Veränderung der wirtschaftlichen Lage Hamburgs mußte die Technik in erster Linie Rücksicht nehmen. Durch sie wurden Umfang und Auswahl des Wiederaufbaus bestimmt, aber auch die zukünftige Planung beeinflußt. Zwei Arten von Plänen haben den Strom- und Hafenbau als die für den Hafen verantwortliche technische Behörde besonders beschäftigt: der Generalbebauungsplan und die verschiedenen Wiederaufbaupläne.

Der Generalbebauungsplan soll im Zusammenhang mit dem Generalbebauungsplan der Stadt, von dem er nur ein Teilausschnitt ist, dem Hafen in der weiteren Zukunft den erforderlichen Raum sichern. Er stellt den Versuch dar, diesen Raum aufzuteilen, und zwar in Flächen für Hafenanlagen einschließlich Hafenindustrie und solche für hafengebundene Wohnzwecke. Hafenbautechnisch sind Flächen für die verschiedenen Hafenbetriebszwecke wie Stückgut- und Massengutumschlag, für Abfertigung von Küstenschiffen, Binnenschiffen, Fischdampfern und für zahlreiche andere Tätigkeiten auszuwählen, sowie der Anschluß der einzelnen Hafenteile an das binnenländische Verkehrsnetz auf dem Wasser, der Straße und der Schiene festzulegen und vor anderweitigem Zugriff zu sichern. Die technische Durchbildung im einzelnen gehört im allgemeinen nicht zu den Aufgaben des Generalbebauungsplanes.

Hafen	Gesamt	Brit.	USA	Fr.	SU	Pol.	Ausl.
Hamburg	23554	9666	1505	89	8845	965	2484
Bremen	12727	10564	679	359	800	76	249
Emden	8905	8351	194	145	24	—	191
Lübeck	4971	2615	133	95	1859	207	62
Stettin	11553	256	72	42	4160	6095	928
Rotterdam	27767	21242	1694	4831	—	—	—
Antwerpen	4929	3357	522	1050	—	—	—

Abb. 3. Binnenverkehr der größeren nordwesteuropäischen Seehäfen mit den einzelnen deutschen Besatzungszonen 1938.
(Mengen in 1000 t).

Bei der Sicherstellung von Räumen für künftige Hafenerweiterungen sind vernünftige Grenzen einzuhalten; es muß die richtige Mitte zwischen unberechtigtem Optimismus und übertriebenem Pessimismus eingehalten werden. Eine zu enge Abgrenzung des Hafenerweiterungsgebietes hat in der Vergangenheit in vielen Häfen schon zu Ausbauschwierigkeiten und falscher — und damit kostspieliger — Anordnung geführt. Hier darf nicht vergessen werden, daß der Flächenbedarf der Häfen, auf die Umschlagtonne bezogen, gegen früher erheblich gewachsen ist. Die obere Grenze wird der verantwortliche Hafenbauer in realistischer Beschränkung seiner schöpferischen Phantasie und in richtiger Einschätzung seiner persönlichen Energie, sich auch Widerständen gegenüber durchzusetzen, so festlegen, daß Entwicklungen auf anderen Gebieten des städtischen Gemeinwesens nicht unnötig behindert werden. Speziell auf Hamburg bezogen darf es für den Hafenbauer im Generalbebauungsplan einen „Eisernen Vorhang" nicht geben. Im übrigen soll auf diesen Plan hier nicht näher eingegangen werden. Er wird an anderer Stelle ausführlich behandelt.

2. Die Wiederaufbauplanung.

Im Gegensatz zum Generalbebauungsplan, der in die weitere Zukunft weist, müssen wir uns in den Wiederaufbauplänen darauf beschränken, jeweils den Anforderungen der nächsten Zeit zu entsprechen und diese Pläne möglichst eng den betrieblichen Gegebenheiten anzupassen. Für den Hafenbauer tritt hier die Schwierigkeit auf, daß er sich mit seinen Bauten den Betriebserfordernissen nur in großen Sprüngen und längeren Zeiträumen anpassen kann. Er muß die Betriebsanforderungen so frühzeitig erfassen, daß er noch die Zeit hat, seine Anlagen vorzubereiten, zu finanzieren und zu bauen. Dazu gehört eingehende Kenntnis der betrieblichen Verhältnisse, d. h. engste Zusammenarbeit mit den zahlreichen und verschiedenartig arbeitenden Umschlagbetrieben und immer wieder genaue Kenntnis der allgemeinen Wirtschaftslage. Da wir heute aus Mangel an finanziellen Mitteln nicht aus dem vollen wirtschaften können, wird seit 1945 und auch in der Zukunft noch auf Jahre hinaus immer nur für den nächsten Tag gebaut. Um so mehr ist es von entscheidender Bedeutung, die Verkehrsentwicklung für die nächste Zukunft einigermaßen zutreffend zu beurteilen, um danach den Wiederaufbau an den jeweiligen Engpässen schwerpunktmäßig zu konzentrieren.

3. Die Schadensbilanz.

Jeder Wiederaufbau beginnt mit einer Bestandsaufnahme. Als im Mai 1945 Hamburg besetzt wurde, sah die Bilanz der Kriegsjahre für den Hafen trostlos aus. Das Ausmaß der Zerstörungen zeigt die Abb. 4 und die nachstehende Zusammenstellung:

Umfang der Kriegsschäden im Hamburger Hafen, Stand vom 31. Dezember 1952

Gegenstand	Bestand 1938	Davon Mai 1945 ausgefallen	Wieder in Betrieb gesetzt b. Ende 1952
Kaimauern insgesamt	63,9 km	16,4 km	3,0 km
davon mit Seeschifftiefe	38,3 km	10,7 km	2,7 km
davon mit Flußschifftiefe	25,6 km	5,7 km	0,3 km
Lagerfläche in Kaischuppen	725 600 m²	654 300 m²	348 600 m²
Lagerfläche in Speichern	722 000 m²	486 600 m²	107 000 m²
Hafenbahngleise	450 km	305 km	296 km
Brücken (Eisenbahn- u. Straßenbrücken)	165 St.	70 St.	62 St.
Landungsanlagen	106 St.	61 St.	46 St.
Kaikräne	1 108 St.	878 St.	400 St.

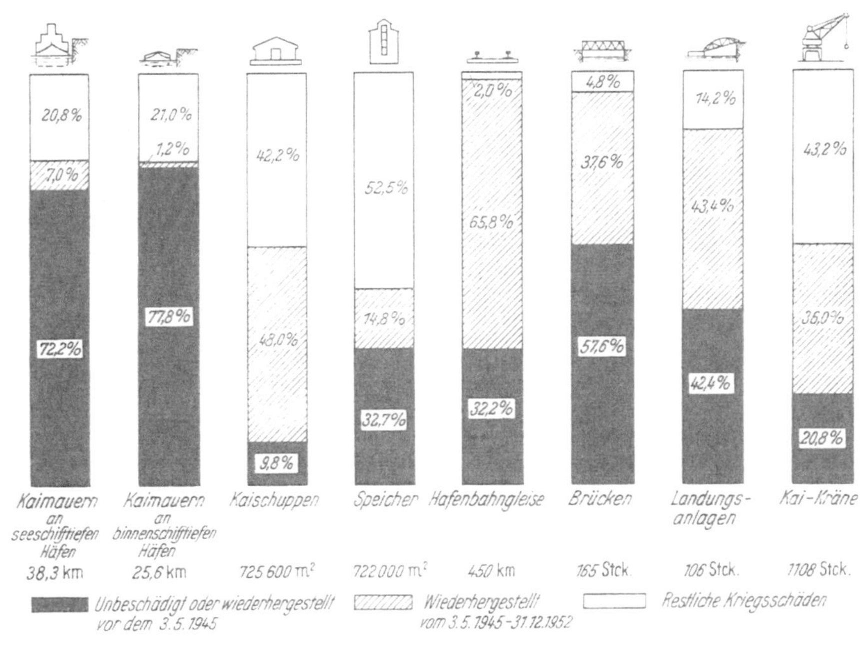

Abb. 4. Kriegsschäden und Wiederaufbau im Hamburger Hafen, Stand 31. Dezember 1952.

Für den Stückgutumschlag benutzbar (z. T. nur bedingt!) waren noch 5200 m, d. i. 26% der 1938 hierfür verfügbaren Kaistrecken. Die Anzahl der überall in den Hafenbecken verstreut liegenden Wracks betrug etwa 3000. Die wichtige Freihafenindustrie war weitgehend zerstört; Eisenbahngleise, Straßen, Brücken und Landungsanlagen waren zum großen Teil zertrümmert. Praktisch benutzbar war im Mai 1945 so gut wie nichts. Die Wiederherstellung des alten Zustandes würde nach den Baupreisen von 1950 etwa eine Milliarde DM kosten; davon entfallen etwa 530 Mill. DM auf den Staat als Eigentümer der wesentlichsten Hafenanlagen, der Rest auf private Umschlagunternehmungen und besonders auf die Hafenindustrie.

4. Beginn des Wiederaufbaus.

Sofort nach der Besetzung Hamburgs drängten die Anforderungen des britischen Nachschubs auf Inbetriebnahme möglichst vieler Umschlagstellen. Das zwang zur Improvisation. Man mußte zunächst einmal dort mit der Aufräumung und dem Wiederaufbau beginnen, wo der Augenblickserfolg am größten war. Im Grunde war das Flickarbeit ohne tieferen Plan, aber bei dem Grad der Zerstörung das einzig Mögliche, um den Hafen schnell wieder in Betrieb zu setzen.

Diese erste Periode der Ausbesserung schloß mit dem April 1946 ab. Um zu einem planvollen Wiederaufbau zu kommen, hatte der Strom- und Hafenbau inzwischen in enger Zusammenarbeit mit dem Betrieb dem britischen Hauptquartier über den britischen Port Controller einen ersten Wiederaufbauplan vorgelegt, der nach kurzer Zeit mit unwesentlichen Änderungen genehmigt wurde. Er sah, wie bereits erwähnt, als Ziel (1946!) einen Normalumschlag von 70% des Jahres 1936 vor, und es ist interessant, heute rückwirkend festzustellen, daß dieses Ziel tatsächlich — Ende 1952 — nahezu erreicht worden ist, und zwar im Bau und im Verkehr.

Dieser erste Wiederaufbauplan sah die vollständige Wiederherstellung einzelner Hafenteile vor, schloß aber bewußt ganze Hafenteile, die besonders stark beschädigt waren, zunächst vom Wiederaufbau aus. Im Vordergrund stand der Wiederaufbau von Stückgutanlagen (Kaischuppen, Kaimauern und Kaispeichern mit Nebenanlagen und Kränen) und Verkehrsanlagen (Hafenbahngleisen, Brücken, Landungsanlagen, Straßen usw.). Daneben mußte eine Reihe von Großbauten besonderer Art durchgeführt werden.

Man hätte annehmen sollen, daß bei einem so hohen Grad der Zerstörung des gesamten Hafens die Möglichkeit bestanden hätte, alle grundsätzlichen Fehler der alten Hafenanordnung zu beseitigen. Das ließ sich aber auch in Hamburg — ähnlich wie in anderen Häfen in gleicher Lage — nur zum geringen Teil erreichen. So mußte der ungünstige Anschluß der Roßhäfen bleiben; ebenso war es nicht möglich, den Wiederaufbau der Ölraffinerien in Harburg zu verhindern, die zweckmäßig in der Gegend der Dradenau — ostwärts Finkenwärder — neu erstanden wären.

Dagegen konnte die Aufteilung der Verkehrsflächen am Kai — insbesondere in den Stückgutanlagen — wesentlich weitergehend den neuzeitlichen Bedürfnissen angepaßt werden; hier ist die Entwicklung des modernen Seeschiffes und der Binnenverkehrsmittel, insbesondere des Lastkraftwagens, maßgebend für den Wiederaufbau geworden. Die Modernisierung der Stückgutanlagen bedingt u. a. eine Vergrößerung der Landflächen zur Abfertigung des stärkeren Zubringerverkehrs von Schiene und Straße, die nur auf Kosten der Wasserfläche und damit der Seeschiffsliegeplätze an Pfählen möglich war. Diese Entwicklung hat Hamburg bisher schon den Verlust von etwa 4400 m Seeschiffsliegeplätzen im Strom, d. i. etwa 12,5% der 1938 vorhanden gewesenen, gekostet. Das ist unbedenklich, solange der „Eiserne Vorhang" das östliche Hinterland Hamburgs mit seinen Binnenwasserstraßen mehr oder weniger abtrennt. Bei einer Aufhebung dieser Sperre und der dringend erforderlichen Angleichung der Binnenwasserstraßenlage Hamburgs an die der Wettbewerbshäfen (Nord-Süd-Kanal oder Elbe-Kanalisierung) muß aber mit verstärktem Stromumschlag gerechnet werden, der einen weiteren Abbau von Seeschiffsliegeplätzen im Strom verbietet. — Die Neuaufteilung der Kaiflächen in den Stückgutanlagen hat für den Wiederaufbau des Hamburger Hafens nach dem Kriege so grundsätzliche Bedeutung gewonnen, daß auf sie näher eingegangen werden muß.

5. Die neue Aufteilung der Kaiflächen.

Hamburgs Bedeutung lag früher und liegt auch heute wieder in seinem großen Stückgutumschlag. Wie ein Blick auf die Abb. 4 und 5 zeigt, wurden aber gerade die Stückgutanlagen wie Kaischuppen, Speicher, Kräne und Gleisanlagen besonders stark zerstört. Der Wiederaufbau dieser Anlagen mußte also im Mittelpunkt aller Maßnahmen stehen. Leider ist der Bau derartiger Anlagen besonders aufwendig. So kostet 1 lfdm Kaimauer für Seeschiffe mit Kaischuppen, Kränen, Kaistraßen und Kaigleisen etwa 35000 DM, also ein Schiffsliegeplatz von 150 m Länge etwa $5\frac{1}{4}$ Mill. DM. Schon aus diesem Grunde mußte man sich vor dem Wiederaufbau der Stückgutanlagen Gedanken über die neuzeitliche und betriebswirtschaftlich richtige Aufteilung der Kaiflächen machen. Hierzu seien daher einige grundsätzliche Bemerkungen gestattet:

In Hamburg gab unter den Binnenverkehrsträgern ursprünglich die Binnenschiffahrt den Ausschlag. Hamburgs Stärke war sein billiger Stromumschlag; und auch die Schiffe, die den Kaischuppen benutzen mußten, fertigten einen großen Teil ihrer Ladung „außenbords" nach der Wasserseite hin ab. Der direkte Überladeverkehr zwischen Eisenbahn und Schiff war selten; der Straßenverkehr spielte keine große Rolle. Aus diesen Gegebenheiten entwickelte sich die in Abb. 6 und 7 dargestellte Kaiaufteilung, die als typisch für den Hamburger Stückgutkai vor dem ersten Weltkrieg anzusehen ist. Die Flächen am Wasser zwischen Kaimauer und Kaischuppen dienten dem Umschlag vom Schiff zum Schuppen und umgekehrt; daneben war ein schwacher Direktumschlag von der Eisenbahn zum Schiff möglich (1 Gleis). Im übrigen diente die Wasserseite der An- und Abfuhr mit Fuhrwerk (Stadt—Hafen); das vorhandene Gleis war also eingepflastert. Außerdem wickelte sich hier der sehr lebhafte Binnenschiffsverkehr mit den

Kaischuppen ab. — Auf der Landseite der Kaischuppen lagen 3—4 Eisenbahngleise, die den Hauptumschlag zwischen Kaischuppen und Eisenbahn zu erledigen hatten. Schmale Anfahrten im Gleisbereich

Abb. 5. Kriegsschäden an Kaischuppen und Kaimauern, Stand Mai 1945.

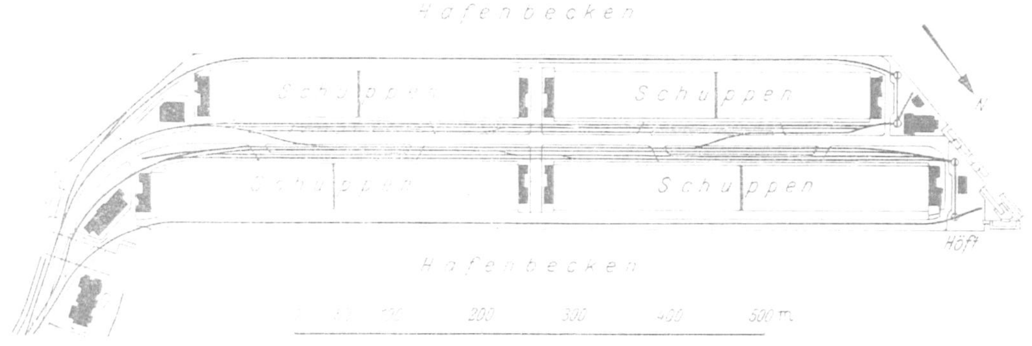

Abb. 6. Typische Aufteilung der Kaiflächen vor dem ersten Weltkrieg — Lageplan.

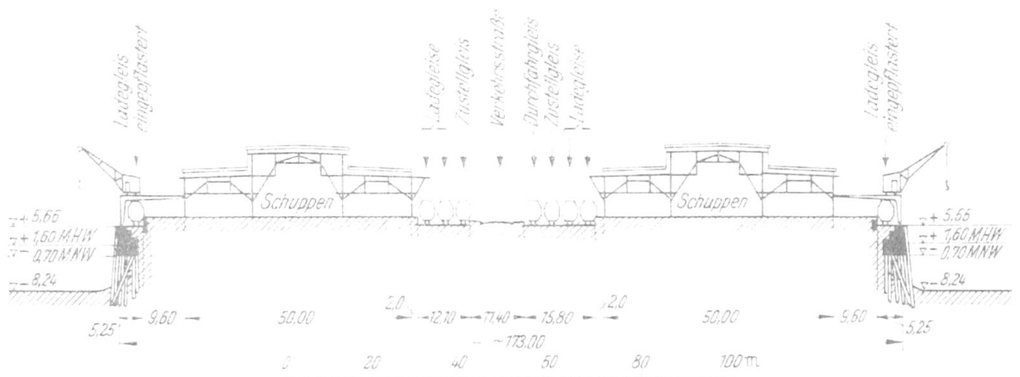

Abb. 7. Typische Aufteilung der Kaiflächen vor dem ersten Weltkrieg — Querschnitt.

gestatteten auch an der Landseite einen schwachen Straßenverkehr (Abb. 6). Die Verkehrsstraßen auf der Kaizunge selbst waren nur schmal; sie hatten im allgemeinen nur zwei Fahrspuren.

Schon zwischen den beiden Weltkriegen zwang das ständige Anwachsen des direkten Eisenbahnumschlags (also ohne Benutzung des Schuppens) zu Änderungen, die sich im allgemeinen auf den Bau eines zweiten wasserseitigen Gleises beschränkten. Bei dieser Behelfslösung zeigten sich aber bereits ernsthafte Störungen bei der gemeinsamen Abwicklung von Eisenbahn- und anwachsendem Straßenverkehr auf den gleichen Verkehrsflächen.

Für die Zeit nach dem zweiten Weltkrieg zwang in Hamburg die starke Zunahme des direkten Überladeverkehrs zwischen Schiff und Eisenbahn und der überraschend schnell anwachsende Anteil des Lastkraftwagenverkehrs am gesamten Kaiumschlag bei gleichzeitig steigendem Eisenbahn- und abnehmendem Binnenschiffsverkehr zu entscheidenden Änderungen in der Aufteilung der Kaiflächen.

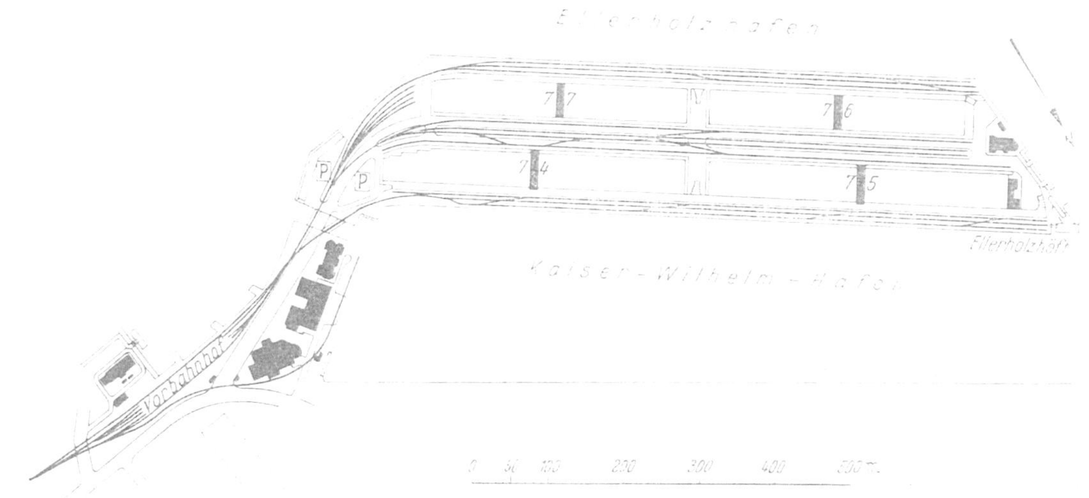

Abb. 8. Typische Aufteilung der Kaiflächen nach dem zweiten Weltkrieg (Kaischuppen 74—77) Vorbahnhof in Durchgangsform vor der Kaizunge — Lageplan.

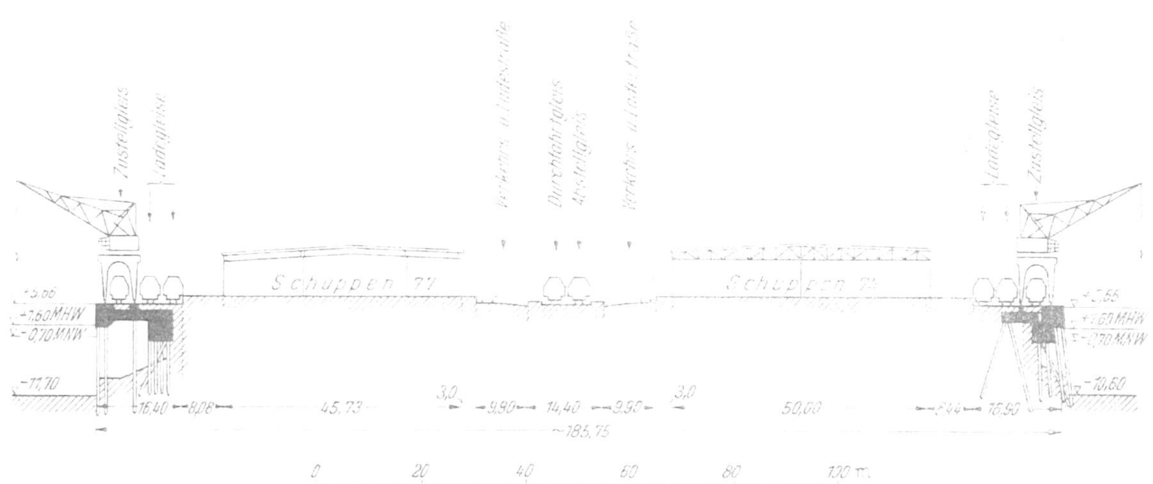

Abb. 9. Typische Aufteilung der Kaiflächen nach dem zweiten Weltkrieg (Kaischuppen 74—77) — Querschnitt.

Man mußte zu neuen Überlegungen kommen, die diese Tatsachen berücksichtigten. Das Ergebnis dieser Überlegungen zeigen die neuen Anlagen mit den Kaischuppen 74 und 75 am Kaiser-Wilhelm-Hafen (Abb. 8 und 9) und den Kaischuppen 57 und 58 am Südwesthafen (Abb. 10 und 11).

Entscheidend für die neue Aufteilung waren die klare Trennung von Eisenbahn und Straße und der Übergang vom Halbportalkran zum Vollportalkran. Dabei wurde die Eisenbahn auf die Wasserseite gelegt (direkter Umschlag, Benutzung der Kräne für schwerere Lasten); die wasserseitige Rampe wurde stark verbreitert (auf 7.50—11 m, vgl. Abb. 11), um Schwergüter ohne Benutzung des Schuppens lagern zu können und im Bedarfsfalle Lastkraftwagen ohne Störung des Eisenbahnverkehrs auch auf der Wasserseite (auf der Rampe) abfertigen zu können; zu diesem Zweck haben die Rampen Auffahrten erhalten (Abb. 8 und 10). An der Landseite der Schuppen wird der Lastkraftwagenverkehr abgefertigt; die Straßen sind teilweise so breit gehalten, daß die Lastkraftwagen im Einzelfall auch quer zur Straße laden und löschen können, was leider durch die Türanordnung in geschlossenen Lastkraftwagenzügen (Thermoswagen u. a.) mitunter nötig ist. Außerdem ist auch an den Kopfenden der Schuppen Möglichkeit zur Lastkraftwagen-Abfertigung und zum Parken gegeben. Für Notfälle ist teilweise auch ein Gleis an der Landseite vorgesehen.

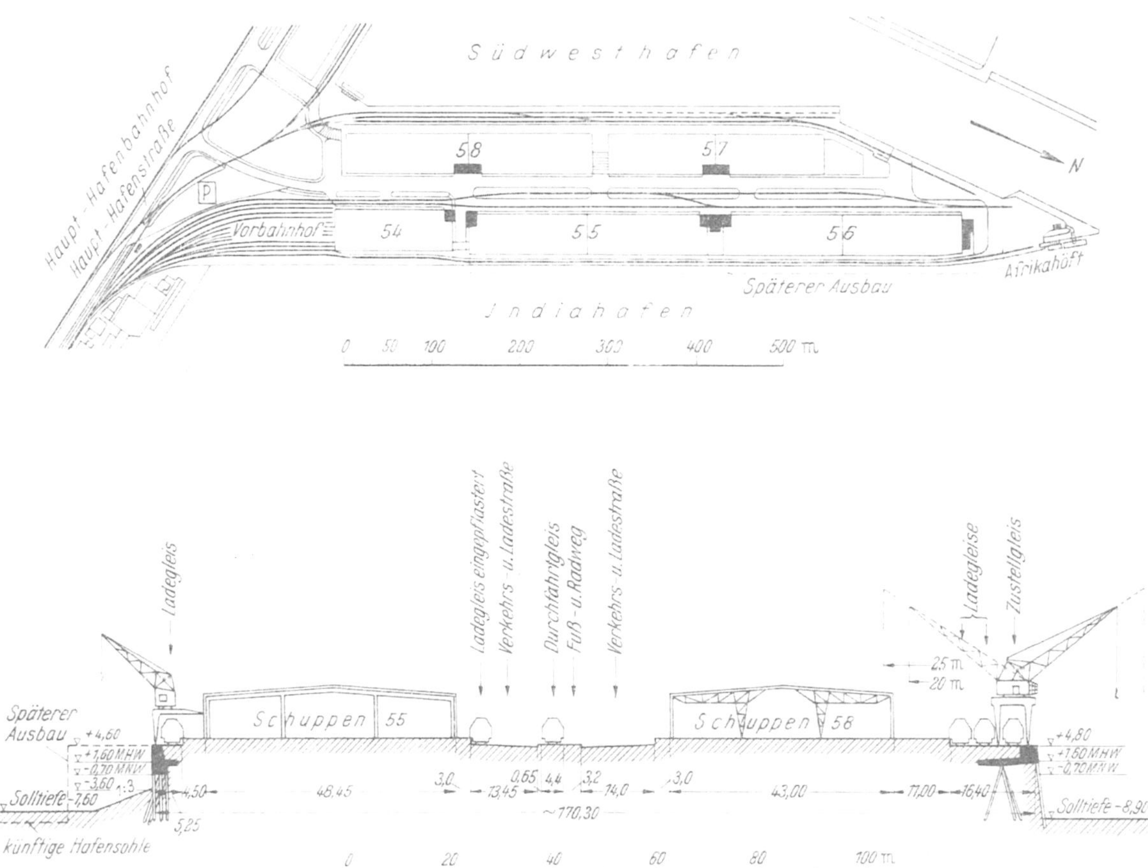

Abb. 11. Typische Aufteilung der Kaiflächen nach dem zweiten Weltkrieg (Kaischuppen 55—58) — Querschnitt.

6. Die Krananlagen.

Grundsätzlich sind alle neueren Stückgutanlagen mit Wippkränen modernster Bauart ausgerüstet. Auch in Hamburg — wie in den übrigen Häfen Europas — ist die Frage: „Stückgutkaikräne oder nicht" nach dem Kriege eingehend geprüft worden. Auf die Gründe, die zum Beibehalten der Kräne geführt haben, kann hier nicht eingegangen werden. Nur zu einer Änderung gegen früher hat sich Hamburg entschlossen: es hat den Vollportalkran an Stelle des Halbportalkrans eingeführt. Einmal wurde mit zunehmender Verbreiterung der wasserseitigen Rampe und dazu 2—3 wasserseitigen Gleisen das Halbportal bei Spannweiten bis zu 25 m zu unhandlich und für rasches Verfahren zu schwer; außerdem traten in Hamburg bei dem schwierigen Baugrund laufend Veränderungen der Kranspur der Halbportale auf, da die Kaimauer als Fundament der wasserseitigen Kranschiene und die die landseitige Kranbahn tragenden Schuppenstützen unterschiedliche Bewegungen in vertikaler und horizontaler Richtung machen. Bei Vollportalen über dem wasserseitigen Gleis können dagegen beide Kranschienen auf der Kaimauer gegründet werden. Zwei weitere Vorteile des Vollportals sind die bessere Übersicht des Kranführers über die Rampe, die nicht mehr durch das Halbportal überdeckt ist, und die durch die genormte Spurweite von 6 m ermöglichte Austauschbarkeit der Kräne zwischen allen Neuanlagen, die — mit Schwimmkränen durchgeführt — schon jetzt zu ganz erheblichen Ersparnissen geführt hat und einer elastischen Betriebsführung außerordentlich entgegenkommt.

Die Tragfähigkeit der neuen Kräne beträgt 3 t bei einer Ausladung von 20—25 m mit automatischer Lastbegrenzung auf 2 t bei einer Ausladung über 20 m. Über die wirtschaftlichste Anzahl der Kräne werden noch Überlegungen angestellt. Vermutlich wird man im Durchschnitt mit einem Kran auf etwa 30 m Kailänge auskommen. Nutzt man die Verfahrbarkeit der Kräne gut aus und kann man zwischen zwei und mehr hintereinanderliegenden Schuppen ausgleichen, dann sollte dieses Maß im allgemeinen genügen. Für Spezialanlagen wird man auf 25 m herabgehen können.

7. Gleis- und Straßenanlagen.

Wie schon gesagt, hat die Gleisanordnung die neue Flächenaufteilung der Kaizunge wesentlich beeinflußt. Über die Zahl und Anordnung der Gleise, die Trennung des Rangier- und Ladedienstes, die Anordnung besonderer Ordnungsgruppen für die Kaizungen (Vor- oder Bezirksbahnhöfe) und die durch die neue — vom Straßenverkehr und Rangierdienst befreite — Gleisanordnung ermöglichte störungsfreie Abwicklung der Bedienungsfahrten und die dadurch erzielten wesentlichen Verbesserungen für den Eisenbahnbetrieb wird an anderer Stelle berichtet[1].

Die Abwicklung des modernen Straßenverkehrs hat nicht nur die Städte, sondern auch die Häfen vor ernste Probleme gestellt. Dabei hatten in Hamburg weise Väter die Haupthafenstraßen schon vor 40—50 Jahren so breit angelegt, daß sie im allgemeinen noch heute den Ansprüchen genügen. Vollkommen unzulänglich waren dagegen die Verkehrsstraßen der Kaizungen und die Ladestraßen. Schon bei der Planung wurde man sich aber darüber klar, daß es nicht möglich sein wird, die Kaizungenstraßen so breit zu machen, daß sie jeden Spitzenstoß im Straßenverkehr aufnehmen können. Zur Aufnahme derartiger Spitzen müssen die großen Zufahrtsstraßen (Haupthafenstraßen) herangezogen und ausreichende Parkplätze vor Kopf der Kaizungen angelegt werden (Abb. 8 und 10). Der Betrieb muß dann dafür sorgen, daß die parkenden Lastkraftwagen in geeigneter Form abgerufen werden können, wenn Platz am Schuppen für die Abfertigung frei wird. Man kann bei der An- und Abfuhr großer Ladungsmengen durch Lastkraftwagen nicht auf eine straffe Verkehrsregelung verzichten. Hamburg hat beim Abtransport ganzer Dampferladungen mit Südfrüchten durch Lastkraftwagen mit dem Abrufsystem in Verbindung mit einer Verkehrsregelung recht gute Erfahrungen gemacht.

Bei der Querschnittsgestaltung der kombinierten Verkehrs- und Ladestraßen (Abb. 9 und 11) glaubte man zuerst (Erfahrungen fehlten fast völlig), es müßten zwei Einbahnstraßen mit je drei Spuren genügen, von denen die Spur an der landseitigen Rampe mit Rücksicht auf Waggongestellung 3,90 m breit sein und dem Ladegeschäft dienen sollte; die zweite mit der Normalbreite von 3 m sollte je nach Bedarf zum Aufstellen oder Fahren und die ebenfalls 3 m breite dritte Spur sollte nur zum Fahren gebraucht werden. Gegenüber den alten Anlagen bedeuteten diese Maße schon eine bedeutende Verbesserung. Die Praxis an den Schuppen 74 und 75 zeigte aber, daß selbst diese Straßenbreiten noch nicht ausreichten, um eine reibungslose Abwicklung zu erreichen. Und zwar wurde der durchgehende Verkehr besonders durch die über Heck be- oder entladenden Lastkraftwagen sehr stark behindert, so daß es zu Verkehrsstockungen kam. Dabei ist allerdings zu bedenken, daß hier vorerst nur eine dreispurige Straße zur Verfügung stand, die in beiden Richtungen befahren wurde, während im Endausbau zwei dreispurige Einbahnstraßen vorgesehen sind. Immerhin wurde eine weitergehende Verbreiterung der Kai- und Ladestraße, soweit man für sie noch Platz hatte, angestrebt. Die Straße an den Kaischuppen 55/56 hat daher 13,45 m, die gegenüberliegende an den Kaischuppen 57/58 sogar 14 m Breite erhalten (vgl. Abb. 11). — Auf dem die beiden Einbahnstraßen trennenden Mittelstreifen werden neben den Zuführungsgleisen zu den landseitigen Rampengleisen auch Fuß- und Radwege untergebracht, die für den Längsverkehr (von und zu den Landungsanlagen der Hafenfähren) notwendig sind (Abb. 8 und 10). Wo die Eisenbahngleise fehlen können, ergeben sich erwünschte Parkplätze für Personenkraftwagen.

In der Praxis hat man nicht ganz darauf verzichten können, den Lastwagen auch an die Wasserseite heranzubringen; kleinere Partien Proviant, Eilsendungen, schwere mit dem Kaikran zu behandelnde Güter und dergleichen werden daher auch auf den breiten wasserseitigen Rampen abgefertigt, ohne daß dadurch der Eisenbahnbetrieb gestört wird.

8. Die Kaischuppen.

Es ist selbstverständlich, daß Länge und Breite der Kaischuppen irgendwie von den Abmessungen der Seeschiffe abhängig sind. Bei der Länge ist das Gesetz dieser Abhängigkeit klar: die Länge soll ein Vielfaches der Länge des am Schuppen abzufertigenden Regelschiffes sein. Damit ergibt sich für einen Schuppen mit zwei Schiffsliegeplätzen für das Weltregelfrachtschiff eine Länge von etwa 300 m. Bei den Hamburger Normalschuppen ist dieses Maß auch beibehalten worden. Beim Bau der Kaischuppen 74 und 75 hat man aus örtlich bedingten Gründen 400 m gewählt und belegt die Schuppen mit je 2—3 Schiffen. — Ein Gesetz für die Breite des Schuppens ist nicht so leicht zu finden. Alle dafür aufgestellten Formeln haben nicht einmal theoretischen Wert. In Hamburg hat die Praxis gezeigt, daß die schon früher festgelegte Breite von 50 m auch heute noch für die Regelfrachtschiffe von etwa 10000—12000 BRT ausreicht. Hamburg hat daher 50 m beibehalten und betrachtet dieses Maß als Maximum. — Die Schuppen sind wie bisher eingeschossig gebaut, da ein Arbeiten in zwei Etagen für den Lösch- und Ladebetrieb eine Kostensteigerung von mindestens 25% bringen würde. Die Kaischuppen haben auf der Wasserseite breite (7,5 bis 11 m) und auf der Landseite schmale (3 m) Rampen erhalten (Abb. 8 und 10). Die wasserseitige Rampe wird — wie bereits erwähnt — zur Lagerung von Schwergütern und für gelegentliche Lastwagentransporte mitbenutzt.

[1] Vgl. Krauss: Hafenbahnanlagen ......, S. 118 ds. Bds.

9. Die Kaimauern.

Die erste Hamburger Seeschiffskaimauer wurde im Jahre 1866 am Sandtorkai für eine Wassertiefe von 5,20 m bei MNW errichtet. Die große Mehrzahl aller Seeschiffskaimauern stammt aus der Zeit vor 1910. Der letzte Neubau dieser Art war die Kaimauer am Togokai im Jahre 1936 für eine Wassertiefe von 10 m unter MNW. Querschnitt und Wassertiefe sind mit der Zunahme der Schiffsgrößen in acht Jahrzehnten gewachsen. Gleichzeitig wuchs aber der Anteil der großen und tiefgehenden Schiffe, was sich in einer Zunahme der durchschnittlichen Schiffsgröße auswirkte. Diese Entwicklung stellte die Hafenbauverwaltung schon seit 1929 vor die Aufgabe, vorhandene Kaimauern für größere Wassertiefen zu verstärken. Der zweite Weltkrieg brachte eine weitere Steigerung in diesem Sinne. Das Regelfrachtschiff des Weltverkehrs ist von 5000—9000 BRT und 6,50—7 m Tiefgang auf 8000—10000 BRT und 8—9,50 m Tiefgang nach dem zweiten Weltkrieg gewachsen. Die Notwendigkeit zur Verstärkung der Kaimauern für größere Wassertiefen ist daher zu einem wichtigen Bestandteil des Wiederaufbaues geworden. In den Hafenbecken der Überseeschiffahrt sind heute Wassertiefen von 10—11 m bei MNW erforderlich. Diese Notwendigkeit einer Verstärkung der Kaimauern zur Erreichung größerer Wassertiefen traf zusammen mit der Forderung nach Vermehrung der Landflächen und nach Beseitigung der teilweise sehr schweren Kriegsschäden an diesen Bauwerken. Dieser dreifache Zwang erleichterte den Entschluß, die für solche Maßnahmen erforderlichen hohen Kapitalbeträge zu investieren. Wenn auch Maßnahmen dieser Art wegen des zunächst notwendigen Einsatzes der verfügbaren Mittel für den Schuppenbau erst im letzten Jahr in Angriff genommen werden konnten, so werden sie in den kommenden Jahren stärker in den Vordergrund des Wiederaufbaus treten müssen, zumal auf andere Weise weiterer Kaischuppenraum für die Großschiffahrt nicht mehr gewonnen werden kann.

10. Ausblick.

Den bis Ende 1952 erreichten Stand des Wiederaufbaues der Stückgutanlagen zeigt Abb. 12. Bei einem Vergleich mit Abb. 5 erkennt man deutlich das Ausmaß des bisher Geleisteten; man sieht aber auch noch eine ganze Reihe „weißer Flecke" dort, wo zerstörte Schuppen noch nicht wiederaufgebaut sind, besonders

Abb. 12. Die Stückgutanlagen des Hamburger Hafens, Stand Ende 1952.

gehäuft an den ältesten Hafenbecken: Sandtorhafen und Grasbrookhafen. Auch eine Reihe wieder in Betrieb befindlicher Kaianlagen bedarf dringend einer Modernisierung, um den heutigen Anforderungen betriebswirtschaftlich genügen zu können.

Nach dem stürmischen Wiederaufbau der letzten 7 Jahre ist für die nächste Zeit eine Periode ruhigerer Verkehrsentwicklung zu erwarten; sie muß dazu benutzt werden, das Vorhandene zu konsolidieren und zu konzentrieren und damit den Hafen zu einem Wirtschaftsinstrument zu machen, das den Verkehrsanforderungen in rationellster Weise entsprechen und damit in dem schweren Konkurrenzkampf bestehen kann. Auch diese Aufgabe wird Hafenbau- und Finanzverwaltung der Hansestadt noch vor manche schwierige Entscheidung stellen.

Rückschauend darf aber festgestellt werden, daß die bisherige Verkehrsentwicklung und die Erfahrungen mit den modernisierten Anlagen die Richtigkeit der von den Hafenbauern angestellten Überlegungen in vollem Umfang bestätigt haben und daß Fehlentwicklungen und Fehlinvestitionen vermieden werden konnten.

Der Generalplan für den Ausbau des Hamburger Hafens im Wandel der Zeiten.

Von Baudirektor Dr.-Ing. **Arved Bolle,** Hamburg.

Von Ausnahmen abgesehen, sind die Anlagen eines Hafens mit der allgemeinen Bebauung der betreffenden Stadt eng verbunden. Je umfangreicher und vielseitiger die Aufgaben des Hafens sind, um so inniger sind die wechselseitigen Beziehungen zwischen Hafenanlagen und Stadtgestaltung. Der Generalplan eines Hafens ist daher ein Teil des Bebauungsplanes der betreffenden Stadt.

Die Generalplanung soll dem Hafen Raum für seine weitere Entwicklung sichern. Sie stellt daher den Versuch dar, den Raum, der für weitere Zukunft für Hafenerweiterungen in Frage kommt, vorsorglich aufzuteilen. Die Aufteilung erstreckt sich auf Flächen für Hafenanlagen einschließlich Hafenindustrie, ferner auf Flächen, auf denen Wohnungen für die im und am Hafen beschäftigte Bevölkerung erstellt werden können, und schließlich auf Flächen, auf die zugunsten anderweitiger (etwa landwirtschaftlicher) Verwendung verzichtet wird. In hafenbautechnischer Beziehung geht es um vorausschauende Festlegung, wo Umschlaganlagen für Stück- und Massengut, hafengebundene Industrie, Sonderanlagen (etwa Fischereihafen), wo Wasserstraßen, Eisenbahnen, Straßen und sonstige dem Verkehr dienende Anlagen untergebracht werden können; keinesfalls darf vergessen werden, daß zur Hafenfunktion auch Werften gehören.

Die Flächen, die für bestimmte Hafenzwecke ausgewählt werden, müssen verschiedene Bedingungen erfüllen, insbesondere müssen sie in der richtigen Beziehung zu den Verkehrswegen des Hafens stehen und u. U. auch in günstiger Lage zu Geschäfts- und Wohngebieten angeordnet sein. Für Küstenverkehr, Fahrgastabfertigung, Lagereibetriebe und bis zum gewissen Grade auch für Stückgutumschlag ist Stadtnähe erwünscht. Umgekehrt kann Massengut (Öl aus Sicherheitsgründen) an der Peripherie des Hafens abgefertigt werden. Ob Industrie unmittelbar Anschluß an seeschifftiefes Wasser haben muß, ist individuell bedingt.

Die technische Durchbildung der ausgewählten Räume im einzelnen gehört nicht zur Aufgabe der Generalplanung, sie bleibt späterer Zeit vorbehalten.

Der Generalplan soll der nahen, noch mehr aber der weiten Zukunft dienen. Trotzdem lebt der Generalplan in der Gegenwart. Die Zukunftsgedanken, die er beinhaltet, entsprechen gegenwärtigen Erfahrungen und gegenwärtiger Denkweise. Mit dem unausbleiblichem Wechsel des Geschehens und der leitenden Personen ergeben sich aber laufend Korrekturen und in gewissen Zeitabschnitten sogar einschneidende Veränderungen, wobei man nur an die Umwälzungen zu denken braucht, die beispielsweise große Kriege im Gefolge haben. Die Kunst eines Generalplanes ist daher seine Elastizität. Die Planenden können noch so kenntnisreich sein und mit von Erfahrung getragener Sorgfalt vorausdenken, in die Zukunft sehen können sie dennoch nicht. Wenn sich dann in der Tat die Zukunft anders als erwartet zeigt, ist es von großem Nutzen, wenn der Plan gute Möglichkeiten für Umdispositionen bietet.

Hinsichtlich der Sicherstellung von Räumen für Hafenzwecke sind natürliche Grenzen einzuhalten, und damit erwächst den Gestaltern eines Generalplanes eine große Verantwortung. Die Vergangenheit hat gezeigt, daß in vielen Häfen nicht rechtzeitig genügend Raum für Erweiterungen sichergestellt worden ist, was für die betreffenden Häfen mit erheblichen Nachteilen verbunden war bzw. noch ist. Andererseits darf aber mit der Sicherung von Raum auch nicht über das Ziel hinausgeschossen werden. Nach oben hin muß daher die Grenze so gezogen werden, daß nicht die Hafenplanungen der Stadt wichtigen Entwicklungsraum vorenthalten, wobei allerdings zu bedenken ist, daß einmal der städtischen Besiedelung überlassene Räume nur schwer wieder für Hafenzwecke frei gemacht werden können.

Der Hamburger Hafen in seiner gegenwärtigen Gestalt hat sich während der letzten 90 Jahre entwickelt. Von den vorher vorhanden gewesenen Anlagen ist kaum noch etwas erhalten, immerhin erinnern der Binnenhafen und einige die Stadt durchziehende Kanäle (Fleete), daß einst dort ein für die damaligen Zeiten beträchtlicher Umschlag von Seegütern abgewickelt wurde. Über Jahrhunderte bis in die 60er Jahre des vergangenen Jahrhunderts gab es in Hamburg für die von Übersee kommenden Schiffe keine Anlegestellen unmittelbar am Ufer; die Schiffe wurden vielmehr an Pfahlbündeln (Dückdalben) festgemacht, und der Verkehr mit dem Land, insbesondere mit den an den Fleeten gelegenen Speichern der Kaufleute, erfolgte durch Leichterfahrzeuge (Schuten). Auch in jenen alten Zeiten mußten die Stadtväter auf fernere Entwicklung des Handels und der Schiffahrt bedacht sein, und ehrwürdige Pläne in den Archiven geben Kunde von häufigeren Erweiterungen der Hafenanlagen.

Der erwähnte Binnenhafen war ursprünglich eine Außenreede vor der Alstermündung. Im Zuge der im 15. Jahrhundert angelegten Stadtbefestigungen wurde diese Reede durch einen Schwimmbaum („Niederbaum") abgeschlossen und dadurch zum „Binnenhafen". Als dieser Hafen im Laufe der Zeit zu eng wurde, entstand vor dem Niederbaum eine neue Reede, die als Niederhafen bezeichnet wurde.

Die Skizze „Hamburg um 1700" (Abb. 1) zeigt die für die spätere Entwicklung des Hafens grundlegende Situation, nämlich die Stadt, den Niederhafen, die sich zwischen Stadt und Elbe ausdehnende Insel „Großer Grasbrook" sowie schließlich den Elbstrom.

Die Ausgestaltung des Niederhafens war der Kernpunkt aller Hafenprojekte bis in das 19. Jahrhundert hinein. Da bei diesen Erweiterungen immer mehr Strom zur Reede wurde, ergab sich zwangsläufig der Wunsch, über den Elbstrom in seiner ganzen Breite zu verfügen, was jedoch zunächst daran scheiterte, daß sich das südliche Elbufer in dänischem Besitz befand. Dank der damaligen Verschuldung Dänemarks ergab sich jedoch für Hamburg die Gelegenheit, im Zuge des Gottorper Vertrages vom 27. Mai 1768 umfangreiche linkselbische Ländereien zu erwerben[1]. Mit intuitiver Sicherheit hat sich damals die Hansestadt den Raum gesichert, den sie über 100 Jahre später als Grundlage für ihren Aufstieg zum Welthafen benötigte.

In der dem Gottorper Vergleich folgenden Zeit erlebte Hamburg zunächst als Folgeerscheinung der französischen Revolution eine Periode höchster Wirtschaftsblüte, wohingegen die Herrschaft Napoleons schwere Rückschläge: Blockade, Kontinentalsperre und Besetzung brachte. Ab 1814 baute Hamburg entschlossen wieder auf und hatte beachtlichen Anteil an der günstigen Entwicklung des Welthandels in jener Zeit. Der Niederhafen wurde nun endgültig zu eng, und Erweiterungen auf dem Gebiet des Großen Grasbrook wurden akut.

Abb. 1. Hamburg um 1700.

Die Geschichte der Grasbrookprojekte füllt Bände. Eine der wichtigsten Forderungen war die künftige Vermeidung der Sturmflutgefahren für die im Marschgebiet liegenden Stadtteile. Eindeichung oder Aufhöhung, Dock- oder Tidehafen waren die Lösungen, um welche namhafte einheimische und ausländische Wasserbaukundige rangen. Im Zeitraum von 1828—1842 wurden fünf große Grasbrookprojekte vorgelegt[2]. Der Streit der verschiedenen Meinungen war so heftig, daß Rat und Bürger unsicher waren, was wiederum zur Folge hatte, daß der Ausbau des Hafens überhaupt nicht vorwärtskam.

Wenn auch noch nicht sie Lösung des Hafenproblems, so doch wenigstens einen kräftigen Impuls brachte der weit über Hamburgs Grenzen bekannt gewordene große Brand von 1842. Die daraufhin aufgestellten Wiederaufbaupläne für die Stadt mußten zwangsläufig mit entsprechenden Hafenplänen verbunden werden[3].

Aus einem Ratsantrag vom 31. Juli 1845 ist ersichtlich, daß damals mehrere Personen mit der Aufstellung von Hafenplänen betraut worden waren. Es waren dies einmal der hamburgische Wasserbaudirektor Hübbe, ferner der sich seit 1838 in Hamburg aufhaltende englische Ingenieur Lindley und schließlich der in London ansässige englische Ingenieur Walker. In dem genannten Ratsantrag heißt es wörtlich: „Es sei jetzt vorgezogen, den Versuch zu machen, ob die drei Techniker sich nicht über einen gemeinsamen Plan verständigen könnten, worüber nun vor kurzem Conferenzen in London begonnen hätten.“ Als Folge entstand der gemeinsame Walker-Lindley-Hübbesche Grasbrookplan vom 10. Oktober 1848, für welchen die Ermöglichung künftiger Eindeichung der Stadt von vornherein zur Bedingung gemacht war. Dieser Plan (Abb. 2) zeigt schon (als Beitrag Hübbes) die Linenführung der späteren ersten Hafenbecken auf dem Grasbrook; die Hafenbecken sind aber nach dem Muster der englischen Dockhäfen geschlossen. Es steht fest, daß sich Hübbe gegen diese Schleusenhäfen ausgesprochen hat, aber überstimmt wurde. Auch dieses Projekt ist nicht zur Ausführung gekommen, und erst der Nachfolger Hübbes, Wasserbaudirektor Dalmann, konnte nach jahrelangen Kämpfen die Anlage offener Häfen auf dem Grasbrook durchsetzen. Es ist festzustellen, daß damals der Einfluß des von auswärts geholten Gutachters Lindley sehr groß war, wohingegen es für den hamburgischen Beamten schwer war, seine Meinung zu äußern. Es ist einer Persönlichkeit wie Dalmann sicher nicht leicht gefallen, anonym in einem in den Hamburger

[1] Im Rahmen des Gottorper Vertrages erwarb Hamburg folgende Ländereien und Inseln: Kaltehofe, Peute, Müggenburg, Veddel, Schuhmacherwärder, Steinwärder, Grevenhof, Kuhwärder, Ellerholz, Maakenwärder, Mühlenwärder, Griesenwärder, Park, Pagensand, Flethsand, Dradenau sowie einen Teil von Finkenwärder.

[2] 1828 1. Grasbrookprojekt von Wasserbaudirektor Woltmann,
1833 Deich- und Schleusenplan von Prof. Büsch und Wasserbaudirektor Woltmann,
1836 Projekt des Engländers Charles Vignoles,
1840 Gutachten des Holländers Mentz,
1845 Projekt der Engländer Lindley und Walker sowie des Wasserbaudirektors Hübbe,
1858 Projekt des Wasserbaudirektors Dalmann und des preußischen Oberbaurats Hagen.

[3] Der Hafen als solcher hatte keinen Schaden genommen.

Nachrichten vom 19. und 21. Juli 1856 veröffentlichten Aufsatz gegen die seit 1837 erfolgte Behandlung der hamburgischen Hafenangelegenheiten Stellung zu nehmen.

Ein weiteres Verdienst Dalmanns ist es, die Bedeutung der Eisenbahn für die Abwicklung des Hafenbetriebes — Hamburg hatte 1846 Verbindung nach Berlin erhalten — richtig erkannt zu haben[1]. Der von ihm in den Jahren 1862 bis 1866 erbaute Sandtorhafen erhielt Kaischuppen mit Gleisanschluß. Damit trat zum „Umschlag im Strom" der „Kaibetrieb". Das Modell des Sandtorhafens ist bis heute für die Gestaltung des Hamburger Hafenplanes vorbildlich und richtungweisend geblieben[2].

Die Hafenentwicklung vollzog sich bis in die 80er Jahre ohne Raumnot. Das Gelände des Großen Grasbrook reichte für mehrere Hafenbecken (Grasbrookhafen, Strandhafen, Magdeburger Hafen) aus, und im übrigen standen ja für alle Eventualitäten auf dem südlichen Elbufer noch reichliche Flächen zur Verfügung; 1869 entstand dort der erste Teilausbau des alten Petroleum- (heutigen Südwest-) Hafens.

Ein wichtiger Zwangspunkt für die Generalplanung des Hafens wurde die Einführung der hannoverschen Bahnstrecke in das Stadtgebiet, die vor der Annektion Hannovers durch Preußen in Harburg ihren Endpunkt hatte. Während bis dahin die Elbe bis weit über Hamburg hinauf von Brücken frei und damit für Seeschiffe mit hohen Masten zugänglich war, wurde durch die 1872 erfolgte Inbetriebnahme der Elbbrücke im Zuge der Köln-Mindener Bahn der Seeschiffahrt und damit der Ausdehnung der Hamburger Seehäfen elbaufwärts eine Grenze gesetzt, die heute noch besteht[3].

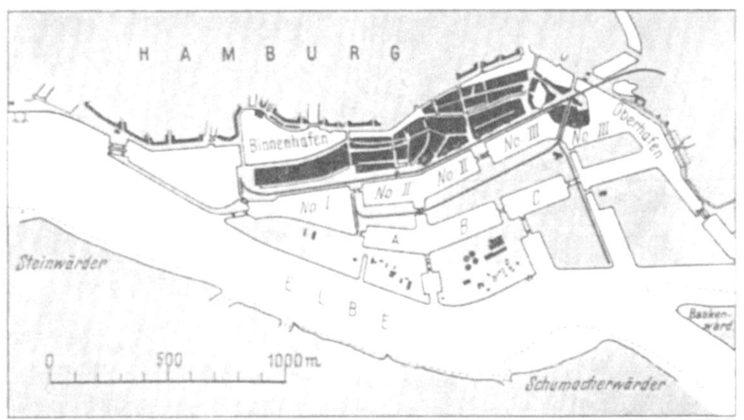

Abb. 2. Der Walker-Lindley-Hübbesche Grasbrookplan von 1845.

Die grundlegende Form und Gestalt des Hamburger Hafens, so wie er sich uns heute präsentiert, ergab sich im Zuge des Anschlusses Hamburgs an das Zollgebiet des Deutschen Reiches, wobei der Hafen außerhalb der Zollinien blieb. Nachdem im März 1881 der Anschluß Hamburgs an den deutschen Zollverein von der Bürgerschaft genehmigt war, wurde im Februar 1882 der Anschlußvertrag unterzeichnet. Das Deutsche Reich sagte als einmalige Beihilfe für den Aufbau des Freihafens 40 Mill. Mark zu; den Hauptanteil jedoch zahlte Hamburg. Aus diesen Tatsachen ergab sich die Notwendigkeit der Aufstellung eines Generalbebauungsplanes für den Hafen, womit die drei Baudirektoren F. A. Meyer, C. J. C. Zimmermann und Chr. Nehls (Strom- und Hafenbau) beauftragt wurden.

Die Abb. 3 zeigt den 1882 von den drei genannten Bearbeitern festgelegten Generalplan des Hamburger Hafens, dem folgende Aufgabe gestellt war: Bis dahin waren die Hansestädte Zollausland, d. h. aus dem Auslande stammende Güter wurden erst verzollt, wenn sie die außerhalb des Stadtgebietes gelegene deutsche Zollgrenze überschritten. Nunmehr wurden aber die Stadtgebiete der Hansestädte und damit auch die hamburgische Bevölkerung dem Zollgebiet des Deutschen Reiches angeschlossen. Der Hamburger Bürger genoß also künftig keine Zollfreiheit mehr, wohl aber sollte der Hafen insofern frei sein, als in ihm eingeführte ausländische Ware, ohne einer Zollbehandlung unterworfen zu sein, auch wieder ausgeführt werden konnte; ein weiteres Privileg bestand darin, daß aus dem Ausland stammende Produkte im Freihafen industriell veredelt werden konnten. Dieser neue Status bedingte für Stadt und Hafen zahlreiche und umfangreiche bauliche Maßnahmen. Zu den wichtigsten zählten die räumliche Festlegung des Freihafengebietes, seine zollsichere Umschließung sowie die Schaffung eines besonderen Speicherviertels innerhalb des Freihafens neben den bisher im Stadtinnern schon vorhandenen Kaufmannsspeichern.

Der Generalplan von 1882 zeigt ein Freihafengebiet, das im Hinblick auf zu erwartende Erweiterungen auf etwa 100 ha bemessen war; das Gebiet erstreckte sich von der Königlich Preußischen Staatsbahn im Osten bis an den Köhlbrand im Westen[4].

[1] Es wurden weiter eröffnet 1845 die Eisenbahn Hamburg–Lübeck, 1866 die Verbindungsbahn Hamburg–Altona und damit der Anschluß nach Kiel sowie 1872 die Bahn Hamburg–Harburg und damit der Anschluß nach Hannover.

[2] Der Begriff der Kaianlage: Bollwerk, Speicher und Kräne war schon früher von Woltmann geprägt worden. Die erste Kaimauer des Hafens (Johannisbollwerk) entstand 1843.

[3] Bei der Festlegung der Brückenstelle entstanden wiederum erhebliche Meinungsverschiedenheiten zwischen Lindley einerseits und Hübbe und Dalmann andererseits. Dalmann konnte schließlich erreichen, daß die Brückenstelle erheblich oberhalb der von Lindley vorgeschlagenen Stelle festgelegt wurde, wodurch für den Hafen umfangreiche Flächen für die Seeschiffahrt gewonnen wurden.

[4] Das Freihafengebiet von 1888 wurde 1908 im Gebiet von Roß-Neuhof etwas erweitert.

Am nördlichen Elbufer nahm der Freihafen nur einen vergleichsweise schmalen Streifen in Anspruch. Herausgehoben seien der das Freihafengebiet im Norden begrenzende Zollkanal[4], sowie das schon erwähnte

Abb. 3. Grundplan des Hafens der drei Baudirektoren Zimmermann, Meyer und Nehls.

Speicherviertel. Der Platz für diese beiden Anlagen mußte zum großen Teil durch Ankauf und Niederlegung

[4] Der Zollkanal bildet eine zollinländische Verbindung zwischen Ober- und Unterelbe.

eines großen, bewohnten Stadtteils gewonnen werden[1]. Hinzu treten vorhandene Becken wie der Sandtorhafen, der Grasbrookhafen und der Strandhafen sowie als neue Anlage der Baakenhafen.

Der weitaus größere Teil des Freihafengebietes lag auf dem Südufer der Elbe, wobei Gelände für Freihafenindustrie (Steinwärder, Kleiner Grasbrook) den Mittelpunkt bildete. Zuerst sollten im Osten, d. h. zwischen Bahn und Industriegebiet und später bei eintretendem Bedarf im Westen zwischen Steinwärder und Köhlbrand Hafenbecken erstellt werden. Der Plan von 1882 läßt bei den östlichen Hafenbecken gut erkennen, wie diese gewissermaßen von einem Ring von Zufahrten und Hafenbecken für Flußschiffe umgeben sind. Diese Art der Zusammenfügung von Seeschiffhäfen und Flußschiffhäfen ist für die weitere Entwicklung des Hamburger Hafens vorbildlich geblieben.

Die Skizze (Abb. 4) weist aus, welche Hafenbecken des Planes von 1882 bei Durchführung des Zollanschlusses und Eröffnung des Freihafens im Jahre 1888 ausgebaut waren. Linkselbisch waren dies neben dem schon seit 1869 bestehenden alten Petroleumhafen der Moldauhafen und der Segelschiffhafen. Der bis an den Köhlbrand heranreichende Generalplan bot noch weitere Möglichkeiten.

Hier ist einzuschalten, daß sich die nachstehend erwähnten stetigen Hafenerweiterungen auf Grund gewaltigen Wachstums des Seeschiffsverkehrs in Hamburg ergab. Der Netto-Registertonnengehalt der in Hamburg eingelaufenen Seeschiffe stieg nämlich von 4,7 Mill. NRT 1889 auf 14,2 Mill. NRT im Jahre 1913. Dieser steile, mit dem Aufblühen des Deutschen Reiches zusammenhängende Aufstieg des Seeschiffverkehrs wurde in dem genannten Zeitraum nur dreimal, nämlich im Cholerajahr 1892 und während der schlechten Handelskonjunkturen 1895 und 1908 unterbrochen.

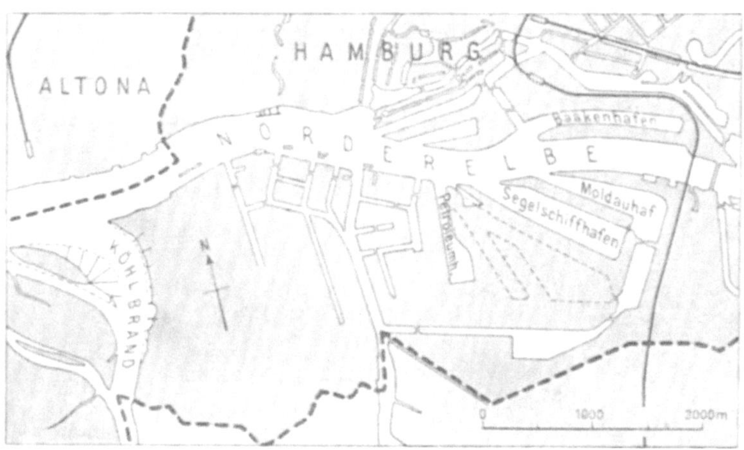

Abb. 4. Stand der Hamburger Seeschiffhäfen 1888.

Wenn wir nun wieder zum Generalplan von 1882 zurückkehren, so war bereits 1893 mit dem Bau des Hansahafens und Indiahafens (in Abb. 4 gestrichelt) das östliche Freihafengebiet ausgenutzt. Planmäßig ging man nun an den Ausbau des westlichen Freihafengebietes heran, wo als Folge kräftiger äußerer Impulse, wie beispielsweise der Eröffnung des Kaiser-Wilhelm-Kanals (1895) und der großartigen Entwicklung der Hamburg-Amerikanischen Paketschiffahrts A.G. (später Hamburg-Amerika-Linie), um die Jahrhundertwende die Gruppe der Kuhwärderhäfen entstand[2]. Damit war der Generalplan von 1882 schon nach etwa 20 Jahren ausgeschöpft, ein Ergebnis, das keiner seiner Bearbeiter erwartet hätte. Die Planung stand vor neuen Aufgaben.

Der Plan von 1882 hatte sich in seiner südlichen Begrenzung an die Landesgrenze mit Preußen, die auf den Gottorper Vertrag von 1768 zurückging, halten müssen. Wie die Skizzen der Abb. 5 zeigen, mußte sich die Planung dem zufälligen und willkürlichen Verlauf der Grenze so eng anschließen, daß der Hafen in der Entfaltung etlicher Teile empfindlich gestört worden ist. Die Skizzen (Abb. 5a und b) lassen sinnfällig erkennen, was aus dem Hafen ohne die einengende preußische Grenze hätte werden können[3].

Nicht minder schwierig erwies sich die preußische Umklammerung bei der Bearbeitung neuer Generalpläne. Da flußaufwärts durch die Elbbrücken eine Grenze geschaffen war, kamen Hafenerweiterungen nur elbabwärts in Frage, und zwar hier nur auf dem südlichen Elbufer, weil das Nordufer wiederum preußisch, außerdem als Geestrücken hafenbautechnisch ungünstig und überdies auch bereits stark bebaut war. Auf dem Südufer dagegen stand Hamburg für die Anlage von Häfen geeignetes Gelände westlich des Köhlbrands in Gestalt der Elbinseln Mühlenwärder, Waltershof und Finkenwärder zur Verfügung. Diese niedrig gelegenen und fast unbebauten Inseln eigneten sich für Hafenzwecke insofern gut, als sie eine Abzweigung neuer Hafenbecken unmittelbar aus dem Fahrwasser der Elbe gestatteten. Auf diese Gebiete erstreckte

[1] Auf dem Gelände der Kehrwieder-Wandrahm-Insel wurden alle vorhandenen Gebäude (etwa 1000) staatsseitig angekauft und abgebrochen. 22000 Menschen mußten umgesiedelt werden.

[2] Die günstige betriebliche Entwicklung der Häfen auf Kuhwärder ergab die Notwendigkeit einer besseren Verbindung der beiden Elbufer. Abgesehen von der 1872 eröffneten Eisenbahnelbbrücke bestand zunächst als einzige Verbindung für Fuhrwerke die 1882 eröffnete Straßenelbbrücke. Daneben vermittelten zahlreiche Fähren den Verkehr von Ufer zu Ufer. 1908 wurde zwischen St. Pauli und Steinwärder ein 450 m langer Tunnel unter der Elbe in Angriff genommen und 1911 eröffnet. 1926 wurde in unmittelbarer Nachbarschaft der bereits vorhandenen Elbbrücken die Freihafenelbbrücke (eine im Zollausland gelegene Straßenbrücke) in Betrieb genommen. Bis heute (1953) bestehen daher nur an zwei Stellen feste Verbindungen von Ufer zu Ufer.

[3] Die Skizzen der Abb. 5 sind entnommen dem Hamburger Fremdenblatt vom 2. Juli 1921.

sich daher die weitere Generalplanung. Bei der Hafenbauverwaltung vorhandene, aus den Jahren 1906 und 1908 (vgl. Abb. 6, siehe Tafel I) stammende Pläne zeigen, daß man u. U. gewillt war, die gesamten hamburgischen Ländereien auf dem Südufer soweit sie an die Elbe stießen (also nicht Moorburg) bis zum letzten Quadratmeter für Hafenzwecke auszunutzen.

Eine wirtschaftliche hafentechnische Ausnutzung dieser Gebiete war aber nur möglich, wenn man hinsichtlich ihres Eisenbahnanschlusses mit Preußen zu einer Verständigung kam. Hamburg wollte zunächst die neuen Gebiete vermittels einer Brücke über den Köhlbrand eisenbahnmäßig erschließen. Gegen die Überbrückung wehrte sich aber Preußen im Interesse des von ihm sehr geförderten Harburger Hafens. Diese Forderung Hamburgs gab die Veranlassung zu langwierigen Verhandlungen zwischen beiden Ländern, die sich einmal auf kleinere Gebietsregulierungen[1], zum anderen und in der Hauptsache aber auf strombautechnische Probleme erstreckten, die im einzelnen zu behandeln hier zu weit führen würde. Der schließlich 1908 zum Abschluß gekommene Staatsvertrag (3. Köhlbrandvertrag[2]) bezweckte:

„die Seeschiffahrt nach den Häfen Hamburg, Altona und Harburg mittels einer durchgreifenden Verbesserung des Fahrwassers der Elbe, von der Stromspaltung oberhalb Hamburgs angefangen, zu fördern sowie den Ausbau der vorhandenen und die Einrichtung neuer Hafenanlagen Hamburgs durch den Austausch geeigneter Gebietsteile und die Herstellung neuer Eisenbahnverbindungen zu erleichtern.“

Wegen ihrer Bedeutung für die weitere Hamburger Hafenplanung seien einige Punkte des Vertrages herausgehoben:

Die vorhandenen Flußarme zwischen den einzelnen für die Hamburger Hafenerweiterung in Aussicht genommenen Elbinseln sollen abgesperrt, und die Köhlbrandmündung soll elbabwärts verschoben werden.

Die Überbrückung des Köhlbrands ist nicht gestattet, dagegen kann derselbe untertunnelt und mit Fähren gekreuzt werden.

Der notwendige Eisenbahnanschluß des neuen Hafengeländes an die Preußische Staatsbahn soll von der Unterelbe bei Harburg aus über die versandete Alte Süderelbe erfolgen.

Abb. 5a. Der Hamburger Hafen und die Grenze mit Preußen.

Abb. 5b. Wie der Hamburger Hafen ohne preußische Grenze hätte aussehen können.

Auf Grund der Voraussetzungen, die der Köhlbrandvertrag geschaffen hatte, entstand das endgültige Projekt, das den Inselbereich zwischen Elbe, Köhlfleet und Köhlbrand zu einem einheitlichen Hafenerweiterungsgebiet zusammenfaßte. Nach der größten Domäne erhielt die auf diese Weise entstehende Insel die Bezeichnung „Waltershof“.

Im einzelnen umfaßte das 1909 zur Ausführung genehmigte Projekt drei große parallel laufende Hafenbecken für Seeschiffe größten Tiefgangs (Griesenwärder-, Waltershofer- und Mühlenwärder-Hafen), ferner

[1] Die Gebietsregulierungen erstreckten sich auf Teile der südlich an die Kuhwärderhäfen grenzenden preußischen Gemeinde Neuhof, wodurch die heutige Gestaltung des Trave-Oder- und Roßhafens sowie des Roßkanals ermöglicht wurde. Preußen trat an Hamburg 124 ha und als Gegenleistung Hamburg an Preußen 97 ha ab.

[2] Der erste Köhlbrandvertrag zwischen Hamburg und Preußen stammt aus dem Jahre 1868. Hier hatte sich Preußen zur Erhaltung der Fahrtiefe in der Norderelbe verpflichtet, die Süderelbe, d. h. den bei Hamburg vorbeifließenden Elbarm nicht über ein bestimmtes Maß zu vertiefen. Mit der Zunahme der Schiffsgrößen erwies sich diese Abmachung als sehr nachteilig für die Entwicklung des Harburger Hafens. In einem zweiten Köhlbrandvertrag von 1896 wurde eine Vertiefung zugestanden, die aber nicht ausreichte. Erst 1908 kam es zu einer für Harburg befriedigenden Lösung der Zufahrtstiefe.

einen Vorhafen (Parkhafen), einen Petroleumhafen, einen Jachthafen, einen Hafen für Kleinschiffahrt (Maakenwärder-Hafen) sowie als Flußschiffbecken den Rugenberger Hafen mit seiner Schleusenverbindung zum Köhlbrand (vgl. Abb. 13). Das hamburgische Gebiet von Finkenwärder blieb in Reserve, doch intensivierte man die Raumsicherung dieses Gebietes durch staatsseitige Geländeankäufe[1].

Wir wollen hier vorwegnehmen, daß die in der Generalplanung 1908/09 vorgesehenen Waltershofer Hafenbauten sofort begonnen wurden und zu einem großen Teil bereits beim Ausbruch des ersten Weltkrieges verwirklicht waren[2]; inzwischen ist die Planung bis auf den Mühlenwärderhafen durchgeführt[3].

Der Köhlbrandvertrag von 1908 hat die Generalplanung des Hamburger Hafens einschneidend beeinflußt. Wäre es nämlich damals nicht zu einer Einigung mit Preußen gekommen, wäre höchstwahrscheinlich eine Ausnutzung der hamburgischen Gebiete westlich des Köhlbrand für Hafenzwecke unmöglich gewesen. Hamburg hätte sich dann u. U. entschließen müssen, das durch die festen Elbbrücken bereits versperrte hamburgische Staatsgebiet an der oberhalb abzweigenden Doveelbe für Seeschiffsverkehr aufzuschließen. In einem solchen Fall hätte man die Eisenbahnverbindung elbaufwärts verlegen und die Straßenbrücke durch einen Tunnel ersetzen müssen. Dank der Verständigung mit Preußen konnte Hamburg nunmehr das besser geeignete Gelände am Südufer der Elbe ausnutzen. Das Waltershofer Hafengebiet hatte etwa die gleiche Größe wie das Gebiet des Generalplanes von 1882, d. h. Hamburg durfte damals glauben, für längere Zukunft vorgesorgt zu haben. War dieses Gebiet aber einstmals ausgenutzt, so besaß Hamburg nur noch Gelände in Finkenwärder und Moorburg, die aber beide für Hafenzwecke nicht besonders brauchbar waren.

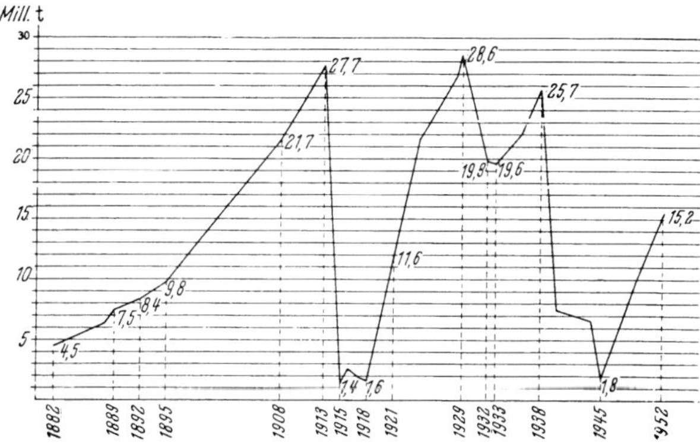

Abb. 7. Hamburgs Seegüterumschlag in Mill. t 1882—1952.

Der erste Weltkrieg brachte für den Hafen eine Zäsur, die gemessen an dem unaufhaltsamen und steilen Aufstieg der vorausgegangenen 25 Jahre als katastrophal empfunden werden mußte. Zwar blieben die Hafenanlagen unzerstört, aber der Verkehr ruhte während des Krieges, und darüber hinaus brachte das Ende des Krieges den Verlust der deutschen Handelsflotte (vgl. die Kurve des Hamburger Seegüterumschlages 1882—1952 — Abb. 7).

Der Hamburger Hafen überwand aber den toten Punkt schneller als gedacht. Hand in Hand mit dem zäh betriebenen Wiederaufbau der deutschen Handelsflotte entwickelte sich auch wieder der Verkehr im Hafen, wobei sich jedoch in bezug auf die Ausnutzung der Hafenanlagen eine ungewöhnliche Situation ergab. Die Schiffsgrößen waren gewachsen und wuchsen ständig weiter. Die größer gewordenen Gefäße brachten aber — entsprechend in der ganzen Welt veränderten Wirtschaftsverhältnissen — weit weniger als früher große Partien von Waren, sondern eine Vielzahl von Einzelladungen. Dieser Umstand sowie die durch Einführung des Achtstundentages veränderte Arbeitszeit verringerten die Ausnutzungsfähigkeit des Hafens fast um 40%. Trotz des absoluten Verkehrsrückganges sah sich daher Hamburg schon gleich nach dem Kriege genötigt, das alte Freihafengebiet zu intensivieren und das Waltershofer Gebiet im Sinne der Generalplanung von 1908 weiterzuentwickeln.

Als sich dann der Verkehr weiter relativ gut entwickelte, so daß man in absehbarer Zeit an eine Wiedererreichung oder sogar Überschreitung der Vorkriegsziffern glauben konnte, mußte man wieder einen großzügigen Generalplan ausarbeiten, was jedoch auf große Schwierigkeiten stieß. Um dies zu verstehen, müssen wir uns erinnern, daß der Generalplan von 1908 die Möglichkeiten der hamburgischen Gebiete, soweit sie an der Elbe lagen (Dradenau und Hamburgisch-Finkenwärder), ausschöpfte. Wenn man sich weiter klarmacht, daß wegen seiner Stadt- und Verkehrsferne das Finkenwärder Gelände für Hafenanlagen nicht besonders geeignet ist — bis heute hat der Stückgutumschlag den Köhlbrand nicht überschritten —, dann versteht man, daß die hamburgischen Hafenplaner ihren Blick wieder auf das benachbarte preußische Gebiet richteten. Wollte man wirklich einen großzügigen Erweiterungsplan für den Welthafen Hamburg entwickeln, so mußten sich naturnotwendig die Planungen — unter Vernachlässigung der Grenzen — auf das gesamte Gebiet erstrecken, das sich westlich des Reiherstiegs zwischen Unterelbe im

[1] Hinsichtlich der Hafenprojekte in Finkenwärder vgl. Mitteilung des Senats an die Bürgerschaft Nr. 41 vom 14. Februar 1913. Danach bestand die Absicht, im Innern der Insel einen parallel zum Strom verlaufenden großen Längshafen herzustellen, dem nach Westen hin ein zweites Hafenbecken angegliedert werden sollte.

[2] Im März 1914 waren in Ausführung begriffen: Parkhafen, Waltershofer Hafen, Petroleumhafen, Maakenwärderhafen, Rugenbergerhafen.

[3] Die Häfen auf Waltershof bilden ein zweites Freihafengebiet, das 1910 vom Bundesrat grundsätzlich genehmigt wurde. Die Ausschließung der wichtigsten Gebiete vom Zollgebiet erfolgte in den Jahren 1914, 1922 und 1929. 1944 wurde das Waltershofer Freihafengebiet auf Kriegsdauer wieder in das Zollgebiet einbezogen. Der Petroleumhafen wurde 1948 wieder Freihafengebiet, und die Wiedereinrichtung des ganzen Gebietes im früheren Umfang ist z. Z. (1952) wieder in Gang (Wiedereinrichtung der kriegszerstörten Zollumschließungen).

Norden und Süderelbe — Alte Süderelbe im Süden (unter Einschluß der Vorländereien Moorburg und Francop) erstreckte.

Innerhalb dieses Gebietes war als besonders geeignetes Hafengelände die Insel Kattwyk-Hohe Schaar anzusehen, die gewissermaßen berufen schien, das fehlende Bindeglied zwischen dem Hamburger Hafen und dem von Harburg[1] darzustellen. Auch die preußischen Hafenplaner hatten dies erkannt und stellten entsprechende Hafenpläne für diese Insel auf. Die Abb. 8 zeigt den 1925 gültigen preußischen Ausbauplan für Kattwyk-Hohe Schaar.

Hamburg hat in der Zeit etwa von 1921 bis zum Abschluß der Hafengemeinschaft mit Preußen 1929, auf die wir noch zu sprechen kommen, das vorgenannte Gebiet zwischen Köhlbrand, Unterelbe und Alter Süderelbe in den verschiedensten Varianten generalplanmäßig bearbeitet[2]. Die Abb. 9. zeigt als Beispiel eine derartige, aus dem Jahre 1924 stammende Skizze. Diese Skizze läßt im übrigen erkennen, daß es außer der Hoffnung auf Verkehrssteigerung ganz allgemein noch einen besonderen Impuls für weiträumige Hafenplanungen gab. Es war dies die damals von zahlreichen Kreisen betriebene Planung des Hansakanals, jenes Kanals, der die Hansestädte mit dem Ruhrgebiet verbinden sollte[3]. Im Falle unserer Skizze ist die Einführung des Hansakanals in der Gegend von Francop vorgesehen.

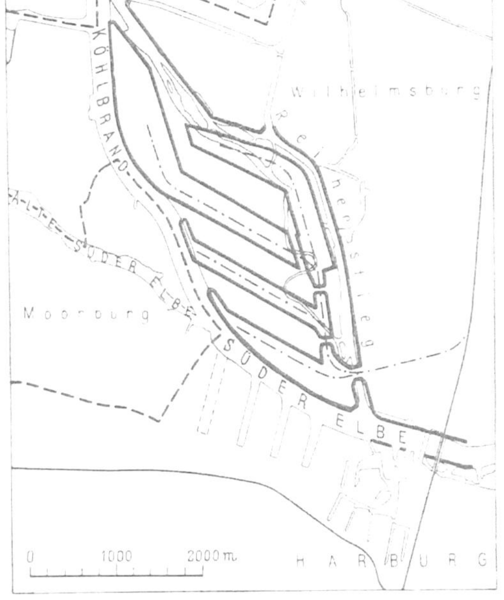

Abb. 8. Preußische Planung auf Kattwyk-Hohe Schaar.

An dieser Stelle ist es nötig, unsere Betrachtung über den Hafen hinaus auf das gesamte hamburgische Gebiet auszudehnen. Denn nicht der Hafen allein, sondern das Großstadtgebilde Hamburg als Ganzes wollte die preußische Unklammerung durchbrechen. Schon in den 90er Jahren hatte der Justizrat Sieveking in einer Schrift „Die große Elbmetropole" darauf hingewiesen, daß man auf verwaltungs- und verkehrstechnischem Gebiet so bald wie möglich eine Einheit zwischen Hamburg, Altona und Wandsbek schaffen müsse. Die Tatsache, daß Hamburg ein unglückliches geographisches Zufallsprodukt sei, dem die Möglichkeit einer organischen Bebauung gegeben werden müsse, wurde vor dem ersten Weltkriege bereits in weiten Kreisen außerhalb Hamburgs anerkannt. Die Umwälzung, die der Aufbau der Weimarer Republik in das Gefüge der Länder brachte, bot der Idee der Vereinigung der drei Städte neue Nahrung, und das von da an offiziell anerkannte Groß-Hamburg-Projekt verschwand nicht mehr aus der Diskussion; und dennoch ließ die Verwirklichung noch beinahe zwei Jahrzehnte auf sie warten.

Hinsichtlich des Hafens übersah Preußen keineswegs die übergeordnete Aufgabe, die Hamburg als größter Seehafen des Reiches zu erfüllen hatte. Es durfte aber als Land die Folgen nicht außer acht lassen, die bei Teilabtretungen, die sich u. U. in gewissen Zeitabständen wiederholen würden, für die ihm verbleibenden Gebiete eintreten mußten.

Hamburg hatte ursprünglich (1919 und 1921) die Unterstellung des gesamten Wirtschaftsgebietes an Norder- und Süderelbe einschließlich der Städte Altona, Harburg und Wandsbek unter seine Hoheit

[1] Harburg ist eine sehr alte Hafenstadt. Größere Seehafenanlagen, und zwar der heutige Binnenhafen (Dockhafen mit Schleusen nach der Elbe) wurden 1845—1849 geschaffen; der Hafen erhielt Anschluß an die 1847 vollendete Eisenbahn Harburg–Hannover. Durch die Köhlbrandverträge mit Hamburg von 1868, 1898 und 1908 wurde jeweils die erforderliche Zufahrtstiefe und damit die Grundlage für die weitere Entwicklung gesichert. Preußen hat schon frühzeitig (um 1900) durch Ankauf des Gutsbezirkes Kattwyk-Hohe Schaar (die von Süderelbe, Rethe und Reiherstieg umschlossene Insel) dafür gesorgt, daß nach Verwertung des Geländes auf dem linken Ufer der Süderelbe weiteres Hafengelände auf dem rechten Ufer zur Verfügung stand. In den Jahren 1924—1929 wurden von Preußen auf Kattwyk-Hohe Schaar Aufschließungsarbeiten und Hafenbauten durchgeführt, von denen in diesem Rahmen der Reiherstieghafen mit der Kaliumschlaganlage herausgestellt werden sollen.

[2] Ein beim Strom- und Hafenbau befindlicher Plan läßt erkennen, daß der Generalplan von 1908 zwar mit gewissen Berichtigungen (1912 und 1920/21) mindestens bis 1921 grundlegend war, d. h. bis dahin beschränkte Hamburg seine Planungen auf eigene Besitzungen.

[3] Der Gedanke, einen Hansakanal, d. h. eine Verbindung zwischen den Hansestädten und dem Ruhrgebiet herzustellen, ist im Jahre 1919 aufgetaucht und hat dann nach Abwandlung des ersten Entwurfes in weiten Kreisen des Ruhrgebietes und in den Hansestädten starken Anklang gefunden. Ein Hansa-Kanal-Verein wurde gegründet, der für den Kanalgedanken geworben und erreicht hat, daß ein Vorarbeitenamt einen baureifen Entwurf aufgestellt hat. Der aus dem Mittellandkanal bei Bramsche abzweigende Kanal sollte oberhalb Bremen die Weser kreuzen und bei Francop in die Elbe eingeführt werden. Hier bzw. nördlich der Alten Süderelbe sollten umfangreiche Wasserflächen zur Vereinigung der Kanal- und Seeschiffahrt bereitgestellt werden.

Seit 1939 wurden andere Varianten hinsichtlich der Einführung des Kanals in den Hamburger Hafen erwogen. Um auch Lübeck einschließen zu können, wurde u.a. untersucht, ob die Einführung des Kanals in die Elbe oberhalb des Hamburger Hafens bei der Seevemündung möglich sei.

gefordert, hatte aber dann auf Grund des Gutachtens der Zentralstelle zur Gliederung des Reiches (1922) und der beiden Gutachten der Staatsminister Dr. Drews und Graf von Roedern (1923 und 1926) seine Ansprüche ermäßigt.

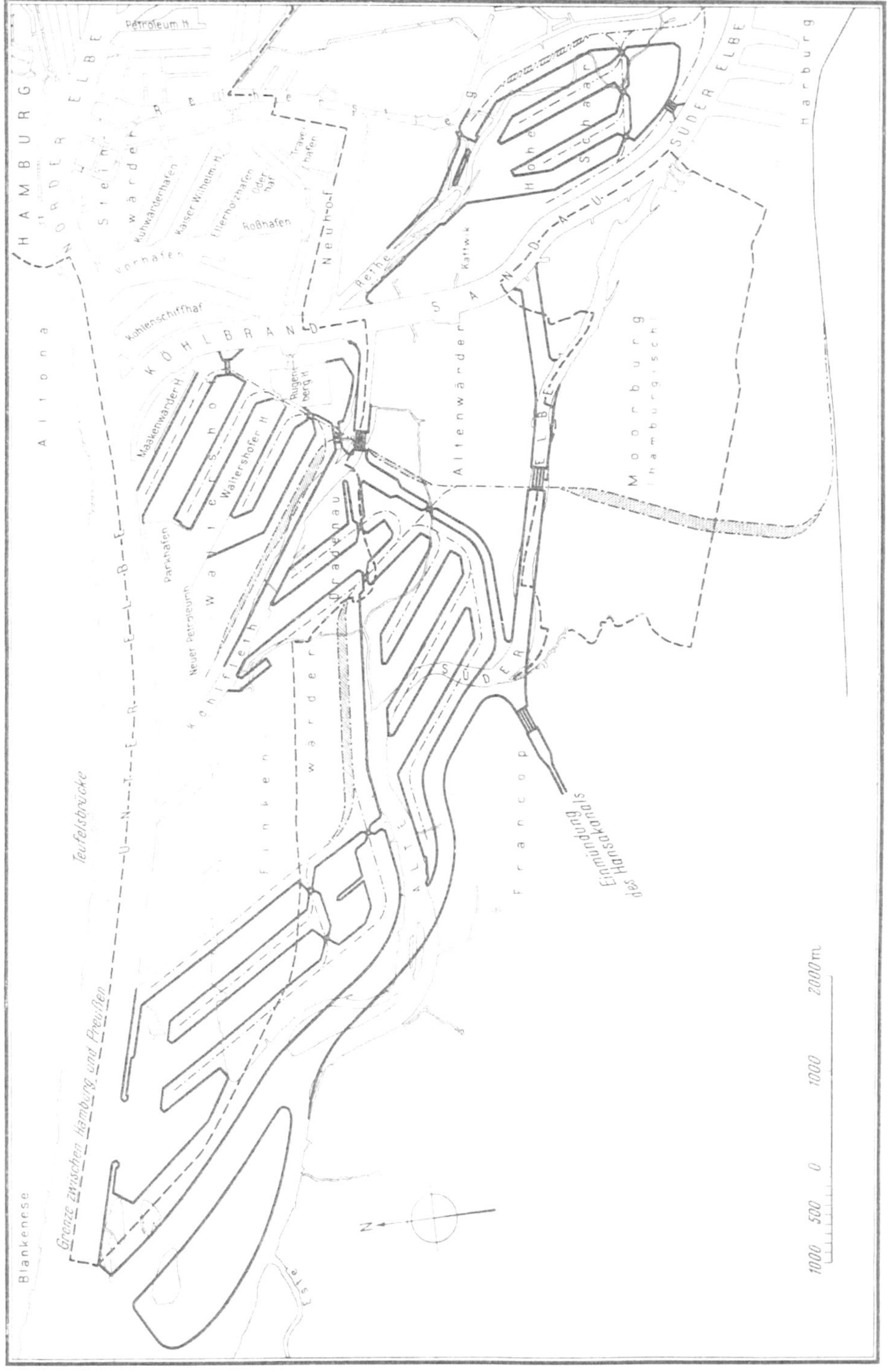

Abb. 9. Auf preußisches Gebiet übergreifende Hamburger Planungen.

Nach langwierigen, von beiden Seiten mit großer Zähigkeit und Zielstrebigkeit geführten Verhandlungen kam es schließlich zu einem Kompromiß, und zwar gaben im Dezember 1928 die Regierungen der Länder Hamburg und Preußen ihre übereinstimmende Auffassung kund, daß eine einheitliche Entwicklung des hamburgisch-preußischen Wirtschaftsgebietes an der unteren Elbe notwendig sei. Gleichzeitig erklärten sie ihre Bereitwilligkeit, die hierzu erforderlichen Maßnahmen in gemeinsamer Arbeit so zu treffen, „als ob Landesgrenzen nicht vorhanden wären“. Zur Herbeiführung dieses Zieles beschlossen die beiden Regierungen in erster Linie, die Lösung der bestehenden Fragen auf den Gebieten der Hafenwirtschaft, der Landesplanung und Siedlung sowie der Verkehrsgestaltung in Angriff zu nehmen und trafen darüber ein Abkommen[1].

Hinsichtlich der Landesplanung kamen Hamburg und Preußen dahin überein, für Hamburg, Altona, Wandsbek, Harburg-Wilhelmsburg und das sonst in Frage kommende Gebiet eine einheitliche Landesplanung zu schaffen. Eine der wichtigsten Maßnahmen zur Vereinheitlichung des oben umrissenen Wirtschaftsgebietes war die Einsetzung eines Landesplanungsausschusses zur Behandlung der städtebaulichen und Verkehrsfragen in einem Umkreis von 30 km Durchmesser um Hamburg herum.

Was speziell den Hafen anlangte, wurde festgelegt, daß das Hafengebiet von Hamburg, Harburg-Wilhelmsburg und Altona so zu verwalten und auszubauen sei, daß für die Wirtschaft ein einheitlicher

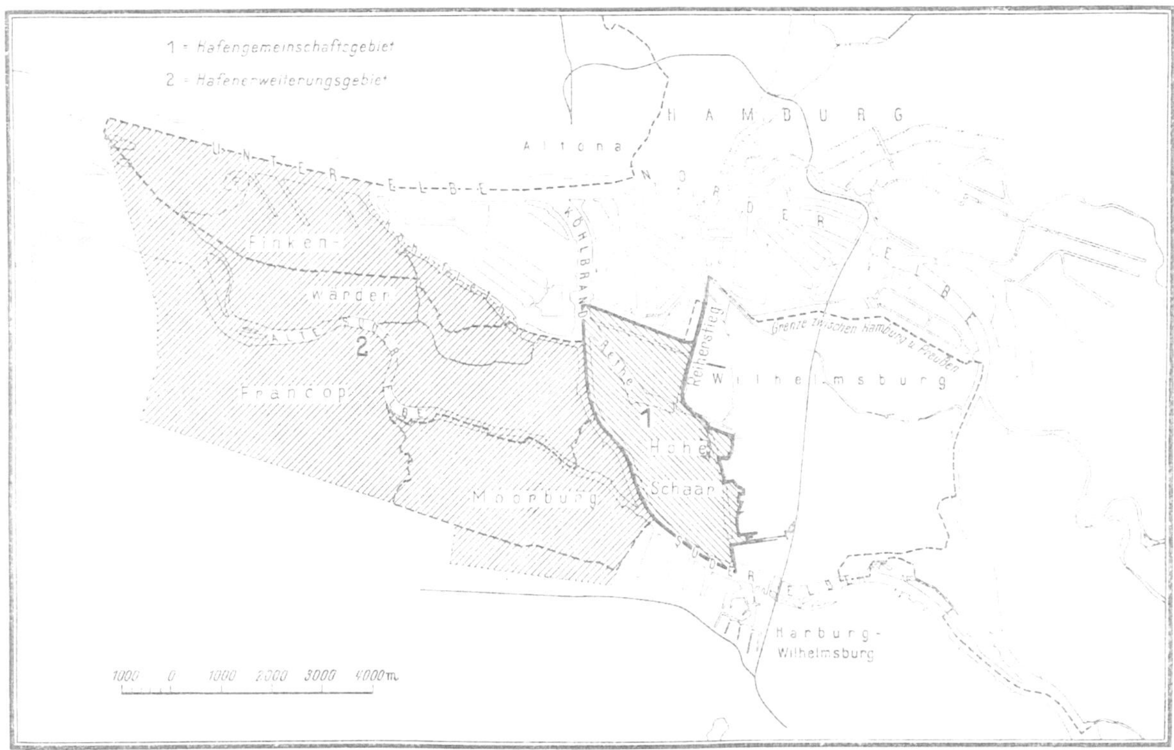

Abb. 10. Hamburgisch-Preußische Hafengemeinschaft.

Gesamthafen entsteht, in dem die Unterschiede, die sich aus der verschiedenen Landeshoheit ergeben, möglichst verschwinden und in dem ein Wettbewerb der beteiligten Einzelhäfen untereinander ausgeschaltet wird.

Zur Erreichung dieses Zieles wurde dann in weiterer Ausführung des Abkommens im März 1929 zwischen Hamburg und Preußen ein Staatsvertrag über die Gründung einer Hafengemeinschaft in Form einer GmbH. geschlossen. Der Grundgedanke dieser Hafengemeinschaft bestand darin, daß man die Verwaltung der drei bestehenden Häfen (Hamburg, Harburg und Altona) weiterhin unangetastet bestehenließ und nur für die neu zu bauenden Häfen eine gemeinsame Verwaltung schuf. Der Arbeitsbereich der Gesellschaft (im Vertrag als Hafengemeinschaftsgebiet bezeichnet — Abb. 10) umfaßte zunächst die hier schon mehrfach erwähnten Gebiete von Kattwyk und Hohe Schaar sowie Neuhof. Beim Abschluß des Vertrages rechnete man mit der baldigen Notwendigkeit eines vollen Ausbaues dieser Ländereien, die aber in Verbindung mit der Weltwirtschaftskrise von 1929 nicht eintrat.

Der Staatsvertrag sorgte zugleich für die weite Zukunft, indem für den Bau neuer Häfen westlich der Linie Köhlfleet Süderelbe—östliche Landesgrenze Moorburgs ein sog. „Hafenerweiterungsgebiet“ festgelegt wurde (vgl. Abb. 10). Für dieses Gebiet verpflichteten sich die beiden Partner, keine für einen späteren Hafenausbau hinderlichen Anlagen zuzulassen. Vorsorglich sollte sofort ein Flächenaufteilungsplan für dieses Gebiet entworfen werden. Die beiden Länder verpflichteten sich, spätere Hafenbauten in

[1] Einzelheiten betreffend das Abkommen der Regierungen von 1928, den Staatsvertrag über die Gründung einer Hafengemeinschaft sowie Aufgaben und Organisation der Hafengemeinschaft vgl. Sonderdruck von Lütcke & Wulff, Hamburg.

diesem Gebiet durch die Hafengemeinschaft ausführen zu lassen. Im Falle, daß über diese Hafenbauten eine Verständigung der Gesellschafter nicht erzielt wurde, war ein Schiedsgericht vorgesehen. Diese Bestimmung bedeutete nicht mehr und nicht weniger als einen Verzicht auf Hoheitsrechte und ist ein Kriterium dafür, daß die Gründung der Hafengemeinschaft zu ihrer Zeit eine große politische Tat war. Niemand hat damals vorausgesehen, daß der Hafengemeinschaft nur ein sehr kurzes Leben beschieden sein würde. In der Tat verlor aber die Hafengemeinschaft 1937 ihre Existenzberechtigung. Die Abmachungen mit Preußen gingen davon aus, daß man so tun wolle, „als ob Landesgrenzen nicht vorhanden waren". Diese Fiktion wurde 1937 durch die reale Tatsache ersetzt, daß das langersehnte Staatsgebilde „Groß-Hamburg" geschaffen wurde. Damit fiel jedwede Sorge für die Weiterentwicklung des Hafens wieder allein Hamburg zu[1].

Wenn wir nun einen Blick auf den Seegüterumschlag des Hamburger Hafens (Abb. 7) werfen, stellen wir fest, daß die Jahre 1930 bis 1933 ausgesprochene Krisenjahre waren, und daß auch danach nur ein mäßiger Anstieg zu verzeichnen war.

Die Hafengemeinschaft, von der bei ihrer Gründung angenommen worden war, daß sie ganz Kattwyk-Hohe Schaar ausbauen würde, mußte sich auf die Ausführung einiger weniger Bauten beschränken. Angesichts des Verkehrsrückganges lag auch kein Anreiz für weitschauende planende Tätigkeit vor. Hatte doch der Hamburger Strom- und Hafenbau genügend Generalplanentwürfe in seinen Schubladen, welche die preußischen Gebiete bereits aufteilten, und die durch den Abschluß der Hafengemeinschaft gewissermaßen legalisiert worden waren.

Erst das Groß-Hamburg-Gesetz von 1937 bedeutete für die Hafenplanung einen neuen, und wie wir gleich sehen werden, gewaltigen Auftrieb. Es war nicht eigentlich der Verkehr, sondern die dringliche und die als Folge einsetzende erneute Durchplanung des zusammengefaßten Raumgebildes, welche die Veranlassung zur Bearbeitung eines neuen Generalplanes für den Hafen gab. Dazu kam aber noch ein Impuls von besonderer Stelle. Bei einem Staatsbesuch Hitlers in Hamburg (1937), und zwar im Rahmen der obligaten Hafenbesichtigungen, sollte diesem gewissermaßen als interessantes Detail aus dem Hafen ad oculos demonstriert werden, daß der 1911 in Betrieb genommene Elbtunnel (außer den an der Peripherie der Seehäfen vorhandenen Elbbrücken die einzige Verbindung der Stadt mit dem Hafen) nicht mehr ausreiche, aus welchem Grunde Hamburg die Erstellung einer weiteren Tunnelverbindung ins Auge gefaßt habe. Diese Mitteilung hatte für die Planungen von Stadt und Hafen unerwartete und einschneidende Folgen. Von hoher Hand wurde nämlich dekretiert, daß Hamburg als das deutsche „Tor zur Welt" großartig auszubauen sei. Hochpunkte des Ausbaus sollten sein eine gigantische, die Elbe überspannende Hochbrücke sowie eine auf Repräsentation abgestellte Gestaltung des nördlichen Elbufers. Die Hochbrücke sollte durch eine wuchtige Ausführung gewissermaßen das „Tor zur Welt" symbolisieren[2]. Eine Brücke, die in 70 m Höhe einen Fluß überspannt, braucht sehr lange Rampen, die aber weder im Kern des Hafens noch in der dicht bebauten Stadt untergebracht werden konnten. Daraus ergab sich für die Trasse eine Randlage im Westen etwa in der Gegend Othmarschen—Petroleumhafen (westlichstes Hafenbecken). Damit ergab sich aber wieder zwangsläufig, daß diese Brücke dem internen Querverkehr im Kern des Hafens nicht dienen konnte. Hier kam man also um die ursprünglich geplante Untertunnelung, auf Grund welcher der Gedanke an eine Hochbrücke überhaupt erst aufkam, nicht herum. Da aber der Bau einmal befohlen war, erhielt die Brücke andere Aufgaben. Im Rahmen des Hafens sollte sie die Erweiterungsgebiete Waltershof, Finkenwärder, Altenwärder und Hohe Schaar verkehrsmäßig an die Stadt heranführen. Zusätzlich zu dieser Aufgabe einer abkürzenden Verbindung der Stadt mit den künftigen Hafenerweiterungsgebieten sollte die Brücke Teil eines um Groß-Hamburg in Aussicht genommenen Autobahnringes sowie schließlich Glied einer internationalen Autobahnverbindung Skandinavien—Südeuropa werden. Die letztgenannten Aufgaben, welche im übrigen die Finanzkraft Hamburgs überstiegen, fielen aber in die Zuständigkeit des Generalinspektors für das deutsche Straßenwesen, so daß dieser die Detailplanung der Hochbrücke in Zusammenarbeit mit den hamburgischen Stellen übernahm[3].

[1] Mit der Verkündung des am 1. April 1937 in Kraft tretenden Groß-Hamburg-Gesetzes wurde der für die Entwicklung von Hamburgs Stadt und Hafen notwendige Lebensraum geschaffen. Die bis dahin preußischen Städte Altona, Wandsbek und Harburg-Wilhelmsburg nebst einer Anzahl benachbarter preußischer Gemeinden wurden mit Hamburg vereinigt. Das neue Gebilde wurde ein Gau des Reiches und erhielt den Namen „Hansestadt Hamburg".

Die 1929 gegründete Hafengemeinschaft trat bereits am 1. April 1938 wieder in Liquidation (28. Februar 1946 Löschung im Handelsregister). Vor Gründung der HPH waren von Preußen die Kaliumschlaganlage nebst Kaimauer und der Flußschiffhafen im Reiherstieghafen sowie die Reiherstiegsperrschleuse erstellt worden. Das von der HPH selbst durchgeführte wichtigste Bauwerk war die Rethebrücke (1933/34). Von privater Seite wurden im Hafengemeinschaftsgebiet fünf Getreidesilos gebaut.

[2] Die Hochbrücke sollte zu den größten Brücken der Welt zählen: Höhe der beiden Brückenpfeiler je 180 m (Kölner Dom 160 m), Breite 47 m. Stützweite der Mittelöffnung über der Elbe 750 m, lichte Durchfahrtshöhe für Seeschiffe 70 m.

[3] Mit „Erlaß des Führers und Reichskanzlers über den Bau der Elbehochbrücke in Hamburg" vom 31. Mai 1938 wurde der Generalinspektor für das deutsche Straßenwesen beauftragt, für den Bau der Elbehochbrücke in Hamburg und die damit zusammenhängenden baulichen Maßnahmen die erforderlichen Anordnungen zu treffen (gem. § 1). Der Generalinspektor für das deutsche Straßenwesen stellt die Bauausführungspläne für die Elbehochbrücke und die Köhlbrandbrücke, die anschließenden, mehreren Verkehrswegen gemeinsamen Anlagen und die Straßenanschlüsse .... fest (§ 2).

Das nördliche Elbufer sollte, teils weil es der Bau der Hochbrücke erforderte, teils weil man den die Elbe hinauffahrenden Passagieren der großen Überseeschiffe die Bedeutung Hamburgs durch eine entsprechende Ufergestaltung demonstrieren wollte, völlig neu gestaltet werden.

Die Wasserfront der Elbnordseite etwa von den St.-Pauli-Landungsbrücken bis zur Hochbrücke (5 km) sollte völlig verschwinden und einer großartigen Uferstraße Platz machen, die nur an der Stadtseite mit Repräsentativbauten von amerikanischen Ausmaßen versehen werden sollte. Als einzige Hafenanlage war eine Fahrgastanlage für größte Überseedampfer zugelassen. Damit wären der Fischereihafen und der Küstenverkehr von ihren angestammten Plätzen verbannt gewesen. Für die Neugestaltung des Elbufers wurde ein Wettbewerb ausgeschrieben und im weiteren Verfolg wurde eine besondere Planungsstelle „Der Architekt des Elbufers" geschaffen[1].

Neben diesen beiden großen technischen Auflagen wurden den Hafenplanern die Richtung angegeben, von welchen wirtschaftlichen und verkehrspolitischen Voraussetzungen für die Planungen auszugehen wäre. Der künftige Verkehr sollte angesetzt werden unter der These „Hamburg, größter Verteilerplatz der europäischen Großraumwirtschaft" und weiterhin sollte unterstellt werden, daß Deutschland sich im Besitz umfangreicher überseeischer Kolonien befände.

Bevor wir auf die Hafenpläne, die während des Dritten Reiches bearbeitet worden sind, eingehen, mag festgestellt werden, daß sie das gebotene Maß der Raumsicherung weit überschritten, da sie auf fiktiven Verkehrsvoraussetzungen basierten. Immerhin verdienen sie, als technisch-theoretische Studien und nicht zuletzt als Beitrag zur Zeitgeschichte in großen Zügen besprochen zu werden.

Wie schon erwähnt, bedingten die Durchführung des Groß-Hamburg-Gesetzes sowie die von hoher Hand dekretierten großen Bauvorhaben die Aufstellung eines Generalbebauungsplanes für das nunmehrige Gesamtgebiet; hierzu hatte der Hafen seinen Beitrag in Gestalt eines Generalplanes zu liefern. Als Folge sind beim Strom- und Hafenbau als der für die Hafenplanung zuständigen Stelle im Zeitraum von 1937 bis zur öffentlichen Bekanntgabe des Generalbebauungsplanes der Stadt im Jahr 1941 sowie darüber hinaus auch noch während des ganzen Krieges eine große Zahl von Gesamt- und Einzelplänen bearbeitet worden. Diese Studienarbeiten, die in ihrer Gesamtheit im Bebauungsplan 1941 zum Tragen gekommen sind, berücksichtigen zahlreiche mögliche Situationen einer Hafenentwicklung und stellen daher ein für die heutige und kommende Planung wertvolles Material dar. Dieses Material eignet sich aber allein schon seines Umfanges wegen nur zur Behandlung im kleinen Kreise[2]. In der hier vorgesehenen zusammenfassenden Übersicht werden daher nur die Ergebnisse, nämlich die Planungen beschrieben, die im „Generalbebauungsplan 1941 der Hansestadt Hamburg" Aufnahme gefunden haben. Diese Planungen versuchten in bezug auf den Hafen folgenden Anforderungen gerecht zu werden (Abb. 11, siehe Tafel II):

Nördliches Elbufer von St. Pauli bis Nienstedten. a) Bau einer Überseefahrgastanlage am nördlichen Elbufer, deren Notwendigkeit durch den sog. „Kraft durch Freude"-Verkehr und sonstigen Touristenverkehr begründet wurde. Die Fahrgastanlage mit ihren Empfangsgebäuden und den am Kai liegenden repräsentativen Schiffen war als wesentlicher und attraktiver Bestandteil des neu zu gestaltenden Elbufers gedacht.

b) Über die Hochbrücke zwischen Othmarschen und dem Waltershofer Petroleumhafen sowie ihre Aufgaben ist bereits an anderer Stelle berichtet.

c) Etwa in der Lage Teufelsbrück—Finkenwärder war ein Straßentunnel geplant, der eine lokale Straßenverbindung zwischen der Stadt und Finkenwärder herstellen sollte.

d) Von den St. Pauli-Landungsbrücken bis nach Teufelsbrück war eine unmittelbar am Elbufer verlaufende Hochbahnlinie vorgesehen. Mit jeder Haltestelle dieser Linie sollte eine Querfähre über die Elbe gekoppelt werden.

[1] Die städtebauliche Neuordnung Hamburgs (Hafen eingeschlossen) wurde geregelt durch den „Erlaß (des Reichsstatthalters) über die Neugestaltung der Hansestadt Hamburg" vom 26. April 1939. Im § 3 dieses Erlasses wird für die städtebauliche Planung die Dienststelle „Der Architekt des Elbufers" geschaffen. Zum Architekten des Elbufers wurde der Architekt Constanty Gutschow, Hamburg, bestellt.

[2] Als allgemein interessierend soll aus der großen Zahl der erörterten Probleme das einer Schließung des Köhlbrands und der entsprechenden Öffnung des Köhlfleets als Ausmündung der Süderelbe kurz herausgestellt werden. Wir haben den Köhlbrand kennengelernt als Hauptzufahrt zu den Harburger Häfen. Die Sicherung dieser Funktion des Köhlbrands erfolgte durch verschiedene Verträge mit Preußen (1868, 1896 und zuletzt 1908). Aus dem Blickwinkel des Hamburger Hafens bildet für diesen der Köhlbrand in seiner Eigenschaft als Seewasserstraße 1. Ordnung eine mit Schwierigkeiten verbundene Begrenzung. Es wurde schon an anderer Stelle erwähnt, daß bis heute der Stückgutumschlag diese Grenze nicht überschritten hat. Mit dem Ausbau des Waltershofer Hafengebietes mußte der Köhlbrand einerseits umgangen werden (Eisenbahnanschluß von Waltershof über Harburg), andererseits durch eine Trajektfähre überbrückt werden. Die Schaffung der im Generalplan 1941 vorgesehenen weiteren Hafengruppen im Westen hätte eine zügige Überwindung des Köhlbrands durch eine Hochbrücke oder einen Tunnel bedingt (vgl. Abb. 11). Angesichts dieser Situation lag die Frage nahe, ob nicht durch eine Abdämmung des Köhlbrands und Eröffnung einer nach Westen verschobenen neuen Zufahrtstraße (Köhlfleet) nach Harburg die Ost-West-Verbindung für Landfahrzeuge innerhalb des Hafens günstiger gestaltet werden könnte. Die Vor- und Nachteile dieser Lösung sind sehr eingehend sogar unter Hinzuziehung eines namhaften auswärtigen Gutachters erwogen worden. Entschieden wurde, daß die Beibehaltung des bisherigen Zustandes am zweckmäßigsten sei.

Südliches Elbufer östlich des Köhlbrands. e) Für die Unterbringung zollinländischer Industrien und Läger waren der Reiherstieghafen unterhalb der Rethebrücke sowie der Reiherstieg selbst in Aussicht genommen. Hier sollten insbesondere vom stadtseitigen Ufer (Altona) zu entfernende Betriebe untergebracht werden.

f) Der Mineralölhafen (sog. Petroleumhafen) auf Waltershof sollte nach Fertigstellung der Hochbrücke verlegt werden. Als Ersatz sollten mehrere, räumlich weit voneinander getrennte Anlagen geschaffen werden. Der erste Mineralölhafen war im Gebiet Kattwyk-Hohe Schaar geplant, und zwar als erstes neues Hafenbecken südlich des vorhandenen Reiherstieghafens. Ein zweiter Mineralölhafen sollte im Raum der Wedeler Elbmarsch untergebracht werden (vgl. unter n).

g) Der Fischereihafen in Altona war mit der repräsentativen Ausgestaltung des nördlichen Elbufers nicht vereinbar. Als Ersatz war der südliche Teil des Gebietes der Hohen Schaar bestimmt. Hier sollten die Hafenbecken erstellt werden. Für die Umsiedlung der Fischindustrie war der südliche Teil von Wilhelmsburg in Aussicht genommen. Es liefen auch Erwägungen, den Fischereihafen in die Wedeler Elbmarsch zu verlegen[1] (vgl. auch unter n).

Südliches Elbufer westlich des Köhlbrands. h) Die Planungen westlich des Köhlbrands mußten sich dem Achsenkreuz der Autobahnen, die das Hafengebiet durchziehen und erschließen sollten, anpassen. Die Herstellung der Autobahnanlagen bedingte außer der Hochbrücke noch eine Überbrückung des Köhlbrands ebenfalls durch eine Hochbrücke[2].

i) Das Waltershofer Freihafengebiet sollte großzügig erweitert werden; es sollte als Pendant zu dem alten Freihafengebiet zu einer geschlossenen selbständigen Anlage ausgestaltet werden, wobei es nahelag, für diesen Zweck die Waltershofer Häfen nach Süden in den Raum Altenwärder zu erweitern. Der neue Hafenteil wäre für Seeschiffe von der Norderelbe unmittelbar erreichbar gewesen und hätte guten Eisenbahnanschluß über Moorburg nach Harburg und durch das Achsenkreuz einschließlich der Hochbrücke eine gute Verbindung mit allen Teilen Groß-Hamburgs erhalten.

k) Wenn einmal der Hansakanal in Betrieb kam, wurden Massenguthäfen erforderlich. Hierfür wurde das Gebiet des östlichen Altenwärders als geeignet angesehen, das einerseits vom Köhlbrand her guten Seeschiffszugang erhalten konnte und andererseits auch günstig zur Einführung des Hansakanals lag.

l) Für die Einmündung des Hansakanals in den Hamburger Hafen sind zwei Lösungen bearbeitet worden. Die meist vertretene Auffassung ging dahin, den Hansakanal bei dem Ort Francop in die Alte Süderelbe einmünden zu lassen. Die Kanalmündung sollte in östlicher Richtung durch zwei Wasserwege mit dem eigentlichen Hafengebiet in Verbindung gebracht werden. Den einen Wasserweg bildete die zu diesem Zweck entsprechend auszubauende Alte Süderelbe selbst. Die Alte Süderelbe führte in den südlichen Hafenteil, stellte aber zugleich die Verbindung der Kanalmündung mit der Oberelbe her. Auf diesem Wege konnte der unmittelbare Kanalverkehr mit Lübeck am Südrande des Hamburger Hafens geführt werden. Die zweite Verbindung, und zwar in das Zentrum des Hafengebietes, bildete ein durch Altenwärder zum Köhlbrand führender Hafenkanal.

Im Generalbebauungsplan 1941 (Abb. 11) ist die Einmündung des Hansakanals nicht bei Francop, sondern weiter westlich zwischen Este und Lühe in der Gegend des Ortes Borstel vorgesehen. Über die Wahl dieser Gegend vgl. unter o).

m) Die Hafenanlagen in Harburg sollten durch ein 5. Seehafenbecken ergänzt werden. Im übrigen wurde aber im Generalplan 1941 der an Harburg westwärts anschließende Landbezirk Moorburg von Hafenplanungen freigehalten. Dieser stellt sehr wertvolles bäuerlich bewirtschaftetes Gebiet dar, dessen Umwandlung in Hafenanlagen man scheut. Lediglich zu den Zeiten, als eine Einigung mit Preußen noch nicht abzusehen war, war auch Moorburg in die Hafenplanung mit einbezogen worden (vgl. den Plan von 1924, Abb. 9)[3].

Anlagen elbwärts außerhalb der Groß-Hamburg-Grenze. Die unter a) bis m) aufgeführten Hafenanlagen befinden sich innerhalb der durch das Groß-Hamburg-Gesetz festgelegten Grenzen. Der Generalbebauungsplan 1941 griff aber mit seinen Planungen auch auf außerhamburgisches Gebiet über, womit die von Preußen unmittelbar nach dem ersten Weltkriege geäußerten Bedenken bestätigt wurden, daß Hamburg bei eintretendem Bedarf immer wieder neue Gebietsforderungen stellen werde. Grundsätzlich ist anzumerken, daß sich elbabwärts Schwierigkeiten für die Binnenschiffahrt ergeben. Unterhalb Finkenwärder ist nämlich Binnenschiffahrt bzw. Schiffahrt mit Hafenfahrzeugen (Schuten) nur beschränkt, an stürmischen Tagen überhaupt nicht möglich. Es kommen also stromabwärts nur solche Häfen in Frage, die rein auf Seeschiffahrt abgestellt sind, oder die Binnenschiffahrt muß auf künstlichen Wasserwegen herangeführt werden.

[1] Über die Wahl des Standortes des Fischereihafens vgl. S. 48.

[2] Die Brücke über den Köhlbrand sollte 260 m Lichtweite bei 55 m Durchfahrtshöhe erhalten; es sind auch Studien gemacht worden, die auf eine Untertunnelung des Köhlbrands hinausliefen.

[3] Das Gebiet Moorburg wurde 1375 vom Hamburger Rat erworben. Von hier aus wurde das hamburgische Stapelrecht auf der Süderelbe überwacht. Über Jahrhunderte war Moorburg der einzige Besitz Hamburgs südlich der Elbe.

n) Rechtselbisch kommen für die Anlage von Seeschiffhäfen die Außendeich-Ländereien der Wedeler Marsch in Frage. Der Raum der Wedeler Elbmarsch (billiges Gelände, relative Stadtnähe, gute Verbindungsmöglichkeiten für Eisenbahn und Straße, bietet gute Voraussetzungen, die zu einer hafenmäßigen und industriellen Entwicklung erforderlich sind. Die Tendenz einer Ausdehnung der Stadt nach Westen kommt derartigen Plänen entgegen. Auf Grund der voraufgegangenen Darlegungen waren daher in der Wedeler Marsch folgende Hafenanlagen vorgesehen: Mineralölhafen (vgl. unter f), Industriehafen, Jachthafen und Fischereihafen. Letzterer war innerhalb des Groß-Hamburg-Gebietes auf der Hohen Schaar vorgesehen (vgl. unter g). Ein Fischereihafen unterhalb Schulau hätte den großen Vorteil einer Abkürzung der Revierfahrt auf der Elbe um etwa 40 km hin und zurück mit sich gebracht[1], dafür aber wiederum Nachteile für den Ortshandel.

o) Außer den unter n) genannten Anlagen glaubte man noch ein drittes Freihafengebiet vorsehen zu müssen. Da für ein Freihafengebiet ein Zusammenspiel von See-, Binnen- und Hafenschiffahrt unerläßlich ist, muß man dafür also ein Gebiet auswählen, das die Möglichkeit bietet, die oberelbische Schiffahrt geschützt und ohne das übrige Hafengebiet zu kreuzen, heranzuführen. Gewählt wurde auf dem linken Elbufer der Raum von Hahnöfersand zwischen der Este und der Lühe. Wie der Plan (Abb. 11) zeigt, waren hinter den in die Elbe hinausgebauten Seeschiffbecken große Flächen für Binnenschiffs- und Kanalverkehr vorgesehen. In letztere mündete der Hansakanal, der zugleich noch eine zweite Ausmündung in die Elbe in der Gegend von Stade erhalten sollte. Das neue Hafengebiet wurde mit dem alten Hafen durch einen Binnenschiffahrtskanal verbunden. Dieser Kanal diente einerseits der Weiterführung des Hansakanalverkehrs in das alte Hafengebiet und andererseits in umgekehrter Richtung der Heranführung der oberelbischen Schiffahrt.

Der Generalbebauungsplan 1941, dessen Abschnitt Hafenanlagen hier in großen Umrissen beschrieben wurden, ist zunächst trotz des Krieges weiterentwickelt worden, und diese Arbeiten haben im sog. „Generalbebauungsplan 1944 1. Skizze" ihren Niederschlag gefunden. Mit diesem Plan brauchen wir uns hier aber nicht zu befassen, weil er in bezug auf die Hafenanlagen nur unwesentliche, die große Linie nicht berührende Änderungen enthält.

Noch während aber geplant wurde, war der Hamburger Hafen besonders in den Jahren 1943—1945 nach Art und Umfang schwersten Luftangriffen ausgesetzt. Als im Mai 1945 die Waffen schwiegen, hatte man auf der einen Seite einen großartigen Generalplan für den Hafen, auf der anderen Seite stand man einer geradezu ungeheuerlichen Zerstörung mit einem Schaden von mehr als einer halben Milliarde Mark gegenüber. Die Hafenwerke, die von zwei Generationen geschaffen waren, standen am Rande totaler Vernichtung. So war die Lagerfläche der Kaischuppen — Kaischuppen bilden einen guten Gradmesser für die Kapazität eines Hafens — von 750000 m² auf 88000 m², also auf etwa 11% zusammengeschrumpft. Von den Kais waren gerade die für größere Schiffe geeigneten getroffen. Dazu kamen schwerste Zerstörungen der Eisenbahnanlagen, Straßen, Brücken und Landungsanlagen. Ein erschütterndes Bild boten über 3000 gesunkene Schiffe aller Arten und Größen, welche die Zufahrten und Hafenbecken verstopften.

Die Beendigung des Krieges bedeutete für Hamburg im Gegensatz zu den im übrigen weit weniger zerstörten Beneluxhäfen keineswegs die sofortige Startmöglichkeit zu einem umfassenden Wiederaufbau des Hafens. Der Hafen war bekanntlich besetzt, und die Besatzungsmacht ließ im Jahre 1945 nur so viel Wiederherstellung zu, daß Armeenachschubschiffe abgefertigt werden konnten. Zu dieser Zeit wäre es im Banne Morgenthauscher Ideen sogar durchaus denkbar gewesen, daß die Alliierten den Wiederaufbau des unbequemen Konkurrenzhafens untersagt hätten. Diesbezüglich brachte die Jahreswende 1945/46 auch die entscheidende Wendung für das weitere Schicksal des Hamburger Hafens, indem die Besatzungsmacht einen allmählichen Wiederaufbau des Hafens bis zu 70% der Kapazität des als Norm angenommenen Jahres 1936 gestattete.

Es war selbstverständlich, daß Hand in Hand mit dem Wiederaufbau ein Generalplan für den Ausbau des Hafens aufgestellt werden mußte[2]. Ebenso selbstverständlich war, daß der neue Generalplan den durch die Kapitulation Deutschlands grundlegend veränderten politischen und wirtschaftlichen Verhältnissen anzupassen war. So gesehen waren die drei wichtigsten Grundlagen oder besser gesagt „Auflagen" der Generalpläne von 1941 und 1944, nämlich die Errichtung einer Hochbrücke, die Fortnahme von Hafenanlagen vom Nordufer im Zuge der Elbufergestaltung sowie die verkehrswirtschaftlichen Voraussetzungen Utopien gleichzusetzen.

Die mitten in die Hafenanlagen hineinzukomponierende Hochbrücke war von vornherein den Hafenbauern als eine unverdauliche Pille erschienen, die sie nur unter dem Zwang der Verhältnisse geschluckt hatten. Daß dieser Aversion auch tatsächlich Ausdruck gegeben worden ist, dafür mag als Beweis die Kritik angeführt werden, die 1941 der damalige Leiter der Marinebaudirektion Hamburg, der einige Jahre zuvor an der Spitze des Strom- und Hafenbaus gestanden hatte, abgegeben hat. In dieser heißt es: „Die

[1] Vgl. die Ausführungen über den günstigsten Standort des Hamburger Fischereihafens bei Besprechung des Generalplanes von 1947.

[2] Die Arbeiten am Generalplan wurden zugleich mit dem Wiederaufbauplan zu Beginn des Jahres 1946 aufgenommen. Die hier gewählte Bezeichnung Generalplan 1947 bedeutet, daß derselbe 1947 dem Senat vorgetragen wurde.

Elbbrücke, deren Nutzen für absehbare Zeit nicht erbracht werden kann, durchschneidet in unerfreulicher Weise das Hafengebiet, ohne daß den Belangen des Hafens mit ihr ausreichend gedient wird. Was früher die Landesgrenzen verhinderten, nämlich die vernünftige Entwicklung des gesamten Hafengebildes, bewirkt künftig die Brücke". Hier wurde von einem im Dienst befindlichen Beamten eine deutliche Sprache gesprochen, die unter den Verhältnissen des damaligen autoritären Staates hoch anzuerkennen ist.

Daß als Folge des verlorenen Krieges am nördlichen Elbufer nun keine, die dort befindlichen Hafenanlagen verdrängende, Prachtstraße gebaut werden konnte, wurde gewissermaßen als Glück im Unglück empfunden. Man braucht nur in die großen Nachbarhäfen Hamburgs zu gehen, um den alten Grundsatz bestätigt zu finden, daß stadtnahe Hafenanlagen als Kapital anzusehen und dementsprechend zu pflegen sind. Architektonisch gesehen beeinträchtigen Hafenanlagen bei richtiger Gestaltung in keiner Weise das Stadtbild, im Gegenteil, sie geben der Stadt sogar ein besonderes Gepräge.

Was schließlich die wirtschaftlichen und verkehrspolitischen Voraussetzungen der Pläne 1941/44 anlangte, so war mit der bedingungslosen Kapitulation der Traum einer „Mission" Hamburg als Exponent eines Europa beherrschenden Großdeutschland ausgeträumt. Bei der Aufstellung neuer Pläne galt es, nüchtern festzustellen, welche „Funktionen" wohl noch dem Hamburger Hafen im Rahmen der westeuropäischen Wettbewerbshäfen verblieben und sich darauf einzurichten.

Die Konsequenz dieser Überlegungen war, daß der Nachkriegs-Generalplan weit einfacher und weniger umfänglich — er konnte mit gutem Gewissen auf eigenes Gebiet beschränkt werden — als die Pläne von 1941/44 gehalten werden konnte. Der neue Plan konnte auch verhältnismäßig schnell aufgestellt werden, da man sich mutatis mutandis die umfangreiche Arbeit der voraufgegangenen Jahre zunutze machen konnte.

Das erste und zudem mit größter Beschleunigung zu lösende generalplanerische Problem der Nachkriegszeit war, den Standort für den Fischereihafen festzulegen. Die Anlagen in Altona waren so schwer beschädigt, daß die Fischzufuhren nach anderen Häfen abzuwandern begannen, was allein schon angesichts der 1946 bestehenden Ernährungssituation unbedingt verhindert werden mußte. Die Generalbebauungspläne 1941/44 hatten mit Rücksicht auf die vorgesehene architektonische Umgestaltung des nördlichen Elbufers die Verlegung vorgesehen. Als neuer Standort hatten Finkenwärder, Kattwyk-Hohe Schaar und Wedel-Schulau zur Wahl gestanden; jetzt trat auch Altona wieder in die Reihe. Die Entscheidung fiel für Altona, weil der dort vorhandene Grundstock sowohl kostenmäßig als auch hinsichtlich der Beschleunigung des Wiederaufbaues ins Gewicht fiel, weil in Altona die Verbindung zur Fischindustrie und die gesamte Verkehrssituation günstig war, und nicht zuletzt, weil man sich überzeugt hatte, daß diese Gegend trotz des nur schmalen zur Verfügung stehenden Uferstreifens ausreichende Erweiterungsmöglichkeit selbst für eine weitere Zukunft bot[1].

Nach der generellen Entscheidung, die hafenmäßige Ausnutzung des nördlichen Elbufers beizubehalten, und nach Festlegung der Lage des Fischereihafens wurde das stadtseitige Elbufer generalplanmäßig von Westen nach Osten wie folgt aufgeteilt (Abb. 12, siehe Tafel I). Unmittelbar ostwärts an den Fischereihafen anschließend ist ein Hafenbecken zur Aufnahme von Fischkuttern, Schleppern und Barkassen vorgesehen. Die daran anschließende Uferstrecke bis zu den St.-Pauli-Landungsbrücken ist für Küstenverkehr bestimmt (Einzelheiten vgl. Abb. 12). Es folgen die St.-Pauli-Landungsbrücken (unterelbischer Personenverkehr), Johannisbollwerk und Vorsetzen (Freiladeanlagen für Unterelbe und Küstenverkehr), die Überseebrücke (Touristenverkehr), der Binnenhafen, der Zollkanal und schließlich das Ufergelände zwischen Oberhafenbrücke und Billemündung (von der Stadtplanung für Neubau des Obst- und Gemüsemarktes in Anspruch genommen). Oberhalb der Elbbrücken ist noch das Gebiet von Rothenburgsort zu erwähnen. Dieses Gelände ist u. a. zur Ansiedlung von Binnenschiffsreedereien vorgesehen, die durch den Bau des neuen Obst- und Gemüsemarktes verdrängt werden; zwei dort bereits vorhandene Hafenbecken (Entenwärder Zollhafen und Haken) können günstig zu einem Binnenhafensystem erweitert werden.

Wir kommen nun zu dem seit Inbetriebnahme der Freihafenelbbrücke (1926) nicht geförderten Problem der Verbindung von Nord- und Südufer. Vorhanden waren bzw. sind im Osten die Elbbrücken und der Elbtunnel im Westen. Sämtliche Bauwerke stammen mit Ausnahme der Freihafenelbbrücke aus der Zeit vor dem ersten Weltkriege[2]. Der Elbtunnel kann dem Verkehr schon längst nicht mehr genügen, da seine

---

[1] Ergänzend wird hinsichtlich der Erwägungen, welche die Fischereihafenpläne maßgebend beeinflußt haben, noch folgendes bemerkt:
Ein Fischereihafen in Hamburg muß sowohl dem Großhandel als auch dem Einzelhandel und nicht zuletzt der Industrie dienen, wobei die Lage so beschaffen sein muß, daß der allgemeine Schiffs- und Güterverkehr nicht gestört werden. Angesichts dieser verschiedenen Interessen wird immer nur eine Kompromißlösung gefunden werden können. Finkenwärder liegt hafentechnisch günstig und bietet auch sonstige Vorteile. Dagegen ist es für Fischindustrie und Einzelhandel untragbar. Kattwyk-Hohe Schaar bietet Möglichkeiten für die Fischindustrie, ist aber in hafentechnischer Beziehung ungünstig; für den Einzelhandel aber mit Hinblick auf den Verkehrsengpaß Elbbrücken abzulehnen. Wedel-Schulau ist hafentechnisch sowie für den Fischversandhandel gut gelegen, für Industrie und Einzelhandel jedoch weniger günstig.

[2] Das zweite Geschoß der Freihafenelbbrücke weist darauf hin, daß der Plan einer Hafenhochbahn bestanden hat, die den Hafen von Osten nach Westen erschließen und zunächst am Köhlbrand enden sollte; im Bedarfsfalle erlaubte der Köhlbrandvertrag von 1908 eine Untertunnelung dieser Wasserstraße. Der Plan wurde aufgegeben, da eine reine Hafenhochbahn nicht rationell ausgenutzt werden kann.

Additional information of this book

(1950/51; 978-3-642-45822-4; 978-3-642-45822-4_OSFO1) is provided:

http://Extras.Springer.com

Rohrquerschnitte zu klein sind; der Tunnel ist weder in der Lage, gleichzeitig stärkeren Fußgänger- und Fahrzeugverkehr zu bewältigen, noch können die Tunnelaufzüge Anhänger von Lastwagen aufnehmen. Diese Mängel des Elbtunnels waren es ja, die den Anlaß zur Planung der Hochbrücke gegeben hatten. Der Bau einer Hochbrücke über die Elbe wird in Zukunft nicht mehr in Frage kommen. Für eine Verbesserung der Verbindungen zwischen den beiden Elbufern kommen daher nur Tunnel, und zwar solche mit Rampen in Frage. Der Generalplan von 1947 (Abb. 13, siehe Tafel III) sieht zusätzlich zwei Untertunnelungen vor. Die erste Verbindung dieser Art, für die im übrigen bei einigermaßen sich entwickelndem Hafenverkehr ein unmittelbares Bedürfnis besteht, ist gedacht in der Linie Vorsetzen, Steinwärder, Ellerholzdamm, Roßdamm, Neuhof mit Anschlüssen nach Wilhelmsburg und Kattwyk-Hohe Schaar. Bei Entwicklung der Hafenanlagen westlich des Köhlbrands kommt der Bau eines zweiten Tunnels in Frage. Im Plan von 1947 führt dieser zweite Tunnel von Altona zum Maakenwärderdamm und über die Rugenberger Schleusen, wo Straßen nach Harburg, Finkenwärder und Neugraben-Cuxhaven angeschlossen sind. Man vertrat 1947 die Auffassung, daß sich bei Verwirklichung der letztgenannten Verbindung eine Untertunnelung des Köhlbrands vermeiden lassen werde.

Auf dem linken Elbufer werden der Freihafen, die vorhandenen Anlagen auf Waltershof und auf Kattwyk sowie schließlich die Harburger Häfen — mutatis mutandis — im Rahmen des Wiederaufbauplanes wiederhergestellt.

Aufgabe der Generalplanung war es — unter maßvolleren Aspekten als im Dritten Reich — nach Ort und Größe Raum für in weiterer Zukunft notwendig werdende Erweiterungen festzulegen und aufzuteilen. Die Entscheidung wurde so getroffen, daß künftige Häfen diesseits des Köhlbrands im Raum Kattwyk-Hohe Schaar und jenseits desselben im Stromspaltungsgebiet zwischen Köhlbrand und Alter Süderelbe errichtet werden sollen, wobei selbstverständlich auf das Wohngebiet Finkenwärder als auch auf die landwirtschaftlich genutzten Gebiete in Finken- und Altenwärder entsprechende Rücksicht genommen wird. Sowohl Kattwyk-Hohe Schaar als auch der Raum zwischen Köhlbrand und Alter Süderelbe gehören gebietsmäßig zu Hamburg; letzterer kann mindestens zwei Hafengruppen der Waltershofer Größenordnung mit allen Nebenanlagen aufnehmen. Rechnet man, daß die in der Wiederherstellung begriffenen Gebiete schon einmal (1929) einen Seegüterumschlag von 28,6 Mill. t ermöglicht haben, an den man bisher nie wieder herangekommen ist[1], vergegenwärtigt man sich weiter, daß Waltershof noch längst nicht ausgenutzt ist, und schlägt man noch eine Hafengruppe auf Kattwyk-Hohe Schaar und zwei im Stromspaltungsgebiet dazu, dann kann man das beruhigende Gefühl haben, für weiteste Sicht Sorge getragen zu haben. Mit vollem Recht konnte daher im Generalplan 1947 auf die Inanspruchnahme von elbwärts außerhalb des eigentlichen Hamburger Gebietes gelegenen Räumen (Wedeler Marsch, Raum zwischen Este und Lühe) verzichtet werden. Für derart weitgetriebene Raumsicherungswünsche können z. Z. keinerlei begründete Unterlagen erbracht werden.

Im einzelnen berücksichtigte der Generalplan 1947 (Abb. 13) auf dem linken Ufer folgende Maßnahmen: Die Waltershofer Hafengruppe wird durch den Mühlenwärder Hafen ergänzt. Neue Hafengruppen sind möglich auf Kattwyk-Hohe Schaar, im Raum der Dradenau (unter Benutzung des Köhlfleets als Zufahrt) und westlich von Finkenwärder (evtl. unter Einbau ins flache Wasser). Sämtliche Hafengruppen, die genannt wurden, können je nach Bedarf für Stückgutumschlag, Massengutumschlag oder auch als Industriehäfen eingesetzt werden. Südlich der Süderelbe, und zwar oberhalb der Harburger Elbbrücken, werden auf dem sog. Neuland Flächen für Industrie an flußschifftiefem Wasser vorgehalten. Im Raum Harburg sollen die abgeschleusten Häfen zweckmäßiger gestaltet werden, die vier offenen Seehäfen können durch ein fünftes Becken vermehrt werden. Wie in früheren Plänen ist auch im Generalplan 1947 Gelände für die Einmündung des Hansakanals (bei Francop) freigehalten, obwohl man neuerdings in Hamburg lieber eine andere Verbindung zum Mittellandkanal (Nord-Süd-Kanal) sehen würde, deren Einmündung nicht unterhalb, sondern oberhalb Hamburgs in die Elbe erfolgen müßte[2].

Zusammenfassend kann die Tendenz des Generalplanes 1947 etwa folgendermaßen charakterisiert werden: Die Hafenteile, die Hamburg großgemacht haben, sollen neuzeitlich wieder aufgebaut werden. Darüber hinaus werden der Raum Kattwyk-Hohe Schaar und der Raum der Insel, die von Norderelbe, Köhlbrand und Alte Süderelbe begrenzt wird, vor anderweitiger Inanspruchnahme gesichert. Der Plan erlaubt — das ist seine Stärke — je nach den wirtschaftlichen Entwicklungen Ausweitung nach Westen oder nach Süden, ohne daß der Hafen seinen Charakter als geschlossenes Ganzes verliert.

[1] Die Spitzenzahlen des Seegüterumschlages waren 1913 27,7 Mill. t, 1929 28,6 Mill. t, 1930 25,8 Mill. t und 1938 25,7 Mill. t; demgegenüber konnten nach dem zweiten Weltkriege 1952 erst 15,2 Mill. t erreicht werden.

[2] Nord-Süd-Kanal. Wie an anderer Stelle schon erwähnt, sollten die Hansestädte durch den sog. Hansakanal an den Mittellandkanal und damit an das 1000-t-Wasserstraßennetz angeschlossen werden. Bremen ist für 1000-t-Schiffe bereits über den Küstenkanal erreichbar, ein zweiter Anschluß ergibt sich aus der im Gang befindlichen Kanalisierung der Mittelweser. Das BVM hat daraus die Konsequenz gezogen und das Teilstück Mittellandkanal (Bramsche)–Weser des Hansakanals aufgegeben, während das zweite Teilstück die Verbindung Weser–Elbe noch in den amtlichen Plänen enthalten ist. Hamburg ist an diesem Teilstück so lange lebhaft interessiert, als nicht noch besserer 1000-t-Anschluß für Hamburg geschaffen wird. Diesem günstigeren Anschluß sieht Hamburg in einem bereits 1918 vom Lübecker Oberbaudirektor Rehder vorgeschlagenen Nord-Süd-Kanal.

Der Stand der Generalplanung von 1947 ist der letzte, der höheren Orts vorgelegen hat und gebilligt ist. Behördenintern ist aber selbstverständlich im Kontakt mit der Stadtplanung am Generalplan des Hafens laufend weitergearbeitet worden. Die verkehrlichen Überlegungen des 1947-Planes konnten auf Grund der damals völlig ungeklärten politischen Lage in der Welt und in Deutschland im besonderen nur rein theoretisch sein. Inzwischen hat sich echter Verkehr eingestellt, und Hamburg hat sich mit einem Güterumschlag von rd. 15,2 Mill. t (Ergebnis 1952) wieder in die Reihe der großen Welthäfen gestellt. Es bedarf keiner weiteren Erklärung, daß sich aus der Beobachtung und Analyse der Verkehrsentwicklung Erkenntnisse ergeben haben, die Modefikationen am Planstand von 1947 nötig machten. Diese Modefikationen berühren aber nicht den Grundtenor der Nachkriegsplanung, so daß eine höheren Orts vorzulegende Neufassung bisher noch nicht notwendig ist.

In den weiten Umrissen, in denen vorstehende Darlegungen insgesamt gehalten werden mußten, sind folgende wichtigeren Veränderungen gegenüber den Auffassungen von 1947 herauszustellen:

1. Der zusätzliche Elbtunnel zwischen dem Baumwall und Steinwärder sollte nach dem Plan von 1947 in erster Linie eine Verbindung zwischen Stadt und Hafen darstellen und fand seine Fortsetzung nach Süden infolgedessen in einer Straßenverbindung nach Neuhof und Kattwyk-Hohe Schaar mit einer Abzweigung ins Zentrum von Wilhelmsburg. Nach dem Generalplan von 1952 dagegen soll seine Hauptaufgabe die einer Ausfallstraße nach Süden sein, mit dem Nebenzweck einer Verbindung zwischen Stadt und Hafen. Dementsprechend erscheint seine südliche Fortsetzung jetzt als anbaufreie Verkehrsstraße mit Anschluß an die Wilhelmsburger Reichsstraße und die Autobahn im Raume Wilhelmsburg. Die Funktion des Elbtunnels ist damit zugleich die einer Entlastung für die zollinländische Norderelbbrücke.

2. Für den im Generalplan 1947 vorgesehenen weiteren Elbtunnel zwischen Altona und Waltershof haben sich bei der weiteren Bearbeitung so ernste Schwierigkeiten ergeben (besonders in bezug auf die Einführung dieses Verkehrsstromes auf dem städtischen rechten Elbufer), daß man von diesem Projekt Abstand genommen hat. Statt dessen soll Waltershof nun durch eine 1947 noch nicht vorgesehene Untertunnelung des Köhlbrands mit Neuhof verbunden werden, wo der Anschluß an die unter 1. erwähnte Ausfallstraße im Zuge des Baumwalltunnels erreicht wird. Dadurch wird eine Schnellverbindung von Finkenwärder und Waltershof zur Stadtmitte (unter Benutzung des Baumwalltunnels) geschaffen, deren Länge die der früher geplanten Tunnelverbindung Waltershof—Altona nicht übersteigt; als zusätzlicher Vorteil wird außerdem eine kurze, schnelle Verbindung zu den nach Süden und Südwesten führenden Ausfallstraßen (Wilhelmsburger Reichsstraße und Autobahn) erreicht.

3. Als Neuplanung tritt ferner eine Autofähre zwischen dem Nordufer und Waltershof bzw. Finkenwärder in Erscheinung, die als eine voraussichtlich lange vor dem Köhlbrandtunnel und dem Baumwalltunnel realisierbare Verbindung Finkenwärders und Waltershofs mit dem Stadtgebiet einem lange gehegten Wunsch und einem immer dringender werdenden Bedürfnis Genüge tun soll.

4. Die Entwicklung der Ölindustrie in Harburg hat es mit sich gebracht, daß ein im Generalplan 1947 vorgesehenes 5. Seehafenbecken im Raume Moorburg, das in erster Linie für Zwecke der Mineralölindustrie vorgesehen war, voraussichtlich fortfallen kann. Wenn diese Annahme zutreffen sollte, so würde dadurch die gesamte Veränderung des Laufes der Süderelbe zwischen Kattwyk und Moorburg entbehrlich; eine solche Entwicklung wäre sehr zu begrüßen, weil nicht nur die hohen unproduktiven Kosten gegen eine derartige Verlegung des Strombettes sprechen, sondern auch gewichtige strombauliche Gründe.

Die letzten Bemerkungen, welche die generalplanmäßigen Erwägungen bis 1953 umfassen, bilden den Abschluß der gesamten Darlegungen. Sie beinhalten aber keinen wesentlichen Einschnitt des Generalplanes, da dieser laufend kleinen Veränderungen unterworfen ist.

Der Leser wird angesichts der Fülle des Stoffes einerseits und des beschränkten Raumes andererseits Verständnis dafür aufbringen, daß nur in Skizzen gearbeitet werden konnte. Der Zweck der Darlegungen ist erreicht, wenn es gelungen ist, den roten Faden aufzuzeigen, der im Wandel der Zeiten von Planstufe zu Planstufe führt.

Literatur- und Quellenangaben.

Vom Verfasser wurden neben amtlichem Material nachstehende Arbeiten besonders benutzt.

Mitteilungen des Vereins für Hamburgische Geschichte, Band VIII, Heft 1, Nr. 5/6, S. 63/75 (1902).

Wendemuth-Böttcher: Der Hafen von Hamburg, Meissner & Christiansen, Hamburg 1931.

Hirsch: Die Erweiterung des Hamburger Hafens und der Köhlbrandvertrag. (Vortrag im Aachener Bezirksverein Deutscher Ingenieure 13. Okt. 1909.)

Bubendey: Fünfundzwanzig Jahre Entwicklung des Hamburger Hafens, Technische Rundschau. (Wochenbeilage zum Berliner Tageblatt.) Berlin, 25. März 1914.

Preußische Staatshäfen, Sonderdruck aus „Die Wasserwirtschaft Deutschlands und ihre neuen Aufgaben", III. Bd., Berlin 1925.

Petzel-Behrends: Die Anlagen der Hamburgisch-Preußischen Hafengemeinschaft im Rahmen der Erweiterungsbauten des Harburg-Wilhelmsburger Hafens 1924—1929, Jahrbuch der Hafenbautechnischen Gesellschaft, 11. Bd. (1928/29).

Groß-Hamburg — eine deutsche Aufgabe. Beilage zum Hamburger Fremdenblatt vom 2. 7. 1921.

Lohmeyer: Der Hamburger Hafen und die Verträge mit Preußen. Staat und Technik, 7. Jahrg., 1931, Nr. 1.

Die Strombauarbeiten in der Nachkriegszeit.

Von Baudirektor Dr.-Ing. **Bernhard Kressner,** Hamburg.

I. Verpflichtung und Aufgabe.

Als die schiffbaren deutschen Wasserstraßen auf Grund der Bestimmungen in der Weimarer Verfassung im Jahre 1921 in das Eigentum und die Verwaltung des Reiches übergingen, sind die besonderen Interessen Hamburgs an der Stromstrecke der Elbe im Gebiet der Hansestadt durch einen Delegationsvertrag berücksichtigt und gesichert worden. Im Zusatzvertrag mit Hamburg zum Staatsvertrag betreffend den Übergang der Wasserstraßen von den Ländern auf das Reich ist vereinbart worden, daß die im hamburgischen Hoheitsbereich liegende Elbstrecke, im Vertragswerk Hafenelbe genannt, in hamburgischer Verwaltung und Unterhaltung verblieb, weil dieser Stromabschnitt den Hamburger Hafen durchzieht und weitgehend mit Hafeneinrichtungen versehen ist oder diesen dient.

Damit war auch das Recht Hamburgs gesichert, die Strom- und Schiffahrtspolizei in seinem Hoheitsbereich auf der delegierten Elbstrecke auszuüben und auf dieser reichseigenen Wasserstraße Hafenabgaben zu erheben und wasserrechtliche Sondernutzungen zu regeln. Im Anschluß an die Großhamburg-Gesetz-

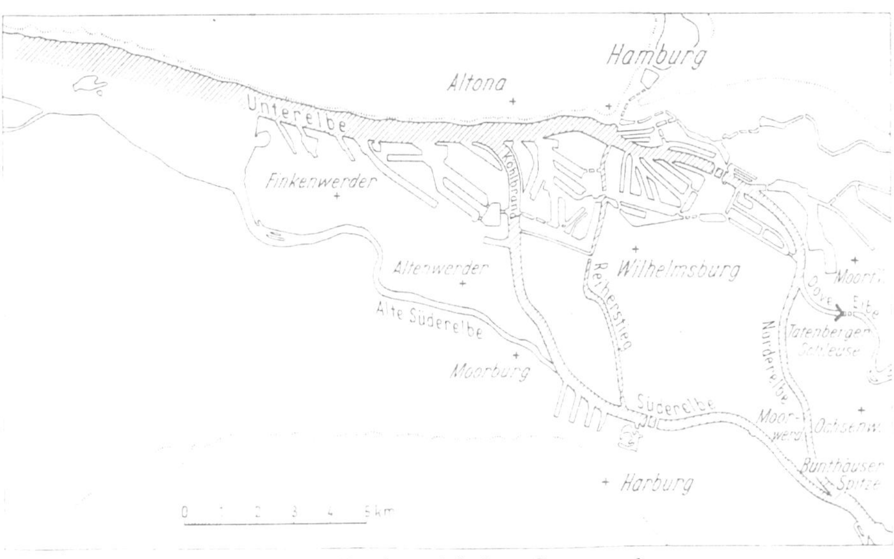

Abb. 1. An Hamburg delegierte Stromstrecken.

gebung des Jahres 1937 ist die Delegation auf die bis dahin preußische Süderelbe ausgedehnt und den erweiterten Hoheitsgrenzen des Landes Hamburg angeglichen worden. Das Delegationsverhältnis ist von der neuen Verfassung der Deutschen Bundesrepublik unberührt geblieben. Im Lageplan, Abb. 1, sind die heute bundeseigenen an Hamburg delegierten Wasserstraßen durch Schraffur gekennzeichnet.

Die Hansestadt Hamburg hat mit dem Delegationsvertrag allerdings nicht nur Rechte erhalten, sondern auch Pflichten übernommen. Sie hat für die Unterhaltung und den weiteren Ausbau der ihr übertragenen Stromstrecken zu sorgen und alle mit der Verwaltung des Stromes verbundenen Aufgaben zu erfüllen. Die hierfür entstehenden Kosten hat sie zu tragen.

Dem hamburgischen Strombau sind infolge dieser Regelung vielseitige Aufgaben erwachsen. In ganz außergewöhnlichem Maße aber waren nach dem letzten Weltkrieg zahlreiche Probleme zu lösen, um die Wasserstraßen im hamburgischen Raum in einen Zustand zu bringen, der für den Wiederaufbau des Hafens Voraussetzung war. Es waren nicht nur Kriegsschäden zu beseitigen und im Kriege Versäumtes nachzuholen, es war darüber hinaus notwendig, die Zufahrtstraßen nach den einzelnen Hafenteilen und die Hafentiefen den gestiegenen Anforderungen der Seeschiffahrt anzupassen.

II. Die Wrackräumung.

Nur wenige Liegeplätze im Hafen waren nach Kriegsende für die Schiffahrt ohne erhebliche Gefahren erreichbar, der größte Teil der Hafenbecken, Kais und Wasserstraßen war durch gesunkene Schiffe völlig blockiert.

Während des Krieges konnten zunächst noch die bei Luftangriffen gesunkenen Fluß- und Hafenfahrzeuge sowie Seeschiffe alsbald wieder gehoben werden. Bis 1944 konnten die Bergungen den Schiffsuntergängen im wesentlichen Schritt halten. Vom Ausgang dieses Jahres ab wurden jedoch mehr Schiffe versenkt als die im Hafen verfügbaren Bergungsfahrzeuge heben konnten. In den letzten Kriegsjahren konnte auch die Leistung der Berger der häufigen Luftangriffe wegen nicht mehr voll zur Wirkung kommen.

Im Mai 1945 hat die Besatzungsmacht, die Royal Navy, mit der Bergung der gesunkenen Fahrzeuge auf der Elbe und im Hafen begonnen, um die noch erhaltenen Umschlaganlagen im Hafen für den Nachschubverkehr der britischen Zone wieder zugänglich zu machen. Die Ausführung der Bergungsarbeiten wurde dann im Dezember 1945 der Salvage Section of the Shipping Branch of Transport Division, einer aus britischen Bergern und Schrottfachleuten gebildeten Dienststelle, übertragen. Die hamburgischen Bergungsunternehmungen wurden dieser Dienststelle unterstellt, die Arbeiten nach Tagelohnsätzen vergeben. Deutsche Verwaltungsstellen haben dabei nur sehr geringen Einfluß auf die Arbeitspläne gehabt. Sie hatten lediglich die von der Salvage Section vorgelegten Rechnungen aus Mitteln des bizonalen bzw. hamburgischen Haushalts zu bezahlen, ohne am Schrotterlös beteiligt zu sein. Im allgemeinen deckten sich wenigstens die Auftragserteilungen mit den deutschen Interessen.

Um die Jahreswende 1947/48 war der größte Teil der Wracks geborgen und an verschiedenen Uferstrecken abgesetzt. Wenig beschädigte Hafenfahrzeuge sind damals schon den Eigentümern zurückgegeben worden, obwohl zu jener Zeit die Besatzungsmacht noch die Auffassung vertrat, daß alle Wracks Beutegut seien. Diese Ansicht ist jedoch im Laufe der Zeit aufgegeben worden, und von Ende 1948 ab konnten bereits die noch nicht verschrotteten Wracks von Seeschiffen bis zur Größe von 1500 BRT an die deutschen Reedereien zurückgegeben werden.

Zu diesem Zeitpunkt konnte auch die deutsche Verwaltung ihren Aufgabenkreis zurückgewinnen. Die Eigentümer der an den Uferstrecken abgesetzten Wracks wurden öffentlich aufgefordert, ihre Ansprüche anzumelden. Der Erfolg war leider gering. Weniger als der zehnte Teil der Eigentümer hatte noch Interesse an den Wracks. Bei ihrem weiteren Vorgehen hat die deutsche Verwaltung nach Möglichkeit die Ansprüche der Eigentümer berücksichtigt. Die Räumung der abgesetzten Wracks konnte ohne weitere Inanspruchnahme von öffentlichen Mitteln durchgeführt werden. Es war bei der Verwertung der Wracks sogar möglich, einen Teil der aus dem Zonen- bzw. hamburgischen Haushalt bezahlten Kosten der Bergung diesen Stellen wieder zuzuführen.

Genaue Angaben über die Zahl der im Hafen und auf der hamburgischen Elbstrecke geborgenen Wracks sind nicht möglich. Nach Schätzungen mag es sich um rund 2500 Wracks und Unterwasserhindernisse gehandelt haben. Auch bei der Verwertung der Wracks war eine genaue Feststellung der Anzahl nicht zu gewinnen, da Wrackteile von vielen Fahrzeugen an verschiedenen Stellen abgesetzt worden sind.

Nur verhältnismäßig wenige Hafenschuten und Binnenschiffe sind wieder instand gesetzt worden. Die Schäden waren zu groß und die Reparaturkosten zu hoch. Fast alle Seeschiffe sind dagegen wieder von den Reedern übernommen worden. Bei der Mehrzahl der kleinen Fahrzeuge war es trotz eifriger Bemühungen nicht mehr möglich, irgendwelche Eigentumsmerkmale festzustellen. Trotzdem ist nichts unversucht gelassen worden, die Eigentümer herauszufinden. Die Schiffer- und Hafenverbände haben bei der Aufklärung der Eigentumsverhältnisse wertvolle Hilfe geleistet.

Die unbekannten und die von den Eigentümern abandonnierten Wracks sind auf Grund von Ausschreibungen oder Anfragen an Schrott- und Bergungsfirmen und zum Teil auch an Schiffswerften verkauft worden. Es sollte nicht wahllos verschrottet, sondern noch brauchbares Material sollte wieder verwendet werden. In manchen Fällen ist es vorgekommen, daß aus zwei beschädigten Schuten oder Kähnen ein neues Fahrzeug zusammengebaut wurde. Überstieg beim Verkauf von Wracks der Erlös die Kosten der ersten Bergung, so wurde dem früheren Eigentümer der überschießende Betrag ausgezahlt.

In den letzten Kriegsjahren sind auch die meisten Schwimmdocks der Hamburger Schiffswerften versenkt worden. Nach Kriegsende haben die vier Besatzungsmächte erklärt, daß alle Schwimmdocks als direktes oder indirektes Eigentum der früheren deutschen Regierung anzusehen und daher Beutegut seien. Die Docks wurden unter den Mächten verteilt, die Sowjets erhielten die in der Sowjetzone und die Amerikaner und Briten die in den Westzonen vorgefundenen. Der Einspruch der deutschen Eigentümer ist ohne Erfolg geblieben. Sämtliche im Hamburger Hafen gesunkenen Docks sind von den Besatzungsmächten verschrottet worden, obgleich sie zum Teil noch reparaturwürdig waren. Die Bergung der tief in den Dockgruben liegenden und mit Schlick bedeckten Dockböden war außergewöhnlich schwierig. Die Stahlkonstruktionen mußten durch Sprengungen in zahlreiche Teile zerlegt und diese dann mit Hilfe schwerer Hebezeuge gehoben werden.

Die Wrackbergung im hamburgischen Bereich ist fast vollständig beendet. Nur noch wenige Objekte, deren Verwertung bisher aus besonderen Gründen, meistens ungeklärter Rechts- und Eigentumsverhältnisse wegen, unterblieben ist, sind zu beseitigen. Wracks, die in irgendeiner Weise ein Fahrwasser behindern, sind nicht mehr vorhanden.

III. Die Wiederherstellung oder Vergrößerung der Wassertiefen.

a) Baggerungen und Baggereigeräte.

Zur Erhaltung der Wassertiefen sind im Bereich der an Hamburg delegierten Stromstrecken und in den Häfen alljährlich große Mengen von Sand und Schlick zu baggern. Darüber hinaus hat sich in den Nachkriegsjahren eine Vergrößerung der Fahrwasser- und Hafentiefen als dringend notwendig erwiesen.

Das Regelfrachtschiff des Weltverkehrs ist seit der letzten Jahrhundertwende bis heute von rd. 3000 BRT auf über 8000 BRT angewachsen. Dabei vergrößerte sich der mittlere Tiefgang dieser Schiffe von 6,60 m auf 8,50 m. Manches Frachtschiff hat bereits einen noch größeren Tiefgang und weitere Tiefgangsvergrößerungen sind zu erwarten. Mit 10 m tiefgehenden Frachtschiffen muß daher gerechnet werden. Die von den Mineralölgesellschaften beschafften neueren Tankschiffe haben besonders große Tiefgänge. Tanker mit 10 m Tiefgang sind seit einigen Jahren die Regel geworden und die größten Neubauten der letzten Zeit gehen 10,70 m tief. Diese Entwicklung hat in der Nachkriegszeit die Vertiefung mehrerer Seehafenbecken auf 10 m unter MTnw erforderlich gemacht. Im Parkhafen und im größten Teil des Petroleumhafens, im Kuhwärder Vorhafen und im Kaiser-Wilhelm-Hafen ist die 10-m-Tiefe bereits hergestellt worden, in weiteren Hafenbecken wird in nächster Zeit ebenso tief gebaggert werden müssen.

Außerdem sind die Hafentiefen in Hamburg dadurch unzureichend geworden, daß das mittlere Tideniedrigwasser infolge der Regelungsarbeiten in der Unterelbe im Laufe der letzten Jahrzehnte um rd. 0,5 m abgesunken ist. Allein aus diesem Grunde ist eine Vertiefung aller Hafenbecken notwendig geworden. Schließlich konnten während des Krieges die jährlich vorzunehmenden Unterhaltungsbaggerungen nicht regelmäßig durchgeführt werden. Die Baggerarbeiten wurden durch die immer wiederkehrenden Luftangriffe empfindlich gestört und ein großer Teil der Baggergeräte ging bei diesen Luftangriffen verloren.

Jahr 1. 1. bis 31. 12.	Staatsbagger cbm Schutenmaß	Beteiligte Bagger Eimerbagger gr.	mtl.	kl.	Greifbagger	Drehewer	Privatbagger cbm Schutenmaß	Gesamtbaggerleistung cbm Schutenmaß
1921	1 143 078	2	4	2	2	—	—	1 143 078
1922	1 600 792	2	4	2	2	2	—	1 600 792
1923	1 338 956	2	4	2	2	2	—	1 338 956
1924	1 932 255	2	4	2	3	2	415 296	2 347 551
1925	2 283 465	2	3	2	3	2	—	2 283 465
1926	2 168 405	2	3	2	3	2	189 240	2 357 645
1927	2 177 465	2	3	2	3	2	33 240	2 210 885
1928	2 007 135	2	4	2	3	2	—	2 007 135
1929	1 828 840	2	4	2	3	2	—	1 828 840
1930	2 419 879	2	4	2	3	2	—	2 419 879
1931	1 724 825	2	4	2	3	2	—	1 724 825
1932	1 199 275	2	3	1	3	2	—	1 199 275
1933	1 468 765	2	3	1	3	2	—	1 468 765
1934	1 386 765	2	2	2	3	2	—	1 386 765
1935	1 123 958	2	2	2	3	2	1 114 490	2 238 448
1936	1 406 286	2	2	2	3	2	354 550	1 760 836
1937	1 165 144	2	2	2	3	2	633 120	1 798 264
1938	1 694 510	3	2	2	4	2	4 170 580	5 865 090
1. 1.—31. 3.1939	347 264	1	1	2	4	—	869 850	1 217 114
1. 4.—31.12.1939	1 435 205	3	2	3	4	2	2 613 343	4 048 548
1940	1 762 173	3	1	1	4	1	4 380 051	6 142 224
1941	1 703 408	4	1	1	3	—	58 800	1 762 208
1942	1 313 183	2	2	1	4	1	591 220	1 904 403
1943	869 125	3	1	—	3	—	2 122 816	2 991 941
1944	195 544	1	1	—	3	—	247 447	442 991
1945	346 186	1	1	1	4	—	420 802	766 988
1946	459 217	1	1	1	4	—	889 886	1 349 103
1947	488 290	2	1	1	4	—	864 213	1 352 503
1948	1 130 070	2	1	1	4	—	1 344 780	2 474 850
1949	1 977 585	2	1	1	4	1	1 099 517	3 077 102
1950	2 292 290	3	2	2	4	1	806 950	3 099 240
1951	2 491 683	2	2	2	4	1	1 012 670	3 504 353
1952	2 615 028	3	2	2	4	—	285 428	2 900 456

In den letzten Kriegsjahren sind von den staatseigenen Geräten 5 Bagger, 47 Spülschuten, 7 Klappschuten und zahlreiche Hilfsfahrzeuge mehr oder weniger schwer beschädigt gesunken. Nach Kriegsende gelang es zwar, sämtliche gesunkenen Bagger und die meisten Schuten zu heben und wieder instand zu setzen, aber das im Kriege Versäumte ist z. Z. noch nicht in vollem Umfange nachgeholt.

Die vorstehende Zusammenstellung zeigt jährliche Baggerleistungen in der Zeit nach 1921, nachdem also die Unterelbe in die Obhut des Reiches übergegangen und Hamburg seine größten und leistungsfähigsten Bagger an das Reich abgegeben hatte.

Vom Jahre 1939 ab umfassen die Baggerungen auch die ehemals preußischen Gewässer Süderelbe, südlichen Reiherstieg, Rethe und Harburger Häfen, die infolge der Groß-Hamburg-Gesetze von Hamburg übernommen wurden. Zugleich mit den neuen Aufgaben gingen auch die Eimerbagger „Köhlbrand" und „Heimdall", der Schutensauger VI und mehrere Schleppdampfer des ehemaligen Preußischen Wasserbauamtes Harburg in das Eigentum Hamburgs über.

Die Steigerung der Baggerleistungen in den letzten Jahren ist ohne Vergrößerung des Geräteparkes allein durch technische Verbesserungen an den alten Geräten ermöglicht worden. So wurde z. B. der Dampfkessel des Eisbrechers „Hofe" durch Umbau dieses Schiffes zum Motorschiff frei und auf dem Eimerbagger „Odin" als Ersatz für den alten Kessel eingebaut. Dadurch konnte die Schüttungszahl dieses Baggers von 11 auf 15 Eimer je Minute und seine Leistung um rd. 1000 cbm je achtstündiger Tagesschicht gesteigert werden. Durch den Einbau neuer Eimerleiterhebewinden auf den Baggern „Wotan" und „Hödur" wurden die Hebezeiten von 25 auf 12 Minuten verkürzt. Das hat zu einer täglichen Zeiteinsparung beim Heben und Senken der Eimerleitern von 50 Minuten und zum Gewinn von täglich 400 cbm Baggerleistung geführt. Auch der Spül- und Schleppbetrieb wurde durch Verbesserungen an den Schutensaugern und Schuten leistungsfähiger und wirtschaftlicher gestaltet. Für den Bunkereibetrieb wurde ein moderner Motorbunkerkran beschafft und damit wurden die Bunkerkosten um rd. 50% gesenkt. Ein Gradmesser für die wirtschaftlichen Verbesserungen im Baggereibetrieb ist die Tatsache, daß der Kohlenverbrauch je cbm geförderten Baggergutes von 6,5 kg im Jahre 1938 auf 5,1 kg im Jahre 1951 gesenkt werden konnte.

b) Regulierungsmaßnahmen.

Die hamburgische Strecke der Elbe ist durch die Spaltung des Stromes bei der Bunthäuser Spitze in die Norder- und Süderelbe gekennzeichnet. Beide Stromarme sind für die Häfen und für die Schiffahrt im großhamburgischen Raum gleich bedeutungsvoll und müssen gleich leistungsfähig erhalten werden. Erfahrungen und Beobachtungen haben zu der Erkenntnis geführt, daß Stromarme, deren Wasserführung zu ihrer Tiefhaltung nicht ausreicht, verkümmern und zu Verwilderungen neigen. Das Kriterium für das Gleichgewicht der Norder- und Süderelbe ist daher ein etwa gleichmäßiger Abfluß in beiden Stromarmen oder, mit anderen Worten, die Verteilung der bei Ebbe aus der oberen ungeteilten Elbe abfließenden Wassermengen etwa je zur Hälfte auf die Norder- und Süderelbe. Bereits im sogenannten Köhlbrandvertrag von 1908, dem zwischen Hamburg und Preußen geschlossenen Übereinkommen über die Regelung der Elbe von der Seevemündung bis Brunshausen (Schwingemündung), sind Maßnahmen vorgesehen, durch die eine gleichmäßige Verteilung der Ebbewassermengen an der Bunthäuser Spitze auf die beiden Hauptstromarme erreicht werden sollte.

Seit fast einem Jahrhundert wird die Abflußmengenverteilung überwacht, indem im allgemeinen jährlich einmal während einer Ebbetide die Abflußmenge in der Norder- und Süderelbe kurz unterhalb der Trennungsspitze bei Bunthaus gleichzeitig durch Schwimmermessungen festgestellt wird. Die Ergebnisse dieser Messungen lassen die Abhängigkeit der Wasserführung in den beiden Stromarmen von strombautechnischen Maßnahmen klar erkennen.

Bis 1870 war die Süderelbe weit überlegen, sie führte 70—75% der gesamten Ebbewassermengen ab. Bis zum Jahre 1880 änderte sich das Verhältnis allmählich zugunsten der Norderelbe, weil Hamburg diesen Stromarm oberhalb der Elbbrücken regulierte. Von 1886 bis 1913 flossen mehr als 50% der Gesamtabflußmenge durch die Norderelbe ab. Nach 1913 machten sich die Regelungsarbeiten in der Süderelbe bemerkbar, bis 1917 war der Abfluß ausgeglichen. Von diesem Zeitpunkt ab erhöhte sich der Anteil der Süderelbe weiter, zunächst allerdings nur in mäßigen Grenzen. Das Übergewicht dieses Stromarmes vergrößerte sich aber, als die Fahrwasserverhältnisse vor den Harburger Seehäfen verbessert wurden, als bald darauf die Sohle der Süderelbe unterhalb Harburgs auf 200 m verbreitert und als schließlich der Köhlbrand und die Süderelbe bis Harburg hinauf als Zufahrtstraße für die dort entstandenen Seeschiffshäfen auf 8 m unter MTnw ausgebaggert wurden. Die nach dem Ende des letzten Krieges vorgenommenen Messungen ergaben ein für die Norderelbe sehr ungünstiges Bild, 1950 flossen nur noch rd. 43% durch diesen Stromarm ab. Hamburg hatte versäumt, die im Köhlbrandvertrag von 1908 vorgesehene Verbreiterung der Norderelbe im Kalte Hofe-Durchstich und ihre Vertiefung zwischen der Dove Elbe-Mündung und den Hamburger Elbbrücken auf 8 m unter MTnw auszuführen.

Folgende Zusammenstellung von Messungsergebnissen enthält die jeweils während der Ebbetide ermittelten Abflußmengen in beiden Stromarmen und bestätigt die geschilderte Entwicklung:

Tag der Messung	Norderelbe Abflußmenge in Mio m³	Norderelbe v.H.	Süderelbe Abflußmenge in Mio m³	Süderelbe v.H.	Gesamtabflußmenge in Mio m³
2. 8. 1854	—	26,2	—	73,8	—
3. 8. 1898	11,7	57,3	8,7	42,7	20,4
17. 9. 1901	10,8	52,8	9,7	47,2	20,5
6. 11. 1906	16,5	56,3	12,8	43,7	29,3
15. 7. 1912	13,5	52,5	12,2	47,5	25,7
15. 6. 1915	11,6	49,6	11,8	50,4	23,4
30. 4. 1918	12,6	46,3	14,7	53,7	27,3
28. 5. 1925	14,6	48,3	15,6	51,7	30,2
12. 5. 1933	13,2	46,2	15,4	53,8	28,6
8. 5. 1936	13,8	44,1	17,6	55,9	31,4
3. 5. 1938	15,8	43,6	20,4	56,4	36,2
26. 5. 1948	12,4	44,0	15,7	56,0	28,1
20. 6. 1950	12,1	42,7	16,2	57,3	28,3

Das im letzten Jahrzehnt stark zugunsten der Süderelbe gestörte Gleichgewicht erforderte dringend erneute strombautechnische Maßnahmen zur Berichtigung der Abflußmengenverteilung. Für die Norderelbe bedeutete der verringerte Anteil an der Wasserführung eine beträchtliche Einbuße an Räumungskraft mit der Gefahr übermäßiger Sinkstoffablagerungen. Aber auch in der Süderelbe traten Erscheinungen auf, die sich für die Seeschiffahrt nach den Harburger Häfen ungünstig auswirkten. Mit dem größeren Anteil am Wasserabfluß drang auch der überwiegende Teil der aus der oberen Elbe zuwandernden Sandmengen in die Süderelbe ein und lagerte sich vor den Einfahrten der Harburger Hafenbecken ab, weil hier auf der Übergangsstrecke vom flußschifftiefen auf seeschifftiefes Wasser die Stromquerschnitte stark zunehmen. Trotz ständiger Baggerungen wurde daher hier der Verkehr tiefgehender Schiffe sehr behindert.

Bereits während des Krieges war aus diesen Gründen beim Strom- und Hafenbau ein Stromregelungsplan ausgearbeitet worden mit dem Ziel, das Gleichgewicht der beiden Stromarme wiederherzustellen. Die Ausführung des Regelungsplanes mußte während des Krieges unterbleiben. Aber auch nach Kriegsende mußten die großen Bauaufgaben, die von der Hansestadt Hamburg für den Wiederaufbau des zerstörten Hafens zu lösen waren, zunächst mit Vorrang betrieben werden. Die Durchführung des Stromregelungsplanes wäre sicherlich noch zurückgestellt worden, wenn nicht die besonderen Bedürfnisse der für die hamburgische Wirtschaft sehr bedeutungsvollen Mineralölindustrie die gleichzeitige Lösung dieses strombautechnischen Problems erzwungen hätten.

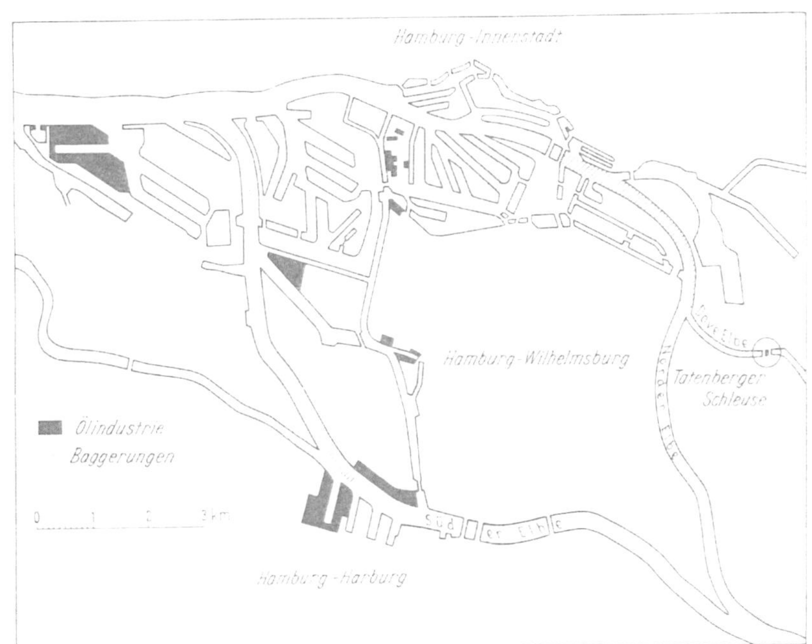

Abb. 2. Übersicht über den Stromregelungsplan.

Die großen Raffineriebetriebe der Deutschen Shell A.G. und der Esso (DAPG) am 3. und 4. Seehafen in Harburg, die während des Krieges vollständig zerstört waren, sind in den letzten Jahren nicht nur wiederaufgebaut, sondern gleichzeitig auch wesentlich erweitert worden und noch im Ausbau begriffen. Diese Werke werden durch Großtanker, die in beladenem Zustand rd. 10 m Tiefgang haben, mit überseeischen Rohölen versorgt. Solche Schiffe waren nur unter den größten Schwierigkeiten nach Harburg zu bringen, denn die Wassertiefe im Köhlbrand und in der Süderelbe betrug nur 8 m bei MTnw und 10,3 m bei MThw. Für die Fahrt der Großtanker nach Harburg standen daher, wenn sie nicht vorher abgeleichtert wurden, nur wenige Stunden täglich zur Verfügung. Sie mußten die Hochwasserwelle ausnutzen oder bis zu 12 Stunden warten, wenn sie das Hochwasser nur um kurze Zeit verpaßten. Die Ölindustrie forderte daher dringend die Herstellung einer ausreichend breiten Fahrrinne mit mindestens 9 m Wassertiefe bei MTnw bzw. 11,3 m bei MThw im Köhlbrand und in der Süderelbe bis zum 4. Seehafen in Harburg.

Der Wunsch der Mineralölindustrie konnte nur erfüllt werden, wenn vorher Maßnahmen zugunsten der Wasserführung in der Norderelbe ergriffen wurden, andernfalls wäre eine weitere nicht mehr zu verantwortende Störung des Gleichgewichts zwischen den beiden Stromarmen eingetreten.

Um die Wassermengenverteilung auf die Norder- und Süderelbe wieder annähernd auszugleichen, war es notwendig, in der Norderelbe die Ursachen für die geringere Wasserführung dieses Stromarmes zu beseitigen. Diese Ursachen waren im wesentlichen die etwas größere Streckenlänge der Norderelbe gegenüber derjenigen der Süderelbe, ferner die in der Norderelbe etwa 4 km weniger weit stromaufwärts als in der Süderelbe vorgetriebene Ausbaggerung der Sohle auf Seeschifftiefe und besonders die Spaltung des in der Norderelbe aufwärts vordringenden Flutstromes an der Dove Elbe-Mündung bzw. die Behinderung der Ebbeströmungen an dieser Stelle durch die aus dem Flutraum der Dove Elbe abfließenden Wassermengen. Der Unterschied in der Streckenlänge der beiden Stromarme konnte nicht ausgeglichen werden. Im übrigen ließen sich aber in beiden Stromarmen etwa gleiche Verhältnisse schaffen. Diesem Ziel diente der Stromregelungsplan (Abb. 2).

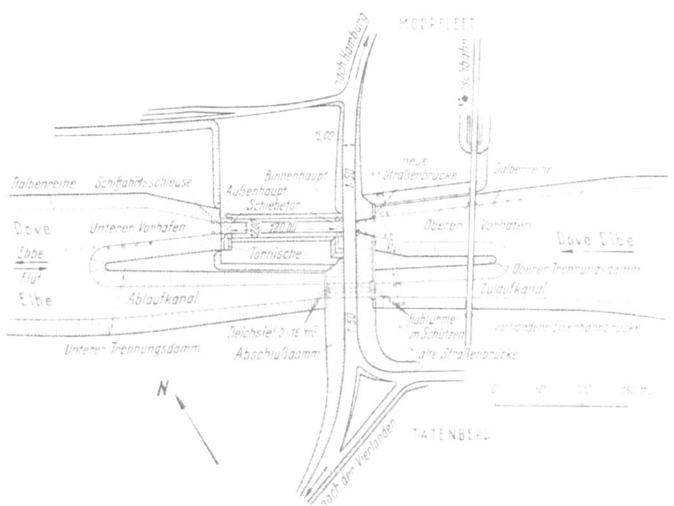

Abb. 3. Lageplan der Dove Elbe-Abdämmung.

Zunächst ist die Norderelbe oberhalb der Hamburger Elbbrücken bis zur Mündung der Dove Elbe hinauf durch Ausbaggerung vertieft worden. Eigentlich hätten auf dieser Stromstrecke 9 m Wassertiefe unter MTnw hergestellt werden müssen, um hier gleiche Verhältnisse wie auf der Süderelbe zu schaffen. Da jedoch jede Vertiefung der Stromsohle eine Absenkung des Wasserspiegels nach sich zieht und sich daher für das oberhalb anschließende Strombett nachteilig auswirkt, ist die Ausbaggerung der Norderelbe vorläufig beschränkt worden, so daß die Stromsohle von 5 m unter MTnw an der Dove Elbe-Mündung auf 7 m unter MTnw bei den Elbbrücken fällt.

Um außerdem die Tideströmungen in der Norderelbe, ebenso wie es in der Süderelbe bereits der Fall war, in einem einheitlichen Strombett zusammenzuhalten, mußte der Flutraum der Dove Elbe abgesperrt

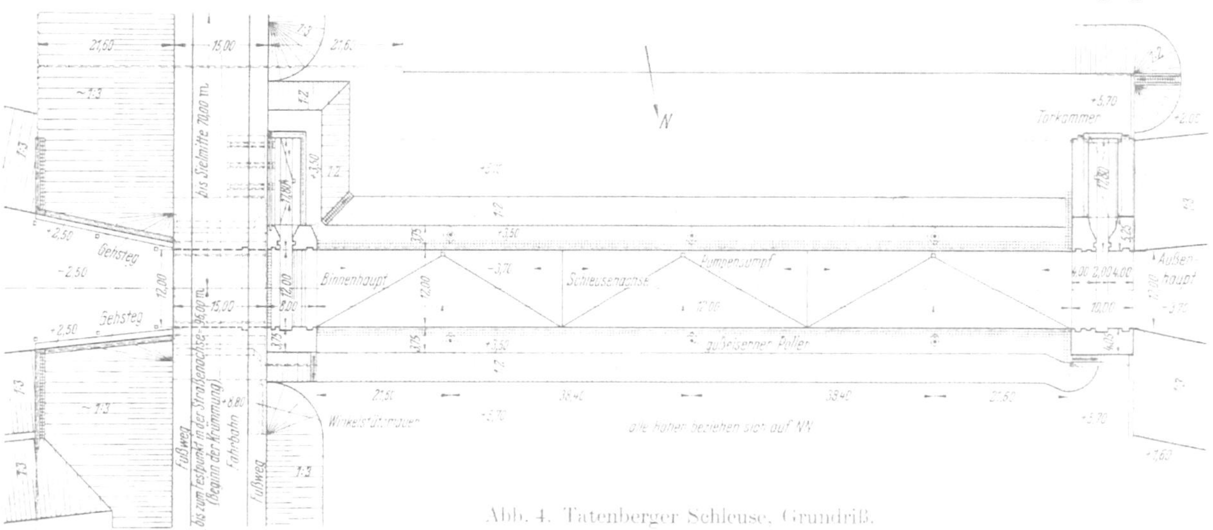

Abb. 4. Tatenberger Schleuse. Grundriß.

werden. Das wurde durch die Abdämmung der Dove Elbe kurz oberhalb ihrer Mündung bei der Ortschaft Tatenberg erreicht. Die Abdämmungsbauten sind in den Jahren 1951 und 1952 ausgeführt worden.

Erst nachdem diese Arbeiten so weit beendet waren, daß sie die beabsichtigten Wirkungen ausüben konnten, wurde im Jahre 1952 die Vertiefung des Köhlbrandes und der Süderelbe unterhalb der Harburger Seehäfen auf 9 m unter MTnw durchgeführt.

Die Abdämmung umfaßte mehrere Bauwerke *[1, 2]*. Ein Abschlußdamm ist unmittelbar unterhalb der Tatenberger Brücke, die zwischen den Ortschaften Moorfleet und Tatenberg über die Dove Elbe führte, geschüttet worden. Auf seiner Krone ist eine Betonstraße als Ersatz für die Brücke gebaut worden. Sie stellt die wichtigste Verbindung zwischen Hamburg und den Vierlanden dar. Die alte, für heutige Verkehrsverhältnisse unzureichend gewordene und im Kriege stark beschädigte Straßenbrücke wurde auf diese Weise entbehrlich, sie konnte abgerissen, und die hohen Kosten, die sonst für ihre Erneuerung in nächster Zeit hätten aufgewendet werden müssen, konnten gespart werden. Außen vor dem Abschlußdamm liegt die Schiffahrtsschleuse. Sie ist so bemessen, daß ein 1000-t-Kahn mit Schlepper geschleust werden kann. Vor den Schleusenhäuptern sind erweiterte Vorhäfen angeordnet worden, in denen Schiffe, die auf Durchschleusung warten müssen, an Dalben festmachen können. In den Damm ist ferner ein Deichsiel eingebaut worden. Dieses soll nicht nur der Entwässerung des abgedämmten Raumes der Dove Elbe, sondern auch in Trockenzeiten der Bewässerung dienen. Die Bemessung des Sieles ergab sich aus der Forderung, daß selbst unter ungünstigsten Verhältnissen die an der Dove Elbe vorhandenen Sommerdeichpolder nicht mehr überflutet werden sollen.

Abb. 5. Tatenberger Schleuse, Schleusenkammer mit Sohlenbefestigung im Bau.

Einen Lageplan der gesamten Abdämmungsbauten zeigt Abb. 3. Die nutzbare Länge der Schleuse beträgt 120 m, die lichte Weite zwischen den Kammerwänden 12 m (Abb. 4). Die Kammerwände bestehen aus verankerten Stahlspundbohlen. Die Sohle der Schleusenkammer ist mit sechseckigen Betonprismen von 50 cm Höhe und 30 cm Kantenlänge abgedeckt (Abb. 5). Als Unterbettung der Betonprismen wurde zunächst eine Schotterdecke, darüber eine Schicht aus grobem Kies und schließlich eine Ausgleichsschicht aus Sand eingebaut. Auch die Fugen zwischen den Betonprismen sind mit eingeschlämmtem Sand verfüllt worden. Die Kammersohle ist daher wasserdurchlässig und hat auch bei hohen Außenwasserständen keinen Wasserdruck von unten aufzunehmen. Die Schleusenhäupter bestehen aus massiven Stahlbetonkörpern mit fester Sohle. Als Verschlüsse dienen Schiebetore, die von der MAN, Werk Gustavsburg, geliefert wurden. Beim Öffnen fahren die Tore in die seitlich der Schleusenhäupter angeordneten Tornischen. Im untersten Teil der Tore sind Schütze eingebaut, durch

Abb. 6. Tatenberger Schleuse, Fangedämme und Kammerwände.

Abb. 7. Tatenberger Schleuse, Blick vom Außenhaupt in die Schleusenkammer.

die das Füllen und Leeren der Schleusenkammer bewirkt wird. Die Tatenberger Schleuse hat also keine Umlaufkanäle. Um eine ruhige Lage der Schiffe in der Kammer beim Schleusen zu erreichen, sind in den Drempelböden der Häupter Energievernichtungsanlagen, wie sie von Dr.-Ing. Burkhardt entwickelt worden sind, eingebaut. Sie bestehen aus Tauchgruben mit einem Stoßbalken. Das einströmende Wasser wird vom Stoßbalken nach unten in die Grube abgelenkt, strömt unter dem Stoßbalken hindurch und steigt dann ohne schädliche Wirbelwirkung in die Schleusenkammer auf.

Abb. 8. Die Abdämmungswand vor dem Schließen.

Da die Schleusenbaustelle im vorhandenen Flußbett lag, mußte sie mit Fangedämmen eingeschlossen werden (Abb. 6). Diese wurden aus Stahlspundwänden gebildet. In ihrem Schutze konnte die Schleuse unter Absenkung des Grundwassers im Trockenen hergestellt werden. Einen Blick auf die vollendete Schleuse zeigt Abb. 7.

Nachdem die Schleuse im Winter 1950/51 fertiggestellt und im Frühjahr 1951 in Betrieb genommen war, konnte die Abdämmung der Dove Elbe, zunächst in einfacher Form, vorgenommen werden. Die Abdämmung eines durchströmten Flußbettes ist schwierig, ihr Gelingen hängt von der Wahl eines geeigneten Verfahrens und sorgfältiger Vorbereitung ab. Es ist nicht möglich, einen Flußlauf durch allmähliche Einengung seines Bettes, etwa durch Vorbau von Spundwänden oder Dammschüttungen von beiden Ufern aus zu durchdämmen, weil bei solchem Vorgehen die Strömungsgeschwindigkeiten des Wassers in der enger werdenden Durchflußöffnung so groß werden würden, daß die Sohle ausgewaschen wird und nicht mehr verschließbare Austiefungen des Baugrundes entstehen. Eine Abdämmung muß daher schlagartig in kürzester Zeit bewerkstelligt werden.

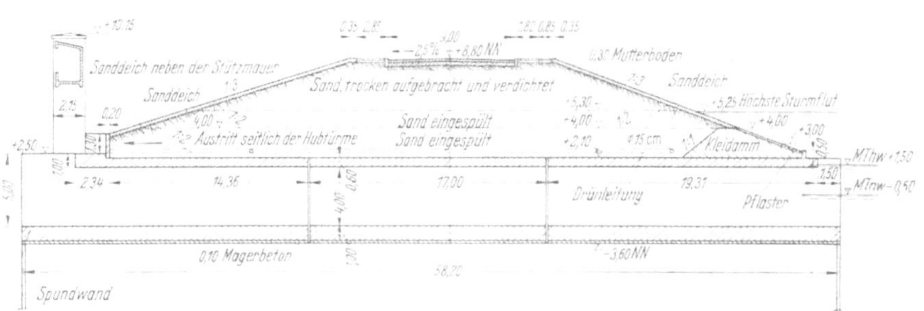

Abb. 9. Siel im Abschlußdamm der Dove Elbe.

In Tatenberg wurde die bis dahin noch freie Dove Elbe neben dem fertigen Schleusenbauwerk durch eine Stahlspundwand abgeschlossen, wobei der Notwendigkeit der schlagartigen Unterbindung des Durchflusses Rechnung getragen wurde. Nachdem jeweils 6 Doppelbohlen gerammt waren, wurden 5 dieser Bohlen dicht über der Flußsohle horizontal durchgeschnitten, zu einer Tafel verbunden und so hoch gezogen, daß ihre Unterkante über dem mittleren Hochwasser des Flusses lag. Die sechste Bohle blieb als Standbohle ungeteilt stehen und diente als Anschluß für die nächsten Bohlen, die in gleicher Weise behandelt wurden. So entstanden schließlich 11 Durchflußöffnungen unter den hochgezogenen und festgekeilten Bohlentafeln. Am 29. Juni 1951 gelang das Herunterlassen aller 11 Tafeln innerhalb einer knappen Stunde. Die Wand war geschlossen, der Eintritt der Flut in die Dove Elbe unterbunden. Abb. 8 zeigt die letzten Bohlentafeln unmittelbar vor dem Schließen.

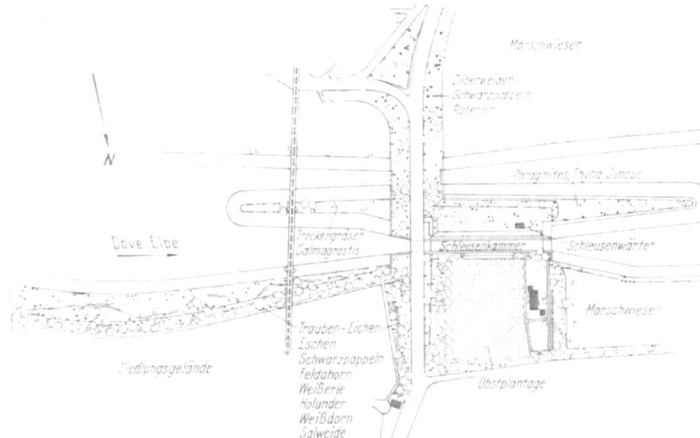

Abb. 10. Abdämmung der Dove Elbe. Bepflanzungsplan.

Im Schutze der Abdämmungswand konnte dann im Sommer 1951 das Deichsiel gebaut werden, nachdem die Baugrube durch eine Grundwasserabsenkung trockengelegt war. Das Siel hat 3 Durchflußöffnungen von je rd. 16 m² Querschnitt. Der Sielkörper besteht aus Stahlbeton. An der Binnenseite werden die Durchflußöffnungen durch zweiteilige Hubschütze verschlossen, die von der MAN geliefert wurden. Ihre elektrisch betriebenen Antriebsmaschinen stehen in einem brückenartigen Überbau der Hubtürme, an denen die Gleitschienen der Schütze befestigt sind (Abb. 9).

Mit der landschaftlichen Gestaltung der Abdämmungsbauten wurde der Gartenarchitekt Plomin, Hamburg, beauftragt. Sein Plan (Abb. 10) wird der Bedeutung des Bauwerkes an der Grenze zwischen der Großstadt und dem Landgebiet gerecht, ohne es aus dem bestehenden Landschaftsbild herauszuheben. Während nach der Stadtseite die wenig schöne, zum Teil behelfsmäßige Bebauung durch dichtes Gehölz abgeschirmt wird, lockert sich die Bepflanzung gegen den Strom hin auf und nimmt allmählich den vorhandenen Wiesencharakter an. In dieses Landschaftsbild werden sich die noch im Bau befindlichen Hochbauten, ein Zwei-Familien-Wohnhaus für die Schleusenwärter und ein kleines Dienstgebäude mit Werkstatt an der Schleusenkammer mit Sicht über beide Vorhäfen, gut einfügen.

Die beiden nach der Abdämmung der Dove Elbe 1951 und 1952 vorgenommenen Messungen der Abflußmengen an der Trennungsspitze bei Bunthaus haben im Mittel ergeben, daß nunmehr wieder fast 49% durch die Norderelbe und nur noch etwa 51% der gesamten Wassermenge durch die Süderelbe abfließen. Das Ziel der Stromregelungsmaßnahmen scheint demnach gut erreicht zu sein.

IV. Uferbauten und Landschaftsgestaltung.

An den von Hamburg verwalteten Stromstrecken der Elbe und den Schiffahrtswegen im Hafen sind die Ufer, soweit sie geböscht und nicht durch Ufer- oder Kaimauern ausgebaut sind, durch Uferdeckwerke geschützt worden. Die Werke bestehen überwiegend aus Natursteinpflaster auf Faschinen und Schotterunterlage oder aus Naturbruchsteinen auf Ziegelschotterunterlage. Durch Wellengang und Eis treten an solchen Uferdecken ständig Schäden auf, so daß sie laufender Unterhaltung bedürfen. Vor dem zweiten Weltkrieg konnten die Unterhaltungsarbeiten planmäßig durchgeführt werden, so daß erhebliche Schäden nicht entstanden. Während des Krieges aber ließen die verfügbaren Arbeitskräfte und der eintretende Mangel an Baustoffen eine laufende ordnungsmäßige Unterhaltung der Uferwerke nicht zu. Die Werke verfielen unter dem Einfluß der Naturkräfte und wurden außerdem in vielen Fällen durch Bombenabwürfe stark beschädigt. Nach Kriegsende waren infolgedessen sehr umfangreiche Instandsetzungsarbeiten durchzuführen.

Bis zum Zeitpunkt der Währungsreform war es nicht möglich, für die umfangreichen Instandsetzungsarbeiten an den Uferwerken Naturbruchsteine in ausreichenden Mengen zu beschaffen. Dagegen waren in der zerstörten Stadt fast unbegrenzte Mengen von Trümmerschutt vorhanden, der auf dem Wasserwege mit verhältnismäßig geringen Kosten an die Uferbaustellen gebracht werden konnte. Von dieser Möglichkeit wurde weitgehend Gebrauch gemacht, wobei hauptsächlich grober Schutt mit möglichst wenig feinen Bestandteilen verwendet wurde. Auf diese Weise konnten zugleich die Aufräumungsarbeiten in der Stadt beschleunigt werden. Es war zwar von vornherein zu erwarten, daß die aus Trümmerschutt hergestellten Böschungen nicht sehr dauerhaft sein würden. Die Erfahrung hat diese Erwartungen bestätigt. Trümmerschutt hat sich als wenig wetterfest und gegen die Angriffe des Wassers und Eises zu leicht erwiesen. Als es daher nach der Währungsreform wieder möglich war, wetterfeste Naturbruchsteine zu beziehen, sind die aus Schutt hergestellten Böschungen nachträglich mit Schüttsteinen abgedeckt worden. In den letzten Jahren haben diese Arbeiten gute Fortschritte gemacht, so daß heute die Uferböschungen im wesentlichen auf lange Sicht wieder einen guten Zustand zeigen.

Am nördlichen Ufer der Unterelbe und vereinzelt auch an der Süderelbe gibt es Uferstrecken, wo noch der natürliche Sandstrand vorhanden ist. Solche Strandflächen sind für die Erholung der großstädtischen Bevölkerung willkommen und wichtig und müssen daher nach Möglichkeit gepflegt und erhalten werden. Auf einigen Strecken sind Buhnen gebaut worden, um den Sand gegen Abtreiben zu sichern, so besonders vor dem Falkensteiner Ufer. Aber mit der fortgeschrittenen Vertiefung des Fahrwassers in der Elbe ist die Erhaltung dieser Strandstrecken immer schwieriger geworden. Unter dem Einfluß des vom Winde und der Schiffahrt erzeugten Wellenganges und der in Hamburg vorherrschenden Winde aus westlichen Richtungen wandert der Sand stromaufwärts. Infolgedessen nimmt der Sandbestand der Strandstrecken an deren westlichen Enden ständig ab und die Verluste schreiten allmählich ostwärts fort. Da von der Unterelbe her, also von Westen, nicht so große Sandmengen nachwandern, daß die Verluste sich auf natürlichem Wege ergänzen können, muß durch technische Maßnahmen die Erhaltung der Strandstrecken gesichert werden. Vor dem Falkensteiner Ufer und vor Wittenbergen ist, um die Sandverluste des Strandes wieder zu ersetzen, aus der Elbe gebaggerter Sand aufgespült worden. An dieser Stelle wird sich der so ergänzte Strand auf lange Zeit halten, weil die dort vorhandenen Buhnen das schnelle Abwandern des Sandes verhindern. Gegen die abtragende Wirkung der Winde wirken außerdem die durch Pflanzen von Weidenstecklingen aufwachsenden Gebüsche. An anderen Stellen, besonders vor Blankenese und vor dem Hindenburgpark in Othmarschen, reicht die Breite des Strandes nicht aus, um ihn in natürlichem Gefälle zu erhalten. Hier mußten Uferdeckwerke aus Schüttsteinen auf Trümmerschuttunterlage gebaut werden, die mit Baggersand hinterfüllt wurden. Auf diese Weise sind ebene Strandflächen entstanden, die erholungsuchenden Menschen zum Liegen in Sonne und frischer Luft willkommene Gelegenheit bieten.

Mehr als in früheren Zeiten ist bei allen Baumaßnahmen in der Nachkriegszeit auf die Gestaltung der Uferlandschaft Wert gelegt worden. Daß früher in dieser Beziehung gesündigt worden ist, kann nicht geleugnet werden. Es wäre jedoch ungerecht, den Ingenieuren früherer Zeiten solcher Versäumnisse wegen Vorwürfe machen zu wollen. Die Erkenntnis, daß die Regelung eines Stromes nur unter pfleglicher Behandlung der untrennbar mit ihm verbundenen Uferlandschaft vorgenommen werden darf, stammt aus neuerer Zeit. Hier stehen sich Natur und Technik in einem Kampf gegenüber, und es muß in weiser Abwägung und im Ausgleich aller widerstreitenden Interessen ein Weg gefunden werden, der zu einer segensreichen Gesamtwirkung führt.

Daß bei der Gestaltung der hamburgischen Elbstrecken zu leistungsfähigen Schiffahrtsstraßen das gesteckte Ziel, nämlich die Verbesserung der Schiffbarkeit, erreicht worden ist, muß rückhaltlos anerkannt werden. Leider sind aber die Ausbaumaßnahmen am Strom reichlich einseitig vom technischen Standpunkt aus und mit zu geringem Verständnis für die biologischen Notwendigkeiten und ohne den festen Willen, neue Landschaft zu gestalten, durchgeführt worden. In dieser Beziehung ist in den letzten Jahren sehr viel Versäumtes nachgeholt worden. Die notwendigen Maßnahmen, die bei der Landschaftsgestaltung durchgeführt werden müssen, lassen sich in folgenden wenigen Leitsätzen umreißen:

1. Möglichst weitgehender Ersatz aller rein technischen Uferbefestigungen durch lebende Ufersicherungen. Dafür kommen Anpflanzungen von Schilf, Reth, Lilien, Weiden und anderen Gebüschen auf den möglichst flach abzuböschenden Uferrändern in Frage. An Uferstrecken mit starkem Stromangriff genügt diese Art des Uferschutzes nicht, dann müssen technische Hilfsmittel zur Böschungsbefestigung hinzukommen.
2. Förderung der Begrünung von künstlichen Uferwerken, was bei Steinschüttungen und Trockenpflasterungen möglich ist.
3. Erhaltung und Pflege von Baumbeständen und Gebüschen auf den Vorländern.
4. Neupflanzung einheimischer bodenständiger Bäume und Büsche auf den Vorländern.
5. Aufforstung von Auengehölzen und Auenwäldern auf größeren freien Flächen im Außendeichsland.
6. Neupflanzung von Baumgruppen, Gehölzen und Hecken auf den aufgehöhten Ablagerungsflächen für Baggerboden.
7. Erhaltung und Pflege von Altwässern.

Mit solchen Maßnahmen ist in zahlreichen Fällen im hamburgischen Bereich begonnen worden. Beispielsweise sind auf den Ablagerungsflächen von Baggerboden Windschutzpflanzungen in Form von Gehölzen oder Hecken angelegt und auf Vorländern an der Norder- und Süderelbe Gebüsche und Baumgruppen angepflanzt worden. Größere Anpflanzungen am rechten Ufer der Norderelbe vor der Kalte Hofe und am Köhlbranddeich werden diese bisher reizlosen kahlen Uferstrecken bald als abwechslungsreiche Uferlandschaft erscheinen lassen. Vogelschutzgehölze sind an verschiedenen Stellen angelegt, und in der Unterelbe ist durch Aufforstung des durch die Ablagerung von Baggerboden entstandenen Neßsandes ein Auenwald entstanden, der durch die Erklärung dieser Insel zum Naturschutzgebiet in seiner Entwicklung gesichert worden ist und schon jetzt ein lohnendes Ziel für erholungsuchende Großstädter und Wassersporttreibende darstellt.

Nach diesen Gesichtspunkten ist auch im Einvernehmen zwischen dem Gartenamt der Baubehörde, dem Naturschutzamt der Kulturbehörde und dem Strom- und Hafenbau der Elbuferweg gestaltet worden. Er erstreckt sich in ununterbrochener und der jeweiligen Landschaft angepaßter Linienführung am Ufer der Unterelbe entlang von Altona über Neumühlen, Teufelsbrücke, Blankenese, Wittenbergen bis zur Landesgrenze bei Rissen.

V. Fahrwasserbezeichnung.

Seit 1921 hat Hamburg nur noch für die Fahrwasserbezeichnung auf der delegierten Elbstrecke und in den einzelnen Hafenteilen zu sorgen, die Betonnung und Befeuerung der Unterelbe ist auf das Reich, heute den Bund übergegangen. Aber auch im engen Hamburger Raum sind infolge der zahlreichen Wasserarme, Hafenbecken und Kanäle verhältnismäßig viele schwimmende und landfeste Anlagen, Tonnen, Baken und Leuchtfeuer zu betreiben und zu unterhalten.

Die nebenstehende Aufstellung gibt einen Überblick über die Anzahl und Betriebsart der Leuchtfeuer vor und nach dem Kriege:

Betriebsart	1939	im Kriege zerstört	1945	1953
Elektrische Feuer ..	60	35	25	69[1]
Gasfeuer	9	6	3	9
Petroleumfeuer	19	11	8	7
	88	52	36	85

Aus der Zusammenstellung sind die schweren Verluste, die durch Kriegseinwirkung entstanden sind, zu ersehen. Sie sind inzwischen fast restlos durch Instandsetzungen und Neubeschaffungen ausgeglichen

[1] Davon 2 mit Trockenbatterien betrieben (Leuchttonnen).

worden. Dabei sind die veralteten und viel Wartung erfordernden Petroleumfeuer durch neuzeitliche elektrisch betriebene Feuer ersetzt worden. Da bei Leuchttonnen die Zuführung des elektrischen Stromes durch Kabel nicht möglich ist, wurden bei der Beschaffung von zwei neuen Blinktonnen anstatt der bisher üblichen Gasfeuer neuartige Batteriefeuer gewählt, die vom Deutschen Bojen- und Seezeichenbau, Hans Falk, Düsseldorf, konstruiert und geliefert wurden. Bei diesen Tonnen wird die Lichtquelle durch eine in den Tonnenkörper leicht einzusetzende Trockenbatterie gespeist. Eine der neuen Tonnen zeigt Abb. 11.

Abb. 11. Mit Trockenbatterie gespeiste Leuchttonne.

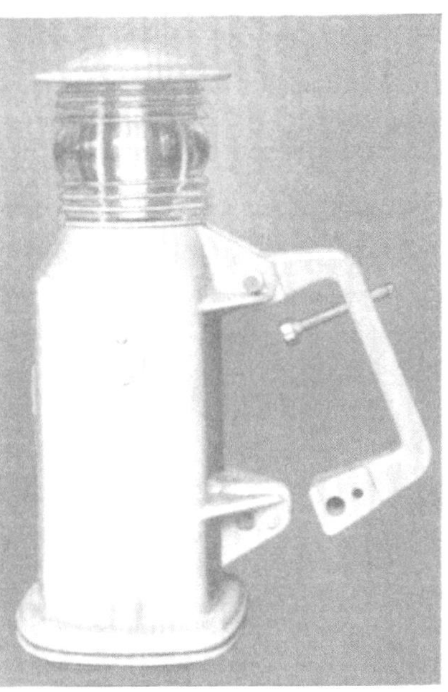

Abb. 12. DEBER-Warnblinker.

Ein weiterer Versuch, Hafenfeuer zu errichten, die keiner Stromzuführung bedürfen, scheint ebenfalls erfolgreich zu verlaufen. Der von den Atlas-Werken A. G. in Bremen entwickelte DEBER-Warnblinker, der eigentlich für die Bezeichnung von Baustellen und anderen Gefahrenpunkten an Landstraßen gedacht ist, kann auch als Leuchtfeuer verwendet werden. Das Gerät (Abb. 12) gibt Dauerlicht mit lebhaftem hellem Blinklicht, das trotz guter Sichtweite nicht blendet. Eine eingebaute Trockenbatterie ermöglicht eine ununterbrochene Brenndauer von etwa 3000 Betriebsstunden, also etwa einem Vierteljahr. Die Lagerfähigkeit der Trockenbatterie soll 2 bis 3 Jahre betragen. Der Warnblinker erfordert nur sehr geringe Wartung, sein Gehäuse ist spritzwassersicher, er wiegt 11,5 kg. Der DEBER-Warnblinker ist besonders geeignet für Feuer auf frei im Wasser stehenden Dalben, da keine Kabelzuführung notwendig ist. Er läßt sich leicht durch Schraubenbolzen an einem Pfahlkopf befestigen.

VI. Eisbrechdienst.

Das Hamburger Hafen- und Elbegebiet bei Eisgang für die Schiffahrt offen oder zumindest befahrbar zu halten, gehört zu den wichtigen Aufgaben des Strom- und Hafenbaus. Diesem Zweck dienen seit etwa 80 Jahren besonders geformte Eisbrechschiffe *[3, 4]*. Neben einer Anzahl älterer Schiffe war bis zum Jahre 1949 der Dampfer „Simson“, der nach den Plänen der Behörde 1928 von der Norderwerft gebaut worden war, das leistungsfähigste Fahrzeug. Dieser Eisbrecher hat sich in den sehr schweren Wintern 1928/29, 1939/40, 1940/41, 1941/42 und 1946/47 ausgezeichnet bewährt. Die in diesen Wintern gesammelten Erfahrungen haben aber zu der Erkenntnis geführt, daß für die Zukunft die hamburgische Eisbrecherflotte dringend einer Erneuerung bedurfte, weil die Eisbrecher mit Ausnahme des Dampfers „Simson“ überaltert und besonders hinsichtlich der Maschinenanlagen überholt waren, und weil ferner bei der Erweiterung des hamburgischen Reviers infolge der Groß-Hamburg-Gesetzgebung keine geeigneten Eisbrecher von Preußen übergeben wurden.

Es war während der letzten Jahre untersucht worden, wie dieser Erneuerungsbedarf am zweckmäßigsten befriedigt werden konnte. Als entscheidender Mangel aller hamburgischen Eisbrechdampfer war erkannt worden, daß während jeder Arbeitsschicht eine Betriebspause von etwa einstündiger Dauer zum Reinigen der kohlebefeuerten Kessel unvermeidbar war. Da auf der Elbe nur während der Ebbezeit Eis gebrochen werden kann, weil das Eis bei Flut nicht seewärts abtreibt, stehen für die Einsätze der Dampfer jeweils 7½ Stunden zur Verfügung und Betriebspausen machen sich außerordentlich störend bemerkbar. Ein weiterer Mangel ist bei den bisherigen Schiffen das unzureichende Größenverhältnis der Maschinenleistung zur Schiffsgröße. Eisbrechschiffe sollen im Verhältnis ihrer Größe eine möglichst starke Maschine haben. Die neueste Entwicklung im Kessel-, Dampfmaschinen- und Motorenbau hat die Möglichkeit für Verbesserungen in dieser Hinsicht geschaffen.

Eingehende Untersuchungen und Gegenüberstellungen der Vor- und Nachteile einer neuzeitlichen Dampfmaschine und eines Dieselmotors ließen den Schluß zu, daß beide Antriebsarten gute Lösungen ermöglichen, wenn in der Gestaltung der gesamten Maschinenanlage auf die besonderen Bedürfnisse des Eisbrechdienstes genügend Rücksicht genommen wird *[5]*. Solche Erfordernisse sind beispielsweise außer der Vermeidung von Betriebspausen für das Aufarbeiten der Kesselfeuer schnelle Umsteuerbarkeit, da beim Fahren im Eise häufig von „voll voraus" auf „voll rückwärts" gegangen werden muß, schnelles Ruderlegen und jederzeitige Betriebsbereitschaft.

Für den vordringlich benötigten Neubau eines 800 PS-Eisbrechers wurde Dampfantrieb mit ölgefeuertem Wasserrohrkessel in Verbindung mit einer schnellaufenden Dampfmaschine gewählt. Das Schiff wurde

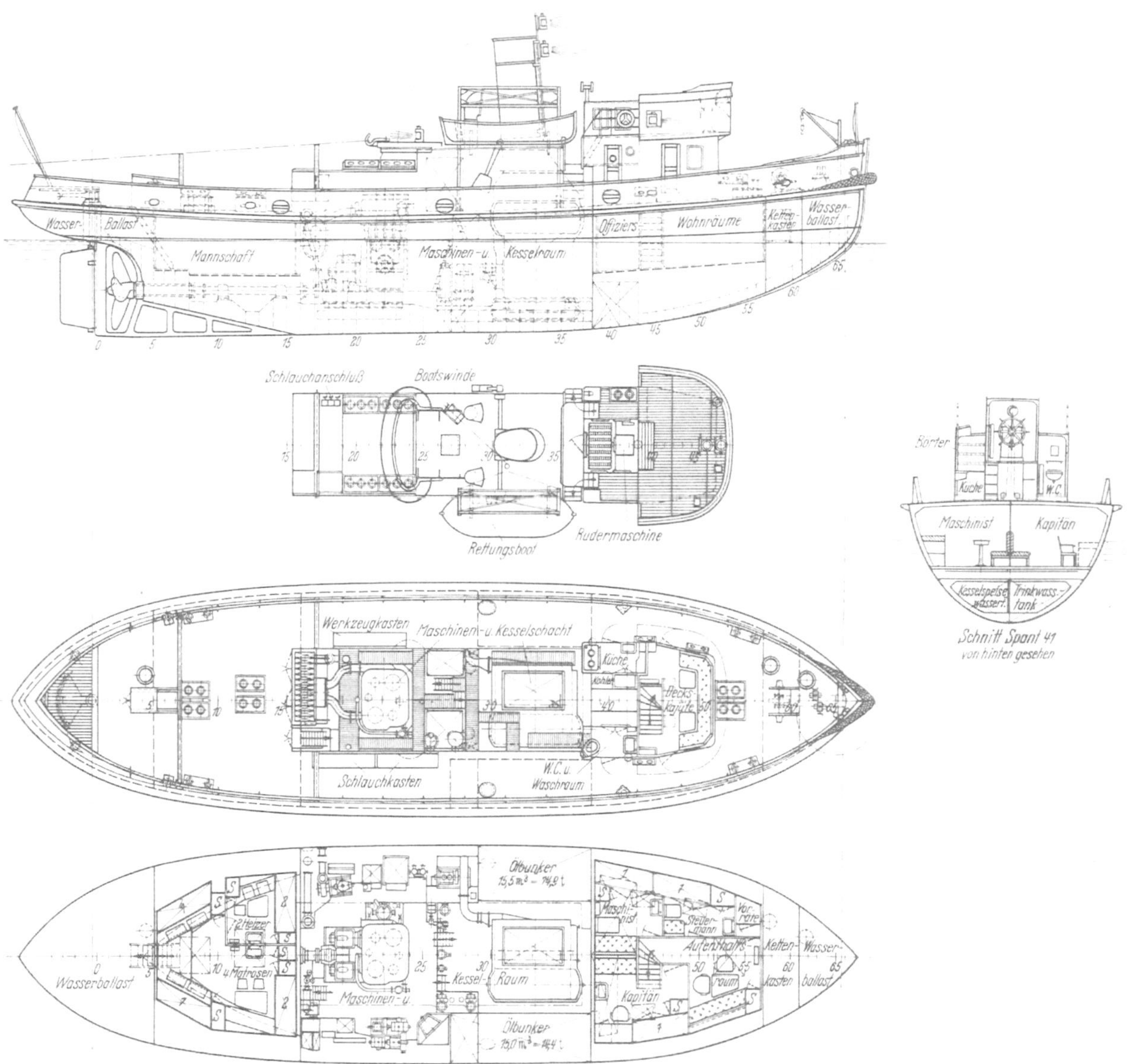

Abb. 13. Schnitte und Decksplan D. „Johannes Dalmann".

nach den Entwürfen des Strom- und Hafenbau 1949/50 von der Norderwerft in Hamburg gebaut und erhielt den Namen „Johannes Dalmann" zur Erinnerung an den Wasserbaudirektor, der 1864 bis 1875 als leitender Beamter des Strom- und Hafenbau die Gestaltung des Hafens entscheidend beeinflußt hat.

Die Bauart des Schiffes ist im wesentlichen aus Abb. 13 zu ersehen. Die Länge des Schiffes über alles beträgt 28,25 m, in der Wasserlinie 25,00 m, es ist über Spant im Deck 7,00 m und in der Wasserlinie 6,80 m breit, hat mittschiffs 3,80 m Seitenhöhe, der größte Tiefgang hinten ist 3,05 m und die Wasserverdrängung bei voller Ausrüstung beträgt 223,5 t. Mit Rücksicht auf die Beanspruchungen des Schiffskörpers beim Fahren in schwerem Eis ist die Stärke der Beplattung und der Profile durchweg größer gewählt, als sie nach den Vorschriften des Germanischen Lloyd nötig gewesen wäre. Das Unterwasserschiff ist für das Fahren in schwerem Eis besonders sorgfältig ausgebildet. Gerade Linien fehlen bei diesem Schiff. Dank der überall gekrümmten bzw. gewölbten Flächen besitzt das Schiff einen hohen Grad von Beweglichkeit im zusammengeschobenen Treibeis, so daß es jederzeit in der Lage ist, sich bei Festkommen im Eis aus eigener Kraft freizuarbeiten. Besondere Aufmerksamkeit ist der Ausbildung der Hecklinien gewidmet worden. Da häufig Eis im Rückwärtsgang gebrochen werden muß, wurde dieser Teil als Kreuzerheck eisbrechtüchtig ausgebaut. Die Oberkante des stromlinienförmigen Ruders liegt etwa 40 cm unter der Wasseroberfläche, so daß in der Regel schwere Beanspruchungen des Ruders durch Eis vermieden werden.

Bemerkenswert ist ferner der offene Ruderstand über dem vorderen Aufbau. Erfahrungsgemäß gewährleistet ein offener Ruderstand am besten bei bögem Schneewetter dem Kapitän einen ausreichenden Überblick über die nächste Umgebung. Das Schanzkleid des Ruderstandes ist mit düsenartigen Aufsätzen versehen, die dem Kapitän und dem Rudergänger, die mit Schafpelzmänteln und Filzstiefeln ausgerüstet werden, ein zugfreies Arbeiten ermöglichen. Im vorderen Teil des Deckaufbaues, unmittelbar unter dem Steuerstand, ist ein kleiner, einfach gehaltener Aufenthaltsraum für den Leiter des Eisbrechereinsatzes und einzelne Gäste angeordnet, der einen guten Überblick nach vorn und nach den Seiten gestattet. Für die Besatzung sind einfache und zweckmäßig eingerichtete Unterkunftsräume vor und hinter dem Maschinenraum vorhanden.

Abb. 14. Eisbrechdampfer „Johannes Dalmann".

Als Hauptantriebsmaschine wurde die „Hamburg"-Dampfmaschine der Firma Christiansen & Meyer, Hamburg-Harburg, gewählt. Die Maschinenleistung beträgt bei 40% Füllung 800 PS_i. Die Kesselanlage besteht aus einem ölgefeuerten Wasserrohrkessel mit 80 qm Heizfläche. Sie wurde nach dem Entwurf der

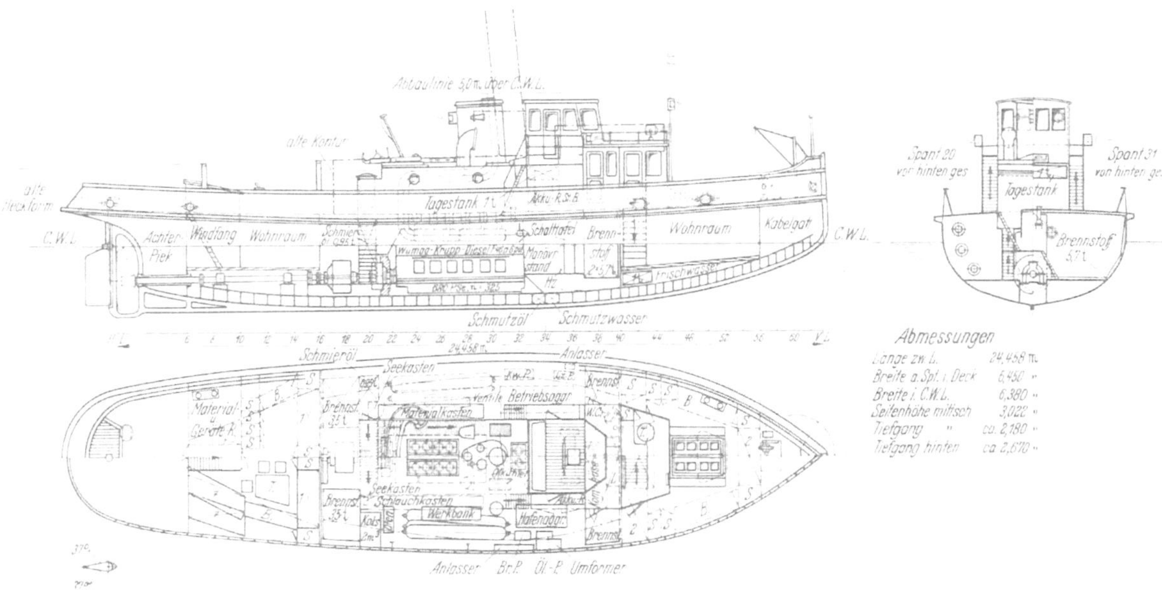

Abb. 15. Schnitte und Decksplan MS. „Hofe".

Wagner Hochdruck A.G., Hamburg, vom Ottensener Eisenwerk geliefert. Weitere Einzelheiten über diesen Neubau sind in der Zeitschrift „Schiff und Hafen" veröffentlicht [5]. Der Eisbrecher „Johannes Dalmann" wurde am 31. Januar 1950 der Norderwerft abgenommen und in Dienst gestellt (Abb. 14). Die gesamten Baukosten haben rund 560000 DM betragen. Inzwischen hat das Schiff in zwei allerdings nur kurzen Eisbrechereinsätzen seine Leistungsfähigkeit bewiesen und die an diesen Neubau geknüpften Erwartungen erfüllt.

Ein weiterer vollwertiger Zuwachs der Eisbrecherflotte wurde durch Umbau des Dampfers „Hofe“ gewonnen. Dieses Schiff geht in seiner Formgebung und Linienführung noch auf Entwurfsideen des hamburgischen Ingenieurs C. F. Steinhaus, des Schöpfers der Eisbrechschiffe, zurück *[3, 4]*. Es war als Dampfschiff gebaut worden und hatte eine Dreifach-Expansionsmaschine von 420 PS_i Leistung und einen Flammrohrkessel mit 87 qm Heizfläche. Das Schiff war jahrzehntelang nach Form und Leistung ein sehr gutes Fahrzeug gewesen.

Gelegentlich der Erneuerung von Außenhautplatten des Vorschiffes im Jahre 1940 wurden die Platten etwas stärker gewählt und außerdem kräftige Eisstringer zusätzlich eingebaut. Die durch diese Gewichtsvermehrung hervorgerufene Trimmänderung war zwar gering, hatte aber eine merkliche Verschlechterung der Eisbrecheigenschaften zur Folge gehabt, so daß zeitweilig die Stillegung dieses Schiffes erwogen wurde. Indessen bot sich im Frühjahr 1950 die Möglichkeit, einen ehemaligen U-Boot-Dieselmotor von 680 PS_e Leistung von der WUMAG zu erwerben. Da sich dieser Motor nach seinen Abmessungen für den Einbau in die „Hofe“ sehr gut eignete und auch die Leistungserhöhung um etwa 60% dem sehr kräftigen Schiffskörper zugemutet werden konnte, wurde der Ankauf beschlossen. Die mit dem Umbau des Schiffes verbundenen umfangreichen Arbeiten ergaben die Möglichkeit, bei der Neugestaltung der Aufbauten eine Reihe längst erwünschter Änderungen vorzunehmen. Dadurch erhielt das Schiff ein ganz anderes Aussehen (Abb. 15 und 16).

Abb. 16. Eisbrechmotorschiff „Hofe“.

Nachdem der vorgesehene Umbau in seinen Einzelheiten von Strom- und Hafenbau in einer Leistungsbeschreibung festgelegt worden war, wurde die Schiffswerft August Pahl, Hamburg-Finkenwärder, auf Grund einer Ausschreibung mit der Ausführung beauftragt. Der Auftrag umfaßte im wesentlichen den Einbau des Hauptmotors, die Erneuerung der Wellenanlage, die Lieferung der Hilfsmaschinen, die teilweise Erneuerung und Verstärkung der Hinterschiffsbeplattung, den Einbau von Verstärkungen im Motorenraum und die völlige Erneuerung der Decksaufbauten. Unter den gegebenen Verhältnissen war es möglich, ein geschlossenes Ruderhaus anzuordnen. Es ist allseitig verglast, so daß ein guter Rundblick gewährleistet ist. Für die Ruderanlage ist der elektro-hydraulische Antrieb der AEG gewählt worden.

Als Hauptmotor ist ein umsteuerbarer WUMAG-Krupp-4-Takt-Dieselmotor mit 6 Zylindern, 400 mm Bohrung und 460 mm Hub eingebaut worden. Um plötzlich auftretende, von großen Eisstücken herrührende Stöße von der Kurbelwelle fernzuhalten, ist eine hydrostatische Schlüpfkupplung, Bauart Sander, der Firma Lohmann & Stolterfoth, in die Wellenleitung eingebaut worden. Alle weiteren Einzelheiten über den Umbau des Schiffes sind in der Zeitschrift „Schiff und Hafen“ veröffentlicht *[5]*.

Der Eisbrecher „Hofe“ erledigte am 19. Dezember 1951 seine Probefahrt und wurde anschließend in Dienst gestellt. Die Gesamtumbaukosten haben rd. 300000 DM betragen.

Mit den Schiffen „Johannes Dalmann“ und „Hofe“ hat der Hafen einen bedeutenden Zuwachs seiner Eisbrecherkapazität erhalten. Es bleibt abzuwarten, ob in künftigen strengen Wintern alle Eisschwierigkeiten bezwungen werden können, oder ob noch ein weiterer Eisbrecher der gleichen Größenordnung beschafft werden muß.

Schrifttum.

[1] Kressner, B.: Die Abschleusung der Dove Elbe. Der Hamburger Hafen, sein Aufbau 1945—1951. Ludwig Schultheis Verlag, Hamburg, 1952.

[2] Kressner, B., Siebert u. Laucht: Die Abdämmung der Dove Elbe. Bauing. 27 (1952), Heft 9.

[3] Maasch: Das Eisbrechwesen im Hafen Hamburg und Elbegebiet. Hansa, Z. Schiffahrt, Schiffbau, Hafen, 1950, S. 287.

[4] Franke: 80 Jahre Eisbrecher auf der Unterelbe. Schiff u. Hafen 1951, Heft 9, S. 294.

[5] Maasch: Die neuen hamburgischen Eisbrecher „Johannes Dalmann“ und „Hofe“. Schiff u. Hafen, 1952, Heft 6, S. 184.

Die Bauwerke des Hamburger Hafens.

Von Baudirektor Dipl.-Ing. **Wolfgang Pohle** und Oberbaurat Dr.-Ing. **Kurt Förster,** Hamburg.

Nach dem Zusammenbruch 1945 war der Hamburger Hafen so stark zerstört, daß so gut wie kein Umschlag nennenswerten Umfanges mehr geleistet werden konnte.

Der erste Aufbau mußte von den noch vorhandenen Resten ausgehen, von ihnen soviel wie möglich und mit mehr oder minder großer Flickarbeit brauchbare Hafenbauwerke schaffen, d. h., daß zunächst die früheren Konstruktionsweisen beibehalten wurden. Erst nach einiger Zeit, nachdem die entsprechenden Entwürfe aufgestellt waren, die dem inzwischen eingetretenen Fortschritt der Technik Rechnung trugen, konnte man daran gehen, Bauwerke in neuzeitlicher Bauweise zu errichten.

So kommt es, daß im Hamburger Hafen neben Bauwerken in älterer Bauweise, die den Krieg überstanden hatten oder in ihrer alten Form wiederhergestellt werden konnten, solche in moderner Bauweise stehen, die sich in ihrer Konstruktion wesentlich von den ersteren unterscheiden.

Im folgenden sollen die Bauweisen der im Hamburger Hafen stehenden Bauwerke, und zwar

Kaischuppen,
Kaimauern und Ufereinfassungen,
Landungsanlagen
und Pfahlwerke

besprochen werden.

A. Kaischuppen[1].

Für die Hamburger Verhältnisse hat sich für den Stückgutschuppen eine Schuppenbreite von etwa 50 m als zweckmäßig erwiesen, soweit das grundrißmäßig erreichbar war. Sie gewährleistet bei einer maximalen Stapelhöhe von etwa 6 m die Unterbringung der aus den üblichen Schiffsgrößen gelöschten Ladung jeweils auf der Länge des Liegeplatzes.

1. Bauweise der Schuppen.

Vor dem zweiten Weltkrieg war die Mehrzahl der Kaischuppen in Holzbauweise errichtet, und zwar aus starken Kanthölzern in solider Zimmermannskonstruktion (Abb. 1). Die Schuppen waren im allgemeinen

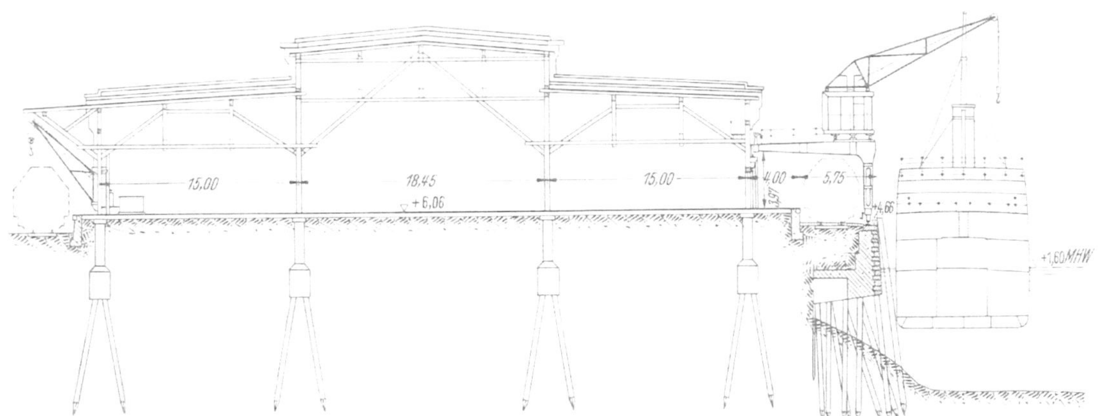

Abb. 1. Kaischuppen in alter Zimmermannskonstruktion.

dreischiffig, hatten also zwei Mittelstützen. Sie standen wie alle nennenswerten Gebäude im Hafengebiet, wegen des in höherliegenden Schichten nicht tragfähigen Baugrundes auf Pfählen, und zwar auf Holz-

[1] Vgl. Pohle: „Neuzeitlicher Kaischuppenbau“ in „Der Hamburger Hafen. Sein Wiederaufbau seit 1945“, Hamburg, Schultheis-Verlag.

pfählen. Diese mußten etwa auf Höhe des Grundwasserstandes gekappt werden, da sie außerhalb des Grundwassers nicht haltbar sind. Vom Grundwasser bis zur Höhe des Hallenfußbodens sind die Stützen in Beton ausgeführt, in die U-Eisen eingreifen, die die starken Holzstiele der Schuppenstützen umfassen.

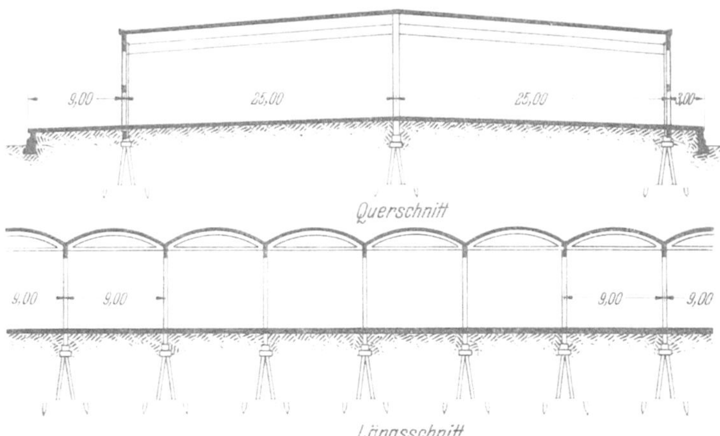

Abb. 2. Schuppen 75.

Diese Bauweise wurde zum erstenmal 1931 beim Bau des Schuppens 59 verlassen und eine grundsätzlich andere Bauweise, nämlich der Stahlbeton gewählt. Infolge der Fortschritte auf dem Gebiet des Stahlbetons war damals erstmalig Stahlbeton in seiner neuesten Entwicklungsform, dem Schalenbau nach dem System Zeiß-Dywidag, wettbewerbsfähig.

Der Schuppen wurde als zweischiffiger Schuppen, also mit nur einer Mittelstütze bei 50 m Gesamtbreite gebaut. Der Achsabstand beträgt 9 m. Längs- und Querschnitt zeigt Abb. 2. Der Schuppen ist auf Stahlbetonpfählen gegründet. Die Fundamentklötze liegen mit ihrer Unterkante deshalb wesentlich höher als bei den alten Holzschuppen auf Holzpfahlgründung.

Abb. 3. Innenansicht des Schuppens 75.

Dieser Schuppen wurde durch Sprengbomben im Kriege stark beschädigt. Immerhin stand noch gut die Hälfte. Der Schuppen wurde deshalb 1949 in seiner alten Form wieder-aufgebaut. Allerdings verzichtete man auf die beim alten Schuppen im Scheitel jeder zweiten Schale angeordneten Oberlichter, weil sich gezeigt hatte, daß bei Ausnutzung der vollen Höhe der Außenwände über den Toren als Lichtbänder der Schuppen auch ohne Oberlichter ausreichend und sehr gut zu belichten war. Auf die Frage der Schuppenbelichtung wird im übrigen weiter unten noch eingegangen.

Abb. 4. Innenansicht Schuppen 37.

Als man nach dem Kriege vor der Frage stand, welche Bauweise für den zukünftigen Schuppen zu verwenden sei, griff man bei dem ersten Nachkriegsneubau, dem Schuppen 75, wieder auf die beim Schuppen 59 gut bewährte Zeiß-Dywidag-Schalenbauweise zurück, weil der Schuppen sehr schnell gebaut werden mußte, andere Entwürfe nicht zur Hand waren und sich auch nicht schnell genug beschaffen ließen. Bei fast gleichen Abmessungen sind sich die beiden Schuppen sehr ähnlich. Der Schuppen 75 bietet also gegenüber dem 15 Jahre vorher gebauten Schuppen 59 konstruktiv nichts Neues. Eine Innenansicht des Schuppens 75 zeigt Abb. 3.

Um zu ermitteln, ob in den Jahren von 1931 bis 1946 auf dem Gebiet des Schuppenbaues konstruktiv neuartige Ideen entwickelt seien, wurde im Jahre 1946 vom Strom- und Hafenbau unter den dafür in Frage kommenden Firmen ein Ideenwettbewerb ausgeschrieben. Dieser Ideenwettbewerb, der sich infolge der damals auf dem Holzmarkt herrschenden ausgesprochenen Mangellage auf Entwürfe in Stahl und Stahlbeton beschränkte, brachte sehr interessante und ansprechende Lösungen. Neben dem schon bekannten Schalenbau trat zum erstenmal auch der Spannbeton auf, der zwar im Brücken- und Bunkerbau schon vorher angewandt war, im Schuppen- und Hallenbau aber noch nicht nennenswert Fuß gefaßt hatte. Diese Konstruktionsweise war aber damals noch nicht so weit durchgearbeitet, daß sie in Form des bei dem Ideenwettbewerb vorgelegten Entwurfes zur Ausführung reif war.

Abb. 5. Schuppen 4/5.

Der vorgespannte Beton drang in den Schuppenbau dann später zunächst in Form von Fertigteilen ein. So wurden beim Bau des Fruchtschuppens 37 die längs zum Schuppen liegenden Pfetten zwischen den in Querrichtung zum Schuppen angeordneten, aus Ortbeton hergestellten Bindern als Fertigbauteile in Spannbeton zur Baustelle geliefert und dort mit Turmdrehkran verlegt. Sie hatten hier eine Spannweite von ~ 9 m und konnten gerade noch von dem zur Verfügung stehenden Turmdrehkran gehandhabt werden. Die Innenansicht des Schuppens 37 zeigt Abb. 4.

In gleicher Weise wurden vorgespannte Fertigbauteile ähnlicher Abmessungen für die Pfetten beim Bau der Fischhalle II in Altona, über die weiter unten noch berichtet wird, verwandt.

Abb. 6. Freitragende Spannbetonpfetten Schuppen 4/5.

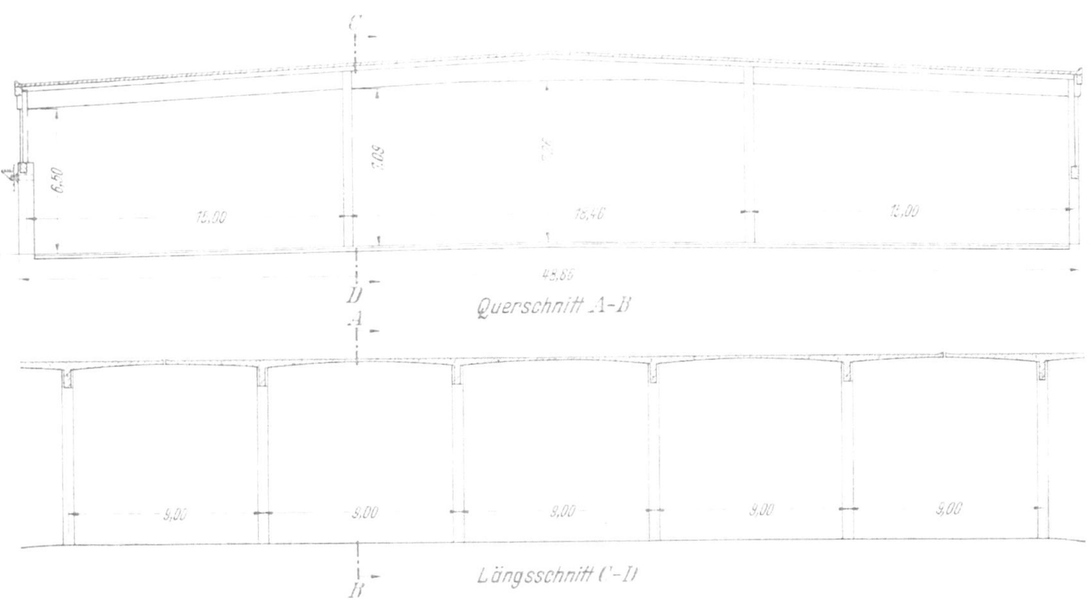

Eine größere Spannweite, nämlich etwa 16,40 m, wurde schon beim Bau des Schuppens 4/5 mit Spannbeton in Fertigteilbauweise überbrückt. Dieser Schuppen, der am Sandtorkai in Stadtnähe liegt und vorübergehend dem Sammelgutverkehr dient, konnte aus räumlichen Gründen nur so schmal gebaut werden; die statische Untersuchung ergab, daß sich diese Spannweite ohne Mittelstütze mit den vorgespannten Balken sehr elegant überspannen ließ. Den Querschnitt des Schuppens zeigt Abb. 5. Über den in 8,60 m Achsabstand stehenden, in Ortbeton hergestellten land- und wasserseitigen Stützen der Längsfronten liegen gleichfalls in Ortbeton ausgeführte Längsunterzüge, die die vorerwähnten quer zum Schuppen liegenden in 2,50 m Abstand verlegten Pfetten aus Spannbetonfertigteilen aufnehmen. Diese Pfetten hatten I-förmigen Querschnitt und wurden mit Hilfe eines Raupengreifers, der auch für Erdarbeiten auf der Baustelle eingesetzt war, verlegt (Abb. 6).

Abb. 8. Vorspannbewehrung der Dachhaut der Schuppen 55 und 56.

Der nächste große Schritt in der Anwendung des Spannbetons beim Kaischuppenbau wurde dann beim Bau der Schuppen 55 und 56 getan. Hier wurde zum erstenmal die ganze Schuppenkonstruktion mit Ausnahme der Stützen vorgespannt, also sowohl die in 9 m Abstand quer zum Schuppen liegenden Binder als auch die darüber gespannte Dachhaut (Abb. 7). Bei 48,85 m Gesamtbreite hat der Schuppen 2 Mittelstützen. Diese Stützenstellung ist durch die Gründung des ursprünglich an dieser Stelle stehenden, im Kriege abgebrannten Holzschuppens bedingt. Diese Gründung war noch in Ordnung und konnte deshalb für den Bau des neuen Schuppens verwandt werden.

Abb. 8 zeigt die Vorspannbewehrung der Binder und der Dachhaut der Schuppen 55 und 56. Die Bewehrung der Binder läuft im Bilde von vorn nach hinten, diejenige der Dachhaut von links nach rechts. Es handelt sich hier um Vorspannung mit nachträglichem Verbund, und zwar wurde von den beiden ausführenden Firmen,

Abb. 9. Vorspannpresse nach Freyssinet.

Abb. 10. Vorspannpresse nach Dr. Finsterwalder.

Wayss & Freytag und Dyckerhoff & Widmann, nach zwei verschiedenen Patenten, Freyssinet und Dr. Finsterwalder, gearbeitet. Wayss & Freytag verwandte dementsprechend je Vorspannstelle 12 Rundstähle, 5 mm ∅ aus Stahl 165, während Dyckerhoff & Widmann 1 Rundstahl 26 mm ∅ aus Stahl 90 einbaute. Wayss & Freytag spannten die 12 Stähle mit der bekannten Freyssinetschen Druckwasserpresse (Abb. 9) an und verankerten sie mit dem Freyssinetschen Konus in dem von ihm entwickelten Druckkörper. Dyckerhoff & Widmann erreichten den gleichen Zweck mit der von Dr. Finsterwalder entwickelten Spannvorrichtung (Abb. 10) und übertrugen die Vorspannkräfte auf den Beton mit Hilfe von

Unterlagsplatten. Der nachträgliche Verbund wurde von beiden Firmen durch Auspressen der Blechrohre, in denen die Vorspannstähle lagen, mit Zementschlemme nach dem Vorspannen erreicht.

Die Vorspannstähle der Binder wurden für die ganz durchlaufenden Stähle von den Enden her, also von den Außenlängsfronten aus, die nicht auf volle Schuppenbreite durchlaufenden Zulagen über den Mittelstützen von ihren an Binderunterkante im Feld liegenden Endpunkten aus vorgespannt. Die Pressen für die Vorspannung der in Schuppenlängsrichtung liegenden Stähle der Dachhaut wurden an den in 36 m (4 Feldweiten je 9 m) angeordneten Dehnungsfugen angesetzt. Hierzu waren an den Dehnungsfugen 40 cm breite Schlitze in der Dachhaut ausgespart, die nach dem Vorspannen ausbetoniert und mit einem Zinkblech abgedichtet wurden.

Falls man durch Einlegen einer leichten schlaffen Bewehrung wie z.B. Baustahlgewebe dafür sorgte, daß auch zusätzliche Temperatur- und Schwindspannungen senkrecht zur Vorspannrichtung der Dachplatte nicht zur Bildung von Haarrissen führen können, sind derartige Dächer auch ohne eine Eindeckung mit Dachpappe dicht. Es genügt ein sachgemäß aufgebrachter Asphaltanstrich der Dachfläche, der nur den Zweck hat, auch das oberflächliche Eindringen von Feuchtigkeit in den Beton und damit das Auftreten von Frostschäden an der Dachhaut zu verhindern.

Von innen (Abb. 11) und in der Außenansicht (Abb. 12) erscheint die Dachhaut leicht gewölbt. Statisch gesehen ist es jedoch eine durchlaufende Platte über 3 Stützen mit Kragarmen an den Enden nach den in Feldmitte angeordneten Dehnungsfugen zu, die hier eine Stärke von 12 cm mit voutenartigem Anlauf nach den Bindern zu haben, wo die Platte im Balkenrand eine Stärke von 28 cm hat.

Abb. 11. Innenansicht Schuppen 55/56.

Abb. 12. Außenansicht Schuppen 55/56.

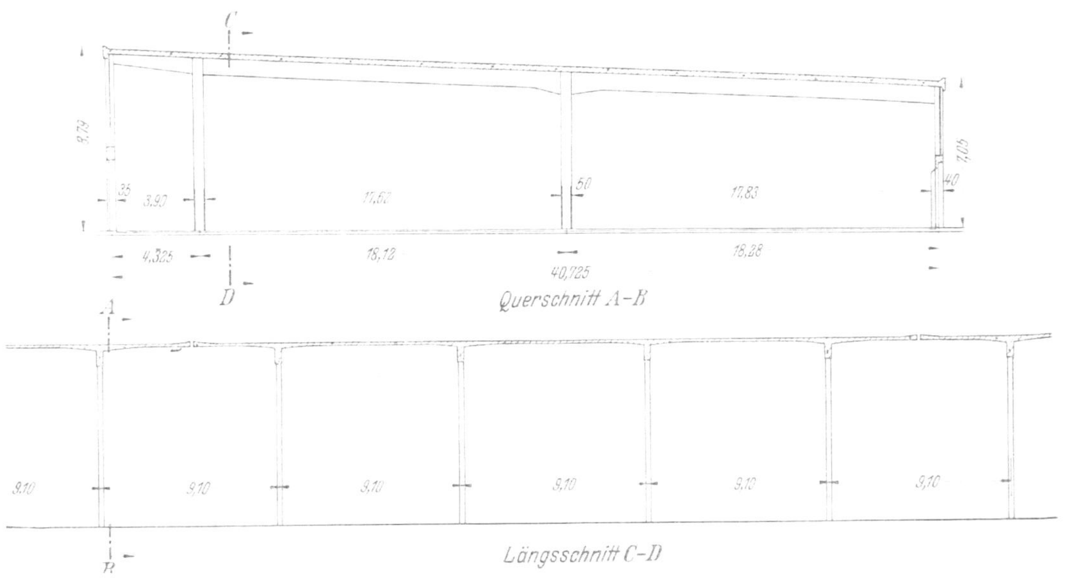

Diese nach beiden Richtungen vorgespannte Bauweise dürfte die zur Zeit letzte Entwicklung des Spannbetons auf diesem Gebiet darstellen. Sie ermöglicht sehr elegante. im Innern wie im Äußeren ruhig wirkende Bauwerke. In gleicher Weise wurde auch der Schuppen 71 am Auguste-Viktoria-Kai des Kaiser-Wilhelm-Hafens gebaut. Er unterscheidet sich nur durch die Stützenstellung, die hier durch die teilweise Ausnutzung der vorhandenen alten Stützenfundamente infolge Verschiebung des neuen Schuppens gegenüber dem alten unsymmetrisch zur Mittellängsachse des Schuppens ist. Den Quer- und Längsschnitt zeigt Abb. 13.

Abb. 14. Innenansicht Schuppen 74.

Neben diesen in Spannbeton errichteten Schuppen erwiesen sich auch Konstruktionen aus normalem Stahlbeton, teilweise in Fertigbauweise, bei den Ausschreibungen als wirtschaftlich.

So wurden der Fruchtschuppen 34, über den weiter unten noch gesprochen wird, die Schuppen 23, 28 und 72 in nicht vorgespanntem Stahlbeton gebaut.

Abb. 15. Außenansicht Landseite Schuppen 74.

In Stahlkonstruktion wurde als einziger Schuppen der Schuppen 74 am Kronprinzkai mit einer Dachhaut aus Ziegelsplittbetonplatten errichtet. Daß es zu dieser Bauweise kam, liegt hauptsächlich an den Verhältnissen zur Zeit des Baues. Er wurde vor der Währungsreform 1948 begonnen, als Rundstahl noch schwieriger als Profilstahl zu beschaffen war

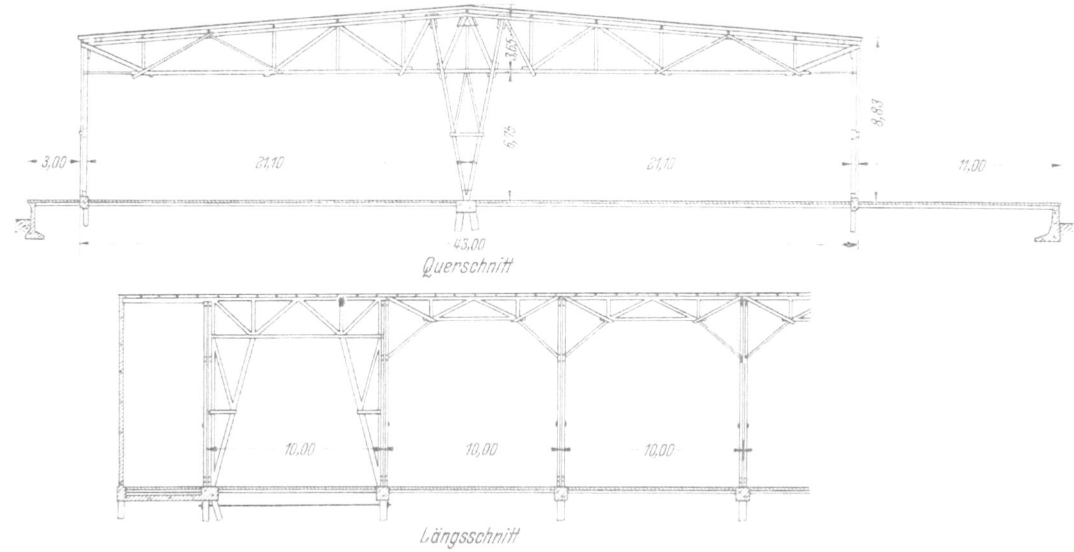

Abb. 16. Schuppen 57.

und Arbeitskräfte auf dem Hamburger Arbeitsmarkt sehr knapp waren. Da etwa 25% der zur Fertigstellung nötigen Arbeitsstunden im Werk der Auftragnehmerin, der Gutehoffnungshütte, anfielen, wurde der Hamburger Arbeitsmarkt dadurch fühlbar entlastet.

Wie Schuppen 75 hat auch der Schuppen 74 bei 50 m Breite und 400 m Länge nur eine Mittelstütze bei einem Achsabstand von 9 m. Die Innenansicht zeigt Abb. 14, die landseitige Front mit den Abtreppungen am östlichen Ende, die durch die Gleisführung bedingt waren, Abb. 15.

Bei allen weiteren Ausschreibungen nach der Währungsreform erwies sich der Stahlbau gegenüber dem Stahlbeton und der Holzbauweise als zu teuer, so daß weitere Stahlschuppen aus diesem Grunde nicht gebaut wurden.

1951 kam aus preislichen Gründen zum erstenmal wieder Holz zum Zuge, und zwar bei den Schuppen 57 und 58, allerdings nicht in Form der früher üblichen Zimmermannskonstruktion mit ihren starken Hölzern, sondern mit modernen Fachwerkträgern aus verhältnismäßig leichten Profilen und neuzeitlichen Krallendübelverbindungen an den Knotenpunkten.

Abb. 17. Schuppen 57 im Bau.

Durch die Anwendung dieser neuzeitlichen Methoden im Holzbau ist der Holzbedarf je qm Schuppenfläche von 0,071 cbm bei der Zimmermannskonstruktion auf 0,059 cbm bei der neueren Bauweise zurückgegangen, was bei einem normalen Schuppen von 12000 qm Lagerfläche einer Holzeinsparung von 144 cbm gleichkommt.

Quer- und Längsschnitt des Schuppens 57 zeigt Abb. 16, den Schuppen im Bau Abb. 17. Die Binder sind bei einem Achsabstand von 10 m und einer Gesamtbreite des Schuppens von 43 m durch eine Mittelstütze unterstützt. Zwischen den Bindern liegen Fachwerkpfetten in Längsrichtung des Schuppens, welche die 24 mm stark gespundete Dachschalung tragen. Wie üblich, ist der Schuppen auf 16 m langen Stahlbetonpfählen gegründet.

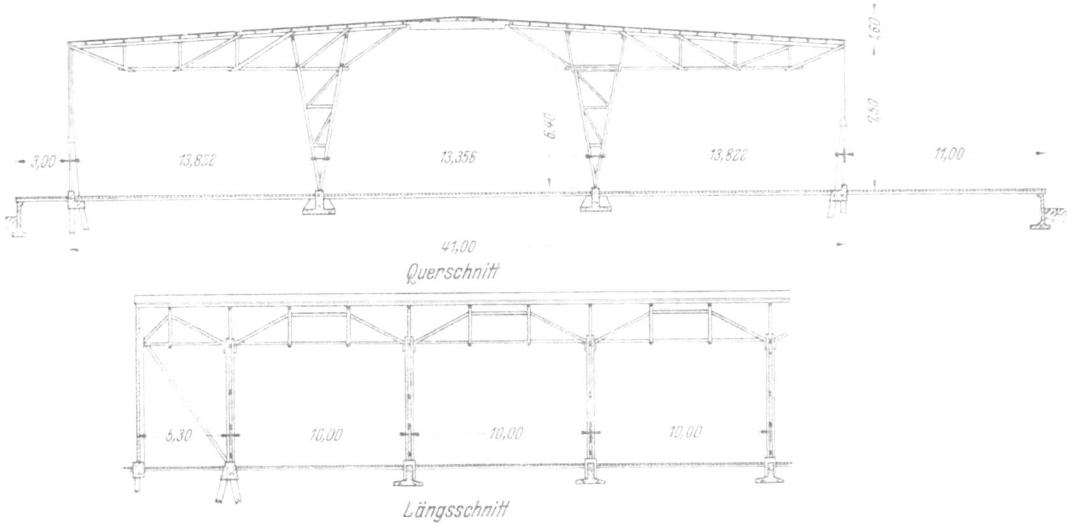

Abb. 18. Schuppen 58.

Im Gegensatz dazu hat der Schuppen 58 bei fast gleicher Breite und gleicher Achsteilung zwei Mittelstützen gemäß Abb. 18, die hier versuchsweise, weil der Untergrund verhältnismäßig standfest ist, nicht auf Pfahlgründung, sondern auf Flachfundamenten stehen. Die Binderkonstruktion ist statisch bestimmt, kann also Fundamentsetzungen, ohne Schaden zu nehmen, mitmachen. Die Fundamente sind so ausgebildet, daß leicht Pressen zum Anheben der Stützen angesetzt werden können, wenn die Stützensenkungen das erträgliche Maß überschreiten sollten. Das gegebenenfalls nötig werdende Anheben der Stützen ist mit verhältnismäßig geringen Kosten durchzuführen. Sie werden sicher unter den Kosten liegen, die die Verzinsung einer Pfahlgründung ausmachen würde.

Mit Ausnahme der Mittelstützen sind alle Gebäudeteile auf Stahlbetonpfählen gegründet, weil ihre Setzungen zu Gebäudeschäden führen würden. Besonders an den Längswänden würden die Tore schon bei geringen Setzungen klemmen und Schäden an den Lichtbändern auftreten.

Abb. 19. Außenansicht Schuppen 58, Landseite.

Abb.20. Ansicht Wasserseite Schuppen 58.

Abb. 21. Heizregister und Persenningvorhänge, Schuppen 48.

Von außen sind die Schuppen schlicht und einfach. Sie wirken architektonisch sehr ruhig, wie die Abb. 19 und 20 zeigen.

Bei dem Neubau des Schuppens 80A wurde zum erstenmal Wellasbestdacheindeckung auf Holzkonstruktion angewandt. Die Holzkonstruktion entspricht fast derjenigen des Schuppens 57, allerdings mit zwei Mittelstützen. Die Dachneigung ist wegen der Eterniteindeckung hier etwas steiler. Die Erfahrungen hinsichtlich Rissefreiheit und Tropfsicherheit bleiben abzuwarten. Da diese Art von Schuppenbau zur Zeit wesentlich billiger als ein Holzschuppen mit Dachhaut aus gespundeter Schalung und doppeltem Pappdach und als ein reiner Stahlbetonschuppen ist, dürfte dieses Verfahren bei Bewährung und Beibehaltung der heutigen Preisverhältnisse Aussicht auf weitere Verwendung haben.

Die an sich bestehenden grundsätzlichen Einwendungen der Feuerwehr gegen Holzschuppen konnte man bisher auf Grund der guten praktischen Erfahrungen mit dem Holzbau auch im Brandfalle weitgehend zerstreuen. Insbesondere hat sich diese Bauweise im Kriege dadurch ausgezeichnet, daß nach dem Abbrennen des Schuppens eine fast besenreine Lagerfläche übrigblieb und nennenswerte Kosten für Aufräumung bzw. Trümmerbeseitigung kaum auftraten.

Gegenüber dem normalen Stückgut- und Sammelgutschuppen verlangen die für den Fruchtumschlag bestimmten Kaischuppen besondere Maßnahmen. Sie müssen beheizbar und entsprechend gut gegen Wärmeverlust isoliert sein[1].

Dem Fruchtumschlag dienen im Hamburger Hafen die Kaischuppen 34, 35, 36, 37 und 48. Hiervon sind 35, 36 und 48 alte Holzschuppen der bereits beschriebenen Zimmermannskonstruktion, die durch Einbau von auf den Zangen der Seitenbinder verlegten Rohrschlangen, durch die Niederdampfdruck streicht, bis zu

[1] Vgl. Förster in „Der Hamburger Hafen. Sein Wiederaufbau seit 1945“. Hamburg, Schultheis-Verlag.

einem gewissen Grad heizbar gemacht sind. Um das Einströmen kalter Luft durch die beim Betrieb geöffneten Schuppentore zu mindern, sind im Schuppeninnern in etwa 2,50 m Abstand von den Toren an Drahtseilen in Längsrichtung durch den ganzen Schuppen Persenningvorhänge angebracht, die die für den Längsverkehr nötigen Karrbahnen vom Schuppeninnern abschließen. Im übrigen sind diese nur behelfsmäßig heizbar gemachten Schuppen nicht besonders gegen Wärmeverluste isoliert, sie sind also nur bei

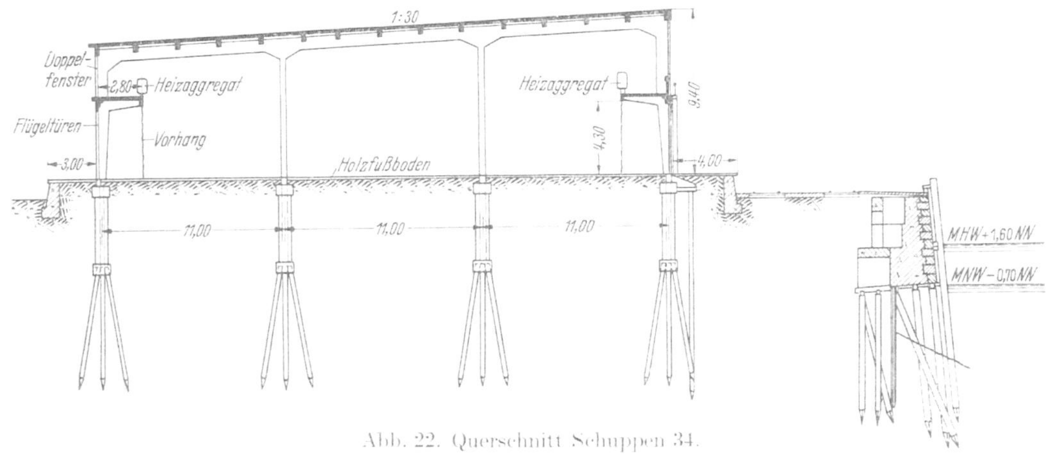

Abb. 22. Querschnitt Schuppen 34.

verhältnismäßig geringen Kältegraden für den Fruchtumschlag brauchbar. Abb. 21 zeigt die Rohrregister und auf der rechten Bildseite den Persenningvorhang.

Um auch bei den niedrigsten im Hamburger Hafengebiet vorkommenden Kältegraden Frucht ohne Verluste umschlagen zu können, wurden die neugebauten Schuppen 34 und 37 besonders wärmehaltend isoliert und mit ausreichender Heizung versehen.

Die tragende Schuppenkonstruktion, Binder und Pfetten sind aus Stahlbeton und bieten nichts Besonderes. Beim Schuppen 34 wurden sie ganz in Ortbeton, beim Schuppen 37 wurden nur die Binder in Ortbeton hergestellt und die Pfetten aus vorgespanntem Beton in Fertigteilen verlegt. Die Dachhaut besteht beim Schuppen 34 aus bewehrten 7 cm starken Porenbetonplatten, auf die dann noch leichtere und deshalb besonders gut isolierende unbewehrte Porenbetonplatten von 4,5 cm Stärke verlegt wurden. Die Dachhaut des Schuppens 37 wurde aus 7,5 cm stark bewehrten Porenbetonplatten mit 1 cm starker bitumengetränkter Korkauflage hergestellt. Den Querschnitt des Schuppens 34 zeigt Abb. 22.

Abb. 23. Lufterhitzer für Schuppen 34 und 37.

Die Außenwände wurden bei dem Schuppen 34 und 37 aus 20 cm starken Porenbetonsteinen, die zur Vermeidung von Kältebrücken außen vor der Rahmenkonstruktion durchgehen, hergestellt. Beim Schuppen 34 wurden die Wände außen verputzt, beim Schuppen 37 des besseren Aussehens und der Haltbarkeit wegen mit $\frac{1}{2}$ Stein starkem Ziegelmauerwerk verblendet.

Zur besseren Wärmehaltung sind die Lichtbänder in kittloser Verglasung mit Doppelscheiben gebaut.

Auch in den neugebauten Schuppen 34 und 37 wurden in der Breite der vor den Toren laufenden Karrbahnen für den Längsverkehr Persenningvorhänge als Wärmeschleuse angeordnet, die hier an durchlaufenden Betonkonsolen hängen, die gleichzeitig zur Aufstellung der Heizaggregate dienen. Diese bestehen aus Ventilatoren, die die durch eine Niederdruckdampfheizung erhitzte Luft in das Schuppeninnere blasen (Abb. 23).

Der Schuppen 37 ist besonders für den Bananenumschlag gebaut. Er hat im Innern an der Landseite ein Eisenbahngleis, so daß auch bei sehr kaltem Wetter auf Eisenbahnwagen verladen werden kann. Wenn bei normalem Wetter an der Landseite außerhalb des Schuppens in Eisenbahnwagen verladen werden soll, wird dieses im Schuppeninnern liegende Gleis durch Klappbrücken überbrückt. Im übrigen ist dieser Schuppen mit besonderen Fördereinrichtungen, wie Bananenheber und Förderbänder, ausgerüstet, so daß die Handarbeit auf ein Mindestmaß beschränkt ist[1]. Den Querschnitt des Schuppens 37 zeigt Abb. 24.

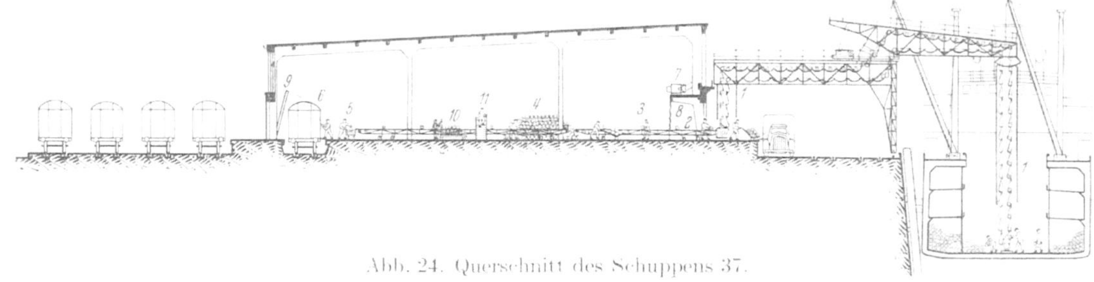

Abb. 24. Querschnitt des Schuppens 37.

Im Schuppen 37 wurde die normalerweise als Ziegelsteinwand ausgeführte Brandmauer versuchsweise durch eine quer durch den Schuppen laufende Regenanlage ersetzt. Eine automatische Feuermeldeanlage alarmiert den Wächter, der dann die Regenanlage einschaltet.

2. Fischereischuppen, Packhallen und Reedereischuppen.

Neben den Fruchtschuppen bedingen die Bauten für den Fischumschlag besondere Baumaßnahmen. Man hat dabei zwischen den Fischauktionshallen und den Packhallen zu unterscheiden[2]. Während die Fischauktionshallen vor allem kühl und feucht gehalten werden müssen und auf Beleuchtung weniger Wert gelegt wird, weil der Fisch in den Nachtstunden gelöscht und in den frühen Morgenstunden verauktioniert wird, also sowieso mit künstlicher Beleuchtung gearbeitet werden muß, müssen die Packhallen auch am Tage gut belichtet sein, die Büroräume der sie benutzenden Firmen aufnehmen und kleine Kühlräume, bis zu einem gewissen Grade auch Spezialeinrichtungen, wie z.B. Behälter für Hummerhaltung haben.

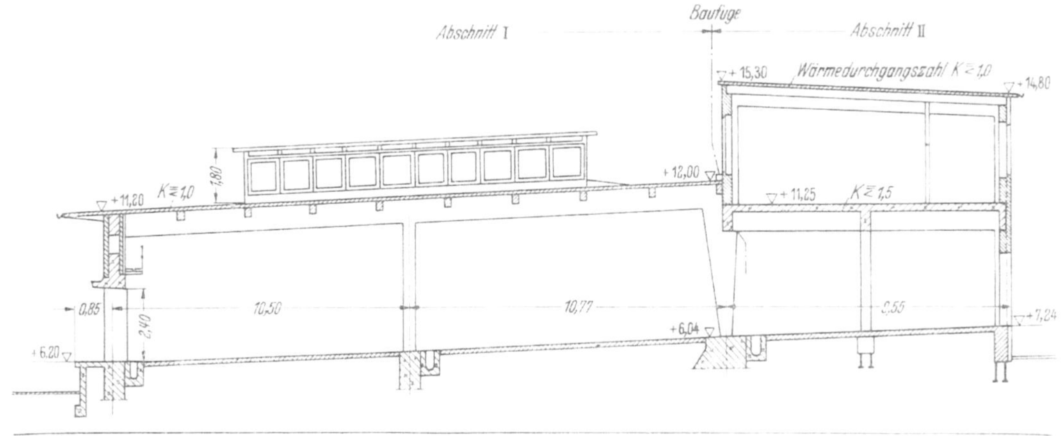

Abb. 25. Querschnitt der Fischauktionshalle II.

Als Beispiel für eine nach vorstehendem gebaute Fischauktionshalle möge die Halle II des Hamburg-Altonaer Fischmarktes dienen. Den Querschnitt zeigt Abb. 25, die Innenansicht Abb. 26.

Die Aufenthaltsräume, Waschanlagen und Aborte für die Arbeiter liegen längs der ganzen Halle im Obergeschoß des landseitigen Anbaues, der von der Auktionshalle durch Treppen zugänglich ist.

Um die Halle möglichst kühl und feucht zu halten, hat sie bei möglichst niedriger Bauhöhe (im Mittel 5,50 m) in den Außenwänden des Untergeschosses keine Fenster. Sie erhält Tageslicht nur durch die in jedem zweiten Binderfeld in Form von Laternen angeordneten Oberlichter, die gleichzeitig als Entlüfter dienen.

[1] Vgl. Neumann: „Die mechanische Ausrüstung des Hafens“ in diesem Jahrbuch.

[2] Vgl. Naumann: „Der Wiederaufbau des Fischereihafens Hamburg-Altona“ in dieser Veröffentlichung.

Die Binder und Außenlängsbalken sind in Ortbeton hergestellt. Über die aus vorgespanntem Beton angefertigten, als Fertigteile verlegten Pfetten spannen sich Bimsbetonplatten, die als Wärmeisolierung eine Korkauflage haben.

Die Tore an Land- und Wasserseite sind als Falttore ausgebildet. Sie ermöglichen eine vom Betrieb manchmal gewünschte Öffnung der Fronten auf ganzer Länge und können bei warmem Wetter auch nur ganz wenig geöffnet werden. Sie haben sich als praktischer erwiesen als die in der bereits vor der Währungsreform in alter Form in Stahlbeton wiederhergestellten Halle I eingebauten Hubtore, die zwar auch das Öffnen der ganzen Längsfront ermöglichen, aber damit immer eine große Fläche freigeben, was bei warmem Wetter unerwünscht ist.

Abb. 26. Innenansicht der Fischauktionshalle II in Altona.

Abb. 27. Außenansicht Packhalle XIII in Altona.

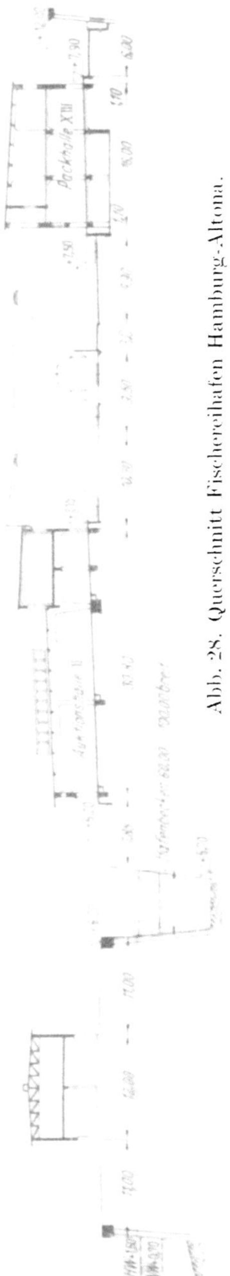

Abb. 28. Querschnitt Fischereihafen Hamburg-Altona.

Außerdem bedingen sie eine größere Konstruktionshöhe der Halle, was, wie gesagt, im Hinblick auf Kühl- und Feuchthaltung der Hallenluft ungünstig ist.

Die Packhallen, von den Auktionshallen durch die dazwischen liegende Gr. Elbstraße getrennt, wurden in normalem Stahlbeton als unterkellerte zweistöckige Gebäude errichtet. Im Keller und Erdgeschoß wird die Ware gelagert bzw. verarbeitet. Im Obergeschoß, durch einen Laubengang für den Außenverkehr durch Innentreppen von den Packhallen aus für den innerbetrieblichen Verkehr zugänglich, liegen die Büroräume der Firmen. Die Außenansicht der Packhalle XIII zeigt Abb. 27. Im übrigen sind für jede Firma kleine Kühlräume im Erdgeschoß angeordnet.

Damit die Packhallen im Sommer möglichst kühl gehalten werden können, sind vor den über dem Rampenvordach der Straßenseite angeordneten Fenstern Rolläden eingebaut.

Für die Belange der Reeder wurden auf dem neugebauten, den Auktionshallen am Fischereihafen gegenüberliegenden Ausrüstungskai zwei einfache zweistöckige Gebäude errichtet. Sie sind nach vorheriger Verdichtung der Sandauffüllung zwischen den Spundwänden des Ausrüstungskais mit schweren Innenrüttlern flach gegründet, in Mauerwerk und mit Massivdecken gebaut und mit Doppelpappdach auf Schalung über Nagelbindern eingedeckt.

Einen Querschnitt durch den Fischereihafen Hamburg-Altona zeigt Abb. 28. Ganz rechts liegen die Packhallen, in der Mitte die Auktionshallen und von ihnen durch das Hafenbecken getrennt, auf dem Ausrüstungskai, die Reedereischuppen.

Abb. 29. Betriebsgebäude Schuppen 59.

Abb. 30. Betriebsgebäude Schuppen 58.

Abb. 31. Betriebsgebäude Schuppen 71.

3. Betriebsgebäude.

Die Betriebsgebäude, welche die nötigen Büros, Arbeiteraufenthalts- und Waschräume, Aborte und dergleichen enthalten, waren bei den bis 1931 gebauten Schuppen an den beiden Schuppenenden angeordnet. Später ist man hiervon abgewichen und hat die Betriebsräume in die Schuppenmitte verlegt. Diese Änderung bringt einerseits betriebliche Vorteile, weil alle Betriebsräume nun in einem Baukörper untergebracht sind, anstatt früher in zweien. Außerdem bekommt man so die Schuppenenden für Laderampen frei, die für die Lkw.-Abfertigung dringend benötigt werden. Das stetige Anwachsen des Lastkraftwagenverkehrs bedingt besondere Maßnahmen, über die weiter unten noch gesprochen werden wird.

Die neuen Betriebsgebäude in Schuppenmitte wurden in zwei verschiedenen Formen, je nach den räumlichen und betrieblichen Verhältnissen des Schuppens, ausgeführt.

1. in Form eines mehrstöckigen Gebäudes in Schuppenmitte an der Landseite über mehrere Binderfelder hinweg, oder

2. in Breite eines Binderfeldes quer durch den ganzen Schuppen.

Als Beispiele zu 1. mögen dienen die Einbauten in Schuppen 59 (Abb. 29), 58 (Abb. 30) und 71 (Abb. 31). Gemäß 2. wurden die Einbauten der Schuppen 74 und 75 angeordnet. Während bei der Anordnung zu 1. von der landseitigen Rampe mehrere Feldlängen für den Umschlag verlorengehen, verliert man bei der Anordnung zu 2. nur die Länge einer Feldbreite. Diese Anordnung hat außerdem den Vorteil, daß durch geringes Vorziehen des Einbaues an der Wasserseite vor die Schuppenfront, ohne dort die Rampenbreite nennenswert einzuschränken, der Einbau von Fenstern im Büro der Schuppenleitung möglich wird, die ihr einen freien Überblick über die ganze wasserseitige Rampe geben (Abb. 32). Ein weiteres, nach dem Schuppeninnern zu gelegenes Fenster gibt gleichfalls die nötige Übersicht über den Schuppen selbst frei (Abb. 33). Der Schuppenleiter kann also von seinem Schreibtisch aus bequem die für seine Tätigkeit so wichtigen Arbeitsräume überblicken.

Abb. 32. Wasserseitig vorgezogener Büroeinbau des Schuppens 75.

Abb. 33. Blick vom Zimmer des Schuppenvorstehers in das Innere des Schuppens 75.

Um den genannten Vorteil für den Schuppenvorsteher auch im Falle landseitiger Anordnung des Betriebsgebäudes zu erhalten, hat man die Einbauten der Schuppen 23 und 22 versuchsweise dadurch ergänzt, daß man wasserseitig hierfür eine Zwischendecke einzog und ähnlich übersichtliche Räume wie bei den Schuppen 74 und 75 für die Betriebsleitung zusätzlich geschaffen hat, die durch einen an der Brandmauer entlanggeführten Gang mit den übrigen Räumen in Verbindung gebracht sind.

4. Rampen.

Wie schon gesagt, bedingte der immer stärker werdende Lastkraftwagenverkehr, daß möglichst viel Rampenlänge für seine Abfertigung zur Verfügung gestellt wurde. Es mußte auch wegen der reibungslosen Abwicklung der Eisenbahnverkehr ganz vom Lastkraftwagenverkehr getrennt werden. Man ist deshalb im Hamburger Hafen überall dort, wo es räumlich möglich war, dazu übergegangen, den Eisenbahnverkehr nur auf der Wasserseite und den Lastkraftwagenverkehr nur an der Landseite und an den Schuppenstirnseiten abzuwickeln. Da es sich aber herausgestellt hat, daß es manchmal wünschenswert ist, wenigstens in Ausnahmefällen die Möglichkeit direkter Be- oder Entladung von Lastkraftwagen an der Wasserseite zu haben, hat man die Rampen so

Abb. 34. Abfertigung von Lastkraftwagen auf der wasserseitigen Rampe Schuppen 74.

breit gemacht (8—11 m), daß sie auch mit Lastkraftwagen befahren werden können. Sie werden zu diesem Zwecke an den Schuppenenden durch Auffahrten für den Lastwagen zugänglich gemacht. Abb. 34 zeigt einen Lastkraftwagen auf der wasserseitigen Rampe des Schuppens 74.

Diese breiten Rampen haben sich, abgesehen von dem Lastkraftwagenverkehr, als sehr praktisch erwiesen, weil viele Schwerkollis, die nicht über den Schuppen zu gehen brauchen, bis zu ihrer weiteren Behandlung dort abgesetzt werden können, ohne den auf der Rampe abzuwickelnden Längsverkehr zu stören.

5. Schuppenfußböden[1].

Ein sehr wichtiger Teil der Schuppen ist der Fußbodenbelag. Seine Bauweise muß sich in Hamburg den unsicheren Untergrundverhältnissen anpassen. Im Laufe der Jahre setzt sich der Untergrund erfahrungsgemäß erheblich. Der Fußbodenbelag muß diese Bewegungen, ohne zerstört zu werden, mitmachen können. Darum verwandte man bis vor 1945 nur Holzfußboden aus 6,50 bis 7 cm starken Holzbohlen, die auf Eichenkanthölzern als Lagerhölzer direkt auf den Sand des Schuppenplanums verlegt wurden.

Traten im Laufe der Zeit zu starke Versackungen auf, wurden die Bohlen und Lagerhölzer aufgenommen, das Planum mit Sand auf die Sollhöhe gebracht, und dann der Holzfußboden wieder neu verlegt.

Die eigentlichen Lagerflächen bestanden aus Kiefern, die Karrbahnen aus mit Teeröl nach dem Rüpingverfahren getränkten Buchenbohlen oder aus ausländischem Hartholz, wie z. B. Bongossi. Zum Teil wurden die Karrbahnen aus Kiefernbohlen hergestellt, die dann mit Blech benagelt wurden. Letzteres hat sich allerdings nicht bewährt, weil die Kiefernbohlen unter dem Blech stark zum Verrotten neigen.

Im übrigen hat sich dieser Holzfußboden gut bewährt. Er widerstand der starken Abnutzung durch die kleinräderigen Transportkarren, schwitzte wegen seiner schlechten Wärmeleitung unter der Ware nicht und beging sich für den Schuppenarbeiter gut.

Als man nach 1945 vor der Währungsreform Holz nicht beschaffen konnte, mußte man notgedrungen auf Beton ausweichen. Aus den vorgenannten Gründen hat man aber niemals geschlossene Decken verlegt, die die Bewegungen des Untergrundes nicht ohne Zerstörung hätten mitmachen können, sondern man hat den Beton als Platten oder Pflaster in quadratischer, rechteckiger oder sechseckiger Form eingebaut. Die Erfahrungen damit sind aber nicht ermutigend. In den meisten Fällen treten Zerstörungen, von den unvermeidlichen Fugen ausgehend, ein.

Sobald wieder Holz zu beschaffen war, ging man darauf zurück, bis im Jahre 1952 die Holzpreise so hoch wurden, daß man aus Ersparnisgründen gezwungen war, nach einem Ersatz zu suchen.

Man hat dann notgedrungen zum erstenmal im Schuppen 71, wo der Untergrund verhältnismäßig gut ist, eine geschlossene Asphaltdecke in 5 cm Stärke auf Trümmerschuttpacklage von 35 cm Höhe verlegt, und zwar in Form einer Rubber-Asphaltdecke aus Latexfalt, einem holländischen Kaltasphalt mit Gummizusatz. Derartige Decken liegen in Holland in größerem Umfange. Es wird behauptet, daß sie im Sommer nicht weich, im Winter nicht spröde werden und auch bei Bewegungen des Untergrundes in gewissem Umfange nicht reißen. Ihre Bewährung bleibt abzuwarten. Wenn man bedenkt, daß Holzfußboden zur Zeit etwa 26,— DM und der Latexfaltfußboden 16,— DM/qm kostet, würde sich bei Bewährung des letzteren für einen Normalschuppen von 12000 qm eine Kostenersparnis von 120000 DM erzielen lassen.

Ein Versuch mit normalem Walzasphalt, der in einigen wenigen Feldern des Schuppens 58 ausgeführt wurde, hat sich nicht bewährt. Der Belag wurde im Sommer zu weich und riß schon bei geringer Bewegung des Untergrundes.

Auf den wasserseitigen Rampen, die durch den gelegentlichen Lastkraftwagenverkehr und das Absetzen von Schwerkollis stark beansprucht werden, wird in neuester Zeit Kleinpflaster verlegt, das sich gut bewährt hat. Es widersteht gut den starken mechanischen Beanspruchungen und läßt sich bei Versackungen leicht wieder anheben.

6. Belichtung der Schuppen.

Die Holzschuppen alter Art hatten im Dach in ganzer Länge durchlaufende Laternenaufsätze mit seitlichen senkrechten Fenstern. Außerdem waren die Längsgewände über den Toren z. T. als Fenster ausgebildet. Es wurden Holzfenster mit Kittverglasung verwandt.

Der erste 1931 gebaute Stahlbetonschuppen, der Schuppen 59, hatte neben den Fenstern an den Längsfronten, die einen Teil der Fläche über den Toren einnahmen, in Längsrichtung jeder zweiten Schale Oberlichter. In den nach 1945 neugebauten Schuppen und beim Wiederaufbau des Schuppens 59 hat man keine Laternen und Oberlichter mehr verwandt, weil sie leicht zu Leckagen führen. Dafür hat man die Längswände über den Toren in voller Höhe und Länge als Lichtbänder konstruiert. Die Erfahrung hat gezeigt, daß für die Hamburger Verhältnisse bei einer maximalen Schuppenbreite von 50 m so eine vollkommen ausreichende sehr gute Schuppenbelichtung erreicht wird.

[1] Vgl. Pohle, Der Bauingenieur, 24. Jahrgang 1949, Heft 3: „Versuche an Fußbodenbelägen in den Schuppen des Hamburger Hafens.“

Vor der Währungsreform mußten noch Stahl- oder Holzfenster mit Kittverglasung genommen werden. Sobald aber wieder kittlose Verglasung zu beschaffen war, wurde sie ausnahmslos angewandt. Sie erfordert nur sehr niedrige Unterhaltungskosten.

7. Schuppentore.

Vor 1945 wurden im allgemeinen Stahltore, zum überwiegenden Teil aus Wellblech, verwandt. Beim Wiederaufbau hielt man zunächst am Stahltor, allerdings in modernerer Form, mit glatten Blechen fest. Als dann im Laufe der Zeit die Blechbeschaffung immer schwieriger und teurer wurde, ging man auf Holz über. Es hat sich gezeigt, daß Holztore, wenn man sie so konstruiert, daß sie sich nicht verziehen können, wenn man also vor allem die Rahmenhölzer entsprechend stark macht und sie womöglich noch mit Winkeleisenrahmen verstärkt, gut brauchbar sind. Sie sind außerdem billiger als Stahltore, sowohl in der Anschaffung als auch in der Unterhaltung. Die Stahltore müssen durch Farbanstrich gut unterhalten werden, der teurer ist als der von Zeit zu Zeit nötige Anstrich der Holztore mit Xylamon oder einem anderen Holzschutzmittel.

8. Kostenvergleich der verschiedenen Bauweisen.

Die nach 1945 durchgeführten Ausschreibungen haben ergeben, daß der Stahlschuppen am teuersten wird und deshalb meistens für die Ausführung ausscheidet.

Im reinen Angebotspreis lag meistens der Holzschuppen am niedrigsten. Bei der Beurteilung der Preiswürdigkeit muß man aber über den reinen Angebotspreis hinaus berücksichtigen, daß der Holzschuppen gegenüber dem Stahlbetonschuppen eine um 1,5‰ höhere Feuerkassenprämie bedingt und daß die Herstellungs- und Unterhaltungskosten eines Pappdaches auf Betonplatten oder Holzschalung höher sind als diejenigen eines einfachen Dachanstriches, wie er bei sachgemäßer Ausführung einer Dacheindeckung in Spannbeton genügt. Berücksichtigt man die kapitalisierten Beträge für diese Aufwendungen, ergab sich bei den bis jetzt durchgeführten Ausschreibungen, daß der Stahlbetonschuppen gegenüber dem Holzschuppen in der Größenordnung von etwa 50000 bis 100000 DM teurer wird. Dafür erfordert er geringere Unterhaltungskosten und ist feuersicherer.

B. Kaimauern und Ufereinfassungen.

Vorbemerkung. Die als „Hamburger Kaimauer“ bekannte Form der Ufereinfassungen an den Seeschiffhäfen hatte vor dem ersten Weltkrieg bereits eine abgeschlossene Entwicklung von 50 Jahren hinter sich[1]. Sie besteht aus einem entweder aus Mauerwerk (vor 1890) oder aus Stampfbeton hergestellten massiven Teil, dessen Abmessungen — insbesondere Höhe und Breite und damit das Gewicht — sich den Forderungen der Örtlichkeit sehr weitgehend angepaßt haben. Gegründet wurde die Mauer durchweg auf einem Holzpfahlrost mit hinten liegender Spundwand. Die Höhe des Rostes war abhängig vom Bauvorgang, je nachdem ob die Mauer in trockener Baugrube oder im freien Wasser errichtet werden mußte. Abgesehen von einigen wenigen auf Brunnengründung errichteten bzw. zwischen Spundwänden massiv gegründeten Kaistrecken, lag das Pfahlrostbauwerk meist über einer Böschung, die erst einige Meter vor der mit Streichpfählen geschützten „Kaikante“ an die waagerecht verlaufende Hafensohle anschloß.

Der Pfahlrost ist in Scharen verschieden geneigter Schrägpfähle mit zusätzlich eingefügten Pfahlböcken unterteilt; die Pfahlköpfe sind unterhalb der massiven Mauer kräftig verholmt und verzimmert. Außerdem sind alle Mauern wasserseitig entweder mit Klinkermauerwerk, Granitquadern oder später mit Basaltsäulen verblendet, eine Maßnahme, die in der seinerzeit erreichbaren Betonqualität begründet war. Die im ganzen sehr sparsam entwickelten Querschnitte zeigen vielfach Verstärkungen, wo durch die Poller größere Horizontalkräfte übertragen werden. Als der kaimäßige Ausbau des Waltershofer Hafengebietes begann, errichtete man am Diestelkai 1926/27 und am Burchardkai 1928 die bis dahin letzten und schwersten Kaimauern nach diesem Prinzip für 9 bzw. 10 m Wassertiefe bei MNW mit größten Breiten des hölzernen Pfahlrostes von 10 bzw. 12,50 m.

Aus den langjährigen Erfahrungen mit diesem Kaimauertyp hatte man seinen Vorzügen, die hauptsächlich in der großen Masse und für die damalige Zeit bequemen Herstellungsweise erblickt wurden, jedoch auch einige Nachteile entgegenzuhalten, die sich vor allem bei nachträglich vergrößerter Wassertiefe und der dadurch herabgeminderten Standsicherheit herausstellten. Ferner zeigten die hinten liegenden hölzernen Spundwände häufig Undichtigkeiten; die vorn stark massierten Druckpfähle und bei den älteren Typen auch die für einen Uferbau sehr schmale Rostplatte hatten sich im Laufe der Jahre als unzweckmäßig herausgestellt. Endlich sollte sich die Gefahr des Abgleitens, wie sie schon vor den Erschütterungen des zweiten Weltkrieges an manchen Kaistrecken zu beobachten war, nunmehr zu einem die Wiederaufbauarbeiten beherrschenden Zentralproblem auswachsen.

[1] Sie ist im 2. Band der HTG-Jahrbücher 1920 eingehend beschrieben worden und hat auch andernorts vielfache Würdigung gefunden. Vgl. Panum-Ehlers: „Die Kaimauern im Hamburger Hafen“, Jahrb. HTG, Bd. 2, 1920; F. W. Otto Schulze: „Seehafenbau“, Bd. II, S. 21ff.

1. Die für die Kaimauerverstärkung verwendeten Bauelemente.

Zunächst seien drei aus verschiedenen Zeiten der Entwicklung des Hamburger Hafens stammende typische Kaimauerquerschnitte ins Gedächtnis zurückgerufen. In der Abb. 35 sind in Prinzipzeichnungen nebeneinandergestellt die Typen der Jahre

1890 (Abb. 35a) Asia- und Amerikakai
1905 (Abb. 35b) Kuhwärderhafen
1925 (Abb. 35c) Roß- und Oderhafen.

Anschließend ist in der Abb. 35d bis g ein Überblick über Ergänzungs- und Verstärkungsmaßnahmen gegeben, wie sie zwischen 1900 und 1940 laufend durchgeführt werden mußten.

Abb. 35d zeigt die übliche Hinterrammung der Kaimauern mittels einer leichten Stahlspundwand. Diese soll die im Laufe der Jahre undicht gewordene Holzspundwand, die teilweise nur als reine Pfahlwand aus Kanthölzern ohne Spundung besteht, ersetzen. Nur auf diese nicht ganz billige Weise ließen sich die ständig wiederkehrenden Sackungen der Gleise und des Straßenpflasters mit ihren teilweise für den Verkehr sogar gefährlichen unvermuteten Einbrüchen sicher verhindern. Der Erfolg der Maßnahme war in dieser Hinsicht stets befriedigend, wenn auch eine Erhöhung der Standfestigkeit der Mauer im ganzen dadurch kaum erwartet werden konnte.

In ihrer Standsicherheit gefährdete Kaistrecken wurden — soweit sich die Gefahr des Abgleitens durch mehr oder weniger schnelles Vorgehen der Mauer bemerkbar machte — mittels einer nachträglich eingezogenen Verankerung gesichert (Abb. 35e). Als Ursache konnte bei späterer Nachrechnung der Mauer häufig eine über das nach heutigen statischen Gesichtspunkten Zulässige hinausgehende Hafenvertiefung erkannt werden: Der vor den wasserseitigen Pfahlspitzen anstehende Bodenkeil wurde zu klein, um den nötigen Erdwiderstand bieten zu können.

Neben dieser Gefahr des waagerechten Vorgehens spielte die Möglichkeit des Abgleitens auf einer gekrümmten Gleitfläche eine Hauptrolle und zwang in zahlreichen Fällen zu weiteren Sicherungs- bzw. Vorbeugungsmaßnahmen um den „Geländesprung" standfest zu halten: Die vorgehende Wand wurde als Ganzes an Stahlankern und Stahlbetonankerplatten gehalten, deren Rückhaltekraft mindestens die Differenz zwischen den bereits vorhandenen Schrägpfahlkomponenten des alten Pfahlrostes und der neu ermittelten Horizontalkraft ausgleichen konnte. Nach bisherigen Erfahrungen ist man mit Ankerentfernungen bis zu 10 m ausgekommen. Häufig war man darauf angewiesen, auch hierbei eine Spundwand zu schlagen, die neben der willkommenen Abdichtung die unterhalb des Bauwerkes sich bildende Gleitfläche abriegelt[1].

Diese beiden für den Regelfall an zahlreichen Stellen eingebauten zusätzlichen Bauglieder reichten für gewöhnlich dann nicht mehr aus, wenn man über die notwendige Sicherung hinaus eine wesentliche Hafenvertiefung vornehmen wollte. Zwei beachtliche, nicht als Kriegsfolge, sondern bereits in den Jahren 1927 und 1933 durchgeführte Kaimauerum- bzw. Ergänzungsbauten sind in den Abb. 35f und g dargestellt. Es handelt sich um den Umbau des Versmannkais vor dem Fruchtschuppen A/B am Baakenhafen und um den Auguste-Viktoria-Kai vor Schuppen 71 am Kaiser-Wilhelm-Hafen. Beide Bauwerke nehmen das Prinzip der beim Wiederaufbau des Hafens nach dem Kriege hauptsächlich angewandten Verstärkungsmethode voraus.

Am Versmannkai war eine Kaistrecke von etwa 250 m im Bereich eines früheren, zunächst nicht erkannten Elbarmes mit gegenüber dem Rechnungsansatz bedeutend ungünstigeren Bodenverhältnissen vorgegangen und drohte einzustürzen[2]. Man ergänzte den Mauerquerschnitt (Abb. 35f) durch eine vordere Verstärkung in Stahlbeton auf zusätzlichen Holzpfählen, eine hintere Rostplatte zur Abschirmung wesentlicher Erdangriffsgrößen und zur Aufnahme der Horizontalkräfte durch eine neue hintere Pfahlbockreihe in Stahlbeton; zur völligen Abdichtung wurde eine ebenfalls hinten liegende Stahlspundwand hinzugefügt.

Der Auguste-Viktoria-Kai (Abb. 35g) war zwar 1932 nicht unmittelbar gefährdet, ließ aber die geforderte Vertiefung auf —10,0m MNW nicht zu. Die notwendige Ergänzung dieses bereits eine zusätzliche Verankerung besitzenden Abschnittes bestand aus der Verstärkung des Mauerkörpers auf vorderer neuer Stahlspundwand mit dahinter liegender Stahlpfahlreihe — eine „mittragende" Spundwand kannte man damals noch nicht —, hinterer abschirmender Rostplatte, die in Rippen aufgelöst die Horizontalkraft auf neue Stahlbetonpfahlböcke überträgt[3].

Beide Ergänzungsbauten enthalten bezeichnenderweise bereits die Bauelemente, die nach dem zweiten Weltkrieg in großem Umfang bei der Wiederherstellung und Verstärkung der Hamburger Kaimauern angewandt worden sind. Eine darin begründete Systematik bietet sich somit an und erleichtert den Überblick über die in den letzten Jahren vielleicht etwas verwirrende Fülle durchgeführter Baumaßnahmen,

[1] Vgl. K. Förster: „Wiederaufbau und Verstärkung der Hamburger Kaimauern", Der Bauingenieur 26 (1951), S. 112 und 235ff.

[2] Vgl. Schwerdtfeger, Bautechnik 6 (1928), S. 303: „Umbau der Kaimauer am Versmann- und Magdeburger Kai".

[3] Diese Ausführung wurde vor Schuppen 75 am Kronprinzkai im Jahre 1934 fast gleichartig wiederholt.

die aber in ihren wesentlichen Merkmalen zwanglos auf die sinngemäße Anwendung der bezeichneten typischen Hauptglieder zurückgeführt werden können:

Stahlspundwand vorn (selten hinten),
Betonkopf bzw. Holm zur Mauerverstärkung,
Rostplatte in Stahlbeton (zum Teil gerippt) bzw. schlaffe frei im Boden verlegte Anker,
Pfahlbockreihe hinten bzw. Stahlbetonankerplatte als unerläßliche rückhaltendeBauglieder.

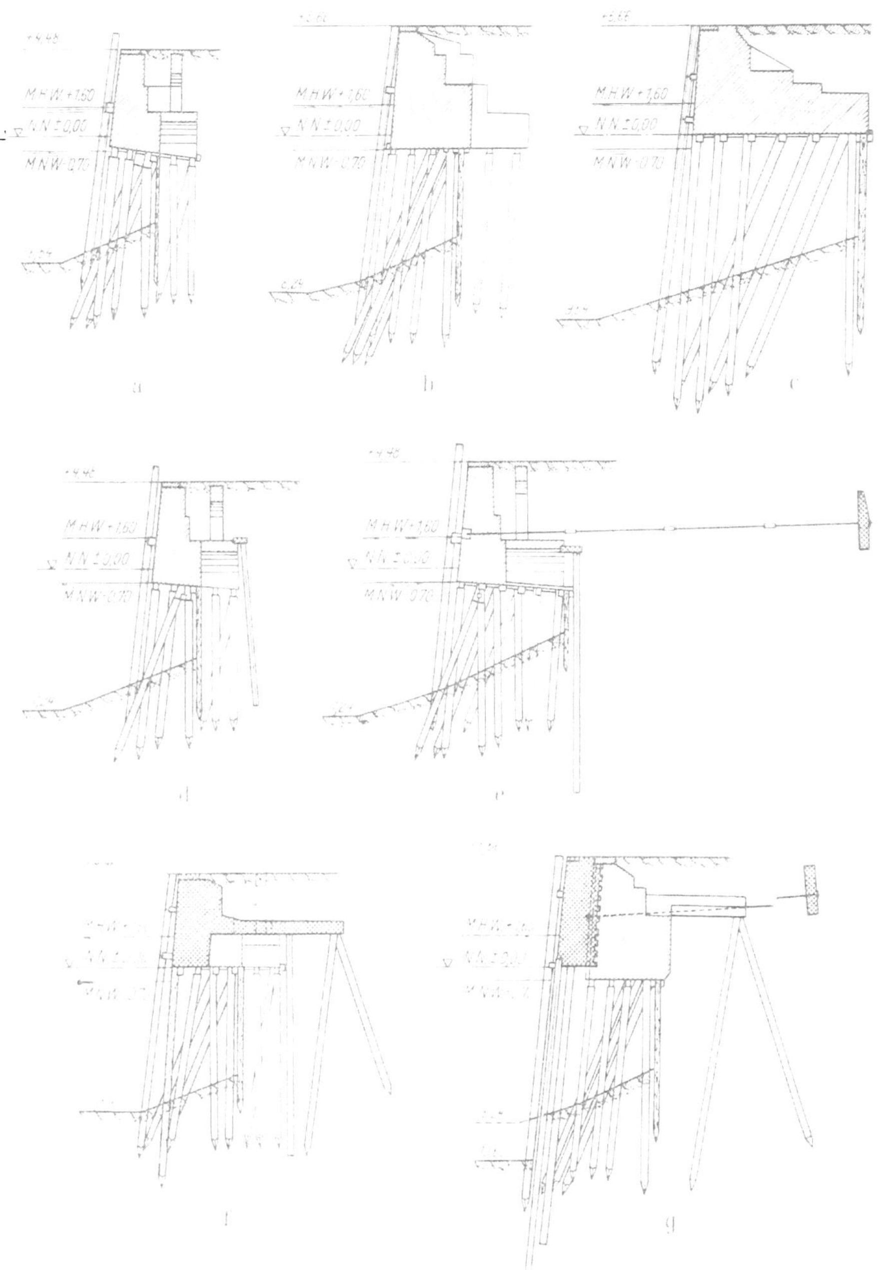

Abb. 35. Entwicklung der Hamburger Schwergewichtskaimauer bis 1932.
a), b), c) Beispiele aus den Jahren 1880, 1905 bzw. 1925.
d) Undicht gewordene, durch eine Stahlspundwand hinterrammte ältere Kaimauer.
e) Nachträglich hinterrammte und wegen Überlastung verankerte Kaimauer.
f) Erstes Beispiel einer grundlegenden Verstärkung (1927).
g) Verstärkung und Vertiefung einer bereits verankerten Mauer durch vordere Stahlspundwand, Entlastungsplatte und Stahlbetonpfahlböcke.

Diese Aufzählung bezieht sich auf alle Schadensstellen, bei denen das vorhandene ältere Bauwerk wenigstens zum Teil in seinen Funktionen erhalten bleiben konnte. Mindestens werden wesentliche lotrechte Kräfte von ihm auch nach der Verstärkung aufgenommen, während es von Horizontalkräften, die ja infolge der angestrebten Hafenvertiefung größer geworden sind, weitgehend entlastet werden muß. Die dritte Aufgabe besteht in der Abdichtung, wobei sich meistens herausgestellt hat, daß die hölzernen Spundwände nicht mehr genügen und eine neue Stahlspundwand an ihre Stelle treten muß. Diese wird dann außer den Bockpfählen im allgemeinen so tief gerammt werden müssen, daß die vierte Aufgabe, Gewährleistung der Gleitsicherheit, von ihr mit erfüllt wird. Ist das ältere Bauwerk nicht in der Lage, wenigstens eine dieser Funktionen zu erfüllen, so kann man nicht mehr von Verstärkung sprechen, denn der neue Baukörper erfüllt dann alle vier Funktionen allein, selbst wenn man aus Zweckmäßigkeitsgründen einen Teil der alten Mauer mit Pfahlrost und Spundwand hat stehenlassen, um das neue Bauwerk mit oben liegender Rostplatte darüber zu errichten.

In diesem Sinne stellt die sogenannte Kaimauerverstärkung Petersenkai vor dem Schuppen 28 aus dem Jahre 1936 bereits einen Neubau dar, der in Gestalt einer modernen Stahlbetonwinkelstützmauer auf hohem Pfahlrost mit vorn liegender Spundwand schon in die Reihe der weiter unten zu besprechenden selbständigen Neukonstruktionen Hamburger Kaimauern einzugliedern ist.

2. Wiederherstellung und Verstärkung der Kaimauern seit 1946.

Das äußere Bild der nach Beendigung des Krieges gezählten rund 170 Kaimauerschadensstellen ist sehr verschiedenartig, je nachdem, ob es sich um Volltreffer- oder Erschütterungsschäden handelt. Die Beseitigung der erstgenannten Schäden ist verhältnismäßig einfach und bietet im allgemeinen keine besonderen grundbautechnischen Schwierigkeiten, da der Querschnitt auf die kurze in Frage kommende Strecke zumeist ohne wesentliche Änderungen wiedererrichtet werden kann.

Dagegen haben die schweren Bombenangriffe die älteren Hamburger Kaistrecken — d. h. also die mit Schwergewichtsmauern ausgerüsteten Strecken — ganz allgemein auf lange Strecken beeinflußt und in ihrer Standsicherheit, die, wie oben erwähnt, bereits vor dem Kriege in Frage gestellt war, auf ein nicht mehr erträgliches Maß herabgesetzt. Das kommt zum Ausdruck in den seither beobachteten Bewegungen der Mauern, deren Umfang auf lange Strecken in bedenklichem Maße zugenommen hat. Man hat rund 60 Abschnitte an den etwa 45 km langen Seeschiffkais festgestellt, an denen die Erschütterung des Untergrundes für den bereits erfolgten Einsturz oder die noch bestehende Gefahr ursächlich wirksam war, und zwar handelt es sich im wesentlichen um die mangelhafte Sicherheit des durch den Pfahlrost gegenüber dem ruhenden Erdboden hoch aufgeständerten massiven Mauerkörpers. Neben der vielfach nachgewiesenen Einrüttelung der vorderen Pfähle kam die allgemeine Tendenz der Mauern zum Abgleiten in diesen Bewegungen zum Ausdruck und zwang zu entscheidenden Maßnahmen, deren wichtigste Beispiele in Abb. 36a bis e im Sinne der begonnenen systematischen Betrachtungsweise dargestellt sind.

Die Kaimauerverstärkungen wurden eingeleitet durch die Wiederherstellung der Schadensstelle am Roßkai vor Schuppen 84 B in den Jahren 1946/47. Da eine Vertiefung nicht vorgesehen war, konnte die abdichtende Funktion des hier nicht übermäßig gerissenen alten Mauerkörpers mit seiner Spundwand erhalten bleiben. Der massive Teil wurde zur Hälfte abgetragen, die wasserseitigen Holzpfähle beseitigt, durch Stahlbetonpfähle ersetzt und darüber durch einen schweren Stahlbetonüberbau mit starker Rostplatte und doppeltem hinterem Pfahlbock ergänzt. Der Überbau stellt quasi eine moderne Kaimauer, jedoch ohne eigene Spundwand, dar, wobei zu beachten ist, daß an dieser Stelle die alte Flucht der Kaimauer eingehalten werden mußte (es handelt sich um eine Schadensstrecke von nur 111 m), während die Verstärkung der folgenden Kaistrecken meist ein Hinausrücken der Kaiflucht nach der Wasserseite zur Voraussetzung hatte.

Dieses zeigt deutlich die zum Schulbeispiel gewordene Wiederherstellung und Vertiefung des Kronprinzkais vor Schuppen 74 (Abb. 36a), wo allein die vor die Kaikante hinausgetriebenen Schrägpfahlspitzen eine weit vorgeschobene Stellung der neuen vorderen Spundwand und damit ein Hinausrücken der Kaikante um rund 2,80 m nach sich zogen. Der Querschnitt ist im besonderen mit der früheren Verstärkung des Auguste-Viktoria-Kais (Abb. 36b) und des Kronprinzkais vor Schuppen 75, die ja in den zwanziger Jahren durchgeführt worden ist, zu vergleichen. Auf tragende lotrechte Pfähle unter dem Betonholm hatte man jetzt verzichtet. Die schweren Stahlanker sind innerhalb der hinteren in Rippen aufgelösten Rostplatte angeordnet, um die zusätzlichen Horizontalkräfte auf die neuartigen in Gruppen zusammengefaßten Pfahlböcke zu übertragen. Der alte Pfahlrost überträgt Horizontalkräfte nur noch anteilig entsprechend den auf dem Schräg-Pfahlrost verbliebenen lotrechten Lasten.

Eine völlige konstruktive Trennung der zusätzlichen Maßnahmen von den alten Bauteilen zeigt die Verstärkung der sehr weit vorgegangenen Kaimauer am Fischereihafen in Altona (Abb. 36c). Die zur Sicherung und Vertiefung des Geländesprungs auf 6 m Wassertiefe erforderliche Spundwand wurde selbständig durch einen Betonkopf zu einer kleinen Kaimauer ergänzt, die sich mit einzelnen Rippen gegen das alte Bauwerk abstützt bzw. dieses gegen weiteres Vorgehen sichert. Das ganze System ist durch kräftige, frei im Erdboden liegende Stahlanker gehalten und durch sehr schwer verholmte Ankerböcke aus Stahlpfählen gesichert. Die Gefahr allzu großer Erdangriffskräfte im Bereich der Schadensstelle im Hinblick auf den dort anstehenden rutschgefährlichen Untergrund (sogenannten Bänderton) erforderte zusätzlich das völlige Freihalten des alten Bauwerks vom Erddruck durch Schaffen eines Hohlraums unter dem Fußboden der Fischhalle, wie die Abbildung zeigt.

Die Abb. 36a bis c zeigen die Bauelemente zur Verstärkung in zunehmend aufgelockerter Anwendung. Darin ist die Tendenz erkennbar, die Kosten soweit wie möglich herabzudrücken und trotzdem ein der betreffenden Schiffsgröße entsprechendes Uferbauwerk zu schaffen. Man ist damit der in Hamburg bestehenden Tradition, die Kaimauer mit genügend „Masse“ bzw. ausreichender Längssteifigkeit mit Hilfe einer Rostplatte auszustatten, auch bei den Verstärkungsarbeiten nach dem Kriege treu geblieben. In leichter Abwandlung der drei Musterbeispiele wurden einige weitere Kaimauerverstärkungen in den letzten Jahren durchgeführt, bis im Jahre 1952 durch Einführung des in einer Neigung 1:1 gerammten Stahlzugpfahles ein neues vereinfachendes Bauelement hinzukam. In den Abb. 36d und 36e sind die Verstärkungsmaßnahmen am Sthamerkai vor Schuppen 80A und am Südkai des Werfthafens Blohm & Voß gezeigt. Abb. 36d zeigt, daß dieser Schrägpfahl unter der Voraussetzung, daß der Holzpfahlrost der Mauer gesund ist und damit zur Aufnahme der lotrechten Komponente geeignet erscheint, erhebliche konstruktive Vereinfachungen bietet. Der durch angeschweißte Stahlflügel in I-Form ergänzte Zugpfahl

Profil P Sp 30 nimmt Zugkräfte bis zu 80 t mit zweifacher Sicherheit auf, wodurch er eine ganze Anzahl von Pfahlböcken üblicher Anordnung erspart. Gleiches gilt für die Sicherung der in Bewegung befindlichen Mauer am Werfthafen (Abb. 36e), wo die abschirmende Wirkung der Stahlbetonrostplatte hinzukommt. Die hohe Lage des Pfahlschnittpunktes ist im Bauvorgang, der sich möglichst dem Tideeinfluß entziehen will, begründet.

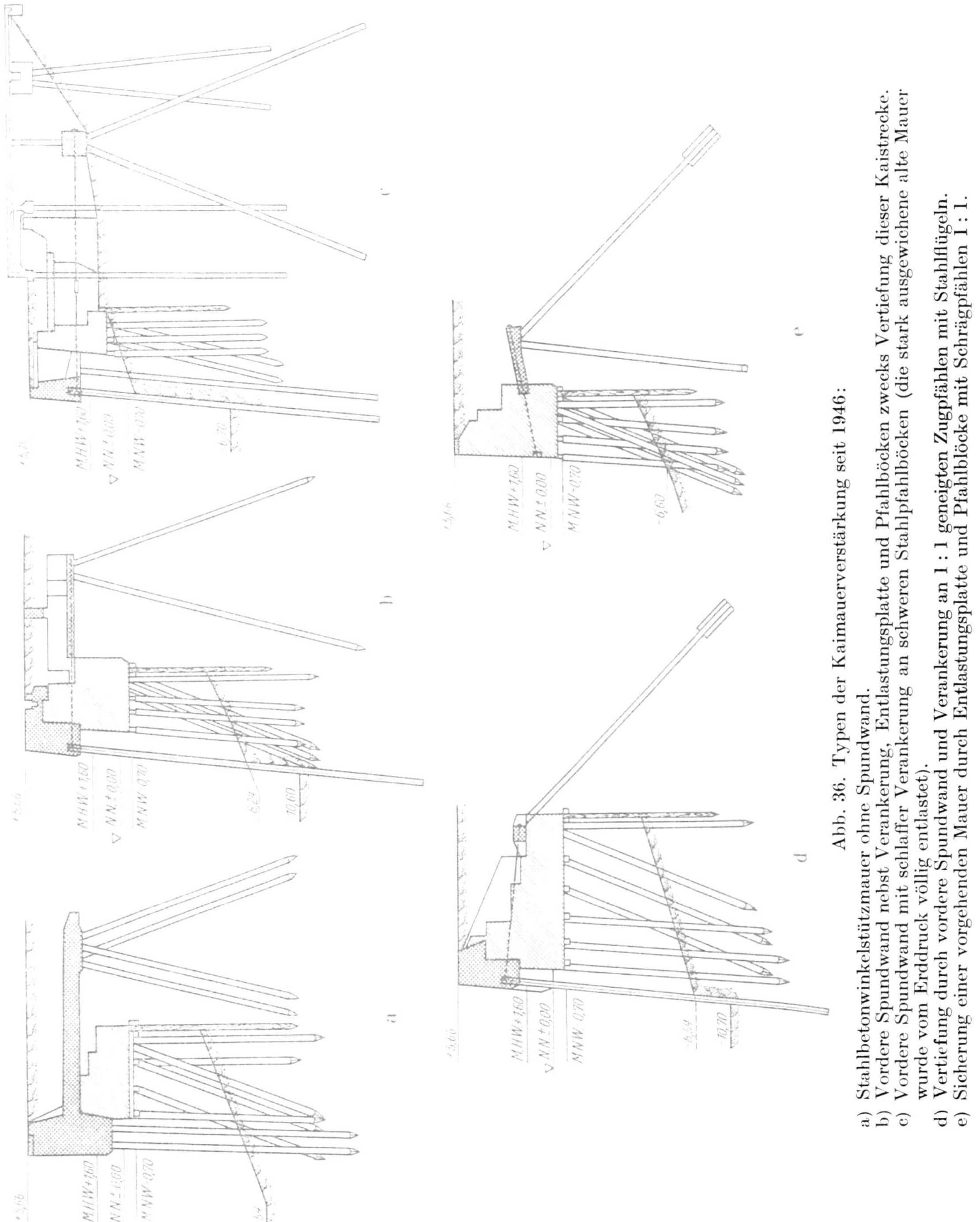

Abb. 36. Typen der Kaimauerverstärkung seit 1946:

a) Stahlbetonwinkelstützmauer ohne Spundwand.
b) Vordere Spundwand nebst Verankerung, Entlastungsplatte und Pfahlböcken zwecks Vertiefung dieser Kaistrecke.
c) Vordere Spundwand mit schlaffer Verankerung an schweren Stahlpfahlböcken (die stark ausgewichene alte Mauer wurde vom Erddruck völlig entlastet).
d) Vertiefung durch vordere Spundwand und Verankerung an 1 : 1 geneigten Zugpfählen mit Stahlflügeln.
e) Sicherung einer vorgehenden Mauer durch Entlastungsplatte und Pfahlblöcke mit Schrägpfählen 1 : 1.

3. Entwicklung der Kaimauern in Stahlbeton.

Trotz der im Hamburger Hafen bestehenden Neigung, die sich anbietenden technischen Neuerungen stets zu den bereits vorhandenen Anlagen im Sinne einer gesunden Tradition in Beziehung zu bringen, läßt sich gerade im Kaimauerbau der starke Einfluß der seit 30 Jahren in Bewegung gekommenen Konstruktionsprinzipien erkennen. Nach tastenden Versuchen hat sich die Stahlbetonkaimauer seit dem ersten Weltkriege überall da erfolgreich durchgesetzt, wo es sich um neue Anlagen handelte, man auf eine ältere vorhandene Schwergewichtsmauer also keine Rücksicht zu nehmen hatte. Die ersten Stahlbetonbauwerke wurden bezeichnenderweise nicht an ausgesprochenen Seeschiffkais, sondern an Binnenschiffswasserstraßen in Hamburg (Roßkanal, Hofekanal) sowie am Fischereihafen Cuxhaven mit nur 4 m bzw. 5 m Wassertiefe ausgeführt[1].

Die Seeschiffhäfen haben seit 1925 mit Ausnahme der bereits erwähnten Ausführungen in Waltershof Stahlbetonkaimauern erhalten, nachdem in den drei Beispielen Grenzkanal, Schuppen 60/61 (Cohrs & Ammé) und Windhukkai vor Schuppen 59 bei der Ausschreibung Sondervorschläge der betreffenden Firmen den Zuschlag erhielten. In der Abb. 37 sind charakteristische Beispiele der seitdem ausgeführten sozusagen modernen Hamburger Kaimauer dargestellt.

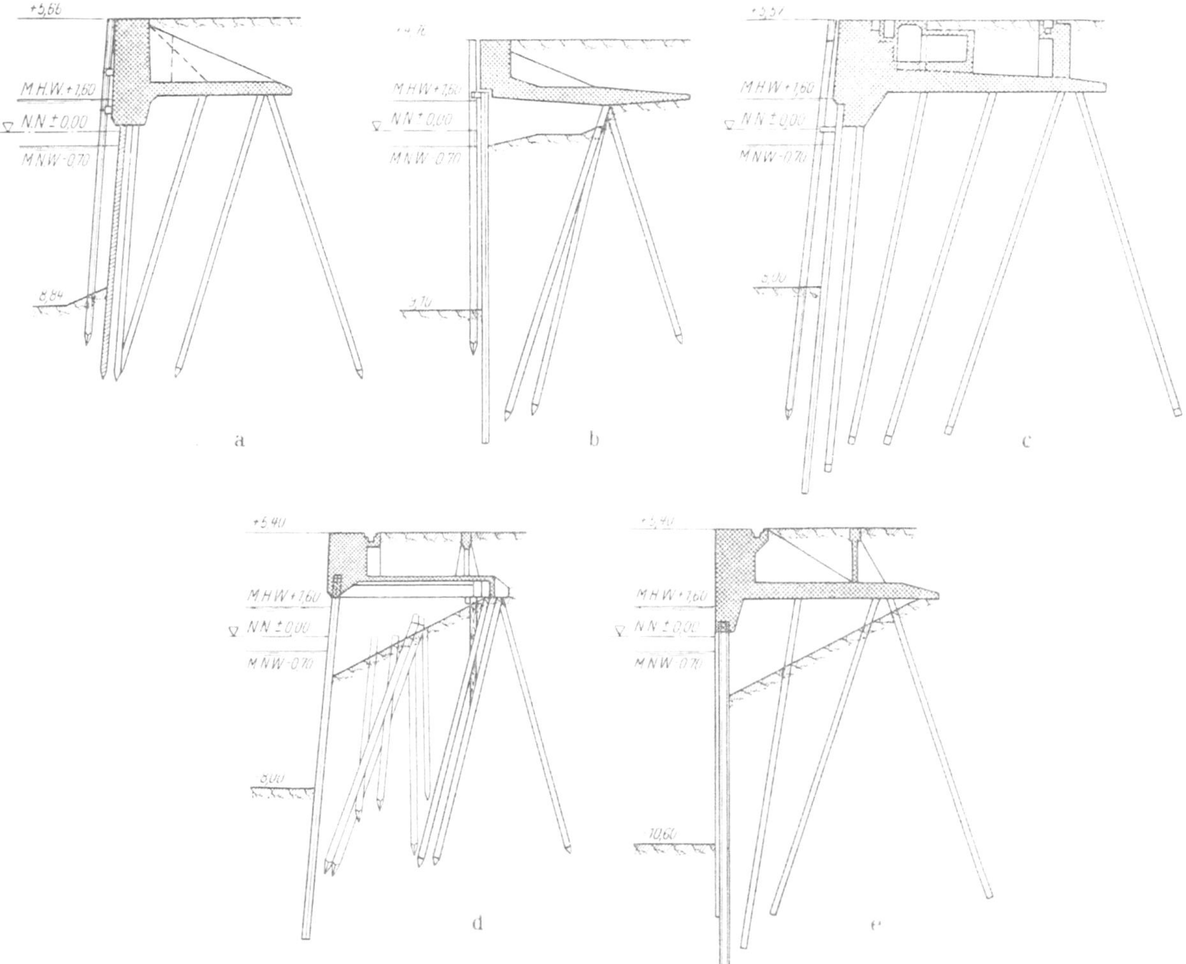

Abb. 37. Entwicklung der reinen Stahlbetonkaimauer von 1925—1952.

Abb. 37a zeigt den Querschnitt Windhukkai mit vorn liegender Stahlbetonspundwand und tragender Pfahlreihe unter einem die gewünschte Massenwirkung bietenden Kaimauerkopf. Der schwere wasserseitige Teil ist ergänzt durch die übliche Rostplatte zur weitgehenden Abschirmung des Erddrucks und Übertragung der Horizontalkräfte auf Schrägpfähle und Pfahlbock. Das gleiche Konstruktionsprinzip wurde beim Europakai angewandt, der allerdings verhältnismäßig spät (1939/40) von den Marinebehörden geplant und ausgeführt worden ist. Der Entwurf enthält eine rechnerisch nicht mittragende Stahlspundwand und eine dahinter liegende Reihe von Stahlbetonpfählen. Die Ausstattung der Kaimauer durch Anordnung eines Schleifleitungskanals und eines im hinteren Teil liegenden aufgeständerten Kranschienenbalkens zeigt bereits die für die heute übliche Anordnung von Vollportalkränen notwendige Ergänzung (Abb. 37c).

Dazwischen liegt die bereits 1935 entworfene Kaimauer am Togokai (Abb. 37b), welche eine Reihe radikaler Neuerungen aufweist:

[1] Die Bauwerke sind bereits von Panum u. Ehlers 1920 beschrieben.

1. Allein tragende vordere Stahlspundwand.
2. Nur eine hintere Pfahlbockreihe, wodurch der Überbau gewissermaßen „statisch bestimmt" gelagert wird.
3. Verlängerung der Rostplatte nach hinten um
   a) ein Gegengewicht mit Hilfe der Erdauflast zu schaffen und die Dimensionierung zu verbilligen,
   b) die abschirmende Breite zur Entlastung der Spundwand vom Erdangriff zu vergrößern.
4. Freihalten eines Hohlraumes unterhalb der Rostplatte zu dem gleichen Zweck.

Da man sich über das Verhalten dieses Bauwerkes vorher nicht restlos klarwerden konnte, ließ man in der Rostplatte einige Aussparungen übrig, um gegebenenfalls im vorderen Teil Pfähle nachschlagen zu können. Da sich inzwischen jedoch die Anschauungen über das Verhalten der Stahlspundwand Larssen geändert haben und man eine volle Schubübertragung im Schloß erwarten darf, hat man die ursprünglichen Bedenken gegenüber der mittragenden Spundwand fallen gelassen, so daß dieses Bauwerk heute wegen seiner Vereinfachungen als beachtlicher konstruktiver Schritt bezeichnet werden muß.

Abb. 37d zeigt die Anwendung der tragenden Spundwand und des Hohlraumes unter der Rostplatte bei einer wiederhergestellten Kaistrecke in Harburg am Seehafen I. Die in Stahlbetonrippen aufgelöste Rostplatte wurde versuchsweise im Teilmontagebau-Verfahren hergestellt. Die Rippen wurden als Fertigteile eingesetzt, die verbindende Platte und die Verholmung der Stahlbetonpfahlböcke wurden mit dem Kaimauerkopf in einem Zuge betoniert. so daß eine monolithische Wirkung des ganzen Bauwerkes gegenüber Schiffsstößen dennoch gewährleistet ist. Abb. 37e zeigt den Querschnitt der neuen Stahlbetonkaimauer am Grevenhof für 10 m Wassertiefe mit tragender Stahlspundwand aus kombinierten Profilen Peine/Krupp und hinteren Stahlpfählen (wegen des von Bautrümmern durchsetzten Untergrundes). Zu beachten ist die bereits am Togokai erstmalig eingeführte lotrechte Stellung der Spundwand in Anpassung an die modernen Schiffskörper. Die bisher auch bei den Verstärkungen unerläßliche Neigung der Spundwände und damit zwangsläufig der Streichpfähle ist auf die Dauer gesehen unzweckmäßig und für alle künftig frei zu entwickelnden Kaimauern abzulehnen. Eine Ausnahme machen lediglich Fischereihäfen, wo die ausfallende Schiffsform der Fischdampfer nach wie vor die Neigung 10:1 für die Kaimauerflucht fordert.

Der starke Verschleiß der geneigten Streichpfähle und das häufige Abknicken dicht oberhalb der Sohle wurde schon seit längerer Zeit von den für die Unterhaltung ihrer Pachtkaistrecke verantwortlichen Reedereien dadurch umgangen, daß sie zusätzlich Holzfender vor die Kaimauer gehängt haben. Die Streichpfähle wurden dadurch von dem Druck der großen Schiffe entlastet und erfüllten ihren Zweck nur noch für die kleineren Hafenfahrzeuge, Schuten, Küstenschiffe, Binnenschiffe usw. Die wiederhergestellte Kaistrecke am Sthamerkai vor Schuppen 80A und die zur Zeit im Bau befindliche Verstärkung des Asiakais vor Schuppen 37 sind im Hinblick auf Einsparung von Streichpfählen mit sogenannten „Fenderschürzen" ausgerüstet. Alle 30 m ist der Betonkopf der Kaimauerverstärkung bis auf + 0,60 m MNW heruntergezogen, um für die Holzfender in geeigneter Höhe eine Auflagerfläche zu schaffen. Sie dienen zur Druckübertragung auf den massiven Teil der Kaimauer, da man die großen Schiffsdrücke der Stahlspundwand im oberen Teil nicht zumuten darf. Die Versuche mit geeigneten Fendern bzw. neuartigen Streichpfahlkonstruktionen werden fortgesetzt.

4. Die Weiterentwicklung des reinen Spundwandbauwerks.

Neben den etwa 85 km Kaimauern in Hamburg, die etwa je zur Hälfte für Seeschifftiefe (6 bis 10 m) und Binnenschifftiefe (3 bis 5 m) angelegt sind, existieren noch lange Strecken einfacherer Ufereinfassungen. Sie sind zwar in ihrer Vorkriegsausführung nicht unmittelbar zum Anlegen der Schiffe geeignet, können aber auf einfache Weise durch Überbauten dafür hergerichtet werden. Ihr Zweck besteht in der Verschmälerung der vom Wasserstandswechsel abhängigen übermäßig breiten Böschungen. Sie dienen damit dem Geländegewinn und der klaren Begrenzung der Wasserfläche, soweit kaimäßiger Ausbau der hohen Kosten wegen nicht in Betracht kommt.

Der Aufwand für diese mit sogenannten versteiften Spundwänden ausgerüsteten Uferstrecken wird dadurch verdeutlicht, daß je lfd. m 4 bis 5 m³ Holz bester Qualität und großer Abmessungen verbaut waren. Ein charakteristischer Querschnitt ist in Abb. 38a dargestellt. Da das Holz jetzt wirtschaftlich nicht mehr zu beschaffen ist, bemühte man sich, die versteifte Spundwand im Sinne heute gültiger Bauweisen abzuwandeln und wandte mit Erfolg verholmte und unmittelbar durch Zugpfähle verankerte Stahlspundwände an, wie es aus Abb. 38b bis d ersichtlich ist. Durch Übernahme der Druckkomponente in die „tragende Spundwand" ließ sich eine Pfahlreihe einsparen, wenn nicht, wie im Falle 4d, die abschirmende Betonplatte mit vollständigem Pfahlbock und insgesamt schwächerem Spundwandprofil die Wirtschaftlichkeit im ganzen verbesserte.

Als wesentlich hat sich die Herstellung des Holmes aus Stahl oder Stahlbeton herausgestellt. Stahl kann man wegen der Notwendigkeit sehr genauer Rammung und schwieriger Schweißverbindungen praktisch nur bei kleinen Ausführungen verwenden. Mit einem Stahlbetonholm lassen sich die unvermeidlichen Ungenauigkeiten bei der Ausführung besser ausgleichen; auch bietet er für die schiffahrtsmäßige Ausrüstung der Uferstrecke manchen Vorteil. Die Streichpfähle werden entweder unabhängig vom Bauwerk nach alter Weise davor gesetzt oder können als verlängerte Kastenspundbohlen aus der Uferwand herauswachsen (Abb. 38c und d).

Abschließend wird in der Abb. 38e ein doppelseitiges Spundwandbauwerk gezeigt, und zwar der kaimäßige Ausbau des Leitdammes Altona zu einem Ausrüstungskai für die Fischdampfer-Reedereien. Die beiderseitig angeordneten schweren Spundwände für 6 m Wassertiefe — eine neuartige Anwendung des Peiner Kastenprofils 60 S als Doppelbohle mit eingefügter kürzerer Kruppwelle Profil KS II — sind sehr

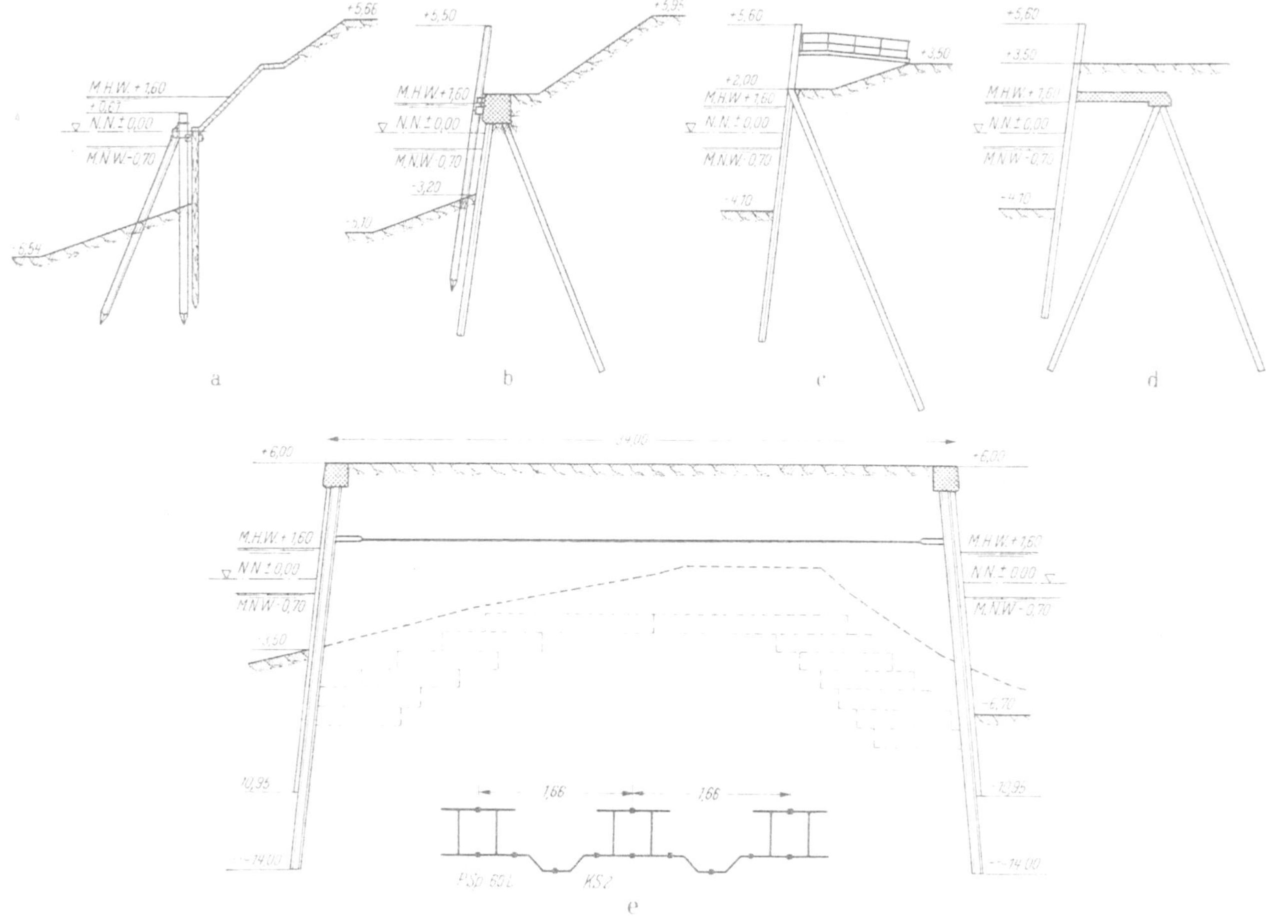

Abb. 38. Spundwandbauwerke als Ufereinfassungen.
a) vor 1930.
b), c), d) seit 1948.
e) Pieranlage zwischen Spundwänden, die durch Kabelanker miteinander verbunden sind.

kräftig in Stahlbeton verholmt und gegenseitig durch Stahlkabelanker verbunden. Man wählte diese Kabel wegen ihrer größeren Nachgiebigkeit bei etwaigen Gelände- bzw. Fundamentsetzungen. Da man gerammte Pfähle zwischen den in 1,66 m Abstand verlegten Ankern vermeiden wollte, wurde der eingespülte Sandboden nach dem Kellerschen Rüttelverfahren verdichtet. Unter den Belastungszentren der Gebäude stellte man dadurch „Sandpfähle" größtmöglicher Lagerungsdichte in voller Höhe des eingebrachten Bodens her, um darauf das Bauwerk annähernd setzungsfrei zu errichten. Außerdem wurde die übrige Kaifläche an der Oberfläche 2 m stark eingerüttelt, um den Einbau des Straßenpflasters sowie der Kabel und Leitungen zu erleichtern und späteren Sackungen vorzubeugen. Die bauausführende Firma hatte für die zu erwartenden Gebäudesetzungen, die 1 cm nicht überschreiten sollten, eine Garantie übernommen.

5. Massiv gegründete Kaimauern.

Trotz der überragenden Bedeutung der Pfahlgründung im Bereich der für Hamburg zuständigen Hafenbaubehörden mögen der Vollständigkeit halber auch einige Ausnahmen hiervon erwähnt werden, wie sie in der Abb. 39a bis e schematisch dargestellt sind. Die massive Gründung zwischen Spundwänden hat in Hamburg, Altona und Cuxhaven immerhin eine gewisse Rolle gespielt. Abb. 39a zeigt eine Kaistrecke im Altonaer Hafen, deren Wirtschaftlichkeit in Anbetracht des dort anstehenden weitgehend wasserundurchlässigen Untergrundes durchaus verständlich ist. Die dort vorhandenen Lagerhäuser unmittelbar am Elbufer sind größtenteils massiv gegründet. Zur Sicherung der meist nicht tief genug geführten Gründungssohle gegenüber der zunehmenden Vertiefung der Elbe für die Hafenschiffahrt auch an diesen Uferstrecken, mußten im Laufe der Zeit Stahlspundwände vor diesen Uferstrecken gerammt werden[1].

In Hamburg und Cuxhaven wurden massiv gegründete Kaimauern bzw. Abschnitte davon an besonders exponierten Stellen vorgesehen. Teilweise ist auch nur eine Betonschürze neben einer Pfahlgründung heruntergezogen worden, wodurch gewissermaßen die Funktionen der damals noch nicht gebräuchlichen

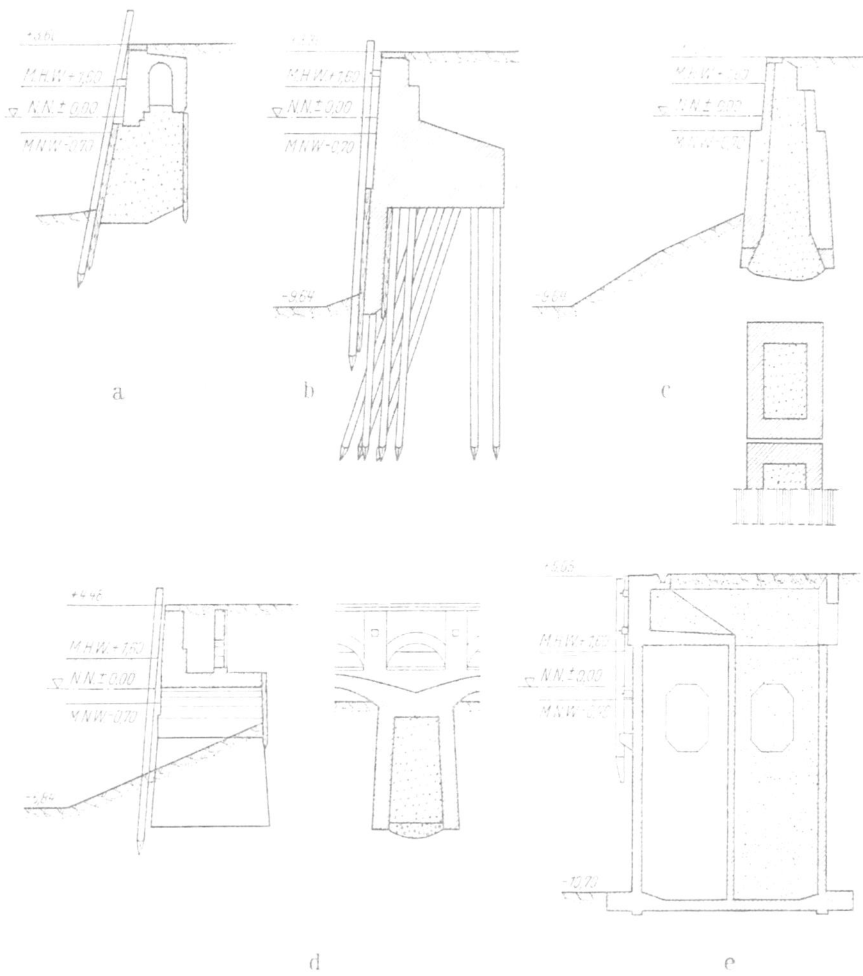

Abb. 39. Beispiele von massiv gegründeten Kaimauern im Hamburger Bereich zwischen 1880 und 1940.

Stahlbetonspundwände vorausgenommen worden sind. Abb. 39b zeigt den Querschnitt einer Kaistrecke am Lentzkai in Cuxhaven, wo die Betonschürze offensichtlich dazu diente, den Holzpfahlrost vor den Angriffen der Bohrmuschel zu sichern. Außerdem verdient die Brunnengründung der Vergessenheit entrissen zu werden, wenn auch die in Abb. 39c und d gezeigten Beispiele in Hamburg seit 1880 keine Nachfolge gefunden haben.

Die nach Abb. 39d auf Einzelbrunnen mit dazwischengeschalteten Gewölben gegründeten Kaistrecken an den älteren Häfen nördlich der Elbe sind fast restlos im Kriege zerstört und werden voraussichtlich in absehbarer Zeit neuen Hafenbauten weichen. Dagegen wird man die in Altona vorhandenen massiv gegründeten Kaimauern weitgehend erhalten, durch geeignete Zusatzbauten gegen Verfall und Hinterspülung sichern bzw. durch Vorrammen einer modernen Stahlspundwand mit oder ohne Verankerung für die heutigen Anforderungen der Schiffahrt umgestalten müssen.

Als einziges modernes Bauwerk dieser Art ist die Schwimmkastengründung der Kaimauer am Predöhlkai zu erwähnen (Abb. 39e). Im Zuge der Verlagerung größerer privater Umschlagbetriebe aus dem Freihafen

---

[1] Reimer: „Bautechnik“ 29 (1952), S. 277, „Schwierige Unterfangungsarbeiten an einem Lagerspeicher in Hamburg“.

wurde diese Mauer 1940 für die Holzimportfirma J. F. Müller & Sohn errichtet. Zur Wahl stand eine Stahlbetonwinkelstützmauer mit vorderer Spundwand auf Pfahlrost — eine Ausführung, wie sie in Anbetracht der außerordentlich schlechten Bodenverhältnisse hier sehr teuer werden mußte — und ein im Prinzip gleicher entsprechend leichterer Entwurf, bei dem man die ungünstigen Bodenschichten durch Baggerung beseitigen und durch eine Sandeinlage ersetzen wollte. Bei der Ausschreibung erschien als Sonderangebot der Firma Grün & Bilfinger A. G. die Gründung der Kaimauer auf Stahlbetonschwimmkästen 21 × 13 m, die an Ort und Stelle auf dem niedrig gelegenen Vorland hergestellt und durch die ohnehin notwendige Abbaggerung dieses Vorlandes zu Wasser gelassen werden sollten[1]. Der Vorschlag hielt sich annähernd auf dem gleichen Preisniveau wie die staatlichen Entwürfe und wurde in einer Bauzeit von 18 Monaten ausgeführt. Gesamtstrecke 420 m. Das Aufbetonieren der Senkkästen geschah in zwei Abschnitten: Nach Flottwerden des bis auf halbe Höhe betonierten Körpers wurde dieser, schwimmend an einer Ausrüstungsbühne auf volle Höhe gebracht, auf die vorher gebaggerte und sorgfältig ausgeglichene Sohle an Ort und Stelle abgesetzt, worauf der Kopf der Kaimauer und der Kranbahnträger aufbetoniert werden konnten.

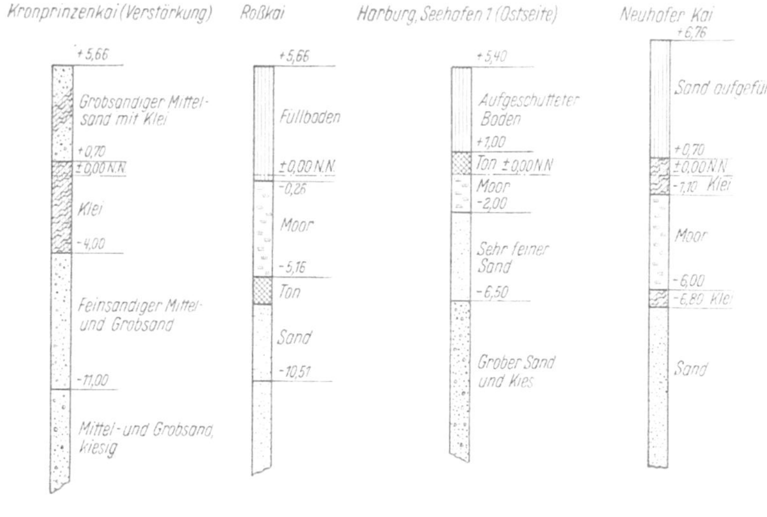

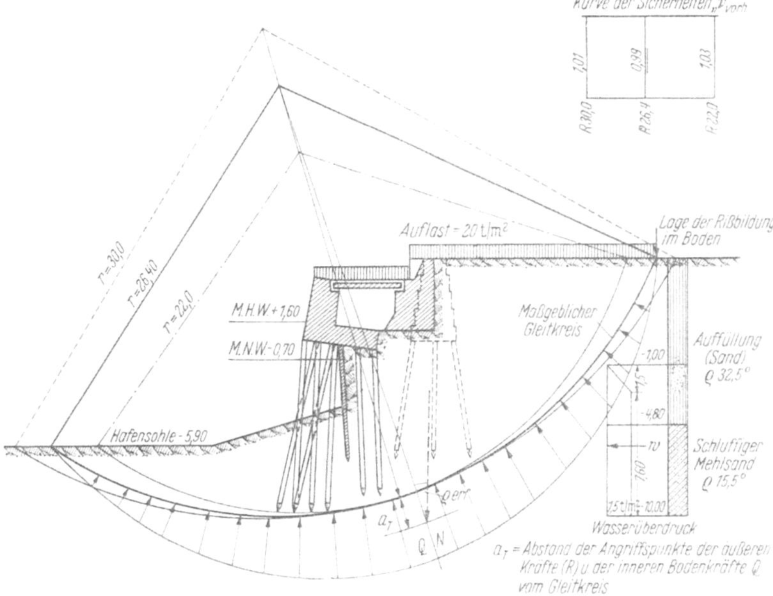

Abb. 40b.

Abb. 40c.

Die Predöhlkaimauer hat trotz schwerer Erschütterungen den Einwirkungen des Bombenkrieges gut standgehalten. Eine einzige für den Betrieb unwesentliche Schadensstelle brauchte bisher nur behelfsmäßig ausgebessert zu werden.

6. Konstruktive Einzelheiten.

Hiermit ist ein Überblick über die neuere Entwicklung der Hamburger Kaimauerbauten bzw. Verstärkungen allgemein gegeben. Die bemerkenswerteren Bauausführungen sind in der angegebenen Literatur ausführlich beschrieben, weswegen die Betrachtungen hier auf das Grundsätzliche beschränkt bleiben sollen. Da jedoch die Querschnitte allein nicht immer eine richtige Vorstellung von der Gesamtanordnung geben, sind nachfolgend einige charakteristische Bauausführungen dargestellt, die für sich selbst sprechen mögen: In Abb. 40 sind die Verhältnisse gezeigt, wie sie für das Verhalten der

[1] Wedekind: „Seeschiffskaimauern aus Senkkästen bei schwierigem Untergrund", Bauingenieur (22) 1941, S. 197.

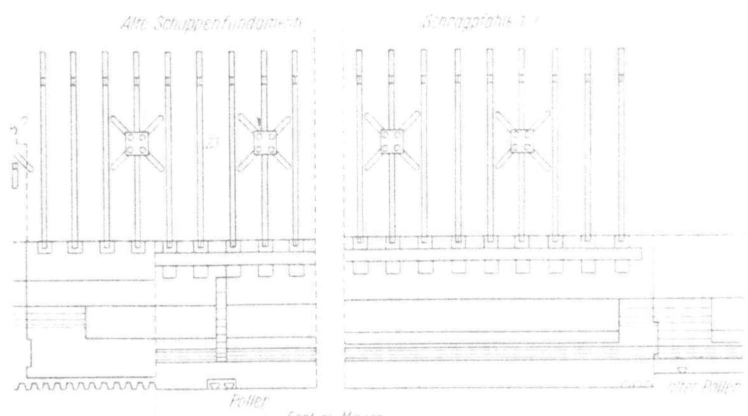

Abb. 41b.

Abb. 41a.

Abb. 41c.

Abb. 42a.

Abb. 42b.

Ansicht
Abschrägung
Schnitt a b
Schnitt c d
Schnitt e f
Schnitt g h
Kaimauerausrüstung
Doppelpoller 6 Stck
Horizontalschnitt auf Ord. + 0,60 N.N.

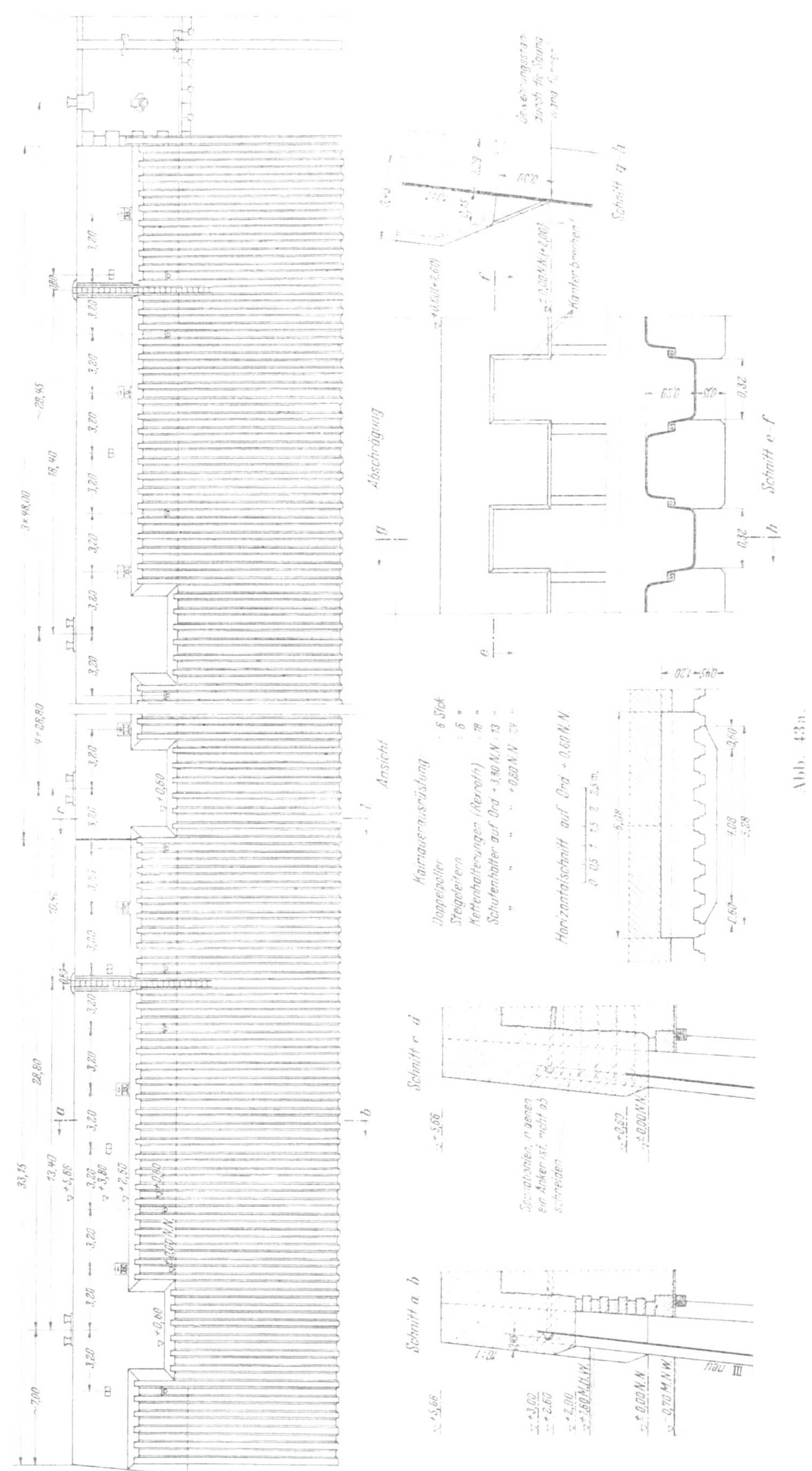

Abb. 43a.

Hamburger Kaimauern maßgeblich sind. Abb. 40a zeigt einige Bohrprofile im Bereich zerstörter und inzwischen wiederhergestellter Kaimauern. Abb. 40b enthält die Standsicherheitsuntersuchung einer im Abgleiten auf einer gekrümmten Gleitfläche befindlichen Kaimauer im Fischereihafen, wie sie nach Abb. 36c später verstärkt wurde. Abb. 40c zeigt das Bild einer derartig infolge schwerer Erschütterungen ausgewichenen Kaimauer im Hamburger Hafen.

Abb. 41a gibt die rückwärtige Ansicht der wiederhergestellten Kaimauer am Kronprinzkai wieder (vgl. Abb. 36a hierzu); die in Gruppen zusammengefaßten Bockpfähle befinden sich unterhalb der im Bild deutlich erkennbaren kopfartig verbreiterten Rippen der Rostplatte, oberhalb davon der Schleifleitungskanal und die bereits verlegte Kranschiene. Abb. 41b zeigt den Grundriß der mit Schrägpfählen 1:1 verstärkten Kaimauer vor Schuppen 80 A (vgl. Abb. 36d), während Abb. 41c ein Bild von der Baustelle des in ähnlicher Weise verstärkten Versmannkais vor Schuppen 22 vermittelt. Die darauf erkennbare Rohrgerüstramme ist in dieser Neigung erstmalig hier verwendet worden.

Abb. 42a zeigt den im Jahre 1952 für den Stückgutumschlag in Betrieb genommenen Togokai, Abb. 42b den im gleichen Jahre verstärkten Sthamerkai vor Schuppen 80 A kurz vor der Fertigstellung. Zum Unterschied vom Togokai sind hier die erwähnten Fenderschürzen beachtenswert; die provisorisch für Bauzwecke vorhandenen Streichpfähle werden wieder entfernt.

Eine Konstruktionszeichnung dieser mit Fenderschürzen ausgerüsteten Kaistrecke ist in Abb. 43a dargestellt, welche im Vergleich zum Grevenhofufer (Abb. 43b) mit der bisher in Hamburg üblichen Streichpfahl-, Poller- und Schutenhalterausrüstung einige wesentliche Unterschiede zeigt.

Die zur Zeit am Sthamerkai angebrachten Holzfender sind aus Abb. 45 ersichtlich; je nach der Wandhöhe der dort anlaufenden Schiffe hängt man die Fender verschieden hoch auf. Ob die in Hamburg bedeutende Kleinschiffahrt sich mit dieser Lösung auf die Dauer befreunden wird, muß der Zukunft überlassen bleiben. Überall dort, wo man auf Streichpfähle heute verzichtet, wird man wasserseitig einem gleichmäßigen, ungefährlichen Übergang von der Spundwand zum betonierten Kaimauerkopf erhöhte Sorgfalt widmen müssen, so wie es in den Einzelheiten der Abb. 43a versucht wurde.

Abb. 43b.

Die in diesem Abschnitt behandelten Kaimauerverstärkungs- und Neubaustrecken sind in dem Lageplan Abb. 44 zur allgemeinen Orientierung kenntlich gemacht. Für die mit Nummern versehenen Strecken sind die Querschnitte besprochen und in den Abb. 35 bis 39 enthalten[1].

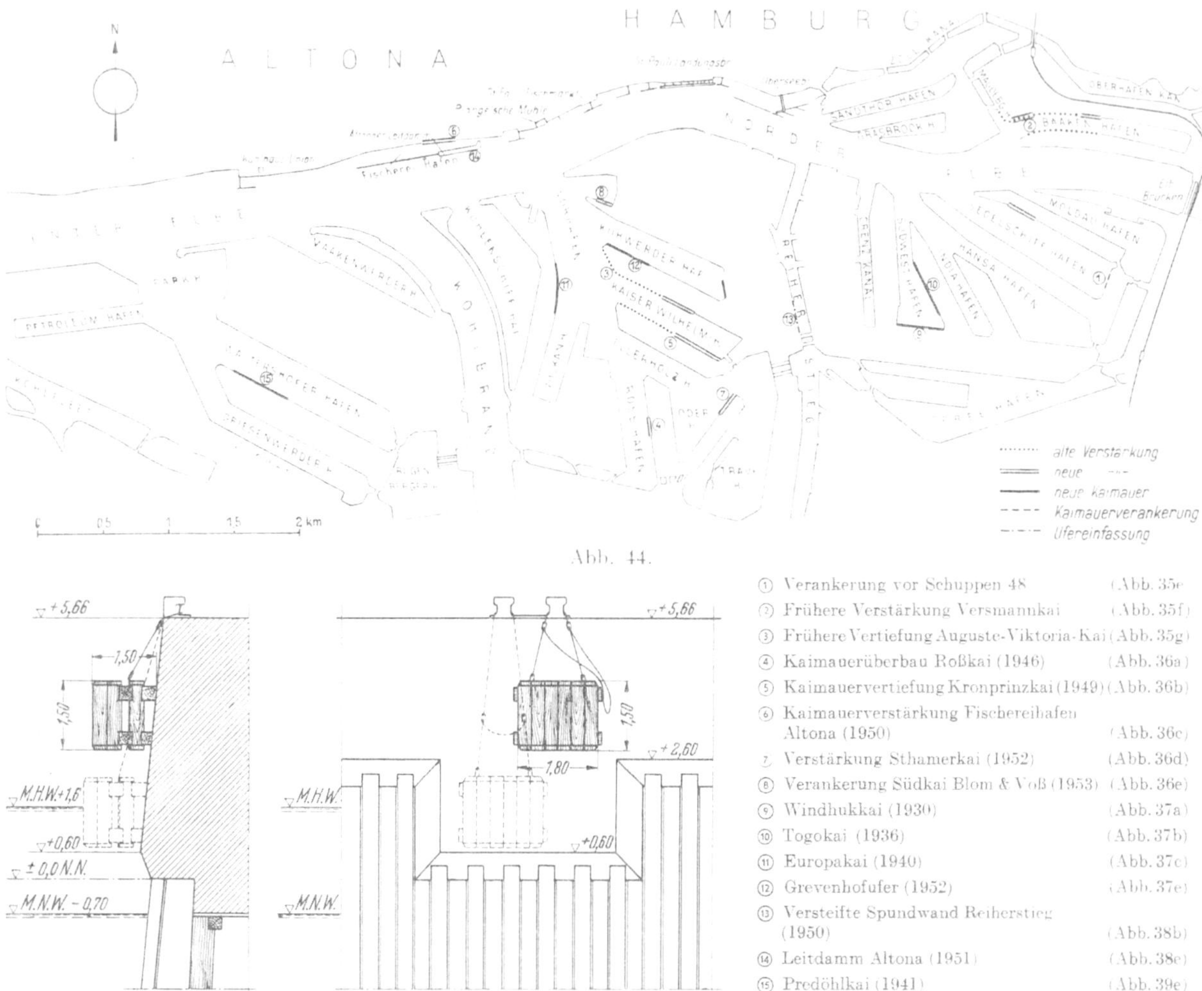

Abb. 44.

C. Landungsanlagen und Pfahlwerke.

1. Die Schwimmpontonanlagen als typische Hamburger Hafenbauwerke.

Die Eigenart des Hamburger Hafengrundrisses mit seinen sich fächerartig verzweigenden Seeschiffbecken und den dazwischen liegenden langgestreckten Kaizungen hat dazu geführt, daß der interne Personen-, Waren- und Massengutverkehr größtenteils den Wasserweg benutzt. Dieser für Hamburg charakteristische, sehr lebhafte Kleinverkehr ist stark traditionsgebunden, da vor der Einrichtung moderner Stückgutkaianlagen der Transport von Seeschiff zu Seeschiff bzw. vom Seeschiff ans Land und umgekehrt nur mittels Schute, Leichter oder Binnenschiff vor sich gehen konnte. Dazu spielte sich der Personenverkehr im Hafen und auf der Elbe zunächst mittels Jolle und Fährewer, später mittels Dampfer und Motorbarkasse ab.

Die internen Hafentransporte, an denen außer reinen Speditions- und Umschlagleistungen das Lagereigeschäft der Speicherstadt einen Hauptanteil hatte, benötigten außer den genannten Fahrzeugen Hunderte von Schleppdampfern, Schuten und Barkassen, ferner Zollaufsichts-, Polizei- und zahlreiche weitere Dienstfahrzeuge; daneben bestehen die Baggerei und das Lotsenwesen, die Stauerei und die verschiedenen Schiffsversorgungsdienste usw. Diese unter dem Sammelbegriff Hafenschiffahrt zusammengefaßten Fahrzeuge benötigen schwimmende Landeanlagen in so großer Zahl, daß sich dafür eine Reihe typischer Bauweisen herausgebildet hatte.

[1] Ausführliche Unterlagen über die neuere Entwicklung sind enthalten in Reimer: „Die Kaimauerbauten des Jahres 1952 im Hamburger Hafen“, Die Bautechnik 30 (1953).

Ihr Hauptbestandteil ist ein Schwimmkörper, der — meist an Dalben geführt — sich mit der Ebbe und Flut hebt und senkt, um einen bequemen Zugang zu den Fahrzeugen zu ermöglichen. Die Verbindung zum festen Land wird je nach den örtlich verschiedenen Ansprüchen an Bequemlichkeit und Verkehrssicherheit mittels Steigeleitern, Wassertreppen, die sich in Holz oder auch massiv ausbilden lassen, ferner mittels an Gelenken beweglich aufgehängter Treppen, aber in der Hauptsache mittels beweglicher Zugangsbrücken erreicht, deren eines Ende mit Hilfe eines Kipplagers an Land festgehalten wird, während das andere unter Dazwischenschalten eines Rollenlagers auf dem Ponton gleitet.

Abb. 46.

In dieser Art bestehen Hunderte schwimmender Landeanlagen, vom einfachen Schwimmbaum als Grenzmarkierung (z. B. schwimmende Zollpalisaden) über die langgestreckten Schlengel der Binnenschiffsliegeplätze, der sogenannten „Ligger" und Schutenwachstationen hinweg zu den Pontons der Zollabfertigungen, der Gemüsemarktanlagen und Kutterfischerei bis schließlich zu den Fährlandeanlagen im engeren Sinne. Diese dem Massenverkehr vorbehaltenen Einrichtungen sind an allen Höftspitzen und zahlreich auch in den Hafenbecken selbst vorhanden und bestehen aus zwei Teilen, dem sehr kräftig ausgestatteten Fährponton für die Hafendampfschiffahrt und einer zweiten, dem sogenannten Freiverkehr, d. h. also der privaten Schiffahrt, zur Verfügung gestellten Anlage. Außerhalb des Freihafengebietes gehören dazu die öffentlichen Landeanlagen an Ober- und Unterelbe und schließlich auch die allerdings in der Minderzahl bestehenden privaten Anlagen dieser Art. Die Personenfahrzeuge, Schlepper und Barkassen benötigen ferner am Nordufer der Elbe in Stadtnähe ausgedehnte Dauerliegeplätze gleicher Art, welche für die reibungslose Arbeiterbeförderung im stets zeitlich wechselnden Schichteinsatz des Kaibetriebes nicht unwesentliche Hilfsanlagen des Hafens darstellen.

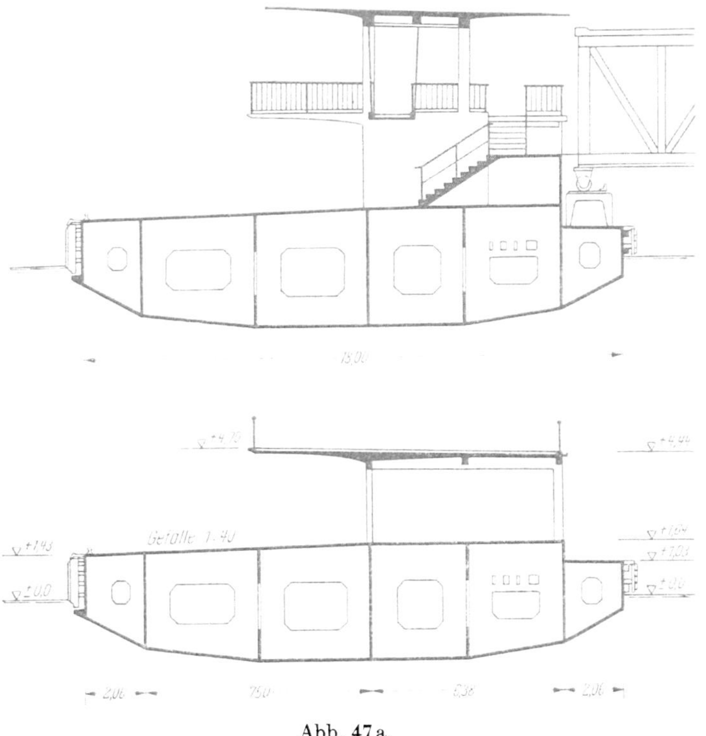

Abb. 47a.

In technischer Hinsicht bieten die schwimmenden Anlagen Sonderaufgaben, die sich aus der zeitbedingten Umstellung auf neue Baustoffe oder verbesserte Baumethoden ergeben. Pontons werden nur noch ausnahmsweise in Stahl und überwiegend in Stahlbeton hergestellt, wobei zum Teil die Schalenbauweise angewandt wird. Für die Zugangsbrücken ist man größtenteils auf Vollwandkonstruktionen übergegangen, und auch die sogenannte „orthotrope" Fahrbahnplatte führt sich neuerdings ein. Die Führungsdalben stellt man bei größeren Anlagen aus Stahlpfählen oder Kastenspundwänden her (siehe unten). Da Holz zunehmend als Mangelbaustoff gelten wird, hat man bereits den Ersatz der viel Unterhaltungsaufwand fordernden Verschleißschichten an der Anlegekante des Pontons durch neue Fender bzw. Stoßdämpfer zwischen Ponton und Dalben ins Auge gefaßt und versuchsweise bereits Gummipuffer bzw. Stahlfedern an exponierten Stellen eingebaut.

Die beiden größten schwimmenden Anlagen in Hamburg, die Überseebrücke und die St.-Pauli-Landungsbrücken, spielen seit längerer Zeit eine hervorragende Rolle im Verkehr zwischen Stadt und Hafen. Die Überseebrücke, ursprünglich als Provisorium gedacht, bot allgemein den Touristendampfern im Überseeverkehr und speziell den Fahrgastschiffen der Hamburg-Süd eine bequeme stadtnahe Landverbindung. Dabei lagen die großen Schiffe jedoch an schweren Vertäudalben, während die Schwimmpontons dazwischen gelegt waren, ohne größeren Kräften ausgesetzt zu sein, eine Anordnung, die man als „unechte" Landungsanlage den echten Anlagen dieser Art gegenüberstellen könnte, bei welchen alle Schiffskräfte zunächst vom Ponton aufgenommen werden.

Abb. 47b.

Den Kern der Überseebrücke bildete seinerzeit eine sogenannte schwimmende Bühne, d. h. ein Stahlträgerrost, der auf zahlreichen daruntergeschobenen Schwimmkästen ruht. Diese bestehen aus Stahlblech und können einzeln geflutet, ausgeschwommen, repariert bzw. unterhalten und wiedereingesetzt werden, ohne daß der Betrieb etwas davon spürt. Diese Bauweise hatte sich bei zahlreichen größeren Fährlandeanlagen und Zollabfertigungsstationen durchaus bewährt. Wegen der starken Unterteilung der tragenden Elemente hielt man sie für sehr betriebssicher, wenn auch die reichlich dimensionierten Trägerroste die Anlagekosten erhöhten. An deren Stelle ist heute der Stahlbetonponton großer Abmessungen getreten. Die heute erzielte Betonqualität in bezug auf Festigkeit und Dichte zusammen mit einer teilweise dem kriegsbedingten Stahlbetonschiffbau entlehnten Bewehrungsanordnung läßt es zu, verhältnismäßig dünnwandige und daher leichte Pontons bis zu 90 und neuerdings 120 m Länge und 20 m Breite für derartige Großanlagen herzustellen. Sie zeichnen sich im Betrieb durch ruhige Lage und geringe Unterhaltungskosten aus. Neben der nach dem Kriege wiederhergestellten und auf den Massenverkehr zugeschnittenen Anlage „Fähre VII" Hamburg-St. Pauli, wurde die Überseebrücke mit einem ähnlichen Stahlbetonponton 90×17 m im Grundriß ausgestattet. Er trägt die notwendigen Zollgitter und Abfertigungsgebäude und ist an das Straßennetz durch eine an Stelle der kriegszerstörten bekannten Bogenbrücke behelfsmäßig aus kleineren Überbauten zusammengesetzte und auf Holzpfahljochen gelagerte Verbindungsbrücke angeschlossen (Abb. 46).

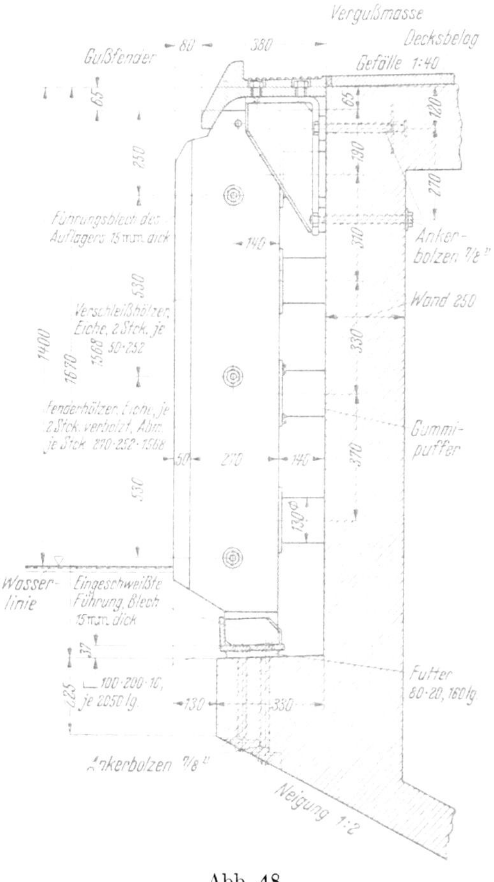

Abb. 48.

2. Die St.-Pauli-Landungsbrücken.

Die bekannte Groß-Landeanlage des Unterelbe- und Fährverkehrs existiert in ihrer im Kriege weitgehend zerstörten Gestalt seit dem Jahre 1908. Obwohl die Anforderungen an derartige Massenlandeanlagen inzwischen beträchtlich gestiegen sind, fand man sich bis zu ihrer Beschädigung 1944 mit den beträchtlichen verkehrstechnischen Nachteilen und baulichen Mängeln eines weiterhin neun Jahre bestehenden Provisoriums ab. Erst im letzten Jahre entschloß man sich, die seit langem fällige Neugestaltung zu beginnen. Dabei konnte die im Kriege stark angeschlagene sogenannte „Schwimmende Bühne", deren 420 m langer Trägerrost aus 15 geneigten I-Profilen von 0,90 bis 1,17 m Höhe auf 109 einzelnen Schwimmkästen ruht, nicht mit wirtschaftlichen Mitteln für längere Zeit wieder instand gesetzt werden. Auch waren die über 45 Jahre alten Schwimmkästen mangels regelmäßiger Unterhaltung größtenteils abgängig. Um die in diesem System, das seinerzeit eine beachtliche Leistung nach englischem Vorbild gewesen ist, nach heutiger Anschauung begründeten wirtschaftlichen Nachteile zu umgehen, wurden für die auf über 600 m verlängerte und zur Zeit in der Herstellung begriffene Neuanlage fünf neue Einzelpontons in monolitischer Stahlbetonkonstruktion von je 118 × 18 m Grundfläche vorgesehen[1].

Der in Abb. 47a u. b in zwei typischen Querschnitten und einer Ansicht dargestellte Stahlbetonponton wurde nach den Grundsätzen hochwertiger Betonverarbeitung auf Grund der seit dem Kriege vielfach vorliegenden Erfahrungen mit dem wiedererweckten Stahlbetonschiffbau mittels zahlreicher Quer- und Längsschotten in mehrere wasserdichte Abteilungen unterteilt, so daß er selbst in gegebenenfalls eintretenden Havariefällen nur teilweise volläuft und auch dann weitgehend verkehrssicher bleibt. Der Freibord beträgt stromseitig 1,40 m als Mittelmaß für die Elbedampfer, landseitig 1 m für den Barkassenanleger. Zur Schonung von Schiff und Ponton wird angesichts der zu erwartenden sehr großen Inanspruchnahme die elbseitige Anlegekante durch eine neuartige Fenderung geschützt. Sie besteht aus schweren lotrecht gelagerten Eichenholzbalken, die mittels einer Gummifederung den Schiffsstoß auf die verstärkte Stahlbetonwandung übertragen (Abb. 48). Das Arbeitsvermögen ist zu 3,65 tm bemessen und erlaubt damit, Schiffsstöße bis zu 7 t je lfd. m Wasserfront auf 6,5 cm Federweg gefahrlos abzufangen.

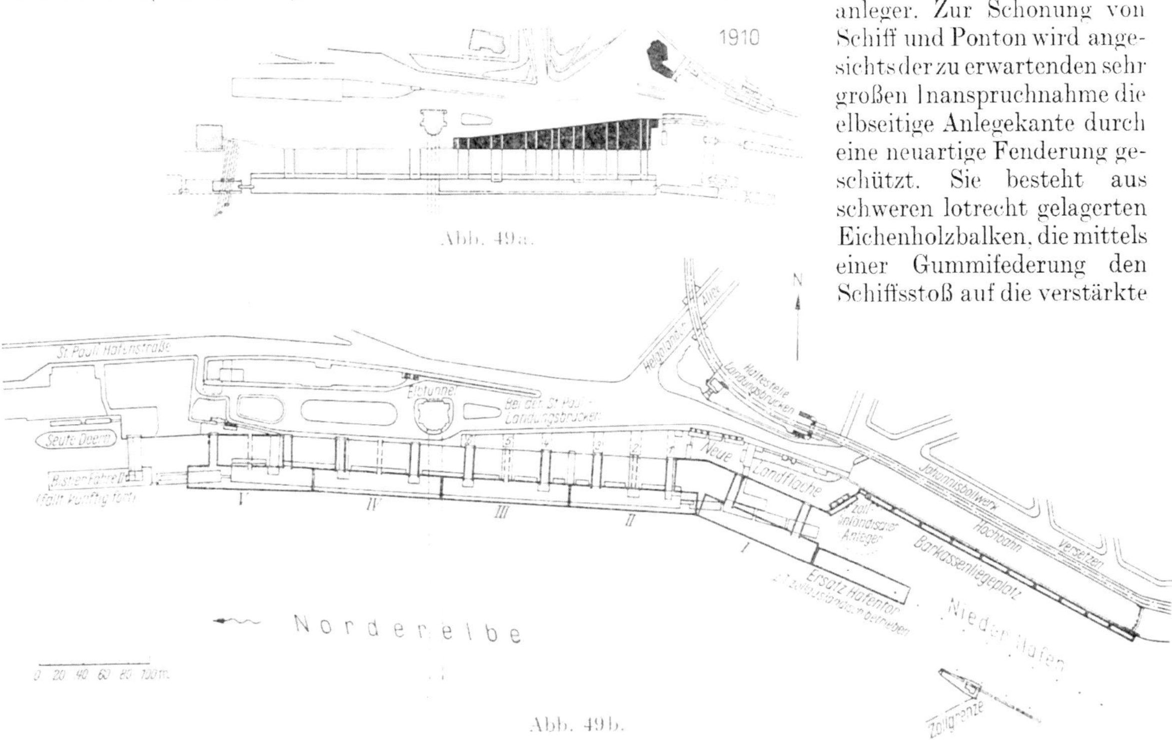

Abb. 49a.

Abb. 49b.

Die Gesamtanlage ist im Grundriß in der Abb. 49b dargestellt und zu der bisher vorhandenen (Abb. 49a) in Vergleich gesetzt. Jeder der fünf Einzelpontons wird durch zwei Brücken mit dem Land verbunden. Sie sind auf dem Ponton so hoch gelagert, daß seine Hinterkante als Barkassenanleger nicht behindert wird. Zwischen den Brückenauflagern und den dazugehörigen Treppenaufgängen ist die Pontonfläche im hinteren Drittel mit einheitlichen Aufbauten in Stahlbetonskelettbauweise ausgefüllt. Darin können die zahlreichen, großenteils seit langem dort ansässigen Ergänzungsbetriebe für die Passagier-, Stückgut- und Schiffsabfertigung geräumig untergebracht werden. Über den Aufbauten liegt ein etwa 4 m nach vorn überkragendes Promenadendeck für das schaulustige Publikum. Die Herstellung der für ihre Länge sehr flach gehaltenen Pontons (System-Höhe nur knapp 4 m) stellte die bauausführende Firmengemeinschaft vor eine schwierige Aufgabe. Sie wurde mit Hilfe eines provisorischen Trockendocks gelöst, das in einem geeigneten Baugelände am Reiherstieg lediglich zu diesem Zweck angelegt wurde (Abb. 50a und b).

3. Die Pfahlwerke in ihrer Nachkriegsentwicklung.

Für die St.-Pauli-Landungsbrücken werden neuartige Führungsdalben geschlagen, die in der Lage sind, die schweren Pontons bei jedem Wasserstand festzulegen und darüber hinaus mit Hilfe ihres Arbeitsvermögens die von den großen Pontonmassen weitgehend abgeminderten Stoßkräfte auch der größten anlegenden Schiffe gefahrlos aufzunehmen. Sie bestehen aus Peiner Kastenspundbohlen Profil 60 S, die

[1] Vergl. Förster: Die St.-Pauli-Landungsbrücken wiederhergestellt in „Schiff und Hafen" (4) 1952, H. 9, S. 331 und (5) 1953, H. 9, S. 452.

durch ein rautenförmiges Aufschlitzen und versetztes Wiederaneinanderschweißen auf 80 cm Trägerhöhe gebracht sind. Eine Anzahl von P-Sp-Profilen wird nacheinander zu einer etwa 3 m langen Wand zusammengesetzt, die von den nischenartigen Aussparungen der Pontons umschlossen wird. Das nacheinander zu rammende offene Trägerprofil wurde an dieser Stelle Dalben mit Hohlpfählen vorgezogen, da man angesichts des außerordentlich festen Tonmaterials im Untergrund Rammschwierigkeiten befürchtete.

Abb. 50a.

Man sah sich auch bei anderen Landeanlagen genötigt, die Führungsdalben aus Stahlpfählen zu erstellen, da Holz der betreffenden Abmessungen und Qualität nicht leicht zu beschaffen ist. So sind z. B. an der Landungsanlage „Teufelsbrücke" erstmalig Krupp-Kastenpfähle nach einer Anordnung verwendet worden, die auch bei wechselndem Wasserstand eine weitgehend gleichbleibende Elastizität erzielen soll (Balkendalben, Bauart Minnich). Die neue Landungsanlage Neumühlen wurde ebenfalls versuchsweise mit besonders torsionssteifen Dalben aus Peiner Kastenspundbohlen ausgerüstet. Ähnliches gilt für die Verwendung von Trägern, Stahlspundwandverkleidungen und Stahlrohrdalben zur Ergänzung der bisher erhebliche Unterhaltungskosten verschlingenden Fährbetten Hamburg-Neuhof und Waltershof.

Abb. 50b.

Abb. 51.

Abb. 52.

Die zunehmende Verwendung von Stahlprofil- bzw. Rohrpfählen im Dalbenbau läßt eine Systematik bis jetzt kaum erkennen. Es lassen sich jedoch gewisse allgemeine Grundsätze anführen, die man zweckmäßig befolgt, wenn günstige elastische Eigenschaften bei genügender Festigkeit und praktischer Eignung für den Schiffahrtsbetrieb erzielt werden sollen.

Man begann in Hamburg nach einigen Versuchen mit Kastenspundbohlen und Peiner Trägern, die verhältnismäßig steif durch Schrauben oder Nieten miteinander verbunden wurden, in größerer Zahl Stahldalben aus lotrecht geschlagenen Krupp-Pfählen KP 24 und später KP 34 mit den bekannten lose eingehängten, scherenartig nachgiebigen sogenannten Wegner-Verbänden herzustellen. Insbesondere wurden die Binnenschiffsliegeplätze an der Norderelbe oberhalb der Elbbrücken und manche Fährlandeanlage im Hafengebiet mit 4pfähligen Krupp-Dalben ausgerüstet (Abb. 51). 9- bis 12pfählige Führungsdalben dieses Systems stehen heute an den großen Landungsanlagen Fähre VII und Überseebrücke, wo zunächst auch die Anlegedalben in dieser Art ergänzt wurden (Abb. 52).

Weitere Versuche wurden sodann in den letzten Jahren mit einzelnen Ausführungen von Mannesmann-Stahlrohrdalben durchgeführt, deren hohe Elastizität und der Schiffahrt willkommenen glatten Formen

Abb. 54a.

Abb. 53.

Abb. 54b.

zu einer Reihe charakteristischer Typen geführt hat. Bemerkenswert davon sind insbesondere zwei Schutzdalben an den Rugenberger Schleuseneinfahrten unter stufenartiger Kraftaufnahme durch Rohrpfähle verschiedener Abmessungen (Abb. 53) und die Reihe der 7pfähligen Vertäudalben im Kaiser-Wilhelm-Hafen. Hier wurde die hochwertige Stahlrohrkonstruktion mit den weitgehend korrosionssicheren Hohlverbänden bewußt niedrig gehalten, um auch bei den wechselnden Wasserständen für die Schiffe möglichst tief liegende Stützpunkte zu schaffen. Für Sturmflutzeiten mußten diese Dalben daher durch hölzerne dachartige Aufbauten ergänzt werden.

Abb. 54a zeigt eine der bisher in Hamburg gebräuchlichen Holzpfahldalbenreihen in einem Hafenbecken mit 8 m Wassertiefe. Abb. 54b zeigt die Reihe der Stahlrohrdalben im Kaiser-Wilhelm-Hafen für 10 m Wassertiefe, die auf einen Trossenzug von 70 t an den Vertäuketten berechnet sind. Der mittlere Rohrpfahl wurde innerhalb der aufgesetzten Böcke so hoch gezogen, daß ein Abbäumen der Seeschiffe zur Vornahme des in Hamburg üblichen beiderseitigen Umschlages in Binnenschiffe möglich bleibt.

Als weitere Spezialausführung sei in Abb. 55 ein Schutzdalben mit Leuchtfeuer, wie er in Harburg vor den Seeschiffbecken mehrfach gebraucht wurde, gezeigt. Er besteht aus vier geschweißten Krupp-Pfählen KP 24 mit lose eingehängten Bündelverbänden und einem dahintergestellten Einzelpfahl für das

Leuchtfeuer. Auch Eisbrecher sind neuerdings in Stahlkonstruktion hergestellt worden, wie die charakteristische Aufnahme Abb. 56 (von der Landungsanlage Neumühlen aus aufgenommen) wiedergibt. Die Landungsanlage Neumühlen selbst ist, wie bereits erwähnt, in moderner Form mit weitgespannten Vollwandbrücken und Stahlführungsdalben sowie einer Reihe Stahlbetonpontons, den Anforderungen des gesteigerten Personenverkehrs entsprechend, neu gestaltet worden (Abb. 57). —

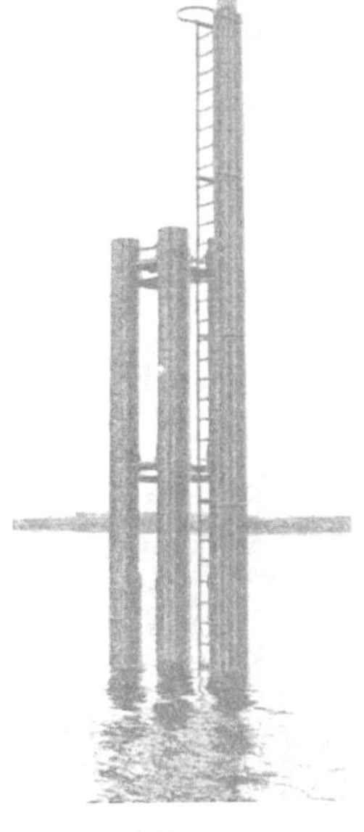

Abb. 55.

Abb. 56.

Wenn auch die gegebene Darstellung der wiederhergestellten bzw. neu gestalteten Bauwerke im Hamburger Hafen keineswegs Anspruch auf Vollständigkeit machen darf, so ist doch versucht worden, an jeder Stelle das in bezug auf die allgemeine technische Weiterentwicklung Typische und daneben das für den Hamburger Hafen Charakteristische herauszuschälen. Wenn dabei sich anbahnende Entwicklungslinien nur vereinzelt gezeigt werden konnten, so liegt das neben der auf allen Gebieten erkennbaren Fülle konstruktiver Möglichkeiten auch daran, daß die wirtschaftlichen Vorbedingungen des Bauens, die Materialpreise, das Lohnniveau und die Gemeinkosten in dem vergangenen Jahrzehnt sehr schwankend gewesen sind.

Abb. 57.

Die Bauten des Hamburger Hafens zeichneten sich noch vor dem Kriege allgemein durch die Stetigkeit ihrer technischen Weiterentwicklung und eine gewisse großzügig konservative Haltung aus. Angesichts der revolutionierenden Neuerungen auf bau- und maschinentechnischem Gebiet mußte man jetzt bei fast allen Aufgaben gewissermaßen von vorn anfangen. Somit finden die andernorts im vorliegenden Band erörterten neuen Planungsgrundsätze für den Hafenbau auf konstruktivem Gebiet ihre Ergänzung, deren zeitbedingter Charakter hier im Gegensatz zu früheren Darstellungen nicht zu übersehen sein wird.

Die mechanische Ausrüstung des Hamburger Hafens.

Von Baudirektor Dr.-Ing. **Hans Neumann,** Hamburg.

I. Zustand der Anlagen bei Kriegsende 1945.

Um die Wiederaufbauarbeit an der mechanischen Ausrüstung des Hamburger Hafens würdigen zu können, ist es erforderlich, das Bild zu entwickeln, das diese Anlagen bei Beendigung des letzten Weltkrieges boten. Die maschinellen, insbesondere die Umschlagsanlagen, waren nicht nur in ihrem mechanischen Teil durch die Luftangriffe auf den Hamburger Hafen weitgehend zerstört worden (Abb. 1), sie waren auch durch den Ausfall der Stromversorgung außer Betrieb gesetzt worden. Dabei sollen hier ausschließlich die im Staatsbesitz befindlichen Hafenanlagen betrachtet werden, der Wiederaufbau der mechanischen Anlagen der Privatwerften, der Ölindustrie und der privaten Umschlagsanlagen sind nicht Gegenstand dieser Darstellung.

Abb. 1. Durch Luftangriff zerstörte Umschlagsanlagen (Aufn. Staatl. Landesbildstelle Hamburg).

Von 1108 Kränen des Kaibetriebes (einschl. der Schwerlastkräne und der Wandkräne an der Landseite der Kaischuppen) waren im Mai 1945 noch 230 Kräne betriebsfähig. Und von diesen Kränen befand sich eine große Anzahl an Kaistrecken, an denen die Kaischuppen zerstört oder die Kaimauern beschädigt waren. Da die Kräne wegen der sehr verschiedenen Spur der Halbportale nicht beliebig von einer Kaistrecke zur anderen versetzt werden konnten, stand nur ein Teil der oben angegebenen Zahl der betriebsfähigen Kräne tatsächlich für den Güterumschlag zur Verfügung. Von 10 Schwerlastkränen waren 5 ausgefallen, von 15 Schwimmkränen 6, von 32 Verladebrücken 6, von 8 schwimmenden Kohlenhebern 5 und von 21 schwimmenden Getreidehebern 13.

Abb. 2. Zerstörte Aufzugsanlagen des Elbtunnels (Aufn. Staatl. Landesbildstelle Hamburg).

Unter den großen Maschinenanlagen des Hafens befand sich auch der Elbtunnel mit dem Kraftwerk Steinwerder in einem stark beschädigten Zustand. Von dem Schachtgebäude Steinwerder waren die Kuppel, die Decke der Maschinenhalle sowie der Westflügel des Schachtgebäudes einschl. aller Nebenräume völlig zerstört, der Ostflügel eingedrückt. Von 6 Fahrkörben waren 3 zerstört und 3 stark beschädigt (Abb. 2). Auf der St.-Pauli-Seite waren ebenfalls erhebliche Brand- und Sprengschäden am Schachtgebäude und an der Maschinenanlage vorhanden. Die Decken und Seitenwände beider Tunnelrohre hatten sehr gelitten, die Verkachelung war auf weiten Strecken abgeplatzt, so daß die flußeisernen Segmente der Tunnelringe sichtbar wurden. Das

Kraftwerk Steinwerder war baulich sehr stark beschädigt, ein Dieselgenerator und beide Motorgeneratoren waren ausgebrannt. Der westliche Kraftwerkanbau mit Gleichrichtern, Transformatoren und Kompressoranlage wurde völlig zerstört. Die Brennstofftanks mit allen Pumpen und Rohrleitungsanlagen waren ebenfalls vernichtet. Eine große Anzahl der Akkumulatorenelemente der Puffer- und Lichtbatterie war beschädigt und ausgelaufen.

Die Schleusen und beweglichen Brücken waren am Kriegsende nur zu einem Teil betriebsfähig. Wo es möglich war, wurden die Schleusentore geöffnet, damit wenigstens die Hafenschiffahrt freie Durchfahrt hatte. Völlig zerstört waren die Alte Schleuse in Harburg, die Westseite der Baakenschleuse, die Westseite der Grevenhofschleuse, die 2. Kammer der Rugenberger Schleuse und die Ostseite der 2. Müggenburger Schleuse. Alle übrigen Schleusen hatten ebenfalls Bombentreffer erhalten und wiesen erhebliche Beschädigungen an den baulichen und maschinellen Anlagen auf. Bei der Rethe-Hubbrücke hatten Bombentreffer einen Teil des Nordturmes und des Brückenüberbaues vernichtet. Bei der Lotsebrücke in Harburg war das südliche Auflager der Brücke zerstört worden und die Drehbrücke durch Bruch des Königszapfens infolge eines Volltreffers außer Betrieb gesetzt. Bei der Holzhafenklappbrücke war die Konstruktion stark beschädigt.

Das ausgedehnte Stromversorgungsnetz im Hafen war natürlich durch seine weitflächige Verzweigung besonders stark den Zerstörungen durch Bombenangriffe ausgesetzt gewesen. Insgesamt waren etwa 40% des Kabelnetzes ausgefallen. Bestens bewährt hatte sich das System der Stromeinspeisung in die Hamburger Kaischuppen durch im Ring verlegte Kabel. So konnten vielfach Kaistrecken, deren Stromversorgung durch Bombentrichter auf der Straße ausgefallen war, von der anderen Seite her gespeist werden. Ein Teil der Wandler- und Umformerwerke, insbesondere das Werk Kuhwerder, wurde außerordentlich schwer getroffen. Von 37 Netzstationen im Hafen waren 5 völlig zerstört und 20 stark beschädigt. Durch Umschaltungen und Stromaustausch zwischen den einzelnen Stationen war nach den schweren Bombenangriffen immer wieder versucht worden, den Netzbetrieb aufrechtzuerhalten.

Die Fernsprechzentrale „Hafen", an die die wichtigsten Dienststellen des Hafenbaues und -betriebes angeschlossen sind, wurde in mühseligen Wiederherstellungsarbeiten trotz zahlloser Beschädigungen während der Kriegszeit immer wieder so ausgeflickt, daß der Betrieb möglich war. Ebenso fielen nur wenige der Unterzentralen im Hafen völlig aus. Das der Post gehörige Kabelnetz im Hafenbetrieb war allerdings so stark beschädigt, daß die endgültige Beseitigung aller Schäden erst nach 6 Jahren beendet werden konnte.

II. Der Wiederaufbau der mechanischen und elektrischen Anlagen nach 1945.

Somit war das Bild, das die mechanische Ausrüstung des Hamburger Hafens am Tage der Kapitulation bot, sehr entmutigend. Dennoch wurde der Wiederaufbau dieser Anlagen unmittelbar nach Beendigung der Kampfhandlungen zunächst auf Weisung, später in Zusammenarbeit mit der Britischen Militärregierung als der zuständigen Besatzungsmacht aufgenommen. Sehr groß waren die Schwierigkeiten, die sich diesem Vorhaben entgegenstellten. Den bauausführenden Firmen fehlte es an Menschen und an Material. Im Hafen bestanden keinerlei Verkehrsverbindungen. Auch die Behörden konnten weder Kraftwagen noch Fahrräder zur Verfügung stellen. So mußte der Zu- und Abtransport der Ingenieure und Arbeiter, die sich morgens vor Beginn der Schicht zu Hunderten an einer Zufahrtsstraße zum Hafen versammelt hatten, zu den Bau- und Montagestellen durch Lastkraftwagen der britischen Militärregierung erfolgen. An die Fähigkeit der verantwortlichen Hafeningenieure, zu organisieren und zu improvisieren, wurden täglich die höchsten Ansprüche gestellt, nicht zuletzt durch Maßnahmen und Wünsche der Besatzungsmacht.

Es stellt der Disziplin und dem Wiederaufbauwillen aller Beteiligten das beste Zeugnis aus, daß trotz dieser Schwierigkeiten und trotz des Schocks, den das Ende des Krieges mit allen seinen Nebenwirkungen der Bevölkerung versetzt hatte, trotz der mangelhaften Ernährung und Bekleidung, trotz fehlender Geräte, Werkzeuge und Materialmangel doch in verhältnismäßig kurzer Zeit eine erhebliche Anzahl von mechanischen und elektrischen Anlagen wieder instand gesetzt wurden.

1. Umschlagsanlagen.

Bei der Aufstellung der Dringlichkeitsliste für die Wiederherstellung dieser Hafenteile mußten natürlich die Forderungen der Britischen Militärregierung in erster Linie berücksichtigt werden. Diese sahen zunächst den Wiederaufbau aller derjenigen Schuppen und Umschlagsanlagen an tiefem Wasser vor, die am wenigsten zerstört worden waren, um damit die dringendsten Bedürfnisse des britischen Nachschubs zu befriedigen. So wurden unter den Umschlagsanlagen des Hafens zunächst die Kräne der Schuppen 80 bis 85 wieder betriebsbereit hergestellt. Ihnen folgten die Kräne der Schuppen 50, 52, 56, 29—31, 44—46.

Der auf Veranlassung des britischen Port Controllers 1946 aufgestellte Wiederaufbauplan des Hafens, der die Priorität der Bauvorhaben für die nächsten vier Jahre regelte, brachte eine systematische Ordnung in die Instandsetzungsarbeiten an den Krananlagen. Entsprechend der Wiederherstellung der Kaischuppen am O'Swaldkai, Asiakai, Sandtorkai und der Kuhwerder Häfen wurden auch die Kranarbeiten fristgerecht durchgeführt. Durch die Aufstellung eines Wiederaufbauprogrammes war die einmalige Gelegenheit gegeben, alle Erfahrungen der letzten Jahrzehnte für den Neubau der Umschlagsanlagen einzusetzen. Im Zuge dieser Arbeiten mußten einige grundsätzliche Entscheidungen getroffen werden, und zwar hinsichtlich der Ausbildung der Portale und hinsichtlich der Stromart für den Kranbetrieb.

An den ältesten Hamburger Kaischuppen standen die Kräne auf fahrbaren Unterwagen (sog. Rollkräne), die mit ihrem Fahrstreifen auf der wasserseitigen Kaistraße später den immer stärker werdenden Lastwagenverkehr am Kai behinderten. Daher war man schon frühzeitig dazu übergegangen, die Kaistraße durch Halbportale profilfrei zu überspannen. Da die Breite der Straßen und der Schuppenrampen ständig wechselte, erhielten die Halbportale verschiedene Spurweiten. 1945 wurden 22 verschiedene Spurweiten an Halbportalkränen festgestellt. Nur in seltenen Fällen konnten daher Halbportalkräne von einem zum anderen Kai versetzt werden, ein Nachteil, der häufig störend empfunden wurde.

Wenn Hamburg sich beim Wiederaufbau seiner Krananlagen dazu entschloß, die bisherige Halbportalbauweise zu verlassen und auf Vollportale überzugehen, so waren hierfür aber noch weitere Gründe entscheidend. Bei dem schlechten Baugrund im Hamburger Hafen müssen alle Bauwerke auf Pfählen gegründet werden, die naturgemäß unterschiedlichen Setzungen unterworfen sind. Da sich das wasserseitige Portalbein des Halbportalkranes auf der Kaimauer abstützt, die landseitige Kranschiene dagegen auf einer besonders gegründeten Kranbahn am Schuppen läuft, kam es im Laufe der Jahre bei fast allen Krananlagen zu Veränderungen der Spurweite der Kranschienen. Die Nachregulierung der Spurweite auf das Sollmaß erforderte häufig erhebliche bauliche Maßnahmen, die einen unzulässigen Umfang erreichten, wenn die Kaimauer so weit vorgegangen war, daß die wasserseitige Kranschiene auf der Abdeckplatte der Mauer keinen Platz mehr fand und die Herstellung einer neuen Gründung erforderte.

Außerdem machte sich die Überdeckung der Ladegleise und der Laderampe des Schuppens durch das Halbportal, die sogenannte „Überschattung", besonders dann störend bemerkbar, wenn im Interesse einer raschen Abfertigung des Seeschiffes mehrere Kräne eng aneinandergestellt werden mußten, um auf eine Luke arbeiten zu können. Da in früheren Jahrzehnten die An- und Abfuhr der Güter zum überwiegenden Teil auf dem Wasserwege durch Kähne und Schuten erfolgte, genügte an den älteren Kaischuppen ein Gleis an der Wasserseite. Die veränderten Verhältnisse nach dem zweiten Weltkriege führten in der Benutzung der Verkehrsträger eine erhebliche Verschiebung herbei, so daß an den neueren Kaischuppen infolge des stark gestiegenen Eisenbahnverkehrs drei Gleise an der Wasserseite erforderlich wurden. Ferner wünschte der Kaibetrieb Schuppenrampen in erheblicher Breite, um witterungsunempfindliche Schwerlastkolli dort im Bereich der Kräne absetzen zu können, ohne sie erst in die Schuppen transportieren zu müssen. Die hierdurch gestiegene Vergrößerung der Spurweite für etwa neu zu erbauende Halbportalkräne hätte wesentlich stärkere Halbportalträger für den waagerechten Teil erfordert, die wiederum eine Vergrößerung der Überschattung zur Folge gehabt hätten.

Aus diesen Gründen entschloß man sich, bei allen Neubauten von Kaischuppen nach 1945, die drei Gleise an der Wasserseite und eine breite Rampe erforderten, Vollportalkräne aufzustellen. Der geringe Nachteil dieser Bauart, der darin liegt, daß an wenigen Stellen des Kais Kreuzungen der Kranschiene mit den Eisenbahngleisen nicht zu vermeiden sind, wurde in Kauf genommen. Diese Kreuzungen werden durch die Kräne dadurch überfahren, daß die landseitigen Laufräder der Portale keine Spurkränze erhalten und die Kräne nur durch Laufräder mit doppelseitigem Spurkranz an der Wasserseite geführt werden. Diese Bauart hat sich auch bestens bewährt. Die anfänglich befürchteten Störungen des Umschlagsbetriebes durch Zustellung der Waggons erwiesen sich als völlig unbedeutend, teilweise traten sie in jahrelangem Betrieb überhaupt nicht in Erscheinung, da die Bahn im allgemeinen vor Beginn oder nach Beendigung der Schicht oder in den Betriebspausen zustellt. Die betrieblichen Vorteile des Vollportalkranes kommen im Hamburger Hafen voll zur Geltung, da der Kranführer freie Sicht über seine Arbeitsfläche hat und Ladegleise und Schuppenrampe voll bedienen kann. Die Vollportalkräne haben eine einheitliche Spur von 6 m. Das unter ihnen liegende Gleis wird als Betriebsgleis verwendet. Da sich der Vollportalkran mit allen Beinen auf den gleichen Baukörper, die Kaimauer, abstützt, sind Veränderungen der Spurweite durch Setzungen des Baugrundes nicht zu befürchten. Von der Möglichkeit, die Vollportalkräne an den neuen Kaischuppen im Hamburger Hafen von einem Kai zum anderen zu versetzen, ist bereits in erheblichem Maße Gebrauch gemacht worden. Die Vollportale erhalten angeschweißte Aufhängeösen an den Ecken, so daß die Kräne im ganzen, ohne daß das Kranoberteil heruntergenommen werden muß, durch einen 100-t-Schwimmkran versetzt werden können. Durch solche Maßnahmen ist eine Massierung von Kränen zur Schwerpunktsbildung an einer bestimmten Kaistrecke unschwer möglich, was sich in einer Verminderung der Zahl der neu zu beschaffenden Kräne wirtschaftlich ausgewirkt hat.

Eine andere grundsätzliche Entscheidung betraf die Wahl der Stromart für den Kranbetrieb. Entsprechend der historischen Entwicklung wurden die älteren Hamburger Kaikräne mit Gleichstrom versorgt, wobei als Spannung die Straßenbahnspannung von 550 Volt gewählt wurde. Die günstigen Eigenschaften dieser Stromart, die vor allem den Antrieb des Hubwerkes durch Hauptschlußmotoren ermöglichte, führten dazu, daß auch alle später neu angelegten Kaistrecken mit Gleichstrom versorgt wurden. Leider hatte man in früheren Jahrzehnten versäumt, eine einheitliche Spannung vorzuschreiben, so daß einzelne Hafenteile mit 440 Volt, andere mit 500 und 550 Volt versorgt wurden. Da im Laufe der Zeit die Elektrizitätswerke in steigendem Maße dazu übergegangen waren, ihre sonstigen Gebiete ausschließlich mit Drehstrom zu versorgen, weil dieser eine einfache Unterteilung mittels Transformatoren gestattet, mußte die Frage der Stromart schon nach dem ersten Weltkriege auch für den Hamburger Hafen neu geprüft werden. Die damaligen Untersuchungen führten zu dem Ergebnis, daß für die Verhältnisse des Hamburger Hafens der Gleichstrom die zweckmäßigste Stromart sei.

Nach dem zweiten Weltkriege tauchte dieses Problem von neuem auf. Wenn überhaupt ein Übergang vom Gleichstrom zum Drehstrom ins Auge gefaßt werden sollte, dann wäre der Wiederaufbau ganzer Hafenteile der gegebene Zeitpunkt für eine Änderung der Stromart gewesen. Die gründliche Prüfung dieser Fragen brachte das Ergebnis, daß es zweckmäßig wäre, in dem bisher ausgebauten Hafenteil bei der Gleichstromversorgung zu bleiben. In diesen Anlagen befand sich ein gut ausgebautes Gleichstromversorgungsnetz, dessen Kriegsschäden mit einigem Aufwand zu beheben waren. Der Übergang zum Drehstrom hätte erhebliche Kosten für den Aufbau eines völlig neuen Versorgungsnetzes in den weitverzweigten Hafenanlagen erfordert. Von der Möglichkeit, die Kräne nach Belieben im Hafengebiet umsetzen zu können, konnte nur dann Gebrauch gemacht werden, wenn dieses Gebiet einheitlich mit Strom versorgt war. Wesentlich für die Entscheidung waren aber die günstigen Betriebseigenschaften des Gleichstrommotors, die der Drehstrommotor nur nach Anwendung zusätzlicher Maßnahmen erreicht. Da der Hamburger Hafen überwiegend Stückguthafen ist, wird bei der geringen Ausnutzung der installierten Hebezeugleistung im Drehstrombetrieb (Asynchronmotor) ein außerordentlich schlechter Leistungsfaktor entstehen. Den Vorteilen des Gleichstromes gegenüber fallen die Mehrkosten durch Verwendung von Gleichrichtern bei einer so großen Anzahl von Kränen, wie sie sich im Hamburger Hafen befinden, nicht ins Gewicht.

Aus diesen Gründen wurde beschlossen, beim Wiederaufbau der hamburgischen Hafenanlagen die Gleichstromversorgung mit einer einheitlichen Spannung von 550 Volt beizubehalten, wobei es einer späteren Überprüfung vorbehalten bleiben muß, ob alle diese Überlegungen auch in Zukunft für etwaige Hafenerweiterungsgebiete noch stichhaltig sein werden. Bei dem derzeitigen Stand der Technik haben sich die mit Hamburg vergleichbaren größeren europäischen Seehäfen, nach unabhängig voneinander durchgeführten Überlegungen, in überwiegendem Maße ebenfalls für das Beibehalten der Gleichstromversorgung ihrer Krananlagen ausgesprochen.

Die erste zusammenhängende Serie von Kränen wurde für den wiederaufgebauten Kaischuppen 75 benötigt. Die scharfe Kontingentierung der Eisenmengen zwang dazu, für diese Anlage auf den Neubau von Kränen zu verzichten und zu Anfang des Jahres 1947 den Umbau von vorhandenen 18 Halbportalkränen (3 t Tragfähigkeit) und 2 Doppelkränen (2×4 t Tragfähigkeit) in Auftrag zu geben. Die Halbportalkräne stammten aus dem Jahre 1903 und waren bei ursprünglich 11 m Ausladung mit Auslegern gebaut worden, die nur ohne Last durch Spindeln einziehbar waren. Sie waren 1930/31 in Wippkräne (3 t×13,5 m) umgebaut worden. Da am Kaischuppen 75 drei wasserseitige Gleise und eine 9 m breite Schuppenrampe zu bedienen waren, mußte die Ausladung auf 18 m heraufgesetzt werden. Daher war es notwendig, die Tragfähigkeit auf 2 t zu beschränken. Die vorhandenen Halbportale wurden in der Weise umgebaut, daß der von dem waagerechten Träger abgeschnittene Teil als senkrechte landseitige Stütze des Portals unter Einbeziehung eines neuen Fahrbalkens verwendet werden konnte. So konnten beträchtliche Eisenmengen gespart werden.

Für den zeitlich darauf folgenden Schuppenneubau 74 konnte Ende 1948 erstmalig eine Serie von 20 neuen Vollportalkränen (3 t×20 m) auf Grund einer Ausschreibung an die Firma Kampnagel, Hamburg, in Auftrag gegeben werden. Die Portale wurden in geschweißter Vollwandkonstruktion gebaut. Als Wippsystem wurde die in zahlreichen Ausführungen im Hamburger Hafen bewährte Kurvenlenkerbauweise gewählt. Abb. 3 zeigt diese Kräne im Betrieb.

Inzwischen wurden die Instandsetzungsarbeiten an den reparaturbedürftigen Halbportalkränen für wiederhergestellte ältere Kaischuppen fortgesetzt. Dabei war es natürlich, daß für diese Arbeiten solche Kräne ausgewählt wurden, deren betriebsfertige Instandsetzung die geringsten Kosten verursachte. Mit der Umschlagsanlage für den neu aufgebauten Kaischuppen 28 schloß diese Wiederaufbauphase Ende 1949 ab. Die hiernach noch verfügbaren bombenbeschädigten Kräne wiesen ein derartiges Maß von Zerstörungen auf, daß ihre Instandsetzung wirtschaftlich nicht mehr vertretbar war. Daher wurden die im Hafengebiet befindlichen Krantrümmer gesammelt und zur Verschrottung bestimmt. Im Laufe der folgenden Jahre wurden mehr als 6000 t Kranschrott verkauft.

Anfang des Jahres 1950 wurden für eine neu zu beschaffende Serie von 14 Vollportalkränen Überlegungen hinsichtlich der Ausladung erforderlich. Die Forderungen des Kaibetriebes auf immer schnellere Abfertigung der Seeschiffe hatten es mit sich gebracht, daß bis zu 3 Kaikränen an einer Luke angesetzt werden mußten. Damit diese Kräne sich beim Drehen nicht behindern, müssen die seitlich stehenden Kräne verhältnismäßig schräg zur Luke aufgestellt werden. Die wachsenden Schiffsgrößen mit ihren breiteren Decks hatten daher zur Folge, daß die Ausladung von 20 m nicht in allen Fällen genügte. Nach der Landseite zu war ebenfalls eine etwas größere Ausladung erwünscht, da der Abstand von der Kaikante bis zur Schuppenwand 25 m und mehr bei den neueren Kaischuppen betrug. Der Hafen Hamburg entschloß sich daher, für die neu zu beschaffenden Wippkräne 25 m Ausladung vorzuschreiben, wobei für die größte Ausladung die Tragfähigkeit auf 2 t herabgesetzt wurde und das volle Lastmoment bei jeder Ausladung durch eine sicher wirkende Lastmomentbegrenzung ausgenutzt werden sollte. Innerhalb der Ausladung von 6 bis 20 m sollte die Tragfähigkeit gleichbleibend 3 t betragen. Mit diesen Abmessungen ist die Serie von 14 Kränen, die wiederum auf Grund einer Ausschreibung Kampnagel in Auftrag erhielt, fertiggestellt und 1952 an den Kaischuppen 57 und 58 des Togokais aufgestellt worden. Die große Ausladung wird hier insbesondere für das Bearbeiten der 11 m breiten Schuppenrampe benötigt. In Ausnahmefällen sind diese Kräne in der Lage, auch über das Seeschiff hinweg Binnenschiffe bedienen zu können.

Abb. 3. Vollportalkräne Schuppen 74.

Gegenüber den Vorkriegsbauarten bieten die nach 1948 erstellten Kräne auch in konstruktiver Hinsicht mancherlei Fortschritte. So wurde für den Hubwerksantrieb der früher verwendete langsam laufende Antriebsmotor, der eine Spezialanfertigung erforderte, verlassen und ein normaler Motor mit 1000 U/min gewählt. Die höhere Motordrehzahl verlangte die Anordnung eines zweistufigen Getriebes, während die Vorkriegsbauarten einstufig ausgeführt waren. Da alle namhaften Kranbaufirmen zur Blockbauweise der Getriebe übergegangen sind, machte diese Änderung keinerlei Schwierigkeiten. Für das Drehwerk wurden keine Schneckenantriebe mehr ausgeführt, sondern Blockgetriebe mit Stirnradverzahnung gewählt. Die Bremsen werden nicht mehr als Band-, sondern als Doppelbackenbremse ausgeführt.

Die früher in Grauguß gefertigten Zahnkränze für das Drehwerk genügten den gestiegenen Beanspruchungen der neuzeitlichen Kräne nicht mehr. Daher wurde das Drehwerk als Triebstockverzahnung mit Stahlritzel ausgeführt. Wo die Durchmesser der Drehkränze es gestatten, werden auch geschnittene Zähne verwendet. Der Fahrwerksantrieb der Vollportalkräne erfolgt an der wasserseitigen Stütze durch ein Blockgetriebe, das auf dem Fahrbalken in der Mitte dieser Stütze untergebracht wird. Für die Führerstände ist für besonders gute Sichtverhältnisse Sorge getragen. Im allgemeinen werden die Führerstände durch einen kanzelartigen Vorbau, der nach allen Seiten sowie nach unten durch Glasfenster gute Sicht gewährt, möglichst weit in Auslegerrichtung hinausgebaut.

Bei den älteren Hamburger Krantypen hatte sich der Verbundkontroller, der in einem Steuergerät Heben und Drehen des Kranes steuert, bestens bewährt. Ihm war ein mechanisch von Hand betätigter Handbremsbeihebel beigegeben, der es dem Kranführer gestattete, die Last jederzeit sicher zu beherrschen. Die Einführung des Wippkranes in den Umschlagsbetrieb hatte es dann ermöglicht, wesentlich mehr Kräne als bisher an eine Luke zu stellen. Da die Kräne hierbei sehr dicht stehen mußten, wurde bei jedem Kranspiel die Wippbewegung benötigt. Für den Kranführer wurde daher das Übergreifen vom Bremsbeihebel zum Wippkontroller lästig, so daß eine andere Anordnung der Steuerorgane gefunden werden mußte. Die neueren Krantypen sind alle so ausgeführt, daß der Bremsbeihebel fortfällt und durch eine elektrische Senkbremsschaltung ersetzt wird, und daß der Kranführer mit der rechten Hand das Heben und Senken durch sinnfällige Bewegungen steuert, während die Steuerwalzen für Wippen und Drehen durch einen gemeinsamen Handhebel, den der Kranführer mit der linken Hand bedient, in der sogenannten Universalsteuerung betätigt werden. Der seltener benutzte Kontroller für das Fahren wird durch Handrad gesteuert.

In allen deutschen Seehäfen wurden in diesen Jahren unter dem Druck der finanziellen Nöte Überlegungen angestellt, in welcher Weise die ständig steigenden Investierungskosten für die Neuanlagen herabgedrückt werden könnten. Was das Gebiet der Umschlagsanlagen angeht, war die grundsätzliche Frage zu klären, ob für die Verhältnisse in den deutschen Seehäfen die Verwendung von Kaikränen überhaupt am Platze sei oder ob es nicht zweckmäßiger wäre, das Umschlagssystem der nordamerikanischen Seehäfen zu übernehmen. In diesen Häfen wird bekanntlich dem Seeschiff überhaupt keine Kranhilfe angeboten, sondern es muß die Güter mit dem eigenen Schiffsgeschirr löschen und laden. Eine besondere Gruppe des Ausschusses für Hafenumschlagstechnik der Hafenbautechnischen Gesellschaft hat sich eingehend mit dieser Frage beschäftigt und ist zu dem Ergebnis gekommen, daß die Umschlagsaufgaben, die in den europäischen, insbesondere in deutschen Häfen zu behandeln sind, sich am zweckmäßigsten durch den Einsatz von Kaikränen lösen lassen. Die Einsparung von Kosten für Umschlagsanlagen war daher nur möglich durch die Einsparung der Zahl der Kaikräne und durch Verbilligung des Kaikranes selbst.

Der Beschränkung der Kranzahl war durch die Forderung der Hafenbenutzer auf ausreichende Gestellung von Kränen zur schnelleren Abfertigung der Seeschiffe eine Grenze gesetzt. Die schnellere Fahrbeweglichkeit der Vollportalkräne bei allen Neuanlagen, die einen Austausch der Kräne an langen Kaistrecken von Schuppen zu Schuppen möglich macht, kann das Fehlen einzelner Kräne nur zum Teil wettmachen. Trotzdem ging man in Hamburg in den letzten Jahren bewußt mit der Anzahl der Kräne am Kai herunter. Während früher in Hamburg die Krandichte so gewählt wurde, daß etwa 20 m Schuppenlänge auf einen Kaikran entfielen, ist diese Zahl bis auf 25—28 m heraufgesetzt worden, allerdings unter lebhaftem Einspruch des Umschlagbetriebes. Auf welche Zahl sich die Krandichte im Laufe der Jahre einspielen wird, ohne daß der Ruf Hamburgs als schneller Hafen darunter leidet, muß der Zukunft überlassen bleiben. Ein Maß für die Wirtschaftlichkeit der Krananlagen ist die Zahl der jährlichen Benutzungsstunden. Während man früher in Hamburg mit etwa 1200—1500 Stunden rechnete, stieg diese Zahl in den letzten Jahren auf 1800 im Durchschnitt. An gut ausgenutzten Kaistrecken wurden sogar über 2500 Benutzungsstunden festgestellt.

Der andere Weg zur Herabsetzung der Kosten der Umschlagsanlagen führte zu Versuchen, den Kran selbst zu verbilligen. Auf Veranlassung der Hafenbehörden haben sich alle namhaften deutschen Kranbaufirmen in dankenswerter Weise an dieser Aufgabe beteiligt und zum Teil beachtliche Ergebnisse erzielt. Der Weg zu einer Verbilligung wurde in einer weitgehenden Entfeinerung des Kranes von allem irgendwie entbehrlichen Beiwerk gesehen, ohne daß es zu einer Festlegung für längere Zeit auf eine bestimmte Einheitstype kommen sollte, durch die eine technische Entwicklung nur gehemmt werden könnte. Durchweg wurde bei den Neukonstruktionen der Drehscheibenkran verlassen, da sich im Laufe der Jahre herausgestellt hatte, daß die Abnutzung der tangential zum Laufkreis angeordneten Drehrollen einem flotten Betrieb hinderlich ist und erhöhte Unterhaltungskosten verursacht. Die Lösung wurde von den verschiedenen Kranbaufirmen darin gesehen, daß der drehbare Teil entweder in einer Drehsäule im Portal gelagert wird oder in einem doppelten Kugelring, der auch in der Lage ist, Kippmomente aufzunehmen. Leider hat die Entwicklung der Materialpreise und der Löhne in den letzten Jahren verhindert, daß die Fortschritte der neueren Krankonstruktionen deutlich auch in den Kranpreisen in Erscheinung traten. Vielmehr wurden die Fortschritte des Kranbaues durch die gestiegenen Gestehungskosten wieder wettgemacht, so daß im ganzen gesehen sich eine Verteuerung der Krananlagen ergab. Ohne die neue Entwicklung im Kranbau jedoch wären die Kranpreise sicher auf das Doppelte der Vorkriegspreise gestiegen.

Die Entwicklung der Krankonstruktionen beschränkte sich nicht nur auf den drehbaren Teil und den Ausleger, sondern befaßte sich auch mit dem Kranportal. Derartige Überlegungen sind nicht neu, sie wurden schon vor mehr als 20 Jahren in Hamburg erörtert, als die Frage der Überschattungen der Geleise und Rampen durch den waagerechten Teil der Halbportalkräne gelöst werden mußte. Damals entschloß man sich in Hamburg allerdings an Stelle der möglichen und erörterten Dreipunktauflagerung zu einer Spreizung des waagerechten Portalteiles, durch die ein Absetzen der Güter auf die Rampe durch das Portal hindurch möglich gemacht wurde. In den ersten Jahren nach 1945 wurden diese Konstruktionen erneut diskutiert, wobei jedoch der obengeschilderten Lösung durch Übergang zum Vollportalkran der Vorzug gegeben wurde. Im Zuge der Vereinfachung der Kaikräne wurde von der DEMAG, Duisburg, für den Hafen Hamburg erneut das Dreibeinportal vorgeschlagen. Dieses Portal bietet gewisse Vorteile, es ist auch bei Sackungen der Kranschienen immer statisch bestimmt und ergibt eine größere Freiheit der Kranschienenkreuzungen mit den wasserseitigen Gleisen. Die geringere Standfestigkeit des Dreibeinvollportales infolge der geringeren Entfernung der Kippkante von dem Schwerpunkt wird durch Gegengewichte in den Portalbeinen ausgeglichen. Das Eisengewicht bei dieser Ausführung, wie überhaupt bei allen neueren Kranbauarten, ist gegenüber den früheren Krantypen erheblich herabgesetzt, während der Eisenpreis, in DM/kg ausgedrückt, infolge der Leichtbauweise und des relativ größeren Anteiles an Maschinenteilen gegenüber früher gestiegen ist.

Ende 1951 und im Frühjahr 1952 wurden auf Grund einer Ausschreibung der DEMAG insgesamt 12 Vollportalkräne mit Dreibeinportal in Auftrag gegeben. Die Tragfähigkeit beträgt 3 t, die Ausladung wurde auf 22,4 m festgelegt, da sich bei dieser Ausladung gewisse Verbilligungen erzielen lassen und die Ausladung für die Kaistrecke, an der diese Kräne arbeiten sollen, ausreicht. Abb. 4 zeigt eine Skizze dieses neuen Krantyps. Der Ausleger wird durch ein Zahnsegment angetrieben. Das Auslegergewicht wird durch ein bewegliches Gegengewicht ausgeglichen, das in zwei Seilen aufgehängt ist. Der horizontale Lastweg wird durch ein besonders konstruiertes Wippsystem bewirkt durch Ausgleich des dreifach geschorenen Hubseiles zwischen der Kopfrolle des Auslegers und der Seiltrommel bzw. den Umlenkrollen des Aufbaues. Das Maschinenhaus auf der unteren Plattform nimmt die Triebwerksteile für das Drehwerk, die elektrischen Schaltorgane und den vorgebauten Führerstand auf. Auf dem Dach des Maschinenhauses sind das Hub- und das Einziehwerk angeordnet. Der Aufstieg zum drehbaren Teil erfolgt von innen her durch die Plattform. Die Aufstiegtreppe ist am drehbaren Teil innerhalb des Kugelringes befestigt und dreht sich mit diesem, so daß der Einstieg in den Kran von der Mitte her in jeder Kranstellung und auch in der Bewegung möglich ist. Der Ausleger ist als geschweißter Kastenträger in leichter Schalenkonstruktion gebaut. Das Portal ist in Schalenbauweise ausgeführt und wird an einer Ecke angetrieben.

Eine weitere mögliche Verbilligung des Kaikranes liegt in einer Bestellung einer möglichst großen Serie von Kränen, die dem Hersteller die Anwendung von Vorrichtungen u.dgl. gestattet. Daher entschloß sich Hamburg um die Mitte des Jahres 1952, den zu erwartenden Bedarf an Kaikränen für die nächsten zwei Jahre in einer Ausschreibung zusammenzufassen, zumal die Kranbaufirmen Lieferzeiten verlangen, die wesentlich über den üblichen Bauterminen für Schuppenanlagen liegen. Damit die Umschlagsanlage zu einem bestimmten Zeitpunkt geschlossen fertiggestellt werden kann, müssen die Krananlagen vorweg in Auftrag gegeben werden. Das Ergebnis dieser Ausschreibung zeigte, daß zwar die Überlegungen hinsichtlich der Verbilligung einer größeren Serie richtig waren, daß aber die Steigerung über eine gewisse Anzahl hinaus keinen nennenswert höheren Rabatt ergab. Einerseits liegen gewisse Beschränkungen in der Kapazität der Herstellerfirmen, andererseits gewähren auch die Zulieferanten keine höheren Mengenrabattsätze. Daher wurde dieser Auftrag nicht an eine einzelne Kranbaufirma vergeben, sondern unter den Firmen Kampnagel, Hamburg, MAN, Nürnberg und DEMAG, Duisburg, aufgeteilt.

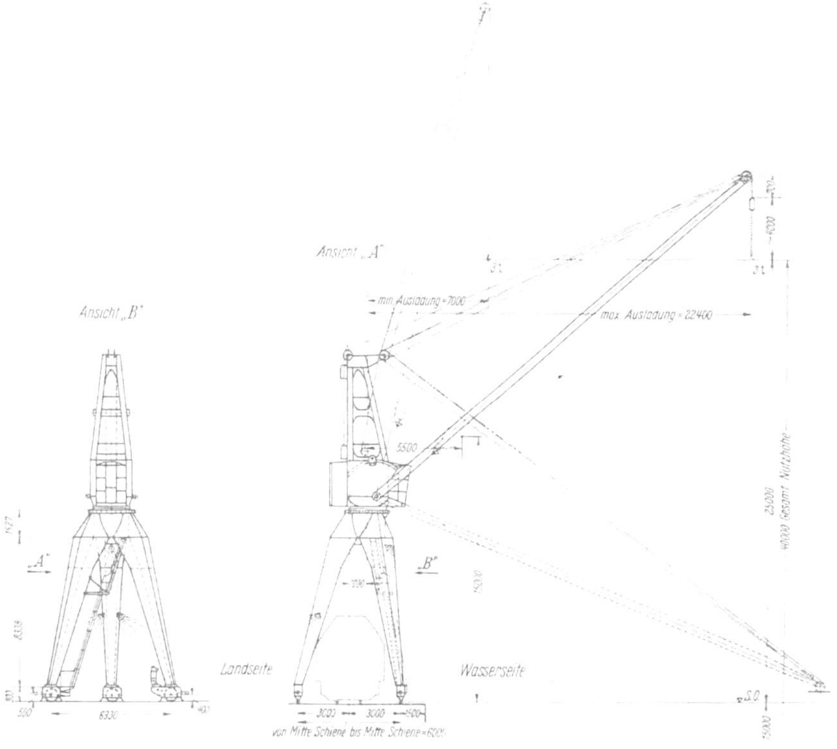

Abb. 4. Dreibeinportalkran 3 t × 22,4 m (DEMAG).

Die DEMAG-Kräne sind in der obenstehend geschilderten Weise gebaut. Für die Kräne der Firma Kampnagel wurde die bewährte Kurvenlenkerbauart weiterentwickelt, unter Verwendung eines Säulendrehwerkes mit Mitteneinstieg durch dic Kransäule (Abb. 5). Die Lagerung der Drehsäule geschieht mittels Kegelrollenlager im Säulenfuß, die seitliche Abstützung durch horizontale, mit Exzenterbolzen einstellbare Druckrollen, wodurch ein leichter und erschütterungsfreier Lauf sichergestellt ist. Die Seilführung wurde verbessert, so daß das Hubseil stets im gleichen Sinne

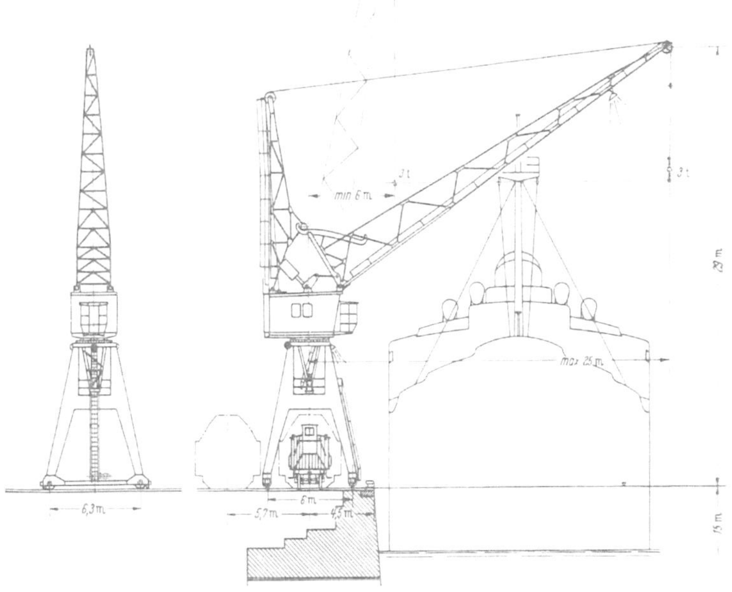

Abb. 5. Kurvenlenkerkran mit Drehsäule 3 t × 25 m (Kampnagel).

über die Rollen geführt wird und keiner zusätzlichen Beanspruchung durch eine S-förmige Führung unterworfen ist. Die Auslegergegengewichte sind starrschlüssig mit dem Ausleger verbunden, der Antrieb für das Wippwerk erfolgt hydraulisch. Die Kräne haben 3 t Tragfähigkeit bei 25 m Ausladung. In Weiterentwicklung ihrer Ellipsenlenkerbauart hat die Firma Kampnagel einen Säulenlenkerkran (Abb. 6) geschaffen, der 1953 auch im Hamburger Hafen erprobt werden soll. Seine Vorteile liegen in der Anordnung des Ausleger-Ausgleichgewichtes in der Kranmitte und in der einfachen Seilführung.

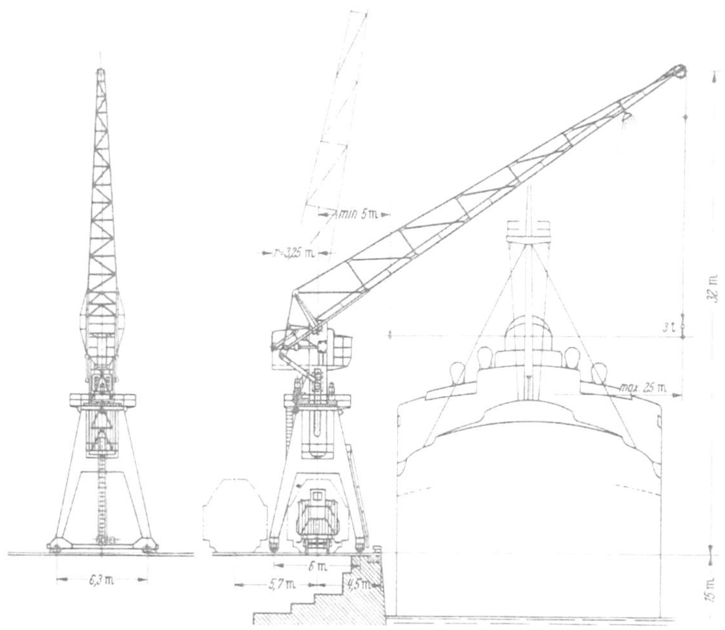

Abb. 6. Säulenlenkerkran (Kampnagel).

Auch bei den Kränen der MAN (3 t × 25 m) ist die Säulenbauweise verwendet (Abb. 7). Diese ermöglicht es, das Portal besonders schmal zu halten und dadurch die nutzbare bestrichene Kaifläche zu vergrößern. Der zentrale Einstieg in den drehbaren Kranteil ist in jeder Stellung gefahrlos möglich. Das Führerhaus nimmt außer dem Führerstand nur die Steuer- und elektrischen Schaltgeräte auf. Die Windwerke sind in Blockbauweise außerhalb des Führerhauses aufgestellt. Der Wippantrieb des in leichter Fachwerkkonstruktion gebauten Auslegers erfolgt starrschlüssig durch zwei Zahnstangen. Der Hubseilausgleich geschieht durch einen Flaschenzug im hinteren Teil des turmartigen drehbaren Teiles. Hiermit wird eine äußerst geringe rückwärtige Ausladung erzielt, so daß der Nachbarkran beim Arbeiten nicht behindert wird.

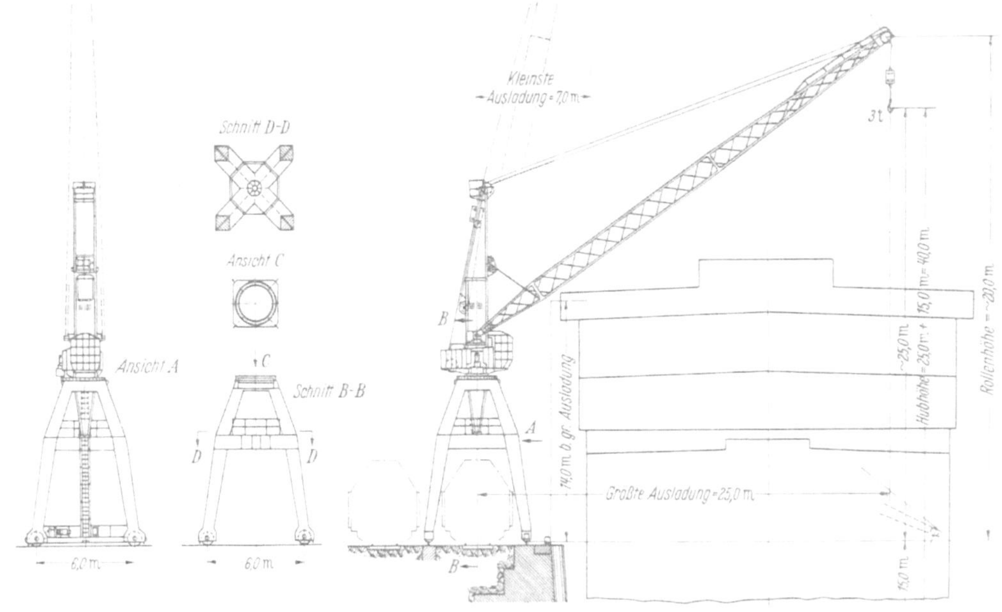

Abb. 7. Säulendrehkran 3 t × 25 m (MAN).

Nach Auslieferung dieser 52 Kräne, die im Jahre 1953 erfolgen wird, beträgt der Bestand an staatseigenen Umschlagsanlagen wieder 692 Kräne. Die Zahl der 1945 noch betriebsfähigen Kräne hat sich damit durch die Wiederaufbauarbeiten verdreifacht. Die Gesamtzahl entspricht 62,5% des Vorkriegsbestandes.

Für die landseitige Abfertigung von Fahrzeugen wurden im Hamburger Hafen an den Kaischuppen Wandkräne aufgestellt für das Absetzen besonders schwerer Kolli. Im allgemeinen wurde die Anordnung so getroffen, daß für jeden Halbschuppen ein Wandkran von 3 t Tragfähigkeit und 7 bis 9 m Ausladung, an einer Stirnseite ein solcher von 5 t Tragfähigkeit und etwa 4,5 m Ausladung zur Verfügung standen. Der gewaltig angestiegene Lastwagenverkehr an den landseitigen Schuppenrampen führte jedoch häufig zu einer Blockierung der wenigen Wandkräne, so daß zahlreiche Fahrzeuge mitunter längere Zeit auf Abfertigung warten mußten, wenn sie schwerere Kolli überzunehmen hatten. Es trat daher das Bedürfnis auf, mit einem fahrbaren Hebezeug an das Straßenfahrzeug herangehen zu können, um ihm an der Stelle der Rampe, an der sich das Fahrzeug befand, die gewünschten Güter überladen zu können. Eine behelfsmäßige Lösung wurde in der Verwendung von Schuppenlaufkränen auf der Straße gefunden (Abb. 8). Diese mit Akkumulatorenbatterien ausgerüsteten Fahrzeuge sind natürlich den Anforderungen, die sich aus der Verwendung auf der Straße ergeben, nicht gewachsen. Die günstigen Erfahrungen, die vielfach in ausländischen Häfen mit straßenfahrbaren Kränen gemacht wurden, führten zu dem Entschluß, diese Krantypen für den Umschlag an der Landseite der Schuppen probeweise zu verwenden. Die sonst erforderlichen Wandkräne könnten dann fortgelassen werden und es würde sogar eine wesentliche Ersparnis erzielt, wenn etwa ein Straßenkran zwei Schuppen bedienen könnte. Da zu der Zeit der ersten Versuche auf diesem Gebiet Erzeugnisse deutscher Kranbaufirmen für den gedachten Zweck nicht zur Verfügung standen, wurde zunächst mit einem englischen Coles-Kran (2 t×9,5 m) die prinzipielle Richtigkeit der vorstehenden Überlegungen erprobt. Dieser Kran hat sich ausgezeichnet bewährt, so daß zunächst ein weiterer Straßenkran bei der Firma Ardelt, Wilhelmshaven, in Auftrag gegeben wurde. Auch dieser Kran ist seit Herbst 1952 mit Erfolg im Hafenumschlag eingesetzt (Abb. 9). Es ist im Hamburger Hafen im allgemeinen nicht beabsichtigt, mit den Straßenkränen einen Umschlag an der Wasserseite der Kaischuppen auf Seeschiffe durchzuführen, da hier leistungsfähigere Kaikräne zur Verfügung stehen und die Wasserseite an den neueren Kaischuppen nicht eingepflastert ist. Dagegen haben sich manche Umschlagsaufgaben, die sich aus dem praktischen Betrieb ergaben und an die bei der Beschaffung der Straßenkräne noch nicht gedacht worden war, vorzüglich mit Hilfe dieser Kräne lösen lassen.

Abb. 8. Schuppenlaufkran (Miag) bei der Arbeit an der Rampe.

Der Hamburger Hafen ist ein typischer Stückguthafen. Die meisten Kaianlagen sind für den Umschlag von Stückgut bestimmt. Natürlich müssen auch ausreichende maschinelle Anlagen für Schüttgutumschlag, der sich meistens an Freiladestrecken abspielt, zur Verfügung gestellt werden. Sowohl mit Greiferkränen als auch mit Verladebrücken wurde der in den Nachkriegsjahren besonders gestiegene Schrottumschlag mit Hilfe von Polypgreifern bewältigt. Eine interessante Transportaufgabe erwuchs den Hafenbehörden durch die Forderung, drei Verladebrücken, die am Altonaer Kai der Erweiterung des Fischereihafens weichen mußten, zum Diestelkai am Griesenwerder Hafen umzusetzen, wo für den Seeschiffsverkehr eine wesentlich bessere Wassertiefe als in Altona vorhanden ist. Diese drei Verladebrücken von je 6 t Tragfähigkeit und 23,5 m Spannweite stehen mit ihrer vorderen Stütze auf der Kaimauer, während die hintere Stütze auf einer Kranschiene läuft, die in 11 m Höhe über dem Erdboden auf einer Eisenkonstruktion befestigt ist. Da im Hamburger Hafen zwei Schwimmkräne von je 100 t Tragfähigkeit zur Verfügung standen, war es möglich, nach Abnehmen der Katze, des wasserseitigen Auslegers und der Gegengewichte die Brücken ohne weitere Demontage im ganzen umzusetzen. Diese von der Firma DEMAG durchgeführte Transportaufgabe wurde Ende 1947 nach genau vorher festgelegtem Plan durchgeführt. Dank der sorgfältigen Vorbereitung und der verständnisvollen Zusammenarbeit zwischen der Kranfirma, den Schwimm-

Abb. 9. Straßenkran 2 t×9,5 m (Ardelt).

kränen und den Schleppern ging das Umsetzen ohne Schwierigkeiten vonstatten. Abb. 10 zeigt die beiden Schwimmkräne während der Überführungsfahrt. Das Bild läßt erkennen, daß die Verladebrücke völlig waagerecht zwischen den beiden Schwimmkränen hing, wobei der eine Schwimmkran eine Belastung von etwa 98 t, der zweite bei größerer Ausladung eine solche von etwa 76 t aufzunehmen hatte.

Abb. 10. Zwei Schwimmkräne (100 t Trgf.) beim Transport einer Verladebrücke.

Der regelmäßige Anfall gleicher Güterarten an einer Kaistrecke erfordert im Hafenumschlag Spezialgeräte. Die für das Löschen der kälte- und zugempfindlichen Bananen geschaffenen Fördergeräte, die aus einer Art Becherwerk mit Taschen aus Segeltuch bestehen, das von einem Kranportal aus in den Schiffsraum hinabgelassen wird, wurden wiederhergestellt und erfreuen sich bei den Südfruchtimporteuren größter Beliebtheit. Die Leistung des Bananenelevators beträgt im Durchschnitt 8000 Büschel/Schicht, so daß ein Bananendampfer seine Ladung von 80000 Büscheln mit den vorhandenen 5 Elevatoren in zwei Schichten löscht. Die Elevatoren geben die Bananen auf Transportbänder ab, die quer durch den Schuppen zu einem Längstransportband laufen. Dieses Band flankiert einen Eisenbahnzug mit isolierten Waggons, der in den geheizten Schuppen hineinfahren kann und dem die Bananen durch das Längstransportband an die gewünschten Stellen zugeführt werden.

Für das Löschen der Fischdampfer bestand ein alter Wunsch der damit beauftragten Kreise, die alte und nicht ungefährliche Methode des Löschvorganges durch landfeste Winden und in die Takelage gehängte Rollenblöcke zu verbessern. Für diese Aufgabe haben die Ardeltwerke Sondergeräte entwickelt, die sich nach ausgedehnter Erprobung bei hoher Umschlagsleistung gut bewährt haben. Diese Fischlöschgeräte bestehen aus einem Halbportal und zwei Einzelwippern, von denen jede für sich an der Portalstütze schwenkbar gelagert und in der Ausladung veränderlich ist (Abb. 11). Die Maximalleistung beträgt 420 Fischkörbe in einer Stunde bei 10 m Hub. Die Körbe werden an einem an der Wasserseite vorragenden Podest auf ein Plattentransportband abgesetzt, das die Körbe auf die Schuppenrampe befördert.

Abb. 11. Fischlöschgerät (Ardelt).

2. Flurfördergeräte.

Der Wiederaufbau der Kaischuppen erforderte auch eine eingehende Beschäftigung mit den Problemen der Flurförderung. Die bewährten Fördergeräte, wie Sackkarren, Elektrokarren, Schlepper, Anhänger und Schuppenlaufkräne wurden nach dem Kriege durchweg in verbesserten Bauarten geliefert. Aus Gründen der Wirtschaftlichkeit wird das Schleppen von Anhängern heute vielfach nicht mehr von Elektrokarren, sondern von kleinen Schleppern vorgenommen. Das Studium der Entwicklung der Flurfördertechnik in anderen Ländern erforderte Überlegungen, ob eine Umstellung auf neuartige Geräte eine erhöhte Leistung bei größerer Wirtschaftlichkeit bieten würde. Es wurden insbesondere die während des Krieges in den USA entwickelten Gabelstapler einer eingehenden Erprobung unterworfen. Hierzu wurden Gabelstapler verschiedener Firmen mit 1 und 2 t Tragfähigkeit, elektromotorisch und durch Benzinmotor angetrieben, monatelang im praktischen Schuppenbetrieb eingesetzt. Da die Güter in den Schuppen nach dem Kriege mehr als je in kleinen Partien als „bunte Ladung“ anfallen, ist die Einführung eines solchen Gerätes, das seine erhöhte Leistungsfähigkeit bei gleichartigen und möglichst gleichmäßig gepackten Gütern hat, erschwert. Dazu kommen die Forderungen des Betriebes nach Bedienung der Eisenbahnwaggons, in die der Gabelstapler hineinfahren und sich in ihnen bewegen soll. Endlich mußte erprobt werden, ob sich für die Verhältnisse im Hamburger Hafen die Verwendung von Zusatzgeräten zum Gabelstapler, wie hydraulische Klammern zum seitlichen Anpacken von Ballen, Säcken und Kisten, von Dornen für Drahtringe u. dgl. empfiehlt, oder ob es zweckmäßig ist, die Kolli auf Ladeplatten zu stapeln oder auf Unterlegklötze und Pallhölzer zu legen. Es ist zu überlegen, ob es durch organisatorische Maßnahmen gelingt, die Güter ohne Abladen mit den Ladeplatten zusammen zu empfangen und auf ihnen weiterzubefördern, wobei im allgemeinen die Rücksendung der leeren Ladeplatten erforderlich wird.

Das vorläufige Ergebnis der Versuche war, daß der neuerbaute Kaischuppen 58 ausschließlich auf den Betrieb mit Gabelstaplern umgestellt wurde und nur zur Deckung besonderer Spitzen mit anderen Fördergeräten bearbeitet wird. Ende 1952 waren hier 16 Gabelstapler der Firma Still eingesetzt. Sie haben bei 1 t Tragfähigkeit eine Hubhöhe von 3 m und eine Bauhöhe von 2,20 m (Abb. 12). Für das Arbeiten innerhalb der Eisenbahnwaggons wird eine kleinere Bauhöhe benötigt. Daher werden 5 Gabelstapler als sogenannte NiHo- (= Niedrig-Hoch) Stapler mit einer Bauhöhe von 1,80 m und einer Hubhöhe von 2,33 m verwendet, von der innerhalb des geschlossenen Waggons 1,69 m ausgenutzt werden können. Die Fahrgeschwindigkeit der Gabelstapler beträgt leer 9,5 km/Std., mit Vollast 8,5 km/Std., ihr Schleppvermögen 3 t. Im praktischen Betrieb auf den Kaischuppen stellte sich heraus, daß die gewöhnlich für den Gabelstapler vorgesehene Batterie mit 400 Ah bei 24 Volt nicht für eine volle Schicht von 8 Stunden ausreicht und zweckmäßig durch eine größere Batterie mit 533 Ah ersetzt wird. Da die Batterie bei dem Gerät als Gegengewicht wirkt, ist es möglich, Gabelstapler mit größerer Batterie bis zur Grenze ihrer vollen Tragfähigkeit von 1,2 t auszunutzen. Demzufolge erhalten die in neuerer Zeit in Auftrag gegebenen Gabelstapler eine Tragfähigkeit von 1,2 t. Für das Bearbeiten der Waggons wird zukünftig die speziell für Zwecke der Deutschen Bundesbahn entwickelte Type mit 0,6 t Tragfähigkeit verwendet, die bei einer Bauhöhe von 1,55 m und einer Hubhöhe von 1,70 m mit größerer Bodenhöhe ausgestattet ist. Für die Arbeit mit den Staplern wurde eine größere Menge Ladeplatten beschafft, deren Zahl laufend vermehrt wird. Diese genormten hölzernen Ladeplatten in der Größe von 1,00 × 1,60 m sind mit starken Flacheisenbeschlägen an der Unterseite und kräftigen angeschweißten Kettengliedern zum Anschlagen an den Kranhaken versehen. Diese starke Bauart wurde zusammen mit den Stauern entwickelt, die diese Platten im Schiffsraum zu beladen haben. Die Erfahrungen des Betriebes mit dem auf diese Weise mit Gabelstaplern bearbeiteten Kaischuppen waren nach den Ergebnissen des ersten halben Jahres zufriedenstellend. Dabei wird es aber noch erheblicher Anstrengungen, insbesondere auf der organisatorischen Seite, und Erziehung und Gewöhnung der Geräteführer bedürfen, um die Möglichkeiten, die der Betrieb mit Gabelstaplern schafft, wirtschaftlich voll ausnutzen zu können.

Abb. 12. Gabelstapler 1 t Trgf. und Elektrokarren 2 t Trgf. (Still) auf der Schuppenrampe.

Im Zuge der Entfeinerung auch der Schuppengeräte wurde in mehreren Kaischuppenneubauten der Versuch gemacht, an Stelle der früher üblichen Schaltneigungswaagen mit den billigeren Laufgewichtswaagen auszukommen. Im praktischen Betrieb ergab sich jedoch, daß diese Waagentype eine fließende Abfertigung der Güter hemmte, so daß sie bei den neuesten Schuppenbauten wieder zugunsten der Schaltneigungswaage verlassen wird.

3. Speicherwinden.

Die Güter, die längere Zeit im Freihafen liegenblieben, werden in die Lagerspeicher aufgenommen. Jeder dieser Speicher erfordert zur Bedienung seiner 6—7 Geschosse mehrere Aufzüge und Winden. Bei der Erbauung der Speicherstadt im rechtselbischen Gebiet vor etwa 70 Jahren wurde als Antriebskraft für alle diese Hebezeuge der Wasserdruck gewählt, da die hydraulischen Anlagen in ihrer Einfachheit und Robustheit nicht zu übertreffen sind. Die Hydraulik hatte sich bis in die jüngste Zeit gegenüber allen anderen Antriebsarten erfolgreich behaupten können. In der rechtselbischen Speicherstadt wurden vor dem letzten Kriege 446 Hebezeuge hydraulisch betrieben. Durch die Kriegsereignisse in der Speicherstadt waren jedoch auch im hydraulischen Netz erhebliche Schäden aufgetreten. Drei von fünf hydraulischen

Akkumulatoren waren vernichtet und das ausgedehnte Rohrleitungsnetz so stark in Mitleidenschaft gezogen, daß eine Wiederherstellung in der alten Form unwirtschaftlich wäre.

Es wurde daher geplant, an Stelle der hydraulischen Winden in dem erhalten gebliebenen Teil der Speicherstadt elektrische Winden zu verwenden und auch alle wiederaufzubauenden Speicher mit diesen auszurüsten. So wurde Mitte 1950 ein Ideenwettbewerb veranlaßt, der bei großer Beteiligung der einschlägigen Industrie viele gute Lösungen ergab. Leider mußte manche vorzügliche Konstruktion außer Betracht bleiben, da sie zu kostspielig wurde, was bei der großen Anzahl der benötigten Winden besonders fühlbar war. Die Wahl fiel auf den einfachen DEMAG-Elektrozug mit Feinhubwerk, nachdem sich in monatelangem Probebetrieb gezeigt hatte, daß dieser allen Betriebsbedingungen am Speicher entsprechen konnte. Die Winde hat 750 kg Tragkraft, 32 bzw. 48 m Hubhöhe, 45 m/min Hubgeschwindigkeit und 10 m/min Feinhubgeschwindigkeit bei Anschluß an 380 Volt Drehstrom (Abb. 13). Da es sich bei dem DEMAG-Elektrozug um eine seit Jahrzehnten bewährte Konstruktion handelt, die in Serienfabrikation in großen Stückzahlen hergestellt wird, sind Preis und Ersatzteilhaltung besonders günstig.

Abb. 13. Demag-Speicherwinde 750 kg Trgf.

4. Heizungsanlagen.

Die Einfuhr von Südfrüchten hatte in den Jahren vor dem letzten Kriege einen erheblichen Umfang angenommen. Da die Haupterntezeit der Südfrüchte in die Monate Oktober bis April fällt — nur Bananen werden laufend das ganze Jahr geerntet —, müssen die Umschlagsschuppen für die kälteempfindlichen Früchte beheizt werden. Die auf dem Kontinent wohl einmalige Anlage einer Gruppe von sechs heizbaren Fruchtschuppen am Versmannkai war durch den Krieg fast völlig zerstört worden. Der Initiative hamburgischer Fruchtimporteure war es zu danken, daß in den letzten Jahren nach der Wiederbelebung der deutschen Wirtschaft nach dem Kriege rund die Hälfte der deutschen Fruchteinfuhr wieder über Hamburg abgewickelt wurde. Dieser Menge die geeigneten Umschlagsanlagen zur Verfügung zu stellen, war Aufgabe des hamburgischen Hafenbaues.

So wurden für den Wiederaufbau eines Fruchtkais am Segelschiffhafen die Erfahrungen des Hafens mit den früheren Spezialanlagen und die neuesten Erkenntnisse der Technik verwertet. Den Berechnungen des Wärmebedarfs wurde eine Raumtemperatur von + 6° C, bei dem Spezialbananenschuppen 37 von + 12° C, bei einer Außentemperatur von —15° C zugrunde gelegt. Damit ergab sich z. B. für den Kaischuppen 34 ein Wärmebedarf von 1150000 kcal/h, von denen 580000 kcal/h zur Deckung des errechneten Wärmeverlustes durch Wände, Fenster, Decke usw. benötigt werden, der Rest zum Ausgleich des Kaltluftanfalls durch die offenen Schuppentore beim Löschen. Um den Wärmeverlust durch die Tore klein zu halten, wurden die Karrbahnen des Schuppens 34 nach oben durch eine feste Decke, gegen den Schuppen durch Persenningvorhänge abgeschlossen. Für den Schuppen selbst wurden Doppelfenster, für die Wände und Decke eine Wärmedämmung verlangt, die eine Wärmedurchgangszahl $k = 1 \frac{\text{kcal}}{\text{qm} \cdot \text{h} \cdot {}^\circ\text{C}}$ nicht überschreiten sollte.

Da für die Schuppenheizung, wie in den früheren Fruchtschuppen, Niederdruckdampf von 0,2 atü Betriebsdruck verwendet werden sollte, wurden für die Heizungsanlagen die bisher verwendeten Rohrregister in Betracht gezogen. Diese bestehen aus fünf parallel liegenden glatten Eisenrohren von 90 mm Durchmesser, die an ihren Enden mit Querrohren verschweißt und in 4 m Höhe über Flur aufgehängt sind. Hierbei geschieht die Wärmeübertragung etwa je zur Hälfte durch Konvektion und durch Strahlung. Diese Beheizung genügte zwar den Ansprüchen, war aber verhältnismäßig unwirtschaftlich, da der Luftraum des Schuppens bis zum Dach erwärmt werden mußte. Sie benötigte also lange Anheizzeiten. Außerdem ließ sie die Seitenflächen der Fruchtkistenstapel ungeschützt, die namentlich gegen die Karrbahn hin gefährdet sind. Da Versuche mit einer reinen Strahlungsheizung im Schuppen 36 keine Vorteile erkennen ließen, entschied man sich für die neuerbauten Schuppen 34 und 37 für die Heizung durch Lufterhitzer. Hierbei wird Luft (Schuppenluft oder Frischluft) durch Ventilatoren über dampfbeheizte Lamellenrohre in den Schuppen geblasen, wobei die Ausblaserichtung der Luft durch verstellbare Jalousieklappen verändert werden kann (Abb. 14). Im Kaischuppen 34 wurden z. B. 13 Lufterhitzer aufgestellt mit einer Wärmeleistung von je 75000 kcal/h bei 0,2 atü Betriebsdruck und einer stündlichen Luftmenge von je etwa 6000 cbm. Die Lüfter können vom Heizraum aus durch Fernsteuerung einzeln geschaltet werden.

Die Beheizung dieses Fruchtschuppens geschieht im Umluftbetrieb, jedoch kann auch Frischluft von außen zugeführt werden. Hierdurch ist eine Belüftung des Schuppens möglich, was an warmen Sommertagen erwünscht ist. Außerdem kann zur Vermeidung von Kondenswasserbildung während einer Heizperiode trockene Kaltluft der mit Wasserdampf gesättigten Raumluft zugesetzt werden. Für die Abschirmung des Schuppeninneren gegen die offenen Tore wird nicht nur die wasserseitige Karrbahn durch Persenninge geschützt, sondern diese wird durch einen auf der Karrbahndecke angeordneten Warmluftkanal geheizt, aus dem die Heizluft durch Düsen nach unten austritt. Die gesamte Anlage im Schuppen 34 hat sich während der Wintersaison im Fruchtumschlag bestens bewährt, so daß der im Jahr 1950 erbaute Fruchtschuppen 37, der speziell für den Bananenumschlag eingerichtet wurde, nach seinem Vorbild beheizt werden konnte. Entsprechend dem größeren Wärmebedarf beträgt hier die Leistung je Lufterhitzer 90000 kcal/h, der gesamte Wärmebedarf des Schuppens 1330000 kcal/h.

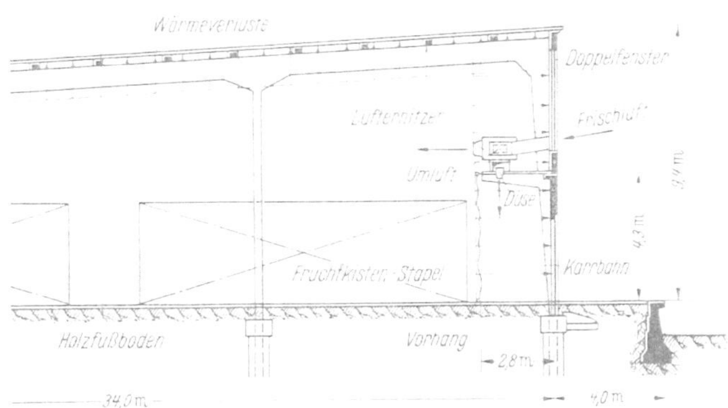

Abb. 14. Lufterhitzer im Fruchtschuppen.

Bei der Auswahl der Kaistrecke für die Fruchtschuppen war die Frage der Wassertiefe an der zugehörigen Kaimauer von Bedeutung. Die meisten Transportschiffe, die Südfrüchte aus den Mittelmeerländern und Westafrika bringen, kommen mit mittleren Wassertiefen aus. Schwierig wurde das Problem, als Dampfer mit größerem Tiefgang aus der Südamerika- und Australienfahrt Abfertigung an heizbaren Schuppen verlangten. Hier mußte zeitweilig improvisiert werden. Eine technisch interessante Lösung wurde dadurch gefunden, daß der Kaischuppen 82 am Chilekai (Wassertiefe 9,50 m bei MNW) durch Deckenlufterhitzer (Rotatherm-Geräte) (Abb. 15) heizbar gemacht wurde. Dieses sind in der Schuppenmitte in etwa 8 m Höhe aufgehängte Heizgeräte, in denen die Luft durch einen Ventilator an Lamellenheizkörpern vorbei radial in den Schuppen geblasen wird. Die Heizkörper, die stündlich je 90000 kcal abgeben, werden durch Dampf von 2 atü beheizt, der den Geräten durch fest verlegte Leitungen zugeführt wird. Die Rotathermgeräte können nach Bedarf einzeln zu- und abgeschaltet werden. Als Dampfzentrale wird bei diesen Anlagen ein Schutensauger verwendet, der in der Fruchtsaison wegen Stilliegens der Baggerarbeiten ohnehin verfügbar ist und für die Zeit der Beheizung an den Schuppen gelegt werden kann. Der Dampf von 12 atü wird in einer Reduzierstation im Schuppen auf den Betriebsdruck von 2 atü herabgesetzt.

Abb. 15. Rotatherm-Deckenlufterhitzer (R. O. Meyer).

Um allen Bedürfnissen des Fruchthandels gerecht werden zu können, wurde endlich die Hälfte des neuerbauten Kaischuppens 57 am Togokai mit einer stationären Dampfheizungsanlage versehen. Auch diese Anlage arbeitet mit Deckenlufterhitzern und gestattet, die Raumtemperatur in dem nicht zusätzlich isolierten Schuppen auf + 6° C bei —15° C Außentemperatur zu bringen.

Die in den sonstigen Nachkriegshochbauten eingebrachten Heizungsanlagen bieten technisch nichts Neues. Dagegen soll im Jahre 1953 der Versuch gemacht werden, den Vorbau des Schuppens 22 mit Deckenstrahlungsheizung und den des gleichzeitig errichteten Schuppens 23 mit Radiatorenheizung auszuführen. Für die Deckenheizung ist das Crittalsystem gewählt worden. Die Betriebsergebnisse beider Heizungssysteme, die unter völlig gleichen Bedingungen arbeiten, werden von den Fachkreisen mit Spannung erwartet.

5. Elektrische Anlagen.

Nach den geltenden Verträgen obliegt die Stromlieferung für das gesamte Hafengebiet den Hamburgischen Electricitätswerken (HEW). Deren Versorgungsnetz war, wie eingangs erwähnt wurde, durch die Luftangriffe weitgehend zerstört worden. Für den Wiederaufbau nach dem Kriege wurde die Versorgung der Krananlagen mit einer einheitlichen Gleichstromspannung von 550 Volt beschlossen. Dies hatte zur Folge, daß die HEW für die Speisung des Netzes Gleichrichterstationen mit Eisengleichrichtern für zusammenhängende Kaigruppen plante. Bisher sind vier dieser fernbedienten Stationen, die mit hochgespanntem Drehstrom versorgt werden, in Betrieb genommen worden bzw. stehen unmittelbar vor der Einschaltung. Um bei einem etwaigen Erdschluß stabile Netzverhältnisse zu haben, ist geplant, nach Beseitigung aller Kriegsschäden im Netz und in den Kränen den Minuspol des Netzes zu erden. Für das Drehstromnetz 220/380 Volt (Kraftstrom außer für Krananlagen, Lichtstrom) bauten die HEW ihre zerstörten und beschädigten Wandlerstationen wieder auf, so daß das Gesamtnetz der HEW im Hafen einschl. der Industrieanschlüsse bereits wieder eine solche Leistungsfähigkeit erreicht hat, daß die Spitzenleistung 1952 = 63000 kW betrug gegenüber einem maximalen Leistungsbedarf von 33000 kW im Jahre 1939. Der Stromverbrauch im Hafen, der 1939 etwa 63 Mill. kWh betragen hatte, erreichte 1951 mit 58,2 Mill. kWh bereits wieder 93%. Die Netzlänge im Hafengebiet betrug vor dem Kriege 406 km, 1952 jedoch 444, obwohl 40% des Netzes zerstört waren. Die Anzahl der Verteiler- und Umformerstationen war von 219 auf 143 Stationen (1945) abgefallen und wurde bis 1952 nahezu verdoppelt auf 279 Stationen. Der zukünftig erforderliche höhere Leistungsbedarf wurde bei allen Neuanlagen der HEW von vornherein eingeplant.

Abb. 16. Schlitzloser Schleifleitungskanal (EID). (Die dritte Schiene dient zur Erdung).

Abb. 17. Ladestation für Flurfördergerät (SSW).

Für die Stromzuführung selbst waren bei den Halbportalkränen Stromschienen längs der Schuppenwand verlegt, wobei die Stromabnahme durch Schleifschuhe erfolgte, die infolge ihres eigenen Gewichtes auf den Stromschienen auflagen. Soweit die Stromschienen unmittelbar vor den Fenstern vorbeiliefen, ergaben sie eine nicht unerhebliche Verdunkelung der wasserseitigen Schuppenfenster. Es wurde daher begrüßt, daß die Stromzuführung bei den Vollportalkränen grundsätzlich in einem schlitzlosen Schleifleitungskanal erfolgt. Für die Ausführung dieses Kanals wurde das System der Elektrotechnischen Industrie Duisburg-Wanheimerort (EID) gewählt (Abb. 16). Wo beim Wiederaufbau von Kaischuppen vorhandene Halbportalkräne weiterverwendet werden sollten, wurde eine Verbesserung der Stromschienenanlage vorgenommen. Die Schleifleitungen wurden hierbei unterhalb des hoch gelegenen Laufsteges am Schuppen angebracht, wo sie besser geschützt liegen und die Fensterflächen der Schuppen nicht beschatten.

Für die Beleuchtungsanlagen werden bei den Schuppenneubauten Tiefstrahlarmaturen verwendet, deren Lichtkegel sich in 4—5 m Höhe über Flur überschneiden, so daß eine praktisch gleichmäßige Bodenhelligkeit erreicht wird. Die Leuchten werden mit 200—300 Watt besteckt, was eine installierte Leistung von 2 bis 2,5 Watt je qm Bodenfläche ergibt. Die Helligkeit der Schuppenbeleuchtung genügt weitgehenden Ansprüchen, sie beträgt 15—30 Lux. In den Beton- und in den neuerbauten Holzschuppen wurde eine weitere beträchtliche Steigerung der Helligkeit durch Weißen der Decke und der Wände erzielt, was besonders bei Tageslicht zur Geltung kommt.

In der Schuppeninstallation wird statt frei verspannter Leitungen ausschließlich Feuchtraumkabelverlegung gewählt, wobei die Kabelbahn meistens zwischen den Fenstern und der Oberkante der Tore ihren Platz findet. Die Niederspannungsverteilungen werden in gekapselter Form ausgeführt. Nachdem eine Probebeleuchtung mit Leuchtstoffröhren in einem Schuppen günstige Ergebnisse gezeigt hat, soll ein im Jahre 1953 zu erbauender Kaischuppen mit Leuchtstoffröhren installiert werden. In die Büroräume der Schuppeneinbauten haben die Leuchtstoffröhren schon seit langem Eingang gefunden.

Eine umfangreiche elektrische Anlage war für die Errichtung einer durch die SSW erbauten Ladestation im Kaischuppen 74 für die dortige Schuppengruppe erforderlich. Hier wurden 60 Ladeschalttafeln aufgestellt, für die der Strom in einzelnen Selen-Trockengleichrichtern für eine Ladespannung von 80 bis 110 Volt umgeformt wird (Abb. 17). Die Stromversorgung der Station erfolgt durch eine Hochspannungsanlage, wobei die Transformatoren entsprechend der Belastung der Station durch Relais automatisch zu- und abgeschaltet werden.

Auf einigen Kaischuppen ergibt sich die Notwendigkeit, die Batterien einzelner Flurfördergeräte rasch nachzuladen, etwa wenn das Gerät noch in der 2. Schicht gebraucht werden soll. Für diese Zwecke ist der „Elektron"-Schnellader (Kerber & Riese, Bremen) mit Erfolg verwendet worden. Die Ladung auf volle Kapazität geschieht in 2½ Stunden, wobei der Schnellader für eine 40zellige Batterie z. B. umschaltbar für eine 12zellige Batterie eingerichtet ist. Der Einsatz dieser Schnellader für geschlossene Ladestationen befindet sich in der Erprobung.

Die öffentliche Beleuchtung auf Straßen und Plätzen, auf Pontons und Landeanlagen wurde im Zuge der Wiederherstellung dieser Hafenteile erneuert. Besonders durch Verwendung von Leuchtstoffröhren wurden hierbei günstige Betriebsergebnisse erzielt.

6. Fernmeldeanlagen.

Die Fernsprechanlage „Hafen" wurde 1949—1950 entsprechend den Bedürfnissen, die sich beim Wiederaufbau der Hafenanlagen ergaben, erweitert und modernisiert. Sie wurde nach postmäßigem Vorwählersystem auf 700 Nebenanschlüsse und 60 Amtsleitungen ausgebaut, wobei alle Hafenbehörden in das Hafennetz miteinbezogen wurden. Der erheblich gestiegene Bedarf an Nebenstellen wird 1953 den Umbau auf das 10000er-System in der Hafenzentrale erforderlich machen. Auf sechs Werkplätzen und Betriebsstellen befinden sich Unterzentralen, die durch Querverbindung an die Hauptanlage angeschlossen sind.

Aus Hafen- und Schiffahrtskreisen war immer wieder der Wunsch vorgebracht worden, Fernsprechanschlüsse für die im Hafen liegenden Schiffe zu erhalten. Insbesondere für die an den Dalben vertäuten Schiffe hat es sich als dringend notwendig erwiesen, daß vom Schiff aus Verbindungen zu den Büros in der Stadt und zu anderen Landstellen, z. B. zum Abrufen der benötigten Kähne und Schuten hergestellt werden könnten. So wurden in den letzten Jahren in Zusammenarbeit mit der Bundespost alle wichtigeren Kaistrecken mit Anschlußmöglichkeiten für Schiffsanschlüsse versehen. Auf eine Schuppenlänge wurden zwei Anschlußkästen vorgesehen, die jeweils neben einer Steigleiter in den oberen Teil der Kaimauer eingelassen wurden und die den Anschluß von je zwei Fernsprechsteckern zulassen. Insgesamt wurden 54 Anschlußkästen mit je zwei Leitungen betriebsfertig eingerichtet. Außerdem wurden an 20 Dalben des Oder-, Roß- und Kaiser-Wilhelm-Hafens Schiffsanschlüsse hergestellt. Die Organisation ist so getroffen, daß die Schiffsanschlüsse von den Schiffsmaklern, Reedern, Schiffsagenturen usw. beim Fernsprechamt beantragt werden. Dieses läßt den Sprechapparat durch motorisierten Dienst an Bord bringen, bei Schiffen, die an Dalben liegen, unter Benutzung der Barkasse der Wasserschutzpolizei. Für die Miete des Apparates sind feste Gebühren zu zahlen, deren Höhe sich nach der Dauer der Benutzung bemißt. Außerdem werden die üblichen Fernsprechgebühren berechnet. Der Makler oder Besteller rechnet mit dem Schiff ab. Er haftet dem Fernsprechamt gegenüber für die Gebühren. Beim Zurückbringen des Sprechapparates von Bord wird die Bundespost durch die Beamten der Wasserschutzpolizei unterstützt, so daß verhindert wird, daß der Sprechapparat versehentlich vom Schiff mitgenommen wird. Die Schiffsanschlüsse haben sich bestens bewährt, ebenso das System für die Abrechnung, wie die steigende Benutzung dieser Einrichtung beweist. Künftig sollen alle Schuppenneubauten mit je zwei Schiffsanschlüssen versehen werden.

Ein ganz neues Aufgabengebiet ergab sich für Hamburg durch die Forderung der Schiffahrtskreise, auch bei Nebel die Elbe sicher befahren und den Hafen aufsuchen und verlassen zu können. Unter Berücksichtigung der Zahl der Nebelstunden auf der Elbe haben überschlägige Schätzungen ergeben, daß die Schiffahrt jährlich einen nach Millionen DM zu beziffernden Verlust erleidet durch Verzögerung infolge Wartens auf dem Revier und die zusätzlichen Nebenkosten. Diese umfassen Hafenkosten wegen verzögerter Ankunft, Wartestunden für bestellte Arbeitsgänge, Schuten, Waggons, Kraftwagen und Kosten für beschleunigte Abfertigung im Hafen, damit der Fahrplan innegehalten werden kann. Durch die Anlage von Radarstationen zwischen dem Feuerschiff Elbe 1 und dem Hafen Hamburg könnte der weitaus größte Teil der vorstehend aufgeführten Kosten eingespart werden. Während die Errichtung von Radaranlagen längs der Unterelbe Sache des Bundes ist, der hier z. Z. mit Schiffsradaranlagen auf bundeseigenen Schiffen Erfahrungen sammelt, müßte für die Hafenstationen Hamburg selbst sorgen. Das Studium von ähnlichen Anlagen in anderen großen Häfen hat dazu ermuntert, auch im Hamburger Hafen an Versuchsanlagen Ergebnisse zu sammeln mit dem Ziele, an geeigneten Stellen des Hafens Radarstationen zu errichten. Diese sollen die Schiffahrt bei Nebel durch Übermittlung ihrer Position, die in den Hafenradarstationen festgestellt wird, unterstützen. Sie sollen z. B. bei einkommenden Schiffen den Hafenlotsen das Auffinden der Höftspitzen ermöglichen, von wo der Lotse das Schiff unschwer an den vorbereiteten Liegeplatz bringen kann. Diese Versuche sind im Herbst 1952 angelaufen und werden mit Aussicht auf Erfolg fortgesetzt. Sie werden zeigen, ob für den Hafen Hamburg eine Station genügt oder ob mehrere Radarstationen an verschiedenen Stellen des Hafengebietes erforderlich werden.

Für die Verbindung vom Schiff zum Land werden tragbare Ultrakurzwellen-Telefoniegeräte benötigt, die der Lotse mit an Bord bringt. Die deutsche Fachindustrie hat in der letzten Zeit eine größere Anzahl Typen dieser meist auf dem Rücken zu tragenden Geräte hergestellt, die im Frequenzbereich von 156 bis 174 MHz arbeiten. Die im Hamburger Hafen wie auch die seitens des Bundesverkehrsministeriums auf der Unterelbe vorgenommenen Versuche ergaben günstige Reichweiten, so daß der Einführung des UKW-Sprechverkehrs Land—Schiff und umgekehrt keine technischen Hindernisse entgegenstehen.

Aber nicht nur in Verbindung mit Landradarstationen ist das UKW-Gerät von Interesse. Es ist z. B. erwünscht, daß die Hafenlotsen nach Erledigung ihres jeweiligen Auftrages die Hafenlotsenstation fernmündlich erreichen können, um sofort für einen neuen Auftrag einsatzbereit zu sein. In manchen Hafengegenden und besonders nachts ist das Aufsuchen eines Fernsprechers mit Schwierigkeiten und Zeitverlust verbunden. Es ist daher beabsichtigt, die Hafenlotsen mit UKW-Fernsprechgeräten auszurüsten für Wechselsprechverkehr mit der Hafenlotsenstation.

Für andere hafenbetriebliche Aufgaben ist bereits ein UKW-Funksprechgerät in Betrieb, das auf einer Inspektionsbarkasse der Baggerei eingebaut ist. Die Verbindung mit den postalischen Teilnehmern erfolgt über eine Vermittlungsstelle der Bundespost im Stadtgebiet. Die Barkasse kann mit jedem Fernsprechteilnehmer des hamburgischen Netzes jederzeit in Sprechverbindung treten und über die Vermittlungsstelle auch stets angerufen werden. Die Entwicklung auf diesem Gebiet ist noch stark im Fluß, so daß im Laufe der Zeit im Hafen noch weitere Verwendungsmöglichkeiten für Funksprechgeräte sich ergeben werden.

Für die Sicherheit der auf den Kaischuppen liegenden Güter wie auch für die Bauwerke ist es von höchstem Interesse, etwaige Brände möglichst bald nach ihrer Entstehung zu bemerken. Unter den Systemen der automatischen Feuermeldeanlagen wurde im Kaischuppen 37 ein Großversuch mit dem Cerberus-Ionisationsmelder (S & H) durchgeführt. Der Melder schirmt eine Fläche von etwa 40 qm ab. Er prüft unter Verwendung der Strahlung von Radiumpräparaten die Luft dauernd auf ihre Zusammensetzung. Der Melder wird unterhalb der Schuppendecke angebracht. Die vom Brandherd zum Melder aufsteigenden Verbrennungsgase verändern die Spannungsverteilung zwischen der mit einem Drahtgitter umgebenen Ionisationskammer und der gegen die Raumluft abgeschlossenen Vergleichskammer. Dadurch zündet das im Melder eingebaute Glimmrelais und löst im Signalkasten Alarm aus. Auf den Alarm hin eilt der Wächter zur Schuppenmitte und kann hier, falls erforderlich, von Hand eine Regenwand einschalten, die in diesem Schuppen an Stelle der sonst üblichen Brandmauer vorgesehen ist.

Unter den sonstigen Schwachstromanlagen ist eine Ruf- und Übertragungsanlage für das Steubenhöft in Cuxhaven erwähnenswert, die dazu dient, die Verbindung zwischen dem Pier, den Büros, den Abfertigungs- und Wirtschaftsräumen und dem Bahnhof herzustellen. Hierfür sind drei Mikrophone und an acht Stellen insgesamt 13 Lautsprecher eingebaut. Das Schiff kann über eine Steckdose mit flexibler Leitung an diese Anlage angeschlossen werden, so daß es möglich ist, unmittelbar vom Schiff aus Befehle oder Meldungen durchzugeben.

7. Elbtunnel.

Durch die Kriegsereignisse war der Verkehr durch den Elbtunnel bis auf die Benutzung der Treppen praktisch zum Erliegen gekommen. Es mußte daher das Ziel der Aufräumungs- und Wiederaufbauarbeit sein, zunächst die am wenigsten beschädigten Aufzüge so weit instand zu setzen, daß ein bescheidener Verkehr möglich wurde. Am 10. August 1945 konnte mit der Mehrzahl der Fahrkörbe auf der St.-Pauli-Seite und zwei Fahrkörben auf der Steinwärder-Seite der Betrieb wiederaufgenommen werden. In mühevoller Kleinarbeit wurden im Laufe der folgenden Jahre die Schäden an Aufzugs- und Tunnelanlagen, im Kraftwerk und an den Maschinen zum Teil in behelfsmäßiger Weise beseitigt.

In den Jahren 1951/52 stand endlich ein größerer Betrag haushaltsmäßig zur Verfügung. Damit konnte das Eingangsgebäude Steinwärder wiederhergestellt, die Maschinen und Kabinen für zwei noch fehlende

Aufzüge wiederaufgebaut und die baulichen Schäden in den Tunnelrohren beseitigt werden. Mit diesen Arbeiten wurde der Elbtunnel bis auf die Kuppel und die Nordseite des Schachtes auf der Steinwärder-Seite wieder etwa auf den Vorkriegsstand gebracht. Die Zunahme des Verkehrs durch die Wiederbelebung des Hafens, insbesondere der stark angestiegene Pkw.-Verkehr, rechtfertigte die erheblichen Investitionen.

Im Zuge dieser Wiederaufbauarbeiten im Elbtunnel wurden verschiedene Änderungen an den technischen Anlagen vorgenommen. Die eine Maßnahme betraf die Beleuchtung in den Tunnelrohren. Bisher waren die Tunnelrohre durch Wandarmaturen mit 25-Watt-Glühlampen in 9 m Abstand beleuchtet, die an beiden Seiten versetzt angeordnet waren. Für die neue Beleuchtung wurden Leuchtstoffröhren (40 Watt) in je 9 m Abstand gewählt, die zur vollen Ausnutzung ihres Lichtstromes entsprechend ihrer Lichtverteilungskurve quer zur Tunnelachse im Scheitelpunkt der Rohre angebracht wurden (Abb. 18). Eine besonders hierfür entwickelte Armatur faßt Zubehör wie Drossel und Starter zusammen und ermöglicht es, die Leuchten wechselweise auf die drei Phasen des Netzes zu verteilen. Die einmaligen Kapitalkosten für diese Anlage waren nicht höher, als sie für einen Ersatz der alten abgängigen Glühlampenanlage gewesen wären, auch die Betriebskosten durch Strom und Ersatz der Röhren sind die gleichen wie die der früheren Anlage.

Abb. 18. Leuchtstoffröhren im Elbtunnel.

Dagegen war der Gewinn durch bessere Lichtausbeute beträchtlich. So betrug die Helligkeit in 1 m Höhe über Boden bei Inbetriebnahme der Anlage im Mittel das 12fache der früher vorhandenen, nach einem Jahr Betrieb noch das 6 bis 8fache, wobei die Werte abhängig von der Temperatur schwanken. Die Lebensdauer der in den Tunnelrohren verlegten Leuchtstoffröhren, die ständig brennen, ohne ein- und ausgeschaltet zu werden, ist erstaunlich hoch. Im Okt. 1953 hatten 90% dieser Leuchtstoffröhren bereits über 18000 Brennstunden hinter sich. Die am Schachtgerüst und in den Maschinenräumen angebrachten Röhren, die den Erschütterungen des Betriebes ausgesetzt sind und häufig geschaltet werden, erreichen nicht diese hohe Lebensdauer.

Da die Beleuchtung des Tunnels unbedingt sichergestellt sein muß — bisher wurde sie aus einer Batterie gespeist —, wurde eine Einspeisung von beiden Seiten des Elbtunnels vorgesehen. Bei Ausfall des Stromes aus dem Kraftwerk Steinwärder schaltet ein Relais automatisch das HEW-Netz St. Pauli ein, ohne daß der Tunnelbenutzer diesen Vorgang bemerkt.

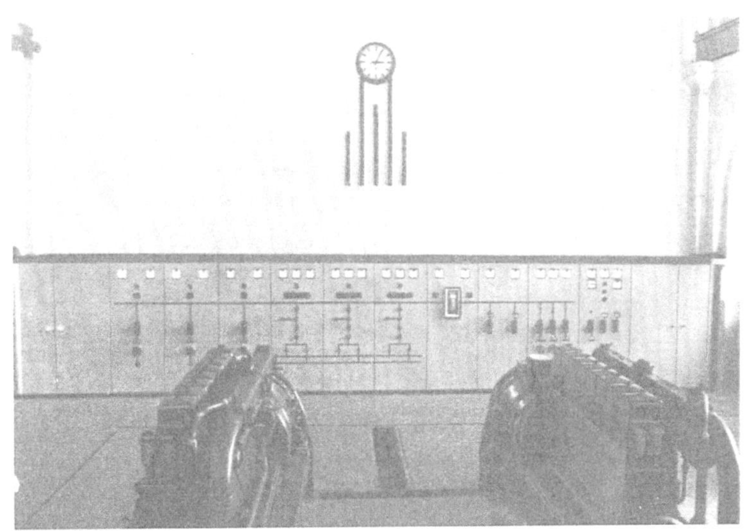
Abb. 19. Schalttafel Elbtunnelkraftwerk Steinwärder (AEG).

Aber auch die gesamte Stromversorgung des Elbtunnels wurde bei den Wiederaufbauarbeiten modernisiert und auf neue Grundlage gestellt. Ursprünglich übernahmen drei Dieselgeneratoren von je 135 kW die Erzeugung von 460 V Gleichstrom, der über eine Pufferbatterie und eine Lichtbatterie ins Netz geleitet wurde. Überschußenergie wurde über Motorengeneratoren 440/6000 V als hochgespannter Drehstrom ins Hafennetz geschickt. Später wurden diese Motorengeneratoren in umgekehrter Weise verwendet, indem Hochspannung aus dem Netz der HEW bezogen und in Gleichstrom umgeformt wurde. Diese Anlage wurde vor dem Kriege durch Aufstellung von Gleichrichtern modernisiert, wobei diese die Grundlast übernahmen, während die Dieselgeneratoren in Reserve und zur Spitzendeckung blieben. Da im Kriege ein Dieselgenerator und die gesamte Gleichrichteranlage zerstört wurden und die Batterien erhebliche laufende Instandhaltungs- und Erneuerungskosten verursachen, entschloß man sich zu einer grundsätzlichen Umstellung der Stromversorgung. Zukünftig wird ein Gleichrichter von 600 Amp. die Grundlast übernehmen. Unter Ausnutzung der Überlastbarkeit des Gleichrichters ist dieser in der Lage, die kurzzeitigen Stöße aus dem Aufzugsbetrieb, die früher von der Pufferbatterie aufgefangen wurden, aufzunehmen. In Zeiten starken Verkehrs wird ein zweiter Gleichrichter derselben Leistung hinzugeschaltet, während ein dritter Gleichrichter in Reserve bleibt. Die Pufferbatterie und die Lichtbatterie wurden beseitigt. Um die Stromversorgung des für den Hafenverkehr außerordentlich wichtigen Elbtunnels auch bei Ausfall des HEW-Netzes unbedingt sicherzustellen, wurden zwei neue Dieselgeneratoren beschafft. Ein MAN-Dieselmotor von 265 PS Dauerleistung treibt einen von der Firma Still gelieferten Generator (175 kW, 460 Volt), der den erzeugten Strom unmittelbar in das Elbtunnelnetz liefert. Für die Aufstellung dieser beiden Dieselgeneratoren mußte außer dem im Kriege zerstörten früheren Dieselgenerator noch ein zweiter im Maschinenhaus des Kraftwerkes entfernt werden, so daß von der früheren Anlage lediglich der dritte Dieselgenerator mit 135 kW abgegebener Gleichstromleistung erhalten geblieben ist. Auch die über 40 Jahre alte Schalttafel wurde erneuert. Diese Arbeiten ebenso wie die Lieferung und Montage der Gleichrichter- und Hochspannungsanlagen wurden von der AEG ausgeführt (Abb. 19).

8. Schleusen und bewegliche Brücken.

Die 14 Schleusen des Hamburger Hafens hatten im Laufe des Krieges kleinere und größere Zerstörungen bis zum Totalschaden erlitten. Ihr Wiederaufbau richtete sich nach den Bedürfnissen des Hafenverkehrs und den zur Verfügung stehenden Baustoffmengen. So wurde zunächst die Wiederherstellung der Ellerholzschleusen als der wichtigsten Hafenschleusen in Angriff genommen. Ihnen folgte die Beseitigung der Schäden an den Reiherstiegschleusen, an der 1. Rugenbergerschleuse, der Brooktor- und der Grevenhofschleuse, so daß Ende 1950 bereits 11 Schleusen betriebsbereit waren. Drei von diesen wurden provisorisch nur mit einem Torpaar betrieben, wobei die Strömung in der Schleusenkammer, Auskolkungen und Auflandungen notgedrungen in Kauf genommen werden mußten.

Nach Beendigung der z. Z. noch laufenden Arbeiten sind alle Schleusen wieder in Betrieb, mit Ausnahme der Alten Schleuse in Harburg, die völlig geschlossen werden mußte, der Baakenschleuse, deren Kammer mit Rücksicht auf die erheblichen Schäden an den Brückenwiderlagern mit Sand gefüllt wurde, der 2. Rugenbergerschleuse und der 2. Müggenburgerschleuse. Im Jahre 1952 wurden bereits wieder 460000 Fahrzeuge geschleust, was 86% des Verkehrs von 1938 entspricht.

Abb. 20. Schöpfwerk Harburg (MAN) im Bau.

In das Nordhaupt der Alten Schleuse in Harburg wurde 1950/51 ein Schöpfwerk eingebaut, das die Aufgabe hat, Hochwasserkatastrophen im Binnenhafen von Harburg zu verhindern. Gewöhnlich wird dieser durch die Neue Schleuse zur Süderelbe hin entwässert, wobei auch die in den Binnenhafen mündenden Abwässer der Stadt und das Hochwasser der Seeve abgeführt werden können. Wenn jedoch der Wasserstand in der Süderelbe bereits bei Niedrigwasser höher ist als im Binnenhafen, ist eine Entwässerung zur Elbe hin nicht möglich. Früher wurde das Hochwasser des Binnenhafens durch einen Überlauf in die Zuführungsgräben zu den Moorburger Wiesen geleitet. Durch die Aufhöhung des Geländes für Zwecke der Ebano wurde dieser Notauslaß beseitigt und das Hochwasser des Binnenhafens muß über den Deich in die Elbe gepumpt werden. Hierfür wurde das Nordhaupt der Alten Schleuse durch einen Dammbalkenverschluß gedichtet, über dem ein Schöpfwerk errichtet wurde. Dieses besteht aus drei MAN-Schraubenschauflern von je 4100 l/sec Förderleistung mit den zugehörigen Saug- und Druckrohrleitungen (Abb. 20). Für den Antrieb sind Motoren von je 200 kW erforderlich, die aus einer besonders errichteten örtlichen Hochspannungsstation gespeist werden. Mit dieser Anlage kann in einer Stunde vollen Betriebes der Wasserstand im Harburger Binnenhafen um 20 cm abgesenkt werden.

Der Neubau einer Schleuse und eines Sielbauwerkes wurde 1949/50 in der Dove-Elbe bei Tatenberg erforderlich, worüber an anderer Stelle berichtet wird. Für die Torverschlüsse der Tatenberger Schleuse wurden einteilige Schiebetore in genieteter Kastenriegelkonstruktion gewählt, deren Unterwagen auf zwei in der Kammersohle eingesetzten Schienen, deren Oberwagenräder auf Betonholmen der mit Spundwänden begrenzten Torkammern laufen. Der Antrieb der von der MAN gebauten Anlage geschieht durch eine endlose Gallsche Kette von stationären Winden am Torkammerende aus. Für das Füllen und Leeren der Kammer sind je drei Durchflußsegmente in den Schleusentoren vorhanden, die durch eine Schubstange mit Kurbelantrieb betätigt werden. Die Energie des Ausgleichswassers wird in einem Torbecken vernichtet, wobei es durch besondere Formgebung der Sohlenschwelle gelungen ist, den Trossenzug der im Strom vertäuten Kähne auf 750 kg herabzubringen bei Einhaltung der verlangten Füllzeit der Schleuse von 7½ Minuten bei ungünstigstem Wasserstand. Torantrieb und Schützen werden von den Bedienungshäusern an jedem Haupt aus durch Druckknopfschaltung ferngesteuert. Die etwa notwendig werdenden Instandsetzungen an den Toren können innerhalb der Torkammern erfolgen, die durch Dammtafeln gegen das Außenwasser abgedichtet werden. Die Schleusenkammer selbst kann durch Dammbalken, die als Rohre mit aufgesetzten Deckeln schwimmbar eingerichtet sind, abgeschlossen werden.

Für die Regelung des Wasserstandes in der Dove-Elbe wurde neben der Tatenberger Schleuse in den Abschlußdamm ein Deichsiel mit drei Durchflußöffnungen von 4 m lichter Höhe und 4,20 m lichter Breite eingebaut. Für die Sielverschlüsse wurden drei Doppelhubschützen eingebaut, wobei für die Hubtürme, die die Antriebsanlage tragen und die Führung der Gleitschützen herstellen, Ausführung in Beton gewählt wurde. Die Torwindwerke für die Gelenkzahnstangen zum Antrieb der Schützentafeln sind in den oben gelegenen Verbindungsstegen zwischen den Türmen gelagert. Durch die Gelenkzahnstange ist ein zwangsläufig gleichmäßiges Schließen der Schützentafeln unter allen Umständen gewährleistet. Der kurvenförmige Auslauf der Gelenkzahnstange am unteren Ende der Führung bewirkt ein Aufdrücken der Tafeln auf die Sohle mit gleichzeitiger Verriegelung. Die Abdichtung der Sielverschlußtafeln ist nach beiden Seiten wirksam ausgebildet.

Von den fünf beweglichen Brücken des Hamburger Hafens war besonders die Instandsetzung der Rethe-Hubbrücke vordringlich. Auf dem Nordturm der Brücke war durch eine aufschlagende Bombe eine Seilscheibe und die Kopftraverse zerstört. Ferner war der Brückenaufbau auf dem nördlichen Drittel vernichtet. Trotz der persönlichen und Baustoffschwierigkeiten gelang es, die Instandsetzungsarbeiten so rasch durchzuführen, daß die Rethebrücke bereits Ende 1945 wieder betriebsfähig war. An den anderen beweglichen Brücken wurde die Beseitigung der verschiedenartigen Kriegsschäden in den folgenden Jahren durchgeführt.

Schrifttum.

Neumann, H.: 50 Jahre elektrische Kaikräne im Hamburger Hafen, Werft-Reederei-Hafen 1941, S. 325—329.
Naß, E.: Das Problem der Kajenkrane, Schiff u. Hafen 1949, S. 22—24.
Wundram, O.: Moderne mechanische Umschlagsanlagen, Hansa 1949, S. 321—324.
Neumann, H.: Mechanische Ausrüstung für den Stückgutumschlag im Seehafen, Hansa 1949, S. 915—920.
Berghaus, B.: Kritische Betrachtung zur Umschlagtechnik im Stückgut-Seehafen, Hansa 1949, S. 920—922.
Krauss, G.: Betrachtungen über die Ausrüstung von Stückgutkais, Schiff u. Hafen 1950, S. 21—24.
Jung, H.: Entwurf von Kajequerschnitten in modernen Stückguthäfen, Hansa 1950, S. 193—195.
Neumann, H.: Die Anzahl der Stückgutkräne am Kaischuppen, Hansa 1950, S. 360—366.
Krauss, G.: Zum Problem der Kaigliederung in Seehäfen, Hansa 1950, S. 921—925.
Berghaus, B.: Stückgutkrane, Hansa 1950, S. 1161—1165.
Wundram, O.: Bemerkungen zur Stückgutumschlagstechnik in ausländischen Seehäfen, Hansa 1950, S. 1165—1169.
Neumann, U.: Der MAN-Säulenkran, Schiff u. Hafen 1951, S. 309—312.
Büttemeyer, F.: Ein neuer Stückgut-Wippdrehkran, Schiff und Hafen 1951, S. 313—316.
Berghaus, B.: Kranausrüstung in nordamerikanischen und europäischen Häfen, Hansa 1951, S. 331—333.
Henney, K. A. u. Neumann, H.: Erhöht der Uferkran die Leistungsfähigkeit und Wirtschaftlichkeit eines Seehafens? Hansa 1951, S. 631—645.
Mühlradt, F. u. Berghaus, B.: Kranausrüstung von Stückguthäfen, Hansa 1951, S. 1710—1713.
Berghaus, B. u. Henney, K. A.: Bewegungsstudien an Stückgutkranen, Hansa 1952, S. 593—600.
— — Bericht über die Tätigkeit der Arbeitsgruppe „Wirtschaftlichkeit und Zahl der Hafenkrane", Hansa 1952, S. 1642—1644.
Ernst, H.: Aus der neuesten Entwicklung des Kranbaues, ZdVdI 1952, S. 307—313.
Naß, E.: Stückgutkrane an Seeschiffskajen, ZdVdI 1952, S. 907—912.
Neumann, H.: Handling of Cargo at European and USA Ports, Dock and Harbour Authority 1952, S. 35—42 u. S. 89—92.
— Die Stromart für den Betrieb von Stückgut-Kaikränen, Werft-Reederei-Hafen, 1942, S. 245—247.
— Die Stromarten für Kaikräne in Seeschiffshäfen, Hansa 1952, S. 1635—1641.
Loewer, R.: Der Einsatz mechanischer Transportgeräte in Kaischuppen, Hansa 1950, S. 919—921.
— Kaigestaltung und Flurförderung, Hansa 1952, S. 605—610.
Neumann, H. u. Wundram, O.: Kostenvergleich zwischen Benzin- und Elektrofahrzeugen zur Flurförderung und Stapelung im Hafenumschlag, Hansa 1952, S. 1631—1635.
Mannitz, W.: Die Beheizung der Fruchtschuppen im Hamburger Hafen, Hansa 1950, S. 1604—1609.
Henney, K. A.: Aufgaben der Elektrotechnik in den Seehäfen, Hansa 1952, S. 465—469 u. 684—686 u. 862—865.
Neumann, H.: Die Entwicklung der Kaischuppenbeleuchtung in Hamburg, Schiff u. Hafen 1949, S. 159—162.
Bötz, K.: Beleuchtung von Hafenschuppen durch Glühlampen oder Leuchtstofflampen, Hansa 1952, S. 324—326.
Krause, W. A.: Elektrische Sichtgeräte als Hilfsmittel der Schiffsführung, Schiff u. Hafen 1949, S. 76—80 u. 98—101.
— Anwendungsmöglichkeit und -grenzen der UKW-Fernsprechanlagen im Hafeneinsatz, Hansa 1950, S. 1071—1072.
— Tragbare Funktelephoniegeräte zur Verbindung zwischen Schiff u. Hafen, Frequenz 1952, S. 146—149.
— Die Sicherung der Schiffahrt bei Nebelfahrten auf engen Gewässern, Jahrbuch der Hafenbautechnischen Gesellschaft, 19. Bd., 1951, S. 46—52.

Die Hamburgischen Hafenbahnanlagen.

Von Oberbaurat Dr.-Ing. **Günter Krauss**, Hamburg.

A. Vorbemerkung.

Der Zeitbedarf für Abwicklung und Abfertigung des Zubringer- und Verteilerverkehrs beeinflußt die wirtschaftliche Anziehungskraft eines Hafens auf die Verkehrstreibenden in nicht zu unterschätzendem Maße. Zuverlässige und schnelle Bewältigung jedes Verkehrsanfalles ermöglicht den Abladern kurzfristigere Dispositionen, prompte Be- und Entladung bedeutet größere Umlaufgeschwindigkeit und damit bessere Ausnutzung der Transportmittel. Selbstverständlicher Bestandteil eines neuzeitlichen Hafens sind daher leistungsfähige Anlagen zur Heranführung, Abfertigung und Ableitung des Binnenverkehrs, in dessen Bereich die Eisenbahn häufig eine hervorragende Rolle spielt. Das gilt besonders auch für Hamburg. Mehr als 40% der in seinem Hafen umgeschlagenen Güter befördert z. Z. die Hafenbahn, die den Verkehr zwischen den Ladestellen und den Inlandsstrecken der Bundesbahn vermittelt. Um diese Aufgabe auch bei Verkehrsspitzen sicher bewältigen zu können, mußten im Laufe der Zeit weitläufige Gleisanlagen geschaffen werden. So nimmt die Hamburger Hafenbahn heute fast 210 ha oder 4% der gesamten Landfläche des Hafens für ihre Zwecke in Anspruch. Im Freihafenbereich, in dem sich die bezüglich der Eisenbahnbedienung anspruchsvollen Kaiumschlagsanlagen befinden, sind es sogar 17%[1]. Entsprechend hoch sind daher auch die für den Ausbau ihrer Anlagen aufgewandten Geldmittel. Die Vermögensstatistik des Hafens weist allein für die stationären Anlagen der Hafenbahn einen Gesamtbetrag von 55 Mill. DM oder 6% aller Investitionen aus.

Diese Kapitalien waren zum größten Teil zu einer Zeit zur Verfügung gestellt worden, in der der Zubringer- und Verteilerverkehr fast ausschließlich von Eisenbahn und Binnenschiff betrieben wurde. Zwischen diesen beiden Verkehrsmitteln hatte sich allmählich eine gewisse Aufgabenteilung ergeben. Die Bedürfnisse der Eisenbahn waren bekannt und anerkannt. Man wußte aus Erfahrung, daß die für sie aufgewandten Geldmittel an anderer Stelle reiche Zinsen trugen. Schließlich gehört der Grad der Sicherheit, mit dem jeder Verkehrsanfall zu jeder Jahreszeit reibungslos bewältigt werden kann, zu den maßgeblichen Fazilitäten eines Hafens.

Die vorbehaltlose Anerkennung der Eisenbahn als bedeutendstem Transportmittel zu Land begann aber mit dem Aufkommen des Lastkraftwagens zu schwinden. Seiner Natur entsprechend warb er bekanntlich mit zunehmendem Erfolg vor allem um hochwertige Güter, deren Beförderung bis dahin fast ausschließlich der Reichsbahn und damit im Hafen der Hafenbahn vorbehalten war. Daß dadurch allmählich das gesamte Tarifgefüge der Eisenbahn aus dem Gleichgewicht gebracht werden mußte, konnte verständlicherweise die im allgemeinen nach privatwirtschaftlichen Gesichtspunkten arbeitenden Verlader zunächst wenig interessieren. Es wäre ja auch Aufgabe einer übergeordneten Verkehrspolitik gewesen, hier regelnd einzugreifen. So übernahm der Lastkraftwagen dort, wo er attraktiver als die Eisenbahn war, deren Aufgabe und fand auch in zunehmendem Maße Eingang im Zubringer- und Verteilerverkehr. Bei Kriegsbeginn war aber sein Anteil an diesem Verkehr noch nicht groß genug, um spürbare Auswirkungen auf den Umfang des Hafenbahnverkehrs erkennen zu lassen. Nur bei der Verkehrsabwicklung am Kai begannen sich ernstliche Schwierigkeiten abzuzeichnen. Von einer Möglichkeit, die Eisenbahnanlagen im Hafen, auch zugunsten der Lade- und Durchgangsstraßen, einzuschränken, konnte jedoch noch keine Rede sein.

Nach dem Kriege war man einer Antwort auf die Frage nach der künftigen Entwicklung zunächst durch die damaligen Verkehrsverhältnisse enthoben. Zwar stand es von vornherein fest, daß man den Straßenverkehr in angemessener Weise beim Wiederaufbau der Hafenanlagen berücksichtigen müsse, man war aber zunächst praktisch nur auf die Eisenbahn angewiesen. Sowohl Straßen- wie Binnenschiffsverkehr lagen fast völlig darnieder und die Voraussetzungen für ihr Wiederaufleben schienen auf längere

---

[1]

	Gesamthafen	Freihafen
Gebiet des Hafens Hamburg	9450,3 ha	1335,0 ha
Gesamtwasserfläche	3743,2 ha	631,0 ha
Gesamtlandfläche	5707,1 ha	704,0 ha
Hafenbahnanlagen	210,0 ha	120,0 ha

Sicht zu fehlen. Dieser Umstand kam dem Wiederaufbau der Hafenbahn zugute. Es lag aber auf der Hand, daß man Investitionen vermeiden mußte, die sich bei einer späteren Normalisierung der Verhältnisse als unnötig erweisen könnten. Da sich die Wiederherstellungsarbeiten nicht nur nach den augenblicklichen Verkehrsbedürfnissen, sondern auch nach den technischen Möglichkeiten richten, d. h. also abschnittsweise durchgeführt werden mußten, war bei den Bahnhofsanlagen von vornherein eine gewisse Möglichkeit gegeben, die Entwicklung abzuwarten. Anders lagen die Dinge am Kai. Hier mußte das Verkehrsproblem im voraus gelöst werden. Mit dem Bau der Kaischuppen legte man nämlich die Flächenverteilung endgültig fest.

Nach der Währungsreform setzte nun der bekannte Aufschwung des Straßenverkehrs ein, dessen Umfang heute weit über den Vorkriegsstand hinausgeht. Auch am Binnenverkehr des Hafens ist er jetzt ganz erheblich beteiligt. Dennoch ist der Hafenbahnverkehr weiter angestiegen. Sein effektiver Umfang betrug 1952 im Vergleich zum Jahre 1938 130%, während seine relative Stärke sogar bei 214% lag[2]. Ohne Zweifel geht dieser Zuwachs bis zu einem gewissen Grade auf Kosten der Binnenschiffahrt, die im Gegensatz zur Vorkriegszeit im Hafen nur noch eine untergeordnete Rolle spielen kann. Man darf aber nicht übersehen, daß der Mehrverkehr der Hafenbahn zum größeren Teil echt sein dürfte, da sich das Einzugsgebiet des Hafens infolge der Spaltung Deutschlands stark verändert hat. Dieser echte Verkehrszuwachs der Eisenbahn im Hafen muß nachdenklich stimmen, wurde er doch in scharfem Wettbewerb mit einem Konkurrenten erzielt, dessen Geschäftsgebaren keine gemeinwirtschaftlichen Verpflichtungen beeinflussen. Es bestätigt sich eben, daß die Eisenbahn auch in gewissen Verkehrsbeziehungen der Häfen durch andere Transportmittel, mögen sie sonst noch so attraktiv sein, nicht wirtschaftlicher ersetzt werden kann. Das liegt schon in den Eigenarten des Hafenverkehrs begründet, der einerseits schnelle Beförderung zur Erreichung der Schiffsanschlüsse erfordert, andererseits bei verzögerten Ankünften zu oft erheblichen Wartezeiten zwingt, gegen die der Lastkraftwagen sehr empfindlich ist[3]. Aber auch die Zuverlässigkeit und Schnelligkeit der Eisenbahn bei fast jeder Witterung und jedem Verkehrsanfall, außerdem die leichtere Disposition bei Inanspruchnahme ihrer glänzenden Organisation werden der Schiene weiterhin ihren Anteil am Hafenverkehr sichern. Zu diesem Schluß kommt man zwangsläufig bei einer kritischen Würdigung der bisherigen Entwicklung. Die Richtigkeit der Investitionspolitik im Hafen wird also auch bezüglich der Hafenbahn durch die heutigen Verhältnisse bestätigt. Ihre Stellung als Mittlerin zwischen See- und Binnenverkehr ist weiterhin gefestigt.

B. Die Entwicklung bis zum Kriege.

1. Lage, Gliederung und Bahnhöfe der Hafenbahn.

Die Tatsache, daß sich in den Grenzen Groß-Hamburgs der größte Seeumschlag Deutschlands abspielt, hat auf die Gestaltung der Hamburger Eisenbahnanlagen und ihre Einbindung in das gesamtdeutsche Eisenbahnnetz grundlegenden Einfluß gehabt. Während einerseits besondere Hafenbahnen geschaffen werden mußten, um die Ausfuhrgüter an die Seeschiffe heranzuführen und die Einfuhrgüter von ihnen zu übernehmen, wurden andererseits mit steigendem Verkehr immer leistungsfähigere Verbindungen zum Hinterland erforderlich. Für die Zusammenfassung und Verteilung der auf diesen Schienenstraßen ein- und auslaufenden Gütermengen sind heute vier große Verschiebebahnhöfe der Bundesbahn vorhanden. Im Norden ist es der Vbf. Eidelstedt, im Osten der Vbf. Rothenburgsort einschließlich Vbf. Billwerder und im Süden sind es die Vbfe. Harburg und Wilhelmsburg (Abb. 1).

Vor allem der zweiseitige Verschiebebahnhof Wilhelmsburg ist für den Hafen von hervorragender Bedeutung; werden in ihm doch die Übergabezüge nach den Hafenbahnhöfen Hamburg-Süd und Kai-Rechts, außerdem nach dem Bf. Peute und zur Wilhelmsburger Industriebahn gebildet. Die letztgenannte Privatanschlußbahn bedient u. a. das früher preußische Hafengebiet Kattwyk-Neuhof und ist der Hafenbahn durch Personalunion verbunden. So läuft also ein großer Teil des Eisenbahnverkehrs von und zum Hafen über den Vbf. Wilhelmsburg, der daher auch in der Leistungsfähigkeit mit 4800 Wagen/Tag die Spitze hält, während Vbf. Eidelstedt in der gleichen Zeit etwa 4700, Vbf. Rothenburgsort-Billwerder etwa 3000 und Vbf. Harburg z. Z. 1900 Wagen bewältigen kann.

[2] Es konnte leider nicht einwandfrei geklärt werden, ob die Vorkriegsstatistik bereits den Anteil der früher preußischen Häfen erfaßt. Im ungünstigsten Fall würden die Verhältniszahlen nicht 130 bzw. 214%, sondern 115 bzw. 190% lauten müssen.

[3] Als Beispiel sei das Problem der Reservewagen genannt, das sich wirtschaftlich auch weiterhin nur durch die Eisenbahn lösen lassen dürfte. Hierbei handelt es sich um Wagen mit Ausfuhrgut, für das die Umschlagsstelle noch nicht festliegt. Sie werden bis zur endgültigen Disposition beiseite, also „in Reserve" gestellt. Im Durchschnitt fielen in Hamburg vor dem Kriege täglich 100—200, bei Störungen im Schiffsverkehr sogar bis zu 1000 Reservewagen an. Heute sind es 10—100, im Mittel etwa 30 Wagen/Tag. Die Anzahl der „echten" Reservewagen ist also dank der guten Zusammenarbeit von Güterabfertigungen und Kaiumschlagsbetrieben erheblich zurückgegangen. Dafür steigt die Zahl der „unechten" Reservewagen ständig. Gemeint sind damit die Wagen, die zwar disponiert sind, für den direkten Umschlag aber erst bei Ladebereitschaft des Seeschiffes zugestellt werden können.

Der nur noch beschränkt erweiterungsfähige Vbf. Wilhelmsburg wird voraussichtlich später durch den Vbf. Meckelfeld entlastet werden, der an der Strecke nach Hannover geplant ist. Ähnliches gilt für den erst zum Teil fertiggestellten Vbf. Billwärder, der den beengten Vbf. Rothenburgsort ersetzen soll. Angesichts der politischen Situation dürfte aber auch die Beendigung dieses Bauvorhabens in weitere Ferne gerückt sein.

Übrigens sind beide neugeplanten Bahnhöfe Bestandteil der ebenfalls erst in einem Teilabschnitt ausgeführten Güterumgehungsbahn, die den Durchgangsverkehr von und nach Norden von der überlasteten Verbindungsstrecke Hamburg—Altona ableiten soll.

Diese Rangierbahnhöfe der Deutschen Bundesbahn wurden ursprünglich, soweit möglich, am Rande des großen Verkehrsbeckens „Seehafen und Großstadt Hamburg" angelegt. Später sind sie dann aller-

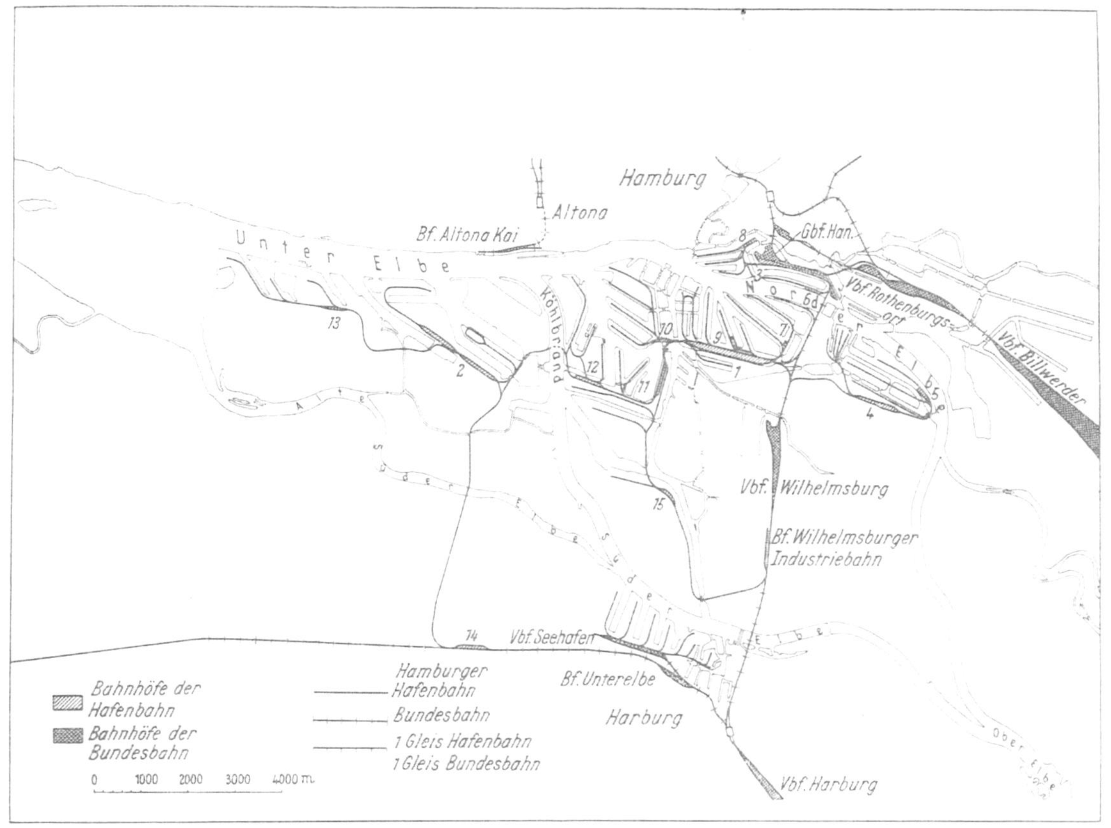

Abb. 1. Die Hamburgischen Hafenbahnanlagen, Übersichtsplan.
1. Haupthafenbahnhof Hamburg-Süd. — 2. Hbf. (Hafenbahnhof) Waltershof. — 3. Hbf. Kai-Rechts. 4. Bf. Peute. — 5. Kohlenbf. Peute. — 6. Kohlenbf. Kai-Rechts. — 7. Vorbf. Dessauer Ufer. — 8. Vorbf. Brookthorkai. — 9. Vorbf. Afrikastraße. — 10. Vorbf. Buchheisterstraße. — 11. Abstellgruppe Roeloffsufer. 12. Bezirksbf. Roß. — 13. Bezirksbf. Finkenwärder. — 14. Bf. Bostelbeck. — 15. Bezirksbf. Eversween.

dings im Zuge der baulichen Entwicklung zum Teil ins Weichbild der Stadt einbezogen worden. Betrieblich bestehen zwischen ihnen und den Hafenbahnhöfen fast ausnahmslos enge Beziehungen, da die Eigenarten des Seehafenverkehrs die Betriebsführung in beiden Bahnhofsgruppen weitgehend beeinflussen. Der stark wechselnde Verkehrsanfall wie auch die Notwendigkeit schneller und individueller Behandlung der Güter erzwingen geradezu einheitliche Dispositionen. Übrigens werden sie durch die für Hamburg typische Art der Betriebsführung auch ermöglicht[4].

Die Gliederung des Hafenbahnnetzes, also auch die Lage und Größe seiner Bahnhöfe, wurde durch die geschichtliche und politische Entwicklung geprägt. Hamburg war auf Grund der alten Reichsverfassung von 1871 zunächst außerhalb des deutschen Zollgebietes geblieben. Nach seinem Anschluß im Jahre 1888[5] beließ es große Teile des damaligen Hafen- und Hafenerweiterungsgebietes im sogenannten Freihafen, der sich über beide Ufer der Norderelbe erstreckte. Hatte man bisher die Umschlagsanlagen eisenbahnmäßig vom damaligen „Berliner" und vom benachbarten „Venloer Bahnhof" aus bedienen können, so erwies es sich nun auf Grund der stürmischen Aufwärtsentwicklung des Hafens als notwendig, ihm für seine Zwecke

[4] Vgl Abschnitt B 2, S. 122.
[5] Unterzeichnung des Anschlußvertrages 16. Februar 1882. Vollziehung des Zollanschlusses 15. Oktober 1888.

eigene Bahnhofsanlagen zu erstellen. Bei den einschlägigen Planungsarbeiten zeigte es sich dann, daß die hierfür benötigten Flächen zum Teil durch die inzwischen geschaffenen öffentlichen Eisenbahnen, die Norderelbbrücken, durch die damalige preußische Grenze und andere seit jeher vorhandene oder neu geschaffene Zwangspunkte eingeengt wurden. Die Hafenbahnhöfe konnten daher nicht überall so großzügig ausgebaut werden, wie das hin und wieder erwünscht gewesen wäre. Das macht sich heute noch vor allem in ihrer Breitenentwicklung bemerkbar. Ein erheblicher Teil der Ordnungsaufgaben mußte deshalb seit jeher an anderer Stelle erledigt werden. Die hierfür erforderlichen Gleisgruppen wurden im allgemeinen an den Landseiten der Kaischuppen angelegt. Das Hafenbahnnetz läßt sich daher betrieblich nur im Zusammenwirken der Teile des Ganzen bewerten. Dieser Umstand beeinträchtigt mitunter fühlbar die planerische Freiheit bei der Modernisierung der Hafenanlagen.

Abb. 2. Luftbild des Haupthafenbahnhofs Hamburg-Süd.

Heute bildet die Hamburger Hafenbahn bis auf Anlagen verhältnismäßig geringen Umfanges in den Hafenteilen, die nach Erlaß des Groß-Hamburg-Gesetzes[6] aus preußischem Besitz in hamburgischen übergingen, ein geschlossenes Gleisnetz, das sich in drei Teile gliedert (vgl. auch Abb.1). Die Peutebahn, die „althamburgische Hafenbahn“ und die Waltershofer Bahn sind jedoch nicht unmittelbar miteinander verbunden. Der Übergang von einem in den anderen der genannten Bezirke ist nur über Gleise der Bundesbahn bzw. die Köhlbrandfähre möglich. Innerbetrieblich gesehen spielt das u. a. auch deswegen keine wesentliche Rolle, weil in jedem der drei Bezirke ganz individuelle Verkehre aufkommen. Auf der Peute sind fast ausschließlich gewerbliche und industrielle Anschließer[7] zu bedienen, im „althamburgischen Bezirk“, der mit dem gegenwärtigen Freihafenbereich identisch ist, liegen die weit verzweigten Kaiumschlagsanlagen und in Waltershof der Petroleumhafen. Jeder dieser Bezirke ist mit einem Rangierbahnhof und, soweit erforderlich und möglich, mit Bezirks- oder Unterbezirksbahnhöfen ausgestattet. Es liegt dabei in der Eigenart der Verhältnisse begründet, daß bis auf den Haupthafenbahnhof Hamburg-Süd alle Bahnhöfe einseitig ausgebildet sind. Die einseitige Form bringt für den Eisenbahnbetrieb im Hafen unter gewissen Voraussetzungen nicht zu unterschätzende Vorteile. Der oft erhebliche Eckverkehr läßt sich leichter bewältigen, außerdem sind die Ausbaukosten und meistens auch der Flächenbedarf für etwaige Erweiterungen geringer.

[6] „Gesetz über Groß-Hamburg und andere Gebietsbereinigungen“ vom 26. Januar 1937.
[7] Die „Hamburger Hafenbahn“ hat nach dem Stand vom 31. Dezember 1952 268 Anschließer.

Der Bahnhof Kai-Rechts bedient die rechtselbisch gelegenen, älteren Hafenteile. In ihn münden die Strecken von Wilhelmsburg, Hamburg-Süd und Rothenburgsort-Billwärder. Vor dem Kriege, der übrigens gerade in diesem Bereich schwere Verwüstungen hinterließ, waren an ihn u. a. 39 Schuppen, 1 Kühlhaus, 6 Speicher, 1 Kohlenkippe, die bis zu 200 Wagen/Tag leistet, 2 Kohlengreifer, das Gaswerk Grasbrook und die Passagierhallen der Hamburg-Amerika-Linie angeschlossen. Zwischen den Anlagen der jetzigen Bundesbahn und das Becken des Baakenhafens eingezwängt, konnte der Bahnhof Kai-rechts von vornherein nur relativ bescheiden ausgerüstet werden. 4 Einfahr-, 2 Ausfahr- und 9 stumpf endende Sammelgleise beschränkter Länge mußten für die Bewältigung der vielfältigen Aufgaben ausreichen.

Erheblich großzügiger konnte der Haupthafenbahnhof Hamburg-Süd (Abb. 2) ausgestattet werden, wenn auch hier mehr Ordnungsgleise erwünscht wären, weil die örtlichen Verhältnisse z. T. die Möglichkeit, Bezirksbahnhöfe anzulegen, einschränken. Die nördliche Seite des zweiseitigen Rangierbahnhofes mit 6 Einfahr- und 17 Ordnungsgleisen dient dem Empfang, die südliche mit 12 Berg- und 19 Sammelgleisen dem Versand. In den Bahnhof eingegliedert sind ein Vor- und ein Eckbahnhof an der Nordseite und eine Abstellgruppe am Westende. Dem Haupthafenbahnhof Hamburg-Süd obliegt die Auflösung und Bildung der Züge, die von und nach den Verschiebebahnhöfen Eidelstedt, Rothenburgsort, Wilhelmsburg, dem Bf. Hamburg-Han und dem Hafenbahnhof Kai-rechts verkehren, außerdem die Behandlung der Anschließerwagen sowie das Zusammenstellen und Auflösen der Bedienungsgruppen. Vor dem Kriege gehörten zum unmittelbaren Bedienungsbereich des Bahnhofs u. a. 44 Kaischuppen, 4 mehr oder weniger umfangreiche Freiladeanlagen, 8 Lagerhäuser und 64 sonstige Anschlüsse von zum Teil erheblicher Bedeutung. Hier hatten sich ebenfalls nach dem Kriege durch die umfangreichen Zerstörungen und die Demontage bedeutender Industriewerke und Werften zunächst erhebliche Veränderungen ergeben.

Ursprünglich nur über eine Eisenbahnfähre von Hamburg-Süd aus erreichbar, ist der Rangierbahnhof Waltershof seit dem Jahre 1929 durch eine eingleisige Verbindungsbahn an die Strecke Harburg—Cuxhaven angeschlossen. Dieser einseitig ausgebildete Bahnhof ist mit 10 Ein- bzw. Ausfahr- und 14 Ordnungsgleisen leistungsfähig genug, um den Verkehr mit dem Petroleumhafen, der Massengutumschlagsanlage am Diestelkai, einem Großanschließer am Griesenwärder Hafen und den bedeutenden Werften in Finkenwärder bisher reibungslos bewältigen zu können. Er ist außerdem noch erweiterungsfähig.

Ebenfalls ausreichend war und ist der Bahnhof Peute, von dem aus 70 gewerbliche und industrielle Betriebe bedient werden. Mit seinen 2 Einfahr-, 12 Ordnungs- und 4 Ausfahrgleisen genügt er allen Anforderungen völlig, seitdem die Kohlenkippe am Hofekanal stillgelegt wurde.

Außer diesen vier größeren Bahnhofsanlagen gehören zum Hafenbahnbereich noch zahlreiche kleinere von örtlicher Bedeutung. Der Vollständigkeit halber sei noch bemerkt, daß die Hafenbahn in den früher preußischen Häfen Altona und Harburg keine eigenen Bahnhöfe, sondern nur Gleisanschlüsse unterhält.

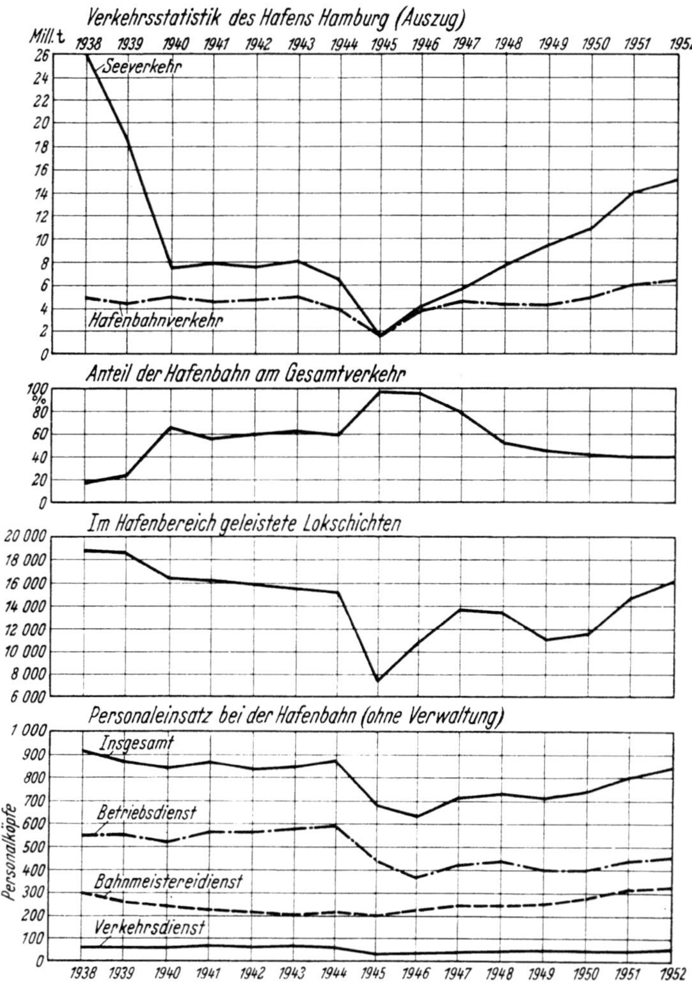

Abb. 3. Auszug aus der Hafenbahnstatistik.

2. Leistungen und Organisation des Hafenbahnbetriebes.

Die oben beschriebenen umfangreichen Eisenbahnanlagen entstanden gleichlaufend mit der baulichen Entwicklung des Hafens. So hat sich die Hafenbahn seit den sechziger Jahren des vorigen Jahrhunderts aus kleinsten Anfängen heraus zu einer Größe entwickelt, von der sich nur wenige Außenstehende eine annähernd richtige Vorstellung zu machen pflegen. Zur Bedienung der 87 Kaischuppen des Jahres 1938, der Massengutumschlagsanlagen, der Lagerhäuser und der zahlreichen sonstigen Anschlüsse von Industrie. Handel und Gewerbe war im Verlaufe von etwa sieben Jahrzehnten das weitverzweigte Gleisnetz geschaffen worden, das eine Gesamtlänge von nahezu 500 km erreichte. Auf den leistungsfähigen Bahnhöfen und Verbindungsgleisen der Hafenbahn vollzog sich der Waggonaustausch zwischen Reichsbahn und Kaiumschlagsanlagen oder anderen Anschlüssen. Für eine betriebliche Leistung von 1,5 Mill. Achsen und die Beförderung von 4,8 Mill. t mußten 1938 etwa 18000 Lokomotivschichten unter Einsatz von mehr als 900 Köpfen Personal für Gleisunterhaltung, Betrieb und Verkehr aufgewendet werden (vgl. Abb. 3).

Nach alter Hamburger Tradition wurden und werden diese Leistungen in einer bewährten Aufgabenteilung vollbracht. Auf Grund des „Vertrages über den Betrieb der hamburgischen Hafenbahn“ vom 21. Februar 1929 obliegt der Fahr- und Rangierbetrieb auf den Kai- und Hafengleisen Hamburg. Die Reichs- bzw. Bundesbahn stellt die hierfür notwendigen Bediensteten, Lokomotiven und Betriebsstoffe zur Verfügung. Alle übrigen im Interesse des Hafenbahnbetriebes erforderlichen Leistungen vollbringt Hamburg mit eigenem Personal, eigenen Lokomotiven und Werkstätten. Nach Hamburger Auffassung ist die Reichs- bzw. Bundesbahn mit ihrem großen Bestand an Betriebsmitteln und -personal am ehesten in der Lage, den stark wechselnden Anforderungen des Hafenverkehrs (Abb. 4) in wirtschaftlich befriedigender Weise nachzukommen.

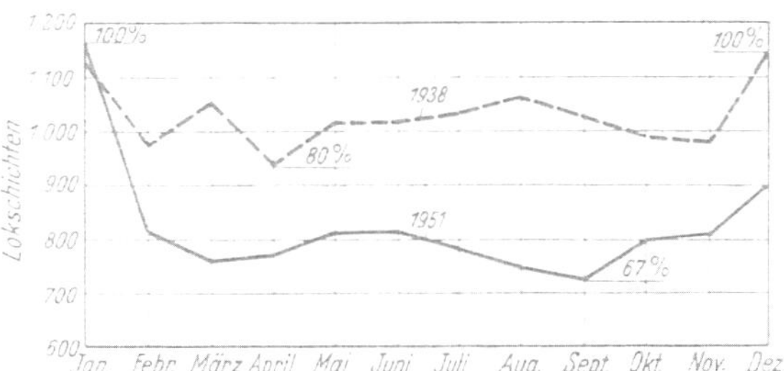

Abb. 4. Wechselnder Lokomotiveinsatz durch schwankenden Verkehrsanfall im Hafengebiet.

C. Der Wiederaufbau der Hafenbahnanlagen.

I. Grundlagen der Neuplanungen.

1. Die Situation bei Kriegsende.

Als der Krieg zu Ende ging, zeugten von einstiger Bedeutung nur noch trümmerbedeckte, mit Bombentrichtern übersäte Gleisanlagen (Abb. 5), die mit unzulänglichen Mitteln und ungenügenden Kräften gerade so weit instand gesetzt waren, daß die notdürftigsten Rangierbewegungen noch hier und dort vorgenommen werden konnten[8]. Der Hafenbahnverkehr war aber mit der Zerstörung des Hafens praktisch zum Erliegen gekommen.

Nach Beendigung der Kampfhandlungen regte sich jedoch bald neues Leben, und eher, als man zunächst zu hoffen gewagt hatte, stand man vor den Problemen des Wiederaufbaues. Es galt hierbei die einmalige Gelegenheit zu nutzen, den Hafen den Bedürfnissen des neuzeitlichen Verkehrs anzupassen. Die im Kriege mehr oder weniger zerstörten Umschlagsanlagen waren nämlich zum größten Teil zu einer Zeit entstanden, in der Struktur und Abwicklung des Verkehrs anders waren als heute. Außerdem hatten die bereits obenerwähnten Umstände den Hafen an der einen

Abb. 5. Durch Kriegseinwirkungen zerstörte Hafenbahnanlagen.

[8] Auszug aus der Hafenbahnstatistik:

	Bestand 1939	davon zerstört oder beschädigt Mai 1945	Bauleistungen Mai 1945 bis Dez. 1952	Einheit
Gleise	365	127	100	km
Weichen	2673	600	460	Weicheneinheiten
Brücken	86	30	28	Stück
Gebäude	275	101	88	Stück

oder anderen Stelle so eingeengt, daß die Bahnhofs- und Gleisentwicklung hin und wieder beeinträchtigt wurde. Es lag nahe, hier nun im Rahmen des Möglichen Verbesserungen zu schaffen.

Um es vorwegzunehmen, in dieser Beziehung ließ sich mit vertretbaren Aufwendungen wenig erreichen. Erwähnenswert ist eigentlich nur die Möglichkeit, nun dem betrieblich nicht voll befriedigenden Kopfbahnhof Kai-rechts die Durchgangsform zu geben. Der Mittelbedarf für die erforderlichen Baumaßnahmen ist aber so erheblich, daß der Zeitpunkt für ihre Durchführung noch ungewiß ist.

Günstiger sah es an den Kaiumschlagsanlagen aus. Sie sind die eigentlichen Brennpunkte des Hafenverkehrs. An ihnen trifft das geräumige Transportmittel des Überseeverkehrs, das Seeschiff, auf die beengteren des Binnenverkehrs. Es war daher selbstverständlich, daß man alle Möglichkeiten auszuschöpfen suchte, um sich hier den Bedürfnissen des neuzeitlichen Verkehrs anzupassen. Für die Hafenbahn ergaben sich dabei erhebliche und vorteilhafte Änderungen gegenüber der früher üblichen Gleisführung und -lage. Es zeigte sich aber auch einmal mehr, daß man alle beteiligten Verkehrsträger berücksichtigen und die gesamte Betriebsabwicklung im Auge behalten muß, wenn man an die Planung eines Hafens herangeht. Beim Abwägen der Vor- und Nachteile jeder beabsichtigten Maßnahme sind Kompromisse unumgänglich. Meist lassen sich weder die Wünsche der Eisenbahn noch die des Straßenverkehrs in vollem Umfang berücksichtigen, wenn die beschränkten Flächen im Hafen und besonders am Kai nach übergeordneten Gesichtspunkten optimal genutzt werden sollen. Dennoch scheint es nach den bisherigen Erfahrungen in Hamburg gelungen zu sein, eine betrieblich voll befriedigende Lösung zu finden.

2. Die Bedürfnisse des neuzeitlichen Zubringer- und Verteilerverkehrs.

Beim Bau der alten Kaiumschlagsanlagen hatte man in erster Linie das Landtransportmittel „Eisenbahn" berücksichtigt. Wegen der verhältnismäßig geringen Bedeutung und der Anspruchslosigkeit des Fuhrwerksverkehrs benötigte man damals auf den Kaizungen nur schmale Durchgangs- und Ladestraßen. Infolge der allmählichen Verdrängung des Pferdefuhrwerks durch den Lastkraftwagen änderte sich aber die Situation grundlegend. Der Anteil des Straßenverkehrs am Zubringer- und Verteilergeschäft stieg sprunghaft an und die alten Straßen reichten bald nicht mehr aus. Angesichts der immer wieder auftretenden Verkehrsstockungen stand man bereits vor dem Kriege vor der Aufgabe, Abhilfe zu schaffen. Die Kaistraßen, auf denen das Ladegeschäft abgewickelt wurde, konnten nicht verbreitert werden. Sie waren durchweg so schmal, daß man darauf angewiesen war, die Fahrzeuge ausschließlich längs der Rampe abzufertigen. Bei diesem Verfahren benötigt der Lastkraftwagen zwei- bis dreimal soviel Rampenlänge wie die Eisenbahn[9]. Außerdem fehlten aber Abstellmöglichkeiten. Der Verkehr staute daher auf die Durchgangsstraßen zurück. Von vornherein sehr schmal angelegt, ließen sich diese nur auf Kosten der Hafenbahnanlagen verbreitern. Das war wiederum für den Eisenbahnbetrieb nicht tragbar. Da eine grundlegende Verbesserung der Verhältnisse wegen der vorhandenen Kaigliederung nicht erreichbar war, konnte man nur zu Behelfsmaßnahmen greifen. Im allgemeinen mußte man sich damit begnügen, ausreichende Längen der landseitigen Schuppengleise einzupflastern. Folge der hierdurch eintretenden Überlagerung in der Abfertigung beider Verkehrsmittel waren immer stärkere Reibungen zwischen Eisenbahn- und Lastwagenbetrieb (Abb. 6). Schließlich erwiesen sich alle Versuche, die älteren Umschlagsanlagen den Bedürfnissen des neuzeitlichen Verkehrs anzupassen, als unzureichend. Auf Grund eingehender Erhebungen kam man zu dem Schluß, daß nur eine reinliche Scheidung von Schiene und Straße in Verbindung mit wirklich großzügigen Abfertigungsanlagen beide Kunden, die Bahn und den Lastkraftwagen, zufriedenstellen könnte.

Abb. 6. Überlagerungen in der Abfertigung von Eisenbahn und Lastkraftwagen am Kai (Sch. 73).

Gleichlaufend mit dieser Entwicklung hatte sich das Bedürfnis nach Durchführung des kostensparenden direkten Umschlags zwischen Eisenbahn und Seeschiff, dem aus Werbungs- und Wettbewerbsgründen besondere Bedeutung zukommt, ständig vergrößert.

[9] Vgl. Verf.: „Die Abfertigung von Lastkraftwagen an Kaischuppen", Hansa 1951 S. 142/148.

Angesichts dieser Situation lag es auf der Hand, der Eisenbahn nun die Wasserseite, dem Kraftwagen dagegen die Landseite der Kaischuppen zuzuweisen. Das bedeutete eine völlige Abkehr von der traditionellen Aufteilung der Kaiflächen. Ehe man sich endgültig für das neue Verfahren entschied, mußte man selbstverständlich seine Vorteile und Nachteile gegenüber dem früheren sorgfältig abwägen. Es zeigte sich dabei schnell, daß die schematische Anwendung der neuen Gliederung nicht möglich ist. Sie ist an die Erfüllung einiger Vorbedingungen gebunden, die im folgenden kurz gestreift werden mögen.

3. Voraussetzungen für die Anwendung der neuen Kaigliederung.

Weiter oben[10] wurde bereits erwähnt, daß seit jeher nur ein Teil der im Hafenbahnbetrieb anfallenden Rangieraufgaben auf den eigentlichen Hafenbahnhöfen bewältigt werden kann. Hierbei handelt es sich im eingehenden Verkehr im allgemeinen darum, die von den Verschiebebahnhöfen der Bundesbahn bunt überführten Übergabezüge aufzulösen und die Wagen grob nach Rangierbezirken zu sortieren. Im ausgehenden Verkehr brauchen übrigens die Waggons meist nur nach Richtungen getrennt zu werden. Allerdings verstärkt sich die Tendenz, die Vorordnung bis zur Zugbildung zu verfeinern, ständig. Da nun die Feinsortierung in den Bahnhöfen nicht vorgenommen werden kann, müssen für diesen Zweck beson-

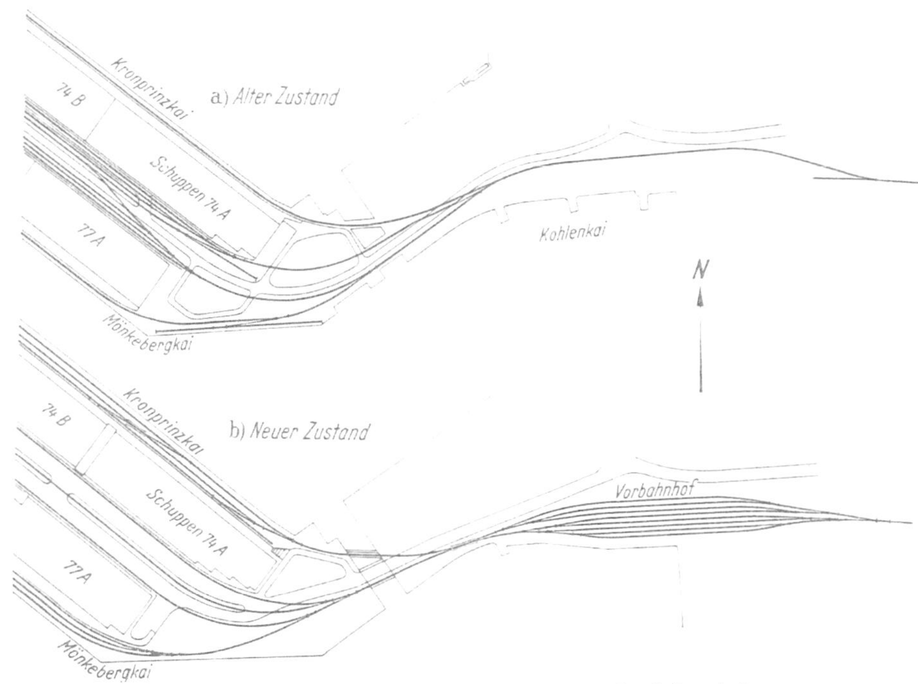

Abb. 7. Die Gleisanlagen am Kronprinz- und Mönckebergkai.

dere Gleisgruppen vorgehalten werden. Beim ersten Ausbau des Hafens hatte man von der Möglichkeit, solche Ordnungsgruppen an den Kaiwurzeln unterzubringen, nur wenig Gebrauch gemacht. Statt dessen wurde eine verhältnismäßig große Anzahl von Gleisen an den Landseiten der Schuppen verlegt. Dort war überhaupt der Schwerpunkt der Gleisausrüstung der Kais. Da die Anforderungen an die Feinordnung der Rangierabteilungen nach Ladestellen im Hafen Hamburg sehr weitgehend sind[11], spielte sich auf diesen Gleisen ein lebhafter Betrieb ab. Das Umschlagsgeschäft zwischen Schuppen und Eisenbahn wurde dadurch jedoch kaum beeinträchtigt. Man blieb daher bei dieser Grundanordnung, die bereits für die ersten Hamburger Kaianlagen[12] gewählt worden war. Auch nach heutigen Begriffen entsprach sie den damaligen Bedürfnissen, wenn sich auch vielleicht betrieblich vorteilhaftere Möglichkeiten geboten hätten. Als man nun nach dem letzten Kriege die Verlagerung des Schwerpunktes der Gleisanlagen an die Wasserseite erwog, mußte man von vornherein die Möglichkeit, dort ein umfangreicheres Rangiergeschäft abzuwickeln, ausscheiden. Andernfalls würde nämlich der Kaiumschlag empfindlich gestört werden.

Voraussetzung für die Anwendung der neuen Kaigliederung ist daher die Möglichkeit, Lade- und Rangierdienst örtlich zu trennen. Angesichts der vorliegenden Verhältnisse heißt das also, daß durch

[10] Vgl. Abschnitt B 1, S. 119.

[11] Im allgemeinen verlangen die Kaibetriebe beim Schuppenumschlag grundsätzlich eine Ordnung der Wagen nach Landseite oder Wasserseite Schuppen, außerdem Halb-Schuppen A — Mitte Schuppen — Halbschuppen B. Bei direktem Umschlag Eisenbahn/Seeschiff gehen die Forderungen noch weiter, da die Waggons an den einzelnen Schiffsluken laderecht gestellt werden müssen.

[12] Sandthorkai, 1866 in Betrieb genommen.

geeignete Maßnahmen Platz für eine Ordnungsgruppe geschaffen werden muß. In einem so intensiv ausgenutzten Hafengebiet wie dem Hamburgs bedeutet das fast stets Verzicht auf andere Anlagen. So mußte z. B. für den Vorbahnhof Kronprinz/Mönckebergkai (Abb. 7) die Kohlenumschlagstelle einer großen Reederei und für den Vorbahnhof Afrikastraße (Abb. 8) zunächst ein halber Schuppen an der

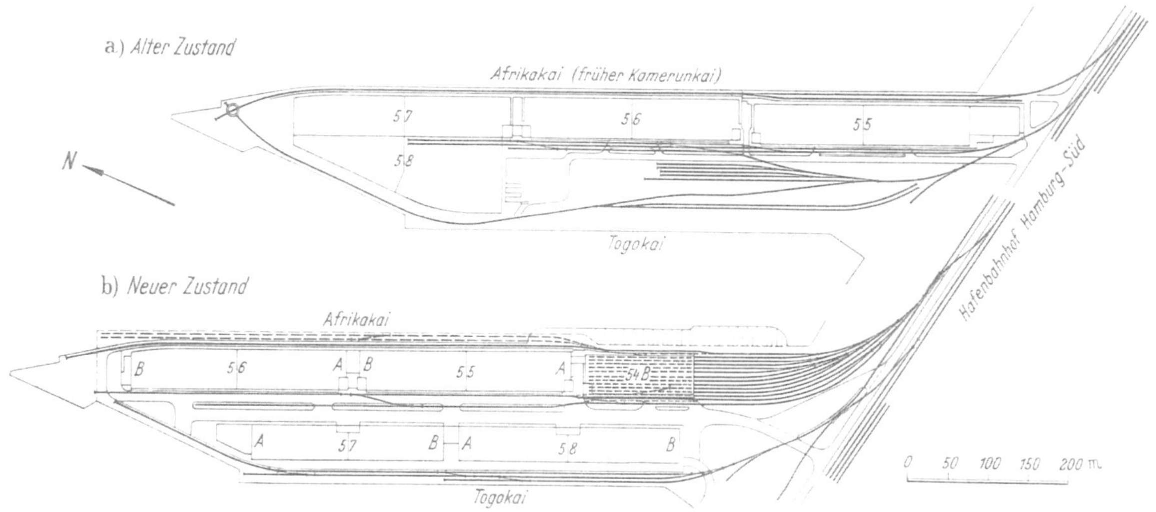

Abb. 8. Die Gleisanlagen am Afrika- und Togokai.

Wurzel der Kaizunge beseitigt werden. Läßt sich die für einen ausreichend leistungsfähigen Vorbahnhof erforderliche Fläche nicht frei machen, so muß auf die vorbehaltlose Anwendung der neuen Gliederung verzichtet werden.

4. Die Gleisausrüstung der Stückgutkais.

Können Verkehrs- und Betriebsanlagen der Hafenbahn im Kaibereich getrennt werden, so bereitet die individuelle Entwurfsbearbeitung keine nennenswerten Schwierigkeiten mehr, sobald man sich über die erforderliche Zahl der Gleise und Gleisverbindungen grundsätzlich klargeworden ist.

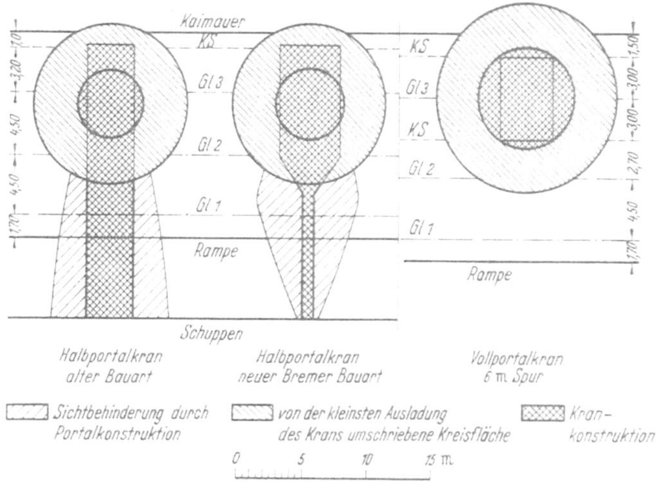

Abb. 9. Überschattungen bei verschiedenen Krantypen.

Für die Anzahl der Ladegleise ist im allgemeinen der Bedarf an Wagenstandplätzen innerhalb der Reichweite der Kräne ausschlaggebend. Er kann verhältnismäßig eindeutig aus Umschlagsleistungen und Häufigkeit bzw. Dauer der Bedienungen ermittelt werden. Es bestehen hier nämlich recht leicht erfaßbare Abhängigkeiten[13]. Eine weitere, nicht unwesentliche Rolle spielen bei der Bestimmung der Anzahl der Ladegleise die Kräne. Je nach ihrer Bauart „überschatten“ sie mehr oder weniger die Kaigleise und verringern deren Ausnutzung. Zur Erläuterung hierfür mag Abb. 9 dienen. Die Auswirkung der dargestellten Überschattungen ist unterschiedlich. So sind z. B. die von der Krankonstruktion überdeckten Kaiflächen von oben grundsätzlich unerreichbar, während die Sichtbehinderungen durch die Portalwangen nur arbeitshemmend wirken. Der Kranführer kann diesen Teil seines Arbeitsbereiches nicht völlig übersehen. Allerdings darf man gerade die Sichtbehinderungen als arbeitserschwerenden Faktor nicht zu hoch veranschlagen. Auf Einzelheiten des Problems soll in diesem Zusammenhang nicht weiter eingegangen werden[13]. Wesentlich ist hier nur, daß die Überschattungen bei Vollportalkränen erheblich geringer als bei Halbportalkränen der bisherigen Bauart sind.

[13] Vgl. Verf.: „Der Einfluß von Verkehr und Betrieb auf die Entwicklung der Seehäfenstückgutkais“ in „Studien zu Bau- und Verkehrsproblemen der Wasserstraßen“, Offenbach am Main, 1949.

Auf Grund einfacher Überlegungen läßt sich nun nachweisen, daß man bei stärkerem Kraneinsatz auf zwei überschattungsfreien Ladegleisen genau so viele Waggons in den Arbeitsbereich der Kranhaken bringen kann wie bei drei überschatteten Ladegleisen. Aus diesem und einer Anzahl weiterer gewichtiger Gründe[14] entschloß man sich in Hamburg nach dem Kriege zur Einführung von Vollportalkränen mit 6-m-Spur. Unter den vorliegenden betrieblichen Verhältnissen und bei den üblichen Umschlagsleistungen reichen nun zwei Ladegleise an der Wasserseite der Schuppen unter der Voraussetzung aus, daß das Durchlaufgleis im überschatteten Kaibereich, d. h. also unter den Portalen, verlegt wird. Weiterer, nicht zu unterschätzender Vorteil dieser Gesamtanordnung ist die fast völlige Vermeidung von Wegübergängen (vgl. Abb. 7 u. 8).

Einzige unerwünschte Zugabe sind die Kreuzungen zwischen den landseitigen Kranschienen und den Weichenstraßen. Das Umschlagsgeschäft kann nämlich — theoretisch — nicht unerheblich gestört werden, wenn die Kräne bei Zwischenbedienungen der Hafenbahn ihre Arbeit unterbrechen müssen, um aus dem Bereich des Eisenbahnlichtraumprofils gefahren zu werden. Sehr sorgfältige Untersuchungen und Beobachtungen haben aber ergeben, daß dieser Nachteil in der Praxis nur relativ selten fühlbar zum Tragen kommt. Es müßte nämlich eine ganze Reihe von ungünstigen Faktoren gleichzeitig auftreten, ehe tatsächlich ernstliche betriebliche Schwierigkeiten entstehen. Das ist wenigstens das Ergebnis der bisherigen Erfahrungen. Immerhin hat es sich als zweckmäßig erwiesen, die Anzahl der Kranschienenkreuzungen möglichst zu beschränken. Während man bei der ersten Kaiumschlagsanlage des Hafens Hamburg, die nach den neuen Gesichtspunkten gestaltet wurde[15], noch die Gleise vor jedem Halbschuppen zu einer rangiertechnisch selbständigen Einheit zusammenfaßte, begnügte man sich später damit, die Ladegleise des Ganzschuppens gesondert an das Durchlaufgleis anzuschließen und nur zwischen ihnen eine Verbindung in Schuppenmitte vorzusehen. Diese Maßnahme ist aber auch darauf zurückzuführen, daß sich mehr Weichenstraßen kaum rentieren dürften. Wenn auch gelegentlich eine weitergehende Gliederung der Gleisanlagen an den Wasserseiten der Schuppen erwünscht ist, so stehen doch die dafür erforderlichen Aufwendungen im allgemeinen in keinem tragbaren Verhältnis zum wirtschaftlichen Nutzen.

5. Bisherige Erfahrungen.

Ganz allgemein läßt sich feststellen, daß die neue Hamburger Kaigliederung ihre Bewährungsprobe bestanden hat. Die drei wasserseitigen Gleise erwiesen sich überall als völlig ausreichend. Man hat sogar hier und dort versuchsweise auf das Durchlaufgleis und auch auf das zunächst vorsorglich verlegte Pflastergleis an der landseitigen Rampe verzichten können. Dem Lastkraftwagen steht dadurch uneingeschränkt die Landseite zur Verfügung, die man nun mit sehr großzügigen Lade- und Durchfahrtstraßen ausrüsten konnte. Außerdem wurde ihm die Wasserseite über die dortige breite Rampe zugänglich gemacht. Diese zunächst etwas behelfsmäßig anmutende Lösung hat sich im Laufe der Zeit als ausreichend und zweckmäßig erwiesen. Ein zwingender Grund, Straßenfahrzeuge an die Wasserseite zu bringen, liegt nämlich nur in bestimmten Ausnahmefällen vor. Abgesehen davon könnte man auch gelegentliche Abfertigungsschwierigkeiten für den großen Vorteil einer ungestörten Eisenbahnbedienung in Kauf nehmen.

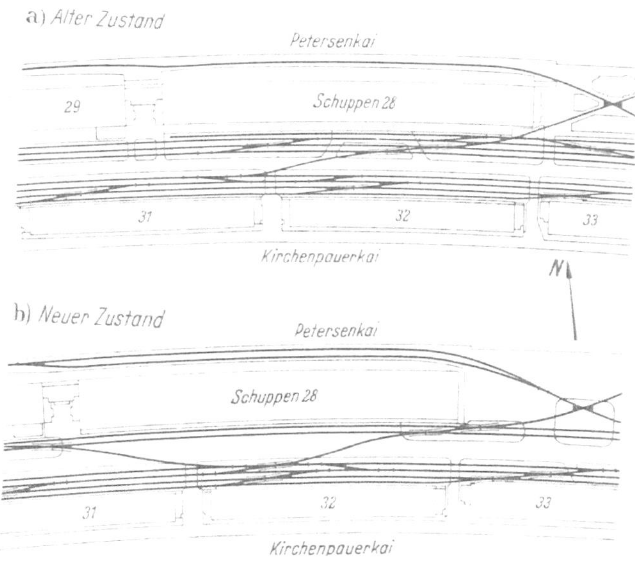

Abb. 10. Die Gleisanlagen am Petersenkai.

Übrigens ließen sich beim Wiederaufbau einiger Kaiumschlagsanlagen Abweichungen von der Grundsatzlösung nicht vermeiden, weil die örtlichen Verhältnisse Modulationen erzwangen. In solchen Fällen mußten dann im allgemeinen beide Schuppenseiten beiden Landverkehrsmitteln zugänglich gemacht werden, und es ist nun in die Hand der Kaibetriebe gelegt, durch geeignete Dispositionen den jeweiligen Verkehrsverhältnissen gerecht zu werden (Abb. 10).

Damit ist auch gesagt, daß es in Wirklichkeit Standardlösungen für die Gestaltung der Gleisanlagen im Hafen nicht geben kann. Man muß es schon hinnehmen, daß sich die vielgestaltigen Probleme mit

[14] Vgl. Dr.-Ing. Hans Neumann: „Die mechanische Ausrüstung des Hafens". S. 99 ds. Bds.

[15] Kaischuppen 74/75 am Kronprinzkai.

Rezepten und Formeln nicht erfassen lassen. Selbstverständlich muß man aber die betrieblich günstigsten Lösungen beherrschen, um sie zu den wirtschaftlich vertretbaren abwandeln zu können. Dabei zeigt sich immer wieder, daß die Verhältnisse im Fluß sind. Auf Anlagen, die heute als überflüssig erscheinen, kann vielleicht morgen schon nicht mehr verzichtet werden. Das bringen die wechselnden Bedürfnisse von Hafenverkehr und -betrieb eben mit sich. So kommt der Hafenbahner zwangsläufig zum Richtsatz „großzügig planen, sparsam bauen“, dessen Befolgung ihm angesichts der besonderen Verhältnisse im Hafen oft schwergemacht wird.

II. Technische Grundlagen und Maßnahmen.

1. Die Vorarbeiten.

Nachdem die Fragen der übergeordneten Planung geklärt waren, lag das Schwergewicht der weiteren Arbeiten zur Wiederherstellung der Hafenbahnanlagen in den Einzelentwürfen und vor allem in der Vorbereitung bzw. Abwicklung der Bauvorhaben.

Über die Entwurfsarbeit, bei der man selbstverständlich auf engste Zusammenarbeit mit allen Beteiligten angewiesen ist, läßt sich in eisenbahntechnischer Beziehung wenig Bemerkenswertes berichten. Die einschlägigen Vorschriften lehnen sich an die der Bundesbahn an oder sind von dieser ganz übernommen worden. Maßgebend für die Gestaltung der Hafenbahnanlagen ist die „Eisenbahn-Bau- und -Betriebsordnung“ (Bestimmungen für Nebenbahnen). Bei Aufstellung der Entwürfe für die wiederherzustellenden Gleisanlagen wurden und werden selbstverständlich nicht nur die betrieblichen Belange berücksichtigt, sondern auch die Grundsätze für eine sparsame Bauausführung bzw. künftige Anlagenunterhaltung beachtet. Ausschreibung und Vergabe der Arbeiten erfolgen nach der „Verdingungsverordnung für Bauleistungen“.

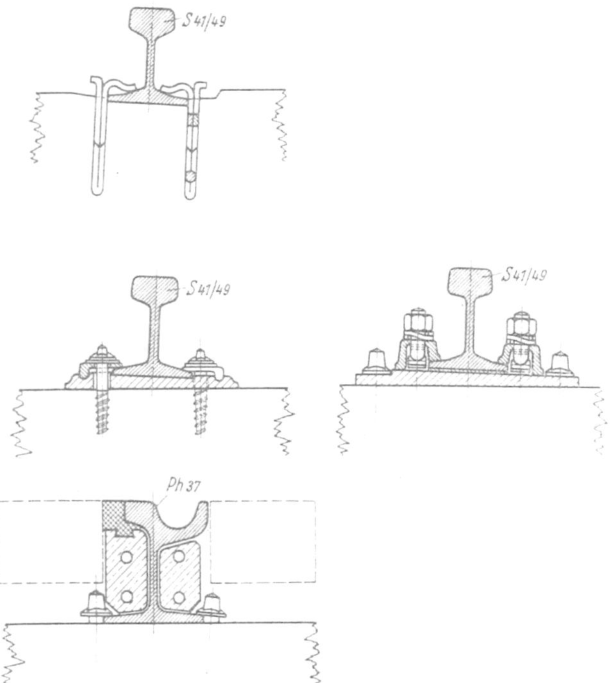

Abb. 11. Die Oberbauformen der Hamburger Hafenbahn.

a) in geraden Gleisen Federnageloberbau: S 41 bzw. 49 $\frac{43\,H}{30}$ — $\frac{39\,H}{30}$ bzw. $\frac{77\,H}{60}$ in Gleiskiessand. Schwellenteilung je nach Gleisbelastung.

b) in Gleisbögen Reichsbahn-Oberbau: K 49 (41) $\frac{43\,H}{30}$ — $\frac{39\,H}{30}$ in Schotter. Schwellenteilung je nach Gleisbelastung und Bogenhalbmesser.

c) Pflastergleis: Ph 37 $\frac{35\,H}{30}$ in Gleiskiessand.

2. Der Oberbau der Hafenbahn.

Auf oberbautechnischem Gebiet waren alle nach dem Kriege ergriffenen Maßnahmen durch die Tendenz nach Vereinheitlichung bestimmt. Wenn man auch durch Materialmangel immer wieder gezwungen wurde, von der großen Linie abzuweichen und das zu nehmen, was auf dem Markt greifbar war, so ist man in der erwähnten Beziehung doch einen guten Schritt weitergekommen. Die Grundlage für eine künftige Verringerung der Lagerhaltung und auch der Unterhaltungskosten konnte daher wesentlich erweitert werden.

Auf jahrzehntelangen Erprobungen aufbauend, waren im Laufe der Zeit gewisse Grundsätze für den Oberbau der Hafenbahn entwickelt worden, die zum Teil von den bisher üblichen der Deutschen Reichs- bzw. Bundesbahn nicht unerheblich abwichen, in neuester Zeit aber von führenden Fachleuten als richtig bestätigt werden. Von dem Gedanken ausgehend, daß sich die dynamische Beanspruchung des Gleises bei einer Güterbahn mit relativ geringen Geschwindigkeiten in bescheideneren Grenzen hält, gelangte man zu beträchtlichen Einsparungen. Bei Verwendung schwerer Schienenprofile (S 41/49) erwies es sich als angängig, die Schwellenteilung erheblich zu erweitern. Für den in geraden Gleisen verlegten plattenlosen Federnageloberbau[16] in Kiessandbettung werden grundsätzlich nur Hartholzschwellen der Formen 2a und 2b beschafft, die je nach der Beanspruchung des Gleises in Abständen bis zu 77 cm liegen (Abb. 11).

[16] Verf.: „Erfahrungen mit dem plattenlosen Spannageloberbau“, „Verkehr und Technik 1950“, Oberbauheft S. 19.

In Gleisbögen verwendet man allerdings stabilere Oberbauformen. Die Schienen werden im allgemeinen auf 60 m zusammengeschweißt. Auch versuchsweise ausgeführte größere Längen haben bisher zu Beanstandungen keinen Anlaß gegeben. Fernziel ist das lückenlos geschweißte Gleis. Ob man dazu bei den vorliegenden Verhältnissen kommen kann und welche zusätzlichen Maßnahmen gegebenenfalls getroffen werden müssen, soll zunächst noch durch weitere Versuche geklärt werden. Auf jeden Fall könnten durch Fortfall oder zumindest erhebliche Verringerung der Stoßunterhaltung weitere bedeutende Ersparnisse erzielt werden.

Im Weichenbau entschloß man sich endgültig, auf leichtere Bauformen zu verzichten. Man ist der Ansicht, daß die schwerste auch die wirtschaftlichste ist und verwendet grundsätzlich nur noch Reichsbahnweichen auf Stahlschwellen. Nach dem Kriege wurden zunächst mit Rücksicht auf schnellere Lieferung und Kostenersparnis Sonderbauarten zugelassen. Um aber auch auf diesem vielseitigen und umfangreichen Gebiet zu einer gewissen Typisierung zu kommen, werden seit längerem nur noch normale RB-Weichen mit Rippenunterlagsplatten beschafft. Die im Gleisnetz der Hafenbahn liegenden leichteren Weichen der Länderformen werden nach und nach ausgebaut und, soweit sie sich aufarbeiten lassen, nur noch in untergeordneten Gleisen verwendet. Außerdem ersetzt man im Zuge der Wiederherstellungsarbeiten, wenn möglich, abgängige abnorme Weichen- und Kreuzungsformen durch Normalien, löst Kreuzungsweichen auf und beseitigt betrieblich nicht unbedingt erforderliche Gleisverbindungen. Übrigens werden seit zwei Jahren ganze Weichenbezirke mit bestem Erfolg verschweißt.

Diese kleine Auswahl aus den zahlreichen oberbautechnischen Maßnahmen, die nach dem Kriege verstärkt einsetzen konnten, mag genügen, um die Bemühungen zur Vereinheitlichung der Bauformen unter gleichzeitiger Anpassung an den technischen Fortschritt aufzuzeigen. Wenn es gelingt, weiterhin in gleichem Sinne zu verfahren, werden sich die Unterhaltungskosten für den Oberbau der Hafenbahn in Zukunft merklich verringern lassen.

3. Brücken und Hochbauten.

Die Kriegsschäden an den Brücken und Hochbauten der Hafenbahn konnten bereits fast völlig behoben werden[17]. Außerdem wurden für diese Bauwerke erhebliche Mittel zur Aufholung rückständiger Unterhaltung aufgewandt. Das gilt in erster Linie für die zahlreichen stählernen Brücken, von denen seit Kriegsende 53 oder 62% mit neuen Anstrichen versehen wurden. Weiter liefen die Arbeiten zur Verstärkung von sieben Hafenbahnbrücken für den Lastenzug S an. Bei der Wiederherstellung der Hochbauten beschränkte man sich vorerst zum Teil auf Behelfslösungen. Die verfügbaren Mittel wurden selbstverständlich zunächst zur endgültigen Instandsetzung der Anlagen benutzt, die für den rollenden Betrieb erforderlich sind.

4. Sicherungsanlagen und Fernverständigungsmittel.

Die Sicherungsanlagen der Hafenbahn haben den Krieg erfreulicherweise mit verhältnismäßig geringen Schäden überstanden. Nur ein mechanisches Stellwerk fiel ganz aus, brauchte aber auch bisher nicht ersetzt zu werden, weil es z. Z. noch entbehrlich ist. Bei den übrigen fünf elektrischen Einreihen- und fünf mechanischen Stellwerken wurden fast ausschließlich nur Teile der Außenanlagen zerstört, unmittelbar nach Beendigung der Kampfhandlungen aber zum größten Teil wiederhergestellt. Gleichzeitig lief eine Reihe von Maßnahmen zur weiteren Rationalisierung von Betrieb und Unterhaltung an. So wurde z. B. für die eingleisige Strecke Waltershof—Bostelbek (vgl. Abb. 1) ein dreifeldriger Streckenblock der Form C eingerichtet, die Stromversorgung einiger Stellwerke durch Einbau von Gleichrichtern wesentlich verbilligt und die Weichenbeleuchtung in mehreren Stellwerksbezirken elektrifiziert. Die Einrichtung einer Lautsprecheranlage für den Ablaufbetrieb auf dem Haupthafenbahnhof Hamburg-Süd steht unmittelbar bevor.

Starke Kriegsschäden hatten die Fernsprechanlagen der Hafenbahn erlitten. Man entschloß sich daher zur Aufstellung eines großzügigen Wiederherstellungs- und Modernisierungsprogrammes, das bereits weitgehend verwirklicht werden konnte. Die veralteten Handvermittlungsstellen wurden durch eine vollautomatische Fernsprechzentrale ersetzt, von der aus Querverbindungen zu den Hafenvermittlungen und zur Basa der Bundesbahn bestehen. Diese Fernsprechzentrale der Hafenbahn hat 300 Teilnehmeranschlüsse mit verschiedenen Sprechmöglichkeiten, die sich nach den jeweiligen Bedürfnissen richten.

Um die Verständigung zwischen Aufsichtsbeamten und Lokführern bzw. Rangierleitern entscheidend zu verbessern, wurde kürzlich unter Beteiligung der Bundesbahn eine Rangierfunkanlage beschafft und bereits in Betrieb genommen. Diese Anlage erhielt zunächst eine stationäre Sende- und Empfangseinrichtung, während vorerst 10 Lokomotiven mit je einem kompletten Funksprechgerät ausgerüstet wurden. Es handelt sich hierbei um frequenzmodulierte Ultrakurzwellen-Funksprechgeräte mit Wechselsprechbetrieb auf einer Welle. Später werden weitere 26 Lokomotiven mit Antenne, Umformer, Verkabelung usw. versehen, so daß sich jederzeit die auswechselbaren Sende- und Empfangsgeräte montieren

[17] Vgl. Anmerkung 7.

lassen. Auf die Verwendung tragbarer Funksprechgeräte wurde vorerst verzichtet. Mit Hilfe dieser Anlage, die den neuesten Erfahrungen entspricht, wird der Aufwand an Lok- und Personalschichten für den Rangierdienst im weitläufigen Hafengebiet ohne Zweifel nennenswert verringert werden können.

Für die Wiederherstellung der Sicherungsanlagen und Fernverständigungsmittel im Hafenbahnbereich gilt also ähnliches wie für die Gleisanlagen. Man beschränkte sich nicht darauf, Gewesenes instand zu setzen, sondern nutzte die Gelegenheit zur Modernisierung und Senkung künftiger Betriebs- und Unterhaltungskosten.

5. Der Maschinenpark.

Wie bereits weiter oben erwähnt, werden die Lokomotiven für den Hafenbahnbetrieb von der Deutschen Bundesbahn und von der Wilhelmsburger Industriebahn G. m. b. H. zur Verfügung gestellt, während die Hamburger Hafenbahn die für den Baubetrieb benötigten Rangiermaschinen vorhält.

Nachdem die meisten der Ende der zwanziger Jahre speziell für den Einsatz im Hafen gebauten E-Heißdampf-Zweizylinder-Güterzugtenderlokomotiven der Reihe 87, Betriebsgattung Gt 55.17, mit zahnradgetriebenen Endachsen der Bauart Luttermöller vor allem infolge des Verschleißes der Zahnräder stillgelegt worden waren, ging die Deutsche Bundesbahn zur Verwendung der sonst im Rangierdienst gebräuchlichen Lokomotivtypen über. Das konnte man um so eher tun, als die kleinen Krümmungshalbmesser im Hafenbahnbereich im Rahmen der Wiederaufbauarbeiten weitestgehend beseitigt worden waren. Auf Grund der Vertragslage fällt die Instandsetzung und Erneuerung des Lokomotivparkes nicht Hamburg, sondern der Bundesbahn zur Last.

Die acht Lokomotiven der Wilhelmsburger Industriebahn G. m. b. H. überstanden den Krieg ohne Schäden. Sie werden nicht nur bei der Bedienung des früher preußischen Hafengebietes Neuhof-Kattwyk-Hoheschaar und der Wilhelmsburger Industrieanschlüsse eingesetzt, sondern seit einigen Jahren auch für den Baubetrieb im Hafen herangezogen. Die Dispositionen werden hierbei durch die seit 1945 bestehende Personalunion mit der Hafenbahn wesentlich erleichtert.

Der Rangiermaschinenpark der Hafenbahn wurde mit Rücksicht auf die umfangreichen Bauaufgaben der Nachkriegszeit und auch im Zuge der Mechanisierung der Oberbauarbeiten in den letzten Jahren ganz erheblich vergrößert. So stehen heute außer den schon früher vorhandenen beiden leichten Dampfrangierkränen und drei Draisinen zwei leichte und zwei mittelschwere Diesellokomotiven[18], ein mittelschwerer Dampfrangierkran[19] und zwei schwere Dieselrangierkräne[20] zur Verfügung.

6. Die organisatorische Bewältigung der Bauaufgaben.

Bei der Ausführung der zahlreichen Bauvorhaben konnte man sich der bewährten Organisation des Bahnunterhaltungsdienstes der Hafenbahn bedienen. Neben einer leistungsfähigen und verhältnismäßig modern ausgerüsteten Werkstattbahnmeisterei, die mit dem umfangreichen Lager der Hafenbahn auf einem zentral gelegenen Platz untergebracht ist, sind vier Bahnmeistereien vorhanden, die zum Teil in entfernteren Bereichen ihrer Bezirke Hilfsstellen unterhalten. Personalmäßig sind sie verhältnismäßig knapp ausgerüstet, weil fast alle Arbeiten, die über die sogenannte „kleine Unterhaltung" hinausgehen, an Baufirmen vergeben werden. Mit diesem System wurden gute Erfahrungen gemacht. Bei dem stoßweisen Anfall der zum größten Teil saisonbedingten Arbeiten dürfte es auch am wirtschaftlichsten sein. Das Personal der Oberbaurotten tritt in der Bauperiode als Sicherungsposten oder Bauaufseher zu den Unternehmerkolonnen, während Rottenmeister und Techniker als Materialdisponenten, Bauführer usw. verwendet werden. Die Handwerker führen dann im allgemeinen solche Arbeiten aus, deren Vergabe unzweckmäßig ist. Mit diesem Arbeitssystem gelang es, ganz beträchtliche Bauleistungen zu erzielen (Abb. 12) und die Wiederaufbauarbeiten bisher termingemäß zu bewältigen. Ob es nun auch gelingt, im Gesamtzustand der Anlagen an die Vorkriegsverhältnisse anzuknüpfen, wird von den Mitteln abhängen, die in Zukunft für die Aufholung der rückständigen Unterhaltung zur Verfügung stehen werden.

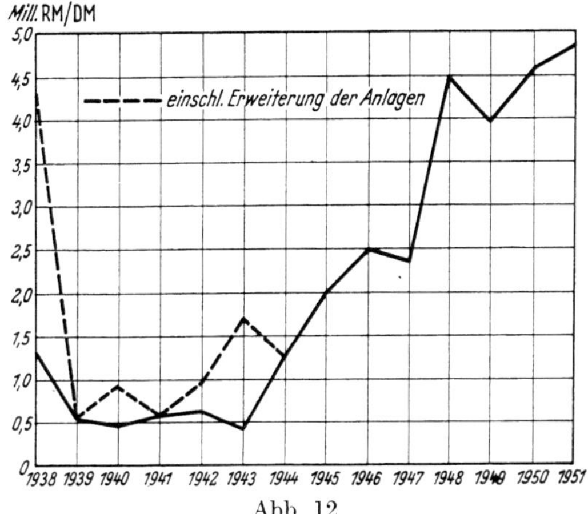

Abb. 12.
Die Aufwendungen zur Unterhaltung, Erneuerung und Wiederherstellung der Hafenbahnanlagen.

[18] 40, 40, 110 und 120 PS.

[19] Tragkraft: 3 t bei 5 m Ausladung, 1,5 t bei 9 m Ausladung.

[20] Tragkraft: 10 t bei 5,5 m Ausladung, 3,5 t bei 12,0 m Ausladung.

D. Schlußbetrachtung.

Die hamburgischen Hafenbahnanlagen und die für ihre Wiederherstellung maßgebenden planerischen und technischen Gesichtspunkte konnten im Rahmen der vorliegenden Abhandlung nur in sehr großen Zügen beschrieben werden. Angesichts des umfangreichen Stoffes mußte von vornherein auf die Wiedergabe von Einzelheiten verzichtet werden, mochten sie auch sonst von noch so großem Interesse sein. Dafür wurde aber versucht, in knappster Form jeweils die Gründe zu erläutern, die zu der für den Hafen und für seine Neugestaltung charakteristischen Gliederung der Hafenbahnanlagen führten. Erst aus der Kenntnis der Zusammenhänge heraus, die für bestimmte Maßnahmen ursächlich sind, lassen sich nämlich die verschiedenen Lösungen für ein und dieselbe Aufgabe vergleichend beurteilen.

Als wesentlich für Hamburger Verhältnisse dürfte zunächst herauszustellen sein, daß die Eisenbahn im Zubringer- und Verteilerverkehr heute eine größere Rolle als vor dem Kriege spielt. Die optimistische Einschätzung der Entwicklung, die schon die ersten Planungen nach dem Kriege kennzeichnet, hat sich also über alle Erwartungen hinaus als richtig bestätigt.

Ähnliches läßt sich über die Bewährung der neuen Kaigliederung sagen. Sicherstes Mittel, um des Verkehrsdilemmas Herr zu werden, scheint tatsächlich die reinliche Scheidung und eine großzügige Gestaltung der Abfertigungsanlagen für beide Landverkehrsmittel zu sein. Dabei dürften, wenigstens nach Hamburger Erfahrungen, die Gesamtaufwendungen für Straßen und Gleise kaum höher sein als bei der früheren Gliederung. Der Umfang der Gleisanlagen verringert sich sogar nennenswert, nicht zuletzt, weil die Verwendung von Vollportalkränen eine sparsamere Ausstattung mit Ladegleisen ermöglicht. Der große Vorteil der schwerpunktmäßigen Zusammenfassung von Gleisen und Straßen liegt übrigens u. a. auch darin, daß Reserven, die man früher in jedem Teil der aufgespaltenen Anlagen vorsehen mußte, nun sparsamer eingesetzt werden können.

Sparsamkeit ist auch der Leitgedanke, der allen technischen Einzelmaßnahmen bei der Wiederherstellung der Hafenbahnanlagen zugrunde liegt. Dabei dürfte es selbstverständlich sein, daß man Kapitalkosten, Unterhaltungsaufwand und Betriebskosten gemeinsam betrachten muß. Dann bietet nämlich die Ausnutzung der neueren technischen Errungenschaften zahlreiche Ansatzpunkte für eine fühlbare Senkung der ständigen Ausgaben.

Die Frage der Wirtschaftlichkeit ist überhaupt mehr und mehr in den Mittelpunkt auch des betrieblichen Denkens gerückt. Der Glaube an den „großen Hafentopf", aus dem jede Maßnahme bezahlt werden kann, ist dahingeschwunden und man sieht sich in immer stärkerem Umfange gezwungen, die Notwendigkeit jeder Maßnahme sehr kritisch zu untersuchen.

Auf Grund der gewaltigen und ohne Zweifel nicht in vollem Umfang vertretbaren Preissteigerungen auf dem Materialsektor, die die Krise der schienengebundenen Verkehrsunternehmungen noch verstärkten, hat sich aber auch der Schnittpunkt der Kostenlinien so sehr nach der betrieblichen Seite hin verschoben[21], daß sich sorgfältige Überlegungen hinsichtlich des baulichen Aufwandes noch mehr als früher lohnen. Dieser Gesichtspunkt muß berücksichtigt werden, wenn man die bauliche Entwicklung der Hafenbahnanlagen nach dem Kriege verfolgt. Durch Beachtung des Grundsatzes „großzügig planen, sparsam bauen" hat man sich aber, soweit angängig, an kritischen Stellen Möglichkeiten für die Zukunft offen gehalten.

[21] Während die persönlichen Kosten etwa auf Index 150 stiegen, liegt der Index für die Materialpreise z. Z. gegenüber 1938 bei ca. 300.

Die Planung für den Wiederaufbau des Fischereihafens Hamburg-Altona.

Von Oberbaurat Dr.-Ing. **Karl-Eduard Naumann,** Hamburg.

I. Vorgeschichte.

Bis zum Ende des ersten Weltkrieges gab es in Hamburg und der damals noch selbständigen preußischen Nachbarstadt Altona an Fischereianlagen nur die beiderseits der damaligen „Landesgrenze“ im Stadtteil St. Pauli gelegenen, Ende des 19. Jahrhunderts errichteten beiden Fischhallen mit wasserseitig davorgelegenen Pontonanlagen zum Anlegen der Fischereifahrzeuge (Abb. 3, rechts). Sie waren für Fischdampfer wenig geeignet, sondern mehr auf die Bedürfnisse der Kutter, Ewer und Elbfischerboote zugeschnitten. Mit dem Aufkommen der Dampferfischerei schuf sich Hamburg ab 1908 den Fischereihafen Cuxhaven, so daß ein Impuls zur Ausweitung der Fischereianlagen im damaligen Hamburg nicht gegeben war.

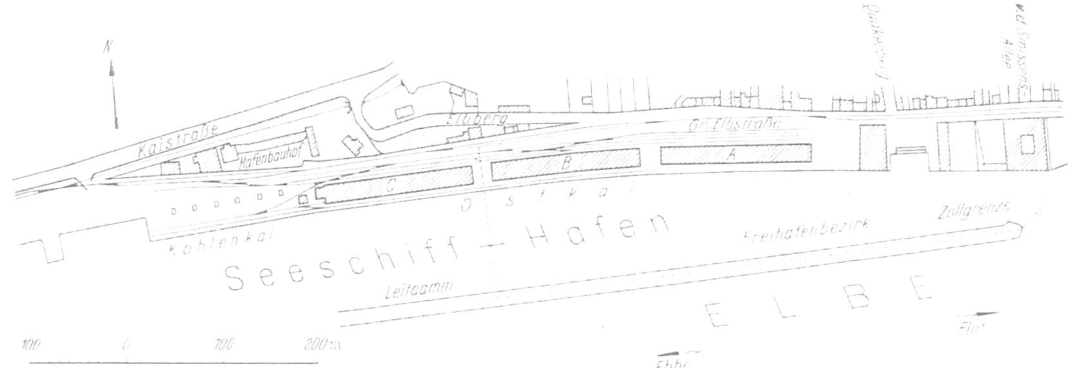

Abb. 1. Der Altonaer Seeschiffhafen im Jahre 1918.

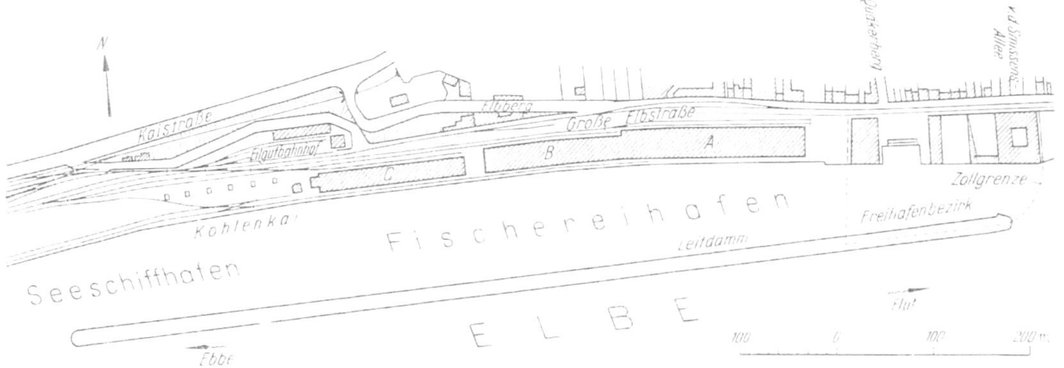

Abb. 2. Die für Fischereizwecke umgebauten Altonaer Hafenanlagen im Jahre 1922.

Um die in Altona zahlreich ansässige Fischindustrie aus der Abhängigkeit von der Rohwarenzufuhr von auswärtigen Fischereihäfen zu befreien, entschloß sich diese Stadt 1918, Teile ihres Seeschiffhafens für die Fischerei auszubauen, weil die Altonaer St.-Pauli-Halle für den wachsenden Umschlag zu klein geworden und wegen der umliegenden engen Bebauung auf wertvollen Grundstücken nicht erweiterungsfähig war. In den Jahren 1919 bis 1921 entstanden so aus drei Kaischuppen der Altonaer Kai- und Lagerhausgesellschaft am sogenannten „Ostkai“ (Abb. 1), dem heute als Fischereihafen bezeichneten, vom Elbstrom durch einen Leitdamm getrennten Teil des Altonaer Hafens, durch Anbau von Packräumen die Fischhallen A, B und C (Abb. 2) die später die Nummern II, III und IV erhielten. Die Packräume waren als

Einrichtungen für den Versandhandel erforderlich, weil man schon damals erkannte, daß ein Fischereihafen nicht nur vom Umschlag für die Industrie leben könne wegen deren Abhängigkeit vom Hering und der dadurch bedingten starken Saisonschwankungen. Man sah deshalb von vornherein auch Einrichtungen für den Versandhandel vor.

Da durch diese Zweckwidmung der bisherigen Kaischuppen für Fischereizwecke der Stückgutumschlag heimatlos wurde, baute die Stadt Altona etwa gleichzeitig den „Westkai" westlich des Kohlenkais (Abb. 1 u. 2) aus, der die Schuppen D, E, F und G (Abb. 3) aufnahm. Für die damalige Zeit — unmittelbar nach dem verlorenen Kriege — und die beschränkten finanziellen Möglichkeiten der Stadt Altona war dies ein großzügiges Bauvorhaben, das nur in einem Punkte leider unvollendet blieb: ein Ausrüstungskai für Fischdampfer wurde nicht geschaffen.

Die Packräume hatte man an die ehemaligen Kaischuppen, die nun zu Fischauktionshallen wurden, unmittelbar angebaut in der Annahme, auf diese Weise den einfachsten und billigsten Fluß der Ware vom Dampfer über die Auktions- und Packräume in den Eisenbahnwagen zu erzielen. Der Schuppen C (die heutige Halle IV) hatte dagegen keine landseitigen Packräume erhalten, sondern blieb reine Auktionshalle, von der die Ware nach der Auktion mit Straßenfuhrwerk abgefahren wird. Somit besaß der Fischereihafen damals rund 500 m Löschkai und dahinter liegende Auktionshallen von gleicher Gesamtlänge und 16 bis 20 m Breite. Auf etwa 320 m Löschkailänge waren die Auktionshallen außerdem mit Packräumen versehen.

In diesem Zustand blieben die Anlagen des Altonaer Fischereihafens, bis 1937 die steigende Zahl der Fischdampfer und der zunehmende Fischumschlag eine Erweiterung unumgänglich machten. Damals wurde östlich an die vorhandenen Anlagen anschließend ein 180 m langer Löschkai neu geschaffen und dahinter eine neue Fischhalle, wiederum in kombinierter Bauweise mit Auktionshalle und angebauten Packräumen ($^2/_3 : {}^1/_3$ der Hallenbreite) erstellt (Abb. 3, Halle I).

Aber auch mit dieser Erweiterung genügten die Hallen I–IV nicht den Anforderungen der Hamburg-Altonaer Fischdampferflotte, denn schon 1938 mußten während der Heringssaison die westlich des Fischereihafens gelegenen Kaischuppen F und G am Neumühlener Kai in Altona für den Fischumschlag mit herangezogen werden (Abb. 3, links). Immerhin konnten 1938 mit Hilfe dieser Anlagen 156000 t Fische umgeschlagen werden. Einen Ausrüstungskai für Fischdampfer dagegen besaß der Fischereihafen vor 1939 nicht.

Der Krieg unterbrach die Tätigkeit der Fischdampferflotte vom Herbst 1939 ab und brachte durch Kriegseinwirkungen erhebliche Verluste an der baulichen Substanz der Umschlaganlagen. Die Kaimauer vor Halle II, die schon seit Jahren wegen ihrer unzureichenden Gründung zu Besorgnissen Anlaß gegeben hatte, wurde durch Bombenerschütterungen so labil, daß nur eine rasche Notmaßnahme sie vor dem völligen Einsturz zu bewahren vermochte. Man schüttete Baggerboden bis Niedrigwasserhöhe vor der Mauer ins Wasser und verhütete damit zwar ihren Einsturz, entzog sie aber gleichzeitig der Benutzung für den Fischumschlag. In Abb. 4 ist die auf diese Weise ausgefallene Kaistrecke von 180 m Länge kenntlich gemacht. Gegen Ende des zweiten Weltkrieges wurde weiter die 1937 erbaute neueste und mo-

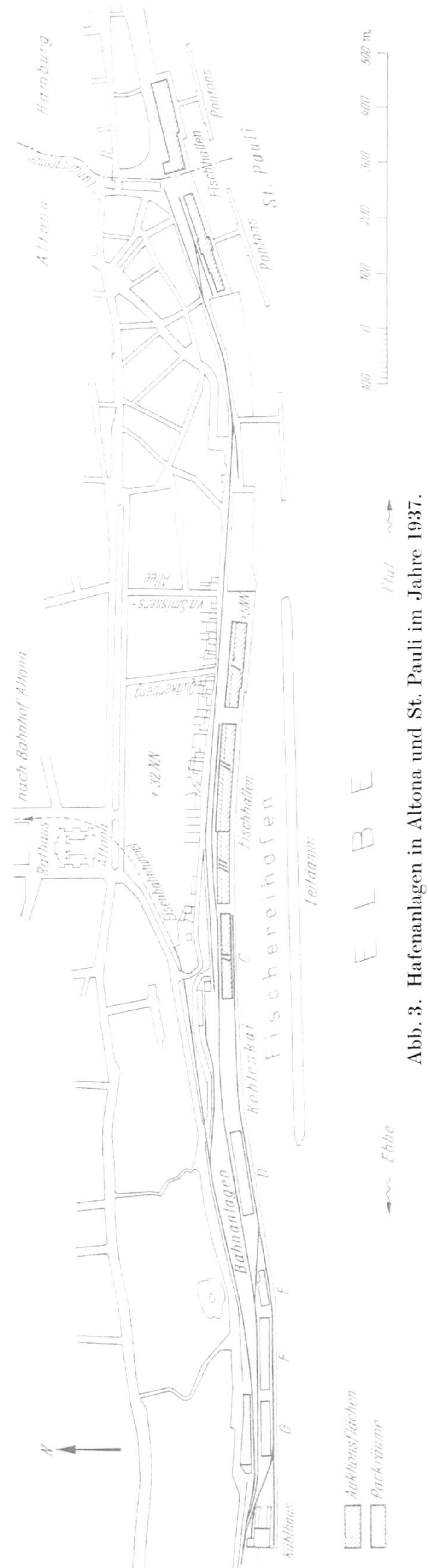

Abb. 3. Hafenanlagen in Altona und St. Pauli im Jahre 1937.

dernste Halle I einschließlich der angebauten Packräume so gut wie restlos zerstört. Auch die Hallen II, III und IV erlitten nicht unbeträchtliche Kriegsschäden.

Als man in den Jahren 1945/46 in bescheidenem Umfange wieder anfing, Fischdampfer in Betrieb zu setzen, verfügte der Fischereihafen Altona praktisch nur über die Hallen III und IV, von denen Halle III eine besonders schmale unzureichende Auktionsfläche (12 m breit) und besonders kleine Packräume (8 m breit), Halle IV überhaupt keine Packräume besaß. Halle I war zerstört, Halle II wegen Ausfalls der Kaimauer unverwendbar.

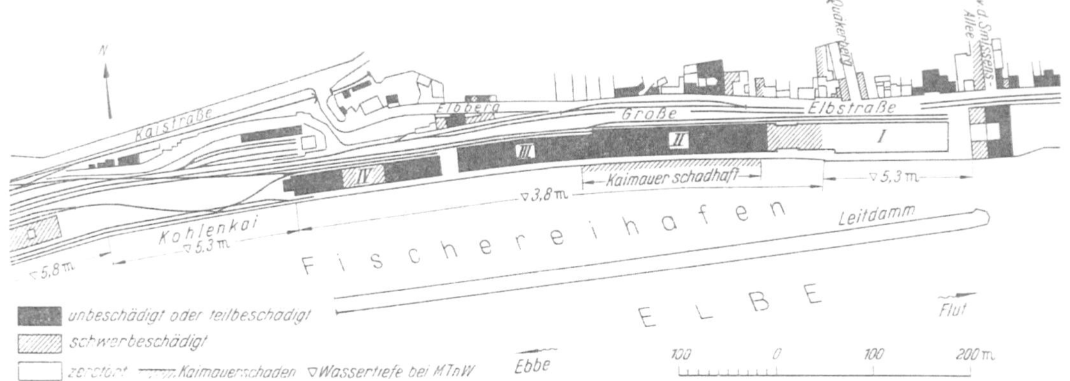

Abb. 4. Zustand des Fischereihafens und seiner Umgebung nach Kriegsende 1945.

II. Grundgedanken der Neuplanung.

1. Grundfrage des Wiederaufbaus.

Als in der Nachkriegszeit die ersten Fischdampfer in Fahrt gesetzt wurden, konnte man sich zwar zunächst mit den leidlich erhaltenen Bauwerken behelfen, doch stellte sich natürlich alsbald das Problem, ob und wie der Fischereihafen wiederaufzubauen sei. Die schwierigste Frage, ob ein Fischereihafen in Hamburg überhaupt noch eine Daseinsberechtigung habe, mußte vor allen anderen gründlich durchdacht werden. Die durch den Kriegsausgang bedingte Schrumpfung des für den Fischversand erreichbaren Absatzgebietes, besonders aber die Abtrennung des für Hamburg so ungemein wichtigen Hinterlandes in Sachsen, Schlesien, Berlin und Mecklenburg durch die Zonengrenze konnten den Gedanken nahelegen, den Fischereihafen angesichts der ungeheuren anderweitigen Wiederaufbauerfordernisse im Hamburger Hafen und in der Stadt — mindestens vorläufig — nicht wiederaufzubauen und die Versorgung der westdeutschen Bevölkerung mit Fisch den Fischereihäfen Bremerhaven und Cuxhaven zu überlassen. Aber der gleiche Faktor, der schon 1919-1921 die Stadt Altona veranlaßt hatte, Teile ihres Seeschiffhafens zum Fischereihafen umzubauen, gab auch 1946 den Ausschlag für den Wiederaufbau: die in Hamburg — speziell im Stadtteil Altona — ansässige Fischindustrie und die Erhaltung der in ihren Betrieben vorhandenen Arbeitsplätze und des darin steckenden Kapitals. 1939 befanden sich in Hamburg 40 % der Kapazität der gesamten deutschen Fischindustrie, weitere 35 % lagen im unbestrittenen Hinterlande Hamburgs (in Schleswig-Holstein). Diese Betriebe hatten verhältnismäßig wenig Kriegsschäden erlitten und somit war die Frage ihrer Rohstoffversorgung dringend. Auch die Tatsache, daß der Hamburger Fischmarkt infolge des sehr aufnahmefähigen örtlichen Absatzgebietes (in der Stadt selbst) und der umfangreichen Industrie in der Auktion stets etwas höhere Preise erzielt hatte als die anderen Fischmärkte, deutete auf günstige Marktbedingungen, wenn auch im Zeitpunkt dieser Überlegungen noch die verordneten Stopppreise galten; beide Faktoren durften als wichtige Stützen der Lebensfähigkeit des Fischmarktes angesehen werden.

2. Standortfrage.

Hinsichtlich der Lage des Fischereihafens im Hamburger Raum war zu klären, ob der Wiederaufbau der Anlagen in Altona (und gegebenenfalls deren spätere Erweiterung) vom wirtschaftlichen und technischen Gesichtspunkt vertretbar erschien oder ob es besser wäre, den Wiederaufbau zugunsten anderer Projekte aufzugeben und eine völlig neue Fischereianlage an anderer Stelle im hamburgischen Raum zu errichten. Vor dem Kriege, als das nördliche Elbufer im Rahmen der sogenannten „Elbuferplanung“ vorwiegend repräsentativen Zwecken zugeführt werden sollte und im Rahmen dieser Planung für einen Fischereihafen an dessen angestammtem Platz kein Raum verblieb, hatte man Altona als ungeeignet für einen Fischereihafen erklärt und Erörterungen über die Frage angestellt, wo sich als Ersatz für Altona ein neuer Fischereihafen errichten ließe. In Betracht gezogen waren in diesem Zusammenhang Finkenwärder, Kattwiek-Hohe

Schaar und schließlich Schulau. Der letztgenannte Platz kam bei näherer Prüfung des Fragenkomplexes als einziger in Betracht. Aber auch in Schulau hätte man eine völlig neue Anlage mit einem Kostenaufwand von 120 bis 140 Mill. RM/DM schaffen müssen, abgesehen von den außerdem erforderlichen Siedlungsbauten für die im Fischereihafen beschäftigten Arbeitskräfte. Demgegenüber ergab eine sehr eingehende Planbearbeitung, daß man in Altona an der alten Stelle mit etwa 15 Mill. DM einen in der internen Betriebsabwicklung gegenüber dem Vorkriegsstande sehr wesentlich verbesserten und durch zusätzliche Anlagen ergänzten modernen Fischereihafen für eine Durchschnittsleistung schaffen konnte, die der im Jahre 1938 unter auf die Dauer untragbaren Arbeitsbedingungen tatsächlich erzielten Spitzenjahresleistung entspricht. Mit einem weiteren Aufwand von 20 bis 25 Mill. DM würde es sogar möglich sein, wie sich aus den Planungsarbeiten weiter ergab, diesen modernen Fischereihafen bis auf das Vierfache der 1938 erzielten Leistung zu erweitern, eine Leistung, die aus fischereibiologischen Gründen niemals erreicht werden kann, wenn man nicht annehmen will, daß andere Häfen gleichzeitig mit dem Anwachsen der Anlandungen in Altona im Verkehr erheblich zurückgehen. Die letztgenannte, zweifellos völlig akademische Untersuchung war notwendig, um das aus der Vorkriegszeit stammende, mancherorts noch tief eingewurzelte Mißtrauen hinsichtlich der Eignung Altonas als Fischereihafen zu beseitigen; erst die hiermit gewonnenen Ergebnisse erwiesen, daß Altona im Gegensatz zu der vor dem Kriege landläufig vertretenen Ansicht durchaus ein geeigneter und für Hamburg sogar der geeignete Platz für einen Fischereihafen moderner Prägung war und ist. Allerdings wird Altona niemals ein extensiv angelegter Fischereihafen mit großen Raumreserven — etwa nach dem Muster Bremerhavens — werden, bei dem auch die verarbeitenden Betriebe unmittelbar im Hafengelände ansässig sind. Dazu reichen die Geländereserven nicht aus; danach besteht aber auch kein Bedürfnis, weil Industriebetriebe in großer Zahl und mit reichlicher Kapazität im Versorgungsbereich des Hafens vorhanden sind.

3. Fragen der internen Betriebsplanung.

a) Ausrüstung der Fischdampfer. Schon vor dem Kriege waren beträchtliche Mängel an dieser Fischereianlage erkannt worden; insbesondere fehlte ihr ein wesentlicher Bestandteil, der Ausrüstungskai. Deshalb hatte man schon 1921 in Erwägung gezogen, den vor dem Hafenbecken des Altonaer Fischereihafens liegenden Leitdamm, der dessen Wasserfläche vom eigentlichen Elbstrom trennt, als Kai auszubauen und

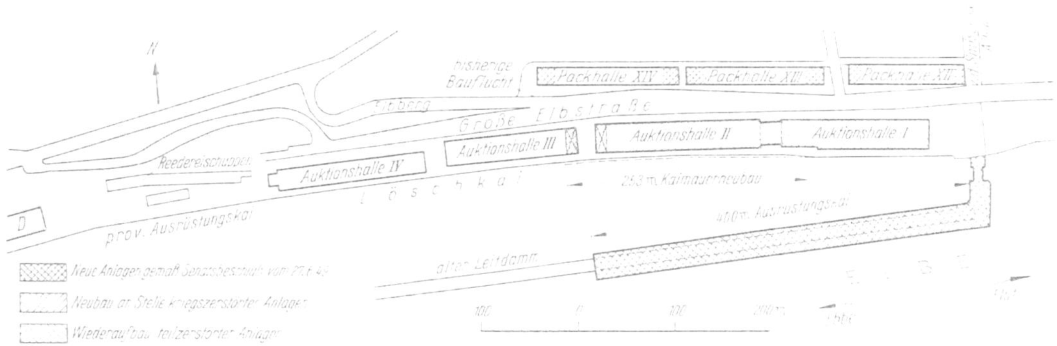

Abb. 5. Neuplanung der Fischereihafenanlagen in Altona nach dem Beschluß des Senats der Freien und Hansestadt Hamburg vom 27. Juni 1949.

dort die leeren Fischdampfer mit Kohle, Eis, Proviant und Fanggeschirr auszurüsten. Es würde zu weit führen, hier im einzelnen darauf einzugehen, warum der Bau dieses Ausrüstungskais immer wieder verschoben worden ist. In den letzten Jahren vor dem Kriege waren die damaligen Elbuferplanungen Ursache dieser Unterlassung. Daß Altona einen Ausrüstungskai bisher überhaupt nicht besaß, ist seit jeher als schweres Hindernis von den Reedereien empfunden worden. Man hat sich damit beholfen, daß man die Dampfer am Löschkai ausrüstete. Dies gab immer Schwierigkeiten durch gegenseitige Behinderung der Fuhrwerke, die von den Auktionshallen Ware abbefördern, und solche, welche Ausrüstungsgüter für die Dampfer heranbringen. Weiter besaßen infolgedessen auch die Reedereien in Altona nicht einmal Ausrüstungsschuppen zur Aufbewahrung von Fischereigerät und sonstigen Ausrüstungsstücken für die Dampfer. Die Bekohlung machte größte Schwierigkeiten und Kosten, und die Eisversorgung war umständlich und teuer. Seit 1947 wird zwar als Provisorium der frühere Altonaer Kohlenkai für Ausrüstungszwecke der Fischdampfer benutzt, wo auch zwei Behelfsschuppen für Reedereizwecke errichtet wurden (Abb. 5, westlich Halle IV), doch ist dies keine Dauerlösung, da weder die Kailänge noch die sonstigen Gegebenheiten des Platzes auch nur entfernt ausreichen.

b) Breite der Auktionsflächen. Der zweite Mangel der Altonaer Fischereihafenanlagen waren die unzureichenden Auktionsflächen. Als die Stadt Altona 1919-21 die Anlagen baute, waren die Fischdampfer durchschnittlich 220 BRT groß und brachten Fangergebnisse von 60—90 t je Reise. In den Jahren 1934 bis 1939 waren in steigendem Maße größere Dampfer gebaut worden mit Rauminhalten von 500—600 BRT und Fangergebnissen von 200—250 t.

Der Fang eines Dampfers muß in einem Hallenstück von der Länge eines Liegeplatzes in einer Kistenlage untergebracht werden können. Das bisher notwendige Übereinanderstapeln von bis zu drei Kisten bedeutet eine erhebliche Verteuerung, da jeder Löschgang um zwei Arbeiter verstärkt werden muß (pro Dampfer werden drei bis vier Gänge angesetzt). Ferner sind beim Übereinanderstapeln die unteren Kisten weder vom Veterinär noch vom Käufer zu besichtigen, was zu nachträglichen Beanstandungen und Verlusten für die Reedereien führt. Um den Fang eines modernen Fischdampfers von 500 bis 550 BRT auf Liegeplatzlänge in der Auktionshalle unterbringen zu können — diese Forderung muß u. a. zur wirtschaftlichen Ausnutzung des teuersten Hafenbauwerkes, der Kaimauer, gestellt werden —, benötigt man eine Hallenbreite von 30 m. In Altona waren nur Auktionsflächen von 14 bis 19 m Breite vorhanden.

c) **Kombinierte oder getrennte Hallen?** Der Querschnitt (Abb. 6) läßt erkennen, daß die Hamburger Fischhallen nicht ebenerdig, sondern etwa 1 m über Straßenoberkante liegen; die Ware wird auf Straßenfuhrwerk und Bahnwaggons wie bei einem Güterschuppen verladen. In Bremerhaven und Cuxhaven dagegen liegt die Auktionsfläche in Straßenhöhe und man fährt mit den Straßenfahrzeugen in die Hallen hinein. Das ist dort möglich, weil die Ware fast nur mit Fischkarren in die Packhallen und die unmittelbar im Fischereihafengelände liegenden Betriebe der Fischindustrie verbracht wird. Transporte mit großen Lastwagen, die Bremerhaven und Cuxhaven zur Versorgung des Binnenlandes natürlich auch abfertigen, übernehmen ihre Ladung an den Packhallen. In Altona dagegen, wo die unmittelbar auf der Auktion einkaufende Fischindustrie nicht im Fischereihafengelände (z. T. sogar weit außerhalb Hamburgs) ansässig ist, muß die Industrieware — das ist während der Heringssaison der überwiegende Teil der Anlandungen — nicht mit Fischkarren, sondern mit normalen, z.T. sehr großen Lkw, abbefördert werden. Auch der Stadthandel nimmt in Altona eine beachtliche Stellung unter den Abnehmern des Fischmarktes ein — im Gegensatz zu Cuxhaven und Bremerhaven, wo der Absatz am Ort gegenüber dem Versand ziemlich unbedeutend ist. Da somit große Warenmengen an Abnehmersparten abgegeben werden, welche die Ware unmittelbar von der Auktionshalle mit Straßenfuhrwerk abholen, entstehen auf der betriebsnotwendig schmalen wasserseitigen Kaistrecke unangenehme Verkehrsklemmen, wenn die Landseite der Halle für die Abfuhr ausfällt. Alle Abnehmer sind aber in Zeitnot: der Versandhändler will die Ware bis Mittag oder Frühnachmittag verpackt (unter Umständen noch filetiert) und in Waggons verladen haben. Der Fischindustriebetrieb will sie noch am gleichen Tage verarbeiten, und der Einzelhändler will sie ab 9 Uhr im Laden zum Verkauf anbieten.

Gleichzeitiges Aufladen auf beiden Hallenseiten drückt die zum Abfahren der Ware benötigte Zeit auf weniger als die Hälfte herab, weil nicht nur die doppelte Ladelänge an der Halle zur Verfügung steht, sondern der gesamte Betrieb sich auch flüssiger gestaltet. Kein Fischmarkt wird aber dauernd auf die werbende Wirkung schneller Abfertigung der Kundschaft verzichten wollen oder dürfen. Ganz besonders gilt dies in einem Hafen, wo ein starker örtlicher Einzelhandel auf der Auktion als Käufer auftritt, denn die Fahrzeuge, in denen die Einzelhändler die eingekaufte Ware (die immer aus kleineren Posten besteht) abbefördern, können sehr zahlreich werden und bedürfen daher einer großen Abfertigungslänge.

Es war also, um den Verkehr der Straßenfahrzeuge an der Auktionshalle flüssig zu halten und im Interesse der Fischindustrie und des Stadthandels eine schnelle Abfertigung zu gewährleisten, erforderlich, aus den Auktionshallen die eingebauten Packräume zu entfernen. Der Zusammenbau von Pack- und Auktionshallen, der dem Betrachter des Kaiquerschnitts zunächst als das Ideal erscheint, ist also betrieblich eine etwas fragwürdige und jedenfalls für die Verhältnisse in Altona höchst unglückliche Lösung. Das damit erstrebte Ziel, die Ware auf kürzestem Wege vom Fischdampfer über die Auktionshallen in den Packraum und von dort nach Verpackung in die Eisenbahnwaggons zu bringen, welche den Fisch ins Binnenland befördern, wird in der Praxis niemals erreicht, da die Packräume an die verschiedensten Großhandelsfirmen vermietet sind, die bei der Auktion der angelandeten Ware nur bei einer zufälligen Ausnahme gerade den Fisch kaufen, der vor ihren Packräumen aus dem Dampfer gelöscht worden ist, in der Regel aber, indem sie sich nach Angebot und Nachfrage und nach den speziellen Wünschen ihrer Kundschaft richten, Warenposten ersteigern, die an beliebigen Stellen in der Halle, oft weit vom eigenen Packraum entfernt, aufgestellt sind. Dadurch ergibt sich die Notwendigkeit eines lebhaften Längstransports von Fischkisten auf der zwischen Auktions- und Packräumen eingeschalteten Längskarrbahn in der Halle. Folgerichtig hat man infolgedessen in Bremerhaven und Cuxhaven bei den dortigen, aus Auktions- und Packhallen kombinierten Fischhallen eine sehr breite Straße in der Halle vorgesehen, auf der sich der erwähnte Längstransport abspielt. Dort sind (z. B. Halle X, Bremerhaven) eine Auktionsfläche von 14 m Breite, eine ebenso breite Straße und 24 m breite Packräume in einer Halle vereinigt: je nach Bedarf kann ein Teil der Straße als Auktionsfläche mitbenutzt werden. Abgesehen davon, daß eine solche Auktionsfläche selbst bei Hinzunahme der halben Straßenbreite noch nicht das erforderliche Breitenmaß erreicht, erschien für die Hamburger Verhältnisse (Abholung der Ware unmittelbar von der Auktion durch z.T. sehr schwere Lkw.) das Hereinfahren der Straßenfahrzeuge in die Halle nicht wünschenswert.

Der Zusammenbau der Auktions- und Packräume erwies sich für die Verhältnisse in Hamburg-Altona als grundsätzlicher Fehler, weil die Ware, besonders während der Spitzensaison, keineswegs überwiegend dem Versand ins Binnenland zugeführt wird, sondern größtenteils in die Fischindustrie und den Stadthandel geht, und beide Abnehmergruppen die Ware nicht mit der Bahn befördern, sondern mit Straßenfuhrwerk abholen. Somit stellen landseitig vor die Auktionshallen vorgeschaltete Packräume ein Verkehrshindernis dar, das dazu zwingt, die in den Stadthandel und die Fischindustrie gehende Ware allein auf der Wasserseite zu verladen. Dieser Ladeverkehr zur Abfuhr der auf der Auktion verkauften Ware traf räumlich und zeitlich auf der Kaistraße mit dem Verkehr zusammen, der sich aus dem Heranbringen der Güter für die Ausrüstung der Fischdampfer ergibt und wegen des fehlenden besonderen Ausrüstungskais notgedrungen am Löschkai stattfinden mußte. Fügt man hinzu, daß die Kaifläche weiter auch für gewisse Ausrüstungsarbeiten, wie z.B. das Nachmessen und Ablängen der Kurrleinen, und für kleinere Reparaturen benutzt wurde, die am Liegeplatz der Dampfer ausgeführt werden, so leuchtet ein, daß bei nur einigermaßen dichter Belegung der Kaistrecke mit Dampfern sich auf der Kaistraße ein kaum noch entwirrbares Durcheinander ergeben mußte.

III. Folgerungen für den Ausführungsentwurf.

Beim Wiederaufbau der Anlagen mußten diese Mängel weitmöglichst beseitigt werden; dabei war ein gewisser Ausbau mit Gebäuden und Anlagen über den Vorkriegsbestand hinaus unvermeidlich, um den Hamburger Fischereihafen mit den übrigen deutschen Fischereihäfen gleichzustellen, die auch nicht im entferntesten unter gleichen oder ähnlichen Erschwernissen zu leiden hatten. Das Wiederaufbauprojekt sollte den Hafen befähigen, unter einwandfreien betrieblichen Bedingungen jährliche Anlandungen zu bewältigen, wie sie im Jahre 1938 bereits erzielt worden sind, und dabei die Voraussetzung dafür schaffen, daß die im Hamburger Fischereihafen tätigen Reedereien nicht länger gegenüber denjenigen in Bremerhaven und Cuxhaven benachteiligt sind.

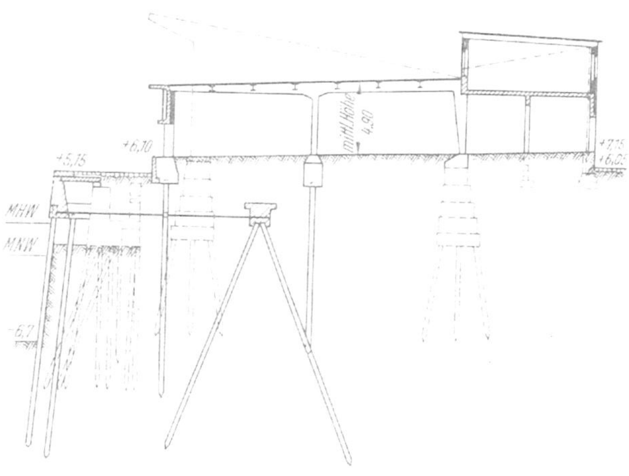

Im einzelnen umfaßte das vom Strom- und Hafenbau, Hamburg, ausgearbeitete und vom Senat der Freien und Hansestadt Hamburg beschlossene Bauprogramm folgende Einzelmaßnahmen (Abb. 5):

1. Bau von drei Packhallen auf der Nordseite der großen Elbstraße (Hallen XII, XIII, XIV).
2. Schrittweise Entfernung der Packräume aus den vorhandenen Auktionshallen entsprechend dem Baufortschritt der Packhallen.
3. Herstellung eines zunächst 400 m langen Ausrüstungskais.

Abb. 6. Querschnitt durch Halle II und die davor gelegene Kaimauer (gestrichelt: Umriß der alten Halle II).

1. Wiederherstellung des Löschkais.

Zur Verwirklichung des Beschlusses war zunächst die im Kriege unbrauchbar gewordene Kaimauer wiederherzustellen. Dies war nicht möglich, ohne die alte Halle II zu beseitigen. Abb. 6 zeigt den Querschnitt der neuen Kaimauer, die außer der Bereinigung der unzureichenden Gründungsverhältnisse auch eine Vergrößerung der Wassertiefe am Kai auf 6 m bei MTnW bringt entsprechend dem größeren Tiefgang moderner Fischdampfer. Um den Anschluß dieser neuen tieferen Kaimauer an die vor Halle I vorhandene zu schaffen, mußten insgesamt 253 m Kaimauer in der verstärkten Bauweise neuerstellt werden (Abb. 5).

2. Abbruch und Neubau der Halle II.

Aus der Abb. 6, die außer dem Querschnitt der neuen Kaimauer und der neuen Halle II auch die Umrisse der alten (gestrichelt) zeigt, erkennt man, daß zur Aufnahme des Horizontalschubes eine rückwärts gelegene Pfahlbockreihe mit Ankerbalken notwendig war. Deren Pfähle konnten nur gerammt werden, wenn man sich entschloß, die alte Halle II abzubrechen. Alle Entwürfe, die diese Notwendigkeit zu umgehen suchten, erwiesen sich entweder als unzulänglich oder als viel zu kostspielig. Da die wasserseitige Wand der Halle II, eines über vierzig Jahre alten Bauwerkes, sich infolge der Kaimauerbewegung gesenkt hatte und schräg stand, da weiter auch ihre übrigen Bauglieder sich in überaus schlechter Verfassung befanden (infolge hohen Alters und mangelhafter Unterhaltung in Kriegs- und Nachkriegszeit) und da endlich auch die Betriebsabwicklung in der unzureichend gewordenen Halle große Nachteile zeigte, entschloß man sich, sie abzubrechen und nach Fertigstellung der Kaimauer durch einen Neubau zu ersetzen.

Beim Neubau der Halle II konnten zum erstenmal die grundsätzlichen Mängel der früheren Anlagen vermieden werden. Die Halle wurde in alter Breite, aber ohne eingebaute Packräume, wiederhergestellt.

Abb. 7. Wasserseite der neuen Halle II.

so daß man nach Abzug der 4 m breiten Karrbahn statt der früheren, etwa 16 m breiten Auktionsfläche nun über 26 m für diesen Zweck zur Verfügung hat. Mit diesem Maß ist das zur wirtschaftlichen Ausnutzung der Kaimauer (des teuersten Hafenbauwerkes) unabdingbare Ziel erreicht, den Fang eines Dampfers in den ortsüblichen Fischkisten von 70 kg Inhalt auf Liegeplatzlänge in der Halle in einer Kistenlage aufstellen zu können. Gleichzeitig bringt der Verzicht auf eingebaute Packräume die Möglichkeit, die mit Straßenfuhrwerk abzufahrende Ware nicht nur auf der Wasserseite der Halle, sondern auch auf deren Landseite zu verladen.

Abb. 8. Architektur der Kopfbauten, hier: Fischereihafenrestaurant (Architekt: Richard Laage, Hamburg).

In baulicher Hinsicht wurden beim Bau der Halle II auf Grund gemachter Erfahrungen Anordnungen getroffen, die es ermöglichen, den Hallenraum vor dem Eindringen von Wärme sehr weitgehend zu schützen. Zunächst wurde diese Auktionshalle bedeutend niedriger als die früheren Hallen (insbesondere Halle I) entworfen; weiter erhielt die Südwand keinerlei Fenster, sondern die Beleuchtung der Halle wird durch aufgesetzte Dachlaternen bewirkt, die sowohl eine Entlüftung des Luftraumes unter dem Dach als auch das Eintreten indirekten Tageslichts ermöglichen. Sie sind gleichzeitig so gestaltet, daß eine unmittelbare Sonneneinstrahlung in den Hallenraum unmöglich ist. Weiter wurden Falttore eingebaut, die die unvermeidlichen Öffnungen zum Abtransport der Ware klein zu halten und das Eintreten von Warmluft bei warmem Wetter dadurch auf ein Minimum zu reduzieren gestatten, außerdem aber auch bei kühlem Wetter bei Bedarf fast die ganze Hallenlängswand freigeben. Schließlich wurde über dem Betondach eine isolierende Korkschicht aufgebracht, über der dann die Dachpappe aufgeklebt ist. Die Erfahrungen mit dieser Halle sind ausgezeichnet. Sie ist stets kühl, und die Bewegung der Ware in dem weiträumigen Hallenraum ist gegenüber früher wesentlich einfacher und billiger. Dieser Erfolg hat sich hauptsächlich aus dem Fortfall der Packräume ergeben.

Abb. 9. Wasserseite der Kopfbauten.

Am Westende der Halle II, an dem man im Jahre 1920 den früheren Schuppen A mit dem Nachbarschuppen B durch Überbauung der dortigen Durchfahrt verbunden hatte (Abb. 1 und 2), ist beim Neubau der Halle II wieder eine Durchfahrt hergestellt worden (Abb. 5), um den intensiven Verkehr mit Straßenfuhrwerken aller Art auf der Kaifläche flüssig zu gestalten. Beiderseits dieser neuen Durchfahrt wurden sogenannte Kopfbauten errichtet, d. h. vorgeschaltete Geschoßbauten von 9 m Länge (gleich einem Binderfeld) und voller Breite der Halle. Diese Kopfbauten nehmen in den Obergeschossen Betriebs- und Büroräume auf sowie ein Fischereihafenrestaurant; das Erdgeschoß der Kopfbauten dient wie die übrige Halle als Auktionsfläche.

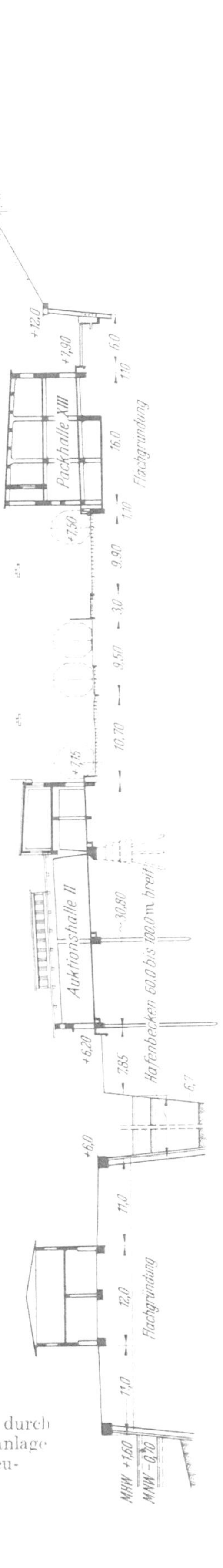

Die schon im Jahre 1947 wiederhergestellte Halle I mußte abweichend von diesen, damals bereits gewonnenen Erkenntnissen

Abb. 11. Baugrube für Packhalle XIII; rechts die Hangabgrabung mit Stützwand.

zunächst wieder mit Packräumen erbaut werden, weil an solchen großer Mangel herrschte. Die in Stahlbetonskelettbauweise errichtete Halle gestattet aber ohne konstruktive Änderungen die Beseitigung dieser Packräume durch Abbruch weniger Innenwände, sobald an anderer Stelle ausreichender Ersatzraum bereitsteht.

3. Neubau von Packhallen.

Natürlich mußte für die früher vorhanden gewesenen Packräume Ersatz hergestellt werden. Diesen schuf man durch Errichtung zunächst zweier, von den Auktionshallen getrennter Packhallen (Abb. 12).

Abb. 12. Große Elbstraße und Packhalle XIII (Architekt: Richard Laage, Hamburg).

wie solche z. B. in Bremerhaven ebenfalls in letzter Zeit mehrfach errichtet worden sind. Dabei ging es nicht ohne gewisse zusätzliche Schwierigkeiten ab. Bisher waren die Anlagen des Fischereihafens nämlich beschränkt auf den Raum zwischen der parallel zum Ufer verlaufenden Großen Elbstraße und der Wasserfläche des Fischereihafenbeckens. Nunmehr griff der Fischereihafen erstmalig auf die Nordseite der Großen Elbstraße über, wo vor dem Kriege überwiegend Wohn-

Abb. 10. Querschnitt durch die Gesamtanlage nach der Neuplanung.

häuser, z. T. aber auch gewerbliche Betriebe gestanden hatten. Der erste Abschnitt der neuen Packhallen konnte in Baulücken auf Trümmergrundstücken errichtet werden (Abb. 4), für den weiteren Ausbau war dagegen eine Anzahl erhalten gebliebener Häuser abzubrechen.

4. Umgestaltung der Haupthafenstraße.

Hand in Hand mit den neuen Packhallen mußte die Straße hergerichtet werden, die nicht nur dem Straßenverkehr zu dienen hat, sondern auch Gleise für die Bahnbedienung aufnehmen muß. Aus dem Querschnitt durch die neue Halle II und die gegenüberliegende Packhalle XIII (Abb. 10) ergeben sich die Hauptabmessungen des Straßenquerschnittes. Man erkennt aus dieser Abbildung weiter, wie das Problem einer Raumgewinnung nach Norden für die Packhallen gelöst wurde, das sich durch die unmittelbare Nähe des sehr steilen und hohen Geesthanges ergab. Dieser Hang stand vor dem Umbau unmittelbar hinter der Großen Elbstraße und ihrer nördlichen Häuserreihe in einer Neigung bis fast 1 : 1 an, und da die Packhallen nicht nur selbst tiefer werden mußten als die früheren Häuser, sondern auch ihre Straßenfront gegenüber der alten, nicht geradlinig verlaufenden Bauflucht zum Teil erheblich zurücktreten (vgl. Abb. 5) und da ferner auf der Hallenrückseite eine besondere Straße für die Anfuhr der Fische geschaffen werden mußte (vgl. Abb. 5), ergab sich die Notwendigkeit, den Geesthang nicht unbeträchtlich abzutragen. Um das Maß der Erdbewegungen in erträglichen Grenzen zu halten und das vorhandene Landschaftsbild nicht mehr als unabdingbar zu verändern, beschränkte man sich darauf, den Fuß des Hanges abzutragen, nachdem vorher eine Stahlspundwand als Stützmauer geschlagen worden war. Diese Spundwand ist als unverankerte, frei stehende Bohlwand von 4,5 m freier Höhe (Profil Larssen V) ausgebildet und mit einem Betonholm abgedeckt. Die Bohlen sind 9 m lang; ihr Fuß steht in fettem Geschiebemergel. Entwässerungsschlitze mit Kiesfiltern sorgen für Abführung des bei Niederschlägen vom Hang her andrängenden Grundwassers.

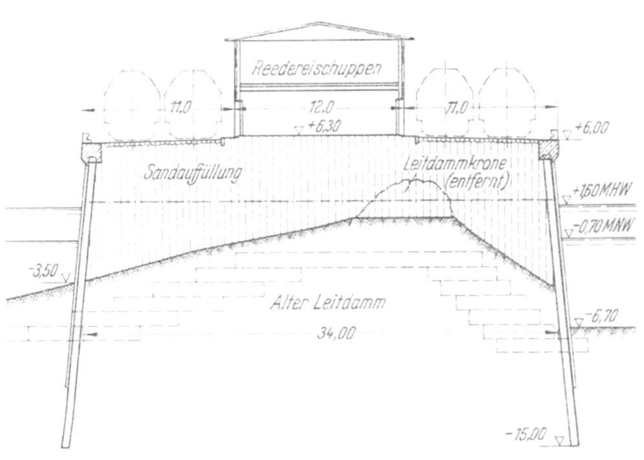

Abb. 13. Querschnitt durch den Ausrüstungskai.

5. Neubau des Ausrüstungskais.

Der Ausrüstungskai, dessen Bau zur Entlastung der Löschkaistecke gleichzeitig beschlossen wurde, ist inzwischen ebenfalls hergestellt worden. Der Querschnitt (Abb. 13) besteht aus zwei Reihen miteinander verankerter Spundwände im Abstande von 34 m, zwischen denen eine Sandfüllung eingebracht wurde. Auf dieser Kaifläche sind in der Mitte 12 m breite Schuppen für Ausrüstungszwecke der Reedereien und beiderseits davon je eine voll befahrbare Kaistraße von 11 m Breite geschaffen worden. Am Ostende hat diese Kaizunge eine Landverbindung erhalten, indem hier eine Klappbrücke die 15 m breite östliche Aus- und Einfahrt des Hafenbeckens überbrückt (Abb. 15). Obgleich die Meinungen darüber geteilt sind, ob die Fischdampfer, denen ja auch die ungleich breitere westliche Einfahrt zur Verfügung steht, diesen „Notausgang“ benötigen, erschien es doch zweckmäßig, die östliche Einfahrt nicht durch den Einbau einer festen Brücke abzuriegeln. Die Fischdampfer können nämlich im östlichen Teil des leider nur schmalen Hafenbeckens nicht wenden, so daß eine Ausfahrmöglichkeit nach Osten zweifellos betriebliche Vorteile bietet. Auch die Strömungsverhältnisse bei Flut und Ebbe können möglicherweise ein Bedürfnis zur

Abb. 14. Ausrüstungskai während der Bauzeit; vorn Widerlager der Klappbrücke im Bau, dahinter Behelfsbrücke (vorläufiger Zugang).

Benutzung dieser Ein- bzw. Ausfahrt hervorrufen. Die in der Elbe auf- und abfließende Gezeitenströmung durchzieht nämlich auch den Fischereihafen und verursacht dort eine Strömungsgeschwindigkeit von 0,62 m/sec bei mittlerem Ebbe-Wasserstand (+ 0,32 NN). Da durch die Bauarbeiten der Querschnitt der östlichen Öffnung beträchtlich verringert wird, erhöht sich die Strömungsgeschwindigkeit dort entsprechend. Andererseits wirkt jedoch die verengte Durchfahrt für die durchflutenden Wassermassen als Bremse, so daß im Hauptteil des Hafens — mindestens westlich der Halle I — die normale Stromgeschwindigkeit künftig niedriger werden muß als früher. Durchgeführte Modellversuche haben ergeben, daß bei Ebbe (der nach Osten gerichtete Flutstrom ist in diesem Zusammenhang bedeutungslos) im östlichen Teil des Fischereihafens eine Ablenkung der Strömung nach Norden eintreten würde, die durch eine auf der Südseite der Strömung zwischen dieser und dem Leitdamm sich ausbildende Ablösungswalze hervorgerufen wird. Das würde bedeuten, daß die Liegeplätze an der Halle I durch eine unerwünschte verstärkte Längsströmung benachteiligt wären, so daß nach Wegen gesucht wurde, die Ablenkung der Strömung nach Norden auszuschalten. Die Modellversuche haben als beste Abhilfe den Einbau einer 30 m langen, um 10° gegen die Achse der Durchflußöffnung geneigten Leitwand ergeben, die sich vom südlichen Widerlager der Klappbrücke nach Westen zu erstrecken haben wird.

Abb. 15. Ausrüstungskai fertig mit Reedereischuppen; vorn links Pontonanlage für kleine Fischkutter und Elbfischerboote, darüber Hebegerät (Demagzug) für die auf den Pontons angelandete Ware.

Diese Leitwand saugt gewissermaßen die Strömung nach Süden und kompensiert dadurch die Tendenz zur Ablenkung nach Norden, so daß am Löschkai vor Halle I keine höheren Strömungsgeschwindigkeiten als früher auftreten werden. Die Leitwand ist bislang noch nicht ausgeführt worden, da zunächst Erfahrungen mit den neuen Strömungsverhältnissen gesammelt werden sollen.

Die bisher erbauten beiden Reedereischuppen auf dem Ausrüstungskai erhielten bei 12 m Breite je 120 m Länge, entsprechen also vier Fischdampfer-Liegeplätzen. Da im Bedarfsfalle zwei Dampfer nebeneinander liegen können, bietet der neue Ausrüstungskai Platz für acht Dampfer. Im Erdgeschoß der Schuppen befinden sich Werkstätten und Läger, in den Obergeschossen Büros und Netzböden.

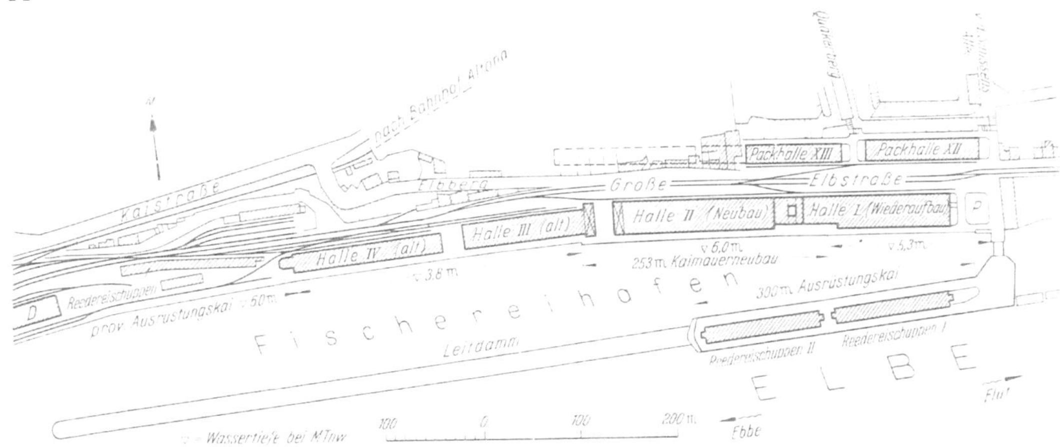

Abb. 16. Stand des Gesamtbauvorhabens Ende 1952.

IV. Schlußbemerkungen.

Den gegenwärtigen Stand der Durchführung des vom hamburgischen Senat beschlossenen Programms zeigt Abb. 16. Man erkennt, daß noch nicht alle drei geplanten Packhallen errichtet sind und an der vorgesehenen Länge des Ausrüstungskais noch 100 m fehlen. Auch ist die Entfernung der Packräume bisher nur bei Halle II und einem geringen Teil der Halle I möglich gewesen. Die bisherigen Maßnahmen haben aber genügt, um den Betrieb im Fischereihafen aus seiner Verkrampfung zu lösen und den Reedereien ausreichende Arbeitsmöglichkeit zu schaffen. Im Laufe der nächsten Jahre wird sich erweisen, ob die bisherigen Maßnahmen ausreichen oder noch ergänzt werden müssen; in der Hauptsache wird das von der Entwicklung der Flottenstärken abhängen. Der Bau eines Eiswerkes wird von privater Hand zur Zeit vorbereitet; als Standort ist dafür eine Fläche auf dem provisorischen Ausrüstungskai westlich der Halle IV vorgesehen. Erwogen wird ferner die Einrichtung einer Kohlenbunkerstation — ebenfalls auf dem provisorischen Ausrüstungskai — und der Bau einer Tiefkühlanlage, deren Standort noch nicht festgelegt ist. Auf konstruktive Einzelheiten und den Verlauf der Bauausführung konnte im Rahmen dieser Abhandlung nicht eingegangen werden; soweit diesbezüglich Bemerkenswertes zu berichten ist, enthält der Aufsatz Pohle/Dr. Förster: „Die Bauwerke des Hamburger Hafens" (Seite 65 dieses Bandes) entsprechende Mitteilungen.

Auf Beschreibung der gefundenen Lösungen mußte weitgehend zugunsten der Begründung für dieselben verzichtet werden; die beigefügten zeichnerischen Darstellungen und Fotos sollen den Text insoweit ergänzen.

Schrifttum.

A. Allgemeines über Fischereihafenplanung.

Agatz, A.: Die technische und wirtschaftliche Entwicklung der deutschen Hochseefischereihäfen. Dissertation Hannover 1919.

Mast, O.: Versuch der Entwicklung von Grundsätzen für die Planung von Hochseefischereihäfen. Dissertation Braunschweig 1924.

Wunsch, H.: Die Entwicklung der Kaiflächen in den deutschen Fischereihäfen. Dissertation Berlin 1932.

Miether: Der Fischereihafen Altona. Jahrb. der Hafenbautechnischen Gesellschaft III, S. 121ff.

Vogel: Ausbau des Hafens Wesermünde. Jahrb. der Hafenbautechnischen Gesellschaft XIV, S. 54ff.

Teichgräber: Die Fischmarktanlagen in Cuxhaven und der neue Fischversandbahnhof. Jahrbuch der Hafenbautechnischen Gesellschaft XIV, S. 66ff.

Gädtgens, F.: Praktische Fragen und theoretische Zahlen zur Vergrößerung der Fischdampfer. Monatshefte für Fischerei, Februar 1943.

Schleufe: Die neuen deutschen Fischdampfer, Zeitschrift „Hansa", Verkehrs- und Hafenblatt, 1. Jahrg. Nr. 4 (vom 22. Mai 1948).

Jahresbericht über die deutsche Fischerei 1938, 1939, 1940. Herausgegeben vom Reichsministerium für Ernährung und Landwirtschaft.

Naumann, K.-E : Neuere Gesichtspunkte für die Planung deutscher Fischereihäfen. Schiff und Hafen, Jahrgang 1949, S. 129ff., 164ff., 195ff., 225ff., 255ff.

Naumann, K.-E.: Die gegenseitige Situation der deutschen Fischereihäfen, deren Leistungs- und Erweiterungsfähigkeit. „Hansa", Jahrgang 1950, S. 196ff., 366ff.

B. Spezielles über den Wiederaufbau in Hamburg-Altona.

Bolle, A.: Der Wiederaufbau des Fischereihafens Hamburg-Altona. „Hansa" 1950, S. 1335ff.

Naumann, K.-E.: Die neue Halle II im Fischereihafen Hamburg-Altona. „Hansa" 1950, S. 941ff.

Förster, K.: Wiederaufbau und Verstärkung der Hamburger Kaimauern. „Der Bauingenieur" 1951, S. 236ff.

Naumann, K.-E.: Der Wiederaufbau des Fischereihafens Hamburg-Altona, „Hansa" 1952, S. 1114ff.

Naumann, K.-E.: Der Wiederaufbau des Fischereihafens in „Der Hamburger Hafen, sein Wiederaufbau von 1945 bis 1951", Ludwig-Schultheiß-Verlag, Hamburg 1.

Der Wiederaufbau und Ausbau der Häfen in Bremen und Bremerhaven seit 1945.

Vorbemerkung. Die nachstehenden Ausführungen über den Wiederaufbau der zerstörten bremischen Häfen stellen eine Fortsetzung der im 9. Jahrbuch der Hafenbautechnischen Gesellschaft 1926 erfolgten Veröffentlichung „Die Entwicklung der bremischen Hafenanlagen bis 1926" dar.

Von den für die Planung — die konstruktive und bauausführungstechnische Seite — verantwortlichen Mitarbeitern der Ämter in Bremen und Bremerhaven werden der Wiederaufbau und die Neuanlagen in den beiden Häfen behandelt und die dabei gemachten Erfahrungen ausgewertet.

Die Entwicklung der Häfen in Bremen und Bremerhaven.

Von Prof. Dr.-Ing. E. h. Dr.-Ing. **Arnold Agatz,**

Präsident der Hafenbauverwaltung Bremen und Bremerhaven, Bremen.

Auf die Häfen an der Unterweser haben die Fahrwasserverhältnisse der Unter- und Außenweser einen entscheidenden Einfluß.

Wenn wir uns die einzelnen Ausbaustufen ins Gedächtnis zurückrufen, so sind folgende Ausbauabschnitte der Unterweser festzustellen:

1887—1895 Ausbau für den Verkehr von Schiffen bis 5 m Tiefgang. (Die Arbeiten wurden durchgeführt unter der Leitung von Oberbaudirektor Ludwig Franzius.)

1913—1916 Ausbau für den Verkehr von Schiffen bis 7 m Tiefgang. (Für diesen Abschnitt zeichnete Oberbaudirektor Bücking verantwortlich.)

1921—1924 erweiterter Ausbau für das 7-m-Seeschiff.

1925—1929 Ausbau für den Verkehr von Schiffen bis 8 m Tiefgang. (Entwurf und Ausführung Oberbaudirektor Dr.-Ing. e. h. Ludwig Plate.)
Dieser Ausbau blieb bislang unverändert.

Der im Jahre 1939 ausgearbeitete Entwurf für eine weitere Verbesserung des Fahrwassers sah den Verkehr von Seeschiffen mit 8,7 m mittlerem und 9,45 größtem Tiefgang vor. Er kam jedoch nicht mehr zur Ausführung.

In den Jahren 1949—52 wurde von der Wasser- und Schiffahrtsdirektion Bremen, bis Herbst 1949 unter Leitung von Oberbaudirektor Dr. Plate, ab Herbst 1949 unter Leitung von Wasserstraßendirektor Dr. Walther, ein Ergänzungsentwurf aufgestellt. Dieser sieht vor:

a) Für die Sohlenbreite des Fahrwassers auf der Unterweser werden die bestehenden Maße beibehalten:

Von Bremen-Überseehafen bis Vegesack....	100 m
Von Vegesack bis Huntemündung	120 m
Unterhalb der Huntemündung	150 m

b) Der im Längsprofil der Unterweser vorhandene Buckel zwischen Vegesack und Nordenham wird so weit abgetragen, daß alsdann das 8,7 m tiefgehende Schiff unter den gleichen Zeitbedingungen wie bisher das 8-m-Schiff verkehren kann.

c) Außerdem wird die neue Sohle gestatten, daß auch einkommende Schiffe bis zu einem Tiefgang von 9,60 m unter engerer Anpassung an das Tidehochwasser Bremen erreichen können.

In der Abb. 1 ist das Längsprofil der Unterweser mit der jetzigen Sohlenlage und der neue Entwurf mit den dazugehörigen Wasserständen dargestellt. Der Buckel wird also bis zu einem Maximum zwischen 0,80 m bis 1,00 m abgehobelt werden.

Die Wasser- und Schiffahrtsdirektion Bremen hat dann in einer graphischen Tabelle (Abb. 2) einmal besonders die Entwicklung der Größenklassen und ihrer Tiefgänge der Welthandelsflotte dargestellt und kommt zu den folgenden, sehr interessanten Ergebnissen:

a) Das starke Anwachsen der Seeschiffe in der Größenklasse zwischen 6000 und 8000 BRT mit einem Anteil von etwa 40% an der Gesamttonnage.

b) Ein Anwachsen der Seeschiffe in der Größenklasse von 8000 bis 10000 BRT bis auf 13% der Gesamttonnage.

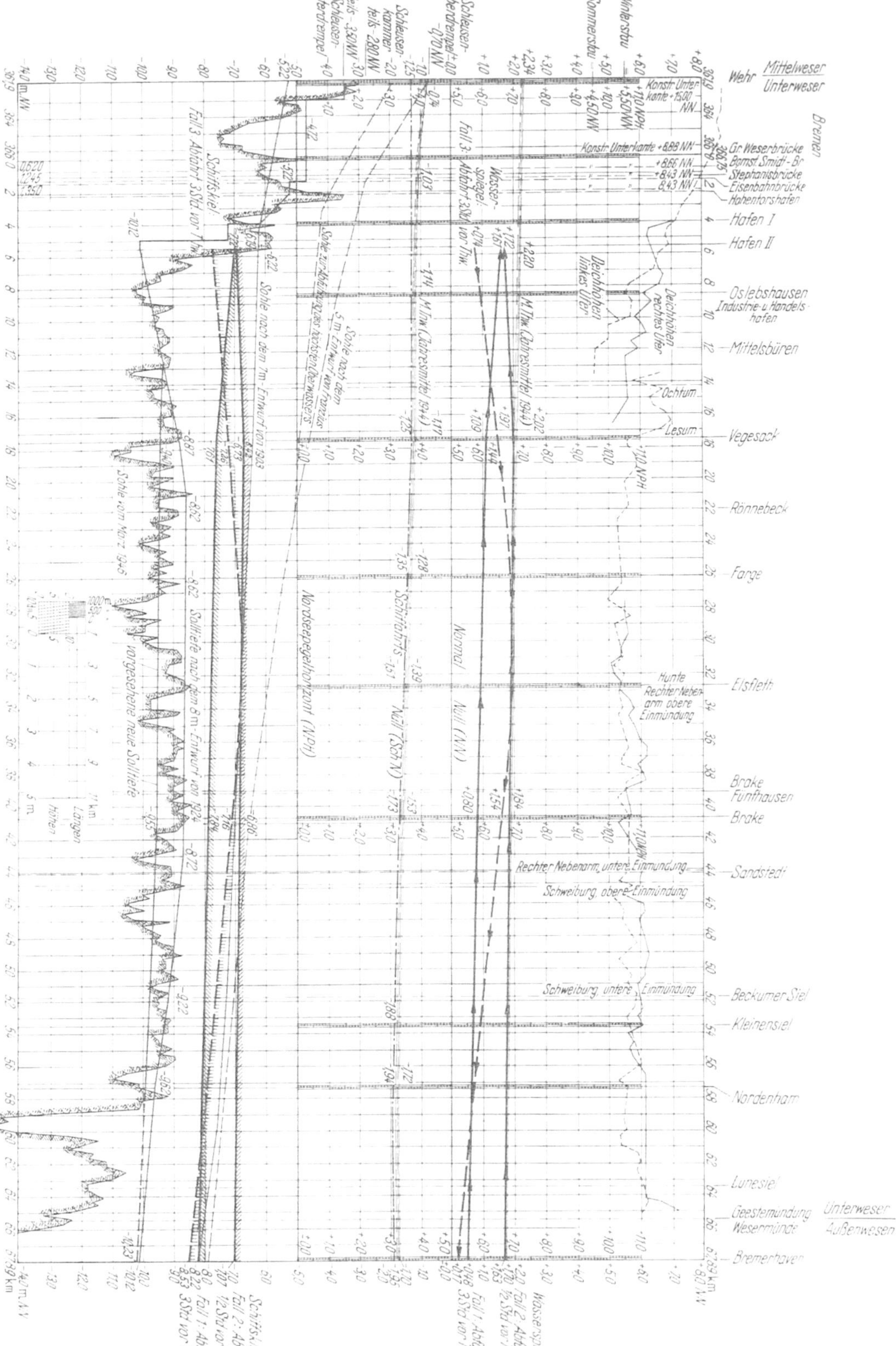

Abb. 1. Längenprofil der Unterweser.

c) Die für den Überseeverkehr ausschlaggebenden Schiffsgrößen von 8200 bis 9500 BRT haben einen Tiefgang von 8,5 bis 9,5 m.

d) Die neuen amerikanischen Frachter haben bei einer verringerten Größe von 7200 BRT einen Tiefgang von 8,5 bis 8,81 m.

Die von mir in einer früheren Veröffentlichung bereits festgestellten Vergrößerungen des Tiefganges des Regelfrachtschiffes des Weltverkehrs auf 9 m sind also auch von anderer Seite einwandfrei nachgewiesen. Ich stehe daher nach wie vor auf dem Standpunkt, daß die modernen großen Seehäfen sich für die weitere Zukunft auf das 10-m-Schiff einstellen sollten.

Die Abhobelung des Buckels soll im Verlauf der nächsten vier Jahre mit den dazugehörigen Strombauwerken durchgeführt werden und wird also voraussichtlich im Verlauf des Jahres 1957 beendet sein.

Bremen mit den übrigen Unterweserhäfen wird alsdann eine allen neuzeitlichen Anforderungen des Seeschiffsverkehrs entsprechende Wasserstraße besitzen.

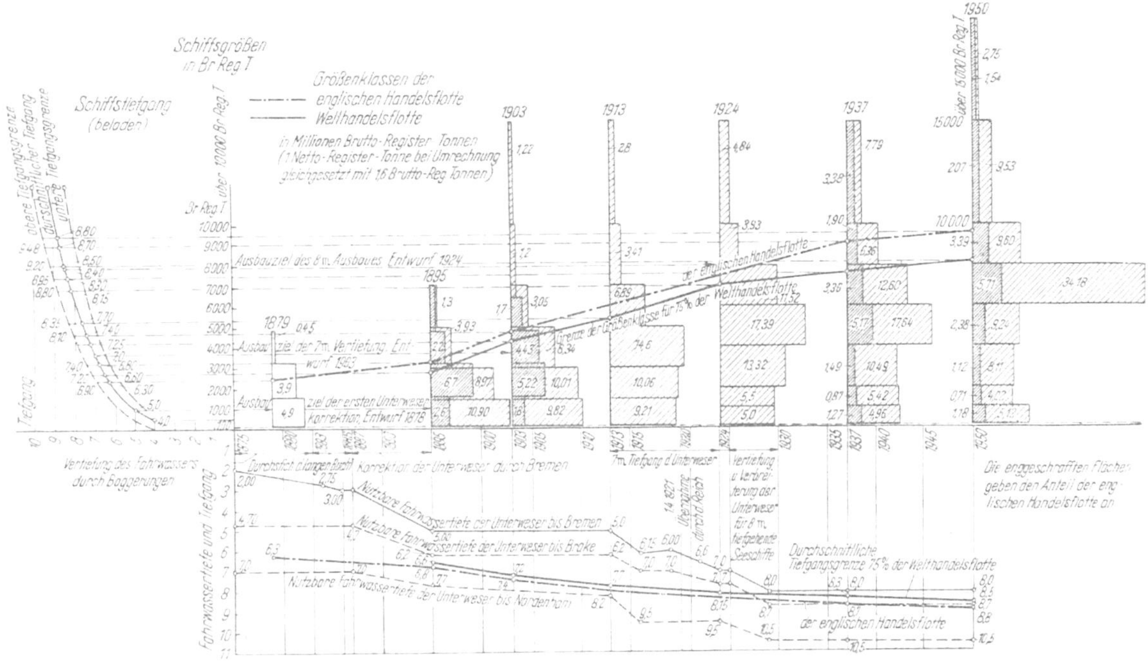

Abb. 2. Entwicklung der Größenklasse der Welthandelsflotte.

Die Außenweser zwischen Bremerhaven und Rote-Sand-Leuchtturm weist Fahrwasserverhältnisse auf, die es auch den größten Fahrgastschiffen der Welt ermöglichen, Bremerhaven ohne Schwierigkeiten zu erreichen.

Die Fahrwasserbreite beträgt:

a) Auf der Reede von Bremerhaven bei 33′ unter MNW etwa 500 m,

b) unterhalb der Reede von Bremerhaven bei 32—36′ unter MNW etwa 200 m, nach See zunehmend auf 900 m.

An der Unterweser liegen drei Hafengruppen (Abb. 3):

Die obere Hafengruppe mit Bremen Stadt,
die mittlere Hafengruppe mit Elsfleth, Brake, Nordenham und Einswarden,
die untere Hafengruppe mit Bremerhaven.

Nach dem Binnenland geht der Wasserverkehr über die Mittelweser und den Mittellandkanal nach Süden, Westen und Osten und über den bei Elsfleth mündenden Küstenkanal und Dortmund-Ems-Kanal direkt ins rheinisch-westfälische Industriegebiet.

Für den Eisenbahn- und Straßenverkehr stehen leistungsfähige Verbindungen nach allen Himmelsrichtungen zur Verfügung. Bremen Stadt ist mit einem Flugplatz an den innerdeutschen und internationalen Luftverkehr angeschlossen.

Die Hafenanlagen in Bremen erstrecken sich auf eine Länge von etwa 30 km von Hemelingen bis Farge.

Der Flußhafen oberhalb des Weserwehres, die Umschlaganlagen auf dem Peterswerder, an der Tiefer und Schlachte dienen dem Binnenschiffsverkehr. Unterhalb der Eisenbahnbrücke sind der Weserbahnhof, der Hohentorshafen und der Europahafen der europäischen Fahrt vorbehalten.

Parallel unterstrom gestaffelt erstrecken sich der Überseehafen, der Holz- und Fabrikenhafen und das Wendebecken mit der Getreideanlage für den Überseeverkehr.

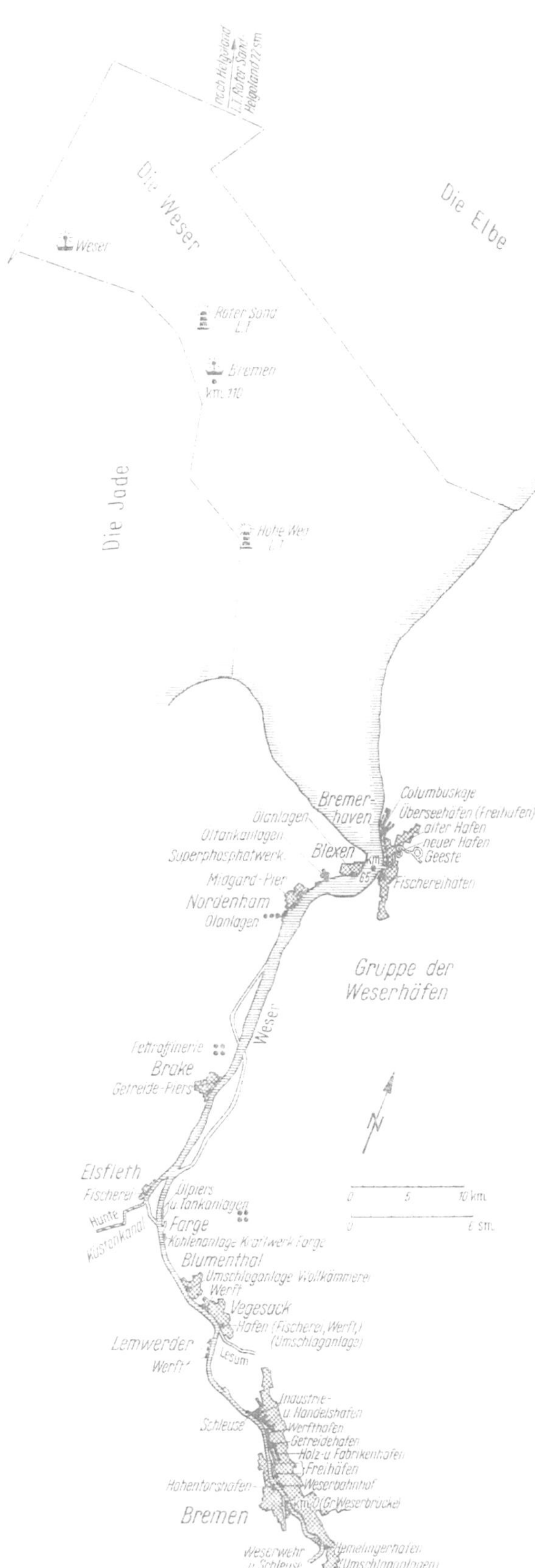

Abb. 3. Die Häfen der Unter- und Außenweser.

Es schließen sich der Werfthafen mit der AG. Weser und der durch eine Seeschleuse von 171 m Länge und einer Durchfahrtsbreite von 25 m abgeschlossene Industriehafen mit Umschlag- und Veredelungsbetrieben für Holz, Kohle. Erz, Öl und Kali an.

An der Weser von Vegesack bis Farge liegen die Heringsfischereianlagen, die Jacht- und Bootswerften, die Seeschiffswerft Bremer Vulkan, die Bremer Wollkämmerei, das Kraftwerk Farge und die beiden Ölpiers mit 320000 cbm Tanklager der VTG.

Die Häfen von Bremerhaven sind etwa 25 Sm von der Mündung der Weser in die Nordsee entfernt. Diese Seewasserstraße ist durch neuzeitliche, schwimmende und feste Seezeichen klar gekennzeichnet, so daß ein gefahrloses Befahren bei Tag und Nacht gewährleistet ist. Zwei Radarstationen werden auf der Außenweser eingebaut.

Die Handelshäfen in Bremerhaven liegen nahezu parallel zum Weserstrom. Sie zergliedern sich in drei Gruppen:

Der Alte und der Neue Hafen dienen vorwiegend der Fischindustrie und dem Umschlag aus Leichtern und Binnenkähnen.

Die Kaiserhäfen mit den drei Becken Kaiserhafen I—II und III stehen mit ihren 33′ bis 36′ Wassertiefe aufweisenden Kajen dem Überseeverkehr zur Verfügung. Sie sind durch die 28 m breite und 223 m lange Kaiserschleuse mit einer Wassertiefe von 10,5 m unter MHW. mit dem Weserstrom verbunden.

Am Verbindungshafen liegen im Anschluß an den 350 m langen Ölumschlagkai mit Tanklager der ESSO zwei neuzeitliche Stückgutschuppen und diesen gegenüber zwei Trockendocks mit ihren ausgedehnten Reparaturanlagen.

Im Kaiserdock I können Schiffe bis zu 20000 BRT, im Kaiserdock II Schiffe bis zu 90000 BRT gedockt werden. Der Verbindungshafen ist durch einen kurzen Kanal mit den Kaiserhäfen und über das Wendebecken durch die 45 m breite und 372 m lange Nordschleuse mit einer Wassertiefe von 14,6 m unter MHW mit der Weser verbunden.

Außerhalb der Schleusen, direkt am Weserstrom, liegt die 1250 m lange Columbuskaje für den Fahrgastverkehr nach Übersee.

Die Fischereihäfen zweigen von der Geestemündung aus ab und sind durch eine Doppelseeschleuse für Fisch- und Frachtdampfer abgeschlossen. Sie bestehen aus zwei Gruppen:

Der Alte Handelshafen mit den ausgedehnten Anlagen der Seebeckwerft, der Fischereigesellschaft NORDSEE und den Holzimportfirmen.

Die Becken I und II mit ihren Auktions- und Ausrüstungskais für den Seefischumschlag. Hinter den Kais liegen die Auktions- und Packhallen mit der vielseitigen Fischindustrie und dem leistungsfähigen Fischversandbahnhof, von dem aus täglich die Fischzüge direkt zum Verbraucher ins Binnenland gehen.

Die Verkehrsentwicklung der Unterweserhäfen hinsichtlich des seewärtigen Güterverkehrs zeigen die folgenden Abb. 4 u. 5.

1. Das stetige Anwachsen der drei Unterweserhäfen Bremerhaven-Nordenham-Brake läßt die erfreuliche Erstarkung dieser Häfen zugleich mit dem Hafen Stadt Bremen erkennen.

Der Vorkriegsanteil dieser drei Häfen an dem gesamten seewärtigen Weserhäfenverkehr stieg von 25 bis 28% vor dem letzten Krieg auf 33 bis 38% in den Jahren nach der Währungsreform. Vergleicht man

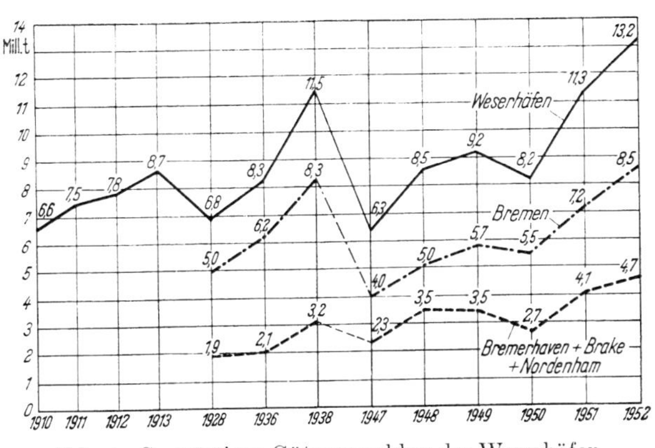

Abb. 4. Seewärtiger Güterumschlag der Weserhäfen. (Bremen und die Unterweserhäfen.)

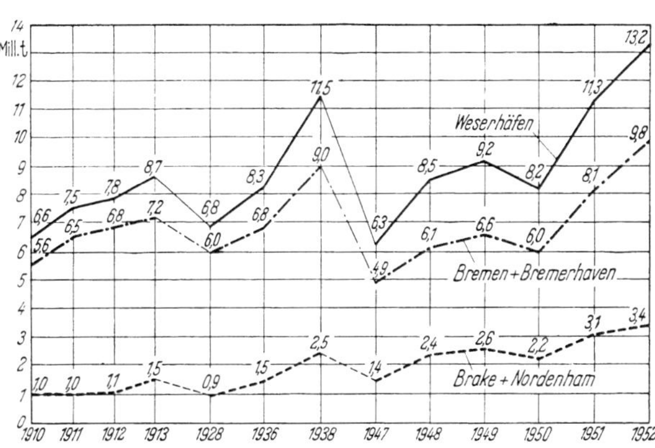

Abb. 5. Seewärtiger Güterumschlag der Weserhäfen. (Bremen und Oldenburger Häfen.)

die beiden Hafengruppen Bremen-Bremerhaven und Brake-Nordenham miteinander, so betrug der prozentuale Anteil der beiden Häfen Brake-Nordenham in den Jahren 1910—1913 15 bis 17%. Er stieg in den Jahren 1928 bis 1938 zwischen den beiden Weltkriegen von 13% auf 22% und in den letzten Jahren nach der Währungsreform auf 26 bis 28%.

2. Die gesamten Weserhäfen haben im Jahre 1952 mit 13,2 Mill. t die höchste Vorkriegsziffer des Jahres 1938 um etwa 1,7 Mill. t und die des Jahres 1913 um etwa 4½ Mill. t überschritten. Man ersieht daraus die wachsende Bedeutung der Weserhäfen am leistungsfähigen Weserstrom, getragen von dem Haupthafen Bremen, der im Jahre 1952 seine höchste Vorkriegsziffer ebenfalls überschritten hat.

Vergleicht man die Umschlagleistung der Weserhäfen innerhalb der deutschen Nordseehäfen (Abb. 6), so betrug im Jahre 1913 der Anteil der Weserhäfen an dem gesamten seewärtigen Güterverkehr etwa 23%, er stieg zwischen den beiden Kriegen auf etwa 26%, um in den letzten Jahren nach der Währungsreform 38% zu erreichen.

Im Wettbewerb der deutschen Nordseehäfen und Rhein-Schelde-Häfen fielen die deutschen Nordseehäfen gemäß Abb. 6 weit zurück. Gegenüber einem Anteil von 42% im Jahre 1913 an dem Gesamtverkehr dieser sechs Häfen, fiel der Anteil zwischen den beiden Kriegen auf 39% und ging in den letzten drei Jahren weiterhin bis auf 32% zurück. Das hat seine Ursache in erster Linie durch die zwangsmäßige Zonengrenzziehung in bezug auf die Stellung des Hamburger Hafens.

Die Weserhäfen haben ihren Anteil innerhalb dieser sechs Seehäfen von fast 10% im Jahre 1913 auf volle 10% zwischen den beiden Kriegen und in den letzten drei Jahren nach diesem Kriege auf etwa 12% erhöhen können.

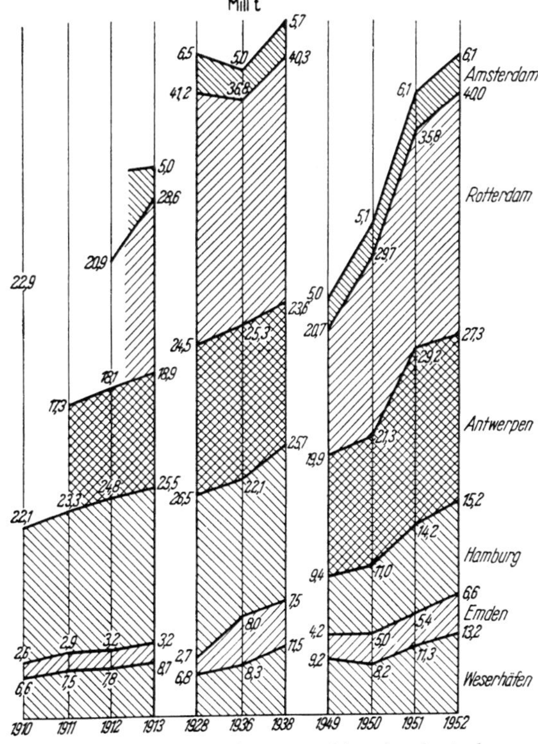

Abb. 6. Seewärtiger Güterumschlag der deutschen und ausländischen Nordseehäfen.

Der Fahrgastverkehr. Vor 83 Jahren wurde in Bremerhaven für den Fahrgastverkehr die erste Fahrgastanlage zwischen Neuem Hafen und Weser errichtet.

Den jeweiligen Anforderungen der Fahrgastdampfer angepaßt, entstanden nacheinander die alte Lloydhalle am Vorhafen der großen Kaiserschleuse 1896, der Columbusbahnhof am neu errichteten Columbuskai 1927 und in den letzten Jahren der neue Columbusbahnhof zwischen dem verlängerten Columbuskai und dem Vorhafen zur Kaiserschleuse.

Wie berechtigt diese Anlagen waren, geht aus der nachfolgenden Aufstellung über die Entwicklung des Fahrgastverkehrs hervor:

Jahr	Einreise	Ausreise	Gesamt	Bemerkungen
1913	66 182	256 833	323 015	
1928	48 295	80 500	128 795	
1936	48 453	59 775	108 228	
1938	38 353	51 172	89 525	
1947	—	12 369	12 369	verschiffte DPs
1948	—	36 281	36 281	verschiffte DPs
1949	—	116 952	116 952	verschiffte DPs
1950	12 737	136 928	149 665	(davon 123 552 DPs)
1951	19 367	165 219	184 586	(davon 130 150 DPs)
1952	34 060	97 374	131 434	(davon 48 671 DPs)

Wenn auch die Höchstzahl an Fahrgästen aus der Auswandererzeit vor dem ersten Weltkrieg nicht wieder erreicht wurde, so blieb Bremerhaven dank seiner mustergültigen Anlagen ein beachtlicher Faktor im Kreis der europäischen Großfahrgasthäfen. Daß die gesamte Fahrgastzahl 1952 zurückgegangen ist, ist auf den Rückgang der verschifften DPs zurückzuführen. Der normale Fahrgastverkehr hat gegenüber 1951 um etwa 50% zugenommen.

Fischereiverkehr. Als nach dem letzten Kriege Bremen vorerst als Treuhänder den Fischereihafen Bremerhaven übernahm, setzte es die bewährte Tradition Preußens fort, diesem größten europäischen Fischereihafen seine besondere Unterstützung angedeihen zu lassen.

Aus den Trümmern entstanden die neuen Auktions- und Packhallen. In harter, zäher Arbeit wurde langsam das feingliedrige Triebwerk von Produktion—Großhandel und Industrie mit all den Nebenbetrieben wieder eingerichtet. Wie schwer der Weg war, zeigt die nachfolgende Tabelle des Auktionsumsatzes. Wenn er infolge der gewaltsam zerrissenen früheren Einheit Deutschlands und auch Mitteleuropas noch nicht wieder seinen alten Vorkriegsstand erreicht hat, so beweisen die Zahlen, wie innerlich stark doch der Fischereihafen Bremerhaven fundiert ist.

1910....	33 965 372 kg	1947....	86 247 048 kg
1911....	39 749 550 kg	1948....	118 624 869 kg
1912....	47 695 499 kg	1949....	163 545 712 kg
1913....	47 308 001 kg	1950....	197 251 941 kg
1928....	91 817 143 kg	1951....	246 317 820 kg
1936....	227 598 678 kg	1952....	236 829 861 kg
1938....	279 472 628 kg		

Gegenüber dem höchsten Auktionsumsatz von 279472628 kg im Jahre 1938 wurde im Jahre 1951 ein Umsatz von 246317820 kg erzielt. Daß er im Jahre 1952 um etwa 10 Mill. kg wieder zurückging, zeigt eindeutig, wie auch der Fischereihafen Bremerhaven unter der Zerrissenheit Deutschlands leidet.

Auf etwa 20% fiel der Bestand der Bremerhavener Fischdampferflotte 1945 zurück. 50% des Vorkriegsbestandes sind 1952 erreicht, er besitzt jedoch infolge der größeren Schiffe mit größerer Geschwindigkeit die gleiche Fangkapazität wie beim Bestand des Jahres 1938.

31. Dezember		31. Dezember	
1913....	123 Fischdampfer	1948....	83 Fischdampfer
1928....	130 Fischdampfer	1949....	114 Fischdampfer
1936....	197 Fischdampfer	1950....	114 Fischdampfer
1938....	215 Fischdampfer	1951....	111 Fischdampfer[1]
1947....	74 Fischdampfer	1952....	108 Fischdampfer

[1] Jedoch infolge größerer Schiffe (Neubauten) die gleiche Fangkapazität wie 1938 bei 215 Fischdampfern.

Die Häfen in Bremen.

Zustand der Häfen 1945 und Wiederaufbau des Betriebes.

Von Hafenbaudirektor Dr.-Ing. **Ralph Lutz,** Bremen.

Wer im Mai 1945 die Hafenanlagen besichtigte, war erschüttert vom Umfang der Zerstörung. Die Aufbauten zahlreicher Wracks waren in den Hafenbecken sichtbar. Bei fallendem Wasser wurde ihre Anzahl noch größer. In den Hafeneinfahrten versenkte Schiffe sperrten die Durchfahrt. Der Weserstrom war mit Minen verseucht. In den zusammengestürzten Kajeschuppen und Speichern schwelten unter dem Schutt der Bauten die Reste der eingelagerten Waren. Die Ladungen der im letzten Augenblick noch heimgekehrten Schiffe lagen nach zahlreichen Bombenangriffen und Plünderungen auf den Kajen und Plätzen verstreut. Die Kajemauern waren durch Sprengbomben stellenweise aufgerissen. Günstig war, daß trotzdem die Kajemauern auf solche Längen standen, daß Schiffe an diesen Strecken anlegen konnten.

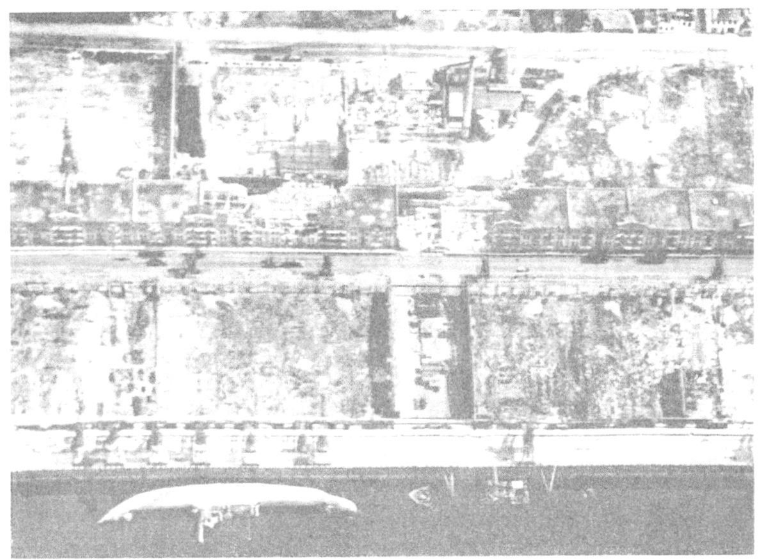

Abb. 7. Blick auf Schuppen 13 (amerikanische Aufnahme November 1944).

Im Bereich der Hafenanlagen waren 230 Wracks bis zu 2200 BRT versenkt. Im Werfthafen sowie im Industrie- und Handelshafen lagen mehrere Schiffe übereinander. Unter und in den Wracks lagen große Munitionsmengen.

Die Gleisanlagen und Bahnhöfe konnten nur teilweise befahren werden, da Sprengtrichter die Strecken aufgerissen hatten oder ganze Gleisstrecken während des Krieges ausgebaut worden waren, um die laufende Unterhaltung an den restlichen Gleisanlagen aufrechterhalten zu können. Wie durch ein Wunder waren die Stellwerke erhalten. Dagegen waren Eisenbahnhilfsbauten und der große Lokomotivschuppen im Freihafen vernichtet.

Anlagen	Bestand 1938	Bestand Mai 1945 in %
1	2	3
Kajen	15,4 km	80
Gleise	240,7 km	66
Schuppen	261325 m²	12
Speicher	185764 m²	12
Krane	262 Stück	35
Schwimmende Landungsanlagen	16 Stück	44
Versenkte Schiffe u. Wracks		230 Stück

Von den ursprünglich im Stadteigentum befindlichen 262 Kranen konnten im ersten Augenblick nur 12 Krane eingesetzt werden. Die Fördergeräte, z. B. die Transportbänder in der beschädigten Getreide- und Kalianlage, waren teils gestohlen oder durch Regen und Frost unbrauchbar geworden. Die Hochbauten waren nur noch Ruinen. Eine Ausnahme bildeten die Getreideanlagen am Wendebecken und im Holz- und Fabrikenhafen. Die Getreideanlage am Wendebecken hatte zwar einen Volltreffer in dem im Jahre 1913 erbauten Teil. An der ganzen Anlage gemessen war dieser Schaden jedoch gering. Von den beiden 175 m langen Pierbauten war Pier A mit Unterbau bis auf zwei Getreideheber vollkommen zerstört. Nach Beseitigung kleinerer Schäden wurden die zwei gebliebenen Heber zur Verstärkung auf Pier B aufgebaut. Die Getreideanlage mit Pier B konnte im Jahre 1945 mit ihrer Lagerkapazität wieder genutzt werden.

Auch die Brückenbauten, ob Straßen- oder Gleisüberführungen, hatten Schäden. Nach behelfsmäßigem Einbau von Gleisverbindungen konnte ein geschlossenes Gleisnetz hergestellt und wenn auch unter Erschwernissen der Betrieb aufgenommen werden. Auf Seite 149 sind die Größen der betriebswichtigen Anlagen der Jahre 1938 und 1945 gegenübergestellt.

Wiederaufnahme des Betriebes. Im Jahre 1945 diente der Hafen vornehmlich der Besatzungsmacht als Nachschubhafen für die Truppen und als Versorgungshafen für die amerikanische Besatzungszone. Entsprechend dem Lauf des Gutes in einem Importhafen wurden zuerst die Anlagen hergerichtet, die für den direkten Umschlag und für die Abfuhr der Güter notwendig waren. Alliierte Taucherverbände, später verstärkt durch Einheiten der ehemaligen deutschen Kriegsmarine, begannen die Häfen und den Strom von Minen zu räumen. Obwohl die Räumung umsichtig betrieben wurde, blieben Minen im Schlick und Sand liegen. Die letzte Mine detonierte im Sommer 1946 im Überseehafen. Nach Räumung der Wasserfläche vor den Schuppen 15, 17 A und B sowie 18 B konnte am 4. August 1945 das erste Schiff (2800 BRT) unter Ausnutzung der Flut den Überseehafen verlassen. Am gleichen Tag lief das erste Schiff (1200 BRT) den Überseehafen in Bremen an. Der Flutstrom mußte abgewartet werden, da die Hafeneinfahrt noch nicht ganz geräumt war. Als auch noch die Kajeflächen vor den genannten Schuppen geräumt waren, konnten die ersten Ladungen vom Schiff auf den Lastkraftwagen übernommen werden. Gleichzeitig mit der Räumung der Kajen wurden die Bombentrichter in den zum Hafen führenden Straßen beseitigt und eine befahrbare Straße, wenn auch nur notdürftig, hergestellt.

Anschließend begann die Wiederherstellung und Inbetriebnahme der Hafenbahn. Das Löschen der Schiffsladungen geschah zuerst mit schiffseigenem Geschirr und mit den wenigen verbliebenen betriebsfähigen Kranen.

Es ist nicht möglich, die Inbetriebnahme in den ersten Monaten in einzelne Ausbaustufen gegeneinander abzugrenzen. Vielmehr ging eine Arbeit in die andere über oder die Arbeiten liefen nebeneinander her. Heute kann man aber an der Bauart und dem Baustoff der einzelnen Maschinen und Bauwerke die zeitliche Folge noch erkennen.

Mitte des Jahres 1946 begann der planmäßige Wiederaufbau. Hierbei ging man von den vorhandenen aufbauwürdigen Maschinen und Bauwerken aus, beschränkte sich jedoch auf einen gewissen Raum, um nur in dem Umfang Hafenanlagen in Betrieb zu setzen, wie es zur Abfertigung des Verkehrs erforderlich war. Die räumliche Beschränkung hatte den Vorzug, mit einer geringen Anzahl von Arbeitskräften für Bewachung und Betrieb der Hafenanlagen auszukommen. Von dem Wendebecken, dem 1000 m langen Kai vor Schuppen 15/17 mit 30′ Wasserstand bei MNW, der Getreideanlage mit Pier B und der am Holz- und Fabrikenhafen liegenden Rolandmühle ging der Wiederaufbau aus.

Im Jahre 1947 war man mit der Wiederherstellung der Bauwerke und den dazugehörigen Maschinenanlagen soweit gekommen, daß mit dem Aufbau vollkommen zerstörter Bauwerke begonnen werden konnte. Auf Grund der in früheren Jahren an den Bauwerken gemachten betrieblichen Erfahrungen wurden die Pläne aufgestellt für die Errichtung der Kajeschuppen und Gestaltung der Verkehrswege. Damals fielen grundsätzliche Entscheidungen, z. B. den Hafen von Gleichstrom auf Drehstrom umzustellen, die Straßen- und Gleisanlagen zu erweitern, selbst unter Verzicht auf Kajeschuppen- und Speicherflächen. Nach Ermittlung des Umfanges der Zerstörungen der westlichen Vorstadt, ein an den Hafen grenzendes Wohnviertel, verkündete der Senat ein Gesetz über die Enteignung dieser mit Trümmern bedeckten Fläche. Hier sollen Speicher und Gleisanlagen gebaut werden, die durch die weiträumigere Gestaltung des früheren Hafengebietes in diesem nicht mehr untergebracht werden können.

Es mußte damals noch auf vorhandene oder greifbare Bestände zurückgegriffen werden. Die Zeiten waren eben in jeglicher Beziehung schlecht. Das Wendebecken und der Überseehafen bekamen sein heutiges Aussehen: Am Wendebecken die Getreideanlage mit den beiden Pierbauten, der betriebsfähige Industrie- und Handelshafen mit der wiederhergestellten Schleuse sowie der Kali- und Öffentlichen Massengutumschlaganlage Gebr. Röchling. Es ist das Verdienst der am Industrie- und Handelshafen sowie am Holz- und Fabrikenhafen siedelnden Umschlag und Lagerei betreibenden Firmen, daß Ende 1949 das Gesicht dieser Häfen wiederhergestellt war.

Im nächsten Bauabschnitt entstand der Speicher I, der Weserbahnhof und das Kühlhaus mit Kaianlage. Weiterhin begann man mit dem Bau eines Autohofes im Schwerpunkt der Freihäfen, jedoch außerhalb der Zollgrenze, sowie mit der Räumung der Trümmer im Europahafen, so daß Ende des Jahres 1951 das Eisenbahnnetz sowie die Straßen sämtlicher Häfen bis auf den Europahafen wiederhergestellt waren. Der Verkehr in den stadtbremischen Häfen stieg weiterhin an. Die deutschen Reedereien kamen wieder zu eigenen Schiffen. Die bis dahin erstellten Verkehrsanlagen genügten nicht mehr, so daß man sich entschloß, mit dem Wiederaufbau der Südkaje des Europahafens zu beginnen. Man wählte die Südkaje, da dort die Wassertiefe bei MNW auf 24′ gebracht werden konnte, während vor der Nordkaje nur 16′ Wasser bei MNW stehen. Die neu angelegten Straßen, Plätze und Gleisanlagen des Europahafens sind weiträumig und zügig angelegt, um die landseitigen Verkehrsteilnehmer schnell abfertigen zu können.

Auf dem Gelände am Kühlhaus Höft am Holz- und Fabrikenhafen entsteht ein kombinierter Frucht- und Stückgutschuppen neben dem Kühlhaus. Kühlhaus, Fruchtschuppen und Gleise verschiedener Spurweiten für den Umschlag von Waggons und Lokomotiven lassen eine vielfältige Ausnutzung der 360 m langen Kaje zu.

Ufereinfassungen, Dalben und Anleger.

Von Hafenbaudirektor Dr.-Ing. **Ralph Lutz**, Bremen.

1. Wiederhergestellte Ufereinfassungen.

Der Umfang eines Sprengtrichters in einer Ufereinfassung ist nicht nur abhängig von der Größe der Sprengladung, sondern auch von der Geschlossenheit der Fläche des Sprengtrichters sowie dem statischen Aufbau des Bauwerkes. Zum Beispiel wird eine statisch bestimmte Gitterkonstruktion auf einem Pfahlrost unter gleichen Voraussetzungen geringeren Schaden haben als eine Winkelstützmauer auf Pfählen. Die durch die Explosion entstehenden Luftwellen, erst Druck, dann Sog, können die Gitterkonstruktion durchströmen. Sie verursachen nur Schaden an den angeblasenen Teilen. Zusätzliche Schäden durch verdämmte Gesteins- oder Erdmassen treten nicht ein. Da die Gitterkonstruktion allseits offen ist, brauchen vor der Wiederherstellung keine Erd- oder Gesteinsmassen beseitigt zu werden, sondern nur die beschädigten Teile. Sie wird in kürzerer Zeit wiederhergestellt sein, als Spundwände und Winkelstützmauern.

a) Wiederherstellung aufgelöster Ufereinfassungen.

Der Pier B der Getreideanlage besteht aus einem Stahlfachwerkträger auf Holzpfählen. Abgesehen von zahlreichen Korrosionsschäden waren Pfähle und Fachwerksstäbe herausgesprengt. Fehlende oder unter der Wasserlinie abgebrochene Pfähle wurden durch Neurammung ersetzt und die Fachwerkkonstruktion an Ort und Stelle ergänzt. Über der Wasserlinie abgeschlagene Pfähle konnten durch Aufständerung zum Tragen gebracht werden. Verbogene, ausgesprengte Stäbe wurden gerichtet oder ersetzt. Durchgesprengte Stäbe wurden durch Aufschweißen von Stahllappen wieder geschlossen. Der Pier B ist eine echte Pierkonstruktion, nämlich drei Seiten werden von Wasser umspült.

Auf der Südseite des Holz- und Fabrikenhafens sind die Böschungen mit auf Pfählen gegründeten Stahlfachwerken überbaut. Zur Kürzung der Uferböschung ist eine hintere, einfach verankerte Holzspundwand erstellt. Auf einigen kürzeren Strecken war diese Wand ausgegesprengt, vor die zerstörte wurde eine neue Spundwand gerammt.

Ende der zwanziger Jahre wurde im Hohentorshafen auf eine vorhandene Spundwand, die bis zur mittleren Hochwasserlinie reichte, eine Betonkonstruktion aufgeständert. An diesem Bauwerk waren weniger Bombenschäden, jedoch sehr starke Korrosionsschäden. Die Schäden sind so fortgeschritten, daß eine Nutzung der Kaje nicht mehr möglich ist. Die aufgerostete Stahlbewehrung hatte die Betonüberdeckung gesprengt. Schlüsse über die Anwendung des Stahlbetons im Verkehrswasserbau aus diesen Schäden zu ziehen, wäre falsch, da die Durchführung der Aufständerung in die Entwicklungszeit des Stahlbetons fällt.

b) Winkelstütz- und Schwergewichtsmauern auf Pfählen.

Die Freihäfen sowie einige Uferstrecken im Industrie- und Handelshafen sind mit Winkelstütz- und Schwergewichtsmauern auf Pfählen eingefaßt. Die Zerstörungen an diesen Bauwerken hatten verschiedenen Umfang. Sie waren von der Lage sowie der Größe der Sprengladung der Bombe abhängig. Obwohl diese Bauwerke über ein halbes Jahrhundert stehen, waren Alterungs- oder Korrosionsschäden nicht festzustellen. Die Schäden waren glücklicherweise räumlich nicht ausgedehnt. An den zwischen den Schadensstellen liegenden Strecken konnten Schiffe anlegen. Detonationen vor der Wasserfront der in den Jahren 1885—1888 erbauten Kaje an der Nordseite des Europahafens hoben die Kaje vom Pfahlrost ab. Das angehobene Mauerwerk verspannte sich und bildete von der Wasserseite gesehen einen leichten Bogen mit etwa 50 m Sehnenlänge und etwa 30 cm Stichhöhe. In den nachfolgenden Jahren setzte die Wand sich wieder. Während des Setzungsvorganges drückte sich aber die Wand aus der Kajeflucht heraus. Die Schadensstellen wurden bisher nicht ausgebessert. Weiterhin begann an der Einfahrt Europahafen diese Ufermauer auf 90 m Länge gegen das Hafenbecken zu wandern. Um den Einsturz und somit eine Sperrung der Hafeneinfahrt zu vermeiden, wurde die Wand auf der Rückseite, um sie vom Erddruck zu entlasten, freigegraben.

Um die Jahrhundertwende wurde mit dem Bau der Kajen im Überseehafen begonnen. Bis auf die Kaje vor Schuppen 15/17 sind es Winkelstützmauern auf Pfählen mit vorderer Betonwand zwischen Spundwänden. Die Kaje des Kalihafens, ein Betonklotz auf Pfählen mit vorne geschlossener Spundwand

(Abb. 8) wurde Mitte der zwanziger Jahre gebaut. Die an diesen Kajemauern in Bremen aufgetretenen Schäden können in zwei Gruppen getrennt betrachtet werden, nämlich aufgerissene vordere Spundwände

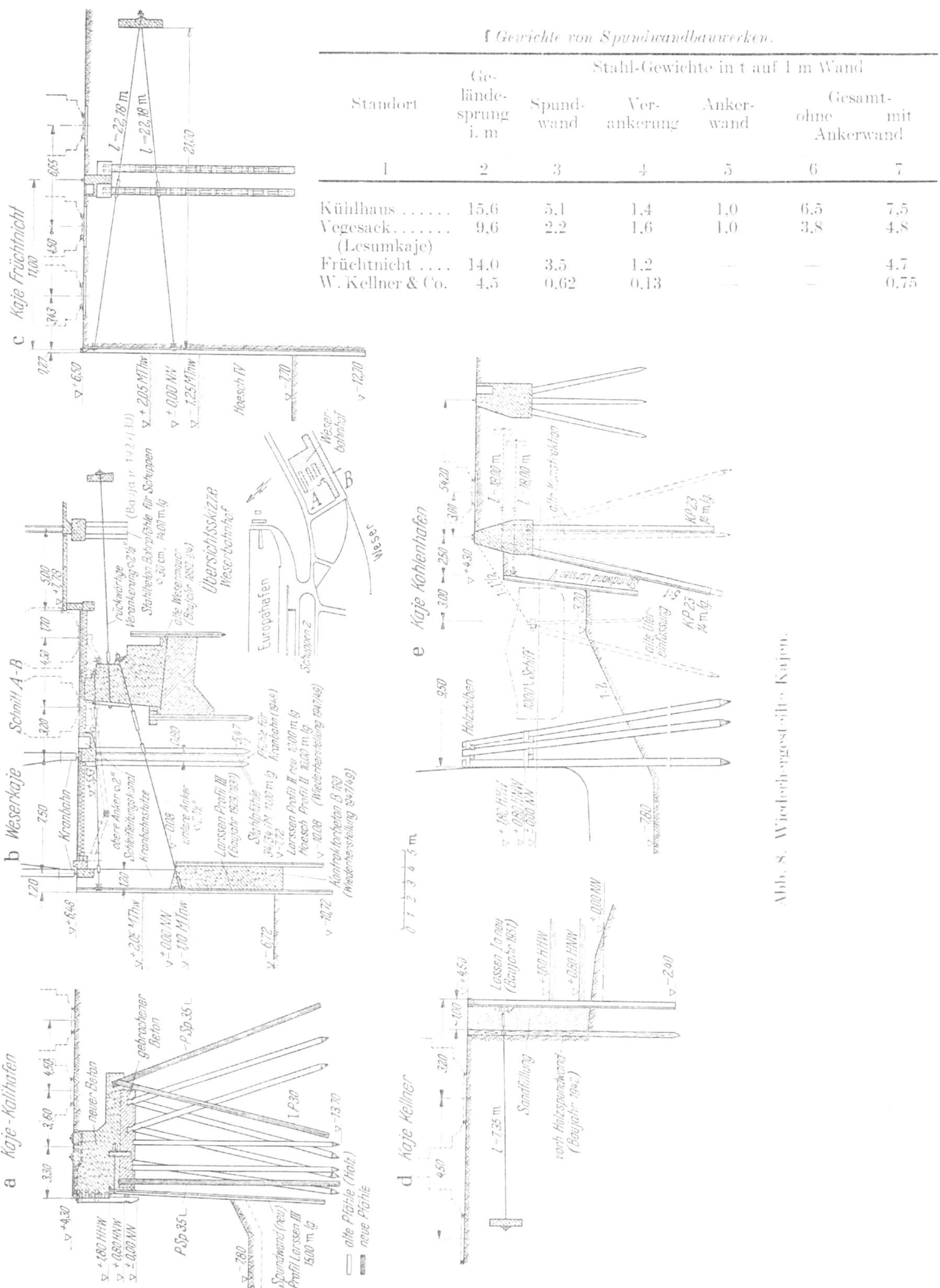

f *Gewichte von Spundwandbauwerken.*

Standort	Geländesprung i. m	Stahl-Gewichte in t auf 1 m Wand: Spundwand	Verankerung	Ankerwand	Gesamt- ohne Ankerwand	Gesamt- mit Ankerwand
1	2	3	4	5	6	7
Kühlhaus	15,6	5,1	1,4	1,0	6,5	7,5
Vegesack .... (Lesumkaje)	9,6	2,2	1,6	1,0	3,8	4,8
Früchtnicht	14,0	3,5	1,2	—	—	4,7
W. Kellner & Co.	4,5	0,62	0,13	—	—	0,75

Abb. 8. Wiederhergestellte Kajen.

und Sprengtrichter auf der Kajefläche und infolgedessen Zerstörung der Grundplatte. Nachdem die aus der Flucht hervorstehenden Teile beseitigt waren, wurden Spundwände neu vorgerammt, der Anschluß an die stehengebliebene Spundwand mit Paßstücken hergestellt und bei niedrigem Wasserstand der Betonkern der vorderen Spundwandschürze mit Beton wiederhergestellt. Am oberen Ende der Spundwand wurde eine Abschrägung hergestellt, damit Schiffe sich bei fallendem Wasser nicht aufhängen können. Vor Schuppen 16/18 im Überseehafen hatte ein Bombentreffer die Grundplatte gesprengt. Nach Beseitigung der Erdüberdeckung und der losen Betonbrocken der Bodenplatte wurden die fehlenden oder abgebrochenen Pfähle ersetzt. Sie wurden durch die gesprungene Bodenplatte gerammt. Die gebliebenen Reste der Bodenplatte wurden als verlorene Schalung für den neu aufgebrachten Beton belassen.

Die Kaje vor den Schuppen 15/17 zeigte vorerst keine Schäden. 1952 wurden beim Reinigen der Abwasserkanäle in der Kaje starke Sackungen der Rohrleitungen festgestellt. In der Achse der hinteren Spundwand wurde die Kaje aufgegraben. An den in die Baugrube ragenden Enden der Spundwand wurde festgestellt, daß die Spundwand nicht mehr senkrecht stehen konnte. Taucher, die bei Niedrigwasser unter die Kaje gingen, ermittelten, daß die Spundwand auf einzelnen Strecken gebrochen war. Der Bruch kann nur so erklärt werden, da auf die Kaje keine Bomben gefallen waren, daß vor der Kaje im Wasser Bomben zur Explosion gekommen waren. Durch das bei der Detonation verdrängte Wasser sank wahrscheinlich der Wasserspiegel so tief, daß die Spundwand überbelastet wurde und zu Bruch kam (Abb. 9). In den so entstandenen freien Raum hinter der Spundwand rutschte im Laufe der Jahre die Erde ein.

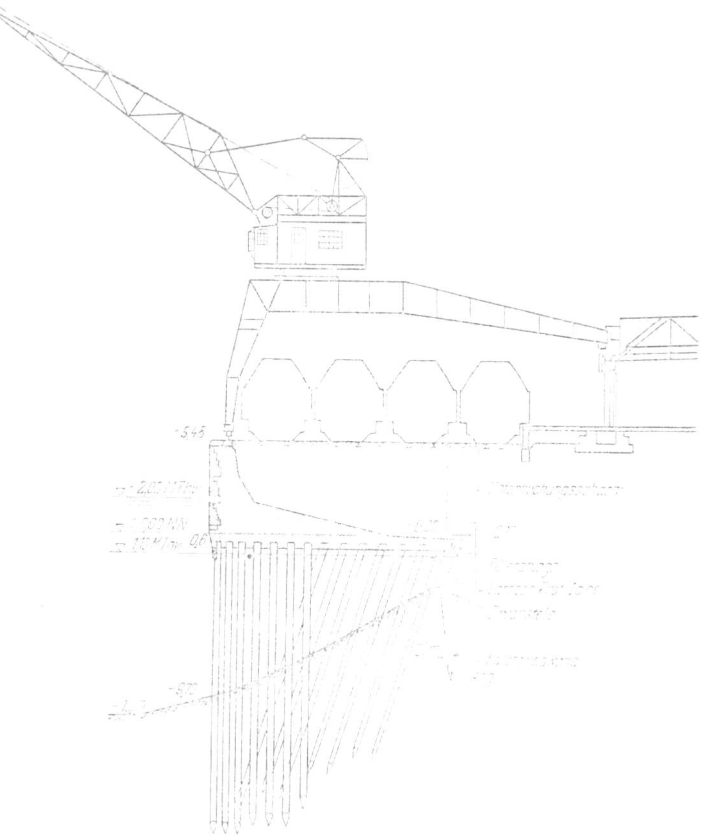

Abb. 9. Kaje vor Schuppen 15/17.

c) Spundwandbauwerke.

Die in den Jahren 1930—1938 im Europahafen auf der Südseite vorgerammte Spundwand war an einigen Stellen aufgesprengt. Die teilweise in das Hafenbecken ausgebogenen Spundwandbohlen konnten in Höhe der Hafensohle abgeschnitten und neue Bohlen vorgerammt werden.

Die Spundwand vor dem Weserbahnhof war auf 250 m vollkommen zerstört. Die übrigen 250 m waren teils abgerissen, teils fächerartig nach innen oder außen ausgebeult. Auf kürzeren Strecken waren auch nur die Anker abgerissen. Da die Materialnot vor dem Jahr 1948 groß war, war man gezwungen, jede Stahlmenge wieder zu verwenden, wenn hierfür eine Möglichkeit bestand. Man brannte daher die ausgebogenen und gesprengten Bohlen in Höhe der Flußsohle ab. Auf die herausragenden Enden der Bohlen ständerte man neue Bohlen auf. Dann wurde hinter der Spundwand eine Betonwand mit hinterer Spundwand, wie in Abb. 8b gezeigt, erstellt und anschließend die Gurtungen an der Spundwand angebracht und mit Rundeisen an der alten Weserkaje verankert.

2. Neuerbaute Ufereinfassungen.

Neubauten wurden nur erstellt, wenn Ufereinfassungen vollkommen zerstört waren, wie z. B. bei Pier A, oder wenn sie durch Alter oder Unfall abgängig wurden, wie z. B. die Kajen des Vegesacker Hafens, vor den Sägewerk Kellner & Co. und der Öffentlichen Massengutumschlaganlage Gebr. Röchling. Weiterhin wurden Uferbauwerke für neu geschaffene Umschlagstellen errichtet, z. B. vor dem neuen Bunkerplatz der Firma Kohlenhandel Früchtnicht und vor dem Kühlhausneubau. Bis auf den Neubau des Piers A wurden Stahlspundwände normaler Güte verwendet.

Die Konstruktion des Piers A ist aus den damaligen Zeitverhältnissen zu verstehen. Der Beginn der Arbeiten fiel in die Zeit, als Stahl zu beschaffen sehr schwierig war. Aus einem nicht fertiggestellten U-Boot-Bunker am Weserstrom wurde soweit wie möglich wieder verwendbarer Stahl geborgen. Der Pierunter-

Ansicht - Westseite
Sacklager
Elevator-Turm
+6,72 NN Schienenoberkante
Doppel-Pfeiler
Pierkopf
-7,70 Binnenschiffseite
-11,70 Seeschiffseite
9,70 Gründung Pfeilersohle
Pfeiler 1
Draufsicht
Seeschiffseite
Abreißpoller 25 t
60 t - Poller
30 t - Poller
Pierachse
El. Turm-Achse
Heberschiene
Heberbahnachse
Binnenschiffseite
Schnitt A-B
Heber-Portal
Schnitt C-D
Senkungen Pfeiler 3
Übersichtsskizze
Pier B
Pier A
Getreide-Silo

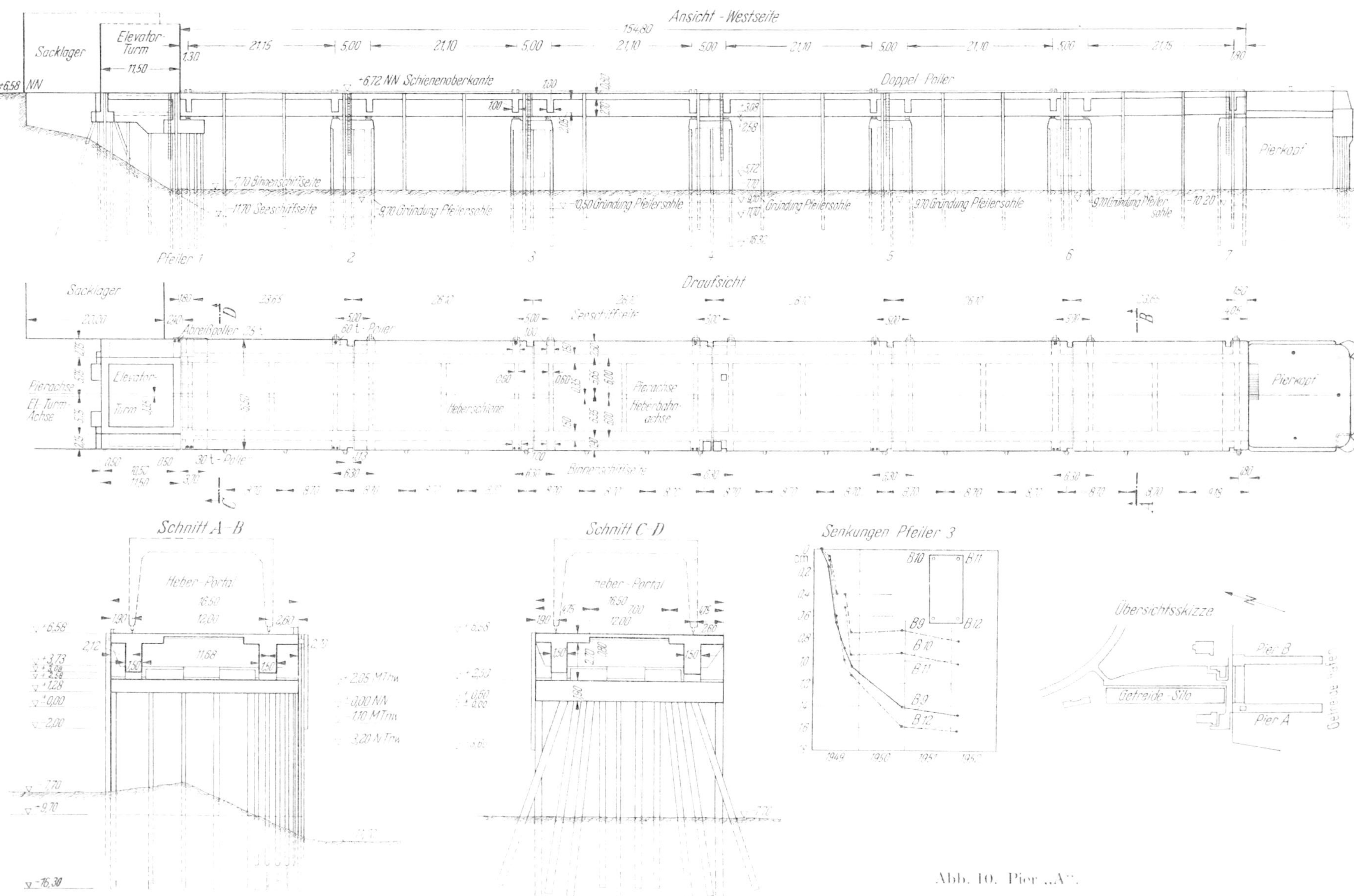

Abb. 10. Pier „A“.

bau wurde entsprechend dem zur Verfügung stehenden Material entworfen und ausgeführt (Abb. 10). Die Hafensohle liegt auf beiden Pierseiten verschieden tief. Am Pier wird nur Getreide umgeschlagen und so konnte der Platz des löschenden Überseeschiffes und der ladenden Binnen- oder Küstenschiffe grundsätzlich festgelegt und die Hafentiefen entsprechend bestimmt werden. Den Binnen- oder Küstenschiffen wurde die westliche, den Überseeschiffen die östliche Pierseite, wie aus der Lage der Hafensohle im Querschnitt zu ersehen ist, zugewiesen. Die sechs Stahlbetonbrücken ruhen auf sieben Pfeilern, davon sind die

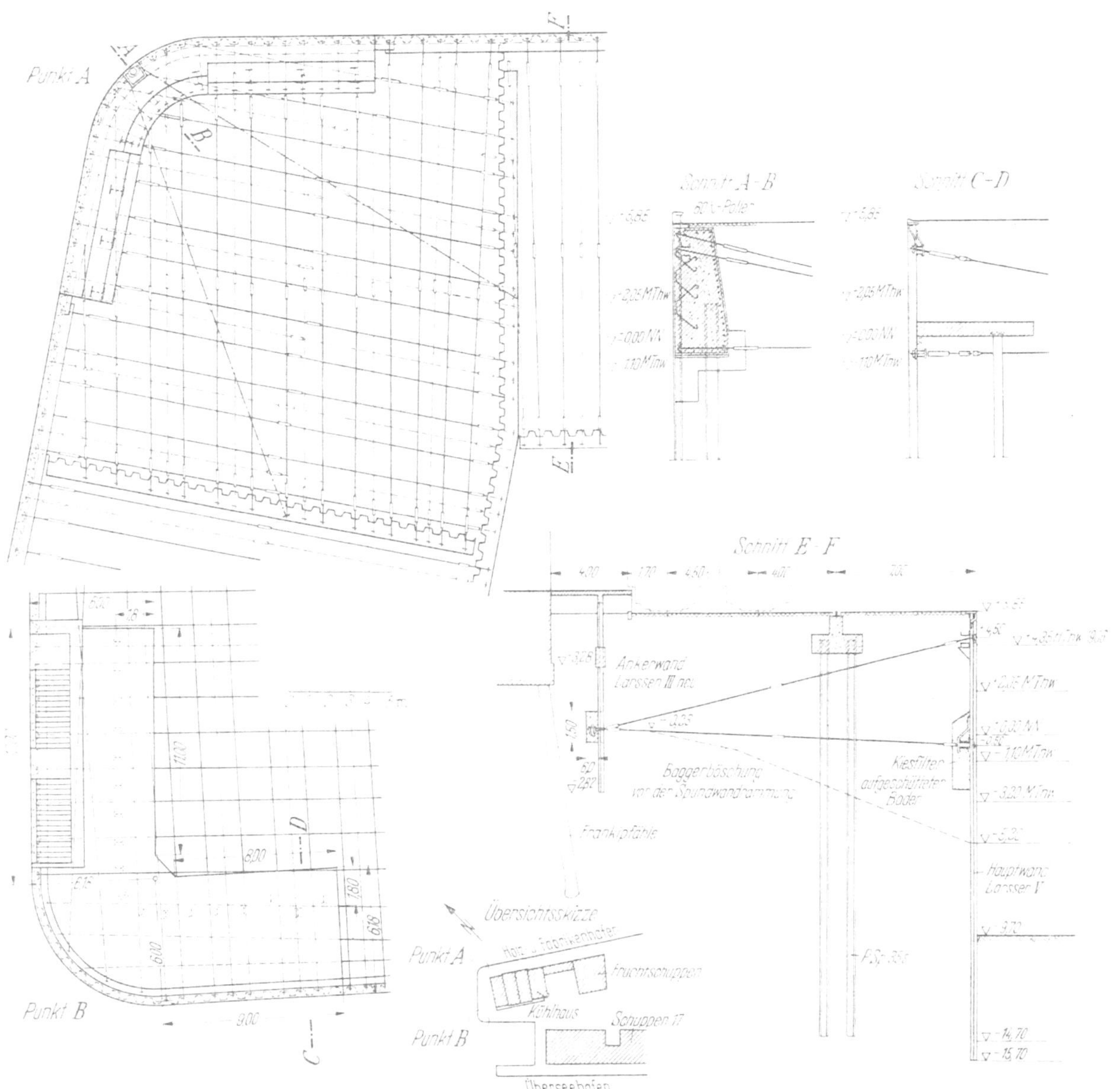

Abb. 11. Kühlhauskaje.

mittleren fünf gleich. Die Pfeiler sind in der Art hergestellt, daß an der Seeschiffs- und an den angrenzenden Längsseiten auf etwa 4,00 m Länge eine geschlossene Stahlspundwand aus I- und [-Profilen gerammt ist. Die Binnenschiffsseite und die daran anschließenden Längsseiten des Pfeilers sind durch einzelne Rammträger IP 70 im Abstand von etwa 3,00 m mit dazwischen eingeschobenen Stahlbeton-Fertigplatten eingefaßt. Der Pfeilerschaft ist so bemessen, wie es statisch und konstruktiv erforderlich ist, um die Bauwerks- und Verkehrslasten aufzunehmen und auf den Untergrund übertragen zu können. Jeder einzelne der sechs fahrbaren Heber hat ein Betriebsgewicht von etwa 370 t. Bei ungünstigster Stellung der Heber hat ein Pfeiler von den beiden aufgelegten Brückenüberbauten etwa 3200 t Last aufzunehmen. Der 1250 t schwere Elevatorturm an der Pierwurzel ist statisch vom Brückenbauwerk getrennt. Er steht auf 100 Stahlpfählen. Die Stahlkonstruktion des Turmes ist in dem Stahlbetonfundament verankert. Am Stahlgerüst sind Kragarme vorgesehen, um bei ungleichen Setzungen des Fundamentes nach Lockerungen der Schrauben der Verankerung den Turm mit Hilfe von hydraulischen Pressen wieder lotrecht stellen zu können. Für die Gründung schwerer Bauwerke im Raum Bremen ist es wichtig, Kenntnis über das Verhalten des Lauenburger Tons, der hier ansteht, zu bekommen. Versuchsmessungen an großen Bauwerken, die vor oder während des Krieges angesetzt wurden, konnten nach 1945 leider nicht fortgesetzt werden. An Pier A wurden Marken angebracht, um Bewegungen des Bauwerks verfolgen zu können. Die Feststellungen für einen Pfeiler sind in Abb. 10 wiedergegeben. Das Maß der Setzung ist bisher im Bereich des Zulässigen und der Vorausberechnung geblieben. Der Leinenpfad ist an der Seeschiffsseite von Mitte Heberschiene bis Pieraußenkante 2,60 m und an der Binnenschiffsseite 1,90 m breit. Der mittlere Teil der Pierplatte wird auf einer Breite von 9,80 m vom Pierbandgebäude genutzt. An beiden Pierseiten sind im Abstand von

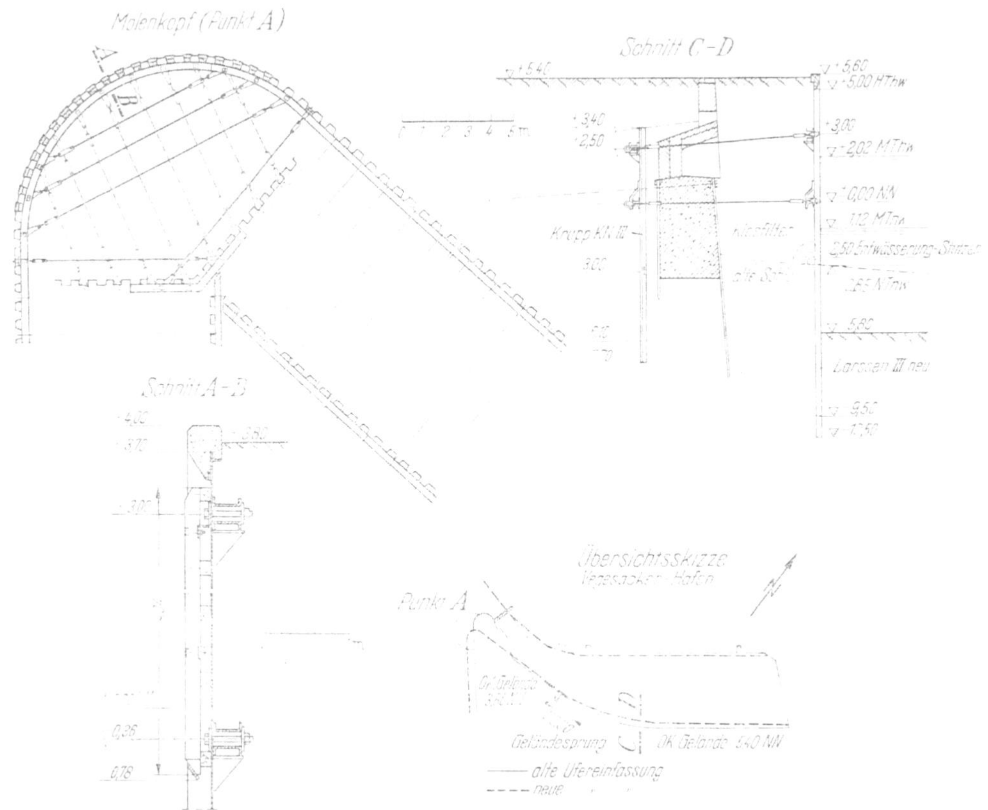

Abb. 12. Kaje Vegesacker Hafen.

26,10 m Poller aufgestellt. Die Poller an der Seeschiffsseite sind für 60 t, die an der Binnenschiffsseite für 30 t Trossenzug bemessen. Um den größten Trossenzug rechnerisch für die Bemessung des Pfahlrostes unter dem Elevatorturm erfassen zu können, wurde auf dem Fundament ein Abreißpoller, von dem die Größe der zu übernehmenden größten Last bekannt ist, aufgestellt. Im Jahre 1952 wurde bei Überbeanspruchung der Poller abgerissen, als bei auflaufendem Wasser und während des Löschens die Stahltrossen des anlegenden Überseeschiffes nicht gefiert wurden. Starke stählerne Reibepfähle aus UP 2 sind an den beiden Pierseiten so angebracht, daß ein Aufhängen oder Unterhaken der See- oder Binnenschiffe an der Pierplatte nicht möglich ist. Der Abstand der Steigeleitern auf beiden Seiten beträgt etwa 26 m. Schiffsstöße in der Größenordnung von 500 t können an jeder Stelle der Pierplatte aufgenommen werden, ohne die Standfestigkeit des Bauwerks zu gefährden.

Schräg gegenüber der Pier A wurde die Kühlhauskaje erbaut. Der Geländesprung von 15,55 m wird durch doppelt verankerte Stahlspundbohlen, Profil V, wie in Abb. 11 dargestellt, gehalten. Die doppelte Ankerlage wird zur hinteren, durchgehenden Ankerwand aus Stahlspundbohlen, Profil III, geführt. Zur Entlastung des Wasserüberdrucks wurde in Höhe des mTnW ein Mischkiesfilter eingebaut. Um Erfahrungen für Bremen zu sammeln, wurden statt der massiven Ankerstangen teils Kabelanker eingebaut. Die Ecken der Spundwandkaje am Wendebecken sind kreisförmig gerammt und durch dahinterliegende Betonschürzen verstärkt, um Stöße von im Wendebecken manövrierenden Schiffen aufnehmen zu können. Die Poller auf der Kaje sind für 60-t-Trossenzug bemessen. Der Poller sitzt auf einem Betonklotz, der teils auf der Spundwand aufsitzt, teils auf Pfählen selbständig gegründet ist. Die Poller stehen in etwa

28 m Abstand. Die Steigeleitern sind in die Wellentäler gelegt und liegen mittig zwischen den Pollern. Am oberen Ende der Steigeleitern sind flach geschwungene Stahlbügel zum Halten der Benutzer. Im Schutze der Stahlbügel sind Steckdosen für den Anschluß der Schiffstelefone untergebracht. Während der Bauzeit und nach Fertigstellung des Bauwerks wurden laufend Messungen über Längung der Anker und Durchbiegung der Spundwand mit einem eigens hierfür entwickelten Gerät durchgeführt. Die Ergebnisse der Messung zeigten, daß die Spundwand und die Anker sich so verhielten, wie es in der statischen Berechnung

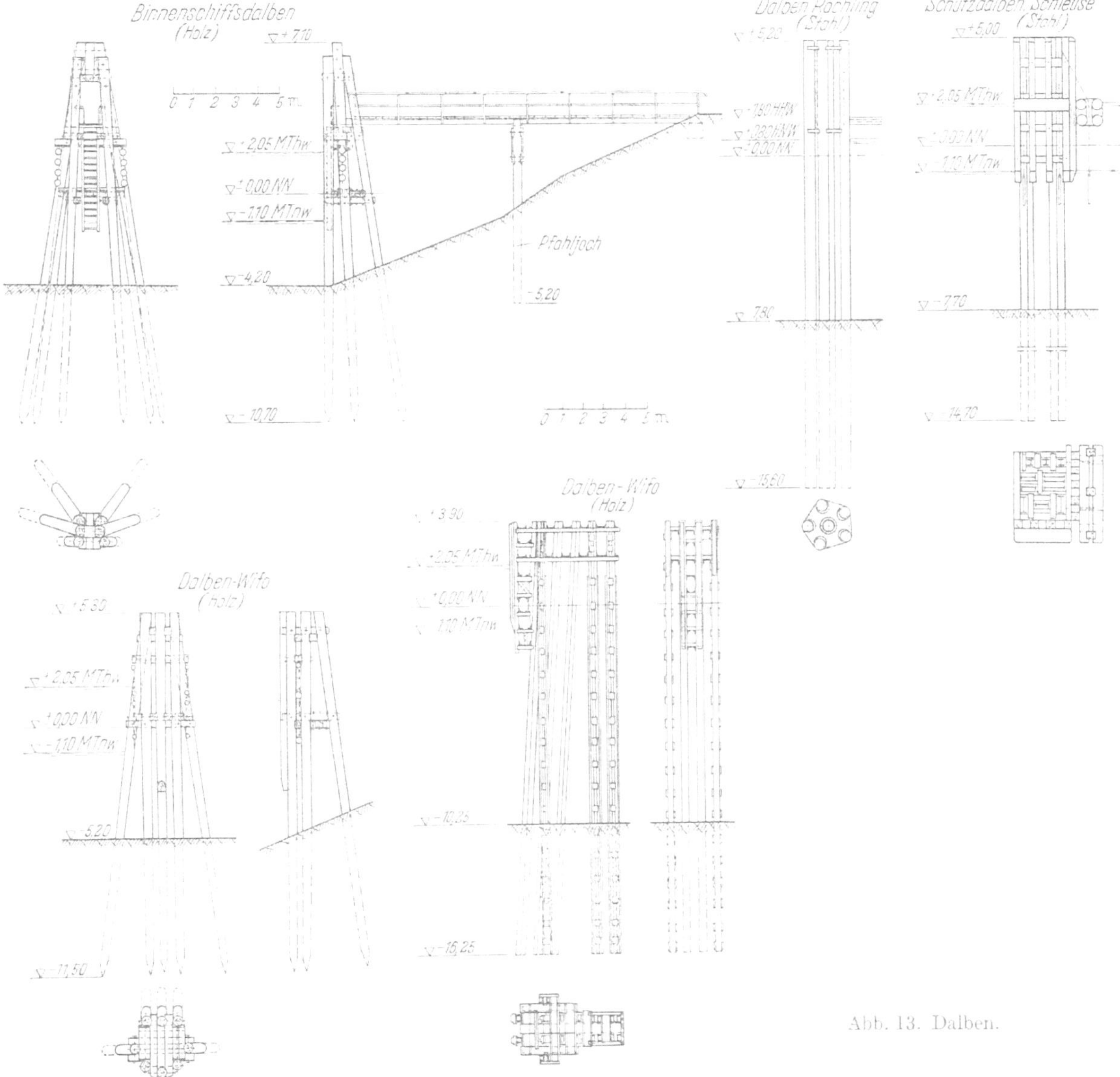

Abb. 13. Dalben.

vorermittelt war. Voraussetzung für Übereinstimmung von statischer Berechnung und Wirklichkeit ist, daß auch während der Hinterfüllung und des Richtens der Spundwand eine Überbeanspruchung der Spundbohlen vermieden wird.

Gegenüber der Kühlhauskaje wurde zur gleichen Zeit von der Firma Früchtnicht eine Kaje gebaut (Abb. 8c). Die Spundwand ist in zwei Ankerlagen gehalten. Einzelne Ankerplatten nehmen die Zuganker auf.

Im Industrie- und Handelshafen wurde eine erst im Jahre 1942 erstellte Holzspundwand undicht. Die Holzspundwand wurde belassen und eine Stahlspundwand davorgerammt. Der Zwischenraum zwischen beiden Wänden wurde mit Sand verfüllt, nachdem die Anker durch die Holzspundwand geführt waren (Abb. 8d). Durch Havarie war die Ufereinfassung vor der Öffentlichen Massengutumschlagslage in Bewegung geraten. Von einer Wiederherstellung nahm man Abstand und rammte eine neue Spundwand hinter der früheren Flucht, um so zwischen Seeschiffsdalben und Ufereinfassung einen Binnenschiffsliegeplatz zu gewinnen (Abb. 8e).

Das älteste jetzt noch benutzte Bremer Hafenbecken, der Vegesacker Hafen, dient zur Zeit dem dort siedelnden Werft- und Fischereibetriebe als Werfthafen und dem örtlichen Umschlag. Die Ende des vorigen Jahrhunderts erneuerten Ufermauern sind abgängig, die Hafeneinfahrt selbst für die heutigen Schiffsabmessungen zu eng. Nach Durchführung von Strömungsversuchen im Franzius-Institut der Technischen Hochschule Hannover wurde die in der Abb. 12 dargestellte Hafeneinfahrt gewählt. Im Bereich der Hafeneinfahrt wurde nach Beseitigung der vorhandenen Bauten und des aus dem Jahre 1622 stammenden Pfahlrostes aus Stahlspundbohlen „Profil III neu" eine Ufereinfassung gerammt, die in zwei Ankerlagen gegen eine hintere Spundwand verankert ist. In Höhe des nTnW sind in Abständen von 8 m Entwässerungsstutzen mit Rückstauverschlüssen eingebaut, die bei einem Wasserüberdruck hinter der Kaje sich öffnen. Im Hafen wird die neue Stahlspundwand ungefähr in 1,50 m Abstand vor die alte Ufermauer gerammt. Die besondere Lage des Vegesacker Hafens zur Lesummündung und zum Weserstrom, beides Flüsse, die dem Gezeiteneinfluß unterworfen sind, bedingt trotz der verbreiterten Einfahrt einen besonderen Schutz des Molenkopfes. Die Täler der Stahlspundbohlen werden mit Eichenbohlen ausgefüttert. Durch diese Maßnahme soll erreicht werden, daß gegen den Molenkopf getriebene Schiffe mit dem Bug nicht in die Wellentäler stoßen und evtl. die Spundwand aufreißen. Vielmehr sollen die Schiffe auf der durch die Ausfütterung mit Holz entstandenen Fläche abgleiten.

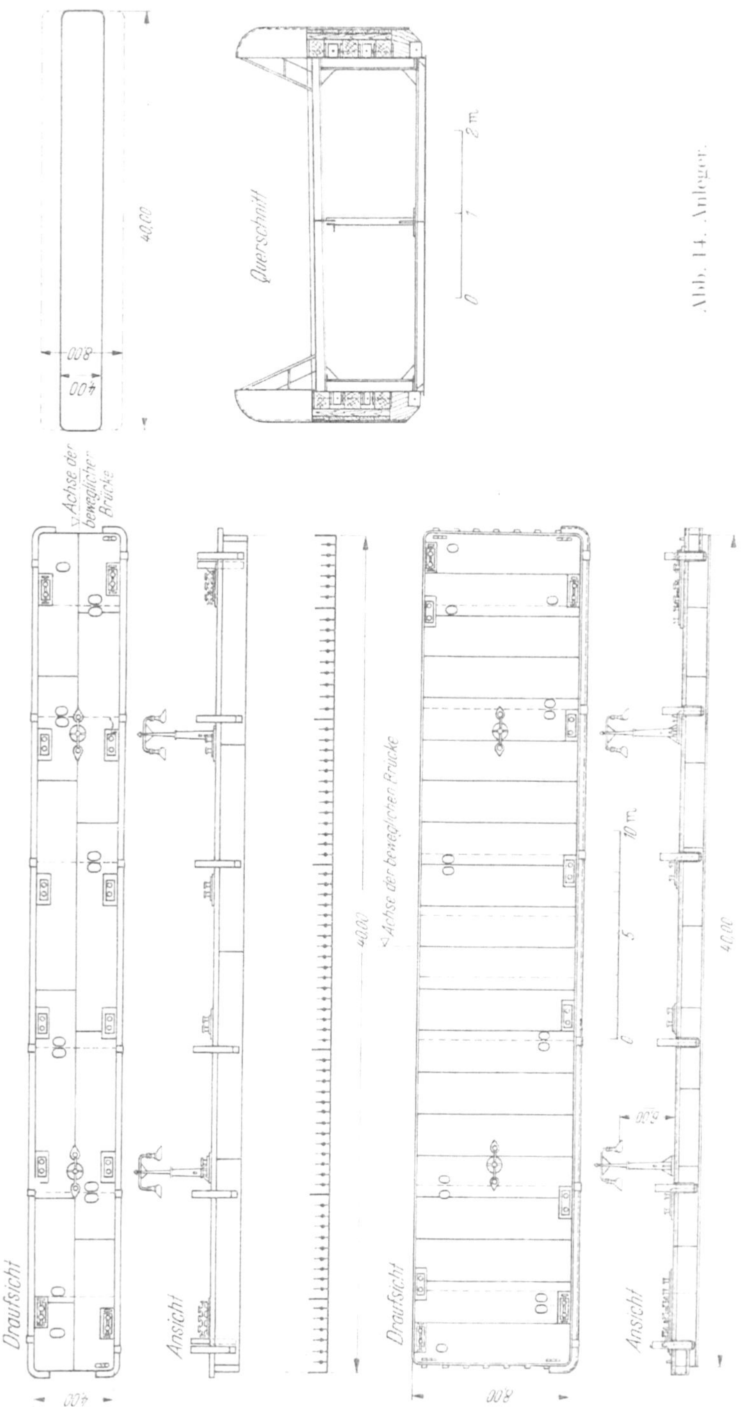

Abb. 14. Anleger.

3. Dalben.

Nach 15 Jahren wurden erstmalig wieder Stahldalben in den bremischen Häfen erstellt. Der Standort des Dalbens war mit entscheidend für die Beurteilung, ob in Stahl oder Holz gebaut wurde. War der Standort des Dalbens so, daß mit Schiffsstößen, die zum totalen Verlust führen, gerechnet werden muß, entschied man sich für die Holzbauweise, um den Dalben leichter ersetzen zu können. Stand der Dalben günstiger, z. B. in einer Dalbenreihe, entschied man sich für Stahldalben. In Abb. 13 sind verschiedene Dalben dargestellt. Der wiedergegebene Stahldalben vor der Wifo-Anlage, errichtet vor dem Kriege, wurde nach 1945 verstärkt. Unter der Beanspruchung der löschenden Tanker hatte sich der Stahldalben schräg gestellt. Man entschloß sich nicht zur Entfernung des Dalbens. Ein stützender Dalben wurde hinter den schräg gestellten gebaut und an der Seeschiffsseite eine feste Fenderschürze vorgebaut. Der wiederhergestellte Dalben hat sich bisher bewährt. An der Einfahrt zur Oslebshauser Schleuse war vor dem Flügel der Torkammer ein schwerer Dalben notwendig, da in kurzen Zeitabständen das Schleusenhaupt (Torkammerseite) dreimal durch Schiffe gerammt wurde. Durch Vorhandensein des Dalbens wurde auch wirklich erreicht, daß ein auf die Torkammer zulaufendes Schiff abgewiesen wurde.

4. Anleger.

In den vergangenen Jahrzehnten wurden von Privaten, dem preußischen Staat und Bremen schwimmende Schiffsanleger für Fahrgast- oder Fährverkehr ausgelegt. Die privaten Anleger wurden aus wirtschaftlichen Gründen oder auch, um sie der Öffentlichkeit zur Verfügung zu stellen, von Bremen später übernommen. Nach dem preußisch-bremischen Gebietsaustausch kamen von Preußen weitere Anleger in bremisches Eigentum. 1945 waren die Anleger vernichtet. Bei der Neubeschaffung baute man nur noch zwei Typen Schwimmkörper (Abb. 14). Sie haben zwar gleiche Länge, jedoch verschiedene Breiten. Der schmale Schwimmkörper ist bisher nur einmal an einer Anlegestelle für Schlepper eingebaut. Die geringere Breite ist möglich, weil die bewegliche Brücke an der Schmalseite aufliegt und so genügend Länge für Fahren der beweglichen Brücke beim wechselnden Wasserstand vorhanden ist. Die anderen Anleger sind 8,00 m breit, da bei diesen die bewegliche Brücke über der Längsseite aufsitzt.

5. Uferschutz.

Einbrüche oder Ausspülungen am Stromufer wurden mit Trümmerschutt verfüllt. Die geschütteten Böschungen blieben über und unter Wasser im Verhältnis 1:1 stehen. Nach etwa zwei Jahren waren die Böschungen unter Wasser 1 : 2,5 bis 3 ausgelaufen. Die Böschungen über MHW waren 1:1 stehengeblieben. Sie wurden auf das Verhältnis 1:1,5 abgestochen, da bei größerem Hochwasser ein Nachrutschen befürchtet wird. Im Laufe der wenigen vergangenen Jahre wurden die Trümmer — sie haben verschiedenste Größen und spezifische Gewichte — im Bereich des Gezeitenhubes an der Böschung ausgespült. Es wurde daher mit Belegung der Böschung in diesem Bereich mit Schüttsteinen begonnen.

Erstmalig wurden auch, um Erfahrungen zu sammeln, asphaltgeschützte Böschungen hergestellt. Die Böschungen haben sich bisher bewährt, da Sorge dafür getragen wird, daß laufend der Steinschutz der Böschungen geordnet bleibt.

Eisenbahnanlagen, Straßen- und Brückenbau.

Von Oberbaurat Dipl.-Ing. **Gerh. Wollin***, Bremen.

1. Wiederherstellung der zerstörten Anlagen.

Die infolge der Kriegszerstörungen noch fehlenden Weichen und Gleise sind heute wieder ergänzt bis auf die Nordseite Europahafen und einige Abstellgleise auf dem Bahnhof Inland. Seit dem Tiefstand von 1945 wurden einschließlich der Neubauten 69 km Gleis verlegt und 134 Weichen eingebaut (Gleisanlagen 1952a). Vor allem sind alle kriegsbedingten Behelfsmaßnahmen beseitigt. So mußten z. B. ungetränkte Buchenschwellen und solche aus Mahagoni- und Gabunholz, die aus Mangel an anderem Material eingebaut wurden, bereits nach fünf Jahren ausgewechselt werden. Im Zuge der Ausbesserung von Kriegsschäden eingebaute wechselnde Schienenprofile mit Übergangslaschen wurden ausgebaut, Fernsprechfreileitungen wieder durch Kabel ersetzt usw. Schäden, die durch Kriegseinwirkung und mangelnde Unterhaltung, vor allem an den Betriebsgebäuden, entstanden, sind noch nicht überall beseitigt.

Gleisanlagen Stand 1952.

a) Entwicklung der Gleisanlagen 1938—1952 ausschließlich der Privatanschließer.

Nr.	Anlage	Einheit	Bestand 1938	Bestand 1945	Bestand 1952
1	Gleise einschl. Leistungslängen der Weichen	km	240,7	160,0	229,0
2	Weicheneinheiten	Stück	1200	1100	1234

b) Vergleich der Gleisdichte in den Verkehrshäfen (Freihafen, Bahnhof Zollausschluß) und Industriehäfen (Bahnhof Zollinland).

Nr.	Anlage	Einheit	Bahnhof Zollausschluß	Bahnhof Inland	Sonstiges	Gesamt
1	Gleislänge einschl. Leistungslängen der Weichen	km	100,50	97,90	30,60	229,0
2	Weicheneinheiten	Stück	720	455	59	1234
3	Kajestrecken	km	6,75	7,57	—	14,32
4	Gleis/km Kaje	km	14,9	14,0	—	16,0
5	Weichen/km Kaje	Stück	106	65	—	85
6	Weichen/km Gleis	Stück	7,1	4,6	1,9	5,4

* Seit dem 1. 5. 1953 Hafenbaudirektor, Hansestadt Bremisches Amt, Bremerhaven.

Die Tabelle „Gleisanlagen Stand 1952b", gibt einen Überblick über den Stand der Gleisanlagen im Jahre 1952 und zeigt gleichzeitig, wie hoch der Anteil an Gleisen und Weichen, bezogen auf die Kajelängen, heute wieder ist. Auf die hohe Zahl der Weichen im Freihafen, die bedingt ist durch den intensiven Eisenbahnbetrieb zur Bedienung der Kajen, wird besonders hingewiesen. Sie bietet die Möglichkeit, die Wagen schnellstens zum gewünschten Platz zuzustellen.

Die durch Bombentrichter zerstörten Straßen wurden wieder vollwertig ausgebaut und vor allem die Kanalisation und die Versorgungsanlagen wiederhergestellt. Soweit infolge von Umlegungen alte Straßenteile fortfielen, mußten die Kanalisationsleitungen entweder verfüllt oder ausgebaut werden, um keine Hohlräume, die u. a. auch als Unterschlupf der Ratten dienen könnten, zu schaffen.

Keine der im Hafengebiet vorhandenen sieben Stahl- und sieben Massivbrücken wurde vollständig zerstört, aber alle beschädigt. Für die Aufrechterhaltung des Betriebes genügten Ausbesserungen durch Verschweißen von Beschädigungen, Aufsetzen von Verstärkungen oder Auswechslung einzelner Stäbe bzw. Dichten von Rissen an den Massivbrücken des Industriehafens. Zur gründlichen Wiederherstellung wurden die Brücken nach und nach außer Betrieb genommen und überholt. Vor allem zeigten sich zunächst nicht erkennbare Kriegsschäden an den Auflagern und der Fahrbahndichtung.

Die im Jahre 1900 erbaute eingleisige Eisenbahnbrücke über die Woltmershauser Straße wurde durch eine Parallel-Träger-Brücke ersetzt (Stützweite = 32,80 m). Eine Verstärkung und Reparatur durch Schweißung erwies sich als unmöglich, da sie aus Flußeisen bestand, das sich nicht schweißen läßt. Die Brückenschwellen des Neubaues sind auf den Längsträgern aufgekämmt, gleichzeitig ist aber auch die Fahrbahntafel durch Buckelbleche abgedichtet.

2. Neuanlagen.

a) Weserbahnhof.

Die gesamten alten Schuppen, Speicher, Verladeeinrichtungen und Bahnhofsanlagen der unter dem Namen „Weserbahnhof" zusammengefaßten Umschlagsanlagen an der Weser, deren erste Bauten aus dem Jahre 1856 stammten, wurden im Kriege 1939—1945 völlig zerstört.

Die Aufgaben des seit Kriegsende geplanten neuen Weserbahnhofs waren die Wiederaufnahme des Sammelladungsverkehrs in vergrößertem Umfange sowie Abfertigung von kleineren Seeschiffen und von Binnenschiffen in einer einzigen großen Anlage. Eine notwendige Erweiterung der Gleisanlagen im Jahre 1939 beim Neubau des Sammelgutschuppens war an der benachbarten sehr engen Bebauung mit privaten Wohn- und Geschäftshäusern gescheitert, die aber zusammen mit den Schuppen und Speichern am Weserkai ebenfalls völlig zerstört wurden. Erst die Durchführung eines bereits 1942 eingeleiteten Enteignungsverfahrens für dieses sogenannte „Muggenburgviertel" in den Jahren 1950/51 machte für den jetzt erstellten Bau eine großzügige Planung möglich.

Die enge Zusammenarbeit von Schiff, Lkw. und Eisenbahn zeigen Abb. 15 und 16.

Die 250 m lange Kaje weist eine Wassertiefe von 5,5 m unter Seekartennull auf. Der Umschlag ist unmittelbar auf zwei Kajegleise, auf Lkw. oder auf die Schuppenrampe möglich. Von hier aus können auch Schuten zur Umstellung von Gütern zu den Freihäfen und nach Bremerhaven auf dem Wasserwege eingesetzt werden.

Dem Autoverkehr dient eine Ringstraße, die um den Schuppen herumführt und von der aus im ganzen 450 lfd. m Verladerampen erreicht werden. Die Gleise vor den Rampen an beiden Längsseiten des Schuppens sind eingepflastert.

Der an der Kopfseite gelegene Vorplatz von etwa 5650 m² wird seine volle Bedeutung erst erlangen, wenn auch die noch freien ihm gegenüberliegenden Reserveflächen bebaut sind. An der Wasserseite führt die Straße für den Umschlag unmittelbar auf Lkw. bis an die Kaikante, was beim alten Weserbahnhof nicht der Fall war und wird von den Vollportalen der Krane überbrückt. An der Stirnseite nach Unterstrom, wo im Schuppen ein Verschlag für Stückgüter der Bundesbahn und im Betriebsgebäude die Güterabfertigung untergebracht ist, dient eine besondere Rampe dem Güterverkehr mit Lkw. der Bundesbahn für den Orts- und Nahverkehr.

Der wichtigste Verkehrsträger für die Anlage ist die Eisenbahn. In Sammelladungen wird das für Bremen (Land- und Hafengebiet) bestimmte Stückgut im Binnenland zu ganzen Waggonladungen zusammengefaßt und mit dadurch verbilligter Fracht zum Weserbahnhof als „Sammelgutschuppen" befördert. Hier werden die Waggons entladen, die Güter z. T. kurzfristig gelagert und nach Schiffsabgängen im Freihafen sowie nach Partien für den bremischen Orts- und Nahverkehr neu verteilt. Das Sammelladungsgut, das mit Lkw. angeliefert wird, tritt gegenüber dem Eisenbahngut z. Z. mengenmäßig nicht stark in Erscheinung. Der Versand zu den einzelnen Kajen und Schiffsplätzen wird wiederum mit der Bahn vorgenommen.

Wie ist nun der Weserbahnhof gleistechnisch durchgebildet, um diesen Aufgaben gerecht zu werden?

Die Einfahrgruppe, bestehend aus Einfahr-, Ausfahr- und Umfahrgleis ist wegen der vorhandenen Wegübergänge nur für Züge von 480 m Länge befahrbar, was aber betrieblich völlig ausreicht. Da diese Gruppe in der Kurve liegt, mußte das Einfahrgleis mit einer Gleisfreimeldeanlage ausgestattet werden.

Die Zerlegungsgruppe mit sechs Gleisen von insgesamt 1175 m nutzbarer Länge läuft in ein Ausziehgleis von 275 m Länge aus. Von dieser Gruppe werden neben dem Weserbahnhof noch vier wichtige

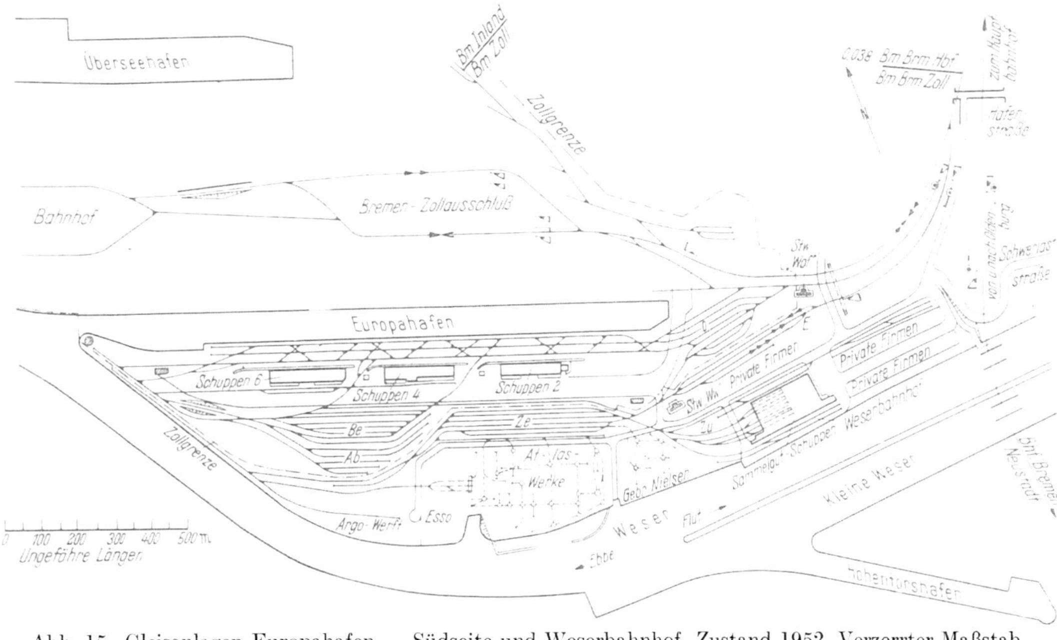

Abb. 15. Gleisanlagen Europahafen — Südseite und Weserbahnhof, Zustand 1952. Verzerrter Maßstab.

E = Einfahrgruppe Ze = Zerlegungsgruppe Zu = Zustellgruppe Sammelgutschuppen	Weserbahnhof	O = Ordnungsgruppe Be = Bezirksbahnhof Ab = Abstellgruppe	Südseite Europahafen

Privatgleisanschlüsse bedient. Später müssen auch die Wagen für einen geplanten Wasserspeicher unmittelbar unterhalb der Eisenbahnbrücke und für weitere Privatfirmen hier ausrangiert werden.

Die Zustellgruppe wird im Rückstoß bedient. Sie liegt großenteils in der Krümmung. Je zwei Gleise münden als Stumpfgleise von etwa 70 m Länge im Schuppen, der an der Eisenbahneinfahrt durch Stahlrolltore verschlossen werden kann.

Abb. 16. Weserbahnhof 1952 (Luftbildaufnahme).

Während die Zuführung der Wagen direkt von Bremen-Hauptbahnhof bzw. Verschiebebahnhof über die Streckengleise Bremen—Oldenburg erfolgt, geht die Umstellung zu den Seeschiffskajen über den Bahnhof Zollausschluß ohne Berührung dieser Strecke und damit unabhängig von derem fahrplanmäßigen Verkehr vor sich, wodurch die Zustellung beschleunigt werden konnte.

Die Gleisbauarbeiten begannen im Juni 1950. Die Inbetriebnahme erfolgte ein Jahr später am 15. Juni 1951. Insgesamt wurden 6824 m Gleis neu verlegt und 42 Weicheneinheiten eingebaut.

Beim Bau des Weserbahnhofs ist im Hafen Bremen erstmalig der Reichsoberbau K 49 $\frac{\text{Br} + 22\,(\text{H})}{15}$ für die stark befahrene Einfahrgruppe verlegt worden. Die Schienen wurden hier lückenlos geschweißt, um die Stöße auf die Umgebung zu verringern. Diese Maßnahme war insbesondere mit Rücksicht auf die gegen Erschütterung sehr empfindlichen Weine eines neben dem Gleis gelegenen Weinspeichers notwendig.

Die Gleise im Bereich der Straßenübergänge und der Pflasterstrecken vor den Rampen sind als Herkulesgleis mit Rillenschiene ausgebildet, wie unter dem Abschnitt Wegübergänge beschrieben wird.

In den übrigen Abschnitten konnte Oberbauform 8d $\frac{Br + 22\,(H)}{15}$ verlegt werden.

Der Sicherung des Eisenbahnverkehrs dienen zwei elektrische Stellwerke: „Wof“ und „Ww“ in Bauart E 43. In dem Stellwerk „Ww“ sind drei elektrisch zu bedienende Schranken angeschlossen. Diese Einrichtungen tragen zur schnellen Bedienung des Weserbahnhofs bei, da sie u. a. die Zustellung von der Zerlegungsgruppe in die Zustellgruppe durch Abstoßen über zwei Straßenübergänge gestatten.

b) Wiederaufbau der Freihäfen.

Der zunehmende Lkw.-Verkehr in den Häfen zwang dazu, beim Wiederaufbau des Überseehafens und des Europahafens vor Kopf der Häfen und zwischen den Schuppen größere Freiflächen vorzusehen als früher vorhanden waren. Vor Kopf des Überseehafens wurden daher die Schuppen 13 und 14 beim Neubau um 20 m bzw. 40 m gegenüber der früheren Lage zurückgesetzt und dadurch größere Freiladeplätze für Lkw. geschaffen.

Im Europahafen sind aus den gleichen Gründen die Abstände zwischen den Schuppen von bisher etwa 30 m auf etwa 75 m erweitert, wodurch sich gleichzeitig die Verlegung der Gleisverbindungen von der Land- zur Wasserseite ermöglichen ließ. In beiden Häfen werden die landseitigen Gleise und die Kajegleise nach und nach eingepflastert und somit in immer stärkerem Maße Raum für die Abfertigung von Lkw. geschaffen.

Während beim Wiederaufbau des Überseehafens die Gleisanlagen auf den Kajen im wesentlichen unverändert liegen blieben, da die alten Gleisverbindungen sich auch den veränderten Schuppengrundrissen anpaßten, mußten bei der Planung für die Südseite Europahafen wesentliche Änderungen vorgenommen werden (vgl. Abb. 15 und 60). Der Fortfall der Speicherreihe hinter der Schuppenstraße war erforderlich zur Unterbringung der Gleise für die Zerlegungsgruppe des Weserbahnhofs.

An die Stelle der alten fünf Kajeschuppen aus dem Jahre 1888 treten heute drei Schuppen sowie ein privater Weinspeicher bei gleichbleibender Kajelänge von etwa 1350 m.

Der Verkehr im Europahafen dient wie früher der Abfertigung von Schiffen bis 7,00 m Tiefgang bei einer Ladefähigkeit bis zu 6600 t für England, die Nordrouten und die Levante, wobei viele planmäßige Abfahrten im Liniendienst zu berücksichtigen sind. Häufiger Schiffswechsel und der Umschlag vieler kleinerer Partien verlangt besonders schnelle Zustellung und Abholung der Waggons auch außerhalb des Schichtwechsels in Sonderbedienungen. Der größte Teil der mit der Bahn an- oder abgefahrenen Güter wird direkt zwischen Schiff und Eisenbahn umgeschlagen, ohne den Schuppen zu berühren.

Während beim Bau der ersten Schuppen auf ganzer Kajelänge keine Querverbindung von den Gleisen auf der Kaje zu denen auf der Landseite vorhanden war, trägt die heutige Lösung dem verstärkten Verkehr durch Schaffung von zwei Querverbindungen Rechnung. Hierdurch wird die Kaje in drei Abschnitte von 500 m, 385 m und 465 m geteilt, die für sich bedient werden können. Die Kajegleise sind nach den auf der Südseite des Europahafens gemachten Erfahrungen abwechselnd durch Wiedereinbau der vorhandenen doppelten und einfachen Gleisverbindungen in einer mittleren Entfernung von 105 m unterteilt. Ladegleise an der landseitigen Schuppenrampe, die dem Umschlag von Gütern zum Schuppen sowohl im Import als auch im Export dienen, sind bei Schuppen 2 versuchsweise fortgelassen worden, um die Landseite des Schuppens ausschließlich der Lkw.-Abfertigung vorzuhalten, während sie bei Schuppen 4 und 6 wie früher angeordnet werden.

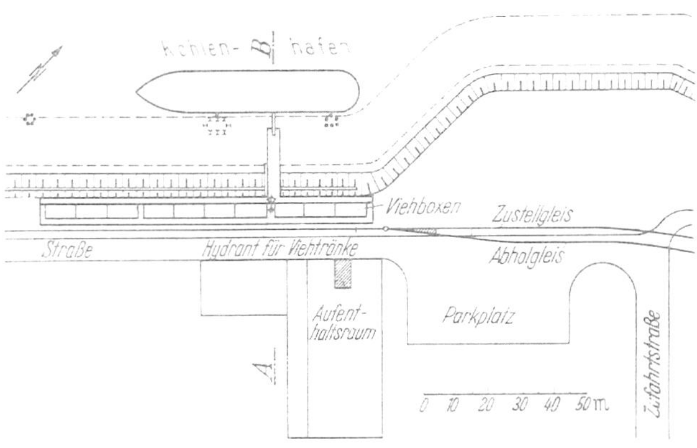

Abb. 17. Viehumschlaganlage im Kohlenhafen 1952. Lageplan. Eine Viehboxe entspricht einer Waggonlänge.

Die Züge für Europahafen Südseite werden zunächst auf Bahnhof Zollausschluß zugestellt und dann über ein Ausziehgleis im Rückstoß zum Bezirksbahnhof umgestellt. Ein Ablaufberg mit neuem elektrischem Stellwerk ermöglicht eine gegenüber dem früheren Zustand schnellere Feinsortierung nach den Schuppen 2, 4 und 6.

Gegenüber den Ausführungen im Jahrbuch der HTG 1926 über die Entwicklung der Häfen in Bremen muß auf eine wichtige betriebliche Änderung hingewiesen werden. Seit dem Jahre 1930 führt die jetzige Bundesbahn im Hafen Bremen den Betrieb, und zwar im Weserbahnhof auf eigene Rechnung, im übrigen Hafengebiet auf Rechnung Bremens. Die gesamten Hafenbahnanlagen gehören nach wie vor Bremen, werden aber von der Bundesbahn auf Rechnung Bremens unterhalten. Damit ist in Bremen als letztem deutschen Nordseehafen der Betrieb von der jetzigen Bundesbahn übernommen worden, ein Verfahren, das sich wohl auch in allen anderen Häfen ebenso wie in Bremen bewährt haben dürfte.

c) Viehumschlaganlage.

Der Seegrenzschlachthof im Industriehafen, über den der Viehimport vor dem Kriege 1939—1945 geleitet wurde, ist völlig zerstört worden. Die Abwicklung der Vieheinfuhren nach 1945 im Überseehafen und Holzhafen erwies sich als ungenügend, da hier keinerlei Anlagen mit den notwendigen hygienischen Einrichtungen für dieses lebende Umschlaggut vorhanden waren. Vor allem die schnelle Verladung auf Eisenbahn

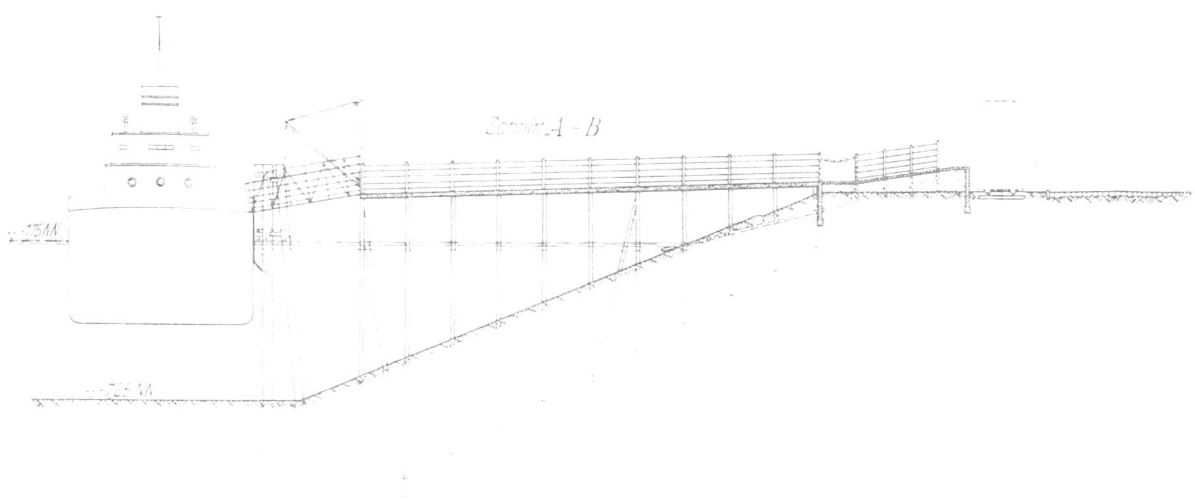

Abb. 18. Viehumschlaganlage im Kohlenhafen 1952. Querschnitt.

und die Durchführung der tierärztlichen Schutzmaßnahmen machten Schwierigkeiten. Das Entladen war nur mit Kranhilfe möglich und dadurch für lebendes Vieh sehr erschwert.

Im Industriehafengebiet ist in dem Jahre 1951 am Kohlenhafen gegenüber der öffentlichen Massengutumschlaganlage eine neue Viehumschlaganlage errichtet worden (Abb. 17 u. 18). Hierbei wurden die vorhandenen Gleis- und Straßenanlagen nach geringfügigem Umbau ausgenutzt und nur ein besonderer Anleger neu geschaffen. Der Verbindung zum Schiff dient ein beweglicher Steg, der mittels Handwinden je nach Höhe des Schiffsdecks gehoben und gesenkt wird. Eine Verladerampe am Gleis ist mit zunächst 10 Viehboxen für je eine Waggonlänge ausgerüstet. Der zur Verladung gestellte Zug wird jeweils um einige Waggons vorgezogen und nach voller Beladung zum Schlachthof umgesetzt. Die Ausladung eines Viehdampfers von 450 Stück Vieh und gleichzeitige Beladung von 32 Waggons mit je etwa 14 Tieren erfordert etwa eine Zeit von $1\frac{1}{2}$ bis 2 Stunden.

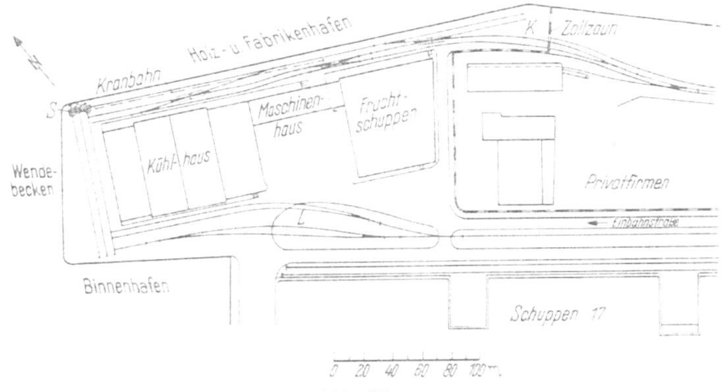

Abb. 19.
Gleisanlage auf dem Kühlhaus-Höft mit Fruchtschuppen-Neubau 1952. S = Schiebebühne zur Verbindung der Land- (L) und Kajegleise (K).

d) Kühlhaus und Fruchtschuppen.

Auf dem Höft zwischen Übersee- und Holzhafen ist nach dem Kriege durch den Bau einer etwa 360 m langen Kaje und Aufspülung des Geländes die Voraussetzung für vier besondere Umschlageinrichtungen geschaffen: Kühlhaus, Fruchtschuppen, Verladung von rollendem Eisenbahnmaterial und Umschlag vom Seeschiff außenbords mit Schiffsgeschirr (Abb. 19). Das Kühlhaus-Höft liegt z. Z. im Zoll-Inland, soll aber später dem Freihafen angegliedert werden. Kühlhaus und Fruchtschuppen werden bei den Hochbauten besprochen.

Die Kaje ist mit drei eingepflasterten Gleisen ausgerüstet. Das wasserseitige Gleis dient speziell der Verladung von Eisenbahnwagen und Lokomotiven verschiedener Spurweiten für den Export. Durch Einbau weiterer Schienen innerhalb und außerhalb der Normalspur sind sechs Spurweiten erreicht, die für die nachstehenden Länder maßgebend sind (Abb. 20):

1. Indien, Argentinien, Chile und andere	1676 mm
2. Spanien, Portugal	1674 mm
3. Mitteleuropäische Länder (Normalspur)	1435 mm
4. Afrika („Kap-Spur"), Ecuador, Venezuela, Australien u. a.	1067 mm
5. Afrika, Indien, Brasilien und andere	1000 mm
6. Feldbahn-Spur, Nebenbahnen	600 mm

Es wurden nur die wichtigsten Länder aufgeführt.

Zur Ausbildung der einzelnen Spurweiten wurden Herkulesschienen mit verschieden langen Spurstangen verwandt. Die Schienen mußten auch durch eingebaute Weichen im geraden Strang durchgeführt werden.

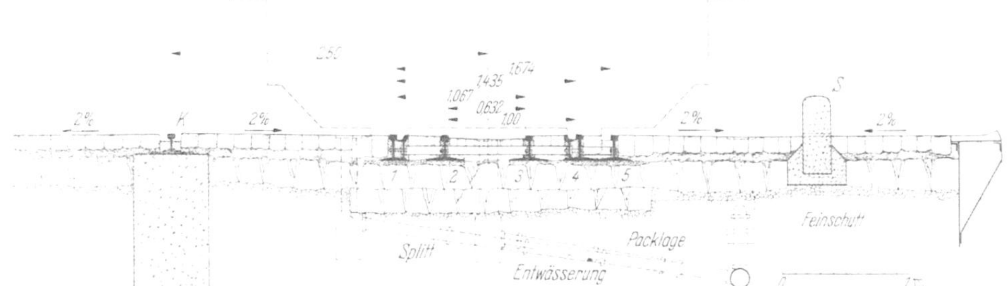

Abb. 20. Querschnitt durch wasserseitiges Kajegleis und Spundwand auf dem Kühlhaus-Höft mit eingebauten Zwischenschienen für verschiedene Spurweiten.

1—4 Normalspur, 2—4 Indien 1—5 Spanien, S Schrammbord.
1—3 Südafrika, 1—5 Indien, 2—3 Feldbahn (Schmalspur),

wobei die Kreuzungen entweder durch Schweißung an Ort und Stelle oder werkstattmäßig ausgeführt wurden. Letztere Ausführung siehe Abb. 21.

Die dichte Besiedlung des Holzhafengebietes unterhalb des Kühlhaus-Höft mit Holzfirmen läßt die Herrichtung von Ordnungs- und Aufstellgruppen nicht zu. Zur Verbindung der Gleise an der Seeschiffskaje und an der Landseite hinter dem Kühlhaus ist daher vor Kopf eine Schiebebühne eingesetzt, auf die beiderseits des Kühlhauses je drei Gleise auflaufen. Die Bedienung der Anlage durch die Eisenbahn kann sowohl land- wie wasserseitig erfolgen, so daß eine gegenseitige Entlastung möglich ist. Falls Kühlhaus und Fruchtschuppen später in den Freihafen einbezogen werden, wird die landseitige Bedienung unmittelbar vom Bahnhof Zollausschluß erfolgen, wodurch sich eine vereinfachte Zustellung ohne Berührung der Zolltore ergibt.

Abb. 21. Kühlhauskaje. Kreuzung von Zwischenschienen mit einer Weiche im Pflastergleis.

Das Kajegleis von 310 m Gesamtlänge ist durch zwei Weichen ausreichend unterteilt. Das Rampengleis vor Kühlhaus und Fruchtschuppen ist durch eine doppelte Gleisverbindung und eine einfache Weiche mit dem Betriebsgleis verbunden. Mittels der eingebauten Rangierwinden können die Waggons bequem und schnell ausgewechselt werden.

Die Kaje soll außer durch Halbportalkrane auch durch die neu eingeführten fahrbaren Straßenkrane bedient werden. Die Abwicklung des Lkw.-Verkehrs wird sowohl auf der Landseite als auch auf der Kaje vor der wasserseitigen Rampe vorgenommen werden können.

e) Getreideanlage.

Wie im gesamten Hafengebiet hat auch an der Getreideanlage der Lkw.-Verkehr sehr stark zugenommen und tritt hier in besonders hohem Maße stoßweise auf. Es waren daher erweiterte Park- und Zufahrtsmöglichkeiten zu schaffen, die Abb. 22 zeigt. Diese Anordnung ermöglicht eine Regelung des Verkehrs zwischen dem Parkplatz und dem erweiterten Vorplatz vor der Rampe des Getreidespeichers, während bisher Zu- und Abfahrt über eine unzureichende Gleisüberfahrt geleitet wurden. Die an der Getreideanlage entlangführende Hauptverkehrsstraße wird wesentlich von parkenden Fahrzeugen entlastet und dem Durchgangsverkehr wieder freigegeben.

Die vorgesehenen Gleiserweiterungen parallel zur Hauptverkehrsstraße werden dem Bedarf entsprechend stufenweise ausgebaut.

f) Autohof-Hafen.

Der zunehmende Autoverkehr bringt mit seinem Stoßbetrieb zeitweise sehr unerfreuliche Zusammenballungen vor den Hafeneinfahrten mit sich. Schlangen von einigen Hundert Lkw. verstopfen beim Zusammentreffen ungünstiger Umstände die Straßen der Hafengegend und parken hier vor allem des Nachts, um zum Schichtbeginn rechtzeitig im Hafen zu sein. Eine geeignete Steuerung dieses Verkehrs ist notwendig. Diesem Zweck dient der im Hafenerweiterungsgebiet zwischen Nordstraße und Hafenstraße erbaute „Autohof Hafen“ (Abb. 23), der zu den Einfahrten zum Überseehafen, Weserbahnhof und Europahafen gleich günstig gelegen ist. Er soll in erster Linie dem Autoverkehr zum Hafen zugute kommen, aber nicht den allgemeinen Lkw.-Verkehr künstlich in das Stadtzentrum hineinziehen. Eine enge Zusammenarbeit mit der Lastraumverteilungsstelle wird den Fahrern die Beschaffung neuer Ladung erleichtern.

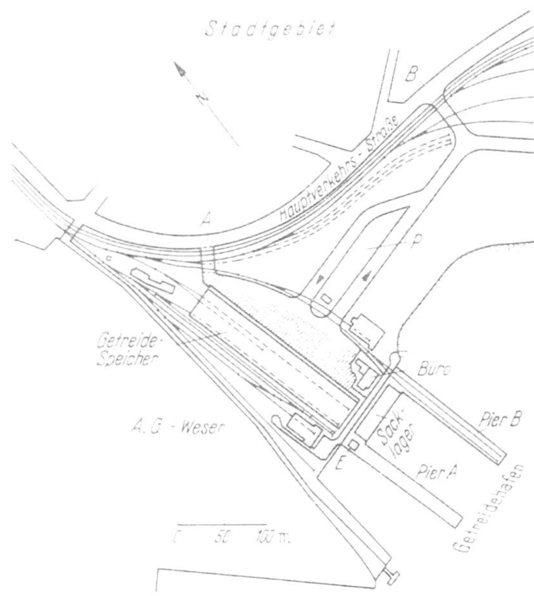

Abb. 22. Getreideanlage Bremen.
Umbau der Zufahrt und neuer Parkplatz.

A alte Einfahrt, jetzt nur für Fußgänger und Feuerwehr. Schraffiert: alter Ladeplatz, *B* neue Zufahrt von der Hauptverkehrsstraße, *E* Elevatorturm, ----- Gleise gestrichelt = spätere Erweiterung der Bahnanlagen, *P* Parkplatz.

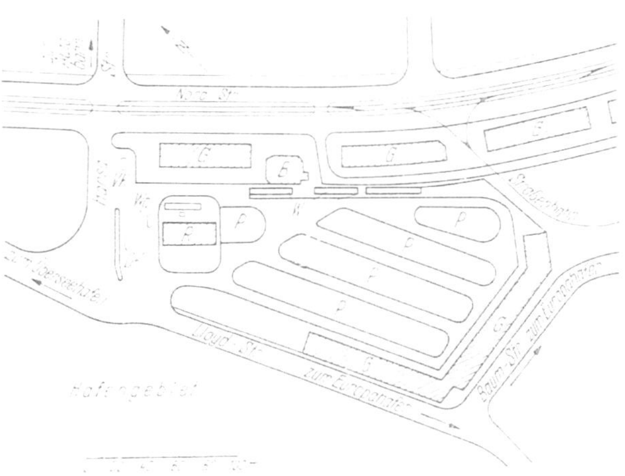

Abb. 23. Autohof-Hafen,
zwischen den Einfahrten zum Übersee- und Europahafen.

P = Parkplätze, R = Rasthaus, Büros usw., W = Waschplätze, Vk = Tankstelle für Vergaserkraftstoff, Dk = Tankstelle für Dieselkraftstoff, B = vorhand. Hochbunker, G = Gebäude, Randbebauung, Wg = Fuhrwerkswaage.

Der Autohof wird in zwei Bauabschnitten erstellt; der erste Abschnitt bietet Aufstellplätze für zunächst etwa 34 Wagenzüge. Der Betrieb ist einer Gesellschaft übertragen, die neben der Parkmöglichkeit für max. etwa 110 Fahrzeuge nach Vollausbau alle für einen modernen Autohof erforderlichen Einrichtungen geschaffen hat:

Rasthaus mit Übernachtungsmöglichkeiten, Restaurant, Friseur, Badeeinrichtungen; weiterhin Büros, Läden, Tankstelle, Werkstätten mit den notwendigen Autodiensten und eine Fuhrwerkswaage von 50 t Wiegefähigkeit. In der Randbebauung des Parkplatzes können Privatfirmen untergebracht werden.

Das der Gesellschaft übertragene Autohofgelände im Innern der Randbebauung hat eine Größe von etwa 24000 m².

g) Lokschuppen.

Die im Kriege zerstörte Lok-Behandlungsanlage in Bahnhof Zollausschluß mit acht Ständen wird durch einen Neubau im Erweiterungsgebiet der Freihäfen zur Nordstraße hin wieder ersetzt. Die Lok mußten in der Zwischenzeit Wartezeiten im Bahnhof Zollausschluß auf freier Strecke zubringen und zur Behandlung eine mehrere Kilometer lange stark belastete Strecke zum Bahnhof Walle zurücklegen, wodurch sich der Betrieb verteuerte und verzögerte.

Der erste Bauabschnitt des neuen Lokschuppens umfaßt den Ausbau von vier gedeckten und zwei offenen Ständen mit einer Nutzlänge von 16 m bei einer Erweiterungsmöglichkeit auf 12 Stände. Während der alte Lokschuppen eine Drehscheibe von 9,40 m ∅ aufwies, wird die neue Anlage mit einer altbrauchbaren Drehscheibe von 18 m ∅ ausgerüstet. Auf ihr werden nur die Rangierloks gedreht, deren Abmessungen sich von etwa 8 bis 9 m beim Bau der Bahnhofsanlagen auf z. Z. 14,06 m Länge über Puffer vergrößert haben. Die Güterzug-Loks mit größeren Abmessungen als sie die neue Drehscheibe aufnehmen kann, müssen auf den Bahnhofsanlagen der Bundesbahn gedreht werden. Die Anlage erhält als Anbau eine Reparaturwerkstatt.

3. Einzelanlagen im Eisenbahnbau.

a) Oberbau: Schienen, Schwellen, Weichen.

In der Bremischen Hafenbahn ist im Laufe der Zeit eine Vielzahl von Oberbauformen eingebaut worden. die heute noch nebeneinander bestehen.

Die Querschwellengleise der Form 6 werden im Zuge der laufenden Unterhaltung ausgebaut und durch Profile der Form 8 ersetzt, da sie in absehbarer Zeit nicht mehr gewalzt werden sollen. Die Form 8 wird heute in allen leicht befahrenen Gleisen eingebaut, die neu verlegt werden. Die Verlegung erfolgt in der Regel mit Hakenplatten.

Form K 49 wird seit dem Jahre 1950 in schwer befahrenen Hauptgleisen verwandt, die einem starken Verschleiß unterliegen. In der Einfahrkurve zum Bahnhof Zollausschluß sind mit Erfolg verschleißfeste Schienen, insbesondere Verbundgußschienen eingebaut worden, nachdem solche normaler Festigkeit in kurzer Zeit abgängig waren. Die Erfahrung zeigt, daß die längere Lebensdauer die Mehrkosten bei der Beschaffung aufwiegt.

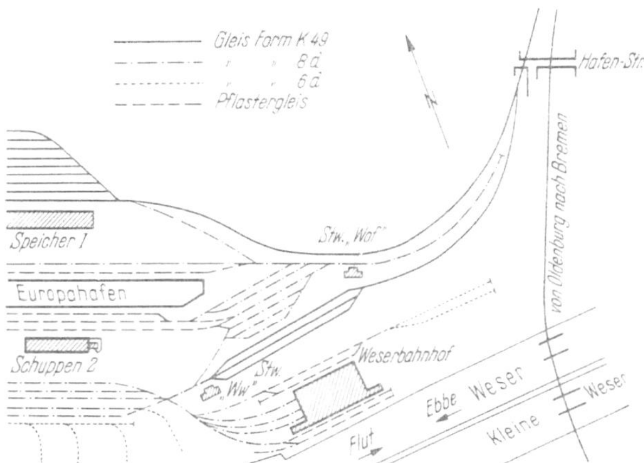

Abb. 24. Kopf Europahafen. Verwendung der verschiedenen Oberbauformen in schematischer Darstellung.

Abb. 24 zeigt in schematischer Darstellung die örtliche Verwendung der verschiedenen Profile am Beispiel „Kopf Europahafen": Form 49 in den stark belasteten Einfahrgleisen und -gruppen, Form 8 in Verteilungs- und Aufstellgruppen, Form 6 in Nebengleisen und Privatanschlüssen, Pflastergleis an der Kaje und in landseitigen Rampengleisen.

Zur Verwendung gelangen in der Regel Hartholzschwellen, meistens Eiche. Eiserne Schwellen werden nicht mehr eingebaut und die vorhandenen allmählich durch Holz ersetzt, da sie sich wegen der erforderlichen Spurerweiterungen bei den vielen vorhandenen Krümmungen als ungeeignet erwiesen. Eisenbetonschwellen werden im Hafenbahnbetrieb ebenfalls nicht verwandt. Sie sind den Holzschwellen bei den heutigen Preisen wirtschaftlich unterlegen.

Soweit die Gleise eingepflastert werden müssen, sind schon seit der Zeit vor der Jahrhundertwende fast ausschließlich Profile eingebaut, die ohne Querschwellen auf eingewalzter Packlage verlegt sind. Eingepflasterte Querschwellengleise, die nur an ganz wenigen Stellen vorhanden sind, werden wegen der in diesem Falle nur kurzen Lebensdauer der Holzschwellen allmählich ausgebaut und durch Spezial-Pflastergleis ersetzt.

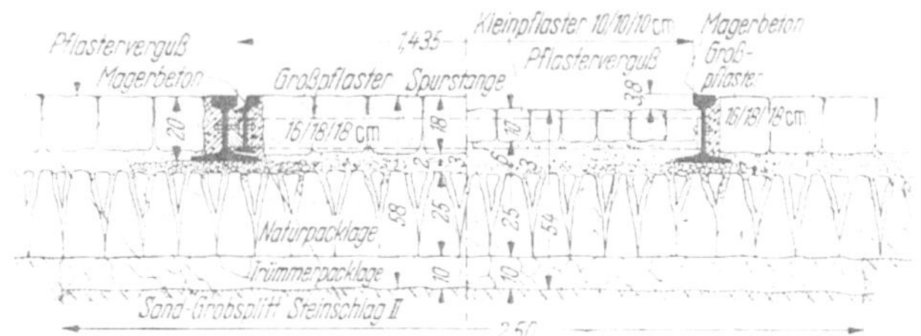

Abb. 25. Pflastergleis, Querschnitt; links mit Leitschienen, rechts ohne Leitschienen mit versenkter Pflasterung.

Haarmann-Gleis wurde erstmalig im Jahre 1888 eingebaut. Der größte Teil ist im Jahre 1951 beim Aufbau der Südseite des Europahafens aufgenommen worden, aber selbst diese alten Schienen konnten z. T. als untergeordnete Abstellgleise noch wieder genutzt werden.

Für neue Pflastergleise wird das seit dem Jahre 1926 im Hafen eingeführte und bewährte Herkulesgleis eingebaut, ein Profil mit 200 mm Fußbreite und 200 mm Höhe. Es wird mit oder ohne Leitschienen verarbeitet und durch Spurhalter im Abstand von 2,16 m in der Spur gehalten. Das Gewicht der Herkules-Schiene beträgt 54,70 kg/m, das der Leitschiene 28,95 kg/m, zusammen 83,65 kg/m. Der Einbau ohne Leitschiene bringt somit eine Gewichtsersparnis von etwa 34%. Er wird in Strecken mit schwachem Straßenverkehr durchgeführt. Abb. 25 zeigt einen Querschnitt mit und ohne Leitschiene. In letzterem Falle wird das Gleis nur bis zur Spurrillentiefe von 38 mm ausgepflastert. Dieses in den letzten Jahren erprobte Verfahren hat sich gut bewährt, da die heutigen Lkw. diese geringe Höhendifferenz leicht überwinden. Die Entwässerung der etwa 4 cm tiefen Mulden verdient vor allem im Bereich der Weichen besondere Aufmerksamkeit.

Bei den Weichen der Bremer Hafenbahn sind zahlreiche Bauarten zu finden. U. a. wurde früher eine besondere Weiche mit der Neigung 1 : 7 bzw. 1 : 8 konstruiert, die sowohl in Form 6, 8 und Herkules häufig vorhanden ist. Mit Rücksicht auf die Vorteile, die ein Anpassen der Weichenformen an die Regelkonstruktionen der Bundesbahn bietet, sind mit Beginn der Arbeiten für den Weserbahnhof im Jahre 1950 die Regelneigungen 1 : 9 oder ausnahmsweise 1 : 7,5 bzw. 1 : 6,6 eingeführt worden. Der Umbau der jetzigen Weichenstraßen des Hafengebietes von der Neigung 1 : 8 auf 1 : 9 im Zuge der Unterhaltung wurde begonnen, wird sich aber noch auf Jahrzehnte erstrecken. Trotz der manchmal schwierigen Übergangslösungen liegt die Wirtschaftlichkeit der Verwendung von Normalkonstruktionen der Bundesbahn auf der Hand, die sich vor allem auch bei der Beschaffung von Ersatzteilen bemerkbar macht.

Für die Pflasterweichen der Bauart Herkules wurde ein unterirdischer Umstellkasten entwickelt, da die früher verwandten oberirdischen Stellvorrichtungen mit Gewichtshebel den Lkw.-Verkehr behinderten. Seine augenblickliche Konstruktion zeigt Abb. 26. Der Handgriff mit einer Gelenkkette wird aus einer Vertiefung im Deckel herausgezogen und nach dem Umstellen wieder zurückgelegt. Deckel und Handgriff liegen in einer Ebene mit dem Pflaster, so daß keinerlei Teile oberhalb der Straße den Verkehr stören. Der Nachteil, daß die Stellung der Weichen nicht mehr aus der Lage des Weichenhebels zu erkennen ist, wird von den Rangierern beklagt und es wird noch versucht, hier eine einfache, aber einwandfreie Sicherungsmöglichkeit zu finden.

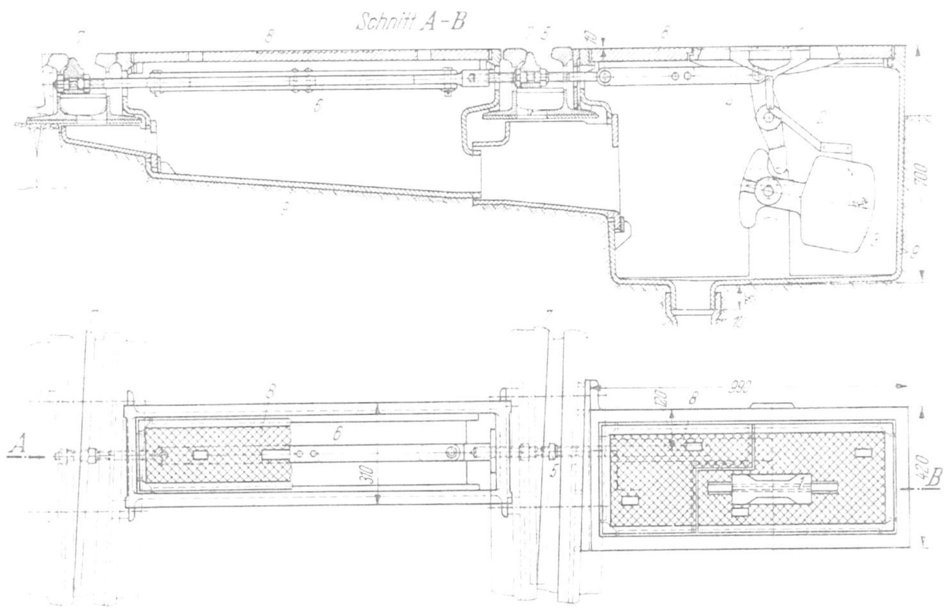

Abb. 26. Unterirdischer Umstellkasten für Pflasterweichen.
1 = Umstellgriff, 2 = Umstellglieder für Gewicht, 3 = Umstellgewicht, 4 = 2 Winkelhebel, 5 = Stellstange, 6 = Verbindungsstange, 7 = Weichenzungen, 8 = Abdeckplatten, 9 = Gehäuse mit Entwässerung, 10 = Entwässerung.

Erstmalig wurden im Zuge des Umbaues am Weserbahnhof auf dem Gelände der Firma Reishandel, Betrieb Gebr. Nielsen, Kleinbogengleise von R = 50 und 55 m als Pflastergleis in Herkulesschienen eingebaut. Das Kleinbogengleis als Nachfolger der Auflaufkurve sieht nach den Richtlinien der Bundesbahn in Radien von 35 bis 80 m eiserne Querschwellen vor. In Anlehnung an diese Vorschriften wurden hier jedoch Spurhalter engerer Teilung statt der Schwellen vorgesehen. Als Zwangsschiene ist eine Radlenkerschiene mit hoher Verschleißfestigkeit eingebaut. Schwierigkeiten haben sich beim Befahren der Krümmung nicht ergeben.

b) Wegübergänge.

Das Ziel, glatt befahrbare Überwege herzustellen, die ein Minimum an Unterhaltungsarbeit sowohl von der Gleis- als auch von der Straßenseite her erfordern, ist seit langem auch im Hafen Bremen erstrebt worden, aber nur schwer zu verwirklichen.

Zwei Bauarten haben sich in den letzten Jahren bewährt und werden jetzt ausschließlich angewandt: In weniger stark befahrenen Straßen und beim Gleis mit Querschwellen werden die Schienen mit Streichbalken versehen, der Zwischenraum ausgebohlt oder mit Kleinpflaster ausgepflastert. In stark befahrenen Straßen wird Herkules-Gleis mit Leitschienen auf doppelter Packlage eingebaut (Abb. 27). Bei anschließendem Querschwellengleis wird das Herkules-Gleis über die seitliche Grenze der Straße hinausgeführt, wobei der nächste Stoß möglichst 3 m seitlich vom Überweg gelegt und hier mit dem anderen Profil verschweißt wird. Diese Überwege, die sowohl mit Klein- als auch Großpflaster ausgebildet werden, erfordern bei sorgfältiger Bauausführung fast keine Unterhaltungsarbeit und gewährleisten jahrelang eine einwandfreie Befahrbarkeit sowohl des Gleises als auch der Straße. Voraussetzung ist allerdings, daß das Gleis nicht schnell befahren wird, da sich sonst der Übergang vom elastischen Querschwellengleis zum festgelagerten Längsschwellengleis unangenehm bemerkbar machen würde. Im Hafengebiet kommen jedoch höhere Geschwindigkeiten als 30 km/Std. in der Regel nicht vor.

c) Schranken- und Warnlichtanlagen.

Die Sicherung der 143 unbeschrankten öffentlichen Bahnübergänge im Hafen- und Industriegebiet erfolgt in der üblichen Weise durch einen der Rangierabteilung vorangehenden Rangierer mittels einer roten Flagge oder Laterne.

Von den 19 durch Schranken gesicherten Bahnübergängen sind neuerdings drei zur Erleichterung der Bedienung mit elektrischem Antrieb versehen und an das Stellwerk „Ww" des Weserbahnhofs angeschlossen worden, während die übrigen von Hand bedient werden.

Abb. 27. Wegübergang in stark befahrener Straße mit Pflastergleis und anschließendem Querschwellengleis.

a) Querschwellengleis Form 8b auf Holzschwellen mit Hakenplatten, b) fester Stoß (Breitschwellenstoß), c) Geschweißter Übergangsstoß von Schienen Form 8 auf Herkulesschienen, d) Spurstange, e) Übergangs- und Begrenzungsschwelle für die Packlage, f) Leitschiene, g) Pflasterung der Straße.

Warnlichtanlagen mit Rot- und Weißlicht sind bisher nur in vier Fällen verwandt, sollen aber in Zukunft wegen der Ersparnis an laufenden Personalkosten und an Unterhaltungsarbeit im Bedarfsfall bevorzugt eingebaut werden. Drei dieser Anlagen werden wegen des geringen Eisenbahnverkehrs von Hand ein- und ausgeschaltet. Beim Hohentorshafen jedoch, wo die Kohlenzüge für das städtische Gaswerk von der Kaje zum Lager häufig die Straße kreuzen, ist Ein- und Ausschaltung durch Schienenkontakte gewählt worden, die sich im Verkehr gut bewährt haben.

d) Stellwerke und Sicherungsanlagen.

Die bei der Bremer Hafenbahn vorhandenen 15 Stellwerke alter mechanischer Bauart (Stahmer und Einheit) erfordern infolge der Überalterung sehr hohe Unterhaltungskosten. Ersatzteile für die Bauart Stahmer sind fabrikneu kaum zu haben und können nur durch Stillegen abgängiger Stellwerke gewonnen werden. Der Ersatz der erneuerungsbedürftigen und der Bau neuer Stellwerke erfolgt daher seit 1950 wie bei der Bundesbahn in Gestalt von elektrischen Stellwerken der Regelbauart E 43 der Bundesbahn, die seit dem Jahre 1912 entwickelt wurde. Es wurden erbaut:

1950 elektrisches Stellwerk V in Bahnhof Inland, mit 32 Hebelplätzen,
1951 elektrisches Stellwerk „Wof", Weserbahnhof, mit 16 Hebelplätzen,
1952 elektrisches Stellwerk „Ww", Weserbahnhof, mit 24 Hebelplätzen.

Abb. 28.
Spill auf der Kaje vor Schuppen 14 zum Rangieren von Eisenbahnwaggons.
1 = Spill mit unterirdisch eingebautem Motor und Getriebe,
2 = Bedienungs-Steckschlüssel zum Einschalten des Motors,
3 = Strom-Schaltkasten, 4 = Seil, 5 = Umlenkrolle, feststehend.

Im Bereich der Massengutanlage wurden zur Sicherung der Rangierfahrten, die abwechselnd die Bundesbahn und die Firma Gebr. Röchling durchführen, Rotlichtsignale für Handeinschaltung eingebaut, die jeweils bestimmte Gleisgruppen gegen den anderen Verkehrsteilnehmer abriegeln. Dem gleichen Zweck der Sicherung gegen Flankenfahrten dient ein neu eingebautes Gleis-Sperr-Signal — Ve 3/4-Signal — neben dem Ablaufberg des Bahnhofs Zollausschluß, sowie Warte-Vorrück-Signale auf dem Bahnhof Inlandhafen. Die bisherige Beleuchtung der fernbedienten Weichen durch Petroleumlampen wird nach und nach durch elektrische Beleuchtung mit einer Spannung von 60 V nach dem System der Bundesbahn ersetzt und ist zu etwa 80% durchgeführt.

An weiteren Verbesserungen und Neuerungen zur Sicherung und Beschleunigung des Zuglaufes sind zu erwähnen:

Eine Hupenanlage und eine Lautsprecheranlage zur Sicherung des Ablaufbetriebes, ein Signalfernsprecher zur Übermittlung von Signalbefehlen und eine Gleisfreimeldeanlage.

Sämtliche neu eingebauten Sicherungsanlagen werden nach den Vorschriften der Bundesbahn und in Zusammenarbeit mit deren zuständigen technischen Dienststellen ausgeführt.

e) Rangieranlagen: Spills und Rangierwinden.

Die bisherige Methode, auf den Kajen mittels Spills und festen, hochstehenden Umlenkrollen die Waggons zu verschieben, ist bei Neuanlagen aufgegeben worden (Abb. 28). Die Kaje soll möglichst von allen über das Pflaster hinausragenden Hindernissen freibleiben. Daher sind beim Weserbahnhof und in der Folge bei allen Schuppenneubauten Rangierwinden in die Rampe eingebaut, die mit umklappbaren Umlenkrollen zwischen den Gleisen arbeiten (Abb. 29). Während das neben dem Spill aufgeschossene Seil beim Ablauf die ständige Aufmerksamkeit einer zweiten Hilfskraft und sorgfältige Geschicklichkeit erfordert, kann sich der Bedienungsmann der Rangierwinde ganz der Waggonbeobachtung widmen, da das Seil sich selbsttätig auf die Trommel aufwickelt.

Abb. 29. Rangierwinde auf der Kaje Weserbahnhof.
1 = Deckel zum Seilkanal, 2 = Einsteigöffnung in der Rampe als Zugang zur Winde, 3 = Umklappbare Umlenkrolle mit darüber laufendem Seil, 4 = Kupplungshebel zur Bedienung der Rutschkupplung, 5 = Kontrollerhebel zum Einschalten des Motors.

Die Rangierwinden werden im Abstand von etwa 100 m eingebaut, wobei sich örtlich Abweichungen, vor allem durch die Lage der Weichen, ergeben können. Der Abstand der Umlenkrollen beträgt etwa 30 m. Sie sind vor allem an den Weichenzungen angeordnet.

Die Rangierwinden sind bei zweigleisigem Betrieb am Weserbahnhof als Einfachwinden, bei dreigleisigem Betrieb an der Südseite Europahafen als Doppelwinden ausgebildet, um hier die Überschneidung von Seil und Gleis zu vermeiden. Die Winden sind in die Kajenrampe eingebaut und mit all ihren Teilen auf gemeinsamem Grundrahmen montiert. Der Elektromotor mit 14,5 kW und 935 Umdrehungen/Minute übt über ein Motor- und Trommelvorgelege und eine Überlast-Rutschkupplung eine Zugkraft von 2 t auf das Zugseil aus. Die Seiltrommeln sind mit Seilaufwickelvorrichtung und Schlaffseilbremse ausgerüstet. Das Zugseil hat einen Durchmesser von 12 mm und eine Länge von 200 m.

f) Gleiswaagen.

Im Hafengebiet sind im ganzen acht Gleiswaagen eingebaut, deren Entwicklung von den Waagen mit Handentlastung über die elektrische Entlastung zur entlastungslosen Waage aus der Zusammenstellung zu ersehen ist. Zwei der abgängigen Waagen wurden 1950 und 1952 durch entlastungslose Doppelwaagen mit 9 m und 6,5 m Brückenlänge ersetzt. Jede Einzelwaage hat eine Wiegefähigkeit von 60 t, beide Brücken zusammen eine solche von 100 t. Sie sind ausreichend für das Wiegen von SS-Wagen. Diese neuen Waagen stützen sich auf Kugelsupporte ab, während bei den älteren Modellen die Verbindung

Entwicklung der Gleiswaagen.

Nr.	Örtliche Lage	Baujahr	Wiegefähigkeit t	Brückenlängen	Entlastung
1	2	3	4	5	6
1	Hohentorshafen	etwa 1909	30	8	Hand
2	Freihafen (vor Sch. 13) ...	etwa 1911	30	7	Hand
3	Inland (Gleis 32)	etwa 1918	50	14,0	Hand
4	Inland (Gleis 185)	etwa 1920	50	14,0	Hand
5	Freihafen zwischen Stellwerk V+VI	etwa 1920	50	13,75	Hand
6	Freihafen zwischen Stellwerk II+III	1934	60	16,0	elektrisch
7	Freihafen (hinter Sch. 18)	1950	60 60* zus.: 100	9,0 6,5* 16,0 m	entlastungslos
8	Inland (Tilsiter Str.)......	1952	60 60 zus.: 100	9,0 6,5 16,0 m	entlastungslos

* Noch nicht eingebaut.

zwischen Hebeln und Brücke durch Pendelgehänge hergestellt wird. Die Wiegevorrichtungen arbeiten nicht automatisch, sondern sind mit von Hand bedienten Kartendruckern ausgerüstet.

Die bisher gemauerten Gruben für die Gleiswaagen werden bei Neuausführungen durch Eisenbetonkonstruktionen ersetzt.

4. Straßenbau.

Die Straßenbauten, welche bei Neuanlagen im Hafenbau in der Regel nur nebenher Erwähnung finden, stellen dennoch eine so hohe finanzielle Investition dar, daß eine eingehende Vorplanung und sorgfältige Entscheidung über die Art der Ausführung notwendig ist. Die Vermehrung der Gesamtflächen der Straßen, Ladeplätze und eingepflasterten Gleiszonen in den Jahren 1939—1952 von etwa 224000 m² auf etwa 329000 m², d. h. um etwa 47% gibt einen Begriff von den Auswirkungen der starken Zunahme des Lkw.-Verkehrs, wenn man den für das Jahr 1951 gültigen Durchschnittspreis für Großpflaster von etwa DM 50,—/m² berücksichtigt.

Während bei den alten Straßenanlagen selbst Durchgangsstraßen meistens nur zwei Spuren von je 3 m Breite aufwiesen, wurden solche beim Neubau in der Regel mit mindestens drei Spuren angelegt, wobei im engeren Hafengebiet die Ladeplätze und eingepflasterten Gleiszonen zusätzlich auszubauen waren. Mit Rücksicht auf die geringeren Unterhaltungskosten wurde bei der Ausführung von Straßenbauarbeiten dem altbewährten Reihenpflaster auf Packlage, und zwar sowohl Groß- als auch Klein-

Befestigungsarten der Straßen und Plätze 1952.

Gebiet	Groß-pflaster	Klein-pflaster u. Klinker	Asphalt	Beton	Befahr-barer Unterbau	Gesamt
	m²	m²	m²	m²	m²	m²
Freihäfen	150 000	27 500	—	2000	5 000	184 500
Industrie- u. Handelshäfen einschl. Industriegebiete	85 000	30 000	4000	—	25 000	144 000
Gesamt....	235 000	57 500	4000	2000	30 000	328 050

pflaster, der Vorzug gegeben. Diese Befestigung wird auch in Pflastergleisen neben Klinkerpflaster als die zweckmäßigste Lösung ausgeführt. Asphaltdecken sind nur in geringem Umfang hergestellt, da sie sich in der Unterhaltung bisher als zu teuer erwiesen. Von Betondecken ist trotz der niedrigen Herstellungskosten nur in einem Falle für eine zweite Zollausfahrt am Verwaltungsgebäude Überseehafen Gebrauch gemacht worden, da bei den im Hafengebiet häufig vorkommenden Änderungen der Aufbruch von Betondecken zu unwirtschaftlich ist (vergl. obige Zusammenstellung).

Für den Unterbau der Pflasterstraßen wurde weitgehend Trümmerschutt, der in großen Mengen zur Verfügung stand, als Packlage verwandt. Darüber hinaus ist versucht worden, aus Trümmerschutt gefertigte Straßenbefestigungen ohne Aufbringung einer Pflasterdecke herzustellen. Diese erfordern jedoch eine verhältnismäßig hohe Unterhaltungsarbeit. Nur für befestigte Plätze ohne starken Fahrverkehr hat diese einfache Befestigung sich bewährt. Als Abdeckung ist eine Verschleißschicht aus Schlacke mit Asche und übergestreutem Steingrus als billig und zweckmäßig erprobt worden.

Maschinen- und Elektrotechnik.

Von Oberbaurat Dipl.-Ing. **Ernst Naß**, Bremen.

1. Wasserversorgung.

Als eine der ersten Aufgaben nach Kriegsende mußte die Wasserversorgung der Häfen wieder in Gang gebracht werden. Es war nicht damit getan, daß nach und nach das zerstörte Rohrnetz wieder in Ordnung gebracht wurde. Die Bremischen Wasserwerke waren durch Kriegseinwirkung für längere Zeit nicht in der Lage, Trinkwasser mit ausreichendem Druck in die Häfen zu liefern, daß eine Entnahme für die vielen Verbraucher und vor allen Dingen für die Versorgung der Schiffe möglich gewesen wäre. Im Freihafengebiet wurde darum eine Druckerhöhungsanlage geschaffen mittels einer für Feuerlöschzwecke vorhandenen Pumpenanlage.

Außer dem Rohrnetz für die Trinkwasserversorgung besitzen die Freihäfen und der Holzhafen ein Hochdrucknetz für Feuerlöschzwecke. An zwei Stellen im Hafen lieferten die Stadtwerke hierzu Wasser in offene Behälter von je 300 cbm Fassungsvermögen, aus denen zwei Hochdruckpumpen das Hochdrucknetz versorgten. Eine dieser beiden erhalten gebliebenen Feuerlöschpumpen wurde auf das Trinkwassernetz geschaltet und auf diese Weise der durch die Stadtwerke damals noch nicht erreichbare Leitungsdruck zunächst wiederhergestellt. Da während des Krieges zu diesen beiden erwähnten Hochdruckanlagen, die elektrisch betrieben werden, zusätzlich Dieselpumpen aufgestellt worden waren, blieb unter Hinzunahme von Hafenwasser die Bedienung des Hochdrucknetzes für den Feuerschutz ausreichend. Die Hinzunahme von Hafenwasser war ohne Seuchengefahr möglich, weil eine vollkommene Trennung der

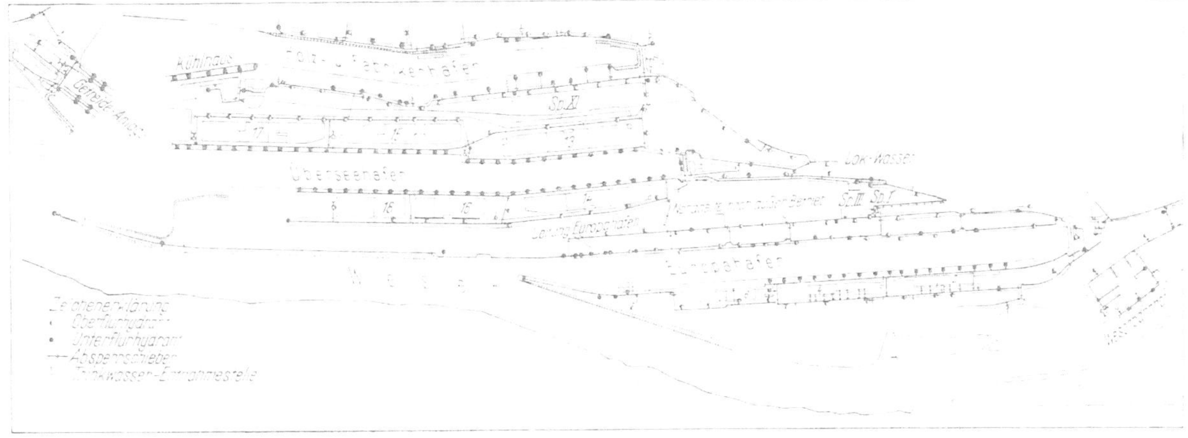

Abb. 30. Trinkwasserleitung.

beiden erwähnten Rohrnetze für Trinkwasser und Feuerlöschzwecke vorhanden ist. Außer für Löschzwecke wurde nach Rücksprache mit der Eisenbahn für die Versorgung der Rangierloks im Freihafen zunächst ebenfalls Wasser aus dem Überseehafen mit einer der vorerwähnten Dieselpumpen gepumpt und den Wasserkranen für die Lokversorgung zugeführt. Diese Maßnahme mußte trotz der provisorischen Wasserdruckerhöhungsanlage getroffen werden, um in kürzester Zeit eine ausreichende Wassermenge an die Lokomotiven abgeben zu können.

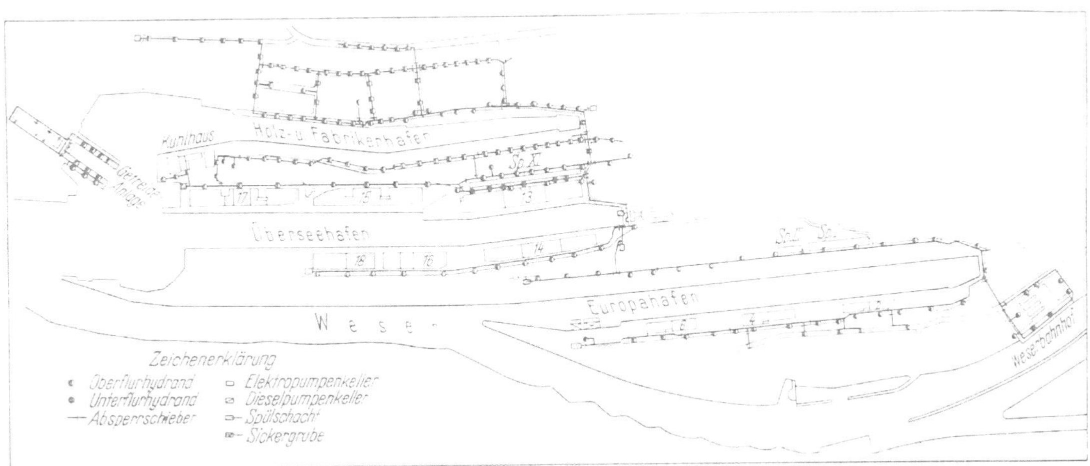

Abb. 31. Hochdruckleitung für Feuerlöschzwecke.

Ähnliche Schwierigkeiten gab es auch in den vom Bremer Wasserwerk weit entfernt liegenden Industriehäfen. Um wenigstens die Versorgung der Rangierlokomotiven mit Wasser sicherzustellen, wurde die Pumpenanlage des dortigen Wasserturmes wieder in Betrieb gesetzt, die in den Nachtstunden den Hochbehälter auffüllte.

In der Zwischenzeit sind die geschilderten Provisorien, die nach dem Kriege und bis zur Währungsreform geschaffen werden mußten, wieder abgestellt, und es ist eine normale Versorgung sowohl des Trinkwasser- als auch des Hochdrucknetzes durchgeführt. Lediglich in dem noch nicht wiederaufgebauten Teil der Häfen ist auch die Wasserversorgung noch nicht wieder in Angriff genommen. Besondere Gesichtspunkte, die bei anderen Anlagen dem Wiederaufbau und Ausbau der bremischen Häfen ein neuzeitliches Gepräge geben, waren bei der Wiederherstellung der Wasserversorgung nicht zu beachten.

2. Stromversorgung.

Auch beim Wiederaufbau der Energieversorgung der Häfen zeichneten sich zwei Stadien ab:

a) die Erstellung erster Provisorien zur Aufrechterhaltung des Hafenbetriebes;

b) der endgültige Wiederaufbau.

Das bis 1945 vorhandene Versorgungsnetz im Hafen wurde mit 440 Volt Gleichstrom für Kran- und andere Kraftantriebe und 220 Volt Zweileiter für Licht aus Synchron-Umformern mit Pufferbatterien und

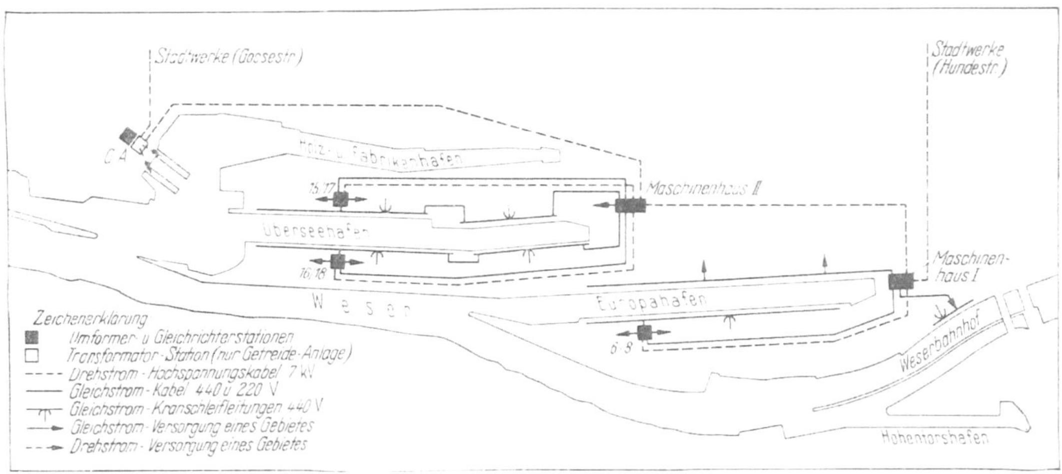

Abb. 32. Stromversorgung bis 1945.

zum Teil aus Gleichrichtern gespeist. Drehstrom-Hochspannung 7 kV wurde an zwei Übergabestellen von den Stadtwerken bezogen. Abb. 32 zeigt ein Schema des Hafenversorgungsnetzes bis 1945. Reine Drehstrom-Niederspannungsversorgung war nur in der Getreideanlage und im Industriehafen vorhanden. Die umfangreichen Zerstörungen der Anlagen erforderten zunächst im Überseehafen eine schnelle provisorische

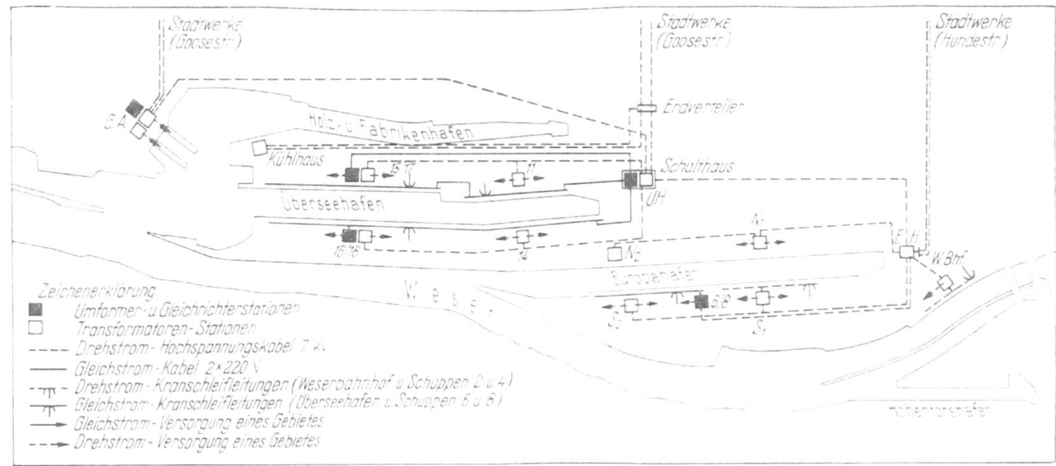

Abb. 33. Stromversorgung 1952.

Instandsetzung. Dabei wurde auf reinen Gleichrichterbetrieb — an Stelle der unwirtschaftlichen und beschädigten Umformer mit Batterie — übergegangen. Das 440-Volt-Zweileiternetz wurde gleichzeitig durch Verlegen eines Null-Leiters in ein 2×220-Volt-Licht- und Kraftnetz umgewandelt, womit auch eine sicherere Abschaltung von Teilkurzschlüssen erreicht werden konnte. Die weitere Planung für den Wiederaufbau der Stromversorgungsanlagen in den Häfen — insbesondere in dem völlig zerstörten Europahafen und Weserbahnhof — zwang nun zu einer wichtigen Entscheidung: Sollte man bei Gleichstrom bleiben oder jetzt zum Drehstrom übergehen? Für den Gleichstrom sprach die Verwendung des Hauptschlußmotors als Hubmotor auf den Stückgutkranen. Er hebt bekanntlich leichte Lasten und den leeren Haken schneller als die Vollast, was ein Drehstrom-Asynchronmotor nicht kann. Der Kran mit seiner Hubwinde ist aber nur ein Glied in der Umschlagkette vom Schiff zum Land und umgekehrt. Der

Kran ist stets in der Lage, mit den Arbeitsgeschwindigkeiten der Stauer im Schiff und den Gängen an Land Schritt zu halten. Die Hub- und Senkzeiten des Kranhakens betragen nur einen Teil eines Kranspiels und ihr zeitlicher Anteil an einem Arbeitsspiel — d.h. Kranspiel + unvermeidlicher Kranpause — ist noch geringer. Sorgfältige Bewegungsstudien an Kranen ergaben, daß hohe Arbeitsgeschwindigkeiten nicht ausgenutzt werden können und daher unwirtschaftlich sind. Diese Studien über Umschlagleistungen und Arbeitsgeschwindigkeiten und eine kritische Prüfung aller Gründe für und wider die beiden Stromarten im Hafengebiet gaben den Ausschlag für den in Anschaffungskosten und Betrieb billigeren und einfacheren Drehstrom. Wenn auch im Überseehafen auf längere Zeit hin noch die vorhandenen Gleichstromkrane aus vorhandenen Gleichrichteranlagen betrieben werden, so ist mit dieser Entscheidung doch die allmähliche Verdrängung des Gleichstromes durch Drehstrom eingeleitet. Sie geht aus Abb. 33, die den heutigen Zustand des Hafenversorgungsnetzes darstellt, bereits deutlich hervor. Im Überseehafen werden alle Schuppen, Büros usw. bereits mit Drehstrom für Licht und Kraft und nur der Kranbetrieb noch mit Gleichstrom versorgt. Im Europahafen und Weserbahnhof werden auch die Krananlagen bereits mit Drehstrom betrieben. Die Lage und Größe der neuen Transformatorenstationen ergab sich aus den Schwerpunkten des Verbrauches und örtlichen Bedingungen. Die ehemalige örtliche Bedienung wurde durch eine in der Schaltzentrale Überseehafen — ehemaliges Umformerhaus — zusammengefaßte Fernsteuerung und meßtechnische Fernüberwachung ersetzt. Sie gewährleistet ein hohes Maß an Betriebssicherheit, verbunden mit einem zweckmäßigen Zu- und Abschalten von Transformatoreneinheiten (160 und 320 kVA) je nach Betrieb.

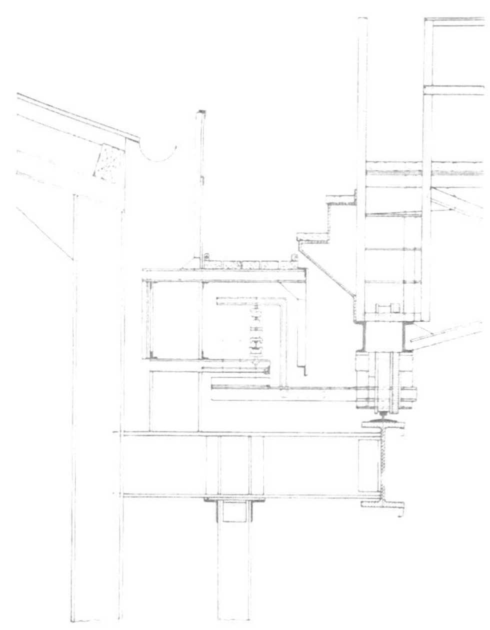

Abb. 34. Offener Schleifleitungskanal mit fest am Kran sitzendem Stromabnehmerstuhl.

Die Energieversorgung der Krane geschah 1945 mittels Kabelstromzuführung oder über Schleifleitungen. Die Schleifleitungen waren in Schleifleitungskanälen untergebracht; der Strom wurde über Stromabnehmer, die an fest an den Kranen sitzenden, sogenannten Stromabnehmer-Stühlen angebracht waren, abgenommen. Beide Stromzuführungsarten hatten beträchtliche Mängel. Die Kabelstromzuführung erlaubt dem Kranführer nur einen begrenzten Fahrbereich, bei dessen Überschreitung die Stromzuführung abreißt; außerdem legen sich die Kabel auf die Fahrschienen und werden dort oft beschädigt. Die Stromabnahme mittels fest am Kran sitzendem Stromabnehmerstuhl ließ nur eine geringe Abweichung in dem Abstand der Schleifleitungen von den Kranschienen zu, die an vielen Stellen nicht mehr gegeben war (Abb. 34). Die Beanstandungen sowohl durch die Kabelstromzuführung als auch durch die fest am Kran sitzenden Stromabnehmer-Stühle waren aus den geschilderten Umständen so beträchtlich, daß beim Wiederaufbau nach einer anderen Stromzuführung zu den Kranen gesucht wurde. Es wurden verschiedene Bauarten erprobt. Als besonders günstige Anordnung wurde die Verwendung von Stromabnehmerwagen erkannt, die gelenkig und mit sehr viel Spiel von den Kranen mitgenommen werden. Da im Überseehafen Schleifleitungskanäle vorhanden waren, mußte hier eine der vorhandenen Örtlichkeit angepaßte Sonderkonstruktion des Stromabnehmerwagens und seiner Fahrschienen gewählt werden. Beim Wiederaufbau des Europahafens wurde statt dessen eine seit Jahrzehnten erprobte und patentierte Stromzuführung gewählt, bei der Schleifleitung und Stromabnahmerwagen in einem vollkommen geschlossenen schlitzlosen Kanal unfallsicher untergebracht sind (Abb. 35). Der Anteil des Strombezuges für die Krane betrug z.B. 1951 mit etwa 1450000 kWh etwa 52% des Gesamtbezuges für die Freihäfen.

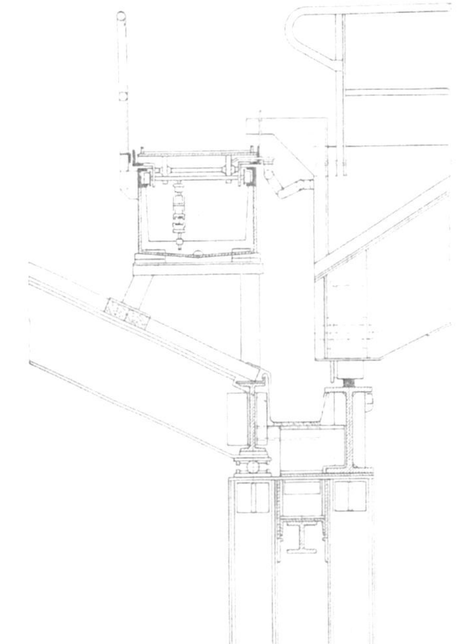

Abb. 35. Schlitzloser Schleifleitungskanal mit gelenkig durch den Kran geführtem Stromabnehmerwagen.

3. Umschlaganlagen.

a) Krananlagen.

Die Schäden an den Krananlagen bei Kriegsende waren beträchtlich. Die große Gruppe der Druckwasserkrane an der Nordkaje des Europahafens mußte gänzlich abgewrackt werden. Infolge Zerstörung ihrer Pumpenzentrale und Druckrohranlage konnte an ihre Wiederherstellung schon aus diesem Grunde nicht gedacht werden. Glücklicherweise waren aber die Schäden an der zusammengehörenden Gruppe vor den Schuppen 15 und 17 leichterer Art, so daß mit diesen Kranen verhältnismäßig schnell der Umschlag wiederaufgenommen wurde.

Da damals nicht damit gerechnet werden konnte, in absehbarer Zeit neue Krane zu beschaffen, mußte an die Reparatur der Krane gegangen werden, trotzdem sie teilweise aus den Jahren vor 1914 stammten. Abb. 36 zeigt einige Krangruppen auf der Südseite des Europahafens, die dort zu Reparaturzwecken zusammengefaßt waren. Die Umstellung des Gleichstromnetzes auf Drehstrom war seinerzeit aus materiellen Gründen noch nicht möglich, so daß die Krane ihre Gleichstromausrüstung wieder bekommen mußten. Dieser Umstand erschwerte die Beschaffung der notwendigen Ersatzteile beträchtlich. Infolgedessen zog sich die Wiederinstandsetzung der Krane über die Währungsreform hinaus bis in eine Zeit hinein, zu der die Verwirklichung inzwischen erfolgter neuzeitlicher Planungen durchführbar wurde. Die Wiederinstandsetzung war aber so weit fortgeschritten, daß sie auch ganz zu Ende geführt werden mußte. Dem Hafen Bremen wurden auf diese Weise Gleichstromkrane wieder zur Verfügung gestellt zu einer Zeit, als die Umstellung auf Drehstrom inzwischen bereits in Gang war.

Abb. 36. Kranreparaturgruppen.

Abb. 37. Umbaukrane mit Sporn.

Über die Konstruktion von Stückgutkranen waren außerdem neue Erkenntnisse gewonnen, die aber nur versuchsweise an einem kleinen Teil der reparierten Krane durch Umbau berücksichtigt werden konnten. Abb. 37 zeigt die Durchführung dieser Maßnahme an einer Gruppe von Kranen. Bremen stand vor der Notwendigkeit, die ungünstigen Arbeitsverhältnisse der bisher üblichen Halbportalkrane mit ihren breiten, die Kranarbeitsfläche überdeckenden, landseitigen Portalbrücken zu beseitigen und fand einen Ausweg aus dieser Schwierigkeit durch die Schaffung von Dreiradportalen, bei denen die breite landseitige Brücke durch einen schmalen Sporn ersetzt wurde, der für das Aufnehmen und Absetzen von Kranlasten praktisch nicht mehr hinderlich war und außerdem die Übersicht für den Kranführer nicht mehr störte.

Hier muß eingefügt werden, daß die Entwicklung der Hafenkrane in den letzten Jahrzehnten zu Geräten geführt hat, die in ihrem Materialaufwand und damit in ihren Preisen das notwendige Maß beträchtlich überschritten. 1937 wurden z. B. für ein Lastmoment von 51 m t (3 t Tragkraft und 17 m Ausladung) an Eisen und Stahl für einen Kran aufgewendet 55 bis 60 t. Die neuen Erkenntnisse haben gezeigt, daß man einen Kran mit einem größeren Lastmoment von $3\ \text{t} \times 20\ \text{m} = 60\ \text{m t}$ bei sonst gleichen Verhältnissen und in gleicher Güte mit 30 bis 35 t Stahl und Eisen erstellen kann. Die Gegengewichte sind in diesen

Zahlen nicht enthalten. Um die Standsicherheit der Krane zu gewährleisten, ist ein bestimmtes Gesamtgewicht notwendig, das sich zusammensetzt aus dem Stahl- und Eisengewicht und dem Gegengewicht; Gegengewichte werden aber im allgemeinen aus Beton hergestellt und kosten einen geringen Bruchteil des Stahl- und Eisengewichtes.

Gewichtsvergleich von Wippdrehkranen älterer und neuerer Bauart.

Lfd. Nr.	Jahr	Tragkraft	Ausladung	Eigengewicht ohne Gegengewicht	
		t	m	t	%
1	1924	3	20/6	68	100
2	1943	3	20/6	54	80
3	1950	3	20/6	36	53
4	1952	3	20/6	31	45

Die Befassung mit dem Problem der Kajenkrane brachte neben der vorstehend beschriebenen Maßnahme bedeutungsvolle Erkenntnisse für die weitere Entwicklung von Hafenkranen, die beim Wiederaufbau der bremischen Häfen berücksichtigt und dem Umschlag in den Häfen ein neuzeitliches Gesicht geben werden. Die Stahlkonstruktionen von neu zu beschaffenden Kranen werden nach folgenden Hauptgesichtspunkten erstellt: Sie müssen ein Maximum an Kranarbeitsfläche und ein Minimum an Verkehrsbehinderung aufweisen. Für die Kranantriebe wird Blockbauweise gefordert. Mit Hilfe dieser Bauart lassen sich kostspielige Anpaßarbeiten einzelner Maschinenteile an die Stahlkonstruktion vermeiden; das bedeutet eine Verbilligung der in früherer Güte nicht mehr notwendigen Stahlkonstruktion zugunsten der Getriebegüte bei unverändertem Preis für den gesamten Kran. Diese Maßnahme bedeutet ferner erhöhte Betriebssicherheit und rasche Wiederinstandsetzung bei Schäden.

Zu den vorstehenden Ausführungen über neue Kranbauarten wird noch darauf hingewiesen, daß Dreibein-Krane auch auf schlecht gegründeten Kranbahnen einwandfrei arbeiten können. Im Gegensatz zu bisherigen Bauarten haben Dreibein-Krane stets eine statisch bestimmte Auflage. In manchen Fällen wird es möglich sein, bei Dreibein-Portalen beispielsweise auf eine teure Pfahlgründung zu verzichten und mit der billigeren Flachgründung der Kranbahnen auszukommen.

Abb. 38. Getreideanlage mit dem erhalten gebliebenen Pier „B“.

b) Förderanlagen.

Als wesentliche hierher gehörende Umschlaganlage ist die Getreideanlage zu nennen. Sie ist seinerzeit mit zwei Piers, deren jeder vier ortsfeste Saugheber (Abb. 38) zum Löschen von Getreide besaß, ausgerüstet worden. Der mit „A“ bezeichnete weserabwärts liegende Pier erlitt im Kriege an seinen Maschinenanlagen Totalschaden. Der zweite Pier, „B“, konnte nach dem Kriege seine Tätigkeit bald wiederaufnehmen. Obwohl seine Ausrüstung durch zwei stationäre Saugheber auf insgesamt sechs Einheiten erweitert wurde, war die Leistungsfähigkeit von Pier „B“ bald nicht mehr ausreichend. Es wurde daher die Wiedererrichtung von Pier „A“ in Angriff genommen. Mit seiner neuzeitlichen Ausrüstung und seiner maximalen Umschlagleistung von 1000 t stündlich entspricht er den heutigen großen Anforderungen (Abb. 39). Die Löschzeiten der Seeschiffe werden erheblich herabgesetzt. Bei den hohen Kosten der Seeschiffahrt sind kurze Hafenliegezeiten erwünscht. Zur Schaffung eines „schnellen Hafens“ leistet der Pier „A“ nach seinem Wiederaufbau einen

Abb. 39. Getreideanlage mit dem neuzeitlich wiedererrichteten Pier „A“.

großen Beitrag. Seine Heber sind nicht mehr ortsfest, sondern fahrbar und unabhängig von der Lukeneinteilung bestimmter Schiffstypen; sie können jede gewünschte Arbeitsstellung zum Schiff einnehmen. An Stelle der bisherigen Luftpumpen, die über lange Saugleitungen vom Maschinenhaus die Heber bedienten, löschen die fahrbaren Heber mit Hilfe von modernen, auf den Hebern sitzenden Drehkolbensaugern direkt ins Binnenschiff oder wahlweise über Förderanlagen in die Silos und auf die Böden des Speichers. Den sechs neuen einander sich völlig gleichenden Hebern auf Pier „A" sind sechs gleiche Förderketten zugeordnet, die mit Hilfe von Verteilerwagen wahlweise verbunden werden können, so daß jeder Heber auf jede Förderkette arbeiten kann (Abb. 40). Einfachheit und Übersichtlichkeit in Bedienung und Wartung ist hierdurch gewährleistet, ferner das Ersatzteillager klein gehalten. Die Anlage wurde, nachdem die Planung bereits im Frühjahr 1947 begonnen hatte, kurz vor der Währungsreform fertigungsmäßig in Angriff genommen und stand Anfang Juli 1950 betriebsfertig montiert für den Umschlag zur Verfügung.

Abb. 40. Pierbänder mit Verteilerwagen auf Pier „A".

c) Verladebrücken und kombinierte Anlagen.

Die Verbindung von Hebezeugen und Fördermitteln findet man im Hafen Bremen vornehmlich bei den Schüttgutanlagen im Industriehafen. Bei der Firma Röchling arbeitet ein Teil der Verladebrücken mit Drehkranen oder Drehlaufkatzen in Verbindung mit Förderbändern. Die Anlagen sind auch durch den Krieg in Mitleidenschaft gezogen, aber nicht in dem Maße wie die Umschlaganlagen im Freihafen. Soweit die Geräte einer Reparatur unterzogen werden mußten, handelte es sich um moderne Fabrikate, die lediglich in einen betriebsfähigen und betriebssicheren Zustand zurückgeführt wurden.

Im Kalihafen waren die Greiferbrücken erhalten geblieben. Die unter den Greiferbrücken laufenden Bandbrücken wurden wieder instand gesetzt. Beträchtliche Wiederaufbauarbeiten entstanden an den Förderanlagen in dem anschließenden Bandgebäude und in den größtenteils vernichteten Salzspeichern. Durch jahrelangen, ungestörten Angriff der aggressiven, salzhaltigen Luft auf die ungenutzten Anlagen wurde die durch den Krieg entstandene Zerstörung ganz beträchtlich vergrößert. Es ist jedoch auch bei der Kalianlage zu sagen, daß sich neuere Gesichtspunkte für einen modernisierten Wiederaufbau nicht ergeben haben, sondern daß im wesentlichen nur darauf Bedacht genommen werden mußte, den ursprünglichen Zustand wiederherzustellen.

d) Schwimmkrane.

Der Bestand an Schwimmkranen, die vor Kriegsende für Umschlagzwecke zur Verfügung standen, belief sich auf insgesamt sieben Stück. Hiervon wurden sechs von der Bremer Lagerhaus-Gesellschaft betrieben, und zwar zwei Schwerlastkrane von 60 t bzw. 12,5 t Tragkraft und vier Greiferkrane von je 8 t Tragkraft, die vom Hafen Emden nach Bremen abgestellt worden waren. Der siebente Kran mit einer Tragkraft von 100 t am Lasthaken, der in Bedarfsfällen zur Verfügung stand, war Eigentum der A. G. „Weser". Für Rüstungszwecke war darüber hinaus ein 150-t-Schwimmkran von Kiel nach Bremen beordert worden, der bei einem Bombenangriff gegen Ende des Krieges beschädigt und im Getreidehafen auf Grund gesetzt wurde. Von den vier erwähnten Greiferschwimmkranen wurde einer ebenfalls durch Bombenangriff versenkt. Nach Beendigung des Krieges mußten die Greiferschwimmkrane, und zwar sowohl die drei erhalten gebliebenen als auch der versenkte nach seiner Hebung wieder an den Hafen Emden abgeliefert werden. Als Ersatz wurden hierfür zwei neue Greiferschwimmkrane beschafft, die nach den gleichen Konstruktionszeichnungen der Emdener Krane hergestellt wurden. Aus Zeitgründen mußte von einer Neukonstruktion nach modernen Gesichtspunkten Abstand genommen werden. Der Schwimmkran der A.G. „Weser" ging als Reparationslieferung nach Rußland. Dadurch war der Hafen Bremen nur noch im Besitz eines Schwerlastkranes von 60 t Tragkraft. Zwar war ein Schwimmkran von 250 t Tragkraft, der aus Wilhelmshaven stammte, in Bremen für Bergungsarbeiten angesetzt, doch war dieser Kran als Beutegut Eigentum der Amerikaner und seine Verwendung für Hafenumschlagzwecke war von der Erlaubnis des Eigentümers abhängig. Ein Interesse an dem Erwerb dieses Kranes bestand nicht, weil derselbe mit seinem breiten Ponton die Industriehafenschleuse nicht passieren konnte. Nach Beendigung der Bergungsarbeiten wurde der Kran von Bremen abgezogen. Die Beschaffung eines neuen großen Schwimmkranes scheiterte an der Kostenfrage. Es wurden daher Untersuchungen angestellt, den im

Getreidehafen auf Grund liegenden 150-t-Schwimmkran zu heben und wieder herzurichten. Das Interesse an diesem Kran wuchs, als festgestellt wurde, daß sein Ponton durch geringfügigen Umbau die Industriehafenschleuse passieren konnte. Dadurch wäre die ursprüngliche Schwerlastschwimmkranbestückung des Hafens Bremens wiederhergestellt worden und die Möglichkeit gegeben, die großen landfesten Umschlaggeräte im Industriehafen in Reparaturfällen bedienen zu können. Demgegenüber stand aber das Risiko der Hebung und die Frage des Zustandes nach der Hebung, und zwar um so schwerwiegender, weil der Kran dort, wo er auf Grund gesetzt war, eine Reihe weiterer Bombentreffer erhalten hatte. Die Ansichten über die Wiederverwendbarkeit dieses Schwimmkranes gingen auseinander. Nach Erwerb des Schwimmkranwracks von dem bisherigen Eigentümer wurde die Hebung riskiert. Sie gelang, und nach einer Überprüfung im Schwimmdock ergab sich die Möglichkeit der Wiederinstandsetzung. Außer der Wiederinstandsetzung und dem Umbau des Pontons wurde die Modernisierung des Schwimmkranes beschlossen. An Stelle des bisherigen turboelektrischen Antriebes wurde dieselelektrischer Antrieb gewählt. Hierdurch verschwanden die Decksaufbauten zum großen Teil und es entstand an ihrer Stelle eine brauchbare Ablegefläche für Schwerlasten. In dem umgebauten und modernisierten Gerät besitzt der Hafen Bremen heute wieder einen Schwimmkran von 150 t Tragkraft (Abb. 41), der auch für die Dockshäfen zur Verfügung steht, nachdem er durch den Umbau passierbar gemacht worden ist für die Industriehafenschleuse. Der Schwimmkran ist in das Eigentum der A.G. „Weser" übergegangen.

Abb. 41. Neuzeitlich wieder instand gesetzter Schwimmkran von 150 t Tragkraft beim Umsetzen eines Stückgutkajenkranes.

e) Aufzüge

Während die Schuppen in den bremischen Stückguthäfen eingeschossig und nur für den Durchgang der Güter bestimmt sind, haben die Speicher bis zu sieben Geschosse und dienen der Warenlagerung. Den vertikalen Verkehr in diesen Speichern bewältigen hauptsächlich Aufzüge. Soweit die Speicher den Kriegsereignissen standgehalten haben und die Aufzüge unversehrt bzw. reparaturwürdig geblieben sind, ist die Betätigung durch Gleichstrom und die Tragkraft von 1,5 t beibehalten worden. In einigen Fällen der Neubeschaffung von Aufzügen für erhalten gebliebene Speicher wurde bereits auf Drehstrom übergegangen, jedoch die Tragkraft von 1,5 t wegen der Tragfähigkeit der Gebäude beibehalten. In allen Fällen der Neuherstellung im Rahmen von Neubauten wurde für den Betrieb Drehstrom genommen und die Tragkraft der Aufzüge auf 2 t heraufgesetzt. Aus Gründen einfacherer Wartung und Bedienung sowie zur Vermeidung von umfangreichen Ersatzteillagern wird hier wie überall beim Wiederaufbau des Hafens Bremen besonderer Wert auf Einfachheit und Einheitlichkeit gelegt. Diesen Bestrebungen kommt der Aufzugbau durch enge baugesetzliche Vorschriften und Normalisierung bereits weitgehend entgegen.

f) Straßenkrane.

Für die Bedienung der Speicher stehen außer den Aufzügen Winden und vor allem Speicherkrane in Bremen zur Verfügung. Die Speicherkrane sind mit Halbportalen ausgerüstet und verfahren ihre Stütze auf der Straße zwischen Schuppen und Speicher, wo sie bei dem zunehmenden Autoverkehr sehr im Wege stehen. Es wurde daher beschlossen, die auf Schienen fahrenden Speicherkrane abzuschaffen. Dies ist einer der Gründe für die Beschaffung von Straßenkranen als Ersatz für die schienengebundenen gewesen. Weitere Gründe ergaben sich aus der Überlegung, ortsunabhängige Krane nicht nur an den Speichern, sondern auch auf den Kajen zum Abfangen von Umschlagspitzen einzusetzen. Ferner wurde durch den zunehmenden Autoverkehr und in der Erkenntnis, daß ein großer Teil der Umschlaggüter ohne Benutzung von Schuppenraum im Freien gelagert werden kann, die Schaffung von Ladeplätzen notwendig, auf denen straßengebundene Kranfahrzeuge mit besonderem Erfolg eingesetzt werden können. Als letzter Punkt für die Beschaffung dieser Geräte wurde ihre Einsatzmöglichkeit außerhalb des Umschlagbetriebes bei Bauhilfsarbeiten usw. angeführt. Ehe der Hafen Bremen an die Beschaffung einer Gruppe von Straßenkranen ging, wurde ein Gerät entwickelt, das all den vorher gestellten Forderungen gerecht wurde. Für

Speicherbedienung ist eine besonders große Hakenhöhe erforderlich, während an der Kaje und auf den Ladeplätzen eine große Ausladung wünschenswert ist. Dabei mußte die Beweglichkeit und die Standsicherheit des Gerätes gewahrt bleiben. Beschädigungen des Straßenpflasters mußten verhindert werden, und für den raschen Einsatz an weit auseinanderliegenden Plätzen war eine nicht zu geringe Marschgeschwindigkeit erforderlich. Aus diesen Überlegungen heraus entstand in Zusammenarbeit mit einer namhaften Kranbaufirma der zunächst als Probekran ausgeführte luftbereifte Straßenkran nach Abb. 42. Nach Bewährung dieses Gerätes und Ausschaltung einiger Anfangsschwierigkeiten ist nunmehr eine Gruppe weiterer Krane dieser Art in verbesserter Ausführung beschafft worden. Während die Beschaffung von Straßenkranen für Hafenzwecke sonst allgemein aus vorhandenen Seriengeräten erfolgt, ist Bremen mit der Entwicklung eines Straßenkranes für spezielle Hafenzwecke eigene Wege gegangen. Dieser im Hafen Bremen zum Einsatz gekommene gummibereifte Straßenkran hat bei einem Lastmoment von 2 t × 18 m ein Eigengewicht von 15,5 t.

Abb. 42. Straßenkran im Einsatz an Seeschiffkaje.

Abb. 42. Straßenkran im Einsatz an Seeschiffkaje.

4. Sonstige Anlagen.

a) Heizungsanlagen.

Die üblichen Raumbeheizungen werden in dem Kapitel „Hochbauten" beschrieben. Der vorliegende Abschnitt behandelt einen Sonderfall, bei dem die Heizungsanlage als maschinelle Einrichtung angesprochen werden muß. Im allgemeinen werden Schuppen und Speicher nicht beheizt, ausgenommen selbstverständlich die zugehörigen Büro- und Sozialräume. Anders liegt dies bei einem Fruchtschuppen. Der Fruchtschuppen an der Nordkaje am Kopf des Europahafens wurde vollständig zerstört und nicht wiederaufgebaut. Z. Z. entsteht ein neuer zweigeschossiger Fruchtschuppen an der Kühlhauskaje, wo rund 43000 cbm Schuppenraum je nach Art der eingelagerten Früchte regulierbar erwärmt werden müssen. Die Regulierbarkeit ist naturgemäß weiterhin abhängig von der Außentemperatur. Nach sorgfältigen Ermittlungen, die sich auch über evtl. elektrische Beheizung erstreckten, wurde als zweckmäßig eine Niederdruckdampfheizung erkannt. Mit dieser Niederdruckdampfheizung wird vorbeistreichende Luft erwärmt und mit Hilfe von Ventilatoren in den Schuppen geblasen. Zu einem geringen Teil erfolgt die Erwärmung direkt über Heizrohre, die unter der Decke verlegt sind. Während des Verladebetriebes findet ein laufender Verkehr durch die Schuppentore statt. Der durch die offenen Tore entstehende Wärmeverlust macht bei weitem den größten Anteil aus, weswegen diesem Punkt bei den Ermittlungen die größte Beachtung geschenkt wurde. Die üblichen Stoffvorhänge bilden infolge Unübersichtlichkeit, die durch sie hervorgerufen wird, eine beträchtliche Unfallgefahr. Außerdem wirken sie für den Betrieb der Flurfördergeräte hinderlich. Es sind deswegen Versuche mit Warmluftvorhängen gemacht worden. Als Energiequelle für die Warmluftvorhänge dient die gleiche Niederdruckdampfheizung, die dementsprechend größer bemessen werden muß. Die Probeausführung eines solchen Warmlufttores hat zufriedenstellende Ergebnisse gebracht, so daß der Einbau in den Fruchtschuppen vorgesehen ist. Wie aus der Bezeichnung hervorgeht, gestattet ein Warmlufttor ungehinderten Verkehr, und es schließt trotzdem die kalte Außenluft gegen die warme Innenluft sicher ab.

b) Feuerschutzanlagen.

Die Feuerschutzanlagen, vor allem im Freihafengebiet, waren vor der Zerstörung umfangreicher vorhanden durch den Betrieb von Sprinkleranlagen, die durch das unter 1. besprochene Hochdrucknetz gespeist wurden. Es hat sich aber gezeigt, daß die Wartung der Sprinkleranlagen beträchtlicher Summen bedarf, wenn ihre Funktion einwandfrei sein soll, nicht eingerechnet die Wasserschäden. Aus diesem Grunde sind die zerstörten Anlagen nicht wiederaufgebaut. Im wesentlichen beschränkt sich der Hafen auf eine schnelle Feuermeldung, wie sie im Abschnitt c) beschrieben ist und hält es für zweckmäßig, nach Durchgabe einer raschen und örtlich genauen Meldung des Brandherdes die Bekämpfung des Feuers der

Feuerwehr zu überlassen. Durch Stationierung einer Feuerwache im Hafengebiet ist das Erscheinen der Feuerwehr in kürzester Frist gewährleistet. Trotzdem sind in den Schuppen, Speichern und sonstigen Hafenanlagen Feuerbekämpfungsmittel vorhanden, und zwar in Form von Handfeuerlöschern und Schlauchkästen. Die Schlauchkästen sind so angeordnet und enthalten jeweils soviel Meter Schlauch, daß die gesamten Schuppenflächen bestrichen werden können. Im allgemeinen sind diese Schläuche an das Trinkwassernetz angeschlossen. Etwas anders liegt der Fall in der Getreideanlage (Abb. 43), wo wegen der Höhe des Getreidespeichers eine besondere Pumpenanlage geschaffen wurde, die Hafenwasser mit ausreichendem Druck bis auf die obersten Speicherböden und in den Elevatorturm schafft. Im Freihafengebiet und am Holzhafen steht außerdem die eingangs erwähnte Hochdruckanlage mit einem weitverzweigten Hochdrucknetz als Feuerschutzanlage zur Verfügung.

c) Fernsprech- und Signalanlagen.

Neben umfangreichen Arbeiten zur Wiederherstellung des Fernsprechkabelnetzes im Hafengebiet wurden auch die an den Kajen angebrachten Schiffstelefonsteckdosen erneuert und vermehrt. Damit kann jedes anlegende Schiff über besondere, vom Hafenamt ausgegebene Münzapparate sofort in das städtische Fernsprechnetz sprechen. Die Zahl der öffentlichen Fernsprechstellen (Münzfernsprecher) wurde von der Post beträchtlich vergrößert; sie beträgt z. Z. 18 und wird noch steigen.

Die Feuermeldeanlagen wurden völlig neu erstellt. Im Überseehafen ist eine Meldeeinrichtung eingebaut, mit der von vielen in den Schuppen verteilten Druckknopf-Feuermeldern eine Sammelmeldung je Schuppen an die Hafenfeuerwache gegeben wird. Im Europahafen, Südseite, wurde das Meldesystem auf jede Schuppenabteilung erweitert, so daß die Feuerwehr bei Alarm beim Ausrücken die Lage des Brandherdes bereits genau kennt.

In der Getreideanlage ist wegen der Vielfältigkeit der Anlage und

Abb. 44. Ausschnittbild der Hafenschuppenbeleuchtung mit Leuchtstofflampen.
a) links mit Tiefstrahlern b) rechts mit Seiten-Breitstrahlern.

der großen Anzahl — etwa 100 — Feuermelder nur eine gemeinsame Meldung an die Feuerwehr vorgesehen. Die anrückende Feuerwehr findet aber am Eingang der Getreideanlage an einem dort vorhandenen Tableau, auf dem die gesamte Anlage schematisch dargestellt ist, durch Leuchtzeichen den Brandherd genau angegeben.

Die Pausensignal- und Personenrufanlage wurde ebenfalls erneuert. Pausensignale werden durch langsam schlagende Glocken gegeben, während der Personenruf mit Hupen erfolgt.

d) Schuppenbeleuchtung.

Auf dem Gebiet der Hafenschuppenbeleuchtung wurden eingehende vergleichende Versuche zwischen Glühlampen- und Niederspannungs-Leuchtstofflampen durchgeführt. Abb. 44 zeigt ein Ausschnittbild der Beleuchtung des Schuppens 16. Die vor einigen Jahren noch unwirtschaftliche Beleuchtung durch Niederspannungs-Leuchtstofflampen wird dank Erhöhung der Brenndauer (5000 Stunden gegenüber 1000 Stunden bei Glühlampen) in zunehmendem Maße wirtschaftlicher.

Hochbauten.

Von Oberbaurat Dipl.-Ing. **Helmut Jung**, Bremen.

1. Schuppen.

Die Wiederherstellung der Schuppenbauten umfaßt die behelfsmäßige Instandsetzung beschädigter Anlagen, endgültige Wiederherstellungen und Neubauten an Stelle zerstörter Anlagen. Maßgeblich für diese Klassifizierung war der jeweilige bauliche Zustand und die Forderungen, die auf Grund der Neuplanung zu stellen waren. Die Abmessungen der Neubauten waren bedingt durch die generelle Planung und abgestimmt auf die Erfordernisse von Schiff, Eisenbahn, Lastkraftwagen und die alle drei Verkehrsträger verbindenden Betriebsbedürfnisse (Tafel IV).

Bauliche Einzelheiten.

Tragende Konstruktionen. Hafenschuppen sollen möglichst große Hallen mit einer möglichst geringen Zahl an Innenstützen sein, die Güte eines Schuppens kann an dem Verhältnis: Fläche je Innenstütze gemessen werden. Für die Wirtschaftlichkeit der Konstruktion sind die Abmessungen maßgebend, bei denen ein möglichst großer Binderabstand erzielt wird, andererseits die Pfetten noch in wirtschaftlich vertretbaren Dimensionen bleiben.

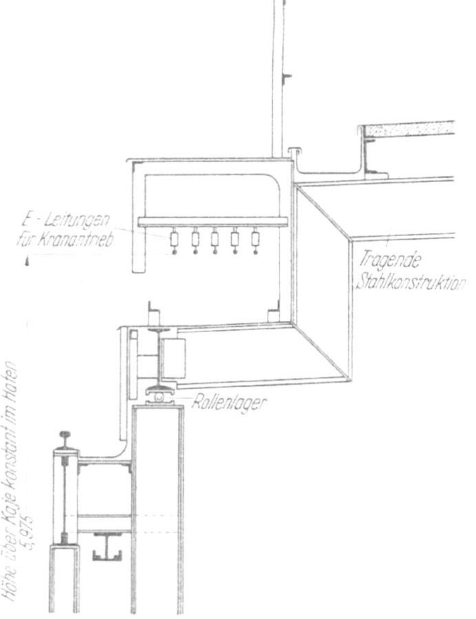

Abb. 45. Auflagerpunkt mit Rollenlager an den wasserseitigen Stützen des Schuppens 13.

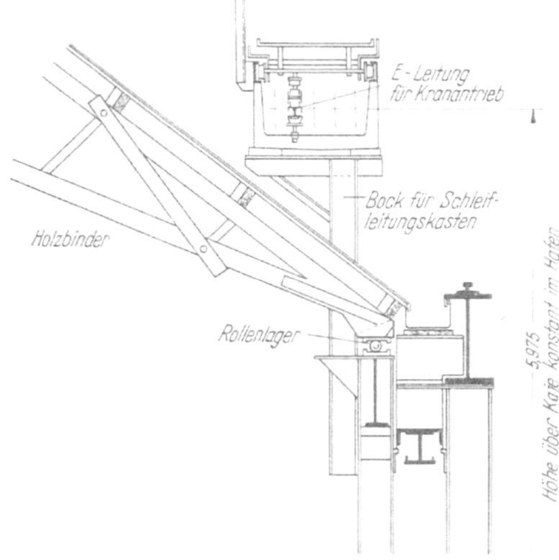

Abb. 46. Auflagerpunkt mit Rollenlager an den wasserseitigen Stützen des Schuppens 4.

Bei den behelfsmäßigen Wiederherstellungsarbeiten in den Schuppen 16B und 18 mußte die vorhandene Holzkonstruktion in Zimmermannsbauweise ohne Abänderungsmöglichkeit beibehalten werden, da diese beiden Schuppenteile nur für eine begrenzte Dauer von Jahren den Anforderungen genügen werden und dann durch Neubauten ersetzt werden müssen.

Bei den Schuppen 15 und 17 ergab sich auf Grund des Beschädigungszustandes von selbst die Wiederherstellung nach den alten Plänen, zumal das benötigte Stahlmaterial griffbereit vorhanden war.

Die Schuppen 13, 14 und 16A sind nach den Erfahrungen mit den Schuppen 15 und 17 ebenfalls in Stahlbauweise errichtet worden. Durch verfeinerte Berechnungsverfahren wurde der Stahlverbrauch ermäßigt. Erkannte konstruktive Mängel älterer Bauten konnten bei diesen Neubauten vermieden werden, so z. B. der schädliche Einfluß des stoßweisen Arbeitens der Krane auf die Gesamtkonstruktion durch Einschaltung von Rollenlagern (Abb. 45 u. 46) zwischen Kranbahn und Schuppenkonstruktion.

Um später gegebenenfalls die wasserseitigen Schuppenrampen verbreitern zu können, ist die Stahlkonstruktion durch gelenkig angeschlossene Binderteile so eingerichtet, daß die wasserseitigen Schuppenstützen versetzt werden können, ohne deswegen die Gesamtkonstruktion grundlegend umbauen zu müssen (Abb. 47).

Infolge eines günstigen Angebots ist auch der Sammelgutschuppen Weserbahnhof in Stahlbauweise errichtet worden. Da hier Vollportale auf der Kaje laufen und dementsprechend keine mit der Schuppenkonstruktion verbundene Kranbahn erforderlich war, außerdem die Schuppenbreite von bisher etwa 66 m auf etwa 110 m anstieg, ergaben sich neue, von den bisherigen Schuppenbauten abweichende konstruktive Gesichtspunkte.

Während bei den früheren Schuppen die waagerechten Kräfte des Daches noch auf sämtliche Stützen verteilt wurden, sind sie bei den Schuppen 13, 14 und 16A nur noch auf die landseitige Rückwand und die Innenstützen verteilt. Die horizontalen Kräfte aus den Kranen werden durch das eingeschaltete Rollenlager aus der Schuppenkonstruktion bis auf den Anteil der rollenden Reibung herausgehalten. Am Sammelgutschuppen Weserbahnhof sind die Wände, um eine statisch einwandfreie Ableitung aller Kräfte zu erzielen, durch Einschalten von Pendellagern von allen horizontalen Windkräften aus dem Dach entlastet, sie werden im Inneren der Halle über die zu Rahmen zusammengefaßten, teilweise fest eingespannten Stützen abgeleitet.

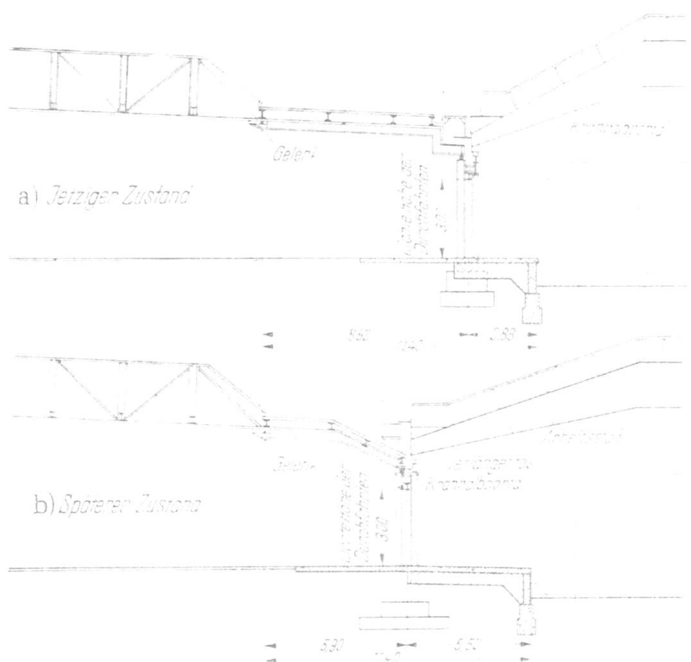

Abb. 47. Verbreiterung der wasserseitigen Rampe des Schuppens 16 A durch Kürzung der Stahlbinder.

Der Schuppen 2, der nur halb so breit ist wie die Schuppen im Überseehafen, erforderte wieder eine neue Gliederung der tragenden Konstruktion. Da die Bauzeit sehr kurz bemessen war und Schwierigkeiten in der Beschaffung von Baustoffen auftraten, wurde mit aus dem Abbruch zerstörter Schuppen gewonnenen wiederverwendungsfähigen Stahlprofilen zusammen mit der für ein anderes Bauobjekt bestimmten Stahllieferung eine den Umständen entsprechende Sonderlösung entwickelt. Der Schuppen 2 hat demzufolge eine Binderkonstruktion in Walzprofilträgern.

Unübersichtliche Bewegungen der Baustoffpreise machten es erforderlich, den Schuppen 4 auszuschreiben, um die vorteilhafteste Bauweise für Hafenschuppen festzustellen. Der Schuppen erhielt daraufhin ein Stahlbetonskelett für die Umfassungsmauern und zu der geforderten Stahlkranbahn eine Holzfachwerk-Binder- und Dachkonstruktion.

Die Schuppen in Hemelingen und an der Tiefer weisen keine Besonderheiten auf. Ihre Konstruktion war an vorhandenes und wiederverwendbares Material, bedingt durch die Zeitumstände, gebunden.

Allgemein kann gesagt werden, daß angestrebt wurde, bei der Wahl der tragenden Konstruktion möglichst statisch bestimmte Verhältnisse zu schaffen, um gleichzeitig möglichst voneinander unabhängige einzelne Bauabschnitte durchführen zu können. Es wurden weitgehendst Dehnungsfugen angeordnet und Rollen- oder Pendellager eingeschaltet.

Dachkonstruktion. Bei den Schuppen 16B, 18 und 15/17 wurde die Dachplatte in Holz wiederhergestellt, da die gebliebene Konstruktion auch ursprünglich mit Holz eingedeckt war.

Bei der Ausführung der Schuppen 13, 14 und 16A war das Holz inzwischen so knapp geworden, daß für die Dacheindeckung Bimsbetonhohlplatten gewählt wurden. Sie hatten unter den damaligen Zeitumständen den Vorteil der schnelleren Montage und der gesicherten Anlieferung auch bei großen Mengen. Ein weiterer Vorteil der Bimsbetondachplatte ist die Steifigkeit der gesamten Dachscheibe nach dem Verguß der Fugen mit Zementmörtel.

Die Bimsbetonplatte erfüllte seinerzeit als einziger griffbereiter Baustoff die Forderung nach einer schwitzwasserfesten Dachdecke.

Bei Schuppen 4 ist die Dacheindeckung wieder in Holz ausgeführt worden.

Sämtliche Dächer sind doppellagig mit Teer oder Bitumenpappe eingedeckt, wobei die untere Lage in 333er und die obere in 500er verlegt ist. Bimsdächer wurden vorher geschlämmt und erhielten einen Kalt-Voranstrich.

Wände. Die Schwierigkeit in der Beschaffung der Baustoffe zwang beim Beginn des Wiederaufbaus der Schuppen die noch vorhandenen Wandreste der massiv gemauerten früheren Schuppen weitgehendst wieder zu benutzen.

Das bei den Schuppen 15/17 noch sichtbare Stahlskelett der Außenwände ist am Weserbahnhof mit Rücksicht auf den besseren Korrosionsschutz hinter die Klinkerverblendschicht zurückgezogen worden. Während bei den Schuppen 14 und 16A die Wände durch verdeckte Stahlbetonstützen verstärkt worden sind, ist bei den Schuppen 2 und 4 das Skelett sichtbar geblieben.

Mit Rücksicht auf die Unterhaltung der Bauwerke und die unvermeidlichen Beschädigungen der Wände im Hafenbetrieb ist grundsätzlich von der Verwendung von Außenputz bei den Schuppenbauten Abstand genommen worden. Im Überseehafen sind sämtliche Bauwerke in Anlehnung an die noch erhalten gebliebenen Bauteile in Rotstein ausgeführt worden, während im Europahafen der gegenüber mechanischer Beanspruchung noch widerstandsfähigere Klinker verwendet wird.

Mauerwerkskanten an Toren und Stützen im Bereich der Verkehrswege sind durch Stoßschienen gegen Beschädigung geschützt.

Fußböden. Vorhandene Holzbestände ermöglichten anfänglich noch Reparaturen beschädigter Schuppenfußböden in Holz, später zwang der Holzmangel zur Entwicklung von Betonfußböden mit einer Härte-

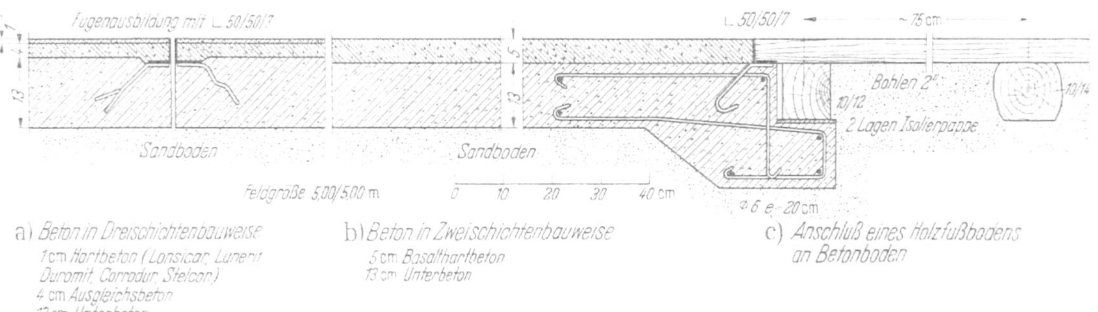

Abb. 48. Ausbildung der Fußböden in Kajeschuppen und auf Rampen.

schicht, wobei die verschiedensten Hartbetonzusatzmittel verwandt worden sind (Abb. 48). Seitdem sich auf dem Baustoffmarkt die Liefermöglichkeit bei hohen Gütevorschriften gebessert hat, werden in den letzten Jahren grundsätzlich die vom Verkehr besonders hoch belasteten Karrbahnen an der Wasserseite und die im Freien liegenden Rampen der Schuppen in Beton mit einem 5 cm starken Basaltsplittbelag versehen, während die eigentlichen Lagerflächen der Ware in den Schuppen in 50 mm starken Holzbohlen, teilweise auch Hartholz, gebaut werden. Der Basaltsplittbelag, der auf dem Prinzip der günstigsten Kornzusammensetzung in der Siebkurve aufgebaut ist, war vom Hafenbauamt lange vor dem Kriege entwickelt worden und hatte sich bestens bewährt.

Rampen. Beim Wiederaufbau der Schuppen wird auf Grund der Erfahrungen grundsätzlich angestrebt, auf der Wasserseite die Rampenbreite auf mindestens 5 m, an den Giebelwänden auf 3 m und an der Landseite auf 2 m zu bringen.

Wenn bei einem Teil der älteren Schuppen diese Maße nicht eingehalten worden sind, so deswegen, weil in der ersten Zeit nach dem Kriege durch die Schwierigkeiten in der Materialbeschaffung die vorhandenen Reste der früheren Bauwerke aus Ersparnisgründen weitgehend mitverwendet werden mußten.

Beim Weserbahnhof ist von der Richtlinie der Rampenbreite am Lastkraftwagengiebel deswegen abgewichen worden, weil über die 5 m breite Rampe der Stückgutanlieferungsverkehr reibungsloser abgewickelt werden kann.

Die Dehnungsfugen benachbarter Platten sowohl der Rampen als auch der Betonfußböden sind ebenso mit Stahlkanten geschützt wie die Rampenkante am Waggon oder Kraftfahrzeug.

Schuppentore. Bei den nur behelfsmäßig und vorübergehend wieder instand gesetzten Schuppen 16B und 18 wurden auch die beschädigten Wellblechtore alter Bauweise nur behelfsmäßig ausgebessert.

Bei den Schuppen 15 und 17 sind stark beschädigte oder zerstörte Hohlrahmentore durch die jetzt bevorzugten Lamellentore ersetzt worden. Letztere können bei den unvermeidlichen Beschädigungen im Umschlagsbetrieb mit einfachen Mitteln und schnell wieder repariert werden (Abb. 49).

Für die Torteilung gilt grundsätzlich, daß es an der Wasserseite, bedingt durch die vorhandenen zwei Torlaufschienen, möglich ist, auf ein längeres Stück sämtliche Torflügel aufzuschieben und so den ungehinderten Verkehr zwischen Schuppen und Schiff bzw. Fahrzeug zu ermöglichen. Auf der Landseite sind bei den neueren Schuppen die Toröffnungen so breit, daß etwa 40% der rückwärtigen Front geöffnet werden können.

Bedingt durch die Höhenlage der Kranbahnträger an der Wasserseite beträgt hier die lichte Torhöhe — ebenso wie auch an der Landseite der älteren Schuppen — etwa 3 m. Bei neueren Schuppen ist die Torhöhe an der Landseite auf 4 m erhöht, um evtl. mechanisches Umschlagsgerät einsetzen zu können.

Bei den kleinen Schuppen in Hemelingen und an der Tiefer mit ihrem geringeren Verkehr wurden die preislich billigeren Holzbohlentore für ausreichend gehalten.

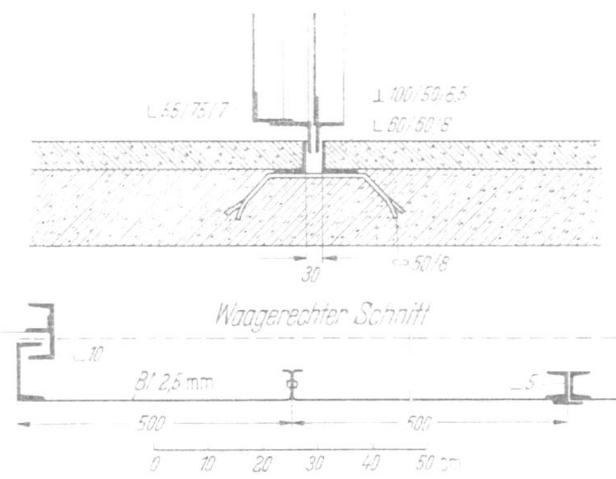

Abb. 49. Schuppentore (Lamellenbauart).

Belichtung. Da in den Kajeschuppen die Ware sortiert und klassifiziert wird, ist eine gleichmäßige Auslichtung der gesamten Schuppenfläche erforderlich. Bei den Schuppenbreiten von etwa 65 m — 110 m am Weserbahnhof — ist sie durch Seitenlicht nicht mehr einwandfrei gesichert. Daraus ergibt sich die für Bremen charakteristische Belichtung der Schuppen mit Satteloberlichten. Ihre waagerechte Projektion umfaßt bei den Schuppen je nach dem Abstand der längs im Oberlicht liegenden Binder 20—25% der Grundrißfläche. Die Eigenart des Weserbahnhofs als Umschlagsanlage und Verteilungsstelle für Stückgut erforderte die besonders gute Auslichtung der Fläche von 33%.

Konstruktiv sind Systeme kittloser Glasoberlichte angewendet worden, wobei zur Vereinfachung der Lagerhaltung die Einhaltung einheitlicher Glasscheibenbreiten angestrebt wurde.

Helle Anstriche von Decken und Wänden verbessern auch bei Nacht die Ausleuchtung des Schuppens. Durch Anwendung verschiedener Farben wurde versucht, den Schuppenhallen ein freundlicheres Aussehen zu verleihen.

Kranbahnen. Bei der in Bremen üblichen Bauweise des Drehwippkranes auf Halbportalen ergibt sich zwangsläufig die Anordnung einer Kranbahnschiene an der wasserseitigen Schuppenfront. Bei den zwischen 9 und 10 m differierenden Stützenabständen der Schuppenkonstruktionen erfordert die Aufnahme der Raddrücke schwere Bauglieder für Stützen und Träger.

Trotz niedriger Bodenpressungen unter den flach gegründeten Stützen sind in der Nähe eines Geländesprungs, wie ihn eine Ufereinfassung darstellt, Setzungen bzw. Verschiebungen in den Konstruktionen unvermeidlich. Sämtliche Kranbahnträger sind daher horizontal und auch vertikal justierbar, so daß die erforderliche Sollage nach Bedarf durch Einfügen von Futterstücken und Verschieben der Auflager in Langlöchern wiederhergestellt werden kann.

An Stelle des früher üblichen Profiles Preußen 6 oder 8 wird heute das Profil KS 3 als Kranschiene verwendet. Wo die hochliegende Kranbahn Eisenbahngleise kreuzt, sind mit Rücksicht auf die geforderte unbeschränkte Lichtraumhöhe der Bahn Kranbahnbrücken mit beschränkter Bauhöhe notwendig. Hier werden an Stelle von Kranschienen aufgeschweißte Flachstähle 50/60 mm verwendet.

Die Schleifleitungskästen für die Stromabnahme der Krane sind bei älteren Schuppen noch fest mit der Konstruktion verbunden, bei neueren Schuppen jedoch ebenfalls justierbar an der Schuppenkonstruktion befestigt.

2. Speicher.

Tragende Konstruktion. Während bei den in den Jahren 1908/10 errichteten Speichern die damals übliche Bauweise mit massiven Außen- und Zwischenwänden, Stützen, Unterzügen und Balken in Holz als die ihrer Zeit angemessene Konstruktion angewendet worden ist, wurde beim Speicher I für die tragende Konstruktion ein Stahlbetonskelett gewählt. Damit ergaben sich beim Wiederaufbau der Speicher grundsätzlich verschiedene Lösungen der bautechnischen Durchführung wie in der Übersicht zusammengefaßt.

In den alten Speichern III und XI wurden zu den erhalten gebliebenen massiven Außenmauern die Holzstützen, Unterzüge und Balken beim Neubau durch Stahlbeton ersetzt. Die neuen Decken bestehen

Übersicht über die Speicher

		Speicher XI	Speicher III	Speicher I
Baujahr		1908—10/1947—49	1905/1949	1948—49
Länge m		396,52	95,50/31,99	226,24
Breite m		20,00	25,00	30,14
Zahl der Geschosse	Kellergeschoß	—	1	1
	Erdgeschoß	1	1	1
	Obergeschoß	3	2	5
Zahl der Abteilungen		15/16	6/2	16
Fläche gesamt m²		~27 370	~3030	~38 000
Fläche je Boden m²		~445	392 u. 290	~350
Zulässige Nutzlasten	Kellergeschoß	—	1,0 t	2,0 t
	Erdgeschoß	1,0 t	1,0 t	2,0 t
	Obergeschoß	1,0 t	1,0 t	1,5 t
Tragende Konstruktion	Wände	massiv tragend	massiv tragend	Skelettausfachung
	Stützen	alt Holz neu Stahlbeton	Stahlbeton	Stahlbeton
	Balk. u. Unterzüge	alt Holz neu Stahlb.-Fertigteile	Walzträger Stahlbeton	Spannbeton-Fertigteile
	Decken	alt Holz neu Beton-Fertigteile	Beton-Fertigteile	Stahlbeton
	Fußböden	Holzbohlen	Holzbohlen	in den Böden Holzbohlen in den Fluren Hartbeton

aus Stahlbetonfertigbalken, auf die Deckenformsteine verlegt und mit den Trägern zusammen vergossen wurden (Abb. 50).

Beim Speicher I, der wegen der Schwere der Zerstörungen bis auf die Grundmauern abgebrochen werden mußte, wurden die Stützen des Skeletts an Ort und Stelle betoniert, während die Balken als Spannbetonfertigteile verlegt und nach Einschalung der Massivdecke mit ihr zu einer monolithischen Deckenkonstruktion vergossen wurde.

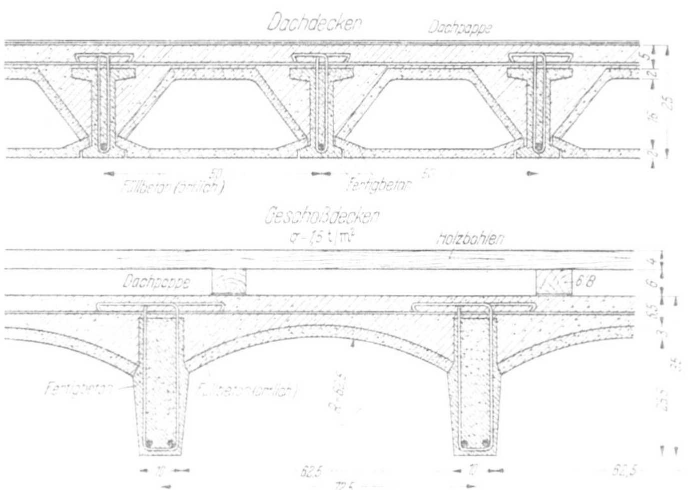

Abb. 50. Dach- und Deckenbauweise mit Fertigteilen Speicher XI und III.

An Stelle der Flachgründung bei den alten viergeschossigen Speichern mußte beim Speicher I infolge der Belastung der jetzt vorhandenen sieben Geschosse eine Pfahlgründung vorgenommen werden.

Bauliche Einzelheiten. Der Speicher III ist entsprechend seiner Zweckbestimmung als Weinspeicher im Keller mit allen notwendigen Einrichtungen für das Reinigen und Spülen geleerter Weinfässer ausgerüstet.

Beim Speicher XI wurde in eine vorhandene Baulücke ein Betriebsgebäude eingebaut, bei dessen äußerer Gestaltung man bewußt die alte Bauansicht des Speichergebäudes mit Rundbögen und der an sich überholten Ausbildung von Gesimsen usw. vergangener Zeiten beibehielt.

Beim Speicher I ist die verkehrsmäßige Bedienung des Bauwerks so getrennt, daß auf der einen Seite nur mit Eisenbahn, auf der anderen Seite nur mit Lastkraftwagen an- und abgefahren werden kann. Beide Bedienungsseiten sind im Erdgeschoß durch durchgehende Flure miteinander verbunden, von ihnen gehen Aufzüge in die oberen Geschosse.

Die Stahlbetonskelett-Konstruktion des Speichers I ist in der Ansicht sichtbar. Die Wandfelder sind mit Klinkern ausgemauert.

Gegenüber älteren Speichern sind die Fensterflächen kleiner geworden. Eine besondere Belichtung von Speicherräumen ist bei Dauerlagerung nicht erforderlich. Durch bewegliche Fensterklappen können die einzelnen Speicherböden gut gelüftet werden.

3. Sonderanlagen.

Getreideanlage. Bei der beherrschenden Lage der Getreideanlage im Stadtbild des Westens bereitete die äußere Gestaltung der durch die Modernisierung der Anlage bedingten Erweiterungsbauten Schwierigkeiten. Durch Verwendung von Klinkern, mit denen auch die älteren Bauwerksteile bereits verblendet

Additional information of this book

(1950/51; 978-3-642-45822-4; 978-3-642-45822-4_OSFO2) is provided:

http://Extras.Springer.com

sind und durch Beachtung aller Forderungen, die die betriebliche Notwendigkeit, ihre konstruktiv klare Lösung, und der Zwang zu einer wirtschaftlichen Unterhaltung stellten, ist es gelungen, für einen Bauwerkskomplex mit insgesamt 25jähriger Bauzeit eine architektonische Gesamtform zu finden. Durch die über beiden Speicherabschnitten durchlaufende Bandbrücke sind beide Bauwerkskörper zu einem einheitlichen Block zusammengefaßt.

Kaliumschlagsanlage. Auf der 1929 errichteten und im Jahre 1942 in den Besitz der Kali-Transport-Gesellschaft übergegangenen Kaliumschlagsanlage im Industriehafen hatte Bremen vertraglich zwei der ehemals insgesamt sechs Schuppen mit je 25 m Breite und 75 m Länge wiederherzurichten.

Der Schuppen „C" wurde als erster in seinen alten Abmessungen 1948 wiederhergestellt.

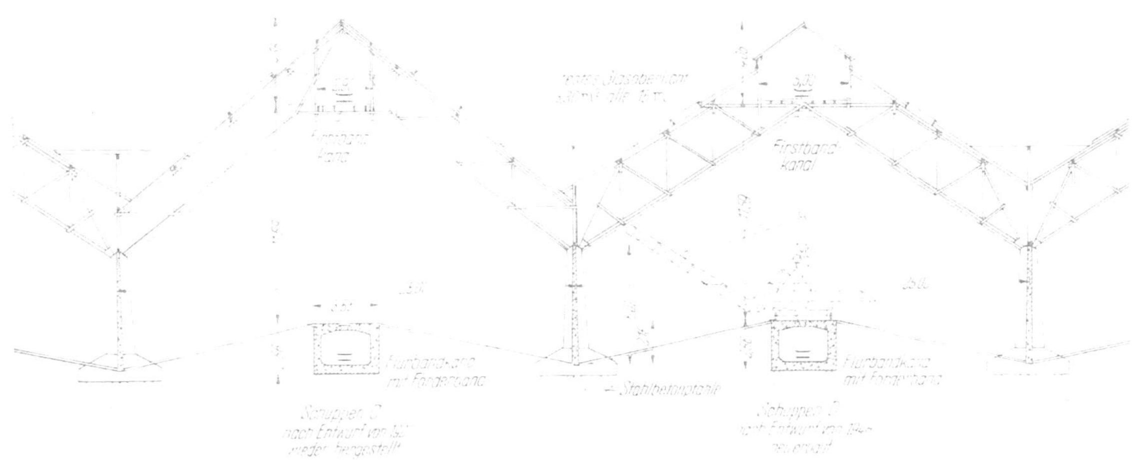

Abb. 51. Kalischuppen C und D, Querschnitte.

Als sich die Notwendigkeit nach weiterem Lagerraum ergab, wurde der Schuppen „D" erbaut. Auf Grund zwischenzeitlicher betrieblicher Erkenntnisse wurden Verbesserungen in der Anordnung des Förderbandes und der Abwurfvorrichtungen im Firstbandboden vorgenommen (Abb. 51).

Die mit Dübeln verarbeitete Holzkonstruktion wurde ohne Lehrgerüste nur mit Montagemasten in zwei Wochen aufgestellt. Die Stahlverbindungsteile wurden zum Schutz gegen Salzfraß vor und nach dem Einbau kräftig mit Schutzanstrichen versehen; das Holzwerk selber ist gegen Salz unempfindlich, um so sorgfältiger mußten aber wiederum die Betonpfeiler und Betontrennwände zwischen den einzelnen Schuppen durch Anstriche gegen Zerfressen geschützt werden.

Auch die restlichen vier Schuppen sind inzwischen von der Kali-Transport-Gesellschaft nach dem Vorbild des obigen Schuppens wieder erstellt, die Anlage ist wieder voll betriebsfähig.

Kühlhaus- und Fruchtschuppen. Die Bremer Kühl- und Lagerhausgesellschaft hat in den Jahren 1947/49 ein Im- und Exportkühlhaus errichtet, von dem bisher etwa 25% des geplanten Endausbaues mit den zugehörigen maschinellen Anlagen fertiggestellt sind. Beim Entwurf des in den Seitenflügeln fünfgeschossigen, im Mittelblock zehngeschossigen Bauwerks wurde mit Rücksicht auf die geplante Dauerlagerung der Ware der Hochbau gegenüber der Flachbauweise bevorzugt, da hier mit geringerem thermischen Aufwand wirtschaftlicher gearbeitet werden kann. Flachbauten werden nur dann für besser gehalten, wenn das Kühlgut in großen Mengen und in gedrängter Zeit eingebracht oder ausgeführt werden muß.

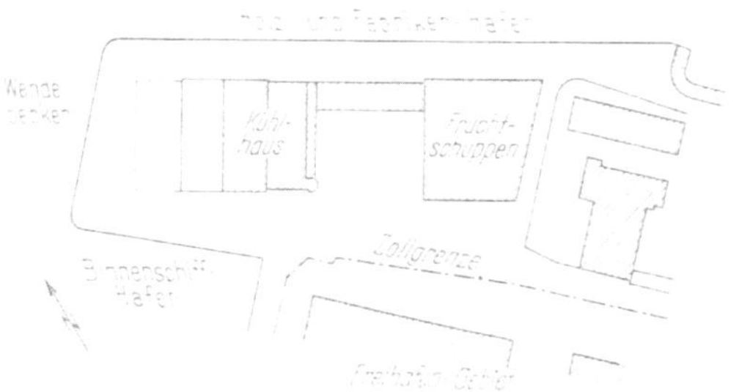

Abb. 52. Kühlhaus und Fruchtschuppen, Lageplan.

Als Ergänzung des Kühlhauses ist der z. Z. im Bau befindliche zweigeschossige Schuppen anzusehen, der durch Einbau der erforderlichen thermischen Anlagen vordringlich dem Import von Südfrucht, im übrigen aber auch für sonstiges Stückgut dienen soll (Abb. 52 u. 53). Er hat im Erd- und Obergeschoß eine Gesamtlagerfläche von 7430 m².

Die zweigeschossige Bauweise — hier in Bremen erstmalig angewendet — erwies sich als unvermeidbar, um die gestellten Raumforderungen mit den vorhandenen Platzverhältnissen in Übereinstimmung bringen zu können. Die Belichtung des annähernd quadratischen Baublocks hat im Erdgeschoß zu einer Geschoßhöhe von 9,35 m geführt, das Obergeschoß wird wie üblich mit Satteloberlichten belichtet.

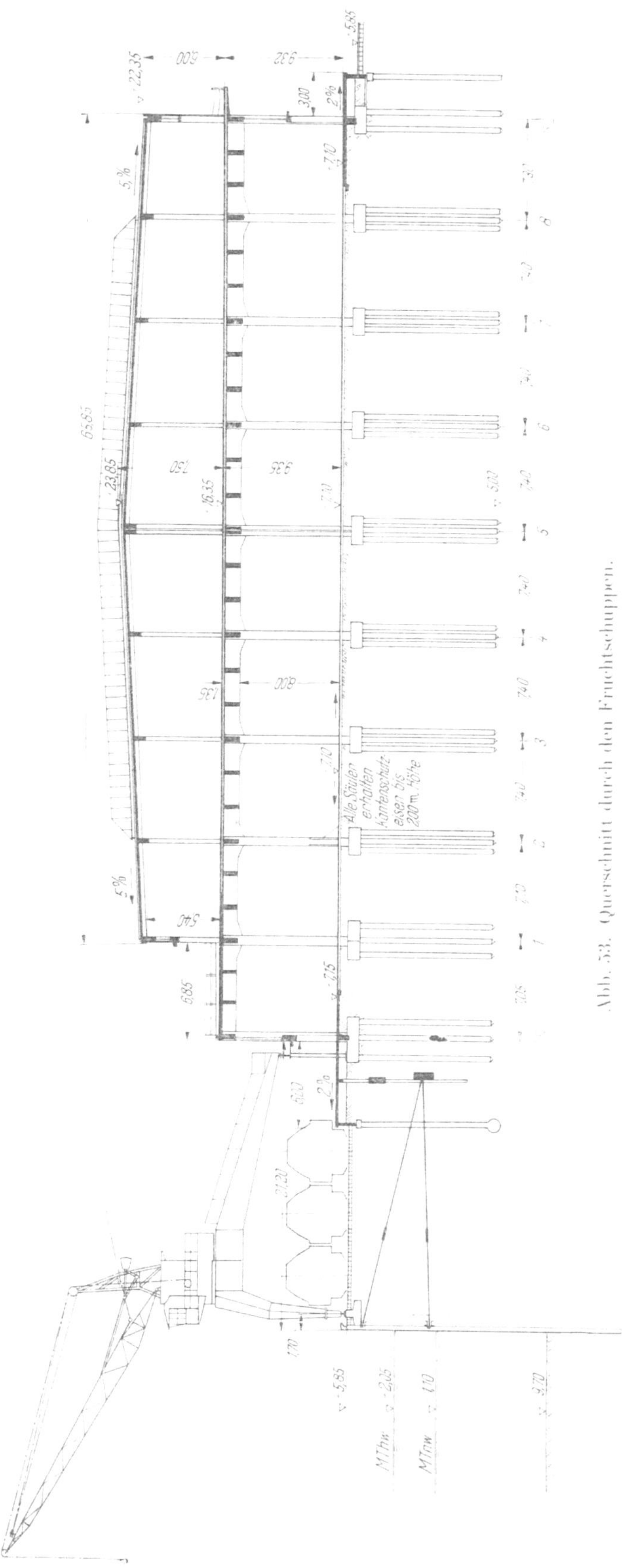

Abb. 53. Querschnitt durch den Fruchtschuppen.

4. Verwaltungs-, Betriebs- und Sozialgebäude.

Wenn auch Schuppen, Speicher und die vorgenannten Sonderanlagen zu den wesentlichen Bauwerken eines Hafens gehören, so sind Verwaltungs- und Sozialgebäude für die Durchführung des Hafenbetriebs ebenso notwendig. Ihre Wiederherstellung bzw. ihr Neubau mußte daher in Übereinstimmung mit dem allgemeinen Hafenaufbau gleichzeitig mit Schuppen, Speichern usw. erfolgen.

Verwaltungsgebäude sind für die mit dem Hafen arbeitenden Behörden und hafengebundenen Firmen wie Reedereien, Makler, Stauer, Spediteure usw. bestimmt.

Sozialgebäude dienen der Unterkunft und dem Aufenthalt der Hafenarbeiter.

Besteht die Möglichkeit, Büroräume für den Verwaltungsbetrieb und Unterkünfte für die Hafenarbeiter räumlich zusammenzuziehen, so entstehen die sogenannten Betriebsgebäude.

Bei der großen Zahl derartiger Bauvorhaben muß sich die Einzeldarstellung auf wenige Bauwerke beschränken.

Verwaltungsgebäude Europahafen. Im Zuge des Wiederaufbaus des Europahafens ist dort für die Dienststellen der Behörden ein Verwaltungsgebäude notwendig. Es wird Raum bieten für den Hafenmeister im Europahafen mit Büros, Geräteräumen und Garagen, eine Polizeidienststelle, eine Unfallstation für erste Hilfe sowie eine Außenstelle für die Bremer Lagerhaus-Gesellschaft (Abb. 54).

Betriebsgebäude. Aus unbedeutenden Einbauten in den Schuppenecken haben sich die Betriebsgebäude im Laufe der Zeit zu völlig selbständigen Gebäuden entwickelt. Die Gründe für diese Entwicklung lassen sich kurz nachstehend zusammenfassen:

a) Vermehrte Arbeit mit der Behandlung der Warenpapiere.

b) Stärkere Verlagerung des Bürobetriebs in den Schuppen, in die Nähe der Ware.

c) Mehrschichtenbetrieb.

d) gestiegene Anforderungen an Größe und Güte der Räume von seiten der Hafenarbeiter und des Büropersonals.

Alle diese Ursachen wirkten sich in einer erheblichen Vergrößerung der Gebäude aus.

An Hand von noch erhalten gebliebenen Unterlagen ist die flächenmäßige Entwicklung der Büro- und Sozialräume in der folgenden Zusammenstellung gebracht, und zwar in absoluter Größe und prozentualer Abhängigkeit von der nutzbaren Lagerfläche der Schuppen.

Entwicklung der Betriebsgebäude.

Lfd. Nr.	Baujahr	Schuppen	Nutzbare Lagerfläche m²	Betriebsflächen für Büroräume m²	Sozialräume m²	Aborte, Waschräume m²	Gesamt m²	Verhältn. Betriebsfl. zu Schuppenfläche in %	Bemerkungen
1	1888	Schuppen 6	9 411	100	73	17	190	2,0	Zusätzl. die öffentl. Aborte in den Schuppenhöfen
2	1904	Schupp. 11, 13 + 13A	28 239	300	255	145	700	2,5	
3	1928/29	Schuppen 15 + 17 ..	21 135	114	314	43	471	2,2	
4	1947/48	Schuppen 13	27 270	680	420	416	1 516	5,6	
5	1952	Schuppen 2, 4, 6 ...	9 210	200	297	153	650	7,0	
6	1950/51	Sammelgutschuppen Weserbahnhof ...	13 012	606	548	281	1 435	11,0	Selbständige Betriebsstelle außerh. des Freihafengebiet.

Während diese Zusammenstellung die generelle Entwicklung — unterbrochen jeweils durch die beiden Weltkriege — wiedergibt, ist auch in der Zeit des Wiederaufbaus nach 1945 eine ständige Weiterentwicklung festzustellen.

Die als Beispiel (Abb. 55) dargestellten einheitlichen Betriebsgebäude der Schuppen 2, 4, 6 haben mit anderen Betriebsgebäuden eine Reihe grundsätzlicher Überlegungen gemeinsam.

Im Erdgeschoß ist das Büro der Bremer Lagerhaus-Gesellschaft und des Zolles untergebracht, wobei letzterer anschließend an seine Büroräume im Schuppen seinen Zollverschlag hat.

Im Kellergeschoß sind außer der Heizungsanlage mit Kohlenraum Aborte und Fahrräder untergebracht. Die Obergeschosse enthalten Aufenthalts- und Umkleideräume sowie die Waschräume der Hafenarbeiter.

Durch die gewählten Gebäudebreiten ist deren einwandfreie Belichtung und Belüftung gesichert.

Die Größe von Aufenthalts-, Umkleide- und Waschräumen steht zueinander in einem abhängigen Verhältnis, da auf jeden Kopf ein Sitzplatz im Aufenthaltsraum, ein Schrankplatz im Umkleideraum und ein Mindestanteil im Waschraum entfallen muß. Das Treppenhaus liegt möglichst zentral.

Abb. 54. Verwaltungsgebäude Europahafen.

1—9 Polizei, 10 Garage für Hafenmeister, 11 Garage für Polizei, 12 Bremer-Lagerhaus-Gesellschaft, 13 öffentlicher Männerabort, 14 öffentlicher Frauenabort, 15—21 Hafenmeister, 22 Telefon-Rep.-Raum, 23 Telefonzelle, 24—28 Büroräume der Firmen, 29 Unfallstation.

Erfahrungsgemäß bedürfen Abortanlagen in allen größeren Betrieben besonderer Aufmerksamkeit beim Entwurf. Nur durch übersichtliche Anlage, gute Belichtung und Belüftung und sorgfältig überlegte Ausstattung können die vielfach eintretenden Mißstände hinsichtlich der Sauberkeit vermieden werden. Die früher zwischen den Schuppen freistehenden Aborthäuser sind aus straßenverkehrstechnischen Gründen, aber auch zur besseren betrieblichen Überwachung, mit in die Betriebsgebäude einbezogen worden. Die Notwendigkeit, sie dort in Kellern unterbringen zu müssen, hat andererseits die vorerwähnten erkannten Schwierigkeiten noch erhöht.

An Stelle einer zentralen Abortanlage sind für die einzelnen Benutzergruppen auch einzelne Abortgruppen vorgesehen. Die allgemeine Sauberkeit hat sich dadurch wesentlich verbessert.

Es sind vorhanden:

Öffentliche Aborte, die jedem Hafenbenutzer zur Verfügung stehen. Sie werden durch besondere Abortwärter zweimal täglich überprüft und gereinigt. Sie sind Tag und Nacht zugängig.

Betriebsaborte für die Schuppenarbeiter. Da sie nur vom Schuppen aus zu betreten sind, haben die Schuppenarbeiter selber ein höheres Interesse an der Sauberhaltung als bei allgemein öffentlichem Betrieb.

Angestelltenaborte für das Büropersonal des Betriebs sowie des Zolls. Sie werden üblicherweise verschlossen gehalten, um mißbräuchliche Benutzung zu verhindern. Aborte in den Stockwerken dienen den Hafenarbeitern in den Pausen.

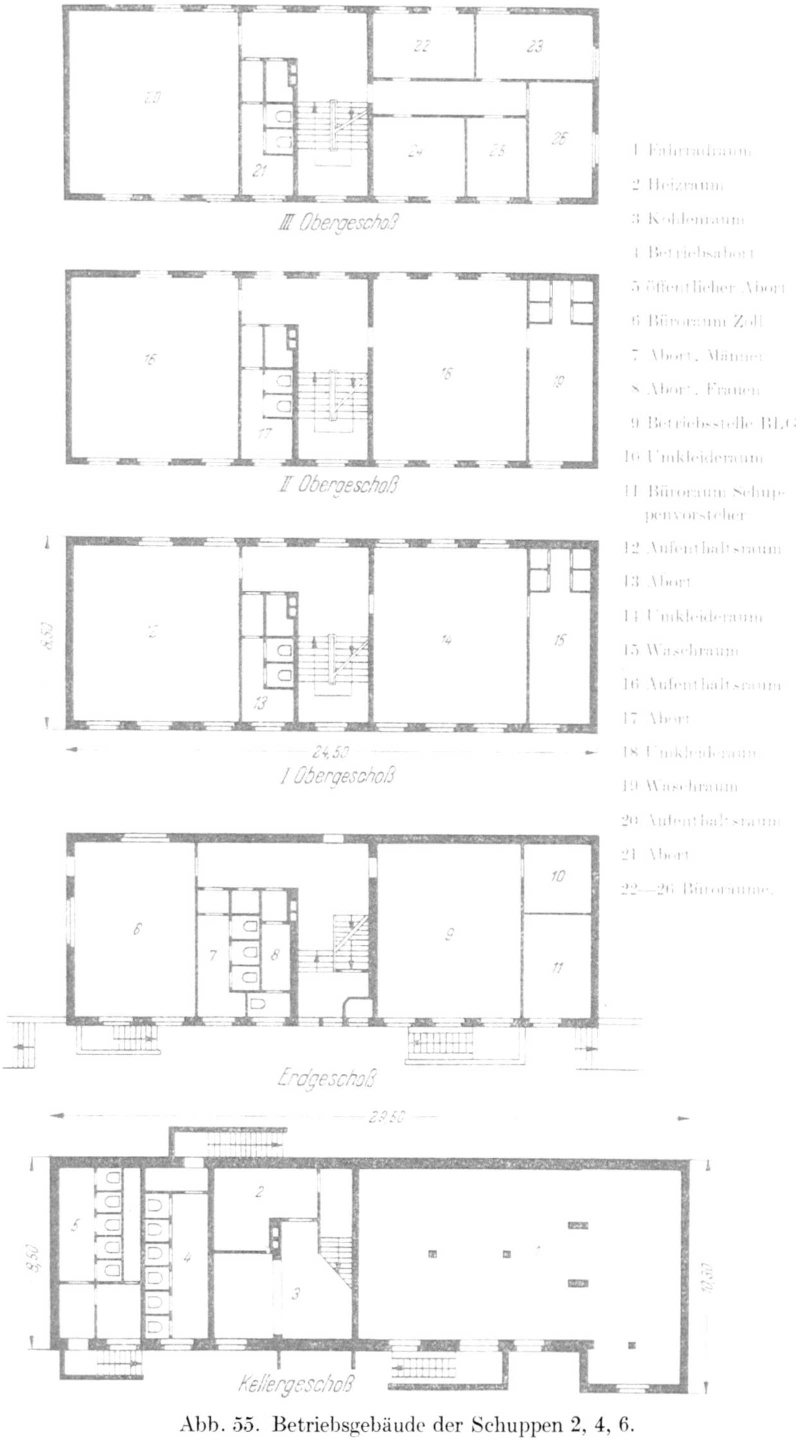

Die technische Ausgestaltung wird außer von dem Gesichtspunkt der Hygiene auch maßgebend von dem der Sicherung gegen mutwillige Verunreinigung, Zerstörung und Entwendung bestimmt. An Stelle von angestrichenen Torfzementplatten und Kammputz bei den ersten Bauten — bedingt durch Materialschwierigkeiten — sind inzwischen säurefeste Fliesenwände getreten. Alle Armaturen sind aus den Abortzellen in einen dahinterliegenden besonderen Kontrollgang verlegt und somit zerstörungsgesichert.

Stellwerke. Die geplanten Hafenbahnanlagen für den Sammelgutschuppen Weserbahnhof machten den Bau zweier neuer Stellwerke „Wof“ und „Ww“ erforderlich, die nach gleichen Plänen gebaut wurden. Schwierige Bodenverhältnisse mit ungleichen Lehmlinsen im Untergrund zwangen zu einer Stahlbetonskelettbauweise, die bei möglichen ungleichen Setzungen konstruktiv vorteilhafter ist als ein reiner Mauerwerksbau mit der Gefahr der Rißbildungen (Abb. 56).

Während der hochliegende Stellwerksraum für eine möglichst ungehinderte Sicht in feingliedriger und sichtbarer Stahlbetonkonstruktion ausgeführt ist, wurde im Unterbau das Skelett mit Klinkern verkleidet. Hier befinden sich die Räume für den Signalwärter, für Batterien und Gleichrichter, Abort und Heizung einschl. Kohlenraum.

Bahnbetriebsgebäude. Als Ersatz für die zerstörten Anlagen des Bahnhofsgebäudes „Zollausschluß“ ist ein Eisenbahnsozial- und Betriebsgebäude in zwei aufeinanderfolgenden Bauabschnitten errichtet worden. Die vielfältige Nutzung des Gebäudes im Keller und Erdgeschoß ist aus dem Plan (Abb. 57) zu entnehmen. Wie für alle Eisenbahnneubauten wurde auch hier eine Klinkerverblendung gewählt, die gegenüber Putz oder normalem Rotstein wesentlich unempfindlicher bei der starken Verschmutzung durch Ruß ist. Das Gebäude ist besonders reichlich mit Waschgelegenheiten und Duschanlagen für die Arbeitskräfte des Außen- und Innendienstes ausgerüstet.

Abb. 55. Betriebsgebäude der Schuppen 2, 4, 6.

Verschiedenes. Die an Stelle zerstörter Postengebäude im Kriege aufgestellten Einheitskauen der Reichsbahn wurden im Laufe der Zeit je nach dem Umfang der Abhängigkeit durch endgültige Massivbauten ersetzt. Signalbuden, Fernsprechhäuschen, Weichenwärterbuden und dgl. kleinere Anlagen wurden jeweils im Zusammenhang mit der Wiederherstellung des Oberbaues überholt bzw. erneuert.

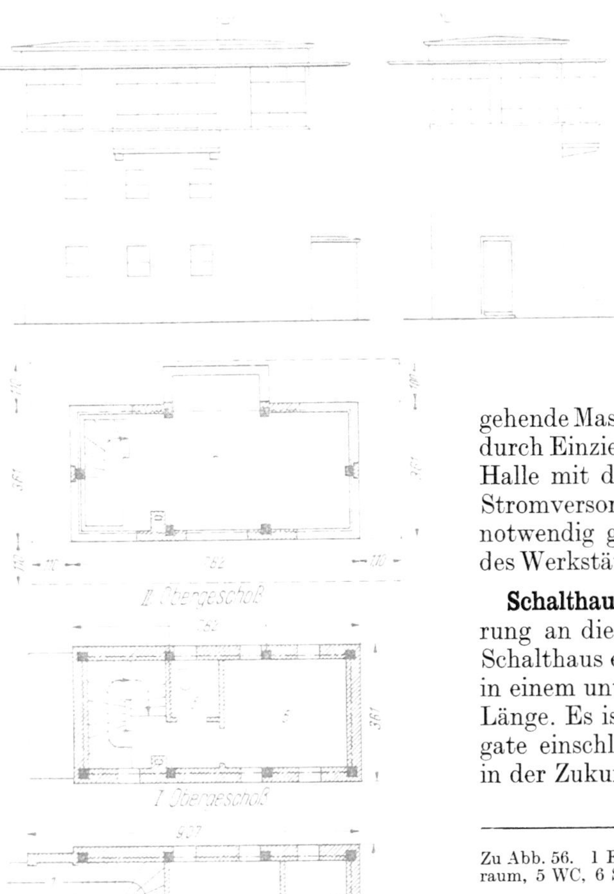

5. Schalthäuser und Transformatorenstationen.

Schaltzentrale Überseehafen. Infolge der Umstellung von Gleich- auf Drehstrom ergab sich auch die Notwendigkeit einer baulichen Umgestaltung des Gebäudes. Die durch drei Geschosse gehende Maschinenhalle war nicht mehr notwendig. Sie wurde durch Einziehen einer Zwischendecke unterteilt in eine untere Halle mit der zentralen Schaltanlage für die Steuerung der Stromversorgung in den Freihäfen und einen darüber gelegenen notwendig gewordenen Aufenthaltsraum für die Belegschaft des Werkstättenbetriebes der Bremer Lagerhaus-Gesellschaft.

Schalthaus Europahafen. Das über elektrische Fernsteuerung an die Schaltzentrale im Überseehafen angeschlossene Schalthaus enthält die Stromverteilung für den Europahafen in einem unterkellerten Gebäude von 12 m Breite und 19 m Länge. Es ist baulich auf den Raumbedarf der Schaltaggregate einschließlich einer möglichen Erweiterung der Anlage in der Zukunft abgestellt.

Zu Abb. 56. 1 Eingang, 2 Heizung und Kohlen, 3 Batterieraum, 4 Gleichrichterraum, 5 WC, 6 Schrank- und Geräteraum, 7 Stellwerksraum.

Zu Abb. 57. 1. Kohlen, 2 Öle, 3 Fahrräder, 4 Signalmittel, 5 Fahrräder, 6 Rotten-Aufenthaltsraum, 7 WC, 8 Geräte für Rotte, 9 Geräte für Wagenmeister, 10 Reserve, 11 Geräte, 12 Reserve, 13 Heizung, 14 Schrankraum für Rangierer, 15 Kleidertrockenraum, 16 Aufenthaltsraum für Rangierer, 17 Geräte, 18 Personalsachbearbeiter, 19 Lohnbüro, 20 Wagenmeister, 21 Schrankraum BLG, 22 Wagendienst BLG, 23 Zugabfertigung, 24 Schrankraum, 25 Aufsicht I, 26 Zollabfertigung, 27 Zoll, 28 Zoll, 29 WC, 30 Dienstvorsteher, 31 Vertreter des Vorstehers, 32 Schulzimmer, 33 WC, 34 Duschraum, 35 Waschraum.

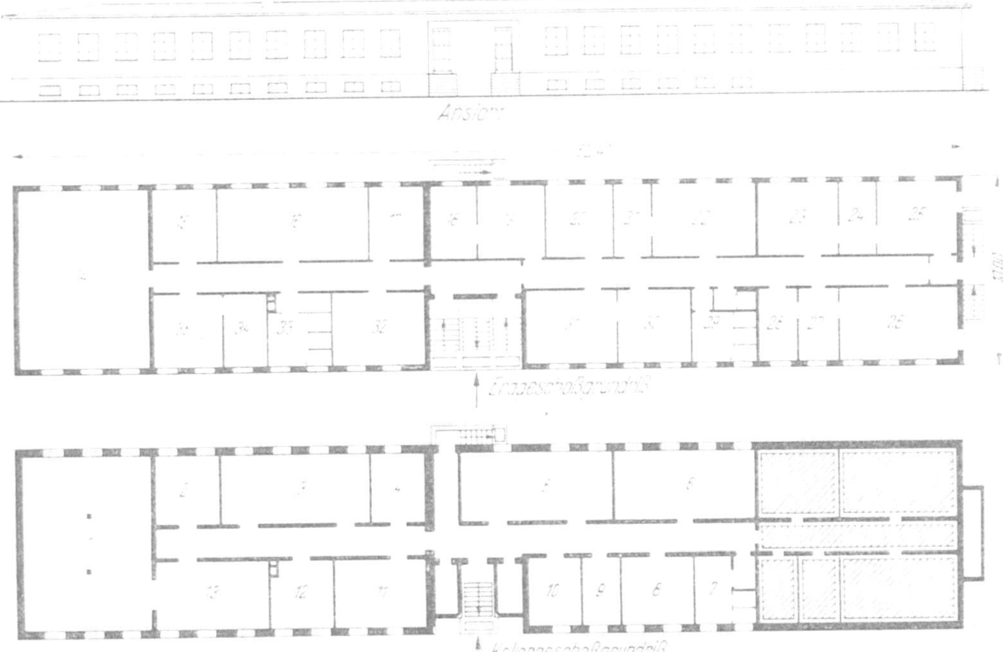

Abb. 57. Bahnhofsgebäude Bremen-Zollausschluß.

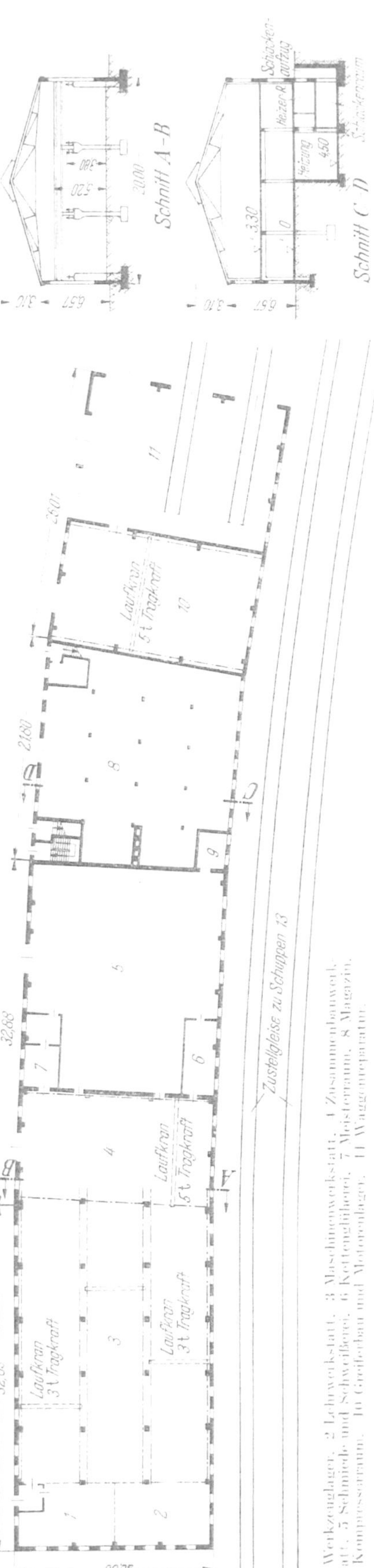

Abb. 58. Werkstattgebäude der Bremer Lagerhaus-Gesellschaft.
1 Werkzeuglager, 2 Lehrwerkstatt, 3 Maschinenwerkstatt, 4 Zusammenbauwerkstatt, 5 Schmiede und Schweißerei, 6 Kettenglüherei, 7 Meisterraum, 8 Magazin, 9 Kompressorraum, 10 Greiferbau und Motorenlager, 11 Waggonreparatur.

Transformatorenstationen. Im Zuge der Bereinigung des Hafengeländes wurde zugunsten eines ungehinderten Verkehrs der Kraftfahrzeuge die im allgemeinen übliche freistehende Lage der Transformatorenstationen aufgegeben. Soweit irgend möglich, sind sie in andere Gebäude miteingebaut worden. Zwischen Schuppen 15 und 17 ist sie mit dem Ottilie-Hoffmann-Haus zu einem einheitlichen Bauwerk zusammengefaßt, in den Speichern XI und I mit eingebaut, desgleichen auch im Schuppen 2. Die Transformatorenstation zur Versorgung der Schuppen 4 und 6 wird zwischen beiden Gebäuden mit einem Kantinenbau zu einer geschlossenen Baugruppe vereinigt werden.

6. Werkstätten und Lagerhallen.

Werkstätten und Lager des Hafenbauamtes. Die amtseigenen Werkstätten und Lager sind sehr klein und nur für einfachste Arbeiten in Notfällen ausgerüstet. Eine vorhandene stark zerstörte Halle am Industriehafen wurde für ihre Unterbringung hergerichtet, sie hat etwa 750 m² nutzbare Lagerfläche. Ein dazugehöriges Gebäude wurde für zwei Wohnungen und weitere etwa 435 m² Lagerräume für witterungsempfindliche Elektroinstallationsteile instand gesetzt.

Werkstätten und Lager der Bremer Lagerhaus-Gesellschaft. Die Notwendigkeit, Schäden an Hafeneinrichtungen in kürzester Frist beheben zu müssen, hat für die Bremer Lagerhaus-Gesellschaft einen eigenen und nach jeder Richtung gut ausgerüsteten Werkstättenbetrieb mit einem Lager für Rohstoffe und Ersatzteile erforderlich gemacht.

Nachdem der Werkstättenbetrieb im Europahafen völlig zerstört war, ein Wiederaufbau an alter Stelle nach der Neuplanung der Hafenbahnanlagen aber nicht möglich war, konnte auf einem geeigneten Geländedreieck am Kopf des Überseehafens eine großzügige Neuanlage errichtet werden (Abb. 58).

Das Werkstätten- und Magazingebäude, letzteres zweigeschossig, ist insgesamt 113,01 m lang und 20,00 m breit. Die Grundfläche der Werkstätten beträgt 1820 m². Die Hallen haben verblendete Stahlbetonstützen und Stahldachbinder, die aus zerstörten Schuppen im Europahafen geborgen wurden. Hohe Seitenfenster und ein Oberlicht im First geben eine gute Arbeitsbelichtung.

Längs- und Querkranbahnen erlauben den Transport schwerer Werkstücke an alle Maschinen.

Der Grundriß des Gebäudes mit der betrieblichen Aufgliederung der einzelnen Werkstätten ist aus Abb. 58 zu ersehen.

Holzbearbeitungswerkstätten sind in einem Seitenschiff des schon genannten Schalthauses Überseehafen untergebracht.

Bei dem Werkstättengebäude konnte die Heizungsanlage, die den ganzen Werkstättenkomplex mit versorgt, wegen der günstigen Lage des Grundwasserspiegels zweigeschossig ausgebaut werden.

7. Zollbauten.

Zollgebäude an der Tiefer. Für die Umschlagsstelle an der Tiefer mußte nach Fertigstellung des Schuppens mit Freilagerplatz, Kran und Straßenanlagen zur Abfertigung der Ware dringend das schwer zerstörte Zollgebäude wiederaufgebaut werden, von dem nur das Kellergeschoß, die Außenmauer und ein Teil der Erdgeschoßdecke übrig war. Durch Einziehen einer schweren durchgehenden Verankerung in

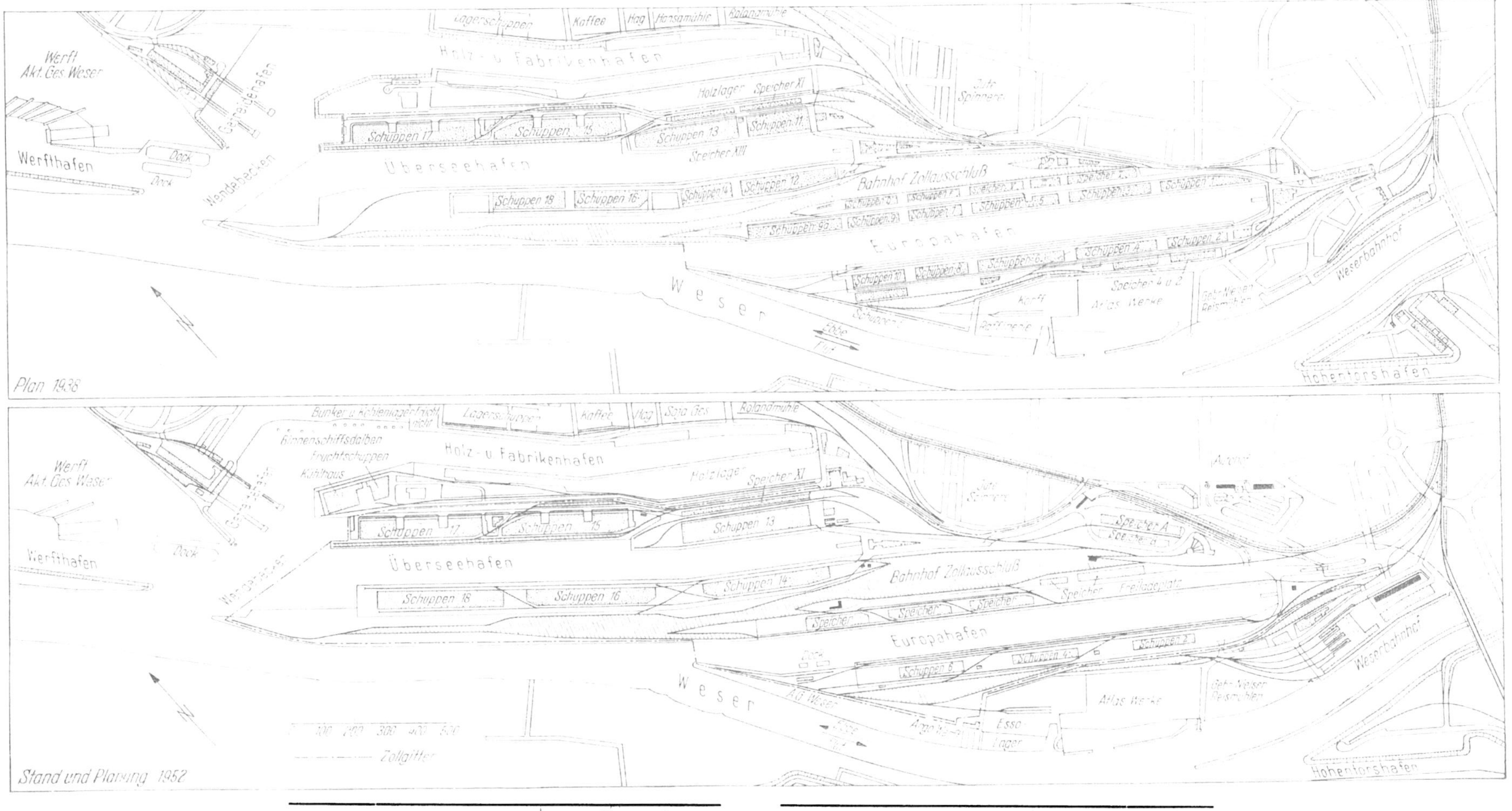

	Bestand 1938	Bestand 1952
Befestigte Flächen		
Ladeplätze m²	37 751	115 680
Gleiszonen m²	24 610	117 870
Straßen m²	56 725	105 860
Krane Stück	262	159

	Bestand 1938	Bestand 1952
Befestigte Flächen		
Gleise lfd. m	57 319	86 847
Speicher m²	185 764	73 000
Kajeschuppen m²	261 325	135 320
Kajelangen lfd. m	6 260	6 010

Abb. 60. Freihäfen 1938 — 1952.

Höhe des ersten Obergeschosses wurde das durch viele Risse gestörte Bauwerksgefüge wiederhergestellt. Im übrigen wurden mit dem inneren Ausbau zwei Wohnungen im Dachgeschoß eingebaut; die äußere Wiederherstellung erfolgte mit Rücksicht auf die Lage des Gebäudes dicht am Altstadtkern in der dort traditionellen Bauweise in Rotstein bzw. Klinker mit Gesimsen, Fenster- und Türgewänden in Sandstein.

Zollamt Europahafen. Die einwandfreie Trennung des ein- bzw. ausgehenden Verkehrs hat bei der Neuplanung sowohl aus zoll- wie aus verkehrstechnischen Erwägungen zu dem Entwurf als Inselgebäude geführt (Abb. 59). Der Warenverkehr wird im Erdgeschoß in je einer Halle für Eingang und Ausgang durchgeführt, ebenso wie die Abfertigung der Seeleute und sonstigen Hafenbesucher. Die Bremer Lagerhaus-Gesellschaft hat eine Außenstelle im Zollgebäude, um den Warenverkehr in enger Verbindung mit den Zollbelangen flüssig gestalten zu helfen. Die Obergeschosse sind dem Bürobetrieb des Zollamtes und zwei Dienstwohnungen vorbehalten.

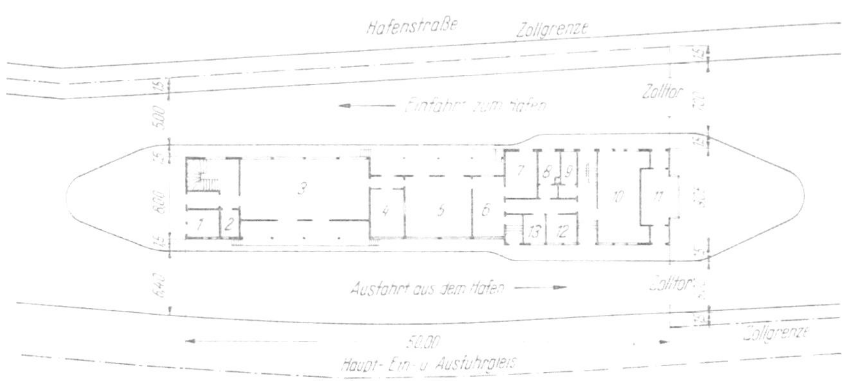

Abb. 59. Zollamt Europahafen.

1 Öffentlicher Abort, 2 Betriebsabort, 3 Eingangszoll-Abfertigungsstelle, 4 Abfertigungsbeamte, 5 Abfertigung — Ausgang, 6 Abfertigung der Seeleute, 7 Büro, 8 Herren-WC, 9 Damen-WC, 10 Bremer-Lagerhaus-Gesellschaft, 11 Postenraum, 12 Postenführer, 13 Untersuchungsraum.

Zukünftige Bauvorhaben.

Von Hafenbaudirektor Dr.-Ing. **Ralph Lutz,** Bremen.

Vorausgesetzt, daß der Hafenumschlag den gegenwärtigen Umfang behält oder eine noch günstigere Entwicklung nimmt, wird Bremen in den nächsten Jahren weiteren Speicher- und Schuppenraum erstellen müssen. Platz für Schuppen und Speicher ist auf dem Nordufer des Europahafens und Südufer des Überseehafens vorhanden. Behält der Lastkraftwagen seine augenblickliche Bedeutung im landseitigen Hafenverkehr, müssen die Zufahrtsgleise zu den Freihäfen vor Kopf der Freihäfen so hoch gelegt werden, daß eine straßen/schienengleiche Kreuzung vor den Häfen vermieden wird. Die Schüttung der Bahndämme kann mit ungelernten Arbeitskräften ausgeführt werden (Abb. 60). Es erscheint daher der Bau der Bahndämme in naher Zukunft mit Notstandsarbeitern möglich.

Die in Mitteldeutschland in die Werra und Weser gepumpten Kaliabwässer haben an den Häuptern der Oslebshauser Schleuse Schäden, Betonausfressungen, verursacht, die immer umfangreicher werden. In weiter Zukunft wird die Ausbesserung der Schleuse oder in diesem Zusammenhang die Umgestaltung der Einfahrt zum Industrie- und Handelshafen notwendig werden.

Das am Industrie- und Handelshafen liegende Gelände ist vollkommen besiedelt. Neuen ernsthaften Interessenten kann nichts mehr angeboten werden. Für die Ansiedlung von weiteren Industrien an seeschifftiefem Wasser ist in dem an den Industrie- und Handelshafen anschließenden Werderland Möglichkeit vorhanden. Eine Vorplanung besteht. Sie ist so aufgestellt, daß schrittweise mit einem finanziellen Mindestaufwand Wasserflächen und Kajen hergestellt werden können.

Die Häfen in Bremerhaven.

I. Zustand der Häfen Mai 1945.

Von Hafenbaudirektor Dipl.-Ing. **Walter Otto,** Bremerhaven.

Nach Abschluß der Kriegshandlungen im Mai 1945 boten die Bremerhavener Häfen das folgende Bild:

Mit dem großen Luftangriff auf Bremerhaven 1944, dem das alte Bremerhaven fast vollständig zum Opfer fiel, wurden die Anlagen um den Alten Hafen und den Neuen Hafen weitgehend zerstört, dabei die privaten Fischindustrieanlagen am Alten Hafen und alle dem örtlichen Verkehr dienenden öffentlichen und privaten Schuppen, ferner am Neuen Hafen die älteren Güterschuppen an der Ostseite zusammen mit den privaten Baumwollschuppen und Anlagen auf der Ostseite des Kaiserhafens I. Die neuzeitlichen Güterschuppen am Kaiserhafen II und III waren dagegen fast unbeschädigt, während die beiden Güterschuppen F und G am Verbindungshafen etwa zur Hälfte durch Brand zerstört waren. Weiter waren die Fahrgastanlagen, Columbusbahnhof und Alte Lloydhalle vollkommen vernichtet. Die Kajen, Brücken und Schleusenanlagen sind jedoch ebenso wie die Eisenbahn-, Straßen-, Versorgungsanlagen und die Krananlagen glücklicherweise ohne schwerwiegende Schäden geblieben; nur die westliche Kammermauer der Nordschleuse erhielt zwei schwere Bombentreffer, durch welche zwar die Mauer beschädigt, aber keine Behinderung des Betriebes verursacht wurde. Alles in allem waren die neuzeitlichen Umschlagsanlagen des Kaiserhafens II, III und Verbindungshafens voll für den Nachschubverkehr der Besatzungsmächte einsatzfähig, wenn auch sofort die stark vernachlässigten Baggerarbeiten in Häfen und Vorhäfen nachgeholt werden mußten, um den tiefgehenden Nachschubdampfern die Benutzung der Hafenanlagen und dem abzuliefernden Dampfer „Europa" das Ausschleusen zu ermöglichen. Ein weiterer Grund, Bremerhaven sogleich als Nachschubhafen zu wählen, war die Tatsache, daß die Docks mit ihren Reparatureinrichtungen im Kaiserhafen ebenso wie die Docks und Anlagen der A. G. Weser, Werk Seebeck, im Fischereihafen sogleich einsatzfähig waren.

Im Gegensatz zu dem Überseehafen hatte der Fischereihafen wesentlich einschneidendere Schäden aufzuweisen. Hier ergab die Bilanz schwere Schäden an Auktions- und Packhallen und an den Anlagen der privaten Wirtschaft. Zerstört waren etwa 60% des Friedensbestandes.

Besonders die Zerstörungen des am Alten Hafen liegenden Teiles des Fischereihafens waren so umfangreich, daß man sich entschloß, diesen Hafenteil zu fischwirtschaftlichen Zwecken nicht wiederaufzubauen. Unter Zusammenfassung aller verfügbaren Kräfte wurde schon kurz nach der Kapitulation energisch mit den Aufräumungsarbeiten begonnen. In den Jahren 1947 bis 1950 setzte dann die Periode des eigentlichen Wiederaufbaues ein. Bis zur Währungsreform eilte hierbei der Wiederaufbau der Privatwirtschaft den staatlichen Aufbaumaßnahmen voraus. Doch nachdem nach mehrfachem Wechsel in der Zonenzuständigkeit, und zwar durch das Hin- und Herpendeln zwischen amerikanischer und britischer Besatzungszone, die endgültige Angliederung der Stadt Bremerhaven und des Fischereihafens an das Land Bremen erfolgt war, wurde der Wiederaufbau in geordnete Bahnen gelenkt.

Die gesamten Schäden im Fischereihafengebiet werden auf etwa 10 Millionen DM an staatlichen Anlagen und auf etwa 18 Millionen DM an privaten Anlagen geschätzt.

In den Jahren 1948 bis 1950 gelang es, dank der großzügigen Unterstützung des Landes Bremen, die Kriegsschäden restlos zu beseitigen. Bereits in der Fangsaison 1949 konnten Anlandungen bis zu 46000 Zentner täglich aufgenommen werden.

II. Der Fischereihafen in Bremerhaven.

Von Baurat Dipl.-Ing. **Heinz Eckert,** Bremerhaven.

Durch den Ausbruch des zweiten Weltkrieges wurde die schnelle Entwicklung des im Jahre 1896 gegründeten Fischereihafens plötzlich unterbrochen. Doch viel schlimmer als die Stillegung jeglichen Ausbaues wirkten sich die Folgen mehrerer Bombenangriffe auf den Hafen und seine Anlagen aus. Etwa 60% aller Landanlagen wurden im Gebiet des Fischereihafens zerstört. Diese Zerstörungen erstreckten sich in gleichem Maße auf die staatlichen Anlagen, wie auch auf die der Privatwirtschaft.

Von den staatlichen, der Fischwirtschaft dienenden Anlagen waren von der Zerstörung betroffen:

13 400 m²	Auktionshallen, d. h. 50% des Friedensbestandes,
16 500 m²	Packhallen im Fischereihafen,
21 500 m²	Packhallen am Alten Hafen,
38 000 m²	Packhallen, d. h. insgesamt 54% des Friedensbestandes.

Die Fischereihafenschleuse (s. Abb. 61), die etwa 8,4 km langen wertvollen Ufermauern, die etwa 39 km umfassenden Gleisanlagen der Hafenbahn sowie die nicht unbedeutenden Wasser- und Stromversorgungsanlagen waren dagegen erfreulicherweise nur auf örtlich begrenzte Schäden in Mitleidenschaft gezogen.

Wichtige Straßenzüge waren durch Trümmermassen versperrt und für den Verkehr unbenutzbar.

Besonders unangenehm wirkte sich die Zerstörung des unterirdischen Dückerbauwerkes der Kanalisation durch einen Bombenvolltreffer aus. Nur unter großen Schwierigkeiten konnte die Abführung der gesamten im Hafengebiet anfallenden Schmutzwässer unter der Hafensohle hindurch bis zur Wiederherstellung aufrechterhalten werden.

Auf Grund der Erfahrungen der Kriegszeit, der Weiterentwicklung der Technik seit 1939 und des vergrößerten Fassungsvermögens der Fischdampfer mußten beim Wiederaufbau teilweise neue Wege beschritten werden.

1. Kajenbauwerke.

Beim Bau der Ufermauern im Fischereihafen war man bereits 1936 von der bis dahin üblichen Bauweise der Kajen auf hohem Pfahlrost mit betonierter Stahlbeton-Winkelstützmauer abgekommen und war zur reinen Spundwandkaje übergegangen. Abb. 62 zeigt den Querschnitt der 1937 begonnenen Spundwandkaje nördlich Halle X und den Querschnitt der Verlängerung dieser Kaje im Jahre 1949. Infolge verfeinerter, moderner Berechnungsverfahren gelang es nach dem Kriege, an Stelle des Profils Larssen V in St. 45/52 mit dem Profil Larssen IV neu in St. 37 auszukommen und damit beachtliche Gewichtsersparnisse zu erzielen. Der Erhöhung der Stabilität der Wand wurde durch Verlängerung der Anker um etwa 4 m Rechnung getragen.

Abb. 61. Luftbildaufnahme vom Jahre 1926 der Geesteeinfahrt mit neuerbauter Fischereihafenschleuse.

Die Kosten der im Jahre 1937 erbauten etwa 100 m langen Kaje betragen 1256,50 RM/lfdm; 1949 sind bei der Verlängerung um 71 m folgende Beträge verausgabt worden:

Spundwand einschl. Verankerung usw. liefern ...	1 200,— DM/m
Rammarbeiten, Einbau der Verankerung	500,— DM/m
Hinterfüllung	450,— DM/m
zusammen....	2 150,— DM/m

Mehrere durch Bombentreffer entstandene Lücken in den massiven Ufermauern sind ebenfalls durch Vorrammen eiserner Spundwände geschlossen worden. Als Beispiel einer derartigen Reparatur zeigt

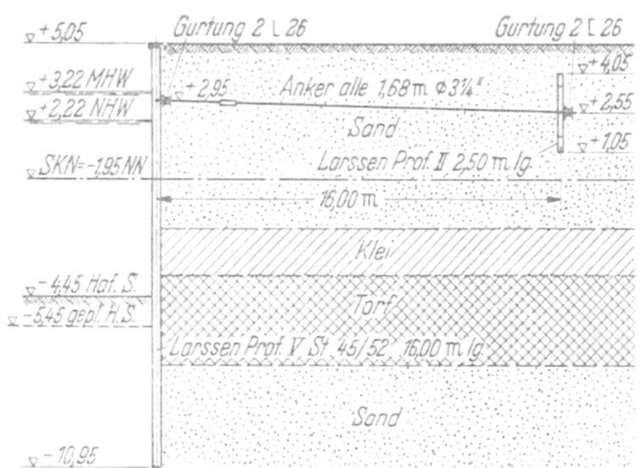

Spundwand vor Halle XV, Baujahr 1937.

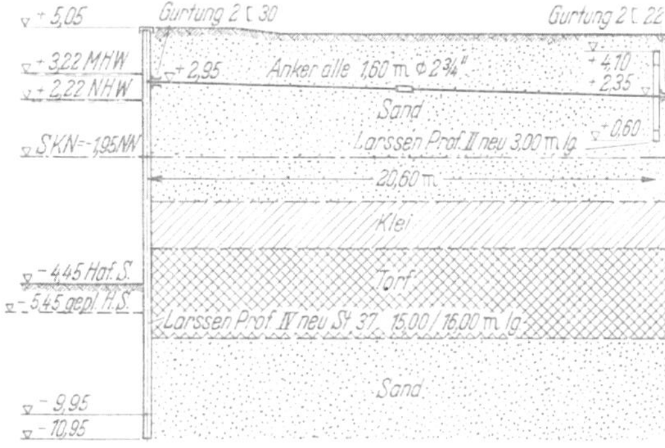

Spundwand vor Halle XV, Baujahr 1949.

Abb. 62.

Abb. 63 den Querschnitt der Beseitigung einer Schadensstelle an einer im Jahre 1860 erbauten Ufermauer des alten Geestemünder Handelshafens. Durch Vorrammen einer eisernen Spundwand Profil Larssen II neu mit horizontaler Verankerung konnte der Schaden kurzfristig beseitigt werden. Die Kosten der 76 m langen zu reparierenden Strecke betrugen 1949 1780,— DM/lfdm.

Ende März 1949 wurde die im Jahre 1859 erbaute Kaje der Nordseite des Hauptkanals infolge einer Unterwasserexplosion schwer erschüttert. In Abb. 64 ist die Konstruktion der Mauer und deren Sicherung dargestellt. Die Mauer steht auf einer hölzernen Schrägpfahlreihe aus Pfählen 2,5:1, die in etwa 1,05 m Abstand über Rosthölzer an vier hölzerne Lotpfahljoche angeschlossen sind. Um die Kippgefahr zu beseitigen, mußte die Mauer im oberen Teil verankert werden. Da sich hinter der Mauer flach gegründete Hallen befanden, wurde die wirtschaftlichste Verankerung durch unmittelbar an die Joche anschließende flache Zugpfähle erreicht. Es wurden Lorenzpfähle mit einer zulässigen Belastung von 30 t/Pfahl und einer Neigung 1,5:1 in etwa 4,25 m Abstand gebohrt. Eine Rammung von Pfählen kam wegen der durch die Explosion hervorgerufenen verringerten Standfestigkeit der Mauer nicht in Frage. Die Lorenzpfähle wurden mit Hilfe eines verzahnten Stahlbetonblockes und eines nach vorne führenden Rundstahlankers mit der vorhandenen Mauer verbunden.

Die Kosten dieser Sicherung der Ufermauer beliefen sich auf etwa 500,— DM/lfdm bei einer Länge von 160 m (Baujahr 1950).

Die im Jahre 1937 erbaute Spundwandkaje vor der Marineschule in Bremerhaven geriet bald nach ihrer Fertigstellung in Bewegung. Die Ursache hierfür war der starke Wasserüberdruck in der Hinter-

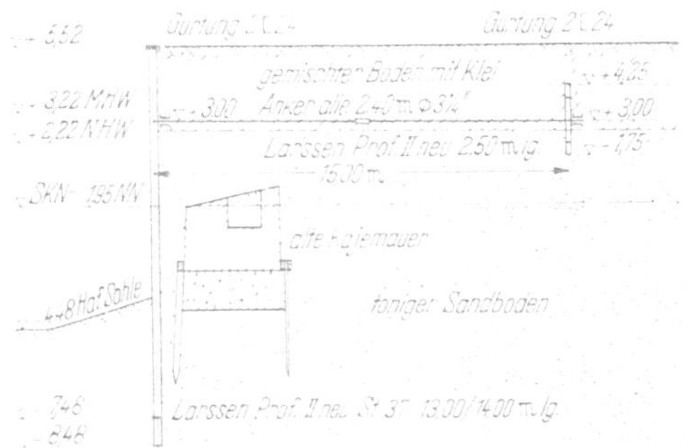

Abb. 63. Vorrammen einer Spundwand im Handelshafen.

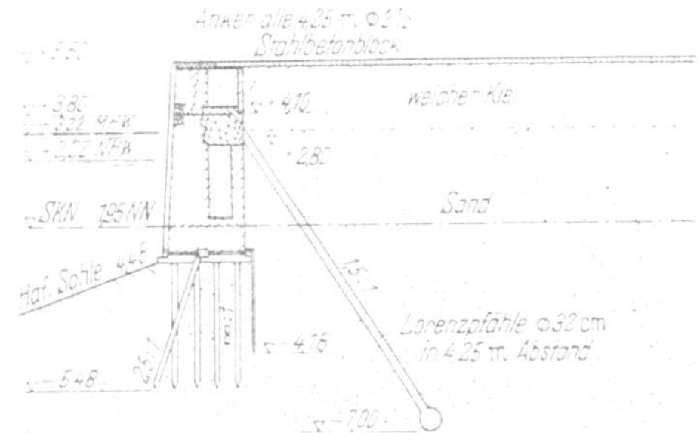

Abb. 64. Sicherung der Ufermauer am Hauptkanal.

füllung. Um die Kaje zu sichern, wurde eine Pumpenentwässerung eingebaut, die nach Kriegsende jedoch außer Betrieb kam, wobei die Pumpen verlorengingen.

Nach ergiebigen Regenfällen, verbunden mit tiefen Niedrigwasserständen in der Geeste, wurden starke Kippbewegungen beobachtet. Im Winter 1949/50 war der Überhang der Uferwand so stark geworden, daß eine unmittelbare Einsturzgefahr bevorstand. Die Oberkante der Wand war zu diesem Zeitpunkt bis zu 2,70 m ausgewichen.

Abb. 65. Bruchstelle der alten Ankerwand bei der Marineschule.

Zur Entlastung der Wand brannte man zunächst eine große Zahl Löcher in die Spundwand, um den Wasserüberdruck zu verringern. Als weitere Sicherungsmaßnahme wurde der Boden hinter der Wand ausgehoben und vor die Wand geworfen und zur Entlastung Boden hinter der Ankerwand ausgeschachtet.

Da die Spundwand an ihrem Fuße stehenblieb, also nach vorne gekippt ist ohne besondere Verformungen zu zeigen, hat die Verankerung nachgegeben. Abb. 65 zeigt eine Aufnahme der Ausschachtung hinter der Ankerwand zum Verlegen der Verlängerungsanker. Die Ankerwand ist hier gerissen und der Gurt stark verbogen. Zur endgültigen Sicherung der Kaje wurde daher eine zweite Ankerwand in etwa 13 m Entfernung hinter der alten Ankerwand angeordnet. Durch diese Maßnahme wurde eine flachere Neigung der tiefen Gleitfuge erzwungen und die Standsicherheit ausreichend erhöht, s. Abb. 66. Die neue Ankerwand und die zugehörigen Verlängerungsanker wurden so bemessen, daß von ihnen die gesamten Ankerkräfte aufgenommen werden können. Die Anker sind gelenkig angeschlossen. Zwei neue Anker 2½″ aus St. 52 mit auf 3″ aufgestauchtem Gewinde ersetzen einen alten Hauptanker 4″ in St. 52.

Um den großen Wasserüberdruck auf die Spundwand zu verringern, ist eine Entwässerung eingebaut. Diese besteht aus einer Bruchsteindrainage mit Mischkiesumhüllung. In Abständen von 7,50 m, etwa 0,80 m über MNW., sind Rückstauklappen angeordnet.

Zuletzt wurde die ausgewichene Spundwand, um wieder eine senkrechte Begrenzung zu erhalten, oberhalb der Gurtung in vertikale Streifen zerschnitten, warm gemacht, zurückgebogen und wieder verschweißt.

Die Kosten dieser Maßnahme betrugen bei 245 m Länge 1700,— DM/lfdm Uferwand im Baujahr 1951.

2. Hochbauten.

Nachdem zunächst durch die Beseitigung der Trümmer die Grundlage für den Wiederaufbau geschaffen worden war, gingen Privatwirtschaft und die die bisherigen Belange des Staates vertretende Fischereihafen-Betriebsgesellschaft m. b. H. an das Wiederaufbauwerk. Bis zur Währungsreform hatte die Privatwirtschaft bereits den größten Teil ihrer zerstörten Anlagen so weit wiederhergestellt, daß eine reibungslose Aufnahme und Verarbeitung der angelandeten Fische möglich war. Besondere Schwierigkeiten bereitete die Wiederingangsetzung der Eisversorgung der Fischdampfer. Der von der Fischereihafen-Betriebsgesellschaft m. b. H. durchgeführte Wiederaufbau der Versteigerungshalle XI mit einer Grundfläche von 9000 m² zog sich, bedingt durch die schwierige Beschaffung des Bauholzes, bis zum Jahre 1947 hin.

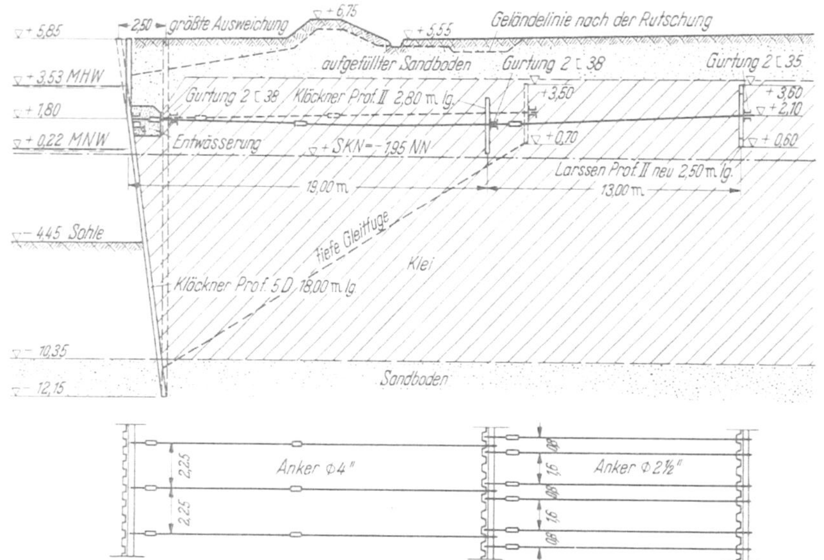

Abb. 66. Spundwand vor der Marineschule in Bremerhaven.

Mit der nach der Währungsreform sehr schnell eintretenden Normalisierung der Verhältnisse auf dem Baumarkt und nach der inzwischen erfolgten Klärung der politischen Verhältnisse nahm jetzt das Land Bremen tatkräftig die Zügel des Wiederaufbaues in die Hand.

Seit der Gründung des Fischereihafens im Jahre 1896 sind staatsseitig eine Reihe bemerkenswerter Hochbauten errichtet worden, u. a. sind in der Zeit von 1896 bis 1939 drei Versteigerungshallen mit 27 500 qm und 12 Packhallen mit 51 465 qm entstanden.

Während die Beseitigung der schweren Bombenschäden an den Packhallen keine besonderen Probleme aufwarf, mußten beim Bau der Halle XV, die die im Kriege ausgebrannte Halle I ersetzt, neue Wege beschritten werden. Die älteste Versteigerungshalle I des Fischereihafens hatte nur eine Breite von

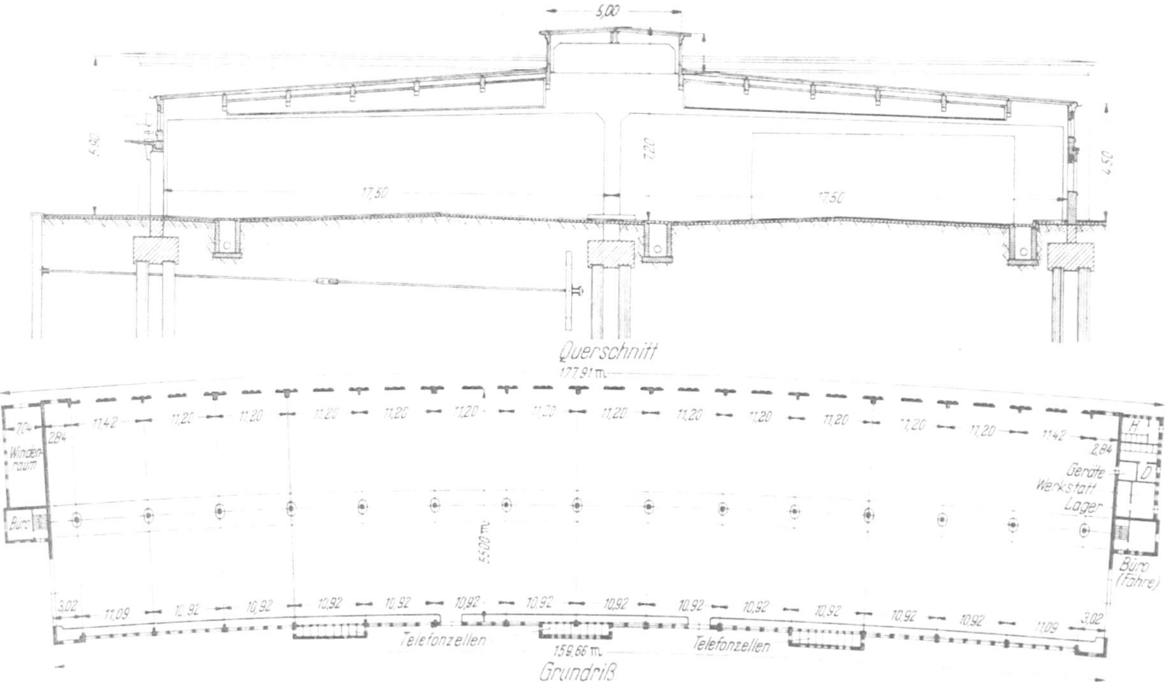

Abb. 67. Querschnitt und Grundriß der Halle XV.

19,20 m. Die vor dem Kriege erbauten Hallen X und XI erhielten bereits 28 m Breite. Die Erhöhung der Fischraumkapazität von 3 bis 4000 Korb auf etwa 5000 Korb der jetzt gebauten neuen Fischdampfer hatte zur Folge, daß in den 28 m breiten Hallen die Anlandung eines Fischdampfers nicht mehr auf Fischdampferlänge aufgestellt werden kann. Es müssen bei großen Anlandungen die Fischkisten übereinander bzw. in die Fahrbahn gestellt werden. Um diese Erschwernisse für die Auktion und für die Abfuhr zu beseitigen, erhielt die neue Halle XV eine Breite von 35 m.

Die in der Vorkriegszeit erbauten Hallen hatten durchweg eine hölzerne Dachkonstruktion. Durch den technischen Fortschritt des Stahlbetonbaues konnte die neue Halle XV in moderner Stahlbetonbauweise (Abb. 67) errichtet werden. Diese Bauart wurde aus Gründen der Feuersicherheit und der geringeren Unterhaltungskosten sehr begrüßt und war nicht teuerer als die vergleichsweise bei der Ausschreibung angebotene frühere Holzbauweise.

Abb. 68. Innenansicht der Versteigerungshalle XV.

Die Halle X ist eine kombinierte Pack- und Versteigerungshalle. Auf Grund der ungünstigen Verkehrsabwicklung in dieser Halle ging man jedoch bereits vor dem Kriege bei der Halle XI von diesem System ab, um nur noch reine Versteigerungshallen zu bauen. Bei der Halle X hatte sich nämlich in der Zeit der stärksten Abfuhr der Fische ergeben, daß die aus dem Verkehrsband rechtwinklig zu den Packabteilungen abbiegenden Fahrzeuge die ihnen folgenden Fahrzeuge zum Halten bringen. Daher wurde die neue Halle XV wie Halle XI als reine Versteigerungshalle erbaut. Die Fahrzeuge sind gezwungen, in einer Richtung durch die Halle zu fahren. Da es nur Tore in den Kopfbauten gibt, kann kein Fahrzeug aus der vorgeschriebenen Verkehrsrichtung ausscheren.

Bei Versteigerungshallen ist der Erzielung einer guten Akustik besondere Aufmerksamkeit zu widmen, um den Gang der Auktion nicht durch Nebengeräusche zu stören. Da die Holzhallen sich in dieser Hinsicht gut bewährt hatten, mußten beim Übergang zur Stahlbetonbauweise erst neue Erfahrungen gesammelt werden. Nach Ausführung von Versuchen wurde die Dachhaut aus Bimsdielen ausgebildet, auf deren Oberseite zur Isolierung gegen schädliche Wärmeeinflüsse 4 cm starke Korkplatten aufgeklebt sind. Die Unterseite der Platten ist möglichst rauh zu halten, um eine große Schallschluckfähigkeit zu bekommen. Es muß beim Anstrich darauf geachtet werden, daß diese rauhe Unterschicht nicht mit Farbe dicht gesetzt wird.

Abb. 69. Kaje vor der Versteigerungshalle XV.

Die Halle (s. Abb. 68 u. 69) hat sich in jeder Weise durchaus bewährt. Die Kostenentwicklung zeigt folgendes Bild:

Halle XI (Holzkonstruktion) 7500 qm, Baujahr 1937.	95,— RM/m²
Halle XV (Stahlbetonkonstruktion) 6100 m², Baujahr 1949/50	170,85 DM/m²
1 m³ umbauter Raum der Halle XV kostete	32,85 DM.

Es ist noch zu bemerken, daß sämtliche Hallen auf 16 m bis 18 m langen Pfählen gegründet sind, deren Kosten in den Preisen enthalten sind.

3. Landverkehrsanlagen.

Die starke Abwanderung des Frachtverkehrs von der Schiene auf den Straßenweg war wie in anderen Häfen auch in Bremerhaven eingetreten. Mit diesen vermehrten Straßentransporten ergab sich eine steigende Ansammlung von Fernlastzügen. Ihre besondere Abfertigungsart erforderte eine neue, diesen Verhältnissen angepaßte Lösung des Verkehrs.

Zum Glück sind besonders im Gebiet um den Fischereihafen II durch die großzügige Planung der Vorkriegszeit die Straßen mit ausreichender Breite angelegt worden. So ist die Hauptverkehrsstraße „Am Lunedeich" bereits 1938 auf 16 m verbreitert worden.

Für Straßentransporte stand nach der Bundesstraße 6 in Richtung Bremen und dem Zentrum des Fischereihafens nur eine Ausfallstraße zur Verfügung, und zwar die aus dem Hafengebiet in die Weserstraße einmündende östliche Ausfallstraße (Abb. 70). Auf dieser Ausfallstraße gab es Zusammenballungen von Fernlastzügen, da jeder Verkehr nicht nur aus dem Fischereihafen, sondern auch aus dem Gebiet des Überseehafens und aus der Stadt diese Straßen passieren mußte. Um hier eine wirksame Abhilfe zu schaffen, entschloß man sich, zwei neue Ausfallstraßen anzulegen, die gemeinsam beim südlichen Ausgang des Stadtteiles Wulsdorf von der Bundesstraße 6 abzweigen, ohne daß das bebaute Stadtgebiet berührt wird. Für die Aus- bzw. Einfahrt in den Fischereihafen ist einmal die über 2 km lange Verlängerung der Straße „Am Lunedeich“ neu gebaut worden. Durch diese Straße wird gleichzeitig das gesamte südliche Erweiterungsgebiet des Fischereihafens verkehrsmäßig erschlossen.

Zum anderen ist es die sogenannte „Umgehungsstraße“, die parallel zur Hafenumgehungsbahn zum Westufer des Fischereihafens II führt. Dieser in den letzten Jahren dicht besiedelte, zwischen Weser und Hafen eingeschnürt liegende Teil des Hafengebietes war nur über die räumlich sehr begrenzten Tore der Fischereihafen-Doppelschleuse zu erreichen. Durch den Bau dieser Umgehungsstraße haben nun die am

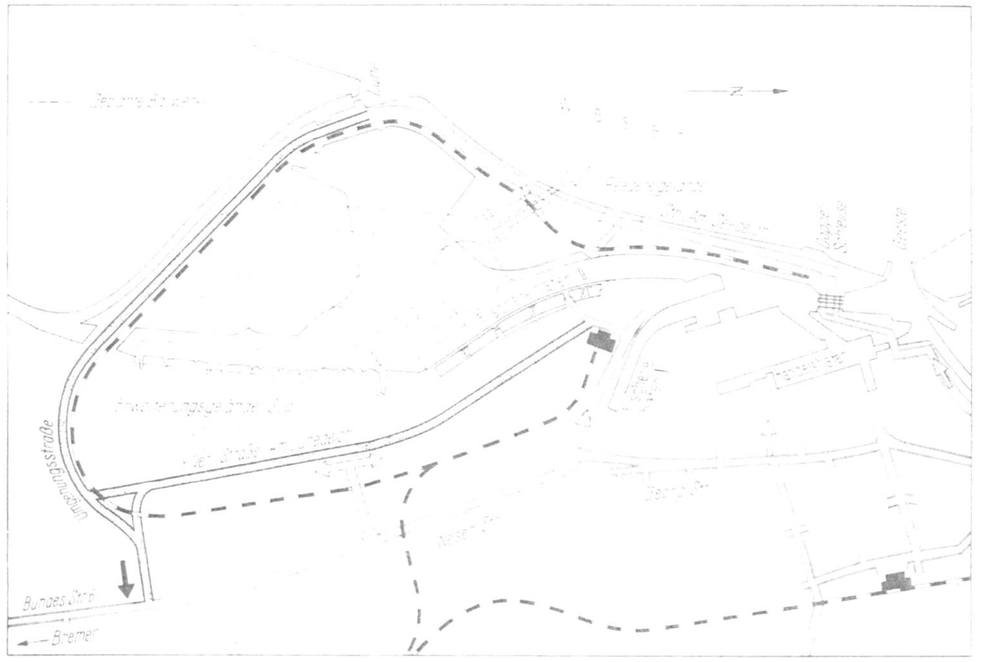

Abb. 70. Straßen- und Gleiszuführungen in den Fischereihäfen.

Westufer angesiedelten vier Reedereien ebenfalls eine günstige Straßenverbindung sowohl nach Bremen wie auch zum Zentrum des Fischereihafens erhalten.

Die erwähnte teilweise Verlagerung der Fischtransporte von der Schiene auf die Straße und die dadurch bedingte Massierung von Fernlastzügen an einzelnen Be- und Umladestellen im Hafengebiet erfordert eine ungehinderte An- und Abfahrt und schnellste Abfertigung. Um diesen Erfordernissen entgegenzukommen, ist auf dem von vier Straßen eingeschlossenen Platz östlich der Versteigerungshalle XV ein befestigter Platz bereitgestellt, der zu einem neuzeitlich eingerichteten Auto-Umladehof eingerichtet werden soll.

Zusammenfassend ist zu sagen, daß die Kriegsschäden im Fischereihafen heute überwunden sind. Die Erneuerung und Modernisierung der Anlagen ist trotz aller Schwierigkeiten der Nachkriegszeit gut vorangekommen.

Für die Zukunft steht genügend Erweiterungsgelände zur Ansiedlung von Industriebetrieben, Reedereien und Werften bereit. Bremen wird, wie es die Wiederaufbauleistungen zeigen, die bewährte Tradition fortsetzen und alles tun, um die Schlagkraft des Fischereihafens zu erhalten und zu mehren.

III. Der Überseehafen in Bremerhaven.

Von Oberbaurat Dipl.-Ing. **Wilhelm Schnelle,** Bremerhaven.

Der stadtbremische Überseehafen in Bremerhaven hatte vor dem zweiten Weltkriege mit dem Bau der etwa 1000 m langen Columbuskaje, der Nordschleuse mit dem Wendebecken und der Verlängerung des Kaiserdocks II sowie dem Ausbau des Verbindungshafens mit den dahinter liegenden Stückgutschuppen F und G, dem Kühlhaus „Frigus“ und dem ehemaligen Columbusbahnhof seine letzte moderne Erweiterung erfahren, welche Bremerhaven neben seiner Bedeutung als Handelshafen zu dem größten und modernsten deutschen Fahrgasthafen gemacht hatte.

Die im Lageplan (Abb. 71) dargestellten Hafenanlagen haben dann im letzten Kriege von der deutschen Kriegsmarine durch die Errichtung von Marinelandanlagen an der Ostseite des Kaiserhafen I, durch die Verlängerung des Kaiserhafen II und die Anlage eines Hafenbeckens hinter dem Wendebecken eine nochmalige Erweiterung erfahren, die jedoch — was die neuen Hafenbecken anbelangt — wegen der noch fehlenden Ausbaggerung, Gleisanlagen und Verkehrsstraßen noch der Erschließung harren.

Während in den ersten Nachkriegsjahren überwiegend nur Aufräumungsarbeiten, zum Teil durch die Besatzungskräfte selbst, ausgeführt wurden, setzte die eigentliche Wiederaufbauarbeit durch die Hafenbauverwaltung und private Wirtschaftskreise erst nach der Währungsreform mit dem Beginn stabilisierter Wirtschaftsverhältnisse ein.

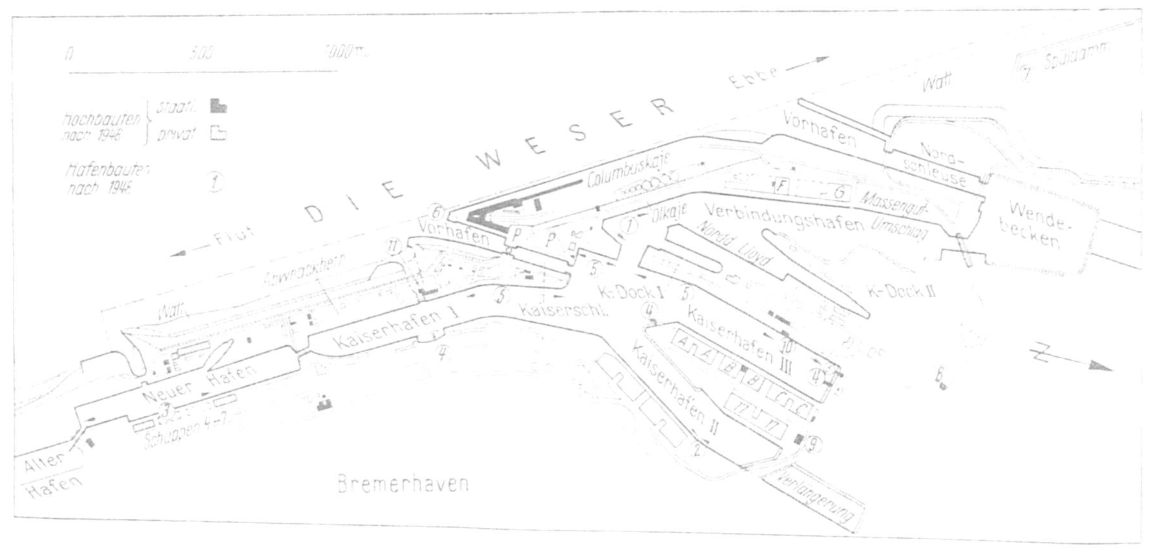

Abb. 71. Lageplan der Überseehäfen.

In den folgenden Abschnitten werden die wichtigsten Baumaßnahmen dargestellt, wobei weniger auf die Vollzähligkeit Wert gelegt wurde, als auf die Darstellung der technisch und hafenbetrieblich interessanten Bauobjekte, welche dem Hafen selbst und seinen Umschlageinrichtungen ein zum Teil neues Gesicht gegeben haben.

1. Naßbaggerungen.

Bei dem in Bremerhaven vorhandenen starken Schlickfall, der besonders in den Vorhäfen bis zu 8 m/Jahr betragen kann, müssen zur Erhaltung der Wassertiefen laufend umfangreiche Baggerungen ausgeführt werden, für welche dem Amt ein eigener Gerätepark zur Verfügung steht, der in seiner Zusammensetzung sowie in der Art und Größe der Einzelgeräte den besonderen, örtlichen Erfordernissen angepaßt ist.

Während die Columbuskaje durch ihre günstige Lage zur Stromrichtung bei normaler Unterhaltung des Fahrwassers der Außenweser durch die Räumkraft der Strömung praktisch von Schlickablagerungen frei bleibt, fallen die Hauptbaggermengen in den Schleusenvorhäfen und im Wendebecken bei der Nordschleuse an. Das Wendebecken wirkt für die inneren Hafenbecken als Schlickfang, so daß in diesen nur verhältnismäßig wenig zu baggern ist. Dies wurde dadurch erreicht, daß nach Fertigstellung der Nordschleuse die älteren Schleusen außer der Großen Kaiserschleuse aus dem Verkehr genommen und zugeschüttet wurden und die Auffüllung des Hafenwasserstandes zum Ersatz der durch die Schleusungen usw. auftretenden Hafenwasserverluste seitdem ausschließlich durch die Umläufe der Nordschleuse erfolgt, so daß sich der mit dem frischen Seewasser in die Häfen eindringende Schlick größtenteils bereits im Wendebecken absetzen kann.

In dieser Hinsicht besonders wertvoll war die Schließung der beiden Dockschleusen „Neue Schleuse“ und „Kleine Kaiserschleuse“, weil durch diese dem inneren Hafen bekanntlich erheblich größere Schlickmengen zugeführt werden als durch Kammerschleusen.

Die im Jahresdurchschnitt anfallende Baggermenge des Überseehafens von 2,1 Mill. m³ (Schutenmaß) verteilt sich wie folgt:

Vorhäfen 1,3 Mill. m³
Wendebecken 0,6 Mill. m³
Innere Hafenbecken 0,2 Mill. m³.

Die Baggerungen in den inneren Hafenbecken wiederum beschränken sich auf den Verbindungshafen und das Gebiet des Drehkreises vor dem Binnenhaupt der Kaiserschleuse, in welchem die bei Schleusungen über HW. durch diese Schleuse anfallenden Schlickmengen zur Ablagerung kommen.

Während früher das Baggergut durch Klappschuten an geeigneten Stellen der Außenweser außerhalb des Fahrwassers verklappt wurde, mußte im Jahre 1931 durch wirtschaftlich zu weites Hinausführen der von der Strombauverwaltung zugewiesenen Klappstellen die Baggerei hauptsächlich auf Spülbetrieb umgestellt werden. Zu diesem Zwecke wurde auf dem Deichvorgelände nördlich der Nordschleuse mit dem Bau eines Spüldammes (s. Nr. 7 im Lageplan Abb. 71) begonnen, der seitdem mit Unterbrechungen durch die Kriegsjahre jährlich um ein entsprechendes Stück verlängert wird und im endgültigen Ausbauzustand ein etwa 100 ha großes Gebiet umschließt. Da — wie vorerwähnt — die größten Baggermengen in den Vorhäfen und dem Wendebecken anfallen, wurde der Spüler in die 60 m breite Schleusenkammer der Nordschleuse, also in unmittelbare Nähe des Spülfeldes gelegt, so daß für die Aufspülung nur eine verhältnismäßig kurze Leitung benötigt wird. Die Kriegsjahre hatten durch mangelnde Unterhaltung der Geräte und Einschränkung der Baggerarbeiten anfangs einen erheblichen Mehranfall an Reparaturen und Baggerungen zur Folge, der jedoch teils unter Zuhilfenahme von Fremdgerät schnell überwunden werden konnte.

2. Hafenbauten.

Landverkehrsanlagen. Die etwa 80 km langen Hafenbahngleise, durchweg aus Schienenprofil Preußen 8 bestehend, sind in ihren wichtigsten Strecken grundüberholt und zum Teil mit neuem Oberbau versehen. Als Bettung werden in den geraden Strecken Bettungskies, in den Kurven Schotter, im übrigen für die Schienenstränge getränkte Kiefernschwellen und der Oberbau K, bei den Weichen meist Stahlschwellen verwendet. In gepflasterten Strecken sind neuerdings Pflasterweichen eingebaut, und es wird angestrebt, in solchen Strecken künftig auch Schienen auf Längsbettung zu verlegen, um die bei den bisher üblichen Querschwellen unvermeidlichen Unebenheiten des Pflasters zu vermeiden. Bei dem in Bremerhaven vorhandenen Untergrund (etwa 20 m Kleischicht) unterliegen die Gleisanlagen im Laufe der Zeit erheblichen Sackungen, welche durch Aufhöhung der Kiesbettung ausgeglichen werden müssen. Sowohl hierin als auch in der allgemeinen Unterhaltung des Oberbaues waren starke, kriegsbedingte Versäumnisse aufzuholen. In der ersten Nachkriegszeit waren häufige Entgleisungen zu verzeichnen, jedoch ist heute für die Hafenbahn das erforderliche Maß an Betriebssicherheit wieder vorhanden. Neben dem Gleiskörper sind die Sicherungsanlagen wieder instand gesetzt und mehrere Stellwerke und Postenhäuser in massiver Bauweise neu erstellt. An der im Lageplan Abb. 71 mit Nr. 8 bezeichneten Stelle ist ein neues Bahnhofsdienstgebäude erbaut, welches am Ausfahrtgleis des neuen Rangierbahnhofs Kaiserhafen im Schwerpunkt des Hafenbahnbetriebes zu liegen kommt, der sich nach den neueren Hafenbecken, den Kaiserhäfen II und III sowie der Columbuskaje verlagert hat. Durch einen ungehinderten Einblick in die Rangiergleise des Hafenbahnhofs und die Hauptzuführungsgleise zu den Stückgutschuppen und Umschlagkajen soll der Rangierleiter einen besseren Überblick erhalten. Es ist ferner beabsichtigt, zur Leistungssteigerung demnächst den Rangierfunk einzuführen.

Ähnlich wie bei den Gleisanlagen unterliegen auch die Hafenstraßen untergrundbedingten Sackungen, so daß nach dem Kriege ganze Straßenzüge aufgehöht und umgepflastert werden mußten. Daneben wurden im Zuge der Neubaumaßnahmen neue Straßenzüge und Parkplätze angelegt. Mit Rücksicht auf die vorgenannten Sackungserscheinungen werden die Fahrbahnen für schweren Verkehr als Pflasterstraßen auf Sandbettung ausgeführt. Daneben sind einige Versuchsstraßen unter Verwendung von Trümmerbrocken als Packlage mit Schwarzdecken ausgeführt worden.

Das Bedürfnis nach breiteren Straßen und vor allem Parkplätzen tritt auch in Bremerhaven-Überseehafen immer stärker in den Vordergrund, da sich auch hier eine wachsende Tendenz zur Verlagerung des Umschlagverkehrs von der Schiene auf das Straßenfahrzeug bemerkbar macht. Die räumlichen Verhältnisse an den Stückgutschuppen und den Haupthafenstraßen werden es jedoch ohne Schwierigkeiten ermöglichen, dieser Entwicklung durch Verbreiterung der Straßen und Einpflasterung der landseitigen Schuppengleise Rechnung zu tragen.

Kajenbauwerke. Die den wachsenden Wassertiefen entsprechende Entwicklung der in Bremerhaven üblichen Kajenbauweisen von der schmalen Bockpfahlkonstruktion mit hölzerner Spundwand an den Kaiserhäfen I, II und III bis zur modernen Kaje mit breiter Stahlbeton-Rostplatte und vorderer Stahlspundwand, wie sie beim Bau der Nordschleuse verwendet wurden, ist in früheren Veröffentlichungen bereits dargestellt. Diese Kajenbauweisen haben sich ausgezeichnet bewährt, so daß sie auch bei neueren Kajen als Vorbilder dienen können. So wurde bei der im Kriege begonnenen Verlängerung des Kaiserhafen II im Prinzip der gleiche wie schon im älteren Teil vorhandene Kajenquerschnitt verwendet. Nur wurde der Pfahlrost von Ordinate + 1,00 auf Ordinate + 2,00 über B.P.N. zur Verminderung des Bodenaushubs gelegt (Abb. 72). Die Kosten für das reine Kajenbauwerk haben 2200,— RM/lfd. m betragen (Baujahr 1939/40). Die fehlende Anschlußstrecke (Nr. 2 im Lageplan Abb. 71) zwischen dem alten und neuen Kajenbauteil wurde im Jahre 1948 ausgeführt.

Die alten Hafenkajen mit schräg angeordneter vorderer Spundwand waren noch mit horizontalen und vertikalen Reibehölzern versehen, die mangels ausreichender Unterhaltung stark abgängig waren und mit ihren oft vorstehenden Verankerungsbolzen eine Gefahr für die anlegenden Schiffe bildeten. Es wurden deshalb an allen Kajen die noch vorhandenen Reibehölzer mit ihren Ankerbolzen entfernt und statt dessen Schwimmfender mit nur senkrechter Verbolzung in der aus Abb. 73 ersichtlichen Konstruktion aus Kiefernholz angeordnet, deren Breite sich aus der Reichweite der vorhandenen Kajenkräne und der Neigung der vorderen Spundwand ergab und möglichst so groß sein soll, daß die anlegenden Schiffe die Spundwand nicht mehr berühren. Bei den besonders durch die Schlepper stark beanspruchten Fendern in den Schleusenkammern wird jedoch von der sonst aus Holzersparnisgründen angewendeten aufgelösten Bauweise wieder zur völligen Bauweise übergegangen.

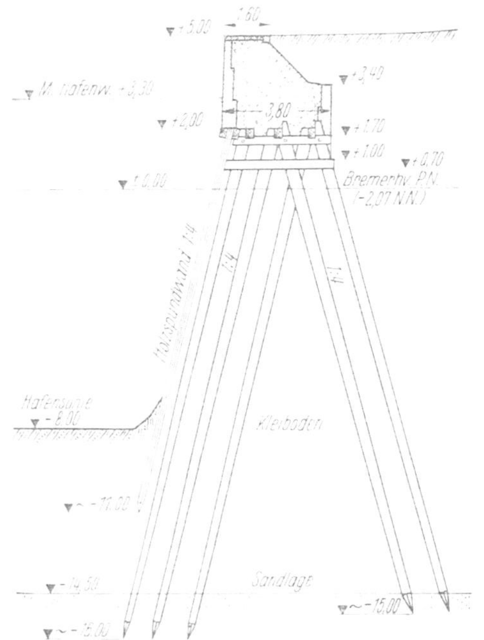

Abb. 72. Kajenquerschnitt Verlängerung Kaiserhafen II (Baujahr 1939/40).

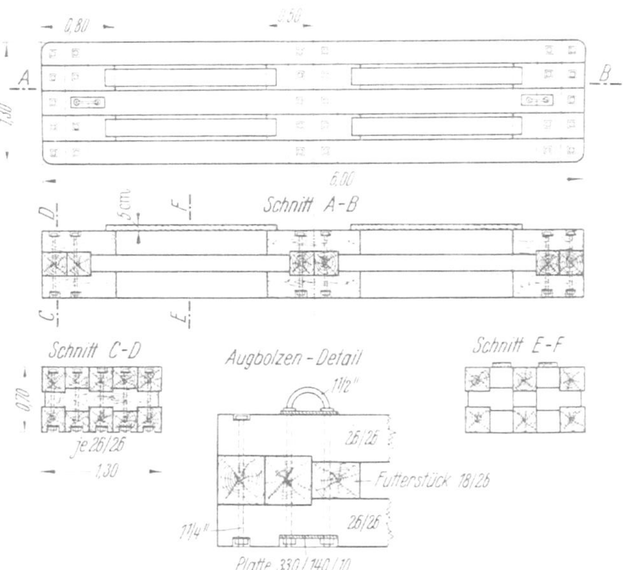

Abb. 73. Schwimmfender.

Neben der Wiederherstellung des auf 420 m Länge vorgebauten hölzernen Bohlwerkes an der Ostkaje des Neuen Hafens (Abb. 74) wurde im Jahre 1948 auf etwa 280 m Länge das veraltete Bohlwerk (Abb. 75) im Verbindungshafen durch Verbreiterung und Verstärkung des vorhandenen hölzernen Pfahlrostes und Ersatz des abgängigen hölzernen Überbaues durch eine Stahlbetonwinkelmauer verstärkt und vertieft und durch den Einbau von Ölleitungen in Verbindung mit den vorhandenen Tankanlagen an der Columbuskaje für den Ölumschlag ausgebaut (siehe Nr. 1 im Lageplan Abb. 71). Die Baukosten betrugen einschließlich der Hinterfüllung, jedoch ohne Pflasterung und Rohrleitungen 2253,— DM/lfd. m Kaje.

Im Zuge von Notstandsbaumaßnahmen wurden die im Lageplan Abb. 71 mit Nr. 5 bezeichneten zusammen 1100 m langen Kajen der Kaiserhäfen I und III, welche noch mit einer landseitigen Rampe versehen waren, durch Tieferlegung der Kajenoberkante auf das Niveau der Straßen- und Gleisanlagen ihrer neuen Verwendung als Reparatur- und Ausrüstungskajen mit bequemer Zugänglichkeit durch Straßenfahrzeuge bis direkt ans Schiff angepaßt.

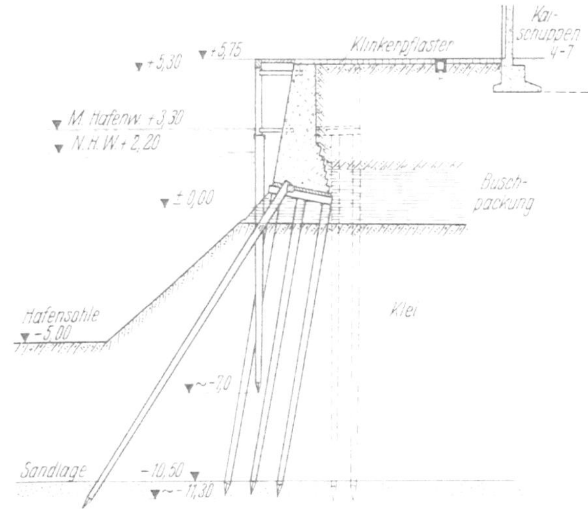

Abb. 74. Bohlwerk vor der Ostkaje Neuer Hafen.

Für den Bau der nachstehend noch zu beschreibenden Fahrgastanlage wurde eine vorläufige Verstärkung der Standsicherheit der 1895 gebauten westlichen Vorhafenkaje wegen der vermehrten Auflast durch die notwendige Geländeerhöhung bei gleichzeitiger Vertiefung der Hafensohle um 1 m erforderlich. Diese wurde durch den Einbau einer Grundwasserentlastungsanlage hinter der Kaje erzielt, die aus drei Rohrbrunnen mit elektrischen Tiefpumpen besteht, welche den Grundwasserspiegel hinter der Kaje und zugleich den vorhandenen artesischen Wasserdruck in der Sandschicht so weit herabsetzen, daß ein Wasserüberdruck hinter der Kaje vermieden wird (Abb. 76). Die seit 1949 in Betrieb befindliche Anlage hat bis jetzt hinreichend funktioniert, wobei die Einzelpumpleistung der Brunnen so bemessen war, daß zeit-

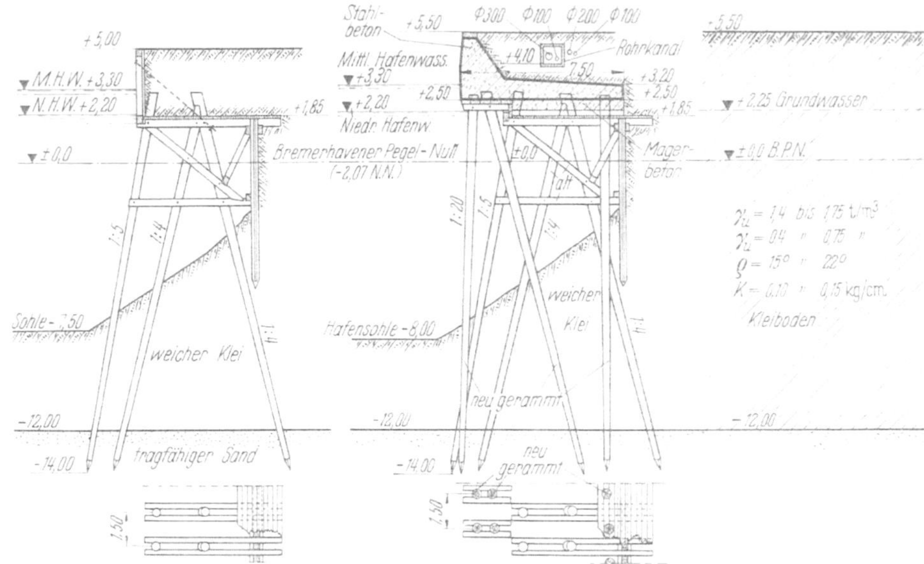

Abb. 75. Ölkaje im Verbindungshafen (Baujahr 1948).
Verstärkung des Pfahlrostes und Aufbau einer Stahlbeton-Kaimauer.

weilig ein Brunnen zu Reparaturzwecken der Pumpen ausgesetzt werden konnte. Da das Kajenbauwerk selbst jedoch etwa 60 Jahre alt und mehrfach von starken Rissen durchzogen, auch die vordere hölzerne

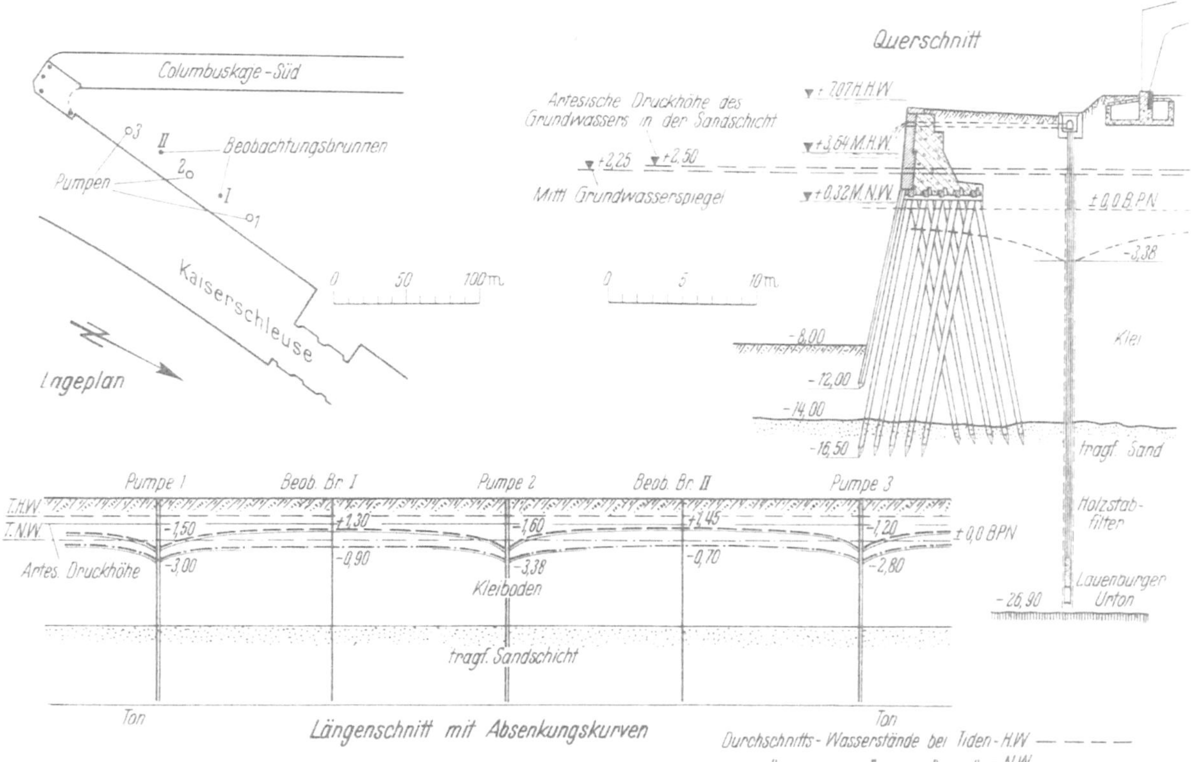

Abb. 76. Grundwasserentlastungsanlage an der Vorhafenkaje-West der Großen Kaiserschleuse.

Spundwand größtenteils abgängig ist, soll die Kaje demnächst durch den Vorbau einer Stahlspundwand mit zusätzlicher rückwärtiger Verankerung endgültig verstärkt, dabei von + 6,50 auf + 7 m erhöht und die Wassertiefe auf —10,00 S.K.N. gebracht werden.

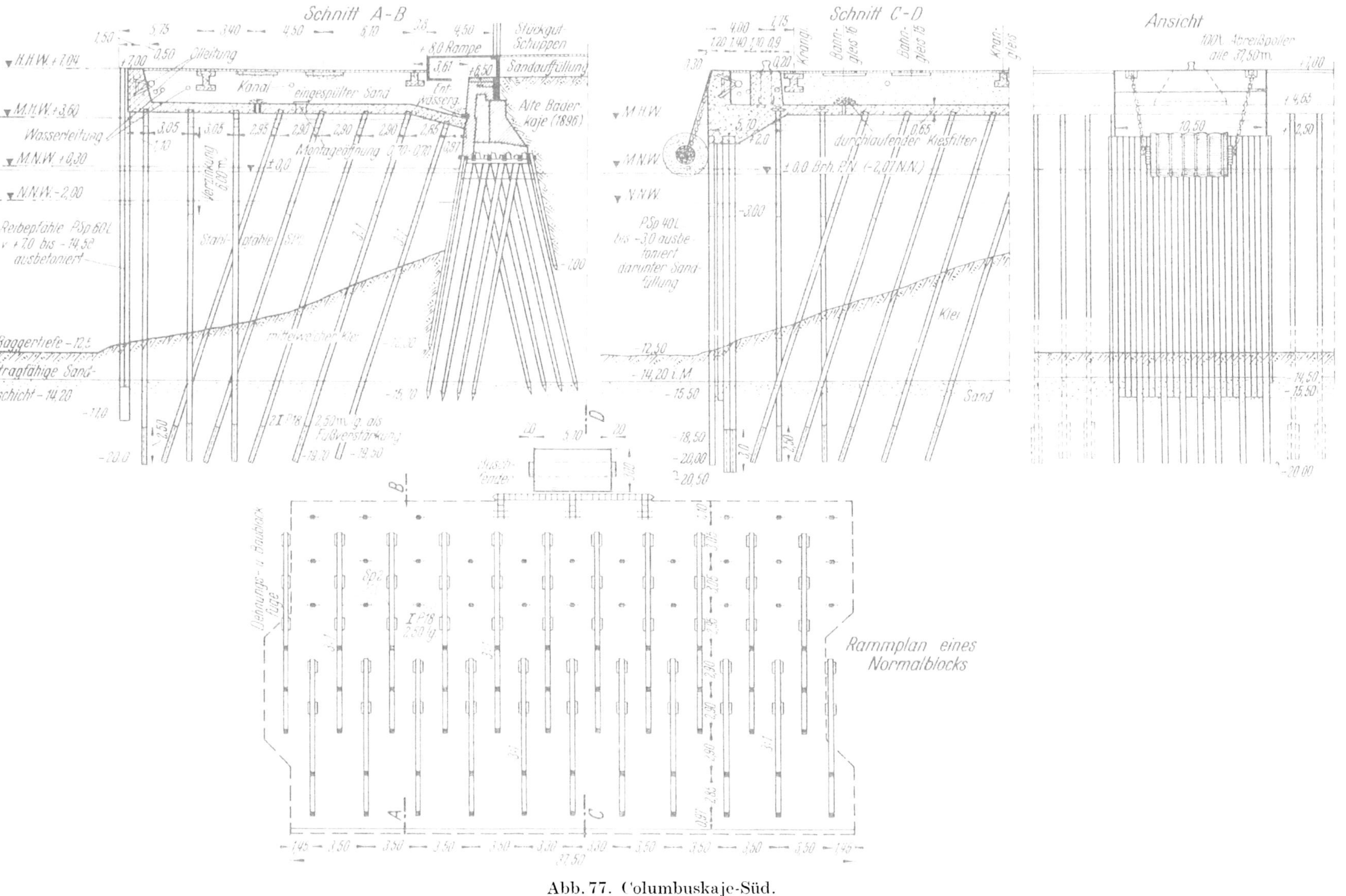

Abb. 77. Columbuskaje-Süd.

Ebenfalls im Zuge der Planung für die Fahrgastanlage wurde die Columbuskaje um 250 m im Bereich der früheren Bäderkaje durch den Vorbau eines neuen Kajenbauwerks zur Schaffung eines neuen Liegeplatzes mit einer Wassertiefe von 12,50 m u. S.K.N. verlängert (Abb. 77). (B.P.N. = S.K.N. —0,09 m).

Die vorne offene Kaje besteht aus vier gleichen Blöcken von je 37,50 m Länge und 23 m Breite und zwei Sonderblöcken, die den Übergang zu den vorhandenen Bauwerken bilden. Nach Prüfung verschiedener Vorentwürfe wurde im Interesse einer wirtschaftlichen und schnellen Bauausführung eine Kaje auf hohem Pfahlrost gewählt, wobei die Rostplatte auf + 4 m über B.P.N., d. h. oberhalb dem mittleren Hochwasser gelegt wurde, um bei der Bauausführung vom Tidebetrieb möglichst freizukommen. Jeder Block steht auf 83 Stahlpfählen aus dem kastenförmigen Profil Sp 2 und drei Pfählen aus zwei Peiner Spundbohlen Profil 40 L. Von den in acht Reihen gerammten Kastenpfählen wurden fünf Reihen unter der Neigung 3 : 1 gerammt. Die von diesen Pfählen ausgeübten Horizontalkräfte drücken das neue Bauwerk gegen die Wesermauer, bewirken somit eine zusätzliche Abstützung dieser Mauer und sind so groß, daß auch die Pollerzüge mit ausreichender Sicherheit aufgenommen werden. Die nur 65 cm starke Rostplatte des Überbaues wurde als elastische Platte gerechnet. Sie trägt die Hinterfüllung und die Verkehrslasten. Nach vorn hin ist sie durch eine im Mittel 1,25 m starke Betonwand abgeschlossen, die in der Mitte jeden Blockes auf 10,50 m Länge zur Aufnahme der mit 200 t angenommenen Schiffsstöße verbreitert und nach unten verstärkt ist. Auf diesem verstärkten Teil ist ebenfalls das Fundament des 100-t-Pollers angeordnet. Die Fenderschürze besteht aus einer Spundwand mit Peiner Spundbohlen 40 L. Der Anschluß der Fenderschürzen-Spundwand ist konstruktiv so ausgebildet, daß lotrechte Lasten von der Kaje auf die Spundwand nicht übertragen werden können. Die lotrechten Lasten werden im Bereich der Spundwandschürze durch die hinter ihr angeordneten Querwandpfähle übertragen. Zu beiden Seiten der Fenderschürze sind in 14,15 m Abstand von Blockmitte besondere Reibepfähle aus Peiner Spundwand, Profil 60 L, mit Pfeilerabschlußblechen angeordnet. An diese in Mauernischen bis Oberkante Kaje reichenden Reibepfähle sind Steigeleitern angeschlossen, von denen die in der Mauer angebrachten Baggerbügel erreicht werden können.

Um die Tragfähigkeit der Stahlpfähle zu erhöhen, wurden diese auf Grund von Proberammungen und Belastungen mit Flügeln versehen und etwa 5,50 m in den Sandboden gerammt. Ihre Länge beträgt etwa 25 m und die Flügel der Kastenpfähle 2,50 m, die der Peiner Pfähle 3 m. Die zulässigen Pfahllasten wurden für die Sp-2-Pfähle auf 85 t und die P Sp 40 L auf 115 t festgesetzt.

Als Nutzlast wurde für die Kaje eine gleichmäßig verteilte Last von 2 t pro m^2 angenommen und der Pfahlabstand so gewählt, daß die Tragfähigkeit der Pfähle 1. ausgenutzt und 2. die Beanspruchungen der Rostplatte möglichst gleichmäßig verteilt werden. Um eine Verstärkung des Pfahlrostes infolge der Kranlasten zu vermeiden, wurden die Fundamente der Kranbahn so ausgebildet, daß sich die Lasten aus den Raddrücken ausreichend verteilen.

Als Baustoff für die Pfähle wurde Stahl gewählt, weil bei den erforderlichen Längen und den wechselnden Wasserständen Holzpfähle ausscheiden und Stahlbetonpfähle wegen ihres großen Gewichtes und der bei der Handhabung derselben bestehenden Bruchgefahr einerseits und der zeitraubenden Herstellungsdauer und dem mangelnden Platz für ihre Anfertigung an der Baustelle andererseits ausgeschaltet werden mußten. Stahlpfähle boten in diesem Falle die beste Gewähr für eine schnelle und sichere Bauausführung. Da sich Stahl im Seehafenbau in Form der Spundwände bereits seit langem bewährt hat und Untersuchungen an der in den Jahren 1924—1927 gebauten und nachträglich mit einer Stahlspundwand verstärkten Columbuskaje ergeben haben, daß praktisch auch in dem am meisten gefährdeten Bereich unter der Niedrigwasserlinie keine ernstliche Abrostung stattgefunden hat, bestanden gegen die Verwendung der Stahlpfähle keine grundsätzlichen Bedenken. Als Korrosionsschutz wurden die Pfähle auf 6 m Länge im Bereich der Korrosionszone spritzverzinkt und auf ganzer Länge mit Sand verfüllt.

Die Baukosten betrugen etwa 10000,— DM/lfd. m Kaje (1950) einschließlich Kranbahn und Pflasterung.

Bevor mit der Verlängerung der Columbuskaje begonnen werden konnte, wurde die Vorhafenkaje der Großen Kaiserschleuse durch den Vorbau eines neuen Molenkopfes (s. Nr. 6 im Lageplan Abb. 71) um 35 m verlängert, der in seinen äußeren Umrissen auf den späteren Anschluß der neuen Stromkaje sowie auf die geplante Verstärkung der Vorhafenkaje ausgerichtet wurde. Da er zunächst als freistehendes selbständiges Bauwerk und zudem in kürzestmöglicher Zeit ausgeführt werden mußte, ist er als Spundwandkasten mit einer Entlastungsplatte aus Stahlbeton auf Holzpfählen ausgebildet worden (Abb. 78). Diese Entlastungsplatte hat neben der Erddruckermäßigung auf die Spundwand auch die Aufgabe, eine zusätzliche Aussteifung des gesamten Bauwerks herbeizuführen. Mit Rücksicht auf die Stabilität des Gesamtbauwerks und zur Vermeidung von Ankeranschlüssen an den bestehenden alten Molenkopf wurde vor dem letzteren eine Querspundwand angeordnet, so daß der neue Molenkopf nach beiden Hauptachsen statisch als Spundwandfangedamm wirkt. Die Bauwerksgestaltung wurde, abgesehen von den statisch konstruktiven Erfordernissen, ausschlaggebend beeinflußt von den Belangen der Bauausführung, die in den durch Stürme besonders gefährdeten Spätherbstmonaten erfolgen mußte. Mit Rücksicht darauf mußte zur Aussteifung des ins freie Wasser vorzubauenden Spundwandkastens eine besondere zug- und drucksteife Verankerung angeordnet werden. Zur weiteren Entlastung der stählernen Spundwand und zur Ver-

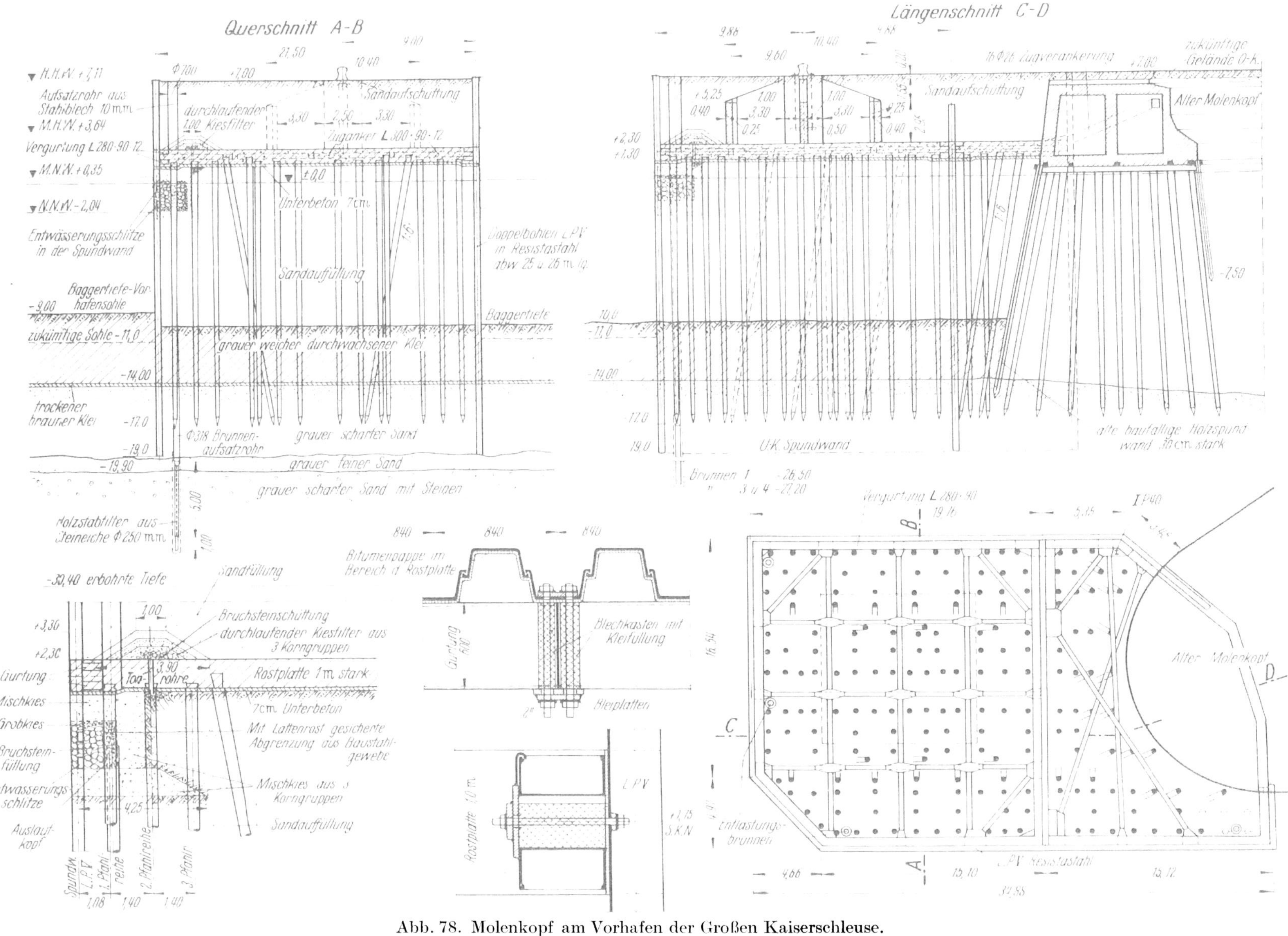

Abb. 78. Molenkopf am Vorhafen der Großen Kaiserschleuse.

stärkung des Erdwiderstandes vor der Wand wurden innerhalb des Molenkopfes dicht hinter der Spundwand vier Grundwasser-Entlastungsbrunnen angeordnet, die in Verbindung mit einer sorgfältig eingebrachten Filterschicht aus drei verschiedenen aufeinander abgestimmten Körnungen als Überlaufbrunnen durch Öffnungen in der Spundwand wirken und den Auftrieb aus dem in der unteren Sandschicht vorhandenen artesischen Wasserdruck herabsetzen. Der Raum oberhalb der Entlastungsplatte wird ebenfalls unter Filterschutz nach unten entwässert. Der Anschluß der Spundwand an die steife Verankerung, die später in die Entlastungsplatte einbetoniert wurde, erfolgte mit Achse auf Quote + 1,75 m B.P.N. mit einer Spezialkonstruktion so, daß Setzungsunterschiede zwischen Spundwand und Entlastungsplatte bis zu 6 cm ohne weiteres auftreten können. Diese Anschlußkonstruktion wurde gewählt, um ein Aufhängen der Entlastungsplatte an der Spundwand mit Sicherheit zu vermeiden. Die zulässige Nutzlast der im Mittel 35 cm starken Holzpfähle wurde mit 40 t und in besonderen Fällen mit 45 t festgesetzt. Außer dem Eigengewicht und den Erdauflasten wurde mit einer Verkehrslast von 2 t pro m^2 gerechnet. Dazu kommen noch die Kräfte aus einem innerhalb des Spundwandkastens angeordneten 250-t-Poller, dessen kastenförmiges Fundament mit der Rostplatte verbunden wurde.

Um die Sackung des Auffüllbodens möglichst klein zu halten, wurde der Baugrund des Molenkopfes zuerst bis etwa —10 m B.P.N. von weichen Schlammablagerungen befreit.

Baukosten: 1 Mill. DM (1949).

Sonstige Hafenbauten. Neben dem Wiederaufbau von zwei stählernen und einer hölzernen Landungsbrücke (Nr. 4 des Lageplans Abb. 71) ist noch zu erwähnen die Deichbegradigung im Bereich der früheren „Kleinen Kaiserschleuse". Um für eine Reederei neues Gelände mit Kajenfront am Kaiserhafen zur Verfügung stellen zu können, wurde diese im Querschnitt Abb. 79 dargestellte Deichbegradigung unter

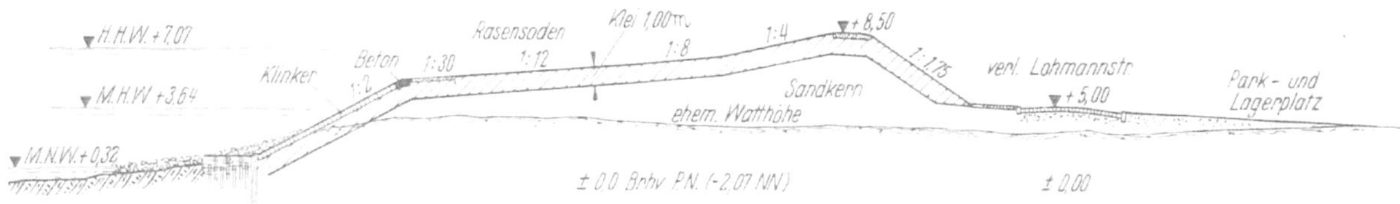

Abb. 79. Deichbegradigung im Bereich der zugeschütteten Kleinen Kaiserschleuse (Querschnitt).

gleichzeitigem Abbau der alten Deichanschlüsse und Beseitigung der Schleusenmauern bis auf das Niveau des Hafengeländes durchgeführt. Das neue Deichstück wurde aus einem Sandkern aufgebaut, der mit einer 1 m dicken Kleischicht abgedeckt ist. Das so neu eingedeichte und planierte Hafengelände ermöglichte den im Lageplan Abb. 71 unter Nr. 11 eingezeichneten Neubau für die Reederei und zugleich eine Verbesserung der Straßenführung durch die Verlängerung der Lohmannstraße, welche in Verbindung mit dem Ausbau des Binnentores der Kaiserschleuse für den Verkehr von Kraftfahrzeugen und der Straßenüberführung über das Schleusenhaupt der neuen Schleuse in Form eines Erddammes als Hauptzuführungsstraße für die Fahrgastanlage an Bedeutung gewonnen hat.

Hochbauten. Neben der baupolizeilichen Bearbeitung der privaten Bauvorhaben und dem eigenen Wiederaufbau verschiedener anderer Gebäude hat sich die Hochbautätigkeit der Hafenbauverwaltung vornehmlich auf die Grundinstandsetzung der noch erhaltenen Schuppen und ihre Modernisierung, auf die Erweiterung der Bananenumschlaganlage und den Wiederaufbau der Fahrgastanlage konzentriert.

Während der Wiederaufbau der Schuppen F und G noch zurückgestellt werden mußte, und der Schuppen 17 als einer der zuletzt gebauten (1928) baulich noch im besten Zustand war, mußten an den Schuppen 15, 16 und A, B, C, umfangreiche Grundinstandsetzungen vorgenommen werden.

Diese ursprünglich für den Baumwollumschlag eingerichteten Schuppen dienen jetzt dem Stückgutumschlag vornehmlich für die Versorgung der amerikanischen Truppen. Für diese Art des Güterumschlags reichen die im übrigen zum Teil stark baufälligen Schuppenbetriebsgebäude, welche in Schuppenmitte zwischen der wasserseitigen Rampe und dem Schuppenhof angeordnet sind, nicht mehr aus. Zur Vermehrung der Betriebsbüros und der Sozialräume für die Kaiarbeiter werden die bisher einstöckigen Zwischenbauten nacheinander abgebrochen und durch zweistöckige, vollunterkellerte Bauwerke ersetzt, welche im Kellergeschoß die Heizung und Fahrradunterstände, im Erdgeschoß Betriebsbüros und im 1. Stock Aufenthalts-, Umkleide-, Wasch- und Duschräume enthalten.

Für die Vermittlung der Hafenarbeiter ist am Nordende vom Schuppen 17 ein besonderes Gebäude in Ausführung, das neben einer in seiner Mitte gelegenen großen Wartehalle für 1000 Mann in dem U-förmig darum angeordneten zweigeschossigen Baukörper im Erdgeschoß Büros und Schalterräume für den Hafenbetriebsverein und das Arbeitsamt und im Obergeschoß Geschäftsräume für Stauerei und Speditionsfirmen erhält (Nr. 9 im Lageplan Abb. 71).

Die Bananenumschlaganlage (Nr. 10 im Lageplan Abb. 71) wurde gründlich instand gesetzt und für die heutigen Verhältnisse zum Teil umgebaut und erweitert. Durch Einpflasterung des in den Schuppen führenden Ladegleises wurde dem vermehrten Umschlag von Schiff auf Lastkraftwagen (Thermoswagen) Rechnung getragen. Das hölzerne Bohlwerk der anschließenden Laderampe wurde durch eine Stahlbetonwinkelstützmauer ersetzt. Der mit Paternosterwerken und horizontalen Förderbändern bewerkstelligte Umschlagbetrieb vom Schiff direkt in Waggon hat sich gut bewährt.

Während die vorgenannten Hochbauten technisch keine Besonderheiten aufweisen, soll im folgenden der Wiederaufbau der Fahrgastanlage eingehender dargestellt werden.

3. Der Neubau der Fahrgastanlage.

a) Die generelle Planung.

Da die Columbuskaje auf ihrer ganzen Länge von der Besatzungsmacht in Anspruch genommen wurde, mußte der Gedanke des Wiederaufbaues des ehemaligen Columbusbahnhofs aufgegeben werden.

Um zeitraubende Schleusungen im Interesse einer notwendigen schnellen Abfertigung der Passagierdampfer zu vermeiden, kam als Liegeplatz für die Dampfer nur eine Anlegestelle am offenen Wasser in Betracht, und um ein bei jeder Strömungsrichtung und jedem Tidestand mögliches Anlegen der Dampfer

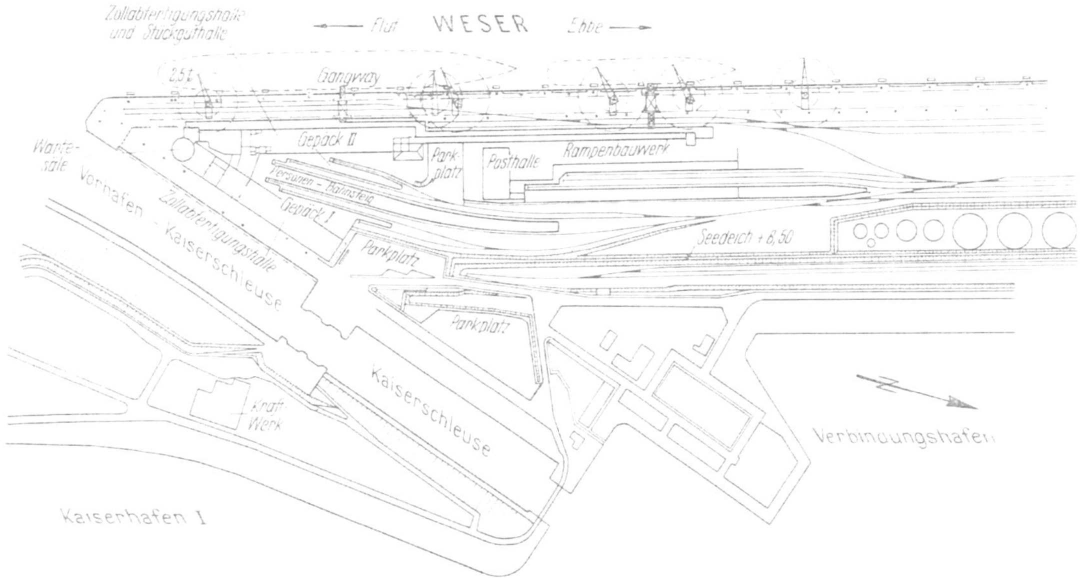

Abb. 80. Lageplan der neuen Fahrgastanlage.

zu erreichen, mußte bei der Planung von vornherein eine Kaje am freien Weserstrom vorgesehen werden. Da jedoch die 53 Jahre alte Wesermauer südlich der Columbuskaje wegen ihrer unzureichenden Wassertiefe und ihres mangelhaften Bauzustandes als Liegeplatz zunächst ausscheiden und erst durch den Vorbau einer neuen Kaje (siehe Abschnitt Kajenbauwerke) mit ausreichender Wassertiefe ersetzt werden mußte konnte zunächst nur auf die westliche Vorhafenkaje der „Großen Kaiserschleuse“ zurückgegriffen und, um den Bau der neuen Kaje vor der alten Wesermauer nicht zu behindern, mußte auch die erste Abfertigungshalle zunächst entlang der Vorhafenkaje gebaut werden, welche dann nach Fertigstellung der neuen Kaje durch den Bau einer zweiten Abfertigungshalle mit Front zum Weserstrom zu erweitern war. Der Nachteil, daß der Vorhafen für große Schiffe nur bei Flutstrom zu erreichen ist, mußte vorerst in Kauf genommen werden.

Entsprechend dem spitzen Winkel, welchen die Vorhafenkaje mit der Flucht der Columbuskaje bildet, ergab sich für die beiden Abfertigungsgebäude ein V-förmiger Grundrißplan, bei dem es nahelag, die zugehörigen Gleisanlagen mit den erforderlichen Gepäck- und Personenbahnsteigen in der Winkelhalbierenden so anzuordnen, daß sie im Endzustand von beiden Seiten her gemeinsam benutzt werden können, und die erforderlichen Wartesäle und Wirtschaftseinrichtungen für beide Abfertigungsgebäude in der Spitze dieses V-förmigen Gebäudekomplexes zu vereinigen (s. Lageplan Abb. 80).

Die Durchführung des gesamten, mit einem Kostenaufwand von mehr als 10 Millionen DM verbundenen Bauprojektes wurde deshalb in drei zeitlich aufeinanderfolgende Bauabschnitte aufgeteilt, und zwar:

1. Bauabschnitt. Die Abfertigungsanlagen an der westlichen Vorhafenkaje der „Großen Kaiserschleuse“; Sicherung der Vorhafenkaje und ihre Verlängerung durch den neuen Molenkopf.

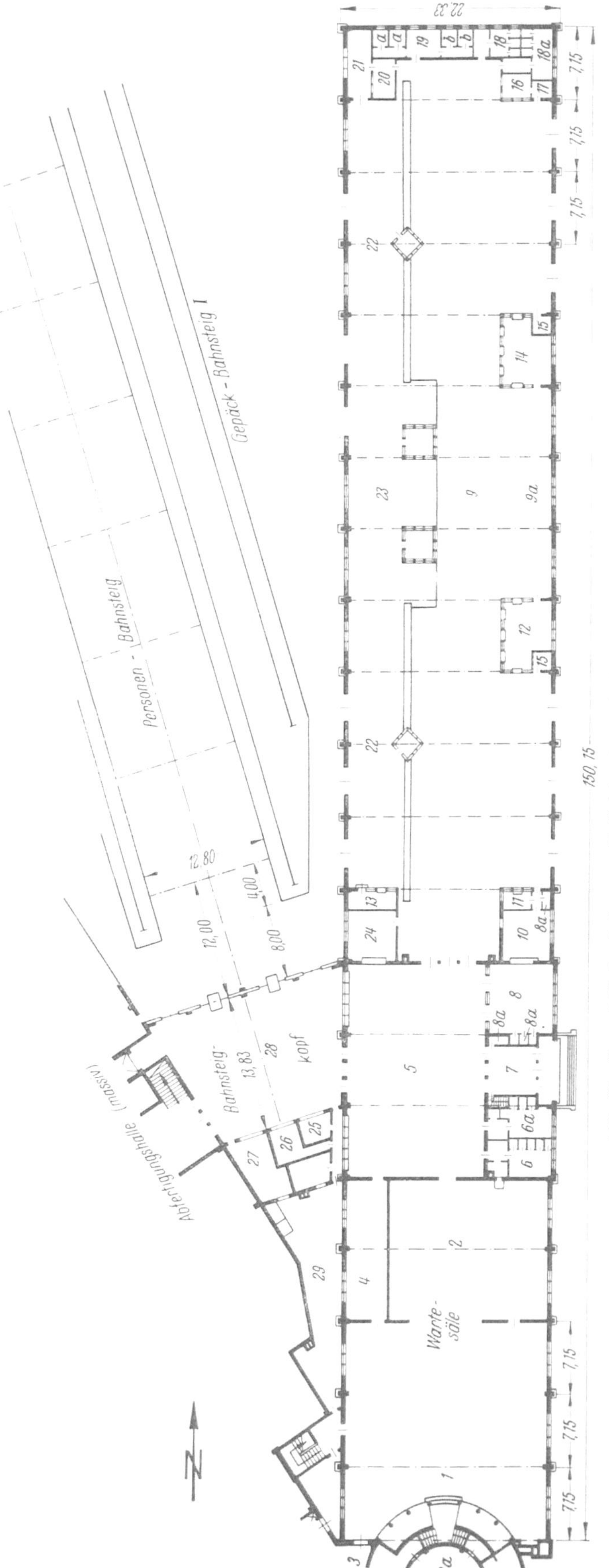

Abb. 81. Grundriß der hölzernen Zollabfertigungshalle des I. Bauabschnittes.
1 u. 2 Wartesäle, 3 u. 3a Restaurant, 4 Wandelgang, 5 Empfangshalle, 6 u. 6a Toiletten, 7 Windfang, 8 Schreibraum, 8a Telefonzellen, 9 u. 9a Abfertigungsraum, 10 u. 11 Posträume, 12 Reisebüro, 13 Zollaufsicht, 14 Geldwechselbüro, 15 Besenraum, 16 Wache, 17 Vorraum, 18 u. 18a Toiletten, 19 Zollbüro, 19a u. b Untersuchungsräume, 20 Schaltraum, 21 Werkraum, 22 Zollabfertigung, 23 Gepäckabfertigung mit Waagen, 24 Handgepäck, 25 Zeitungsstand, 26 Blumenstand, 27 Reiseandenken, 28 Bahnsteigkopf, 29 Hof.

2. Bauabschnitt. Die Verlängerung der Columbuskaje um 250 m nach Süden durch den Vorbau einer neuen Kaje vor der alten Wesermauer.

3. Bauabschnitt. Die Abfertigungsanlage an der Weserseite hinter der neuen Kaje.

Da von vornherein eine Erhöhung des Geländes auf das Niveau der Columbuskaje vorgesehen war, um die neue Bahnhofsanlage hochwasserfrei zu halten und ferner die beabsichtigte Erweiterung in Front zur verlängerten Columbuskaje berücksichtigt werden mußte, kam für den 1. Bauabschnitt auch ein Wiederaufbau des ehemaligen Lloydbahnhofs in seiner früheren Form nicht in Betracht, weil die Gleiszuführung des ehemaligen Bahnhofs sich diesen Forderungen nicht anpassen ließ. Die neue Bahnhofsanlage wurde deshalb an die vorhandene Aufstell- und Rangiergruppe des früheren Columbusbahnhofs so angeschlossen, daß der Betrieb auf der alten Columbuskaje nicht behindert wird.

Um den steigenden Forderungen des Kraftfahrzeugverkehrs zu entsprechen und denselben von dem Verkehr im übrigen Hafengebiet möglichst zu trennen, mußten eine besondere Straßenzuführung über das Binnenhaupt der „Großen Kaiserschleuse" und die Anlage geräumiger Parkplätze bereits im 1. Bauabschnitt vorgesehen werden.

b) Die Bauwerke.

Das Abfertigungsgebäude am Vorhafen. Um außer der vorzunehmenden Geländeaufhöhung die Standsicherheit der Vorhafenkaje möglichst wenig zu beeinträchtigen, andererseits aber auch um eine Tiefgründung wegen der geforderten außergewöhnlich kurzen Bautermine zu vermeiden, wurde das Abfertigungsgebäude des 1. Bauabschnittes in leichter Holzkonstruktion eingeschossig ausgeführt.

Das in seinem Grundriß 150 m lange und 22 m breite Bauwerk enthält in seinem Südende die Wartesäle. Aus den Wartesälen gelangt man durch einen Wandelgang zur großen Empfangshalle, von der aus der Personenbahnsteig und durch das Hauptportal über einen Vorraum die Vorhafenkaje betreten werden können. An die Empfangshalle grenzen ein Raum für die Handgepäckaufbewahrung, ein Schreib- und Postraum mit Telefonzellen sowie Aborträume. Über dem Haupteingang sind Nebenräume des Wirtschaftsbetriebes eingebaut. Eine weitere breite Tür führt in die 92,50 m lange Zollabfertigungshalle mit dem auf der ganzen Länge durchlaufenden Zolltresen, der durch zwei Einbauten für die Gepäckannahme mit den dazugehörigen Schnellwaagen in zwei Hälften unterteilt ist. In der Mitte jeder Hälfte befindet sich ein Schalterraum für die Zollkasse. Gegenüber dem Zolltresen sind zwei weitere unter sich gleichartige Einbauten mit je fünf Schaltern vorhanden, wovon der eine für den Fahrkartenverkauf und Auskunft durch ein Reisebüro, der andere für den Devisenumtausch durch eine Bank bestimmt ist. An jeder Längsseite befinden sich zwei Gruppen von je drei Schiebetoren, durch welche das Passagiergepäck vom Kai in die Halle und von der Halle auf den Gepäckbahnsteig mit Elektrokarren befördert werden kann. Am nördlichen Ende der Halle sind neben weiteren Abortanlagen noch Räume für die Brandwache, die Zolluntersuchung und eine Werkstatt mit Akku-Ladestation für die Elektrokarren untergebracht. Neben dem Postschalter in der Zollhalle ist noch ein Raum für die Rundspruchanlage des Bahnhofes angeordnet (s. Abb. 81 u. 82).

Bei einer Gesamtlänge von 150,50 m, einer frei zu überspannenden Binderstützweite von 22 m, einer Traufhöhe von etwa 6 m und einer Firsthöhe von etwa 8,6 m ergab die Aufteilung 21 Felder mit je 7,15 m Binderabstand.

Mit Rücksicht auf die unsicheren Boden- und Setzungsverhältnisse wurde der Hallenfußboden unter Berücksichtigung eines möglichen Setzmaßes von 30 cm auf Ordinate + 7,30 m B.P.N. angeordnet und als Hauptragelement für die Halle ein statisch bestimmter Dreigelenk-Rahmenbinder mit Zuganker gewählt und die Binderauflager zur Verminderung der Bodenauflast als

Abb. 82. Blick in die 100 m lange Zollabfertigungshalle des I. Bauabschnittes der neuen Fahrgastanlage. Die Dreigelenk-Rahmenbinder haben eine Spannweite von 22 m bei einer Firsthöhe von 8,6 m und einem Binderabstand von 7,5 m.

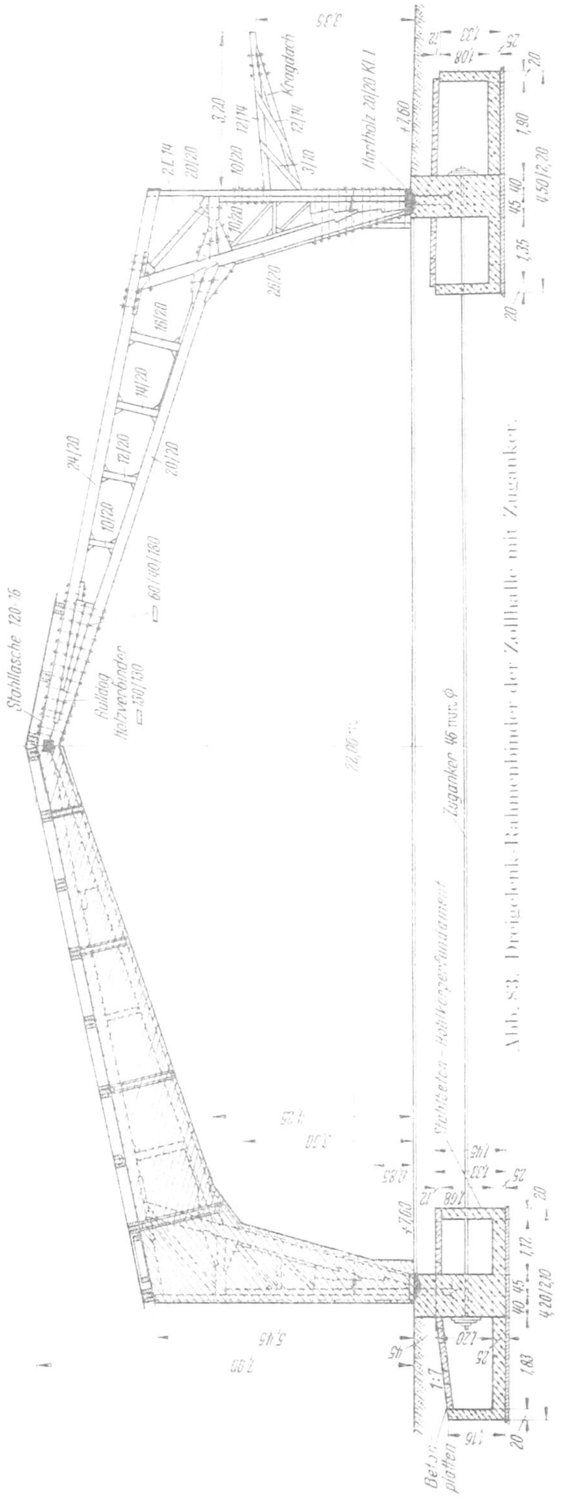

Abb. 83. Dreigelenk-Rahmenbinder der Zollhalle mit Zuganker.

Betonhohlkörperfundamente derart ausgebildet, daß die Bodenpressung den Wert von 0,3 kg pro cm² nicht überschreitet (siehe Abb. 83). In der Gebäudelängsrichtung wurden zwischen den Binderfundamenten Stahlbetonbalken als Auflager für die Fachwerkslängswände angeordnet. Die beiden Giebel wurden als tragende Fachwerkswände für Lot- und Windbelastung ausgebildet. Auf der Bahnsteigseite ist ein um 3,50 m frei aus dem Hauptbinder herausragendes Kragdach angeordnet worden. Die gesamten Innenbauten wurden mit Rücksicht auf die zu erwartenden unterschiedlichen Setzungen von der Außenwand und Binderkonstruktion durch Bewegungsfugen getrennt und ferner die Dachpfetten statisch bestimmt als Gerber-Gelenk-Koppel-Pfetten ausgebildet. Als Dachschalung wurden 24 mm starke, gespundete Bretter gewählt und der Pfettenabstand unter Ausnutzung der Mehrtragfähigkeit durch die Spundung auf 1,385 m festgelegt. Wegen des vorzusehenden späteren Wiederabbaues des 1. Feldes für den Anschluß an das im 3. Bauabschnitt zu errichtende weserseitige Abfertigungsgebäude wurde der Giebelwindverband am Südende der Halle in das 2. Binderfeld verlegt und die Pfetten des 1. Feldes als Druckstiele ausgebildet. Die architektonisch bedingte Fensterausbildung in den Fachwerklängswänden machte am Nordgiebel einen Zwischenwindverband in etwa halber Traufhöhe notwendig, der gleichzeitig die Decke über den hier vorhandenen Innenräumen bildet und sich in den Zwischenwänden auf das Giebelfundament abstützt. Die Fachwerklängswände wurden so konstruiert, daß sie aus dem Dach keine Lasten erhalten und im allgemeinen die Windkräfte durch lotrechte Stiele auf ein oberes und unteres Auflager abgeben. Das untere Auflager ist eine im Fundamentbalken verankerte Kantholzschwelle; als oberes Auflager wurde ein beiderseitig verbretterter Windlängsträger zwischen der 1. und 2. Pfette angeordnet, der die Windkräfte auf die Hauptbinder überträgt. Der beiderseitig verbretterte Dreigelenk-Fachwerk-Rahmenbinder wurde so konstruiert, daß jede Hälfte in zwei Teilen antransportiert werden konnte (Gewicht jeder Hälfte $\cong$ 1 t). Zur Erzielung einer glatten Außenansicht wurden Bolzen nur in der Binderebene angeordnet, um Stöße und seitliche Laschen auszuschließen. Die Gelenke wurden konstruktiv als echte Gelenke mit Hartholzdruckstücken ausgebildet. Die 2 cm starke gespundete Verbretterung der Binder wurde für die Zugdiagonalen statisch ausgenutzt. Da durch die einseitige Anhängung des Kragdaches eine Wechselkraftausbildung dieser Fachwerkstäbe erforderlich wurde, mußte die obere Eckdiagonale aus drucksteifen 2][14 ausgebildet werden. Die Verankerung der Binderfundamente erfolgte durch eine mit dem äußeren Binderzugstiel verbolzte Stahllasche. Am Kragdach mußte diese Stahllasche durchgehend bis zum Anschluß an die obere Eckdiagonale durchgeführt werden.

Die Personen- und Gepäckbahnsteige. Die beim Personenbahnsteig auf 0,76 m und beim Gepäckbahnsteig auf 1,10 m über Schienenoberkante liegende Plattform der Bahnsteige wird durch Stahlbetonwinkelstützmauern eingefaßt. Die Überdachungen sind als einstielige Schmetterlingsbinder in geschweißter Stahlkonstruktion mit darüberliegenden Gerber-Gelenkpfetten ausgebildet. Die Dacheindeckung besteht aus gespundeter Schalung mit doppelter Papplage. Die Binderstiele sind in entsprechend breiten Fundamentkörpern verankert, wobei die Verankerungskonstruktion vor der Hinterfüllung der Fundamente und Bahnsteigmauern in die Fundamente eingebaut wurde, so daß für die schnelle Montage des Stahlüberbaues eine ebene Fläche zur Verfügung stand. Der Bahnsteigbinder hat beiderseitig eine senkrechte Glasschürze erhalten, um in Verbindung mit den bereitgestellten Zügen auch einen seitlichen Wind- und Wetterschutz für die Passagiere zu gewähren (s. Abb. 84).

Die neue Stromkaje in südlicher Verlängerung der Columbuskaje. Die 250 m lange neue Kaje fügt sich in Fenderhöhe in die Flucht der Columbuskaje ein und schließt somit die bis zum neuen Molenkopf vorhandene Lücke vor der bestehenden Wesermauer. Dadurch wird eine neue Kajenfläche von etwa 24 m Breite vor der alten Wesermauer gewonnen, welche die Verlängerung der mit 14 m Spurweite angelegten Krangleise der Columbuskaje und bei der gegebenen Lichtweite der Vollportale der vorhandenen Krane die Anordnung von zwei Ladegleisen der Hafenbahn sowie eine 5 m breite Fahrspur für Kraftfahrzeuge ermöglicht.

Um eine Kreuzung der Fahrspuren durch die Schiffstrossen zu vermeiden, wurden die Haltepoller vorn auf der Kaje angeordnet. Die in einem gegenseitigen Abstand von 37,50 m stehenden Poller sind als 100-t-Abreiß-Poller ausgebildet. Hinter der vorderen Abschlußmauer der Kaje wurden Öl- und Wasserleitungen zur Versorgung der Schiffe verlegt.

Die durch Weichen untereinander verbundenen Ladegleise sind mit einem Verbindungsgleis an die Gleise der Columbuskaje angeschlossen. Die schienengleiche Kreuzung des Verbindungsgleises mit der landseitigen Kranbahnschiene wurde in einfachster Form dadurch gelöst, daß in den Kreuzungspunkten jeder Schiene des Verbindungsgleises mit der Kranschiene ein kleines Drehscheibensegment, welches von Hand verstellt werden kann, angeordnet wurde.

Die konstruktive Beschreibung des neuen Kajenbauwerks selbst wurde bereits im Abschnitt Kajenbauwerke behandelt.

Das Abfertigungsgebäude an der Weser. Für dieses Abfertigungsgebäude wurde angeordnet, daß es neben der Passagierabfertigung auch dem Stückgutverkehr dienen soll, um auch solche Schiffe abfertigen zu können, welche neben einer mehr oder weniger großen Anzahl von Fahrgästen auch Ladung mit sich führen. Aus dieser Forderung ergab sich notwendigerweise eine zweigeschossige Bauweise, welche zugleich den großen Vorteil hat, daß der Passagierverkehr von dem Ladungsverkehr vollkommen getrennt werden kann.

Wie aus dem Lageplan ersichtlich, gliedert sich das Bauwerk als stromseitiger Schenkel in die schon ursprünglich geplante V-Form ein, ist jedoch entsprechend der Reichweite der Kajenkräne und der Lukenabstände der größten in Frage kommenden Dampfer länger ausgebildet. Das im Grundriß dreiteilige Gebäude besteht aus einem zweistöckigen Mittelteil mit Turm, einem nördlich anschließenden Flügelbau und dem südlichen Anschlußbau an das im 1. Bauabschnitt errichtete Empfangsgebäude. Es erhielt auf der Bahnseite ebenfalls einen 6 m breiten überdachten Gepäckbahnsteig, der gleichzeitig für den Stückgutumschlag von Schuppen auf Waggon dienen soll. Das 2. Ladegleis wurde deshalb so lang wie möglich

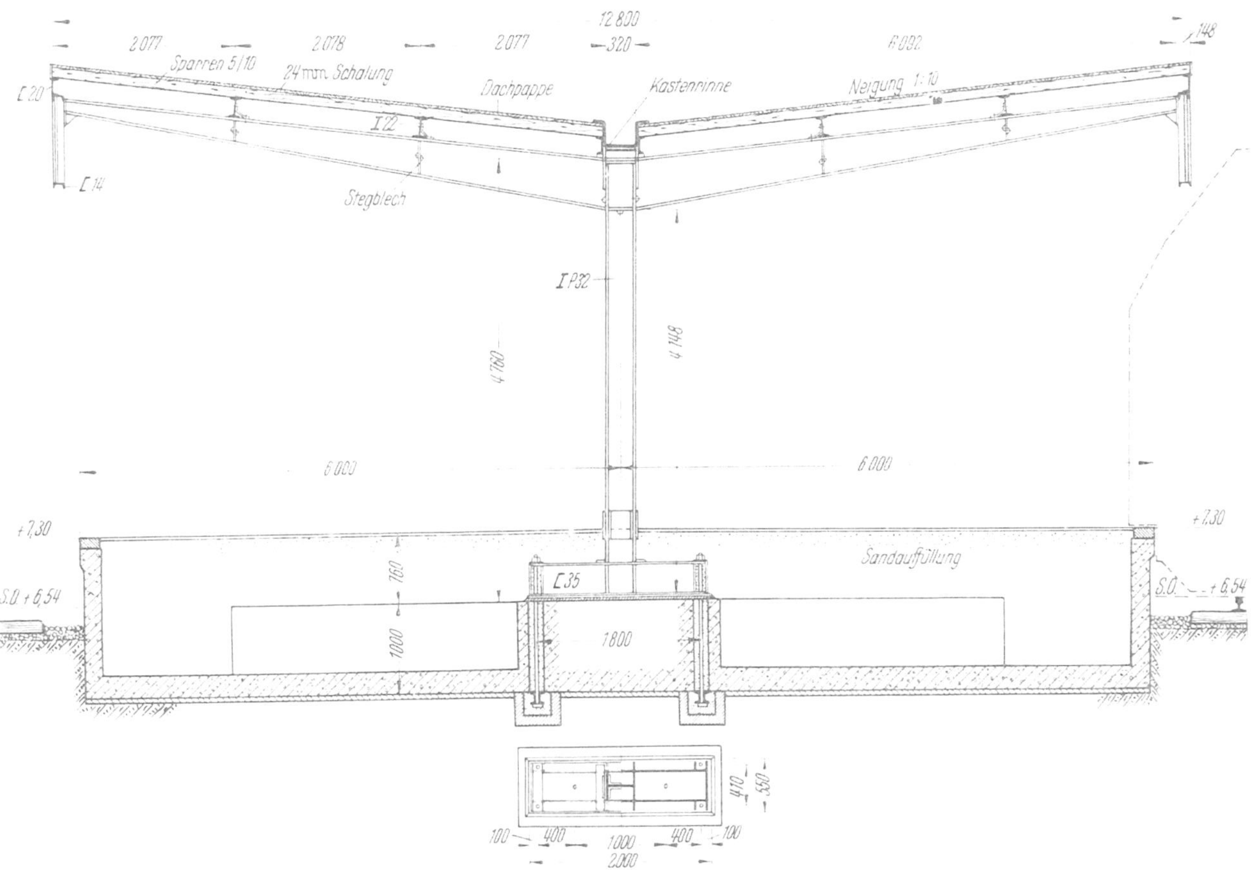

Abb. 84. Querschnitt durch den Personenbahnsteig.

gemacht. Beide Ladegleise zusammen besitzen eine Rampenlänge von 172 m und kommen damit der Stückgutschuppenlänge etwa gleich.

Die Verbindung beider Abfertigungsgebäude unter sich und zu dem Personenbahnsteig wird durch einen besonderen Zwischenbau hergestellt.

Aus den so gegebenen Verhältnissen entwickelte sich mehr oder weniger zwangsläufig die Grundrißgestaltung des neuen Bauwerks, das in seinem 160 m langen Mittelteil im Erdgeschoß die Stückguthalle und in seinem Obergeschoß die Zollabfertigungshalle enthält (s. Abb. 85).

Die sich aus der Lage der Eingangshalle des Abfertigungsgebäudes am Vorhafen in Verbindung mit der Bahnsteighalle (Zwischenbau) und der im Obergeschoß im Bereich des Turmaufbaues des stromseitigen Gebäudes gelegenen Mittelhalle ergebende Achse für den Querverkehr der Fahrgäste teilt dieses Obergeschoß in eine kleinere südliche und die größere nördliche Zollabfertigungshalle. An diese Querachse sind im Erdgeschoß die notwendigen Betriebsräume für den Schuppenvorsteher, die Speditions- und Tallyfirmen sowie für die Zoll- und Bahnbediensteten angelagert. Hier sind auch die Treppenaufgänge vorgesehen, welche die Mittelhalle des Obergeschosses mit der Bahnsteighalle und der kajenseitigen Rampe verbinden. Eine zweite, auf der Kajenseite angeordnete Treppe vermittelt den getrennten Zugang zu den Turmgeschossen.

Bei einer Länge von etwa 12 m für die Mittelhalle, von etwa 43 m für die kleine und etwa 106 m für die große Zollhalle, sowie einer Breite von etwa 20 m erhielten beide Zollabfertigungsräume zusammen eine Grundfläche von etwa 3100 m² und eine Länge von etwa 160 m. Die Zollrevisionshalle am Vorhafen besitzt dagegen nur eine Grundfläche von 91×22 = etwa 2000 m². Die Abfertigungsräume des Ober-

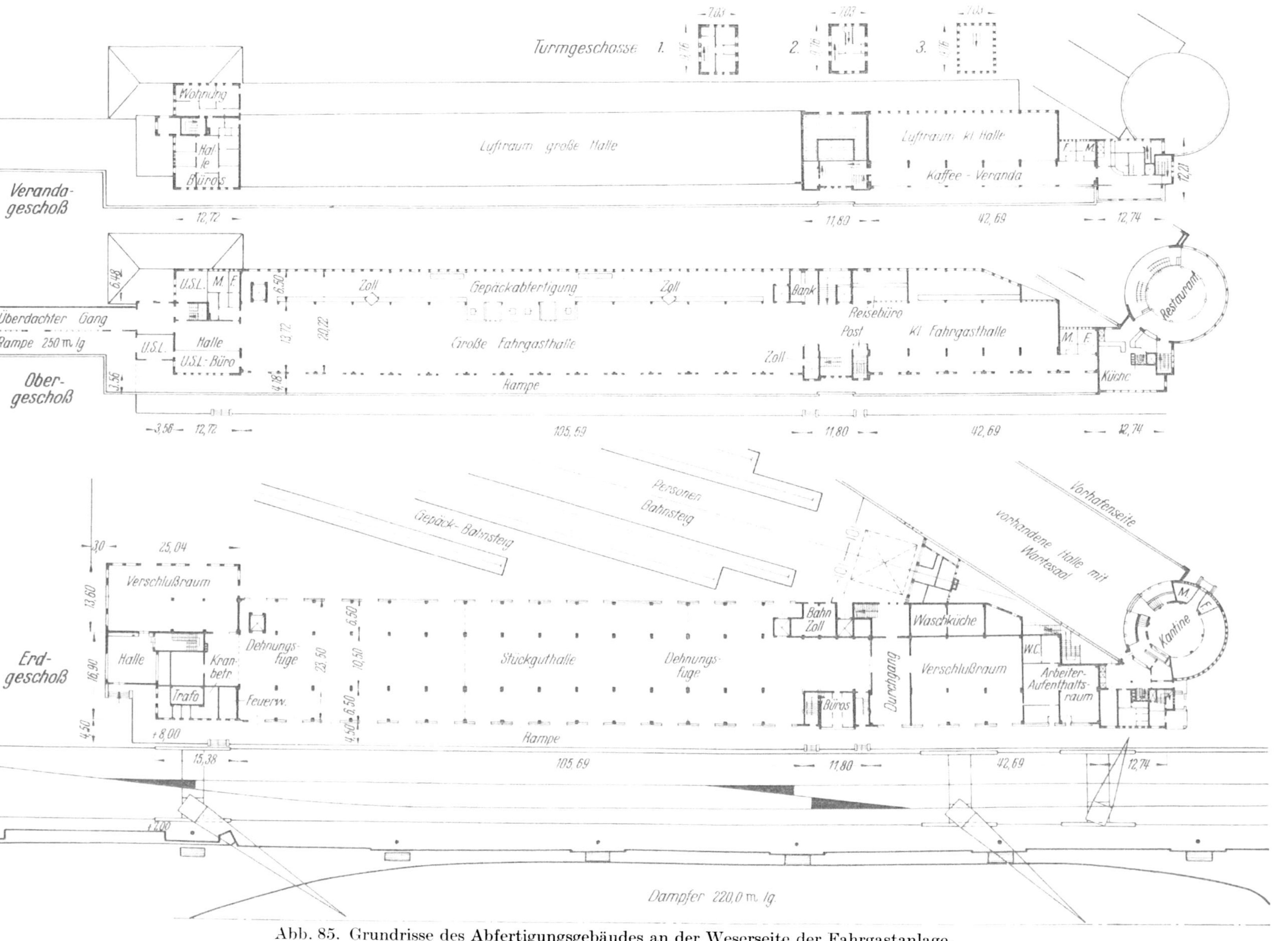

Abb. 85. Grundrisse des Abfertigungsgebäudes an der Weserseite der Fahrgastanlage.

geschosses erhielten in der Flucht der Zwischenstützen je einen durchlaufenden Zolltresen, der in der großen Zollhalle in der Mitte durch zwei Einbauten für die bahnseitige Gepäckabfertigung mit ihren vier Stück symmetrisch und versenkt angeordneten Schnellwaagen in zwei Hälften unterteilt wurde, die ihrerseits wieder durch je eine Zollkasse halbiert wurden (Abb. 86). Unmittelbar hinter der Gepäckabfertigung liegt ein Gepäckförderband zum Gepäckbahnsteig. In der zentral zur großen und kleinen Zollhalle gelegenen Mittelhalle mit dem Treppenaufgang und zwei Fahrstühlen zum Bahnsteig und den Wartesälen sind die Räume für den Devisenwechsel, das Reisebüro mit Fahrkartenverkauf, ein Aufsichtsraum mit Rundspruchanlage, eine Telegamm- und Fernsprechstelle sowie Zolluntersuchungsräume untergebracht.

Abb. 86. Blick in die Zollabfertigungshalle der neuen Fahrgastanlage am verlängerten Columbuskai während der Abfertigung.

Der nördliche Flügelbau enthält in seinem Erdgeschoß einen Stückgutverschlußraum, Nebenräume für Geräte, Kranunterhaltung und eine Feuerwache sowie eine Transformatorenstation. Im 1. Stockwerk befinden sich Büroräume für eine Reederei. Im 2. Stockwerk dieses Flügels wurden eine Hausmeisterwohnung sowie weitere Büroräume untergebracht.

Abb. 87. Blick in das Rundrestaurant des Südkopfes der neuen Fahrgastanlage.

In dem südlichen Anschlußbauwerk liegen in mehreren Stockwerken der Heizungskeller und die Wirtschaftsräume für die Bahnhofsgaststätte und die Wartesäle. Der aus dem Grundriß ersichtliche Rundbau enthält in seinem Erdgeschoß einen von der Kaje unmittelbar zugänglichen Erfrischungs- und Arbeiterspeiseraum und in seinem Obergeschoß einen dritten großen Warte- und Restaurationsraum, der mit seiner weit ausgerundeten Fensterfront einen ausgezeichneten Ausblick auf den Weserstrom und die Hafeneinfahrt gewährt und durch eine doppelläufige Treppe mit den beiden Wartesälen des 1. Bauabschnittes verbunden ist (Abb. 87). Die drei Wartesäle zusammen bieten Sitzplätze für 650 Reisende.

Mit einem besonderen Zugang über das Treppenhaus des Wirtschaftsbauteiles und einem Notausgang zu dem Treppenhaus im Turm versehen, ist schließlich als Zwischengeschoß in der kleinen Zollhalle eine 55 m lange Aussichtsveranda gebaut worden, welche eine durchgehende Fensterfront zur Weser hin erhalten hat (s. Abb. 88).

Abb. 88. Blick in die Aussichtsveranda der neuen Fahrgastanlage.

Der in seiner Grundfläche klein gehaltene Turm enthält in seinen oberen Geschossen Räume für den Pächter des Wirtschaftsbetriebes und in seiner Spitze eine gedeckte Aussichtsplattform und bildet — im Schnittpunkt der Verkehrsachsen gelegen — den architektonisch betonten Schwerpunkt der Gesamtanlage

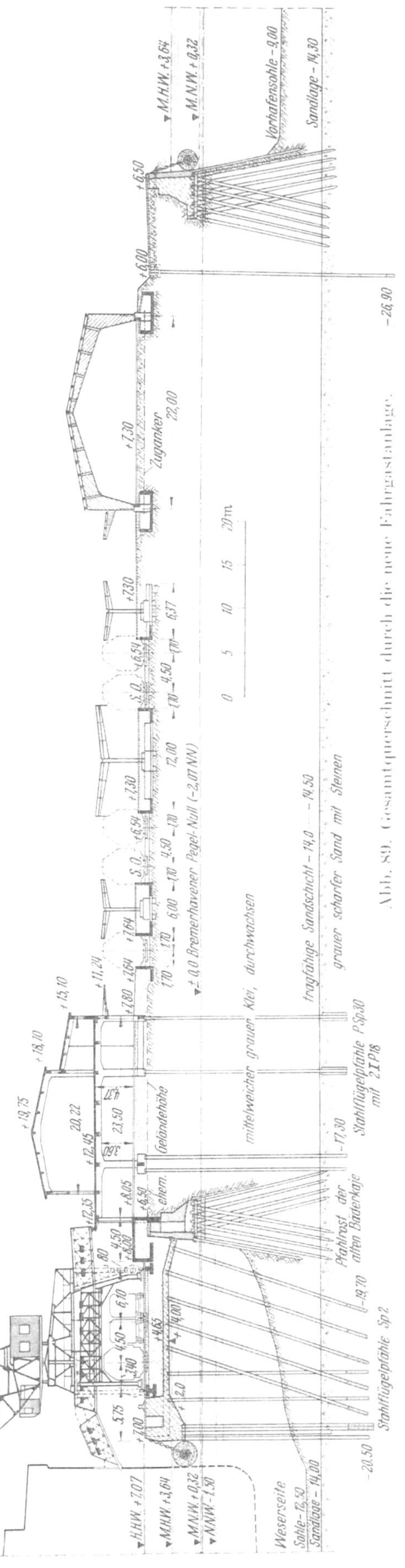

Abb. 89. Gesamtquerschnitt durch die neue Fahrgastanlage.

und für die ankommenden Dampfer und ihre Fahrgäste ein von weither sichtbares Wahrzeichen ihres Bestimmungshafens.

Wie aus dem Gesamtquerschnitt (Abb. 89) ersichtlich, erhielt das Erdgeschoß auf der Weserseite eine 4,50 m breite Rampe und das Obergeschoß eine um 3,60 m gegen die untere zurückgesetzte Rampe von 4 m Breite. Auf der Bahnseite ist wie beim 1. Bauabschnitt ein um 3,50 m ausladendes Kragdach angeordnet.

Die untere Rampe dient zur Aufnahme der Stückgutladung von Schiff auf Schuppen mittels der Kajenkräne, wie auch dem Umschlag von Schuppen auf Lastkraftwagen. Bei einer Höhenlage der Kajenfläche von + 7,00 B.P.N. wurde die vordere Oberkante der Rampe auf + 8 m gelegt, so daß sich für den Lkw.-Umschlag eine Rampenhöhe von 1 m ergibt. Bei der gegebenen Höhenlage der landseitigen Ladegleise von + 6,54 m und der für den Waggonumschlag benötigten Rampenhöhe von 1,10 m über S.O.K. ist die bahnseitige Laderampe auf + 7,64 m zu liegen gekommen.

Das Schiff wird mit der im Obergeschoß liegenden Zollabfertigungshalle durch zwei in Längsrichtung der Kaje fahrbare und gedeckte Landestege verbunden, so daß eine Kreuzung des Passagierverkehrs mit den Ladegleisen der Kaje entfällt, und die Anlandung der Fahrgäste sowie das Löschen der Frachtladung wie in den meisten neueren Passagierhäfen gleichzeitig und ohne gegenseitige Behinderung vor sich gehen können.

Der im Mittel 4,37 m hohe Stückgutschuppen wird auf beiden Seiten durch durchlaufende Stahlfensterbänder größtmöglicher Flächenausdehnung und auf der Landseite außerdem durch ein Oberlichtband über dem Kragdach gut belichtet. Der Schuppenfußboden wie die untere Rampe wurden für 2 t/m^2 Nutzlast bemessen; die Geschoßdecke und obere Rampe für 1000 kg/m^2.

Bei der zweigeschossigen Bauweise kam nur eine massive Ausführung mit Pfahlgründung in Frage. Konstruktiv gliedert sich das Bauwerk in fünf durch Bewegungsfugen getrennte Einzelbauwerke auf:

1. Die große nördliche Fahrgasthalle,
2. Die südliche Fahrgasthalle mit eingebautem Zwischengeschoß als Aussichtsveranda,
3. Das Turmgebäude zwischen diesen beiden Hallen,
4. Der Nordkopf,
5. Der Südkopf mit Rundbau.

Die nördliche Halle ist ein zweigeschossiges Stahlbeton-Skelett-Gebäude. Das Dach ist mit Bimsdielen auf vorfabrizierten Stahlbetondurchlaufpfetten eingedeckt. Die Geschoßdecke ist eine Stahlbetonplatte auf Längsunterzügen und erhielt einen Hartgußasphaltbelag. Der Erdgeschoßfußboden besteht aus Holzbohlen und Lagerhölzern, die auf dem aufgefüllten Sand verlegt wurden und nicht mit dem Hochbau und dessen Gründung verbunden sind.

Die Haupttragbinder bestehen aus einem Stahlbetonrahmengebilde mit überwiegend steifen Ecken. Alle Fußpunkte sind gelenkig. Die wasserseitigen Stiele wurden als Pendelstützen ausgebildet, um Bewegungen der Wesermauer nicht auf das Bauwerk zu übertragen, andererseits aber die Kaje über einen Stahlbetonverteilungsbalken als Gründungselement mit heranzuziehen. Im übrigen sind die

Hallenrahmen auf Stahlrammpfählen P. Sp. 30 zum Teil mit Flügeln starr gegründet, welche bis zu 70 bzw. 90 t Nutzlast erhalten. Sämtliche Einzelpfähle und Pfahlgruppen sind durch Kopfbankette gegenseitig ausgesteift, welche zugleich die aus der Windbelastung herrührenden Horizontalkräfte auf das Erdreich übertragen.

Die südliche Halle ist in ihrem konstruktiven Aufbau ähnlich gehalten. Der Flur der Aussichtsveranda wurde ebenfalls gelenkig an die Binder angeschlossen, während das Verandadach als Kragdach ausgebildet wurde, um hier das durchgehende Fensterband anordnen zu können.

Auch beim Turmkörper wurde durch Anordnung von Pendelstützen die freie Beweglichkeit auf der alten Wesermauer sichergestellt. Der die Hallen überragende Turmteil ist als Stockwerkrahmen ausgebildet.

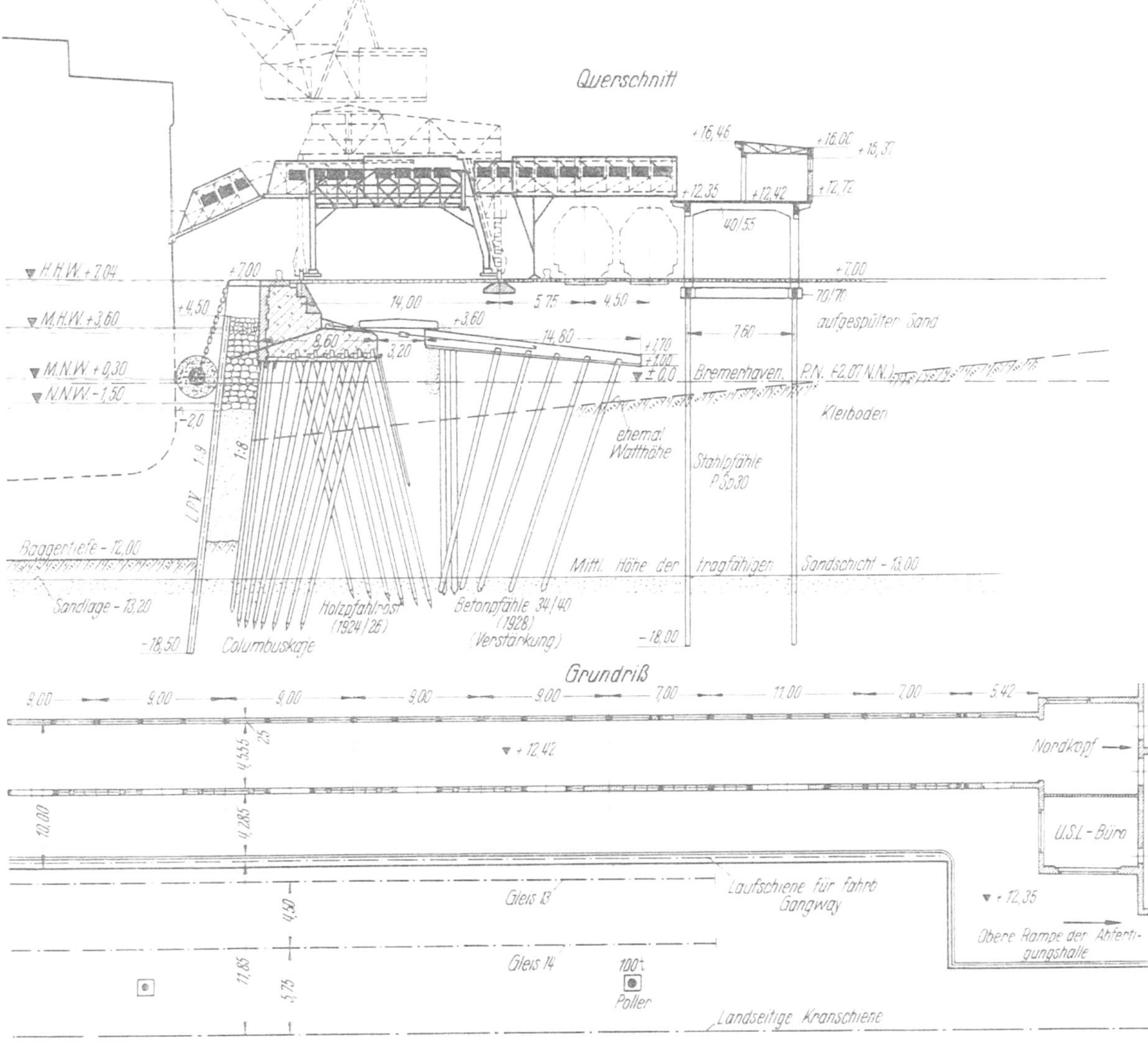

Abb. 90. Grundriß und Querschnitt des Rampenbauwerks.

Während der Nordkopf ebenfalls auf Stahlrammpfählen gegründet wurde, ist der Südkopf wegen der Nähe der flachgegründeten Holzhalle zur Vermeidung von Rammerschütterungen auf Beton-Bohrpfählen gegründet worden.

Der Nordkopf und der Wirtschaftsteil des Südkopfes wurden als normale Mauerwerksbauten mit Stahlbetondecken ausgeführt, der Rundbau wiederum überwiegend als Stahlbeton-Skelett-Bau auf Einzelpfeilern mit auskragender Dachplatte.

Der Zwischenbau, welcher das stromseitige und das vorhafenseitige Abfertigungsgebäude miteinander verbindet, wurde ebenfalls flach auf Hohlkörperfundamenten gegründet und zwischen den vorgenannten Gebäuden wegen der Setzungsdifferenz frei beweglich ausgebildet. Er enthält den mit einer großen Laterne aus Stahlfachwerkkonstruktion mit unterzogener Rabitzdecke überdeckten Bahnsteigkopf, an den sich drei Verkaufsläden anschließen. Diese letztgenannten Räume wurden unterkellert, um gegebenenfalls eine spätere Warmluftheizungsanlage für die Zollabfertigungshallen unterzubringen.

Rampenbauwerk. Mit Zunahme des Fahrgastverkehrs erwies sich eine Erweiterung der Fahrgastanlage nach Norden zum Anschluß eines zweiten Liegeplatzes an der Columbuskaje als notwendig, um auch zwei Dampfer gleichzeitig auf der Stromseite abfertigen zu können.

Zu diesem Zweck wurde die obere Rampe des Abfertigungsgebäudes um etwa 250 m verlängert. Das neue Rampenbauwerk ist ebenfalls massiv als Stahlbeton-Rahmenbauwerk ausgebildet und auf Stahlpfählen gegründet worden (s. Abb. 90). Die Plattform hat eine Breite von 10 m, deren Hälfte aus einem gedeckten Wandelgang besteht, der von der offenen Rampe durch Schiebetore zugänglich ist. Am Nordende der Rampe ist ein Treppenhaus zur Verbindung mit der Kaje angeordnet. Im Anschluß an den Nordkopf des Abfertigungsgebäudes ist durch Umbau eine Durchgangshalle geschaffen, welche die Verbindung mit der Zollabfertigungshalle herstellt und auch von dem Treppenhaus des Nordkopfes zugänglich ist.

Abb. 91. Blick auf den Südkopf der neuen Fahrgastanlage an der verlängerten Columbuskaje nach der Fertigstellung. Im Vordergrund der Molenkopf. An dem Kai der Schnelldampfer „United States“.

Um bei einem späteren, weiteren Ausbau der Columbuskaje mit Schuppen ein drittes Kajengleis unterbringen zu können, wurde die neue Rampe um ein entsprechendes Maß hinter die Flucht der vorhandenen Kranbahn zurückgesetzt. Im derzeitigen Ausbauzustand sind so zwei Gleise außerhalb der landseitigen Kranbahnschiene verlegt, von denen später eines den Platz für den Vorbau einer unteren Laderampe abgibt. Die Rahmenbinder der neuen Rampe und ihre Pfahlgründung wurden auf dem hierfür in Frage kommenden Abschnitt so bemessen und konstruiert, daß sie später als Teilstücke der Stockwerksrahmen eines neuen zweigeschossigen Abfertigungsgebäudes übernommen werden können. Demgemäß wurde auch die Feldeinteilung für die Binderstützen in diesem Teil zu 7 m gewählt. In dem auch später als freistehende Rampe verbleibenden Teil ist die Binderentfernung 9 m und an zwei Stellen 11 m für Durchfahrten im Bereich des hier vorgesehenen Parkplatzes. Das Bauwerk ist mit Dehnungsfugen in drei Abschnitte unterteilt und beweglich an dem Hauptbau (Nordkopf) angeschlossen.

Abb. 92. Gesamtbild der neuen Fahrgastanlage an der Columbuskaje mit Schnelldampfer „Amerika“. Im Hintergrund der Verbindungshafen, das Dockgelände, der Kaiserhafen III und die Kaiserschleuse.

Die Rampe ist wie beim Hauptbau mit einem in Teillängen herauszunehmenden Steckgeländer gesichert und trägt eine Laufschiene für das landseitige Verbindungsstück der fahrbaren Gangway, welches zur Überbrückung der beiden Gleise entsprechend länger ausgebildet wurde. Desgleichen wurde wie beim Hauptbau in Traufenhöhe des Wandelganges ein Lichtband aus Leuchtstoffröhren angebracht.

Das über drei Jahre sich erstreckende Bauprogramm der Fahrgastanlage konnte in seinen Einzelabschnitten jeweils so rechtzeitig durchgeführt werden, daß dem wachsenden Verkehrsbedürfnis und der zunehmenden Zahl und Größe der Fahrgastschiffe entsprochen werden konnte. Mit der regelmäßigen Abfertigung des modernsten Fahrgastschiffes, der „United States“ (53000 BRT.) hat die Anlage ihre Leistungsfähigkeit bewiesen und den Ruf Bremerhavens als größten und modernsten deutschen Fahrgasthafen wiederhergestellt (Abb. 91 u. 92).

IV. Kran- und Förderanlagen und elektrische Ausrüstung im Überseehafen und Fischereihafen.

Von Oberbaurat Dipl.-Ing. **Otto Gravert,** Bremerhaven.

Da die mechanische Ausrüstung der Häfen in Bremerhaven nur wenig Schäden erlitten hatte, konnte 1945 sofort damit begonnen werden, den infolge des Krieges mangelhaften Unterhaltungszustand der Anlagen und des Baggergerätes zu verbessern, soweit dies mit den damals verfügbaren materiellen Mitteln überhaupt möglich war. Der einsetzende Nachschubverkehr und der Rücktransport von Truppen und Ausrüstungsgegenständen aller Art erforderte den Einsatz aller Krane und stellte zumal auch an die Stromversorgung hohe Ansprüche.

1. Krananlagen.

Erst nach der Währungsreform konnte an umfangreichere Instandsetzungen und Neuanschaffungen gedacht werden. Da Bremerhaven damals nur über eine kleine Fischereiflotte verfügte, mußten größere Mengen Fisch importiert werden. Zur Löschung dieser Dampfer wurden 1949 im Fischereihafen II am Südende der Halle XI zwei Halbportalkrane von 1,5 t Tragkraft und 5,5/15 m Ausladung mit 115 m Kranbahn aufgestellt. Hierfür wurde die bekannte Kampnagel-Type B gewählt. Die SSW-Drehstromausrüstung hat für das Hubwerk Senkbremsschaltung mit Motordrücker. An dem nicht mit einer Kranbahn ausgerüsteten Teil des Löschkais vor der Halle XI, vor den Hallen X und XV wird nach dem bekannten Verfahren mit an Land stehenden Löschwinden, deren Seil über eine oberhalb der Luke des Fischdampfers hängende Rolle geleitet wird, gearbeitet.

Zur Verbesserung der Kranausrüstung des Überseehafens wurden zunächst zwei Wippkrane von 1,5 t Tragkraft mit 5,5/14 m Ausladung gleicher Bauart wie die an Halle XI aufgestellten Krane unter Abänderung des Halbportals auf größere Spannweite vom ehemaligen Marineverpflegungsamt zum Kühlhaus „Frigus“ am Verbindungshafen umgesetzt. Sie haben dort eine Ausladung von 10 m ab Vorderkante der vor der Kaje liegenden Holzfender und leisten beim Löschen von Gefrierladungen, bei denen das Gewicht des einzelnen Hievs selten eine t überschreitet, gute Dienste.

Da eine mit Greiferkranen ausgerüstete Freiladefläche für den Umschlag von Massengütern und Schrott bisher im Überseehafen nicht zur Verfügung stand, wurden 1949 drei ältere 2,5 t Halbportalkrane in Vollportalkrane umgebaut und auf eine Kranbahn nördlich Schuppen G gesetzt.

Beim Neubau des Schuppen 17 an der Westseite des Kaiserhafen II im Jahre 1928 waren dort erstmalig in Bremerhaven acht Wippkrane von 3 t Tragkraft und 16,35 m Ausladung aufgestellt worden. Diese Krane verrichten noch heute voll und ganz ihren Dienst, so daß dieser Schuppen von allen Verkehrsteilnehmern stets bevorzugt worden ist. Um mit den für die Verbesserung der Kranausrüstung nach der Währungsreform verfügbaren Geldmitteln eine möglichst große Zahl von Wippkranen bereitzustellen, wurden zunächst 10 aus dem Jahre 1925 stammende 3-t-Drehkrane mit verstellbarem Ausleger von 11,9/14,9 m Ausladung in Wippkrane umgebaut. Hierbei konnte die Ausladung unter Beibehaltung der Tragkraft auf 17 m, d. h. 11,3 m ab Vorderkante der vor der Kaje liegenden breiten Holzfender vergrößert werden. Diese Ausladung reicht für die meisten Schiffe noch aus. Nur bei den 23 m breiten amerikanischen C 4-Schiffen ist diese Ausladung bei ablandigem Wind, wenn das Schiff nicht unmittelbar am Fender anliegt, bereits reichlich knapp, so daß neue Krane 20 m Ausladung erhalten und mit ihrem Drehpunkt etwas näher an die Kaje herangerückt werden sollen. Bei dem von Kampnagel durchgeführten Umbau der Drehkrane ist der Ausleger oberhalb des Kranhauses vollständig erneuert und mit einem Spindeleinziehwerk nach dem Kurvenlenkersystem versehen. Mit der Erneuerung der Holzverkleidung des Kranhauses wurde das vordere Fenster vergrößert und nach vorn gezogen, um die Sicht für den Kranführer zu verbessern. Ferner wurde das stark abgenutzte Drehwerk erneuert. Sechs dieser Umbaukrane wurden an Schuppen F und G und vier an der Schuppengruppe A, B, C aufgestellt.

Die Columbuskaje mit ihren vier Großschiffliegeplätzen war in den Jahren 1930—1936 mit vier Doppellenker-Vollportal-Wippkranen von 3/6 t Tragkraft bei 28/14 m Ausladung ausgerüstet worden, von denen ein drehbares Oberteil im Kriege auf einem neuen Portal zum Kaiserdock I umgesetzt worden war. Diese drei Krane reichten für die nach ihrer Verlängerung nach Süden jetzt insgesamt etwa 1000 m lange Kaje bei dem steigenden Fahrgastverkehr nicht mehr aus, so daß für den neuen Liegeplatz beschleunigt geeignete Krane beschafft werden mußten. Da bis zum ersten Anlaufen des 33000 BRT großen Fahrgastschiffes „Washington" im Januar 1951 nur etwa drei Monate zur Verfügung standen, wurde der Ausweg gewählt, zwei Halbportalkrane aus Bremen mit 3 t Tragkraft und 19 m Ausladung umzubauen. Der Mittelteil des Blechportals wurde einer Spannweite von 14 m entsprechend gekürzt, landseitig mit einer Pendelstütze und wasserseitig mit einer festen Stütze in aufgelöster Fachwerkkonstruktion versehen. Die Ausladung mußte um 3 m vergrößert werden. Hiermit mußte eine Herabsetzung der Tragkraft auf 2,5 t in Kauf genommen werden. Außerdem mußte der Drehpunkt des Kranes über die wasserseitige Stütze gelegt werden, um mit dem Kran die Mitte der Schiffsluken zu erreichen. Dies erforderte die Anbringung von 8 t Betongegengewichten an der landseitigen Stütze zur Erzielung ausreichender Sicherheit gegen Kippen. Der Fahrwerksmotor treibt einen Fuß der wasserseitigen Stütze an. Die Krane haben durch diese, durch die Ardelt-Werke durchgeführten Umbauten ein ungewöhnliches Aussehen erhalten, werden aber ihren Aufgaben gerecht. Neue Krane müssen allerdings größere Ausladung erhalten, da die vor der Kaje hängenden Fender inzwischen einen größeren Durchmesser erhalten haben und auf größere Schiffsbreiten Rücksicht genommen werden muß.

Als dritten Kran für die Fahrgastanlage wurde bei der Demag ein Doppellenker-Wippkranoberteil von 3/6 t bei 28/14 m Ausladung als Ersatz für das obenerwähnte, zum Kaiserdock I abgegebene Oberteil beschafft. Die Bauart ist nicht geändert, jedoch ist die Hubgeschwindigkeit von 80 auf 60 m/min herabgesetzt und eine Drehstromausrüstung mit untersynchroner Hubwerksteuerung gewählt, da die Kaje auf Drehstromversorgung umgestellt wird. Beim Löschen und Laden von Gepäck und Post aus einer schwer zugänglichen Seitenluke der „United States" hat sich ein Straßen-Dieselkran von 2 t Tragkraft mit kurzem Ausleger, der von der Ardelt-Werken zuerst für den Hafen Bremen erbaut worden ist, sehr gut bewährt.

2. Flurfördergeräte.

Vor dem Kriege wurden in den Kajeschuppen fast ausschließlich Sackkarren für die Bewegung der Güter verwendet. Die amerikanische Besatzungsmacht brachte nach dem Kriege in großer Zahl niedrige, vierrädrige Plattformwagen mit, die an der einen Stirnseite mit einer gefederten Hakenkupplung und an der anderen Seite mit einer großen Zugöse ausgerüstet sind. Durch diese sehr praktischen Kupplungen können mehrere Plattformwagen leicht zusammengekuppelt und von Hand gezogen oder hinter eine Zugmaschine gehängt werden. Da das Ziehen und Schieben der Plattformwagen von Hand, zumal bei unebenen Schuppenfußböden erheblichen Arbeitsaufwand erfordert, wurde 1951 mit der Beschaffung von Elektrofahrzeugen begonnen. Nach eingehenden Überlegungen und angestellten Versuchen wurden nach und nach drei Vierrad-Sitzschlepper mit Hebelsteuerung und acht Dreirad-Sitzschlepper mit Lenkrad- und Fußhebelsteuerung beschafft. Die für eine Schleppleistung von 3,5 t geeigneten Schlepper sind mit einer 160 bzw. 150-Ah-Batterie, 80 Volt ausgerüstet. Sie sind mit der oben beschriebenen Hakenkupplung versehen, die vom Fahrersitz aus durch Seilzug ausgelöst werden kann, so daß der Fahrer die Plattformwagen an- und abkuppelt, ohne daß er seinen Sitz zu verlassen braucht oder ein anderer Mann benötigt wird. Der Einsatz des Schleppers ist sehr wirtschaftlich, zumal der Schlepper nicht wie bei Elektrokarren darauf zu warten braucht, bis seine Ladefläche be- oder entladen ist, sondern fast pausenlos zwischen Rampe und Schuppen hin und her fahren und infolgedessen manchmal sogar zwei Gänge gleichzeitig bedienen kann. Ein weiterer Vorteil des Schleppers ist seine größere Wendigkeit gegenüber den längeren E-Karren. Dies ist bei der geringen Rampenbreite der älteren Schuppen besonders wichtig. Jeder Schlepper hat eine zweite Batterie, die bei Schichtwechsel ausgewechselt werden kann, so daß der Schlepper pausenlos einsatzfähig ist. Ein weiterer Vorzug der Schlepper ist ihr geringerer Anschaffungspreis gegenüber E-Karren.

Zur vorzugsweisen Verwendung an der Fahrgastanlage sind zwei 2-t-E-Karren angeschafft worden, die ebenso wie die dort verwendeten vierrädrigen, gefederten Gepäckkarren mit den oben beschriebenen selbsttätigen Kupplungen versehen sind.

Zu dem Gerät, mit dem die Amerikaner ihren Einschiffungshafen Bremerhaven 1945 ausstatteten, gehörte auch eine große Zahl Gabelstapler größerer und kleinerer Tragkraft mit den dazugehörigen Ladepritschen (pallets). Sie sind dort, wo infolge von Platzmangel oder aus sonstigen Gründen hoch gestapelt werden muß, ausgezeichnet zu gebrauchen. Da die Amerikaner ihre größeren Kisten und gebündelten Kollis schon in großem Umfange derart mit Leisten versehen, daß die Gabeln der Stapler unter die Last greifen können, ist der Einsatz der Gabelstapler vielfach auch ohne Ladepritschen möglich. Besonders bei schweren Kollis, die vorsichtig gehandhabt werden müssen, ist ihr Einsatz sehr praktisch und wird vom amerikanischen Verlader gefordert, um Beschädigungen seines Gutes zu vermeiden. Aus diesen Gründen sind nach und nach drei 2-t- und ein 1,2-t-Gabelstapler beschafft worden. Einer dieser Stapler hat einen Benzinmotor, der besonders dann eingesetzt wird, wenn er weite Wege zum und am Arbeitsplatz zurücklegen muß. Die Feuerwehr und die Feuerkasse haben für die Verwendung dieses Gerätes in den Kaischuppen eine Ausnahmegenehmigung erteilt, bei deren Beantragung darauf hingewiesen werden konnte, daß beim Einsatz der amerikanischen Benzingeräte in den Schuppen selbst bei nicht sehr sorgsamer Behandlung in den ersten Nachkriegsjahren keine Schäden eingetreten sind. Die Gabelstapler sind bei dem in deutschen Händen liegenden Umschlag noch nicht lange genug eingesetzt, um schon jetzt ein abschließendes Urteil über diese in der Anschaffung sehr teueren Geräte fällen zu können.

3. Landestege.

Die zwei fahrbaren Landestege der Fahrgastanlage und ihre Aufgabe sind bereits bei der Beschreibung der Bauten kurz erwähnt worden. Sie dienen zur Verbindung des an der Kaje liegenden Fahrgastschiffes mit der Rampe der im ersten Stock des Abfertigungsgebäudes liegenden Zollhalle und ermöglichen ein unbehindertes Anbord- und Anlandgehen, ohne das die Fahrgäste mit dem Lösch- und Ladebetrieb auf der Kaje in Berührung kommen (Abb. 93).

Die Landestege bestehen aus einem fahrbaren Portal mit zwei mittleren, teleskopartig ineinander gesteckten Stegteilen und aus zwei etwa 6 m langen Stegen, die den Mittelteil an der Landseite mit der Rampe der Zollhalle und an der Wasserseite mit dem Schiff verbinden. Alle Stegteile sind so ausgebildet, daß sie den Bewegungen des Schiffes bei steigendem und fallendem Wasser und infolge von Wind und Strömung folgen können.

Abb. 93. Blick auf die beiden fahrbaren Landestege, die das Promenadendeck der „United States“ mit der im I. Stock der Fahrgastanlage liegenden Zollhalle verbinden. Im Vordergrund eine Gepäckförderanlage.

Die höchste und tiefste Lage des wasserseitigen Endes des Landesteges wurde nach den Schiffspforten aller in Frage kommenden Fahrgastschiffe bestimmt. Hieraus ergab sich eine größte Steigung von etwa 14°, die von Fußgängern noch gut begangen werden kann. Darüber hinaus kann das vordere Ende des Steges bis zu 45° von der Waagerechten nach unten gesenkt werden. Dieser Teil des Steges ist daher mit einstellbaren Stufen ausgerüstet worden.

Die beiden mittleren Stegteile ruhen auf einer Plattform, die in der land- und wasserseitigen Portalstütze in Spindeln aufgehängt ist. Jedes Ende der Plattform kann unabhängig voneinander elektrisch gehoben und gesenkt werden, so daß jede erforderliche Neigung des Steges eingestellt werden kann. Das Ein- und Ausfahren des teleskopartig ineinander gesteckten mittleren Stegteiles besorgt ein Einziehwerk mit Gallscher Kette. Sobald der Steg auf dem Schiff aufliegt, wird das Einziehwerk ausgekuppelt, so daß der Steg den Bewegungen des Schiffes quer zur Kaimauer folgen kann. Da die am Kai liegenden Schiffe, zumal beim Kentern des Stromes, auch längs der Kaimauer ihre Lage verändern, sind die vorderen Stegteile horizontal drehbar gelagert. Die Spitze des Landesteges kann daher bei größter Ausladung $\pm$ 1 m von der Längsachse abweichen. Die mittleren Stege haben eine Breite von 1,80 m. Durch die beengten Raumverhältnisse mußte die Höhe des niedrigsten Steges auf 2 m beschränkt werden, da einerseits das Eisenbahnprofil unter dem Landesteg frei gehalten werden sollte und andererseits noch die Krane mit ihrem etwa 8 m über Schienenoberkante liegenden Untergurt über den in Ruhestellung befindlichen Landesteg hinwegfahren müssen.

Bevor das Schiff anlegt wird der Mittelteil des Landesteges bereits an seinen vorher festgelegten Platz gefahren und der hintere 6,50 m lange Stegteil, welcher den Übergang von der oberen Rampe des Abfertigungsgebäudes zur landseitigen Portalstütze herstellt, mit dem Kran eingesetzt. Nach dem endgültigen Festmachen des Schiffes sind daher nur noch geringe Wege zu fahren, um den Landesteg richtig vor die Schiffspforte zu legen. Hierzu sind am hinteren Stegteil Rollen, die auf dem Schrammbord der Rampe laufen, angebracht. Wenn das Schiff festliegt, wird der vordere 6,50 m lange Stegteil mit dem Kran eingehängt und an die das obere Zugband ersetzenden Ketten angeschlossen, so daß der Kran abgeschlagen werden kann. Das weitere Einfahren in die Schiffspforte wird mit dem Einziehwerk und durch Heben und Senken der Spindeln durchgeführt. Sodann wird das Einziehwerk ausgekuppelt und das Gesperre der Obergurtketten gelöst, so daß sich der Steg allen Schiffsbewegungen auch bei fallendem und steigendem Wasser ungehindert anpassen kann. Der Bedienungsmann des Landesteges sorgt durch entsprechende Betätigung der Spindeln dafür, daß der Landesteg in möglichst gleichmäßiger Neigung das Schiff mit der Rampe des Abfertigungsgebäudes verbindet.

Der vordere Stegteil ist auf 1,50 m Breite eingeschnürt. Im ausgezogenen Zustand kann die wasserseitige Spitze des Steges bis zu etwa 6 m über die Vorderkante Kaimauer hinausragen, so daß das Schiff bei einer

Stärke der vor der Kaje hängenden Fender von 3 m bei ablandigem Wind noch reichlich 2 m von der Kaje abtreiben kann. Sollte das Schiff im Katastrophenfall noch weiter von der Kaje abtreiben, so löst sich der vordere, auf der Schiffspforte aufliegende Haken des vorderen Stegteiles selbsttätig aus, und nach einem Weg von 1 m hängt sich dieser Steg in die Obergurtketten, während der Haken mit dem Schiff verbunden bleibt.

Die elektrisch angetriebenen Spindelhubwerke, das Einzieh- und das Portalfahrwerk des Landesteges werden von einem Bedienungsstand aus gesteuert, der in der Nähe des wasserseitigen Portals angeordnet ist. Das Fahrwerk kann den Landesteg gegen einen Winddruck von 50 kg/m² mit einer Fahrgeschwindigkeit von 8 m/min bewegen.

Der Landesteg läuft mit vier schwenkbar angeordneten Rädern auf denselben Schienen wie die Krane. Soll ein Kran über den Landesteg hinwegfahren, so wird der gesamte Steg durch vier handbetätigte Spindeln mittels breiter Auflagerpratzen um einige Zentimeter angehoben, bis die Spurkränze freigehen und die Laufräder um 90° ausgeschwenkt werden können. Hierdurch wird das Profil für die Durchfahrt des Kranes frei. Eine besondere Kranschiene wurde für die Landestege nicht verlegt, um den Verkehr auf der Kaje nicht noch durch weitere eingepflasterte Gleise zu erschweren und weil die Kreuzung von zwei Kranbahnschienen mit den Gleisen Schwierigkeiten verursacht hätte.

Abb. 94. Fahrbarer Landesteg am Nordende der Fahrgastanlage. Links die Stegverlängerung („Anhänger") mit heruntergeklappter Pendelstütze. Das vordere Stegende wird ausgefahren und hat mit seinem Haken die Schiffspforte noch nicht ganz erreicht.

Die Stahlkonstruktion ist in St. 37 ausgeführt. Die einzelnen Stege sind zur Gewichtsersparnis mit Aluminiumblechen (Pantal AlMgSi) verkleidet. Wegen der Erschütterungen, die beim An- und Absetzen der Stegteile mit dem Kran auftreten, sind für die Fenster Scheiben aus Astralon, einem Kunstharzprodukt, gewählt worden.

Bei der Berechnung des Landesteges ist für den Betriebszustand, in dem der vordere Stegteil in der Schiffspforte liegt, eine Verkehrslast von 400 kg/m² und ein Winddruck von 150 kg/m² angenommen worden. Die Standsicherheit ist jedoch auch noch bei einem Winddruck von 100 kg/m² gewährleistet, wenn der Steg unbelastet, ganz ausgefahren und vom Schiff gelöst ist, so daß sein wasserseitiges Ende frei herauskragt. In diesem Fall sind höhere Beanspruchungen für die Stäbe zugelassen worden, da ein An- und Ablegen bei solchen Windstärken kaum in Frage kommt.

Die Verlängerung des Rampenbauwerkes der Fahrgastanlage nach Norden springt um 7,50 m gegenüber dem Hauptbau zurück, so daß hier eine größte Länge von etwa 40 m durch den Landesteg zu überbrücken ist. Da der hierfür vorgesehene Landesteg auch vor dem Abfertigungsgebäude Verwendung finden soll, ist für diesen Landesteg grundsätzlich die gleiche Bauart gewählt worden. Da jedoch die Überbrückung zwischen der Rampe und der landseitigen Portalstütze durch einen etwa 14 m langen, mit dem Kran zu versetzenden Stegteil, insbesondere wegen der großen Windfläche nicht durchführbar war, ist für diesen Teil der Rampe eine besondere Stegverlängerung (Anhänger) entwickelt worden (Abb. 94). Dieser 11 m lange „Anhänger" ruht mit Laufrädern auf einer vor dem Rampengeländer verlegten Kranschiene, während sein vorderes Ende in Außerbetriebstellung mit einer Pendelstütze auf der Kaje aufliegt. In diese Stegverlängerung ist ein weiterer Steg teleskopartig eingesetzt, der mit einem Handantrieb 2,40 m ein- und ausgefahren werden kann, wenn mit den Kranen vorbeigefahren werden muß. Zur Inbetriebnahme des 40 m langen Steges wird der fahrbare, oben beschriebene Landesteg vor die Stegverlängerung gefahren. Durch Anheben der hinteren Spindeln setzt sich der Mittelteil des fahrbaren Landesteges unter die mit Haken versehene Spitze der Stegverlängerung und bildet dadurch mit dieser eine Einheit. Um den Verkehr auf der Kaje nicht zu behindern, wird die nun unbelastete Pendelstütze der Stegverlängerung in den Untergurt der Stegverlängerung mittels eines handbetätigten Einziehwerkes eingezogen. Die Stegverlängerung hat an ihrem rampenseitigen Ende ein eigenes Fahrwerk mit Motor erhalten, der seinen Strom über eine Steckdose von dem fahrbaren Landesteg erhält. Um Gleichlauf zwischen den Fahrwerken des Landesteges und der Verlängerung zu erzielen, ist mit dem Fahrmotor des Landesteges ein Wellengenerator gekuppelt, der den Strom für den Fahrmotor der Stegverlängerung erzeugt.

4. Gepäckförderanlagen.

Das große Gepäck der Fahrgäste, die Kraftwagen und die Post sind in den Laderäumen der Fahrgastschiffe untergebracht und werden mit den Kaikranen auf die Kaje oder auf die obere Rampe der Zollhalle gesetzt. Das Handgepäck wird jedoch möglichst in der Nähe der Kabinen gesammelt und soll dann auf kürzestem Wege an Land gebracht werden. Da an diesen Sammelpunkten vielfach keine Krane angesetzt werden können, haben sich schon bei den großen deutschen Schnelldampfern Gepäckförderbänder bewährt, die in die Schiffspforten hineingelegt werden. Die Fahrgastanlage ist daher mit zwei Gepäckförderanlagen ausgerüstet worden, die je 1250 Stück Handgepäck in der Stunde befördern können (Abb. 95). Jede Anlage besteht aus zwei Förderbändern von je 16 m Länge und einem 4,50 m hohen, fahrbaren Turm, so daß er unter den fahrbaren Landestegen und Kranen hindurch gefahren werden kann. An jeder der vier Ecken des Turmes befindet sich ein gummiertes Laufrad und eine Auflagerpratze mit Hubspindel. Die Laufräder sind lenkbar und können um 90° geschwenkt werden. Zur Inbetriebnahme der Förderanlage wird mit einem Elektrokarren der Turm auf die Kaje in die Mitte zwischen Schiff und Abfertigungsgebäude gezogen. Er wird auf die Auflagerpratzen abgestützt, und eine im Turm gelagerte Plattform wird um 1,50 m angehoben. Mit einem der Krane werden sodann die beiden Förderbänder zwischen Gebäude und Turm und zwischen Turm und Schiff aufgelegt. Die Förderbänder sind auf der Plattform des Turmes und auf der Rampe des Abfertigungsgebäudes in Unterwagen gelagert. Diese lassen vertikale und horizontale Abweichungen der Förderbänder von den Achsen zu, damit sie sich den verschiedenen Wasserständen und Lagen des Schiffes infolge Wind und Strömung anpassen können. In der Pforte des Schiffes ruht das Förderband mittels eines Auflagerhakens auf, der sich teleskopartig noch um 1,50 m ausziehen läßt, wenn das Schiff einmal übermäßig weit von der Kaje abtreiben sollte. Hierdurch soll verhindert werden, daß die Förderanlage auseinander gerissen wird und der Turm umstürzt, wenn der an sich bereits reichlich bemessene Spielraum für die Unterwagen nicht ausreichen sollte. Die höchste und die niedrigste Schiffspforte, die mit dem Förderband noch erreicht werden kann, liegen etwa 12 m auseinander. Jedes der vier 16 m langen Förderbänder kann auch für sich allein ohne Zwischenschaltung eines Turmes verwendet werden, wenn nur vom Schiff auf den vorderen Teil der Kaje gefördert werden soll.

Abb. 95. Gepäckförderanlage. Das rechte der beiden in der Mitte auf einem fahrbaren Turm ruhenden Förderbänder kann das Gepäck auch auf die obere Rampe in die Zollhalle befördern.

Jedes Förderband hat einen geriffelten Gummigurt von 0,80 m Breite. Der Abstand der Tragrollen beträgt 0,50 m. Die lichte Weite zwischen den seitlichen Holzborden ist auf 1 m, die größte Breite am schiffseitigen Ende auf 1,20 m festgelegt. An beide Enden des Förderbandes kann ein Auf- und Abgabetisch, der mit eng nebeneinanderliegenden Rollen versehen ist, angebaut werden. Das Förderband läuft mit einer Geschwindigkeit von 0,35 m/s und wird von einem 4-PS-Motor angetrieben. Die Schaltung ist so eingerichtet, daß jedes Förderband durch Druckknopfsteuerung an einem Ende für Rechts- und Linkslauf in Betrieb und an beiden Enden stillgesetzt werden kann. Werden zwei Förderbänder hintereinander geschaltet, so wird die Steuerung durch Steckerkabel so zusammengeschaltet, daß die beiden Bänder in der Mitte ein- und ausgeschaltet und dort sowie an beiden Enden gestoppt werden können. Die Förderbänder werden mit einem beweglichen Kabel an die Steckdosenleitung angeschlossen, die längs des Kais für die Krane und Landestege verlegt ist.

Die Stahlkonstruktion ist für eine Belastung von 100 kg/m und 100 kg/m² Seitenwind auf die Konstruktion und ein 50 cm hohes Verkehrsband berechnet worden. Für das unbelastete Förderband ist ein Winddruck von 150 kg angenommen worden. Ein Förderband mit Unterwagen wiegt 3,25 t.

Die bisher mit dem Förderband beim Löschen und Laden praktisch erprobte größte Steigung betrug 32°, jedoch wird noch eine etwas größere Neigung erreicht werden können, ohne daß ein Rutschen der Gepäckstücke auf dem in Fischgrätenmuster geriffelten Gummigurt eintritt. Sogenannte Mitnehmer sind auf dem Gummigurt nicht angebracht. Gut bewährt hat sich eine gummierte, vom Förderband angetriebene Zwischenrolle, die dann in Betrieb genommen wird, wenn zwei Bänder hintereinander geschaltet werden.

Sie sorgt für einen reibungslosen Übergang selbst kleiner Gepäckstücke von einem Band zum anderen, so daß lediglich ein oder zwei Männer auf dem Turm stehen, die den Wechsel der Gepäckstücke vom schiffseitigen auf das landseitige Förderband beobachten. Mit den Förderbändern wird das Gepäck wesentlich schneller gelöscht und geladen und sorgsamer behandelt, als wenn es in Schlingen durch einen Kran befördert wird.

5. Elektrische Ausrüstung.

Den Strom für den Fischereihafen liefert das Überlandwerk Nordhannover als Drehstrom mit einer Spannung von 6 kV, der in zahlreichen, im Hafengebiet verteilten Transformatorenstationen auf die Gebrauchsspannung von 380/220 Volt umgespannt wird. Eine weitere Einspeisung besteht durch einen unmittelbaren Anschluß an das 60-kV-Überlandnetz über eine Freileitung und eine hafeneigene Übergabestation am Rande des Fischereihafens, in der der 60-kV-Strom auf 6 kV umgespannt wird.

Das Hoch- und Niederspannungsverteilungsnetz war bereits vor dem Kriege so stark ausgebaut worden, daß nach der Beseitigung der Bombenschäden wesentliche Verstärkungen des Netzes, abgesehen von der Auswechselung von Transformatoren gegen solche größerer Leistung und der Einrichtung von Transformatorenstationen durch neue Abnehmer, bisher nicht erforderlich waren.

Die Stromabnahme des Fischereihafens, einschließlich der A.G. Weser, Werk Seebeck, ist von etwa 12 Millionen kWh 1939 auf etwa 22 Millionen kWh 1952 bei einem Anwachsen der beanspruchten höchsten Leistung von etwa 2400 kW auf 5200 kW gestiegen.

Der im Überseehafen benötigte Strom wurde bis kurz vor dem Kriege ausschließlich im Hafenkraftwerk als Gleichstrom 440 und 220 Volt durch zwei Dampfmaschinen mit Generatoren von 250 kW Leistung und zwei Dieselmotoren von je 200 kW Leistung erzeugt. Eine Akkumulatorenbatterie konnte in Zeiten starker Belastung 160 kW zusätzlich einspeisen. Außerdem unterhält der Technische Betrieb des Norddeutschen Lloyd im Überseehafen auf seinem Gelände mit den beiden Kaiserdocks eine alte Kraftanlage, die 1938 durch Aufstellen von neuen Kesseln und zwei Dampfturbinen von zusammen etwa 1000 kW Leistung erweitert worden ist. Ein Teil der hier erzeugten Energie wurde auch an die damals vom Lloyd gepachteten Schuppen F und G abgegeben. Seit Rückgabe dieser Schuppen an den Staat wird jedoch aus dieser Zentrale kein Strom mehr in das übrige Hafengebiet geschickt. Da die Eigenerzeugung für den Werftbetrieb nicht mehr ausreicht, werden zusätzliche Strommengen von den Stadtwerken Bremerhaven als 20-kV-Strom bezogen und auf dem Werftgelände umgespannt.

Zur Sicherung der Stromversorgung des Überseehafens wurde 1938 ein Reservestromlieferungsvertrag mit den Stadtwerken Bremerhaven abgeschlossen, nach dem 20-kV-Drehstrom am Kaiserhafen II bezogen werden konnte, der zur Speisung eines 440-Volt-Gleichstromrichters diente. Als nach der Kapitulation der Strombedarf des Hafens erheblich anstieg und die Kohlenversorgung des eigenen Kraftwerks unsicher war, wurde eine zweite Fremdstromeinspeisung am Kaiserhafen I geschaffen. Hierzu wurden in einem an die Stadtwerke angeschlossenen Gleichrichterwerk, welches der Marine für die Versorgung von Zerstörerliegeplätzen gedient hatte, vier 220-Volt-Gleichrichter derartig zusammengeschaltet, daß bis 440 kW Gleichstrom, 440 Volt zusätzlich in das Hafennetz eingespeist werden können.

Da das Gleichstromnetz im Hafen stark veraltet und infolge ständiger Überlastung außerordentlich störanfällig ist, ist eine Umstellung auf Drehstrom in Angriff genommen worden. Der benötigte Strom soll als Hochspannung bezogen werden, da eine Eigenerzeugung in einem verhältnismäßig kleinen Kraftwerk nicht mehr wirtschaftlich ist. Um jedoch den für die Schleusen, Brücken und die wichtigsten Verkehrsanlagen benötigten Strom unbedingt sicherzustellen, wird geplant, eine Eigenerzeugung in geringem Umfange als Notstrom- und Spitzenkraftwerk beizubehalten.

Der Ausbau eines 6-kV-Hochspannungsnetzes, die Errichtung von Transformatorenstationen und die Verlegung von Niederspannungsverteilungskabeln wird zur Zeit durchgeführt, so daß die einzelnen Hafengebiete schrittweise auf Drehstrom umgestellt werden.

Im Zuge der Umstellung hat das Leonard-Aggregat für den Antrieb der Drehbrücke an der Nordschleuse bereits einen 380-Volt Drehstrom-Antriebsmotor erhalten. Die Nordschleuse, deren Antriebe jetzt unmittelbar aus dem Gleichstromnetz gespeist werden, erhält im Außen- und Binnenhaupt je einen Selen-Gleichrichter, der in Drehstrombrückenschaltung an das Drehstromnetz 380 Volt angeschlossen wird. Jeder Gleichrichter wird so bemessen, daß er den für e i n Schleusenhaupt benötigten Strom liefern kann. Bei Ausfall eines Gleichrichters kann auch das andere Schleusenhaupt über ein Kuppelkabel mit Strom versorgt werden. Die Klappbrücken zwischen dem Alten und Neuen Hafen werden zur Zeit ebenfalls mit einem Selen-Gleichrichter ausgerüstet, da die Auswechselung aller Motoren, Endschalter, Bremsmagnete, Kabel usw. zu kostspielig sein würde.

Die Stromversorgung der Krane ist künftig so geplant, daß bei der Neuanschaffung von Kranen wie in Bremen nur noch Drehstromkrane beschafft werden. Zunächst soll dann der Schuppen F/G beim geplanten Wiederaufbau der zerstörten Schuppenteile einheitlich mit Drehstromkranen ausgerüstet werden. Für die Schuppengruppen am Kaiserhafen II und III wird vorläufig eine gemeinsame Gleichrichterstation mit zwei vorhandenen Glas-Gleichrichtern in Betrieb bleiben, während die Krane auf der Columbuskaje mit

Selen-Gleichrichtern ausgerüstet werden, die sich bei einer Probeausführung auf einem Stückgutkran im Hafen bereits gut bewährt haben.

Der Stromverbrauch im Überseehafen ohne den Technischen Betrieb des Norddeutschen Lloyd betrug 1938 1,8 Millionen kWh bei einer Höchstlast von etwa 700 kW. Im Jahre 1952 wurden 5 Millionen kWh bei einer Spitzenlast von etwa 1600 kW verbraucht.

Die aus dem Wiederaufbau gewonnenen Erfahrungen.

Von Professor Dr.-Ing. E. h., Dr.-Ing. **Arnold Agatz,**
Präsident der Hafenbauverwaltung Bremen und Bremerhaven, Bremen.

1. Ufereinfassungen.

Die für einen Hafen günstigste konstruktive Gestaltung der Ufereinfassungen hängt in erster Linie von der Beschaffenheit des Untergrundes, von dem Unterschied zwischen dem freien und dem Grundwasser und von der Frage Salz-, Brack- oder Süßwasser mit oder ohne starke Strömungen ab.

So finden wir in den verschiedenen Häfen entweder die massive Gründung (Druckluftcaissons — Schwimmkästen — Brunnen-Blockbauweise) oder die Pfahlrostgründung (Holz-, Stahlbeton-, Stahl- oder -Ortpfähle) oder das Spundwandbauwerk (Stahl — Stahlbeton) angewandt.

Während in den vergangenen Jahrzehnten in den Häfen von Bremen und Bremerhaven die Pfahlrostbauweise vorherrschend war, setzte sich in den letzten 25 Jahren bei den Ufereinfassungen für das Regelfrachtschiff des Weltverkehrs immer mehr die Stahlspundwand durch, da die mit ihr gemachten Erfahrungen (die erste Larssen-Wand wurde 1908 im Hohentorshafen gerammt, die heute noch steht) sich günstig erwiesen hatten.

In Bremerhaven ging man infolge der immer größer werdenden freien Höhen der Kajen von der wirtschaftlich nicht zu schlagenden schmalen Bockkonstruktion nach den Erfahrungen mit der Columbuskaje für große freie Höhen über 15 m zu der verbreiterten Bockkonstruktion mit aufgesetzter Winkelstützmauer oder der elastischen Stahlbetonrostplatte über (siehe Nordschleuse und verlängerte Columbusmauer). In der Frage offene oder vorne abgeschlossene Uferwand hat sich Bremen für die geschlossene Uferwand entschieden. Bei der Nordkaje Überseehafen in Bremen und der Verlängerung der Columbuskaje in Bremerhaven spielten die damaligen Preisverhältnisse bzw. das Vorhandensein einer bestehenden alten Mauer eine ausschlaggebende Rolle für den Entschluß der vorne offenen Mauer. Bei der verlängerten Columbusmauer ist die Buschfenderzone mit einer vorderen schweren Peiner Spundwand versehen, die Zwischenräume können später durch eine Spundwand ebenfalls geschlossen werden.

Grundsätzlich wurden auch bei den Nachkriegsbauten Entwässerungsanlagen vorgesehen, jedoch der Katastrophenfall ihres Versagens mit überhöhten Spannungen und verringerten Sicherheiten rechnerisch nachgewiesen. Eine derartige Maßnahme hat den doppelten Vorteil der unbedingten Sicherheit und bei langjährigem Nachweis des Funktionierens, der Vertiefungsmöglichkeit des Hafenbeckens ohne zusätzliche Verstärkung.

Neben der Anwendung der modernen Berechnungsverfahren wurde größter Wert auf die Kontrollmessungen (Durchbiegungs-Ankerkräfte) am fertigen Bauwerk gelegt.

Alle Konstruktionsteile des Bauwerks sind so gestaltet, daß sie möglichst gleiche Beanspruchungen und Sicherheiten ergeben. Waren Pfahlgründungen notwendig, wurden Ortpfähle oder Stahlpfähle mit und ohne Flügel verwendet. Die am fertigen Bauwerk durchgeführten Messungen ließen bei gleichen Verhältnissen immer höhere Pfahllasten zu, wenn tote Last zu Nutzlast im richtigen Verhältnis stand.

2. Die Hochbauten.

Kaischuppen. Grundsätzlich wurden auch nach dem Kriege für den Wiederaufbau die einstöckigen Schuppen mit der bewährten Dachbelichtung beibehalten. Eine einseitige Stellungnahme hinsichtlich des für die Konstruktion zu verwendenden Baustoffes erfolgte nicht. Sowohl Stahl als auch Stahlbeton und Holz wurden verwendet, je nachdem, welcher Baustoff bei der jeweiligen Wirtschaftslage am billigsten und am schnellsten greifbar war. Bei allen Konstruktionen wurde auf möglichst weite Stützenentfernungen größter Wert gelegt.

In der Dacheindeckung hat sich die Leichtbetonplatte gegenüber der Holzeindeckung durchgesetzt, da sie gegen Wärme und Kälte besseren Schutz bietet.

Die Schuppenbreiten wurden einmal auf Grund der gemachten Erfahrungen, andererseits wegen Ausnutzung der stehengebliebenen Fundamente beibehalten, nur die Ladebühnenbreite vergrößert bzw. ihre spätere Erweiterungsmöglichkeit vorgesehen. Beim Fußbodenbelag ist man auf den hölzernen Belag zurückgekommen und hat nur die eigentlichen Karrbahnen aus Beton hergestellt.

Bei den Auktionshallen im Fischereihafen Bremerhaven hat sich die Stahlbetonkonstruktion und die Dacheindeckung mit Leichtbetonplatten durchgesetzt und in vollem Umfange bewährt. Die befürchtete größere Geräuschempfindlichkeit ist infolge entsprechender konstruktiver Gestaltung nicht eingetreten. Die Breite der Auktionshalle XV wurde gegenüber den bestehenden Hallen um 7 m vergrößert, um einen besseren Längsverkehr zu gewährleisten und die Aufstockung der Kisten auch bei größeren Anlandungen zu vermeiden.

Speicher. Bei dem großen Nachkriegsspeicherbau hat sich die Stahlbetonskelettbauweise als die wirtschaftlichere erwiesen. Die Geschoßzahl wurde auf 6 erhöht und der Keller ausgebaut. Hinsichtlich der Kranausrüstung wurde für die Zukunft der Einbau von Dachkranen vorgesehen, jedoch jede Doppelabteilung mit einem leistungsfähigen Aufzug versehen. Die unteren drei Geschosse können auch durch hochausladende Straßenkrane direkt von der Straße aus bedient werden.

Die Grundrißaufteilung der einzelnen Geschosse blieb im Rahmen der von der Bremer Lagerhausgesellschaft gemachten Erfahrungen.

Die Fahrgastanlage in Bremerhaven. Es war schon eine weit vorausschauende Leistung, als Senat und Bürgerschaft im Spätsommer 1949 dem Vorschlag zustimmten, an Stelle der zerstörten Fahrgastanlage am Weserstrom eine neue Fahrgastanlage erstehen zu lassen. Die Erfahrungen haben die Richtigkeit des Entschlusses nur bestätigt. Im Jahre 1952 wurden in der neuen Fahrgastanlage allein 83442 Personen abgefertigt.

Die im Verlauf von drei Jahren entstandene Anlage für die Abfertigung von drei Dampfern ist in der V-Form errichtet und hat sich trotz der Schwierigkeit der Planung, weil der eigentliche Columbuskai noch von den Amerikanern in Anspruch genommen ist, voll bewährt. Die zweistöckige Form und die Kombination von Fahrgast und Stückgut hat sich als richtig erwiesen.

Die hohe Leistungsfähigkeit der nunmehr etwa 1000 m langen Columbuskaje und ihre Beliebtheit in Schiffahrtskreisen drückt sich in den folgenden Zahlen aus: Es entfielen von den jährlich etwa 1000 Seeschiffen in den Jahren 1951/52 allein etwa 40 % auf den Columbuspier. Der Wochenverkehr betrug im Maximum etwa 11, im Minimum etwa 5, im Durchschnitt etwa 7 Seeschiffe.

3. Straßen- und Gleisanlagen und Anlagen für den Binnenschiffsverkehr.

Straßen und Gleisanlagen. Der Kraftwagenverkehr in den Häfen ist von etwa 2 % vor dem letzten Kriege bis auf etwa 20 % in den letzten Jahren gestiegen. Gleich allen übrigen Seehäfen hatte daher der Hafenbetrieb sich auf diesen so stark anwachsenden Verkehr einzustellen.

Folgende Maßnahmen wurden daher beim Wiederaufbau durchgeführt:

a) Auspflasterung der Kais, so daß notfalls der Lastwagen direkt an das Seeschiff herangeführt werden kann. Im Europahafen erstmalig Verzicht auf die landseitigen Schuppengleise.

b) Verlängerung und Verbreiterung der Rampen an den beiderseitigen Enden der Kaischuppen bis zu 100 m Länge, so daß der Kran die Ware direkt an den Lastwagen heranbringen kann.

c) Volle Auspflasterung der straßenseitigen Schuppen- und Speichergleise und Verbreiterung der Straßen im Rahmen der gegebenen Möglichkeiten.

d) Anordnung von Parkplätzen vor Kopf der Häfen.

e) Einrichtung eines Hafen-Autohofes vor den Gesamthäfen, um für die Zukunft die starken Stauungen in den zu den Häfen führenden Straßen zu vermeiden.

f) Bau eines Sammelgüterschuppens am Eingang zu den Häfen für den Lastwagen-, Eisenbahn- und Leichterverkehr, um ankommende Stückgutsendungen nach den Liegeplätzen der Frachter zu sortieren und als geschlossene Bahnladungen an den Kai zu bringen.

Die Gleise wurden in den Schuppen hineingeführt. Dieser Sammelgutschuppen wurde gleichzeitig mit einem Kaischuppen verbunden, so daß Leichter und Schiffe der Europafahrt sich des Kais ebenfalls bedienen können. Eine spätere Erweiterungsmöglichkeit ist vorgesehen.

Binnenschiffsverkehr. Um den steigenden Binnenwasserstraßenverkehr in den Häfen reibungslos zu gestalten, wurden in der Nähe der Seehafenbecken und der Massengutumschlaganlagen für Getreide, Kohle, Erz und Kali Binnenschiffsliegestellen für eine genügende Anzahl von Kähnen eingerichtet, um sie schnellstmöglich an die Anlagen und zu den Seeschiffen heranzubringen.

4. Krananlagen.

Der Ausschuß für Hafenumschlagtechnik der Hafenbautechnischen Gesellschaft hatte unter starker Beteiligung der deutschen, holländischen und belgischen Seehäfen und der Kranbauindustrie erreicht, daß die gesamte Frage der Kaikrane einmal grundsätzlich untersucht und die Grundforderungen zusammengestellt wurden. Nebenher liefen die Untersuchungen von den Hafenverwaltungen in Hamburg und Bremen, die in Bremen das immerhin bemerkenswerte Ergebnis hatten, daß im Jahre 1950 3-t-Stückgut-Kaikrane für 95000 DM gegenüber früher 135000 DM geliefert werden konnten mit einem Konstruktionsgewicht von 34 t gegenüber früher 55 t.

Die letzten Ausschreibungsergebnisse für 3-t-Stückgutkrane liegen entsprechend den inzwischen eingetretenen Lohn- und Materialpreissteigerungen bei etwa 123000 DM. Es ist dies ein schlagendes Beispiel, was harmonische Zusammenarbeit von Bestellern und Erzeugern und die gemeinsame Auswirkung der Erfahrungen in den Hafenbetrieben und den Konstruktionswerkstätten zu leisten vermag.

Während Hamburg zu den Vollportalkranen übergegangen ist, hat Bremen seinen Halbportalkran für seine Häfen beibehalten, jedoch die geringstmöglichste Überschattung der Beladungsfläche durch Einführung des Dreibein-Halbportals erreicht.

Hinsichtlich der früher überspitzten Anzahl der Krane auf dem Kai ist man auf etwa vier Krane pro 100 m, d. h. sechs Krane pro Seeschiffsliegestelle des Regelfrachtschiffes, zurückgegangen. Es war eine Folge der raschen Entwicklung der Kaikrane seit 1925, daß in den Häfen eine große Anzahl verschiedener Krantypen mit ihrer elektrischen Ausrüstung sich angesammelt hatten. Eine Folge dieser Vielzahl war das starke Anwachsen eines Vorratslagers der Betriebsgesellschaft, das finanziell sich immer stärker auswirkte.

Um die Häfen nicht zu einem „Kranmuseum" werden zu lassen, ist es unbedingt erforderlich, zu einer Typisierung der Kaikrane zu kommen. Bremen entschloß sich daher, für Bremen und Bremerhaven zu gleichen Grundbedingungen zu kommen und die früher vorhandenen vielen Kranspurweiten zu vereinheitlichen, damit jeder Kran möglichst an jeder beliebigen Stelle des Hafens verwendet werden kann. Des ferneren werden die Triebwerks- und elektrischen Teile soweit typisiert, daß mit einem Minimum an Vorratslager ausgekommen werden kann.

5. Elektrische Ausrüstung.

Im Zuge des Wiederaufbaues und der Modernisierung der Häfen wurde begonnen, das Stromnetz mit den angeschlossenen Betriebsanlagen von Gleichstrom auf Drehstrom umzustellen.

6. Allgemeine Gesichtspunkte.

1. Wenn ich die Erfahrungen aus den während des Krieges erfolgten Zerstörungen der Seehäfen einmal zusammenfasse, so ist meine seinerzeitige Ansicht, als ich im Jahre 1941 zum erstenmal an der Kanalküste die durch Kriegshandlungen zerstörten Seehäfen zu sehen bekam, durch die Erfahrung bei dem Wiederaufbau der Seehäfen nach dem Kriege nur erhärtet worden. Seehäfen für Ein- und Ausladezwecke lassen sich nicht durch Zerstörung ihrer Anlagen ausschalten, weil eine restlose Zerstörung sich nie bewerkstelligen läßt. Es bleiben zumeist so viele Teile bestehen, die mit verhältnismäßig einfachen Mitteln herzurichten sind, daß das An- und Ablegen der Dampfer und ihr Ein- und Ausladen sich immer noch ermöglichen läßt.

2. Grundsätzlich lohnt sich der Wiederaufbau eines Hafens immer mehr als eine Neuanlage, weil zu viele Teile der Anlage erhalten geblieben sind und Teile der zerstörten Anlage sich nutzbringend verwerten lassen.

3. Bei dem Wiederaufbau oder bei der Neuanlage von Seehäfen sollte man grundsätzlich genügend freien Raum vor Kopf der Häfen, zwischen den Schuppen und bei Straßen- und Gleisanlagen lassen. Das frühere Prinzip, die Häfen von vornherein voll mit Anlagen zu versehen, sollte man aufgeben. Die Entwicklung des Verkehrs ist in dem vergangenen halben Jahrhundert derartig schnell vorangeschritten, daß man sich hüten sollte, dem Standpunkt zu verfallen, wir hätten die Spitze der technischen und verkehrlichen Entwicklung erreicht. Der nachfolgenden Generation sollte man die unbedingt notwendige Freiheit des Handelns lassen und sie nicht verbauen. Ein aufmerksames Studium der vergangenen Neubauperioden gibt dieser Ansicht mehr als recht.

4. Wie ich in einer früheren Abhandlung über die deutschen Seehäfen schrieb, liegt die Leistungsfähigkeit und Bedeutung, vor allem aber auch die Wirtschaftlichkeit eines Seehafens nicht darin begründet, daß so und soviel an lfd. m Kaimauern, an Quadratmetern Schuppen-Speicherraum, an Anzahl von Kranen, an lfd. m Gleis und Straßenanlagen vorhanden sind, sondern einzig und allein darin, welche maximale Ausnutzung ist auf kleinstem Raum, der noch volle Bewegungsfreiheit läßt, möglich. Die hier in Bremen gemachten Nachkriegserfahrungen mit der Einführung der zweiten und dritten Schicht geben hierfür ein beredtes Zeugnis.

Die Anzahl der Kaikranstunden stieg von im Durchschnitt etwa 1200 Stunden und im Maximum etwa 1600 Stunden im Jahre 1938/39 auf im Durchschnitt 2400 Stunden und im Maximum auf etwa 3800 Stunden.

Vergleicht man den Stückgutumschlag der Häfen in Bremen Stadt im Jahre 1938 mit etwa 2500000 t und einer vorhandenen Kaischuppenfläche von etwa 260000 m² mit dem Stückgutumschlag im Jahre 1952 von etwa 2700000 t und einem Kaischuppenraum von nur 135000 m², so erkennt man die hohe Ausnutzungsziffer der Kaischuppen und des Kais.

Zweifellos ist der Überseehafen überlastet und aus dem Grund der Wiederaufbau des Europahafens im Jahre 1951 in Angriff genommen. Die obigen Ziffern zeigen aber, was eine harmonische Zusammenarbeit und eine gute betriebliche Organisation auch auf kleinem Raum zu leisten vermag.

5. Grundsätzlich ist der schleusenfreie Hafen dem Schleusenhafen vorzuziehen, wenn die örtlichen Bedingungen es nur irgendwie zulassen. Die frühere Ansicht, daß in den Schleusenhäfen mit ihrem fast gleichbleibenden Wasserstand ein leichteres und schnelleres Beladen und Entladen der Seeschiffe sich ermögliche, ist bei der Entwicklung der Kaikrane als überholt anzusehen.

Wenn, wie in Bremerhaven, wegen des starken Schlickanfalles Schleusenhäfen gewählt werden mußten, so ist es unerläßlich, daß auf jeden Fall zwei Seeschleusen für das Regelfrachtschiff zur Verfügung stehen. Wie die Erfahrungen gelehrt haben, lassen sich Beschädigungen an den Schleusen durch die Seeschiffe niemals vermeiden.

6. In dem Fischereihafen Bremerhaven hat sich das Grundprinzip der Trennung von Auktions- und Ausrüstungskai auch weiterhin voll bewährt. Die frühere Kombination Auktions- und Packhalle hat man endgültig verlassen.

7. Nach dem ersten Weltkrieg wurden von mir die Kosten der Herstellung für 1 lfd. m Kaimauer mit allem Zubehör eines neuzeitlichen Stückguthafens nach dem Kostenstand des Jahres 1913 ausgerechnet. Sie

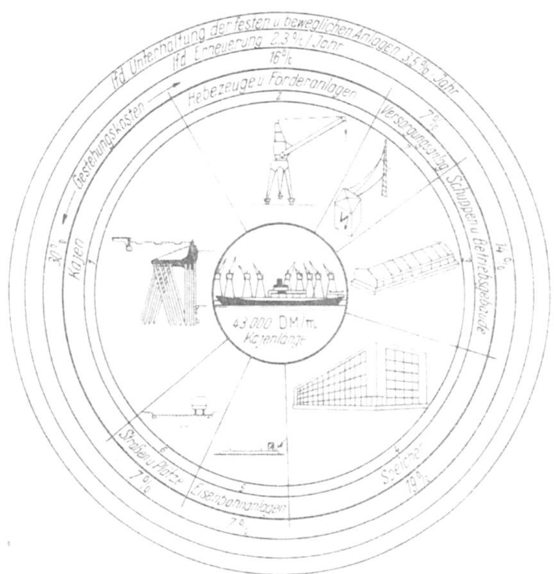

Abb. 96. Kostendarstellung eines voll ausgebauten Stückguthafens für 1 lfd. m ausgebauten Kai in Prozentsätzen.

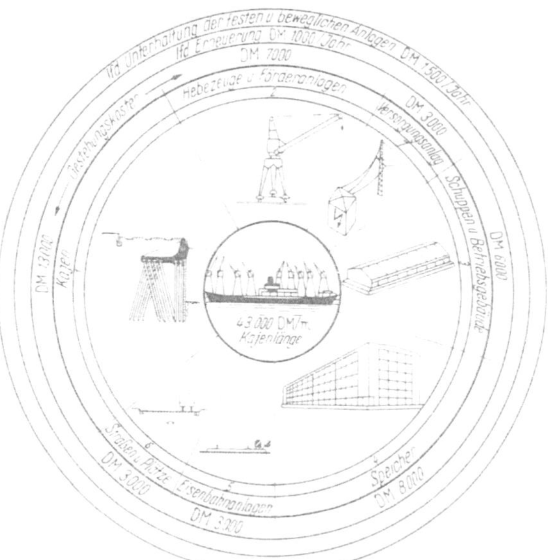

Abb. 97. Kostendarstellung eines voll ausgebauten Stückguthafens für 1 lfd. m ausgebauten Kai in DM.

betrugen für 1 lfd. m ausgebauten Kai etwa 15000 Goldmark. Dieser lfd. m Kaimauer umfaßt, wie die vorstehende Abb. 96 zeigt, den lfd. m Kai mit dem anteiligen Hafenbecken, den Schuppen mit Betriebsgebäuden, den Speichern, Straßen und Plätzen, Eisenbahnanlagen, Kran- und Förderanlagen, Versorgungsanlagen. Diese von mir durchgeführte Rechnung wurde jetzt erneut aufgestellt und ergab die Bestätigung meiner Auffassung, daß man bei dem Kostenstand für das Jahr 1952 mit einem Betrag von 43000 DM für 1 lfd. m ausgebauten Kai rechnen muß.

Von diesen Gestehungskosten entfallen (vgl. Abb. 96)

30%	auf Kaje
19%	auf Speicher
16%	auf Kran- und Förderanlagen
14%	auf Schuppen und Betriebsgebäude
7%	auf Eisenbahnanlagen
7%	auf Straßen und Plätze
7%	auf Versorgungsanlagen
100%	

Für die laufende Erneuerung sind etwa 2,3 % und für die laufende Unterhaltung der festen und beweglichen Anlagen etwa 3,5 % der Gestehungskosten pro Jahr aufzuwenden.

In der Abb. 97 sind an Stelle der Prozentsätze die Beträge in DM eingesetzt.

7. Die zukünftige Entwicklung.

Die Häfen in Bremen Stadt. Auf der Südseite des Überseehafens sind noch die erforderlichen Ausbaumöglichkeiten vorhanden, um einen weiter anwachsenden Stückgutverkehr des Regelfrachtschiffes aufzufangen.

Die Südseite des Europahafens wird zur Zeit auf 1200 m Länge mit Schuppen, Gleis-, Straßen- und Krananlagen, auch für Schiffe der großen Europafahrt, ausgebaut, während die gegenüberliegende Nordkaje auf voller Länge bei anwachsendem Verkehr für einen Ausbau noch zur Verfügung steht. Es ist jederzeit möglich, den fast ausgenutzten Industriehafen stromab durch einen schleusenfreien Hafen zu erweitern.

Überseehäfen in Bremerhaven. Für die Überseehäfen steht sowohl hinter den Schleusen als auch direkt am Weserstrom oberhalb und unterhalb des Columbuskai noch genügend großes Gelände zur Verfügung. Die vor und während des Krieges angelegten zwei Hafenbecken von je etwa 400 m Länge im Zuge des Kaiserhafen II und des Nordschleusenwendebeckens können bei Bedarf jederzeit mit Schuppen, Kran-, Straßen- und Gleisanlagen versehen und für den Verkehr herangezogen werden.

Die Fischereihäfen in Bremerhaven. Für die zukünftige Erweiterung der Fischereianlagen wird man in dem Becken II, das die entsprechende Ausbaumöglichkeit besitzt, von der langgestreckten Kaiform auf die gestaffelte Pierform abgehen, um eine räumlich tragbare Entfernung zum Herz des Hafens, dem Fischereiversandbahnhof, zu behalten. Bei der Anlage weiterer Auktionshallen wird man auf die breitere Form abgehen und sie in Stahlbeton herstellen. Für eine reibungslose Heranführung des Eisenbahn- und Lastwagenverkehrs ist Sorge getragen. Breite Straßen und Lastwagenverladeplätze mit einer genügenden Anzahl von Parkplätzen sind vorgesehen. Grundsätzlich bewährt hat sich die neue Ringstraße um den Fischereihafen und die breite, neue Zufahrtsstraße von Süden her in die Häfen, ohne die Stadt Bremerhaven zu berühren.

8. Schlußbetrachtungen.

Die vorstehenden Aufsätze über die Nachkriegsbauten in den Häfen von Bremen und Bremerhaven haben einen entsprechenden Ein- und Überblick gegeben. Es ist und bleibt eine Leistung besonderer Art, was in den harten Nachkriegsjahren zwischen 1945 und 1948 bis zur Währungsreform von den Arbeitern, Angestellten und Beamten in Verwaltung und Privatwirtschaft an Umsicht und Tatkraft geleistet worden ist. Ohne ausreichende Ernährung, ohne kaufkräftige Entlohnung und unter den besonderen Verhältnissen eines militärisch besetzten Landes hat der Deutsche aus Liebe zur Arbeit und zu seiner Stadt mit ihren Häfen das unmöglich erscheinende möglich gemacht, aus einem Trümmerhaufen wieder einen leistungsfähigen Hafen zu erstellen.

Schrifttum.

Apelt: Bremens Häfen, Schiffahrt und Verkehr — Die Entwicklung nach dem Kriege. Schaffendes Bremen, Internationale Verlags-Gesellschaft m. b. H., 1951.

Apelt: Bremens Aufstieg als Handels- und Hafenstadt, Bremen und seine Bauten 1900—1951. Carl Schünemann Verlag, Bremen.

Apelt: Das Buch der bremischen Häfen. Internationale Verlagsgesellschaft m. b. H., 1952.

Agatz: Die Grundlagen der zukünftigen Gestaltung der Weserhäfen. Der Weserlotse 1949/6.

Agatz: Stand und Zukunft der Bremerhavener Häfen. Hansa 1949/23.

Agatz: Die technische und wirtschaftliche Entwicklung des Fischereihafens Bremerhaven. Hansa 1950/43.

Agatz: Die Hafenanlagen im Spiegel der Zahlen. Abschnitt im Buch der bremischen Häfen.

Agatz: Die Hafenanlagen in Bremen und Bremerhaven. Bremen und seine Bauten 1900—1951. Carl Schünemann Verlag, Bremen.

Berghaus: Kritische Betrachtung zur Umschlagtechnik im Stückgut-Seehafen. Hansa 1949, 39/40.

Berghaus: Stückgutkrane. Hansa 1950, 37/38.

Berghaus und Henney: Bewegungsstudien an Stückgutkranen. Hansa 1952, 17/18.

Bötz: Beleuchtung von Hafenschuppen durch Glühlampen oder Leuchtstofflampen? Hansa 1952, 8/9.

Bötz: Drehstrom oder Gleichstrom für Stückguthafenkrane? Fördern und Heben 1952/12.

Eckert: Bau einer Fischversteigerungshalle im Bremerhavener Fischereihafen. Hansa 1950/20.

Henney: Aufgaben der Elektrotechnik in Seehäfen. Hansa 1952, 13/14.

Jung: Hundert Jahre Weserbahnhof in Bremen. Hansa 1951/27.

Lutz: Bau der Kajeschuppen in Bremen in den Jahren 1945/48. Hansa 1950, 11/15.

Lutz: Der Wiederaufbau des Europahafens in Bremen. Hansa 1952, 38/39.

Lutz: Umschlag von Seeschiff auf Landfahrzeug in Stückguthäfen. Hansa 1951/1.

Müller: Planung und Bau des Speichers I im Europahafen Bremen. Hansa 1952, 28/29.

Naß: Das Problem der Kajenkrane. Schiff und Hafen 1949/1.

Naß: Stückgutkrane an Seeschiffkajen. Weiterentwicklung im Hinblick auf die besonderen Anforderungen. VDI-Zeitschrift 1952/94.

Naß: Neuzeitliche Umschlagtechnik am Getreidehafen Bremen. Hansa 1950, 23/24.

Naß: Straßenkrane im Hafenbetrieb. Hansa 1951/20.

Otto und Schnelle: Der Columbusbahnhof in Bremerhaven. Hansa 1951, 37/38.

Plate: Weserausbau und Wehranlage. Bremen und seine Bauten 1900—1951. Carl Schünemann Verlag, Bremen.

Säume und Hafemann: Gestaltung des Speichers I im Europahafen Bremen. Die neue Stadt 1952.

Schenck: Die Wiederherstellung der Weserkaje am Weserbahnhof in Bremen in den Jahren 1947 und 1948. Bautechnik 1951/2.

Schenck: Getreideanlage Bremen-Gründung des Elevatorturms. Bautechnik 1952, 2/3.

Wiegmann: Wiederaufbau des Pier A der Getreideanlage Bremen. Bautechnik 1952/7.

Ziemer: Untersuchungen über die Längenänderung des neuen Pier A der Getreideanlage Bremen vom Beginn des Baues im Jahre 1949 bis 1952 und einige Bemerkungen über den dabei festgestellten Einfluß der Gezeiten. Bautechnik 1952/10.

Der Wiederaufbau der schleswig-holsteinischen Seehäfen seit dem Jahre 1945 unter besonderer Berücksichtigung der größeren Verkehrshäfen Lübeck, Kiel, Flensburg und Rendsburg[1].

Von Dr. **Carl-Otto Hillmer,**
Referent für Häfen und Schiffahrt bei der Landesregierung Schleswig-Holstein in Kiel.

I. Die schleswig-holsteinischen Häfen und ihr Verkehr seit dem Jahre 1945.

Schleswig-Holstein, meerumschlungen, hat zwei Drittel der „nassen Grenze" der Bundesrepublik inne. Dieser Lage entspricht auch die Vielzahl seiner Seehäfen. 44 Verkehrs- und Fischereihäfen an der Ost- und Nordseeküste, am Kiel-Kanal und an der Unterelbe dienen der Handelsschiffahrt und der See- und Küstenfischerei (die Gesamtzahl der Häfen einschl. der Lösch- und Ladestellen sowie der Binnenhäfen beträgt 173).

Während sich beispielsweise die Hamburger und Bremer Häfen im Eigentum dieser Länder befinden, sind die schleswig-holsteinischen Häfen in verschiedener Hand. Durch die Auflösung Preußens sind dem Land 7 Häfen an der Westküste und 2 an der Unterelbe zugefallen. 35 Seehäfen, darunter die großen Verkehrshäfen an der Ostseeküste, befinden sich jedoch in kommunalem Eigentum. Die auffällige Tatsache, daß die Häfen an der Westküste vom Land (vordem von Preußen) betrieben und unterhalten werden, erklärt sich aus den hohen Bau- und Unterhaltungskosten. Diese sind an der Ostküste verhältnismäßig niedrig, während Anlage und Offenhaltung von Häfen an der Nordseeküste und Unterelbe wegen der ganz anders gelagerten Küstenverhältnisse und der durch die Gezeitenbewegung gegebenen hydrologischen Verhältnisse hohe Kosten verursachen.

Die norddeutschen Seehäfen sind in ihrer Frequenz durch das Potsdamer Abkommen mehr oder weniger schwer betroffen. In den schleswig-holsteinischen Seehäfen verkehrten im Jahre 1951 27012 Schiffe mit 4027800 NRT (davon 11948 Schiffe mit 2572000 NRT = 64 v. H. im Auslandsverkehr) und vermittelten einen Güterumschlag von 3311000 t. Dieser lag zwar um gut ein Fünftel über dem des Vorjahres, aber noch ein Drittel unter dem der Vorkriegszeit (1937). Vier Fünftel des seewärtigen Güterverkehrs nahmen 1951 ihren Weg über die Ostseehäfen, und zwar fast ausschließlich über Lübeck, Kiel und Flensburg (93 v. H.). Vom gesamten seewärtigen Güterverkehr des Landes entfielen 1951 2276000 t = 68 v. H. auf Auslandsverkehr, der sich so gut wie ganz über die Ostseehäfen abwickelte.

Daß der seewärtige Schiffs- und Güterverkehr des Landes so stark auf die Ostseehäfen ausgerichtet ist, erklärt sich, abgesehen von seiner geographischen Hinneigung zu den Ostseeländern, durch die schiffahrtsabweisende Beschaffenheit der Nordseeküste.

Das Potsdamer Abkommen bewirkte mit der Zerreißung der deutschen Volkswirtschaft auch die Unterbindung des Küstenlinienverkehrs der schleswig-holsteinischen Verkehrshäfen mit den abgetrennten deutschen Ostseeprovinzen. Etwa ein Fünftel des Vorkriegsverkehrs ging den Häfen dadurch verloren. Darüber hinaus ging der Verkehr mit Polen, dem Baltikum und Sowjetrußland verloren. Die Zerreißung Deutschlands wirkte sich sehr abträglich auch für den Elbe-Lübeck-Kanal aus, der seiner Funktion als Zubringer des Lübecker Hafens weitgehend beraubt wurde. Der Kanal vermittelt heute hauptsächlich lokale Kiestransporte sowie Massenguttransporte zwischen Hamburg und Lübeck. Im besonderen krankt der Kanalverkehr derzeit an der Unausgeglichenheit der anfallenden Menge von Berg- und Talgut.

Auch die Struktur des seewärtigen Warenverkehrs hat sich geändert. Die Ostseehäfen sind nahezu reine Massenguthäfen geworden. So ist der Anteil des von allen Seehäfen begehrten, weil gut zahlenden Stückguts am seewärtigen Güterverkehr beispielsweise bei Lübeck von 25% in der Vorkriegszeit auf nur 1,5% gesunken.

In den schleswig-holsteinischen Seehäfen sind heute 13% der Handelsschiffstonnage der Bundesrepublik (1939 = 2,7%) beheimatet. Die Mehrzahl der Häfen sind Verkehrs- und Fischereihäfen zugleich. Daneben sind an den schleswig-holsteinischen Seeküsten auch reine Fischereihäfen anzutreffen. Die Fischereihäfen

[1] **Stand Herbst 1952.**

dienen einer beachtlichen Fischereiflotte als Stützpunkt. Das Schwergewicht liegt an der Ostküste. Hier sind 1779 Fahrzeuge (44585 PS) stationiert. An der Westküste haben 571 Fahrzeuge (19687 PS) ihren Heimathafen. Die Anlandungen der See- und Küstenfischerei in ihren Heimathäfen betrugen 1951 80527 t mit einem Erzeugerwert von 21,195 Mio DM.

II. Die staatlichen schleswig-holsteinischen Häfen unter besonderer Berücksichtigung des Neubaues der Dagebüller Landebrücke.

Die ehemals preußischen Häfen und Seeverkehrsanlagen (Landebrücken, Molen, Kajen, Schleusen usw.) stellen für die Landesregierung kein besonders gutes Erbe dar. Durch unterbliebene Unterhaltung und rechtzeitige Erneuerung abgängiger Bauwerke in den letzten Vorkriegs-, in den Kriegs- (Reparaturverbote) und Nachkriegsjahren (inflationistische Verhältnisse) ist ein beträchlicher Nachhol- und Investitionsbedarf entstanden. Weiterhin muß in Betracht gezogen werden — und das gilt für alle schleswig-holsteinischen Häfen —, daß Hafenholzbauwerke, um die Jahrhundertwende und in den ersten Jahrzehnten dieses Jahrhunderts errichtet, auch natürlich abgenutzt sind, wenn nicht der Bohrwurmbefall ihnen ein früheres Ende bereitete. Der Nachholbedarf kann in den ersten Nachkriegsjahren mit 19,4 Mio DM (nach den Preisen von 1952) veranschlagt werden. Hierin eingeschlossen sind die nicht unbeträchtlichen Mittel, die benötigt werden, um den von der Preußischen Verwaltung als zentralen Hochseekutterhafen der ganzen deutschen Nordseeküste projektierten Fischereihafen Büsum, mit dessen Bau 1938 begonnen wurde, in einem heute vertretbaren Umfange fertigzustellen. Von 1938 bis 1941 wurden mit einem Kapitaleinsatz von 7,266 Mio RM die Deiche, die Schutzschleuse und die Hafeneinfahrt im wesentlichen fertiggestellt. Bis 1946 blieb dann der Bau liegen. Aus Haushaltsmitteln des Landes wurden in den folgenden Jahren bis 1951 1,309 Mio RM/DM in Büsum verbaut, nicht eingeschlossen 240000 DM, die aus dem Sanierungsprogramm 1951 geflossen sind und die zu einem erheblichen Teil dazu dienten, ein Kühlhaus zu bauen.

Abb. 1. Pfeiler des Brückenunterbaues in Dagebüll.

In den staatlichen Häfen an der Westküste und der Unterelbe wurden seit 1. April 1946 in den einzelnen Rechnungsjahren vom Ministerium für Wirtschaft und Verkehr folgende Beträge (die haushaltsmäßig mit „einmalige Ausgaben" bezeichnet werden) investiert:

Im Rechnungsjahr (1. 4. bis 31. 3.)	1946/47	249136 RM
Im Rechnungsjahr (1. 4. bis 31. 3.)	1947/48	664678 RM
Im Rechnungsjahr (1. 4. bis 31. 3.)	1948/49	709758 RM/DM
Im Rechnungsjahr (1. 4. bis 31. 3.)	1949/50	483714 DM
Im Rechnungsjahr (1. 4. bis 31. 3.)	1950/51	814948 DM
Im Rechnungsjahr (1. 4. bis 31. 3.)	1951/52	1080000 DM
Im Rahmen des Sanierungsprogramms	1951/52	685000 DM
		4687234 RM/DM

Im Rechnungsjahr 1952/53 werden	910100 DM aus dem ordentlichen Haushalt
und	755000 DM aus dem außerordentlichen Haushalt
zusammen	1665100 DM verbaut werden.

Insgesamt sind (bzw. werden) somit in sieben Jahren 6352334 RM/DM verausgabt worden. Dieser Betrag erhöht sich noch um 158444 DM auf 6510778 RM/DM, die 1950 aus der werteschaffenden Arbeitslosenfürsorge für Hafenbauten in Friedrichskoog und Büsum geflossen sind.

Unter den Hafenbauwerken, die an der Westküste neu entstanden sind, mag der im Januar 1952 in Angriff genommene und inzwischen fertiggestellte Neubau der Dagebüller Landebrücke hier eine besondere Würdigung erfahren.

Bisher mußte sich der Personen-, Bäder- und Güterverkehr vom Festland nach den Inseln Föhr und Amrum sowie den gegenüberliegenden Halligen über die in den neunziger Jahren des vorigen Jahrhunderts in Holzbauweise aufgeführte 290 m lange und 6,50 m breite Dagebüller Landebrücke (Kreis Südtondern) abwickeln. Sie stellt für die Inseln den einzigsten Verkehrs- und Versorgungsstützpunkt dar, denn nördlich von Husum bis zur dänischen Grenze gibt es an der „Eisernen“ Küste keinen Hafen.

Die nördliche Seite der schmalen Holzbrücke war mit einem Gleis der Kleinbahn Niebüll-Dagebüll versehen, über das die Güterwaggons zum Brückenkopf, der Anlegestelle der Wyker Dampfschiffsreederei G.m.b.H., gefahren wurden. Dieses sich in das Wattenmeer hineinerstreckende Bauwerk gehörte zu jenen Holzbauwerken, deren natürliche Lebensdauer beendet war. Der Bearbeiter stellte 1950 fest, daß die Standfestigkeit der Brückenkonstruktion nicht mehr den Beanspruchungen durch Befahren mit Eisenbahnfahrzeugen gewachsen sei.

Abb. 2. Dagebüller Brücke bei Eisgang im Winter 1946/47.

Da das alte Bauwerk den Verkehrsansprüchen unserer Zeit seit langem nicht genügen konnte und Reparaturen schon aus diesem Grunde, aber auch wegen der relativ hohen Kosten, die diese und die Unterhaltung der Brücke verursachten nicht mehr lohnten, schlug er der Landesregierung vor, ohne Verzug an den Neubau dieses Verkehrsstützpunktes heranzugehen.

Der Bau einer den verkehrlichen Belangen genügenden Landebrücke bot technisch keine besonderen Schwierigkeiten. Diese lagen vielmehr in den Kosten begründet, die derartige Seebauwerke verursachen. Im Grundsätzlichen boten sich zwei Lösungen an: Entweder Beibehaltung der offenen Brückenform oder eine Anlegemole mit einem Wellenbrecher, etwa derjenigen in Norddeich in Ostfriesland (über die 40 m breite und 190 m lange, beiderseits von Wellenbrechern geschützten Mole, deren Ausmaße verdoppelt werden sollen, fließt nur etwa der doppelte Verkehr nach den Inseln Norderney, Juist und Baltrum, der über Dagebüll abzuwickeln ist).

Eine Wiederaufführung der Brücke in Holz würde in den alten, aber heute nicht mehr angängigen Abmessungen etwa 850000 DM gekostet haben. Bei der mindestens erforderlichen doppelten Breite 1,250 Mio DM. Bei dieser Lösung hätten aber die einem solchen Bauwerk anhaftenden Mängel, bei geringerer Lebensdauer teuere Unterhaltung und mangelnde Widerstandsfähigkeit gegen Eisdruck sowie die Gefahr des Bohrwurmbefalls, wiederum in Kauf genommen werden müssen.

Abb. 3. Ansicht der alten Holzbrücke von Süden bei Niedrigwasser. Beginn des Baues der Dagebüller Mole.

Von dem Bau einer geschlossenen Anlage, wie sie eine Mole mit einseitig vorgelagertem sturmflutfreiem Wellenbrecher darstellt, mußte wegen der hohen Kosten (mindestens 2,5 Mio DM) Abstand genommen werden.

Der Finanzausschuß des Landtages hatte Haushaltsmittel in Höhe von 800000 DM im Rechnungsjahr 1951/52 für einen Ersatzbau, die späterhin — durch Kostensteigerungen bedingt — auf 860000 DM erhöht wurden, bewilligt. Weiterhin wurden aus dem 1951 angelaufenen Sanierungsprogramm von dem interministeriellen Ausschuß der Bundesregierung für das Vorhaben 445000 DM als Zuschuß zur Verfügung gestellt. Mit den verfügbaren Mitteln von rd. 1,3 Mio DM mußte nunmehr eine Lösung angestrebt werden, die möglichst viele Vorzüge einer geschlossenen Anlage in sich vereinigte und möglichst viele Nachteile der offenen Brückenform vermied. Für die Entwurfsbearbeitung, die von der Auftragsverwaltung des Ministeriums für Wirtschaft und Verkehr, der Wasser- und Schiffahrtsdirektion Kiel, Wasser- und Schifffahrtsamt Tönning, durchgeführt wurde, war leitender Gesichtspunkt, daß der landseitige Abschnitt der Anlage, 230 m, für die Schiffahrt — jedenfalls nicht mit vertretbaren Aufwendungen — nicht benutzbar ist. Aus diesem Grunde wurde daher die neue Anlage in zwei in Abmessungen und Ausführungen verschiedenen Konstruktionen aufgeführt.

Der erste, an die Deichstöpe anschließende Teil, wurde in 230 m Länge unter Verwendung sandhaltigen Wattbodens als beidseitig abgeböschter Erddamm aufgeführt. Das Material für den Erdkern ist dem Vorland östlich des Oländer Dammes entnommen und mittels Loren zur Baustelle geschafft worden. Die Böschungen sind mit gutem Kleiboden aus dem Vorland südlich des Oländer Dammes in 35 cm Stärke abgedeckt, auf dem eine Grundschicht von 20 cm Höhe aufgetragen ist. Die Befestigung erfolgte durch 30 cm hohe Basaltsäulen (es wurden 2900 t benötigt). Der Böschungsfuß, dessen Breite über dem Watt 27,70 m beträgt, hat gegen Unterspülung Sicherungen aus hölzernen und leichten stählernen Spundwänden [landseitig beginnend mit einer Fußpfahlreihe (⌀ 10—12 cm, 2,00 bzw. 2,50 m lang), folgt eine hölzerne Fußspundwand (⌀ 14 cm, 3,00 bzw. 3,50 m lang), an die eine stählerne Fußspundwand Profil I 4,00 bzw. 4,50 m lang) anschließt]. Der Damm nimmt auf der Nordseite ein Normalspurgleis und in der Mitte eine Zufahrtstraße auf. Er ist mit Kleinpflaster versehen. Auf der Südseite schließt ein breiter, mit Basaltinplatten belegter, Fußgängerweg an. Die Dammkrone ist 13,50 m breit. Begünstigt durch das große Schluckvermögen des Basaltpflasters üben die Seitenböschungen des Dammes auf den Seegang eine beruhigende Wirkung aus und schützen die Fußgänger vor Spritzwasser.

Abb. 4. Blick auf den im Rohbau fertigen Pflasterdamm 1952.

Den zweiten Teil der Anlage, an dem Damm anschließend, bildet eine allseitig von senkrechten Stahlspundwänden (Profil III 10,00 bzw. 10,50 m lang) eingefaßte 80 m lange und 25,5 m breite Mole, die mit 1,70 m über dem mittleren Hochwasserstand sehr hoch liegt und den Schiffen, die zum Anlegen jeweils die Leeseite benutzen müssen, guten Schutz gewährt. Die Stahlspundwände sind durch 12,90 m lange, in einem Abstand von 2,40 m angeordnete Anker über 5 m lange 20 cm starke Ankerstützen mit einer 6 m langen Ankerwand (Profil I) verbunden. Auf die Spundwand ist ein Betonholm (55/85 cm) aufgesetzt. Um die Mole herum sind in einem Abstand von 12,80 m Doppelpoller angeordnet. Das Gleis der Bahn ist auf die Mole beiderseitig heraufgeführt worden, in der Mitte einen Bahnsteig für den Personenverkehr umschließend. Die Reisenden, die bisher den Weg vom Dagebüller Bahnhof zu Fuß zum Schiff zurücklegen mußten, können nunmehr unmittelbar vom Zug auf das Schiff umsteigen. Güter können unmittelbar vom Waggon aufs Schiff und umgekehrt umgeschlagen werden. Die Anlage kann nunmehr auch von Fahrzeugen beliebiger Größe und Belastung befahren werden, was bei der alten Brücke nicht möglich war. Die Mole ist mit Wattboden aufgefüllt worden, auf dem eine 35 cm hohe Kleidichtung aufgebracht worden ist. Auf dieser sind diejenigen Baustoffe angeordnet, die die Verkehrsanlagen erfordern. Beiderseits des Bahnsteigs ist die Mole mit Großpflaster (18/20) versehen worden. Da sie nahezu doppelt so breit ist wie der Damm, ist nicht zu befürchten, daß selbst bei stärkerem Seegang Spritzwasser bis zur gegenüberliegenden Anlegeseite überkommt. Die Mole ist mit einem Molerichtfeuer, einem Nebelsender, einem Schreibpegel sowie einer Beleuchtungsanlage versehen, desgl. sind am seeseitigen Dammende Verladerampen angeordnet.

Abb. 5. Dammböschung bei starkem Südwestwind 1952.

Der für das lfd. Rechnungsjahr ausgeworfene für einmalige Ausgaben bestimmte Betrag in Höhe von 1,665 Mio DM wird für Ersatz- und Neubauten in den Häfen Husum, Büsum, Friedrichskoog und Glückstadt verwandt, und zwar für:

Kaimauern und Landebrücken	924000 DM
Straßenbauten und Verkehrswege	316000 DM
Gebäudeneubau	19100 DM
Transportfahrzeuge, Umschlagsgeräte und Signalanlagen	172000 DM
Große Instandsetzungs- und Substanzerhaltungsarbeiten	233500 DM

III. Die kommunalen Häfen Schleswig-Holsteins unter besonderer Berücksichtigung der größeren Verkehrshäfen Lübeck, Kiel, Flensburg und Rendsburg.

Auch die kommunalen Verkehrs- und Fischereihäfen wiesen nach dem Kriege — neben besonders schweren Kriegsschäden in Kiel — einen erheblichen Nachhol- und Investitionsbedarf auf, für dessen Abtrag annähernd 38 Mio DM erforderlich waren. Etwa ein Viertel bis ein Fünftel dieses Betrages entfällt auf die Fischereihäfen. Dieser Betrag beinhaltet nicht die Kosten für die Verkehrserschließung des Ostufers und die Nutzbarmachung der ehemaligen Marineanlagen in Kiel, die 1952 mit 25 Mio DM veranschlagt wurden. Zwei Drittel aller kommunalen Häfen, Verkehrs- als auch Fischereihäfen, haben mehr oder weniger große Schäden an den Ufermauern, Kaianlagen und Molen zu verzeichnen. In 25 Häfen waren 1951 rd. 4 km Ufermauern/Kajen abgängig, deren Neubau allein etwa 8 Mio DM erfordert.

Den Verkehrshäfen fehlten moderne Hebezeuge. In Kiel und Flensburg muß Schuppenraum wiederhergestellt werden. Nahezu ein Drittel aller Häfen, und zwar der Ostseehäfen, mußte bzw. muß Ausbaggerungen vornehmen. Völlig verfallen und unbrauchbar war der kleine Fischerei- und Fischereischutzhafen Langballigau geworden, der einzige Zufluchtshafen an der 66 km langen Küste zwischen Flensburg und Maasholm. Einige kleinere Ostseehäfen haben auch Schäden an ihren Uferbauten durch Kriegsmarinefahrzeuge erlitten.

In den kommunalen Fischereihäfen an der schleswig-holsteinischen Ostseeküste sind Probleme dadurch entstanden, daß sich die Zahl der Seefischer gegenüber 1938 durch das Einströmen von Flüchtlingsfischern verdoppelt hat. Nicht ganz in demselben Verhältnis, aber doch sehr erheblich, hat die Fischereitonnage zugenommen.

Die Einrichtungen der schleswig-holsteinischen Ostsee-Fischereihäfen genügten und dienten in der Vorkriegszeit im wesentlichen der Küstenfischerei. Größere Fahrzeuge waren in der Minderzahl. Hochseekutter waren vornehmlich in der Lübecker Bucht anzutreffen. Durch die Flüchtlingsfischer nahm deren Zahl jedoch stark zu, weiterhin ansteigend durch die großen Kriegsfischkutter, die nach dem Krieg an die Fischer verchartert wurden. Während 1938 nur 87 Kutter in der Größenklasse über 12 m in den schleswig-holsteinischen Ostseehäfen anzutreffen waren, stieg deren Zahl bis 1946 auf 201, davon 115 Flüchtlingskutter. Der Zug zum größeren, stärkeren Fahrzeug hat seitdem angehalten.

Die Aufnahme der Ostfischer ist weder nach standortlichen und wohnungspolitischen noch nach der Leistungsfähigkeit der Häfen vor sich gegangen. Sie suchten vereinzelt und flottillenweise Unterkommen in den Häfen. So haben sich für etliche Ostseehäfen Probleme technischer und erheblicher finanzieller Natur ergeben. Einige Häfen waren für den Zuwachs ihrer technischen Ausrüstung nach nicht genügend, während andere, die vordem überhaupt keinen Fischereifahrzeugen als Basis gedient hatten, neue Einrichtungen schaffen müssen.

Es wird nicht zu umgehen sein, daß Häfen, die von Natur aus nicht für die Beheimatung großer Fischereifahrzeuge und -flotten geeignet sind, eine Entlastung erfahren, während andere, von der Natur mehr begünstigte und ein besseres Standortsklima aufweisende Häfen ausgebaut werden.

Die Lösung dieser Probleme erfordert Vorsicht und Umsicht, da sonst, auf weite Sicht gesehen, leicht Fehlinvestitionen getätigt werden können. Soweit nur irgend möglich, wird einer zu großen Aufsplitterung entgegenzuwirken und eine wirtschaftliche Schwerpunktbildung anzustreben sein, nicht zuletzt mit Rücksicht auf die großen Kosten, die Anlagen und Unterhaltung der Häfen verursachen.

Der Bearbeiter hat den einigermaßen geglückten Versuch unternommen, festzustellen, in welchem Umfange seit 1945 Mittel eingesetzt wurden, um die kommunalen Häfen wieder voll funktionsfähig zu machen. Neben der Größenordnung der Zahlen interessiert ganz besonders die Kapitalbeschaffung. Der Kapitalbedarf der durch den Krieg heruntergewirtschafteten Verkehrsmittel und -anlagen ist naturgemäß groß. Selbstfinanzierung ist im Verkehrssektor kaum möglich gewesen und ein Kapitalmarkt existiert für den Verkehr praktisch nicht. Ganz besonders abträglich wirken sich diese Verhältnisse für die Seehäfen aus. Die hier erforderlichen Investitionen können nicht mit kurz- oder mittelfristigen Mitteln getätigt und von einer Generation getilgt werden. Rücklagen sind 1948 vernichtet worden. Es ist daher fast immer nur möglich, durch Steuermittel Hafenbauwerke zu finanzieren. Im besonderen wird dieses Problem weiter unten am Beispiel eines kommunalen Hafens untersucht werden.

In den kommunalen Verkehrs- und Fischereihäfen Schleswig-Holsteins sind seit 1945, und zwar bis September 1952, in 29 Häfen rd. 18 Mio DM investiert worden. Von 1945 bis 1948 konnten infolge der damals herrschenden wirtschaftlichen Verhältnisse nur wenige hafenbauliche Arbeiten durchgeführt werden. Nur etwa 10% der Investitionen fallen daher in diese Zeit. (Die RM-Beträge sind im Verhältnis von 1 : 1 umgerechnet worden.)

Die Eigentümer der Häfen, die Gemeinden, haben 53% der Kosten aufgebracht, und zwar bar in Form von Steuermitteln oder unbar in Gestalt von Darlehen. Die letzteren sind sehr häufig durch Inanspruchnahme der werteschaffenden Arbeitslosenfürsorge beschafft worden. 38% der erforderlichen Mittel hat das Land in Form von verlorenen Zuschüssen aufgebracht, davon das Ministerium für Wirtschaft und Verkehr aus ordentlichen Haushaltsmitteln rd. 9% (bis Ende des lfd. Rechnungsjahres). In den Zuschüssen des Landes sind neben Zuschüssen zur werteschaffenden Arbeitslosenfürsorge erhebliche Kriegsschädenmittel enthalten.

Der Bund (BVM) ist an den Gesamtinvestitionen nur mit gut 8%, die AVA mit weniger als 1% der Zuschüsse beteiligt. Zuschüsse von anderen Stellen konnten die Gemeinden kaum erlangen (0,3%).

Wenngleich sich für den Einsatz der werteschaffenden Arbeitslosenfürsorge nicht sehr viele Bauvorhaben in den Häfen eignen, so konnte sie doch in Schleswig-Holstein in der Zeit vom 4. Mai 1949 bis 10. Dezember 1951 bei 11 Hafenbauwerken in Anspruch genommen werden. Die Gesamtkosten dieser Vorhaben betrugen 2279860 DM. Bei 44600 Tagewerken wurden Mittel aus der WAF in Höhe von 766428 DM in Anspruch genommen, d. h. daß deren Anteil an den Gesamtkosten rd. ein Drittel betrug. Unter diesen Hafenbauten waren zwei, die das Land in staatlichen Häfen durchgeführt hat. Gliedert man die 9 kommunalen Häfen aus, so entfällt auf diese bei 31760 Tagewerken und einem Gesamtkostenaufwand von 1764103 DM ein Anteil der WAF an der Gesamtfinanzierung in Höhe von 607984 DM, also von ebenfalls gut einem Drittel.

Im lfd. Rechnungsjahr (1. April 1952 bis 31. März 1953) gelangen in den kommunalen Häfen des Landes Vorhaben zur Durchführung, deren Kosten sich auf etwa 4,1 Mio DM belaufen. 57% der Baukosten bringen die Gemeinden selbst, 29% der Bund und 14% das Land in Form von Zuschüssen auf. Der Bundesanteil in dieser Höhe erklärt sich dadurch, daß ein Zuschuß für den Hafen Kiel (Ersatzbau am Nordhafen [NOK]) für beide Bauabschnitte in dieses Rechnungsjahr einbezogen wurde. 1952/53 wirkt sich weiterhin ein Zuschuß für eine Großreparatur an einem Objekt, das Bundesinteresse mitberührt (Straße), aus.

Abb. 6. Mole des Hafens Wyk auf Föhr.
A. Alte Spundwand aus dem Jahre 1913.
B. Vorgerammte Sicherungswand aus dem Jahre 1936.

Im II. Abschnitt ist bereits darauf hingewiesen worden, daß den aus Holz bestehenden Hafenbauwerken in Schleswig-Holstein durch Bohrwurmbefall oft ein vorzeitiges Ende bereitet wird. Der Schaden, der dadurch bisher entstanden ist, dürfte beträchtlich sein. Die Probleme rein finanzieller Natur, die für die Besitzer derartiger Anlagen, die vom Bohrwurm befallen wurden, nach der die Rücklagen aufzehrenden Währungsreform aufgetreten sind und auch fernerhin auftreten werden, sind für diese allein kaum lösbar. Fast immer muß das Land den Gemeinden finanzielle Hilfe durch Beschaffung von Darlehen und Gewährung von verlorenen Zuschüssen leisten.

Das mag am Beispiel der Wyker Hafenmole einmal dargelegt werden.

Die Einfahrt des Hafens Wyk auf Föhr ist durch eine im Jahre 1913 erbaute, 200 m lange und 5 m breite Mole gesichert. Sie besteht aus einem verankerten hölzernen Spundwandkasten mit Kleifüllung und Pflasterabdeckung. Da durch Bohrwurmbefall der untere Teil der Spundwand bis 1 m unter Mitteltidehochwasser herauf weitgehend zerstört war, rammte man 1936 um die Mole herum eine hölzerne Sicherungswand; diese wurde, um zu sparen, jedoch nicht bis zur Molenkrone, sondern nur bis zur Höhe der hauptsächlichsten Schäden hochgezogen.

Seitdem hat der Bohrwurm sein Zerstörungswerk an der alten Spundwand weiter fortgesetzt und auch die 1936 gerammte Sicherungswand stark angegriffen.

Durch diese Schäden traten in der Sicherungswand an vielen Stellen erhebliche Lücken auf, durch die die Hinterfüllung herausgespült wurde. Hierdurch bewirkt, sackte das Pflaster der Mole ständig ab. Die Steine wurden von den überkommenden Seen fortgetragen. Ständig bestand die Gefahr, daß die ungeschützte

Hinterfüllung bei Stürmen auch von oben aus der Mole herausgeschlagen wurde und diese an Standfestigkeit weiterhin verlor.

Da das Bauwerk bei Stürmen und in Eiswintern erheblichen Beanspruchungen ausgesetzt ist, bestand ständige Einsturzgefahr.

Im Hinblick darauf, daß die Mole für den Fremdenverkehr und für die Versorgung der Inselbevölkerung (8512 Einwohner) unentbehrlich ist und ihr Ausfall katastrophale Folgen haben mußte, entschloß sich die Stadtverwaltung 1947 auf Drängen der Aufsichtsbehörde, den Neubau der Mole in Stahlspundwandbauweise vorzunehmen. Die Kosten wurden damals auf 408000 RM veranschlagt. Die Währungsreform stellte den Bauherrn vor eine völlig neue Situation, da die bereitgestellten Haushaltsmittel untergingen und zu erträglichen Bedingungen kein Darlehen zu erhalten war. Durch Vermittlung des Ministeriums für Wirtschaft und Verkehr gelang es, der Stadt ein mittelfristiges Darlehen in Höhe von 100000 DM (das inzwischen in ein langfristiges umgewandelt wurde) sowie eine Bedarfszuweisung vom Ministerium des Innern in Höhe von 30000 DM zu verschaffen. Weitere 40000 DM mußte die Stadt selbst beschaffen.

Abb. 7.

Abb. 8.

Mole des Hafens Wyk auf Föhr. Bohrwurmschäden.

Mit diesen Mitteln wurde im Jahre 1949 der seewärtige Teil der Mole, und zwar ein Abschnitt von 68,5 m Länge und 10 m Breite gebaut. Trotz der unverminderten Gefahr, die für den größeren alten Teil der Mole besteht, war die Gemeinde Wyk nicht in der Lage, dessen Weiterbau zu finanzieren. Die Finanzierung konnte vielmehr erst im Herbst 1952 durch die Initiative und starke Beteiligung des Ministeriums für Wirtschaft und Verkehr und im Zusammenwirken mit anderen Stellen der Landesregierung sichergestellt werden. Durch die seit 1949 erfolgten Preissteigerungen sind die Gesamtkosten der Mole inzwischen auf etwa 510000 DM gestiegen, wobei der zweite Bauabschnitt (132,5 m) etwa 340000 DM kosten wird.

Abb. 9. Mole des Hafens Wyk auf Föhr. Infolge Herausspülens des Hinterfüllungsbodens versackt das Pflaster der Molenkrone, das anschließend von überkommenden Seen fortgetragen wird, so daß die restliche Hinterfüllung herausgeschlagen werden kann und die Mole ihre Standfestigkeit verliert.

Die Finanzierung dieses Bauabschnittes wird wie folgt durchgeführt:

Eigenmittel der Stadt

Darlehen 1. 110000 DM aus dem Sanierungsprogramm 1952 der Bundesregierung
2. 35000 DM aus dem Sofortprogramm (§ 139 AVAVG)

Zuschüsse an die Stadt

Quellen 1. 97500 DM von der Landesregierung (Ministerium für Wirtschaft und Verkehr).
2. 35000 DM von der Landesregierung (Ministerium für Arbeit, Soziales und Vertriebene) Verstärkte Förderung gem. § 139 AVAVG
3. 17500 DM Grundförderung gem. § 139 AVAVG
4. 45000 DM aus dem Sanierungsprogramm 1952 der Bundesregierung.

Die Eigenmittel der Stadt betragen somit 42%, die Zuschüsse 58%. An den Gesamtkosten der Mole ist die Stadt mit 56% beteiligt.

Mit der Fertigstellung des Bauwerks im Rechnungsjahr 1952/53 wird im Zusammenhang mit dem Neubau der Dagebüller Mole und Straßenbauten auf den Inseln ein kombiniertes verkehrliches Sanierungsprogramm für die Besucher und die Bewohner der nordfriesischen Inseln zum Abschluß gekommen sein.

1. Derzeitige Ausrüstung und Kapazität des Lübecker Hafens.

Der Lübecker Hafen ist, verglichen mit dem Kieler, Hamburger und Bremer Hafen, nahezu unversehrt aus dem Krieg hervorgegangen. Größere Schäden durch Bombardierung erlitt er nur einmal, und zwar im Jahre 1942. Diese wurden an den wichtigsten, im Mittelpunkt des Hafens gelegenen Kaischuppen A und C und teilweise auch am Lagerhaus auf der Wallhalbinsel noch während des Krieges wieder beseitigt.

Im Jahre 1945 war die Vorkriegskapazität vermindert durch den Totalverlust von 4 Kranen sowie den Verlust der Hafenschuppen 4 und 5. Das Lagerhaus auf der Wallhalbinsel weist heute noch einen Grad der Beschädigung von 26% und die hafeneigenen Lagerhallen auf den Vorwerker Wiesen von 29% auf. Zwei neue Krane (am Kulenkampkai) konnten jedoch erst Ende des Jahres 1951 eingesetzt werden. Die Betriebsführerin des Lübecker Hafens, die Lübecker Hafen-Gesellschaft m.b.H., hat sich in der Nachkriegszeit hauptsächlich darauf beschränken müssen, Reparaturen und Modernisierungen an den Umschlagsgeräten, Reparaturen an den Kaischuppen und Kaimauern sowie Baggerungen vorzunehmen.

Die grundsätzliche Strukturwandlung in der Art der in der Nachkriegszeit im Lübecker Hafen umgeschlagenen Güter, auf die in der Einleitung hingewiesen wurde — Lübecks Hafenverkehr beruht heute hauptsächlich auf vier keineswegs krisenfesten Säulen von Massengütern, und zwar sind dieses in der Einfuhr Holz und Erz, in der Ausfuhr Brennstoffe und Salz — erfordert Rücksichtnahme bei Ersatz- und Neuinstallation und Umbau von Kranen. Hierauf ist das Bau- bzw. Investitionsprogramm der Lübecker Hafen-Gesellschaft mbH. abgestellt.

Abb. 10. Mole des Hafens Wyk auf Föhr.
Solchen Beanspruchungen ist die Mole in schweren Eiswintern ausgesetzt.

Als sehr positiv für den Seehafen Lübeck ist zu werten, daß die Trave frei von störenden Einflüssen durch Gezeitenhub ist, so daß bei einer durchschnittlichen Wassertiefe von 7—8 m in allen Hafenbecken und einer höchstzulässigen Schiffslänge von 145 m fast alle im Ostseeraum verkehrenden Schiffe den Lübecker Hafen anlaufen können. Während der Ablauf der Trave von Herrenwyk bis zum Nordhafen z. Z. einen Tiefgang von 7,50 m bei Mittelwasser zuläßt, sind im Jahre 1952 durch die Lübecker Hafen-Gesellschaft m.b.H. die Wassertiefen am Südteil des Konstinkais, am Kai des Silos im Vorwerker Industriehafen sowie am Behnkai durch umfangreiche Baggerungen auf 8 m gebracht worden. 1953 soll der Kulenkampkai ebenfalls auf diese Tiefe abgebaggert werden. Um auch für die weitere Zukunft im Zuge der zunehmenden Schiffsgrößen die Anlaufmöglichkeit des Lübecker Hafens für alle die Ostsee befahrenden Schiffe zu ermöglichen, erwartet die Stadt Lübeck von dem Bundesverkehrsministerium, daß dieses den Gesamtlauf der Trave auf 8,50 m Wassertiefe bei Mittelwasser baggert. Nach Lübecker Auffassung benötigt der Hafen weiterhin eine Sohlenbreite von 60 m für den sogenannten Herrendurchstich ober- und unterhalb der Herrenbrücke, ferner für die Strecke von der Herrenbrücke bis zur Teerhofinsel sowie für den sogenannten Teerhofdurchstich. Endlich wird in absehbarer Zeit im Zuge dieses Fahrwasserausbaus eine Kurvenbegradigung in der Kurve Teerhofinsel/Glashüttenweg sowie eine Abflachung der Kurven am Stülper Huk und am Priwall gegenüber der Siechenbucht erforderlich sein.

Der Umschlag für die seegehenden Dampfer wird im Hansahafen, Wallhafen und Burgtorhafen mit Konstinkai sowie am Vorwerker Industriehafen abgewickelt, während der Holstenhafen heute nur noch in der Hauptsache als Liegeplatz für aufliegende Fahrzeuge sowie für die gelegentliche Abfertigung der Kleinschiffahrt dient. Das gesamte Hafengebiet erstreckt sich über 9 Seehafenbecken, 2 Binnenhäfen mit insgesamt 7,2 km befestigten Kaianlagen, die mit 38 Kranen verschiedenster Bauart und Tragfähigkeit von 1,5 bis 40 t ausgerüstet sind.

Hafenbahnanschlußgleisanlagen mit einer Gesamtlänge von 78 km, für deren Betreuung eine selbständige Hafenbahnmeisterei eingesetzt ist, durchziehen das gesamte Hafengelände mit einem dichten Schienennetz. Fast alle Lagerschuppen — die Lübecker Hafen-Gesellschaft m.b.H. verfügt über mehr als 30000 m² überdachter Schuppen und Lagerhäuser — sind sowohl wasser- als auch landseitig mit größtenteils zwei Abfertigungsgleisen versehen.

Daneben stehen an offenen Lagerplätzen, welche ebenfalls an das Gleisnetz angeschlossen sind, rund 51000 m² zur Lagerung von Massen- und Schwergütern zur Verfügung. Die Abgrenzung des Massen- und Stückgutumschlags bedingte die Verteilung dieser Arbeiten auf bestimmte Hafengebiete. So dient die Wallhalbinsel, welche vom Hansa- und Wallhafen umschlossen wird, mit ihrem Kulenkampkai und Behnkai in der Hauptsache dem Umschlag von Stückgütern. Um hier leistungsfähig zu bleiben, entschloß man sich nach dem ersten Weltkrieg, die Drehkrane des Kulenkampkais in moderne Wippkrane umzubauen. In allen Fällen handelte es sich hier um Halbportalkrane von 9 bzw. 11,5 m Ausladung ab Kaikante bei einer Tragkraft von 2,5 t. Beim Umbau wurde die Ausladung von 9 m generell auf 11 m erhöht. Hierbei mußte allerdings in Kauf genommen werden, daß die Tragkraft auf 2 t herabgemindert wurde, was für Stückgutkrane unbedenklich durchzuführen war. Erheblich war allerdings der Leistungsgewinn. Unter Einsparung von Arbeitskräften war eine Leistungssteigerung von mindestens 50% zu verzeichnen. Durch den Umbau auf Wippkrane war es möglich geworden, an einer Luke z. B. bis zu 3 Wippkrane einzusetzen, wo früher wegen seiner Schwerfälligkeit nur ein Drehkran zu arbeiten vermochte. Für den Betrieb der Krane steht Gleichstrom 440V zur Verfügung. Die Arbeitsgeschwindigkeiten für Heben, Drehen, Wippen und Fahren liegen bei 35 m, 175 m, 50 m und 0,30 m und sind unter der Berücksichtigung, daß es sich bei dem Umbau um ältere Krane gehandelt hat, für den Stückgutumschlag ausreichend. Ihre Durchschnittsleistung liegt bei Stückgütern bei 10 bis 15 t/h, bei einem Stromverbrauch von 3—4 kW/h. Sackgut wird bis zu 30 t/h umgeschlagen.

Abb. 11. Blick auf den Burgtorhafen in Lübeck.

Ein Teil dieser Krane ist für Einseilgreiferbetrieb eingerichtet, wobei durch sinnreiche Verbesserung aus dem Betrieb heraus die Mängel der Einseilgreifer gemildert werden konnten. Bei Umschlag von Kies, Sand Ton und Koks auf Küsten- und Kleinschiffahrt wird eine Durchschnittsleistung von 30 t/h erzielt. Die Verladung von Automobilen wird mit Hilfe von besonderem Umschlagsgerät sorgfältigst durchgeführt, so daß Transportschäden beim Verladen praktisch nicht auftreten können.

Zwei weitere Halbportal-Wippkrane der MAN in modernster Ausführung sind gegen Ende des Jahres 1951 zur Vervollständigung der Ausrüstung des Kulenkampkais am Schuppen D dieses Kais errichtet worden. Ihre Tragfähigkeit beträgt 3 t bei einer Ausladung von 25 m. Diese beiden neuen Krane finden sowohl als Stückgut- wie auch als Mehrseilgreiferkrane Verwendung. Die Arbeitsgeschwindigkeiten entsprechen den modernsten Anforderungen. Ein Vollportalkran mit 10 t Tragfähigkeit am Ende dieses Kais dient zum Absetzen von Schwergütern. Sein Ausleger ist mittels Einziehwerk verstellbar und reicht bei maximaler Ausladung von 14 m ab Kaikante für eine Belastung von 5 t aus, wobei gleichzeitig Greiferbetrieb durchgeführt werden kann.

Der letzte am Kulenkampkai noch verbliebene Drehkran, ein 2,5-t-Kran der Bauart Demag, ist von der Lübecker Hafen-Gesellschaft m.b.H. 1952 zum Wippkran umgebaut worden. Da die Finanzierung 1952 sichergestellt werden konnte, sollen erfreulicherweise im Laufe des Jahres 1953 zwei neue Stückgutkrane von 2,5 bis 3 t Tragfähigkeit die Ausrüstung des Kulenkampkais an den Linienschiffsschuppen vervollständigen.

An der Spitze des Behnkais dient ein 40-t-Kran mit 9 m Ausladung ab Kaikante dem Umschlag von Schwergütern. Daneben sind drei Wippkrane, Bauart Kampnagel, von je 3 t Tragfähigkeit bei 14,5 m Ausladung und einer Hubhöhe von 23—33 m im Bereich des im Jahre 1939 neu erbauten Lagerschuppens F in Betrieb. Sie dienen sowohl dem Stückgutverkehr für den genannten Schuppen als auch dem Umschlag von Massengütern. Die Umschlagsleistungen schwanken zwischen 35—80 t/h je nach der Art des Massengutes, des Schiffes und der Trimm-Möglichkeiten, wobei schon bis zu 100 t/h und Kran beim Umschlag von Schotter erzielt wurden.

In den letzten beiden Jahren sind zwei dieser Krane in moderne Kurvenlenker-Wippkrane mit Spezialgetriebe umgebaut worden. Da man hierbei beste Betriebsergebnisse erzielte, wurde Ende 1952 der letzte und dritte Kran gleichartig umgebaut. Bei diesem Umbau ist man selbstverständlich gleichzeitig auf den Vierseilgreiferbetrieb übergegangen. Ein weiterer 3-t-Drehkran, ebenfalls für Greiferbetrieb eingerichtet, und vier 1,5-t-Halbportalkrane vervollständigen die Ausrüstung des Behnkais. Die 1,5-t-Krane sind ausgesprochene Stückgutkrane mit 8,5 m Ausladung. Trotz ihrer älteren Konstruktion werden mit ihnen noch verhältnismäßig gute Leistungen erzielt. Im ersten Weltkrieg wurde sogar mit ihnen Erz in Kästen bei einer Leistung von 40 t/h je Kran umgeschlagen. Bei Sackgut werden bis zu 250 Sack/h bis in das 2. Stockwerk des hinter den Kranen liegenden Lagerhauses geschafft. Der Stromverbrauch dieser Krane ist gering und liegt bei etwa 2 kWh je Kran. Für alle Krane werden heute mit bestem Erfolg Längsschlagseile mit 160 kg Festigkeit verwandt. Sämtliche Krane der Wallhalbinsel werden durch ein Ringkabel, welches von verschiedenen Stellen eingespeist werden kann, um lästigen Stromausfall auszuschalten, mit Strom versorgt. Dieses Kabel wird in einem wasserdichten Kanal in der Kaimauer um die Wallhalbinsel herumgeführt. Überflutbare Erdanschlußkästen mit Stecker und flexiblen Kabeln stellen die Verbindung zum Kran her. Die Stromkosten belaufen sich auf etwa 0,11 DM je kW und Stunde.

Abb. 12. Lübecker Hafen. Behnkai.

Die Gleichstromversorgung des Hafens kann bei erheblich gesteigerten Betriebsspitzen und Ausfällen im Gleichstromnetz der Stadt zu ernsten Betriebsstörungen im Hafen führen. Um dieses Gefahrenmoment auszuschließen, plant die Lübecker Hafen-Gesellschaft m.b.H., sich durch den Anschluß an die vorhandene 6-kW-Leitung und durch Errichtung einer modernen Gleichrichteranlage aus der städtischen Gleichstromversorgung herauszulösen.

Für 1953 ist am Südende des Schuppens F der Neubau eines 3-t-Kurvenlenkerwippkrans für Stück- und Massengutumschlag geplant. Dieser Neubau soll den vorgenannten veralteten 3-t-Drehkran praktisch ersetzen.

Auf der Wallhalbinsel dienen 5 große Lagerschuppen von je etwa 2000—3500 m² Lagerfläche und eine in Eisenbeton aufgeführte Lagerhalle von 3000 m² Lagerfläche, mit darunter befindlichen grundwasserdicht ausgeführten Lagerkellern mit nochmals 1200 m² Lagerfläche, der Aufnahme der Lagergüter. Der Lagerkeller ist bereits für den späteren Einbau einer Kühlanlage zur Einlagerung von Butter usw. eingerichtet. Geschickte Ausnutzung von beweglichen Transportbändern beim Einlagern von Stapelgütern ermöglicht eine denkbar günstige Platzeinteilung.

Das ehemalige Getreidelagerhaus ist seines ursprünglichen Zwecks entkleidet, da ein Teil der maschinellen Einrichtungen durch Kriegseinwirkung zerstört wurde. Es ist daher mit seiner rd. 7500 m² Lagerfläche heute ausschließlich der Gütereinlagerung vorbehalten.

Für die Beschleunigung und Rationalisierung des Umschlags von Stück- und Partiegütern ist die Lübecker Hafen-Gesellschaft m.b.H., dem Beispiel anderer Häfen folgend, mit bestem Erfolg dazu übergegangen, den Transport und die Stapelung dieser Güter in den hauptsächlichsten Stückgutschuppen durch sogenannte Gabelstapler mit Batterieantrieb und mit Anhängern versehenen Elektrokarren der Bauart „Muli-Mobil" vorzunehmen. Diese neuen Geräte wurden 1952 beschafft.

Die dem Kulenkampkai gegenüberliegende Kaistrecke, die Roddenkoppel, dient mit ihrer etwa 350 m langen Kaimauer und ihren Gleisanlagen dem Umschlag von Waggon in Binnenschiff oder Motorsegler. In erheblichem Maße wurde hier auch Salz umgeschlagen. Auf der Stadtseite des Hansahafens liegen weitere 4 größere Lagerschuppen, die ebenfalls dem Seeverkehr dienen.

Der Burgtorhafen mit seiner fast 1500 m langen Kaimauer steht dem weiteren Stückgut- und Massengutverkehr zur Verfügung. Auch hier ziehen sich umfangreiche Lagerschuppen am Kai entlang. 6 Vollportalkräne von je 2,5 t Tragkraft mit 12 m Ausladung, teilweise für Einseilgreiferbetrieb eingerichtet, stehen für den Güterumschlag zur Verfügung. Der Umbau dieser Krane in Wippkrane wird in allernächster Zeit erforderlich sein.

Der nördlichste Teil des Burgtorhafens, der Konstinkai, ist der eigentliche Massengutumschlagplatz des Lübecker Hafens. Zwei Vollportalkrane mit eingebauter Essmann-Waage dienen zum Umschlag aller anfallenden Massengüter. Ihre Spurweite von 14 m führt über 3 Gleise hinweg. Die

Krane, auf dem Portal verfahrbar, haben eine Tragfähigkeit von 5 t bei einer Ausladung von 6—19 m. Sie sind für Vierseilgreiferbetrieb eingerichtet. Heben und Katzfahren erfolgt mit 40 m/min, Drehen mit 120 m/min und Kranfahren auf dem Portal mit 30 m/min. Die Hubmotoren sind als Derimotoren ausgebildet. Die Forderung nach eichfähiger Verwiegung bedingte die eigenartige Ausbildung des Auslegers. Die Leistungen dieser Krane sind außerordentlich verschieden. Als Durchschnittsleistung bei Kohle ex Waggon in Schiff kann mit 40 t/h, bei Salz und Soda mit etwa 45—60 t/h gerechnet werden, bei einem Stromverbrauch von etwa 15 kWh. Bei Kiesel und Splitt haben sich Leistungen von 50—100 t/h bei einem Stromverbrauch von etwa 20 kWh als Durchschnitt ergeben. Aber auch hier sind die Leistungen jeweils von den Nebenfaktoren abhängig. Zwei weitere 5/10-t-Kurvenlenker-Wippkrane modernster Ausführung, Fabrikat Kampnagel, vervollständigen die technische Ausrüstung des Konstinkais. Diese Krane haben 25 m Ausladung und 5 t Tragkraft bei der Arbeit mit Mehrseilgreifern. Um auch mit diesen Kranen eine Verwiegung von Massengütern durchführen zu können, hat man die Möglichkeit, sie auf einen fahrbaren Verwiegebunker mit einer Stundenleistung bis zu 150 t arbeiten zu lassen. Der eisenbahnprofilfreie Bunker gibt über ein Förderband und Schüttrohr das Gut jeweils ins Schiff oder auf Waggon.

Alle Krane im Gebiet des Burgtorhafens werden mit Drehstrom 380 V gespeist. Eine werkseigene Trafostation für die Einspeisung ist vorhanden. Neuerdings durchgeführte Versuche rechtfertigen auch den Einsatz von Polypgreifern und Grubenholz-Spezialgreifern, welche bereits im Juli 1951 bzw. Juni 1952 in Betrieb genommen wurden. Um die dringend notwendige Vergrößerung der Umschlagskapazität für Massengüter zu ermöglichen, wird gegen Ende des Jahres 1952 ein neuer 5-t-Massengutkran, Bauart Kampnagel, mit vollautomatischer elektrischer Verwiegemöglichkeit am Konstinkai zur Aufstellung gelangen. Um auch auf dem Gebiet des Salzumschlags voll leistungsfähig zu sein, hat die Lübecker Hafen-Gesellschaft m.b.H. im vergangenen Jahr am Schuppen 11 des Burgtorhafens eine vollmechanisierte Salzumschlagsanlage der MIAG errichtet. Während früher das Salz im Akkord von Hand aus von gedeckten Güterwagen in Kübel abgeschaufelt wurde, die mittels Kran in den Schiffsraum entleert wurden, wird das Salz nunmehr durch eine elektrisch betriebene Salzschaufel, die lediglich durch einen Mann gesteuert zu werden braucht, in eine Fallgrube abgeschaufelt und gelangt von hier aus mittels Becherwerk auf Förderbänder, die das Salz über den Waggon hinweg in ein Schüttrohr fördern. Die Stundenleistung des Gerätes beträgt 40—50 t/h. Um auch größere Seeschiffe auf diese Art beladen zu können, ist in weiterer Zukunft geplant, am Vorwerker Industriehafen eine Großumschlagsanlage gleicher Art zu errichten. Gleichzeitig müßten in diesem Zusammenhang dort dringend benötigte gedeckte Lagermöglichkeiten für Kali und Salz geschaffen werden.

Neben den ortsgebundenen Krananlagen verfügt die Lübecker Hafen-Gesellschaft m.b.H. noch über 2 DEMAG-Raupenkrane von 5 bzw. 10 t Tragfähigkeit sowie 1 fahrbaren Stückgutkran von 1,5 t Tragkraft, welcher speziell dort eingesetzt wird, wo Binnenschiffsverladungen außerhalb des Bereichs der sonstigen Krananlagen vorgenommen werden müssen.

Neben dem reinen Stück- und Massengutumschlag ist Lübeck weiterhin für den Umschlag und die Lagerung von Getreide eingerichtet. Das ehemals rd. 15000 t Schwergetreide fassende Getreidelagerhaus auf der Wallhalbinsel ist für die Getreidebewirtschaftung infolge Bombenschadens ausgefallen. Der 1944 fertiggestellte Getreidesilo im Vorwerker Hafengelände, der ein Fassungsvermögen von 22000 t hat, kann als einer der modernsten Silos der Jetztzeit angesprochen werden (Länge rd. 77 m, Bauhöhe von 48 m). Für den Silobetrieb wurde eine neue Kaianlage von über 200 m Länge geschaffen. Rund 20000 t Getreide werden in Zellen, die teilweise eine Höhe von 30 m haben und mit je 3 elektrischen Fernthermometern ausgerüstet sind, der Rest von etwa 2000 t Getreide auf Schüttböden eingelagert. Die mechanische Einrichtung des Silos ist auf eine Stundenleistung von 2 × 100 t abgestellt. Dasselbe gilt für die Getreidereinigung. Zwei MIAG-Trockner von je 10 t/h Leistung und eine Begasungsanlage für käferbefallenes Getreide stehen für die Getreidepflege zur Verfügung. Eine pneumatische Sauganlage von 80—100 t/h Leistung — der zweite Saugheber konnte während des Krieges nicht geliefert werden — bewerkstelligt die Be- und Entladung der See- und Binnenschiffe. Eine elektrische Steuerzentrale verriegelt die gesamte Mechanik. Die druckknopfgesteuerte Trafostation weist einen Anschlußwert von rd. 1000 kVA auf. Wasser- und landseitiger Gleisanschluß ist ausreichend vorhanden.

Nach dem Kriege wurden auf dem Kai vor dem Silo zwei Kurvenlenker-Wippkrane von neuester Bauart mit 28 m Ausladung bei einer Tragkraft von 3,5 t, die vorher für Kohlen- und Erzumschlag in Schlutup verwandt wurden, aufgestellt. Sie dienen sowohl dem Stückgut- als auch dem Massengutumschlag mittels Mehrseilgreifer. Bei einer Ausladung von 28 m können mit ihnen bequem Binnenschiffe, welche an der Außenseite von Seeschiffen vertäut liegen (über diese hinweg) bearbeitet werden.

Zum Betriebsbereich der Lübecker Hafen-Gesellschaft m.b.H. gehören ferner noch zusammenhängende Lagerhallen von je rd. 19 m stützenfreier Breite und etwa 73 m Tiefe, traveabwärts gelegen, sowie die Kaianlagen in Schlutup und Travemünde. Für Schwergüter stehen 2 Schwimmkrane von 60 und 75 t zur Verfügung. Der unmittelbare Umschlag von Schiff zu Schiff wird in den Lübecker Umschlaghäfen I und II durchgeführt.

Für die Binnenschiffahrt steht in Lübeck der Kanal- oder Klughafen zur Abwicklung des über den Elbe-Lübeck-Kanal fließenden Verkehrs zur Verfügung. Er ist mit einer über 1 km langen Kaje sowie weiteren Umschlagsplätzen, welche teilweise mit Hafenanschlußgleisen und Dampfkranen für Greiferbetrieb ausgestattet sind, versehen. Für den Stück- und Eilgutfrachtverkehr mit dem Elbegebiet, der heute völlig ruht, ist dieser Hafen mit vier Lösch- und Ladebrücken, die mit zwei Drehkranen von je 1,5 t Tragfähigkeit ausgerüstet sind, versehen.

Die Lübecker Hafen-Gesellschaft m.b.H., die den Schleppbetrieb auf dem Kanal durchführt, beabsichtigt, nach und nach die Dampfschlepper durch wirtschaftlicher arbeitende Motorschlepper zu ersetzen.

Der 1900 für seine heutige Leistungsfähigkeit — er erlaubt Binnenschiffen bis zu 1200 t Tragfähigkeit und 2 m Tiefgang den Verkehr — ausgebaute Kanal weist einige technische Mängel auf, an deren Beseitigung jedoch erst nach der Öffnung seines alten Einzugsgebietes herangegangen zu werden braucht.

Damit ist das derzeitige Leistungsvermögen des Lübecker Seehafens noch nicht erschöpfend dargestellt. Ein bedeutsamer Faktor ist auch der Seegrenzschlachthof. Das Gesamtgebäude überdeckt 40000 m², wovon 16000 m² bebaut sind. Drei Viehtransportschiffe können gleichzeitig entladen werden. Z. Z. beträgt das tägliche Leistungsvermögen (Löschen und Schlachten) 700 Großtiere und 1000 Schweine. Quarantänestallungen sind für 1500 Großtiere und 1000 Schweine vorhanden.

Am Nordende des Konstinkais führt der Lübecker Kohlengroßhandel mit zwei Kohlenumschlagsbrücken (je 60 m Spannweite), versehen mit je einem 5-t-Drehkran für Greiferbetrieb seinen Kohlenumschlag durch. Die bedeutenden Lübecker Holzimporteure säumen mit ihren überdachten Lagerplätzen, die 100000 Standard aufnehmen können, das Traveufer. Außer dem oben beschriebenen Getreidesilo sind für Getreideumschlag und -verarbeitung noch ein Silo und zwei Mühlengroßbetriebe mit eigenen pneumatischen Umschlagsanlagen vorhanden.

2. Der Wiederaufbau des Kieler Hafens.

Mit dem Zusammenbruch im Jahre 1945 verlor die Stadt Kiel (wie im Jahre 1918) durch die Auflösung der Marine und der dazugehörigen Industrie einen großen Teil ihrer Lebensgrundlage. Der Anblick, den der Kieler Hafen 1945 bot, war niederschmetternd. Nahezu 250 Wracks lagen auf dem Grund der Kieler Förde, behinderten den Verkehr und blockierten die Kaianlagen. In den Industrieanlagen, besonders auf dem Ostufer der Förde, ruhte die Arbeit. Neben umfangreichen Kriegsschäden machten Demontagemaßnahmen diese Gelände für jede industrielle Ausnutzung unbrauchbar. Auch der eigentliche Kieler Handelshafen im Innern der Förde und am Nord-Ostsee-Kanal war durch Kriegseinwirkungen erheblich beschädigt worden.

Die Entwicklung des Kieler Hafens zu einem modernen Handelshafen war vor dem Kriege immer wieder von der Marine unterbunden worden. 1936 mußte Kiel seinen 1925 eingerichteten Freihafen an die Marine zurückgeben. Damit verlor die Stadt rd. 9500 m² Schuppenraum, 5 Umschlagskräne und 1250 lfd. m Kaimauer mit einer Wassertiefe von 10 m. Für Hafenumschlagszwecke verblieben der Stadt 28000 m² Schuppen- und Speicherraum, 37000 t Siloraum, 11 Hafenkräne, 3 Getreideheberanlagen und 3210 lfd. m Kaimauer. Davon wurden während des Krieges 16560 m² Schuppen- und Speicherraum, 9900 t Siloraum, 5 Kräne und 883 lfd. m Kaimauer zerstört. Die 1936 an die Marine abgegebenen Anlagen einbegriffen, waren 1939 im Kieler Hafen 4770 m Kai, 37800 m² gedeckter Lagerraum und 17 Krane für Umschlagszwecke verfügbar (ausschl. 7300 m Kai auf dem Ostufer).

Davon wurden im Verlauf des Krieges und in den Nachkriegsjahren 2443 m Kai, 21180 m² gedeckter Lagerraum und 11 Krane zerstört (von den Kaianlagen am Ostufer wurden 5900 m zerstört. Es verblieben 1400 m, von denen nur 525 m für den Seefischmarkt voll verwertet werden konnten).

Zur Zeit stehen wieder zur Verfügung:

2 984 m Kai	=	62,5% des Vorkriegsbestandes
17 290 qm gedeckter Lagerraum	=	48,5% des Vorkriegsbestandes
14 Krane	=	82,0% des Vorkriegsbestandes.

Wie bereits erwähnt, war die Wirtschaft Kiels vor dem Kriege weitgehend auf die Marine eingestellt. Es galt nun, neue Lebensbedingungen für die Einwohner der Stadt und die in großer Zahl nach Kiel einströmenden Flüchtlinge zu schaffen. Flüchtlinge und Arbeitslose mußten wieder in den Arbeitsprozeß eingegliedert werden. Die noch vorhandenen Hafen- und Industrieanlagen an der Kieler Förde warteten wegen ihrer günstigen Standortbedingungen geradezu auf Ausnutzung.

Trotz der damals unübersehbaren politischen und wirtschaftlichen Verhältnisse wurde von der Stadtverwaltung in Zusammenarbeit mit der Landesregierung, der Industrie- und Handelskammer und dem Institut für Weltwirtschaft ein vorläufiger Generalplan für den Wiederaufbau des Kieler Hafens und der Industrieanlagen am Hafen aufgestellt. In diesem Plan wurden die ehemaligen Wehrmachtanlagen, soweit möglich, einbezogen.

Der Kieler Hafenumschlag war in der Vorkriegszeit durch die Marine in den innersten Teil der Förde, der sogenannten Hörn, zurückgedrängt worden. Außerdem befanden sich Hafenanlagen in der Nähe der Holtenauer Hochbrücke. Diese beiden getrennt voneinander liegenden Anlagen sollen nach dem Generalplan wiederum die Keimzellen für einen neuen Handelshafen in Kiel werden. Der Binnenhafen soll weiter, wie bisher, in erster Linie dem örtlichen Verkehr und der Abfertigung der Linienschiffahrt dienen. Der Nordhafen, in unmittelbarer Nähe der Holtenauer Schleuse, soll dem Umschlagsverkehr der Transitschiffahrt vorbehalten bleiben.

Die Beseitigung der Wracks im Kieler Hafen und in der Kieler Förde übernahm die Besatzungsmacht. Zur Zeit liegen in der gesamten Förde noch etwa 50 Wracks, die die Schiffahrt nicht mehr behindern. Vor der Währungsreform setzte daneben die Stadt mit den vorhandenen geringen Mengen an Baumaterial die weniger stark beschädigten Kaianlagen instand. Im Binnenhafen und im Nordhafen wurden kleinere Schäden an den Kaimauern beseitigt.

Abb. 13. Kieler Hafen.

Nach der Währungsreform wurde ein Wiederaufbauplan aufgestellt. In diesem Plan wurden im Gegensatz zum G e n e r a l p l a n die einzelnen Baumaßnahmen erfaßt und zunächst der Wiederaufbau der städtischen Hafenanlagen nach dem Stand von 1939 vorgesehen. Die Wiederherstellung der stark zerstörten Kaianlagen im Binnenhafen wurde zuerst in Angriff genommen. Die einzelnen Arbeitsabschnitte in diesem Hafen sollen zunächst eingehender behandelt werden, um dann auf den Wiederaufbau des Nordhafens, des Scheerhafens und des Ostufers zurückzukommen.

Der Binnenhafen[1]. Im Süden der Kieler Förde liegt der Kieler Binnenhafen. Den Abschluß dieses Hafens bildet der Querkai. Diese Kaianlage ist eine der ältesten Hafenanlagen Kiels. Sie wurde während des Krieges erheblich zerstört. Vor der alten Kaimauer wurde eine neue Spundwand gerammt und so eine Kaifläche von 160 m Länge wiederhergestellt, die den an sie gestellten Forderungen genügt. Auf dem Kaigelände des Querkais wurde ein Hafenbauhof eingerichtet, der die bisher an verschiedenen Stellen des Hafens gelegenen Werkstätten zusammenfaßt. Mit eigenen Mitteln konnten jetzt die laufenden Unterhaltungsarbeiten in kürzester Zeit durchgeführt werden. Der Ostteil des Querkais wurde der Kieler Verkehrs A.G. zur Einrichtung einer Reparaturwerkstatt für ihren Schiffspark zur Verfügung gestellt. Zwischen beiden Anlagen liegt die Viehanlandebrücke des Seegrenzschlachthofes. Die Anlagen des Seegrenzschlachthofes waren stark beschädigt. Die Gebäude wurden wieder instand gesetzt und vorbildliche Einrichtungen für die Bearbeitung des Schlachtviehs geschaffen. Mit diesen modernen Anlagen mit Kühl- und Gefrierhaus ist der Seegrenzschlachthof heute in Betrieb und Versand besonders leistungsfähig.

Auf dem Westufer des Binnenhafens waren stärkere Kriegsschäden am Bahnhofskai (Kai 4 und 5), am Eisenbahndammkai (Kai 7) und am Bollhörnkai und Sartorikai (Kai 12 und 13) zu beheben. Am Bahnhofskai wurde auf einer Länge von 200 m eine vorbildliche Umschlagsanlage geschaffen. 2 moderne 5-t-Portalwippkräne wurden aufgestellt.

[1] Zur Orientierung wird auf die Tafel der Karte A verwiesen.

Die Gleisanlage wurde umgebaut. 2 Eisenbahngleise wurden unmittelbar am Kai verlegt und können von den Kränen bedient werden. Die Wassertiefe vor dem Kai beträgt 8 m.

Die Kaistrecke zwischen der Einfahrt zum Bootshafen und den Seegartenbrücken (Bollhörnkai, Kai 12, und Sartorikai, Kai 13) wies schwere Schäden auf. Die unmittelbar vor der Kaimauer in den Hafen

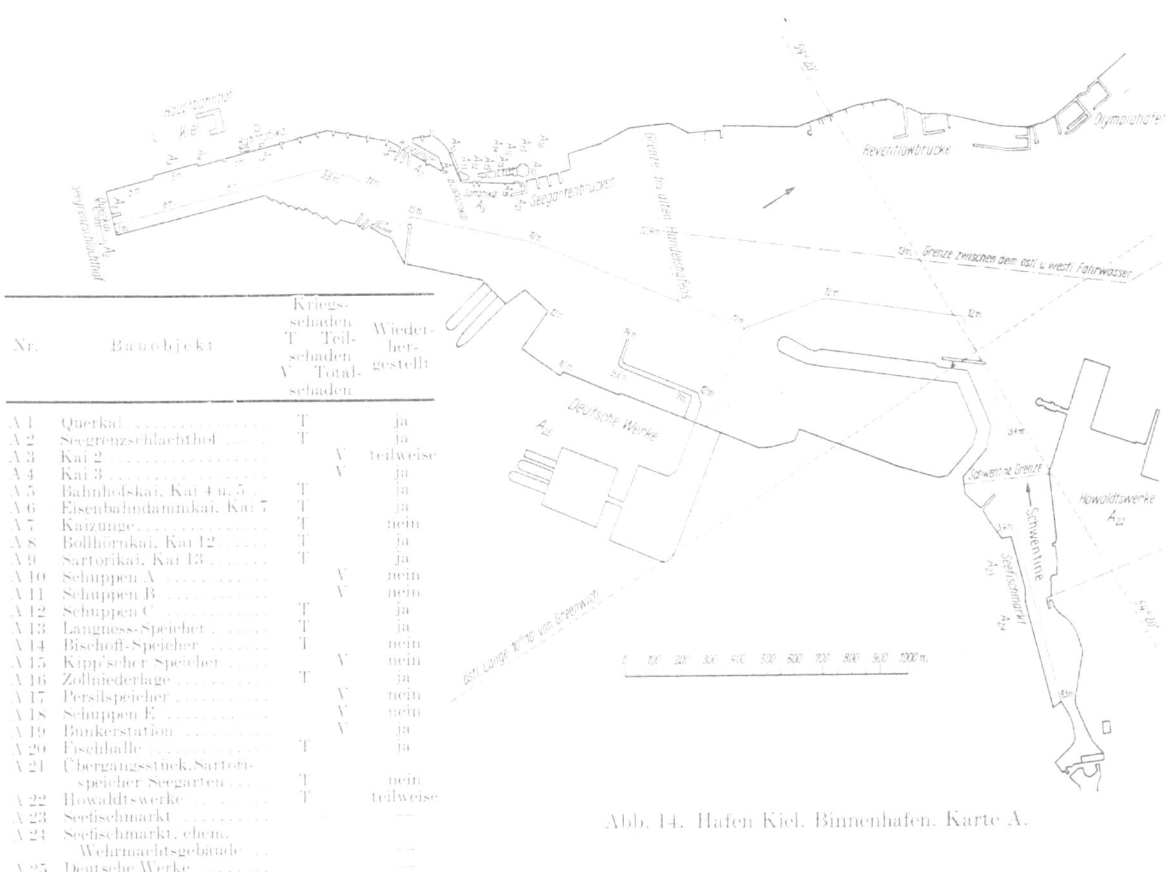

Nr.	Bauobjekt	Kriegsschaden T Teilschaden V Totalschaden	Wiederhergestellt
A 1	Querkai	T	ja
A 2	Seegrenzschlachthof	T	ja
A 3	Kai 2	V	teilweise
A 4	Kai 3	V	ja
A 5	Bahnhofskai, Kai 4 u. 5	T	ja
A 6	Eisenbahndammkai, Kai 7	T	ja
A 7	Kaizunge	T	nein
A 8	Bollhörnkai, Kai 12	T	ja
A 9	Sartorikai, Kai 13	T	ja
A 10	Schuppen A	V	nein
A 11	Schuppen B	V	nein
A 12	Schuppen C	T	ja
A 13	Langness-Speicher	T	ja
A 14	Bischoff-Speicher	T	nein
A 15	Kipp'scher Speicher	V	nein
A 16	Zollniederlage	T	ja
A 17	Persilspeicher	V	nein
A 18	Schuppen E	V	nein
A 19	Bunkerstation	V	ja
A 20	Fischhalle	T	ja
A 21	Übergangsstück, Sartorispeicher Seegarten	T	nein
A 22	Howaldtswerke	T	teilweise
A 23	Seefischmarkt	—	—
A 24	Seefischmarkt, ehem. Wehrmachtsgebäude		—
A 25	Deutsche Werke		—

Abb. 14. Hafen Kiel. Binnenhafen. Karte A.

gefallenen Bomben hatten auch den Pfahlrost in Mitleidenschaft gezogen. Einzelne Teile der Kaimauer waren bis auf 1 m versackt, während sich in der Mitte der Kaianlage der Pfahlrost sogar um wenige Zentimeter gehoben hatte. Durch diese Verschiebungen und Versackungen des Pfahlrostes waren die Ladegleise zwischen Kai und Schuppen und auch die Ladestraße sehr stark abgesackt. Die am Kai stehenden Speicher und Schuppen waren während des Krieges entweder stark beschädigt oder vollständig zerstört worden. Auf einer Länge von 270 m wurde hier eine neue Stahlspundwand gerammt.

Abb. 15. Kieler Hafen. Binnenhafen.

Auf dem Sartorikai wurde eine Kranbahn mit einer Länge von 190 m errichtet. Die Gleisanlage wurde wiederhergestellt. Von einem Wiederaufbau von 2 Schuppen wurde Abstand genommen, da beide nicht mehr den heutigen Anforderungen genügen. Der städtische Schuppen mit einem Lagerraum von 1200 m^2 und der ehemalige Langness-Speicher mit einem Lagerraum von 5400 m^2 wurden wieder instandgesetzt.

Die Stadtverwaltung beabsichtigt, auf dem Sartorikai einen weiteren Schuppenspeicher mit einer Grundfläche von 1500 m^2 zu errichten. Mit dem Bau dieses Gebäudes wird begonnen werden, sobald die Finanzierung gesichert ist.

Weitere Kriegsschäden sind noch an 3 Kaianlagen des Binnenhafens vorhanden. Es sind dieses: Der Hörnkai, die Kaizunge und der Übergang zwischen dem Sartorikai und dem Seegartenplatz.

Im Jahre 1951 konnte der 1. Abschnitt beim Wiederaufbau des Hörnkais abgeschlossen werden. Die Kaistrecke 3, südlich der Bahnhofsbrücke, wurde im Juni 1951 dem Verkehr übergeben. Hier wurde eine neue Spundwand vor der alten Kaimauer gerammt und Anleger für die Fördedampfer geschaffen.

Der 1. Bauabschnitt der Kaistrecke 2 ist 1952 in Angriff genommen worden. Auf einer Länge von 70 m wird eine neue Uferwand errichtet. Der 2. Bauabschnitt dieser Kaistrecke mit einer Länge von rd. 80 m kann noch nicht fertiggestellt werden, da für diese Arbeiten die Mittel fehlen.

Abb. 16. Neue Stahlspundwand am Bollhörn- und Sartorikai.

Nach dem Wiederaufbau der Kaistrecke 2 steht der Hörnkai mit einer Länge von 440 m wieder voll dem Hafenumschlag zur Verfügung. Es ist geplant, im Süden des Hörnkais den Holz- und Massengutumschlag durchzuführen. In der Mitte des Hörnkais sollen Lagerschuppen und Silos errichtet werden. Eine Kieler Getreidefirma hat bereits einen Teilabschnitt ihres Lagerschuppens fertiggestellt und in Betrieb genommen. Der Nordteil des Hörnkais wird zusammen mit dem Südteil des Bahnhofkais der Abfertigung der Linienschiffahrt und der Förde-Passagierschiffahrt dienen. Hier sind neue Brückenanlagen für die Abfertigung der Kiel-Korsör-Linie errichtet worden.

Die Kaizunge mit einer Kailänge von 280 m und rd. 4000 m² Kaifläche diente vor dem Kriege dem Kohlenumschlag. Durch Kriegseinwirkungen hat die Kaifläche weniger gelitten, jedoch haben die neben der Kaizunge in den Hafen gefallenen Bomben die Spundwand zerstört, so daß Versackungen hinter der Uferwand eingetreten sind. Diese Anlage wurde für den Verkehr gesperrt. Die Wiederinstandsetzungskosten der Kaizunge werden auf 650000 DM geschätzt und sind z.Z. nicht aufbringbar. Daher muß vorläufig auf die Ausnutzung dieser Kaianlagen verzichtet werden.

Das Übergangsstück zwischen dem Sartorikai und dem Seegartenplatz von etwa 40 m Länge soll in Kürze wieder instand gesetzt werden. Auch hier soll die beschädigte Kaimauer durch eine neue Stahlspundwand gesichert werden. Diese Anlage dient zusammen mit der Seegartenbrücke 1 für die Bunkerung von Fischereifahrzeugen und Passagierdampfern. Die Esso hat hier an Stelle der kriegszerstörten Bunkerstationen eine neue Anlage mit einem Tankraum von 200 t geschaffen.

Abb. 17. Mittlerer Teil des Sartorikais vor der Instandsetzung, Versackungen deutlich erkennbar.

Abb. 18. Hörnkai. 2. Bauabschnitt.

Der Nordhafen und der Scheerhafen[1]. Der Nordhafen. Der Kieler Nordhafen liegt unmittelbar unter der Holtenauer Hochbrücke. Wie bereits eingangs erwähnt, waren die Kriegsschäden an den Kaianlagen nur geringfügig. Im Gegensatz zu den Kaianlagen wurden die Lagerhäuser und der Silo im Nordhafen schwer getroffen. Der Speicher der Kieler Lagerhaus-Gesellschaft mit einem Lagerraum von 6900 m² hat schwere Kriegsschäden erlitten, die noch nicht wieder gänzlich beseitigt werden konnten. Im Silo des Nordhafens

[1] Zur Orientierung wird auf die Tafel der Karte B verwiesen.

fiel durch Kriegsschäden Lagerraum für 10000 t Getreide aus. Diese Anlage konnte im Juli 1949 wieder voll in Betrieb genommen werden. Mit seinen beiden Getreidehebern, die eine Stundenleistung von zusam-

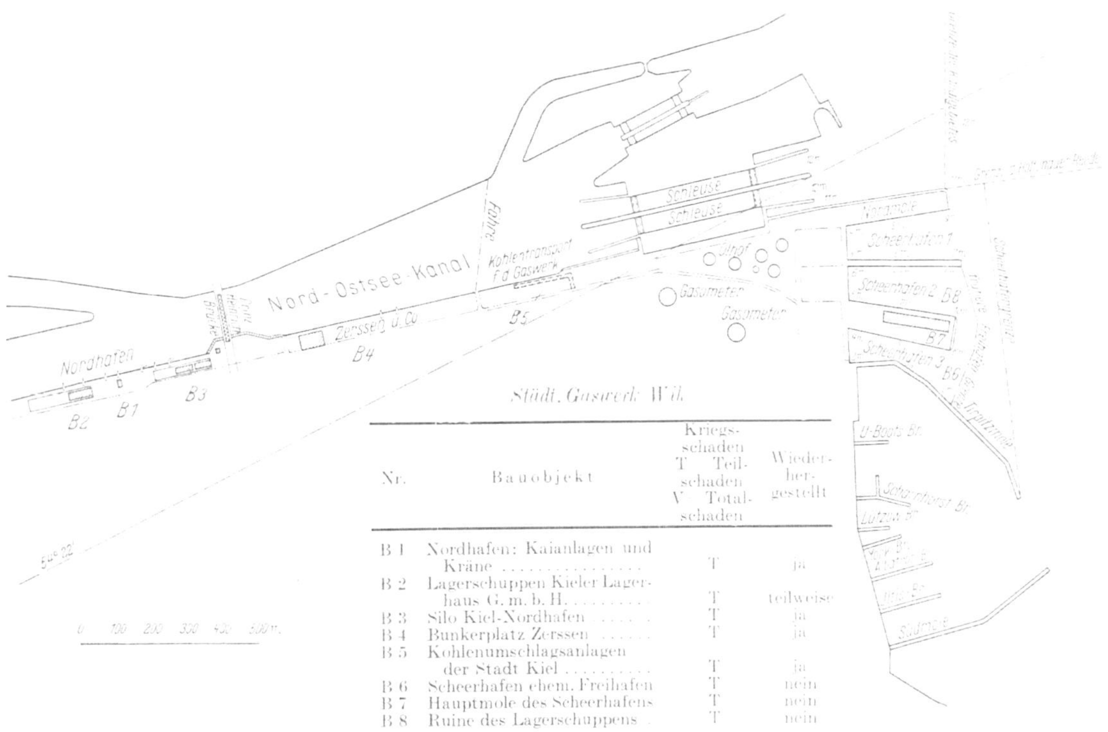

Nr.	Bauobjekt	Kriegsschaden T Teilschaden V Totalschaden	Wiederhergestellt
B 1	Nordhafen: Kaianlagen und Kräne	T	ja
B 2	Lagerschuppen Kieler Lagerhaus G. m. b. H.	T	teilweise
B 3	Silo Kiel-Nordhafen	T	ja
B 4	Bunkerplatz Zerssen	T	ja
B 5	Kohlenumschlagsanlagen der Stadt Kiel	T	ja
B 6	Scheerhafen ehem. Freihafen	T	nein
B 7	Hauptmole des Scheerhafens	T	nein
B 8	Ruine des Lagerschuppens	T	nein

Abb. 19. Hafen Kiel. Nordhafen und Scheerhafen (Westhafen) Karte B.

men 300 t besitzen, hat sich der Silo erfolgreich in den Umschlag von Überseegetreide eingeschaltet.

Im Nordhafen wurde ein neuer 5-t-Portalkran aufgestellt, der mit einer eichfähigen Seilzugwaage ausgestattet ist. Im Ostteil des Nordhafens baut die Firma Zerssen eine Bunkeranlage für flüssige Treib- und Schmierstoffe. 5 Hochbehälter mit einem Fassungsvermögen von rd. 12000 t sollen der Versorgung der den Kanal benutzenden Schiffahrt dienen.

Der Scheerhafen. In unmittelbarer Nähe des Ausgangs des Nord-Ostsee-Kanals befand sich vor dem Kriege der Kieler Freihafen. Dieses Hafenbecken mit einer Kailänge von 1250 m und Schuppenraum von 9500 m² wurde 1936 von der Marine beschlagnahmt und zum Scheerhafen ausgebaut.

Ein Teil dieser Anlagen soll als Westhafen wieder für den Handelsumschlag hergerichtet werden. Auf der Hauptmole befindet sich die Ruine eines 4000 m² großen Lagerschuppens. Die Kaimauer vor dieser Ruine hat nur zwei mittlere Bombentreffer.

Abb. 20. Nordhafen (NOK) mit Silo.

Mit einem Aufwand von nur rund 660000 DM lassen sich Schuppen und Kaimauer wieder instand setzen. Damit kann eine Anlage genutzt werden, deren Bau heute einige Mio DM kosten würde. Es werden hier 3000 m² Schuppenraum und 260 lfd. m Kai gewonnen. Die Wassertiefe vor dem Kai beträgt 10 m. Da in den städtischen Hafenanlagen nur Wassertiefen bis 8,00 m vorhanden sind, ist der Ausbau dieses Hafenbeckens besonders wichtig, weil dann die Möglichkeit besteht, tiefergehenden Schiffen Liege-, Lade- und Löschmöglichkeiten im Kieler Hafen zu geben und ihnen ausreichenden Schuppenraum oder Freilagerplätze zur Verfügung zu stellen.

Es ist zu bedauern, daß sich der Bundesfinanzminister als Treuhänder des ehemaligen Wehrmachtvermögens trotz mehrfacher Vorstellungen der Landesregierung bislang nicht dazu entschließen konnte, diese bis 1936 im städtischen Besitz befindliche Anlage der durch den Krieg so schwer getroffenen Stadt zur wirtschaftlichen Nutzung zurückzugeben. Erst durch eine derartige Anlage ist Kiel imstande, aus seiner Lage am Eingang des Nord-Ostsee-Kanals wirtschaftliche Vorteile zu ziehen.

Abb. 21. Scheerhafen.

Das Ostufer. Das Ostufer der Kieler Förde diente vor dem Kriege der Werftindustrie und den Belangen der Marine. Schon vor Abschluß der Demontage in diesem Gebiet wurden die ersten Aufbaupläne vorbereitet. Frühzeitig wurden die Howaldtswerke von der Besatzungsmacht freigegeben und konnten ihren Reparaturbetrieb wiederaufnehmen. Nach Freigabe des Schiffbaues für die deutschen Werften nahm auch Howaldt den Neubau von Schiffen jeder Größe wieder in sein Programm auf. Zahlreiche Neubauten haben seitdem die Howaldtswerft verlassen. Die Zahl der Arbeitsplätze konnte auf rd. 7000 erhöht werden.

Als eine der ersten Anlagen auf dem Ostufer wurde das Gelände der ehemaligen Kolbewerft für eine Friedensindustrie freigegeben. Auf diesem etwa 10 ha großen Gelände am Südufer der Schwentine wurde der Kieler Seefischmarkt errichtet.

Abb. 22. Scheerhafen. Hauptmole.

Fast 600 m Kaimauer stehen für die Abfertigung der Fischereifahrzeuge zur Verfügung. Eine ehemalige Torpedolagerhalle mit einer Grundfläche von 6000 m^2 wurde zu einer Auktionshalle hergerichtet. Für den Großhandel wurden die erforderlichen Pack- und Büroräume an der Landseite der Halle eingebaut. Zwischen der Auktionshalle und der Uferkante liegt der etwa 10 m breite Löschkai, der als Betonstraße ausgebildet, mit Kraftwagen befahren werden kann. Eine unmittelbare Übernahme der angelieferten Fische auf Lkw ist ohne weiteres möglich.

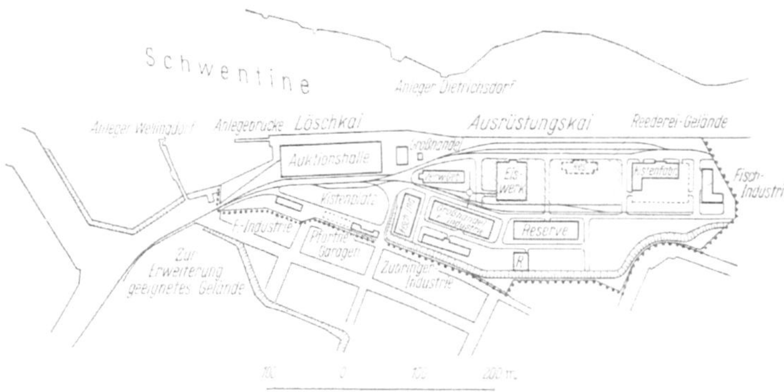

Abb. 23. Gesamtlageplan des Kieler Seefischmarktes.

Östlich der Auktionshalle wurde ein ehemaliges Wehrmachtgebäude zu einer Eisfabrik umgebaut, die z. Z. eine Leistungsfähigkeit von 100 t täglich besitzt. 2 weitere ehemalige Wehrmachtgebäude wurden für die Unterbringung von Hochseereedereien hergerichtet. Zur Zeit laufen 19 Fischdampfer und rd. 300 Kutter auf Kiel. Auf dem Hintergelände des Seefischmarktes sind zahlreiche fischverarbeitende Industrien angesiedelt worden. Die gesamte schleswig-holsteinische Fischindustrie benutzt den Kieler Seefischmarkt als Einkaufsquelle. Während der Hauptsaison werden durch den Seefischmarkt bis zu 2000 Arbeitskräfte zusätzlich beschäftigt.

Die übrigen Teile des Ostufers warten noch auf ihre Eingliederung in den Wirtschaftsprozeß. 15 mittlere Betriebe haben sich auf einem Teil des Geländes der Deutschen Werke niedergelassen. Bis Ende 1952 dürften hier 3000 ständige Arbeitsplätze geschaffen worden sein.

Bisher zog sich auf dem Ostufer das Werftgelände in einem Zuge von der Hörn bis zur Stadtgrenze hin. Die Einwohner des Ostufers waren im wahrsten Sinne des Wortes durch eine Mauer vom Hafen getrennt. Bei der Nutzung des Hafen- und Industriegeländes auf dem Ostufer ist beabsichtigt, dieses Gelände durch Grünanlagen aufzulockern, damit der Bevölkerung der Zugang zum Wasser möglich ist. Nördlich der Howaldtswerke soll das Ostufer in großem Umfang wieder begrünt werden. In Zusammenarbeit mit den Nachbarorten Kiels ist für die Aufforstung der Fördeufer ein Plan aufgestellt worden, der die Wiederherstellung der Naturschönheiten an der Kieler Förde in altem Umfang vorsieht. Die durch Demontage entstandenen Trümmerstätten sollen durch Anpflanzungen verdeckt werden.

Abb. 24. Seefischmarkt Kiel.

Die Wiederbelebung des Ostufers und die Eingliederung des Kieler Hafens in die Kieler Wirtschaft ist die vordringlichste Aufgabe der Stadtverwaltung. Die noch zu leistende Arbeit übersteigt jedoch das Leistungsvermögen der Stadt Kiel. Nur mit Bundes- und Landeshilfe ist das Ziel zu erreichen. Wenn einmal dieses Industriegelände voll ausgenutzt sein wird, dann wird für die 260000 Einwohner Kiels die Lebensgrundlage wieder vorhanden sein.

3. Der Flensburger Hafen.

Ein Teil der Flensburger Hafenanlagen — Holzbohlwerke — war schon vor dem letzten Krieg abgängig. Der Krieg brachte nicht nur den 1938 begonnenen Neubau der Kaianlage an der Schiffbrücke und andere Projekte zum Erliegen; er hatte auch zur Folge, daß dringliche Reparaturarbeiten nicht mehr durchgeführt werden konnten. Durch Bombardierung wurden im Flensburger Hafen nur Kaimauern zerstört, und zwar

die 120 m lange Kaimauer vor dem Kraftwerk,
die 80 m lange Felsufermauer vor dem Seegrenzschlachthof,
die eiserne Spundwand des Gaswerkkais,
die Kaianlage der Flensburger Werft.

Abb. 25. Flensburger Hafen. Abgängige Holzbohlwerke.

Durch eine Munitionsexplosion auf der Hafenostseite wurden die Lagerhäuser D und E am Harniskai, die Hafenanlagen im Freihafenbecken und die Krananlagen am Harniskai und Hafendammkai zerstört, während die Kailagerhäuser I und II, die Lagerhäuser A, B und C am Harniskai und die drei Getreidesilos beschädigt wurden.

Mit der Wiederherstellung der Hafenanlagen begann die Stadt Flensburg bereits im Herbst 1945. Bis zur Währungsreform wurden im wesentlichen folgende Arbeiten durchgeführt (in dem Hafenplan Abb. 26 sind die seit 1945 durchgeführten Wiederherstellungsarbeiten und Bauten eingezeichnet, und zwar dicke Linien und Nummern vor, schraffierte Linien und Nummern nach der Währungsreform):

1. Reparaturen an im vorigen Jahrhundert aufgeführten hölzernen Bohlwerken.
2. Neubau einer 80 m langen Ufermauer vor dem Seegrenzschlachthof in Stahlbeton.
3. Neubau der Ufermauer am Kohlenkai in Stahlbeton.
4. Verlängerung der Harniskaimauer um 18 m durch eine verankerte eiserne Spundwand.
5. Wiederherstellung der Getreidesilos.
6. Wiederherstellung der Hafenbahnanlagen auf der Hafenostseite (2,5 km Gleis).
7. Umbau und Höherlegung der Zufahrtstraße zum Harniskai.
8. Ufersicherung durch Felsmauerwerk und Steinschüttungen an den durch Hochwasser zerstörten Böschungen des äußeren Ostufers und
9. die Ausbaggerung des stark verschlickten Hafens (150000 cbm Modde).

Nach der Währungsreform ist in verstärktem Umfange der Wiederaufbau der Hafenanlagen in Angriff genommen worden. Seither wurden folgende Hafenbauten durchgeführt:

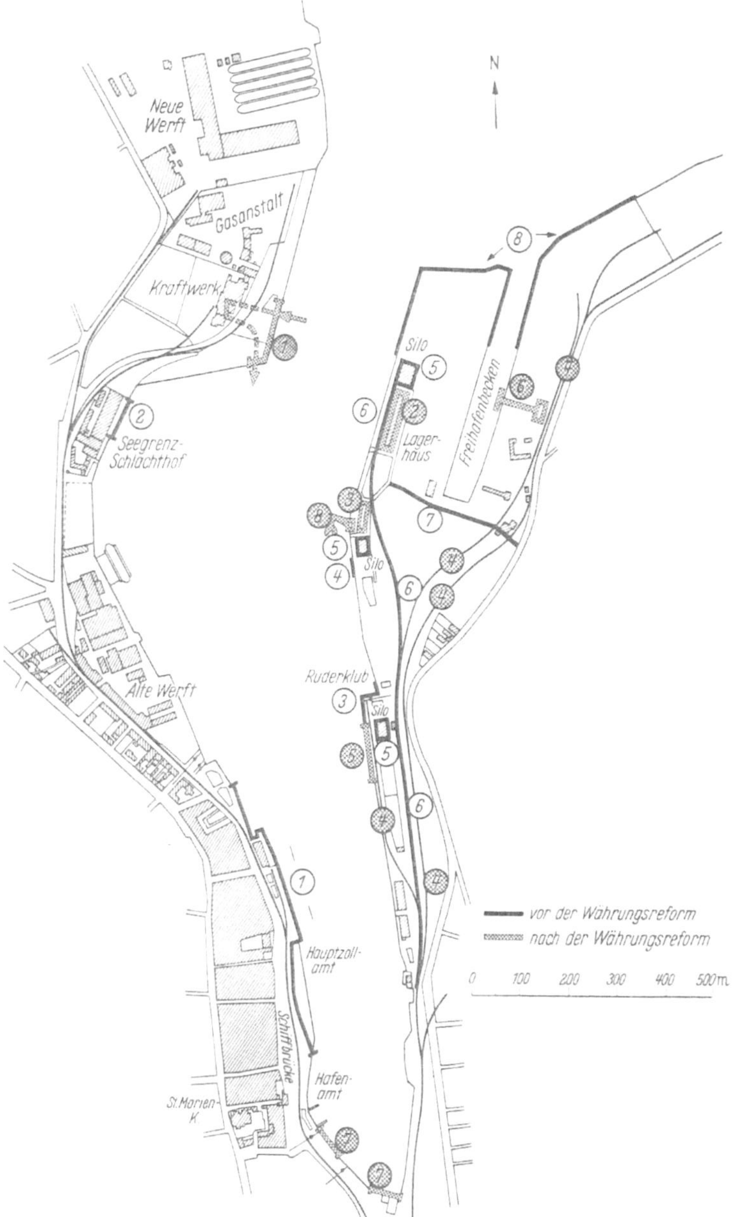

Abb. 26. Plan vom Flensburger Hafen.

1. Neubau von 126 m verankerter eiserner Spundwand vor dem Kraftwerk und Neubau des während des Krieges zerstörten Kühlwasser-Ein- und Auslaufkanals des Kraftwerks.
2. Wiederaufbau der Lagerschuppen A, B und C am Harniskai.
3. Neubau der Lagerschuppen D und E in Stahlbeton am Harniskai sowie Neubau der Zufahrtsstraßen.
4. Instandsetzung von weiteren 4 km Hafenbahngleis auf der Ostseite des Hafens.
5. Weiterbau der Ufermauer am Kohlenkai in Stahlbeton (100 m).
6. Einrichtung eines Bauhofes für den Hafenbetrieb.
7. Durchgreifende Reparaturen an der Kaimauer südlich der Fördebrücke und am Bollwerk am Südende des Hafens.
8. Anschaffung und Aufbau eines neuen 5-t-Vollportal-Wippdrehkrans am Harniskai.

Durch diese Arbeiten ist ein großer Teil der augenfälligsten Schäden im Flensburger Hafen behoben worden. Ein weiteres, recht kostspieliges Bauvorhaben, der Ersatzbau für das abgängige Holzbohlwerk auf der Westseite des Hafens, soll in zwei Bauabschnitten demnächst in Angriff genommen werden. Für den Neubau in Stahlspundwand oder Stahlbetonbauweise werden für die 260 m lange Kaistrecke an der Schiffbrücke zwischen der Neuen Straße und dem Kohlenlager der Firma H. Schmidt, parallel der nach Skandinavien führenden Bundesstraße Nr. 76, bei den derzeitigen Preisen etwa 1,4 Mio DM benötigt.

4. Der Kreishafen Rendsburg.

Das ausgedehnte Rendsburger Hafengebiet besteht aus dem Kreishafen, dem staatlichen Obereiderhafen, der jedoch vom Land an die Stadt abgetreten und dadurch ebenfalls ein kommunaler Hafen wird, dem Untereiderhafen sowie den Industrie-Hafenanlagen der Ahlmann-Carlshütte, der Düngerfabrik, den Werften Nobiskrug und der Krögerwerft, den Rüttgerswerken und der Rader Insel als Kies- und Kalksandsteinverladeplatz. Die Ladekailänge beträgt insgesamt 2 km bei einer größten Wassertiefe von 8 m.

Abb. 27. Flensburger Hafen. Lagerschuppen A, B und C am Harniskai.

Abb. 28. Flensburger Hafen. Lagerschuppen D und E am Harniskai.

Abb. 31 ist die Photographie eines Reliefs der Rendsburger Hafenanlagen.

Der Kreishafen liegt im Schnittpunkt bedeutender Nord-Süd- und Ost-West-Verkehrslinien bei km 62 am Nord-Ostsee-Kanal.

Derzeitige Kapazitäten: Er ist mit doppelgleisigen Bundes- und Kreisbahnanschlüssen versehen. Der Kai weist bei einer Ausdehnung von 750 m eine Wassertiefe von 5 bis 8 m auf.

Das Umschlagsvermögen besteht aus einem 2-t-Stückgutkran mit 12 m Auslage und 10—20 t/h Leistung; einem 4-t-Kran mit Haken- und Greiferbetrieb mit 14 m Auslage und 30—50 t/h Leistung; einem

Abb. 29. Flensburger Hafen. Das abgängige hölzerne Bohlwerk entlang der Schiffbrücke.

Abb. 30. Flensburger Hafen. Die Schiffbrücke und die Bundesstraße 76 bei mittlerem Hochwasser.

4-t-Wippkran mit automatischer Seilzugwagen und Greiferbetrieb mit einer Auslage von 8—18 m und 30—50 t/h Leistung und einem 5-t-Wippkran mit Greiferbetrieb und Auslage von 8—20 m, dessen h-Leistung 50—80 t beträgt. Weiterhin stehen ein Getreidesauger mit einer h-Leistung von 20—30 t und zwei mit einer h-Leistung von je 30—40 t sowie eine Großtankanlage mit einem Fassungsvermögen von 5000 t und 3 Ölbunkerstationen (7 Rohre) zur Verfügung. Tanker mit Bordpumpanlage können 100 t/h löschen.

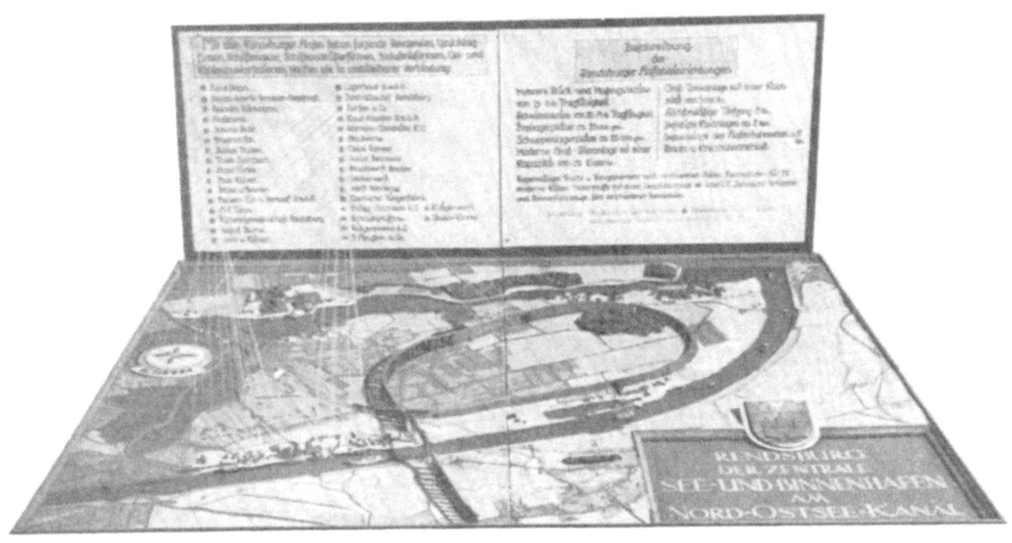

Abb. 31. Rendsburg. Gesamthafenanlagen.
Anmerkung: Die Standorte der mit einem ▲ bezeichneten Firmen liegen außerhalb der Begrenzung des dargestellten Reliefs.

Die Kaischuppenfläche beträgt 15600 m². darunter 1600 m² Fruchtschuppen und 2000 m² Kühlschuppen. Drei Lagerhäuser haben ein Fassungsvermögen von 6000 t, drei Getreidesilos ein solches von 10000 m³. An ungedeckten Lagerflächen stehen 25000 m², davon 15000 m² für Kohlenumschlag zur Verfügung. Die Gleisanlage für unmittelbare Überladung von Schiff auf Waggon hat im Kreishafen eine Länge von 2 km.

Der Kreis Rendsburg, dem der Kreishafen gehört und der ihn betreibt und unterhält, hat von 1947 bis 1952 beachtliche Beträge für Reparaturen, Ersatz und Neuanschaffungen verausgabt. 1947/48 wurde ein Werkstattneubau erstellt und etwa 100 m Straße neu verlegt. In dem folgenden Jahr ist der oben näher beschriebene 5-t-Wippkran angeschafft worden. Ebenso sind 1949 und in den folgenden Jahren größere Arbeiten an der Kaimauer durchgeführt und 360 m Krangeleise erneuert bzw. repariert worden.

Durch Förderungsmittel des Ministeriums für Wirtschaft und Verkehr wurde die Kreisverwaltung 1951/52 instand gesetzt, Grundreparaturen an drei Kranen durchzuführen, weitere 200 m Krangeleise zu erneuern sowie den Löschplatz zu betonieren. Mit diesen Mitteln ist auch an den Bau einer Kanalisation zum Ableiten der Niederschlagsmengen im Hafengelände herangegangen worden, an die sich die einzelnen Anlieger anschließen können. Bisher ist eine Sammlerleitung von 400 m Länge verlegt worden.

Abb. 32. Kreishafen Rendsburg. (Teilansicht).

IV. Schätzung des Nachholbedarfs 1952.

Die Aufwärtsbewegung der Preise und Löhne in den letzten Jahren hat den wertmäßigen Ausdruck des Nachholbedarfes ständig verändert.

Nach den im Herbst 1952 geltenden Preisen geschätzt, kann dieser für die Jahre 1945/46 bei den staatlichen Häfen mit 19,4 Mio DM und bei den kommunalen Häfen mit 38 Mio DM angenommen werden. Rechnet man die seitdem für die staatlichen und kommunalen Häfen für Ersatz- und Nachholbedarf verausgabten Beträge ebenfalls auf Basis der Preise von 1952 um, so ergibt sich ein noch zu befriedigender Bedarf für die staatlichen Häfen von etwa 10 Mio DM und für die kommunalen Häfen von etwa 20 Mio DM. Es sind also bei den derzeitigen Baukosten noch etwa 30 Mio DM erforderlich, um in den schleswig-holsteinischen Häfen gute Verhältnisse zu schaffen.

Diese Aufwendungen sind, das sei nachdrücklichst betont, erforderlich, um die Häfen im Vorkriegsumfang wiederherzustellen und auszurüsten, abgesehen vielleicht vom Zwang, veraltete technische Anlagen und Apparaturen zu modernisieren, um eine bessere Wirtschaftlichkeit zu erzielen.

Quellennachweis der Abbildungen.

Abb. 1—2.	Archiv des Ministeriums für Wirtschaft und Verkehr, Abt. Verkehr, Kiel. Zur Verfügung gestellt vom Landrat des Kreises Südtondern. Aufnahme: Abb. 1 Photo-Ingwersen, Abb. 2 Photohaus Müller.
Abb. 3—5.	Archiv des Ministeriums für Wirtschaft und Verkehr, Abt. Verkehr, Kiel. Aufnahme: Auftragsverwaltung Wasser- und Schiffahrtsdirektion Kiel, Wasser- und Schiffahrtsamt Tönning.
Abb. 6—10.	Archiv des Ministeriums für Wirtschaft und Verkehr, Abt. Verkehr, Kiel. Zur Verfügung gestellt vom Magistrat der Stadt Wyk a. Föhr.
Abb. 11—12.	Lübecker Hafen-Gesellschaft m. b. H. Lübeck. Aufnahme: J. Schilling.
Abb. 13—24.	Hafen- und Verkehrsbetriebe der Stadt Kiel. Abb. 15 und 20 Aufnahme: P. Cornelius.
Abb. 25—30.	Stadtverwaltung Flensburg, Stadtwerke.
Abb. 31—32.	Kreishafenamt Rendsburg. Abb. 31 Aufnahme: Foto-Wagner.

Die neuere Entwicklung des Hafens Cuxhaven.

Von Baudirektor Dr.-Ing. **B. Kressner**, Hamburg, und Oberregierungsbaurat **A. Hahn**, Cuxhaven.

I. Die politische Neugestaltung auf Grund des Gesetzes über Groß-Hamburg.

1. Rückblick.

Schon frühzeitig haben die Handels- und Ratsherren der Freien und Hansestadt Hamburg die Wichtigkeit der Landspitze an der Elbmündung für die Sicherung der Schiffahrt erkannt. Bereits in der ersten Hälfte des 14. Jahrhunderts brachten sie die vor dem festen Lande im Watt liegende Insel „Nige Og“ in ihren Besitz und errichteten hier den weithin sichtbaren mächtigen Turm, das „Neue Werk“, nach dem die Insel später den Namen Neuwerk erhielt. In diesen festen Turm legten sie eine Ratswache zum Schutze ihrer Schiffahrt. Nachdem dann 1394 nach siegreicher Fehde das Besitztum der auf dem Hause Ritzebüttel seßhaften Ritter Lappe an Hamburg gefallen war, herrschte die Hansestadt auch auf dem Festland, im nördlichen Zipfel des Landes Hadeln, dem späteren Amte Ritzebüttel. Unter dem Schutze dieses hamburgischen Amtes haben sich im Laufe der Jahrhunderte aus einzelnen dörflichen Siedlungen die Stadt Cuxhaven, und aus kleinsten Anfängen eines Nothafens am Ritzebütteler Schleusenpriel die heutigen Hafenanlagen entwickelt.

Um die Erhaltung ihres Besitzes haben die Hamburger allerdings jahrhundertelang schwer ringen müssen. Fortwährend nagte der Strom am Ufer des flachen Landes, mancher Deich wurde vergeblich gebaut und mußte wieder aufgegeben werden. Ein breiter Vorlandstreifen versank für alle Zeiten im Strombett der Elbe. Erst zu Beginn des 18. Jahrhunderts gelang es, durch feste Stackbauten, den Kugelbakedamm und die Alte Liebe, dem Strom eine feste Führung zu geben und das Ufer gegen weitere Abbrüche zu sichern. Weitere Stackbauten und Uferbefestigungen durch Steinkisten folgten. Diese Arbeiten wurden zunächst durch Beauftragte, die der Senat in Hamburg von Zeit zu Zeit nach Cuxhaven entsandte, geplant, eingeleitet und beaufsichtigt. Als aber die Uferbauten einen immer größer werdenden Umfang annahmen, entschloß sich der Senat im Jahre 1733, eine besondere Deputation für diese Angelegenheiten zu ernennen, die „Ritzebüttelsche Stackdeputation“. Im Jahre 1751 endlich errichtete die Deputation für die weitere Durchführung dieser Arbeiten in Cuxhaven ein eigenes Amt, das mit der planmäßigen Sicherung der Ufer und Deichböschungen auf der Insel Neuwerk und auf dem Festland durch Pflasterdecken und steinerne Uferdeckwerke begann *[1]*. Das Amt erhielt 1864 im Zuge der Neuordnung des hamburgischen Bauwesens die amtliche Bezeichnung „Wasserbauinspektion Cuxhaven“, wurde 1908 in „Hamburgische Wasserbauabteilung Cuxhaven“ umbenannt und ging 1937 auf Grund des Groß-Hamburg-Gesetzes als „Preußisches Hafenbauamt Cuxhaven“ auf das Land Preußen über. Es wurde, nachdem es nach Kriegsende von Niedersachsen übernommen worden war, im Jahre 1949 in „Hafenbau- und Verkehrsamt“ umbenannt. Am 3. Februar 1951 konnte das Amt seines 200jährigen Bestehens in einer festlichen Veranstaltung gedenken *[2]*.

Die Hamburgische Wasserbauinspektion Cuxhaven hatte im Laufe der Zeiten ein ständig vielseitiger werdendes Aufgabengebiet zu übernehmen. Im Vordergrund hat stets die Sorge für die Bezeichnung des Fahrwassers auf der Unter- und Außenelbe gestanden *[3, 4]*. Zahlreiche Tonnen wurden ausgelegt. Große hölzerne Baken, von denen die Scharhörnbake und die Kugelbake die bekanntesten sind, wurden am Ufer errichtet und mehrfach erneuert. Zur Orientierung der bei Nacht ansegelnden Schiffe wurde um das Jahr 1644 auf der Insel Neuwerk ein Holzgerüst erbaut, auf dem während der Dunkelheit zur Winterzeit ein offenes Kohlenfeuer unterhalten wurde. Aus diesen einfachen Einrichtungen hat sich dann mit fortschreitender Technik die vollkommene Befeuerung der Elbmündung entwickelt. Bis zum Übergang der Wasserstraßen auf das Reich im Jahre 1921 hat Hamburg die Fahrwasserbezeichnung im Cuxhavener Bereich der Unter- und Außenelbe geschaffen, gefördert und alle dafür notwendigen Kosten aufgebracht.

Dem Cuxhavener Amt oblagen ferner die Peilungen des Elbfahrwassers von Freiburg abwärts bis zur Elbmündung und die Baggerungen auf dieser Stromstrecke. Auch diese Aufgaben gingen 1921 auf Grund des Staatsvertrages betreffend den Übergang der Wasserstraßen von den Ländern auf das Reich auf die Reichswasserstraßenverwaltung über und werden seitdem vom Wasser- und Schiffahrtsamt Cuxhaven wahrgenommen. Hamburg gab die für Cuxhaven beschafften Baggergeräte und einen Teil des Personals an diese Dienststelle ab, die heute der Wasser- und Schiffahrtsdirektion Hamburg des Bundesverkehrsministeriums untersteht. Das Reich und später der Bund haben die von Hamburg jahrhundertelang durchgeführten Maßnahmen zur Bezeichnung und Verbesserung des Fahrwassers fortgeführt und damit den steigenden Ansprüchen der Schiffahrt auf der Unter- und Außenelbe entsprochen *[5, 6]*. Mit besonderer Sorgfalt hat sich die Wasserstraßenverwaltung des Reiches und später des Bundes der Erforschung der Fahrwasserverhältnisse in der Außenelbe angenommen *[7]* und zur Erhaltung einer ständig ausreichend tiefen Fahrrinne den Entwurf eines Leitdammes aufgestellt. Dieser soll von der Kugelbake ausgehend in nördlicher Richtung am Rande des Watts geführt werden und befindet sich zur Zeit im Bau.

Eine der Hauptaufgaben der hamburgischen Wasserbautätigkeit im Amte Ritzebüttel war schließlich der Ausbau der Cuxhavener Hafenanlagen [*8, 9*]. Diese haben zunächst in einfachster Form der Schiffahrt als Nothafen bei Sturm und Eisgang gedient. Hierzu benutzte man die Mündung des Ritzebütteler Schleusenpriels, das im Laufe der Zeiten zum heutigen Alten Hafen ausgebaut wurde. Dieser Hafen mußte später auch die Anforderungen, die an ihn als Stützpunkt für die Fahrwasserbezeichnung und für das Lotswesen gestellt wurden, erfüllen. Noch heute befindet sich am Nordwestufer des Alten Hafens der Tonnenhof.

Abb. 1. Der Hafen von Cuxhaven 1890.

Ursprünglich diente der Alte Hafen (Abb. 1) auch der Kutterflotte der Cuxhavener Fischer als Liegehafen. Als aber dieser Hafen die wachsende Zahl der Fischerfahrzeuge nicht mehr aufnehmen konnte, wurde südostwärts von der Hafenmündung eine vorhandene Wasserfläche zu einem Fischereihafen ausgebaut und 1890—1892 mit hölzernen Bohlwerken eingefaßt. Der neuzeitliche Ausbau des Fischereihafens begann jedoch erst im ersten Jahrzehnt des jetzigen Jahrhunderts.

Während Preußen bereits 1896 in Wesermünde einen modernen Hafen für die Hochseefischerei mit Dampfern eröffnete und die Fischmarktanlagen vor den Toren Hamburgs in der Stadt Altona tatkräftig förderte, konnte man sich in Hamburg lange Zeit nicht über entscheidende Schritte zur Entwicklung einer eigenen hamburgischen Hochseefischerei mit Dampfern schlüssig werden. Das ist erklärlich, wenn man sich die damaligen Verhältnisse vergegenwärtigt. Es gab für Hamburg zwei Möglichkeiten, die Anlage eines Fischereihafens in Hamburg selbst oder in Cuxhaven. Ein Fischereihafen in Hamburg hätte in Stadtnähe, also am rechten Elbufer liegen müssen. Hier wurde aber jeder Quadratmeter des für Hafenanlagen geeigneten Geländes für den in stürmischer Entwicklung befindlichen Handelshafen gebraucht. Außerdem war zu befürchten, daß sich ein Fischmarkt in Hamburg gegen den Wettbewerb des bereits vorhandenen in Altona, der sich auf eine ständig wachsende Dampferflotte, auf eingespielte Handelsbeziehungen und ein aufblühendes Fischverarbeitungsgewerbe stützte, schwer würde durchsetzen können. Andererseits war nicht zu bezweifeln, daß auch ein neu aufzubauender Fischmarkt in Cuxhaven einen schweren Stand im Wettbewerb mit dem bereits stark entwickelten Fischereihafen in Wesermünde haben würde. Erst allmählich setzte sich in Hamburg die Überzeugung durch, daß Cuxhaven ein sehr geeigneter Platz für einen Fischereihafen sei, weil es unmittelbar an der Küste liege und daher für die Hochseefischereifahrzeuge leicht und schnell erreichbar sei. Die Entscheidung fiel endlich im Jahre 1907. Hamburgs Senat und Bürgerschaft beschlossen die Erweiterung und Vertiefung des Cuxhavener Fischereihafenbeckens sowie den Bau von zunächst zwei Fischversteigerungshallen und einer Fischversandhalle. Die Bauarbeiten waren 1908 beendet, ein reger Verkehr setzte ein, und sehr bald genügten die Anlagen nicht mehr. Der Hafen wurde 1920—1922 beträchtlich nach Süden erweitert, vier neue Versteigerungshallen mit Packräumen und ein

Fischversandbahnhof wurden erbaut *[10, 11, 12]*. Weitere Packhallen folgten. Im Jahre 1934 vervollständigte Hamburg die Fischmarktsanlagen durch den Bau eines neuen großen Fischversandbahnhofes *[13]*. Inzwischen hatte sich seit 1919 ein gewisses Gleichgewicht im Verhältnis der Umsätze in den großen deutschen Fischereihäfen herausgebildet. Auf Wesermünde entfiel etwa die Hälfte, auf Cuxhaven und Altona etwa je ein Viertel des gesamten deutschen Seefischandels. Die Erwartungen, die Hamburg in seinen Cuxhavener Fischmarkt gesetzt hatte, sind nicht enttäuscht worden.

Mit der Entwicklung Cuxhavens als Hafen- und Handelsplatz für die hamburgische Hochseefischerei lief zeitlich fast genau zusammentreffend auch der Ausbau Cuxhavener Anlagen für den Fahrgastverkehr im Nordatlantik-Schnelldampferdienst. Kurz vor der letzten Jahrhundertwende setzte sich die Erkenntnis durch, daß man den eiligen, zwischen Hamburg und New York reisenden Fahrgästen die langwierige Fahrt auf der Unterelbe nicht zumuten könne, daß man sie in Cuxhaven an Bord und von Bord bringen und mit Sonder-Schnellzügen von und nach Hamburg befördern müsse. So wurde Cuxhaven Hamburgs Vorhafen.

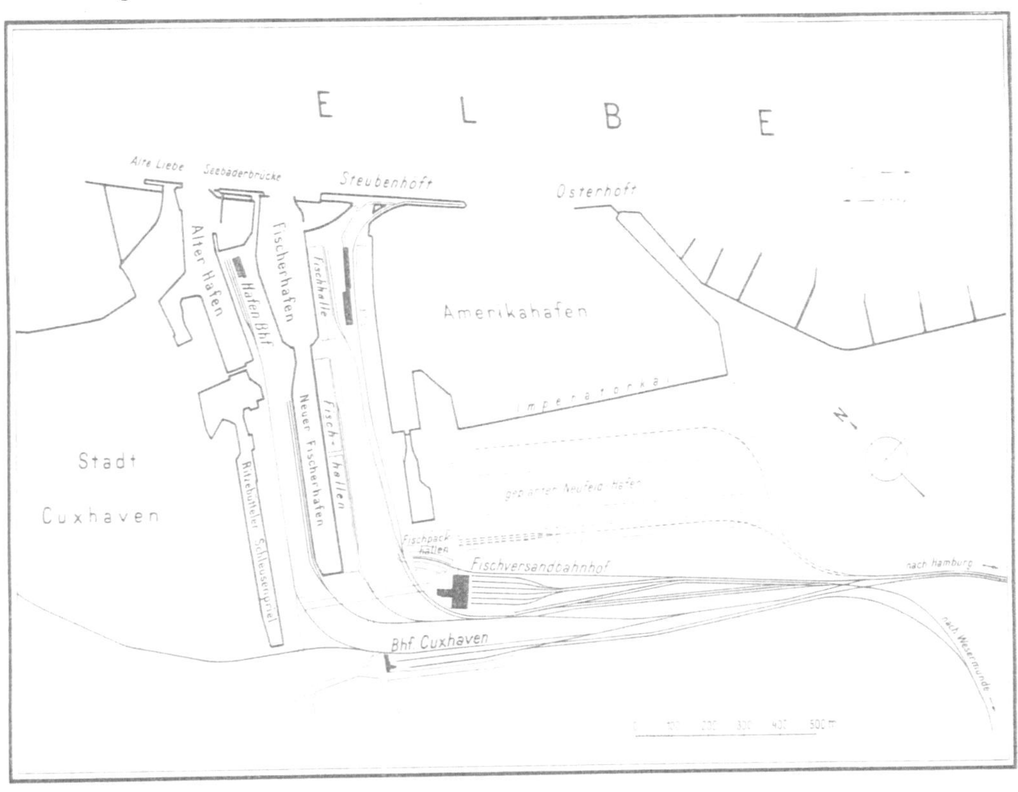

Abb. 2. Der Hafen von Cuxhaven 1937.

Um den Schnelldampfern der Hamburg-Amerika-Linie das Anlegen in Cuxhaven zu ermöglichen, wurde der westliche, aus einem Senkkasten bestehende Hafenkopf des in den Jahren 1892—1896 erbauten Neuen Hafen zu einer Landungsanlage ausgebaut. Der so geschaffene Liegeplatz von 120 m Länge konnte schon bald den inzwischen in Dienst gestellten größeren Schiffen keine ausreichende Sicherheit mehr bieten, er wurde nach Westen hin um 60 m in Holzkonstruktion verlängert. Als aber um das Jahr 1910 die neuesten Schiffe der Hamburg-Amerika-Linie 300 m Länge erreichten, mußte die Landungsanlage noch erheblich vergrößert werden. Beide Hafenköpfe des Neuen Hafens wurden in eine zusammenhängende hölzerne, Steubenhöft genannte Landungsanlage von 400 m Länge einbezogen. Gleichzeitig wurde der neue Hafen vergrößert und erhielt zwischen dem Steubenhöft und dem neu erbauten Osterhöft eine 295 m breite neue Einfahrt.

Der dadurch aus dem 9 ha großen Neuen Hafen entstandene 42 ha große Amerikahafen *[9]* war eigentlich als Liegehafen für die großen Schnelldampfer gedacht. Er ist als solcher nie benutzt worden, weil in seiner Einfahrt sehr verwickelte Strömungen auftraten und das Hereinbringen großer Schiffe in den Hafen quer zur Strömung in der Elbe mit einem großen Wagnis verbunden war, weil ferner aber auch inzwischen das Fahrwasser auf der Unterelbe soweit vertieft worden war, daß die Schnelldampfer Hamburg erreichen konnten. Der Amerikahafen wurde als Nothafen für Schiffe, die bei stürmischem Wetter in der Elbemündung Schutz suchten, benutzt, und sein nordwestliches Ufer, der Lentzkai, wurde für Stückgutumschlag und Kohlenbunkerbetrieb ausgebaut. Abb. 2 zeigt den Ausbaustand der Cuxhavener Hafenanlagen im Jahre 1937.

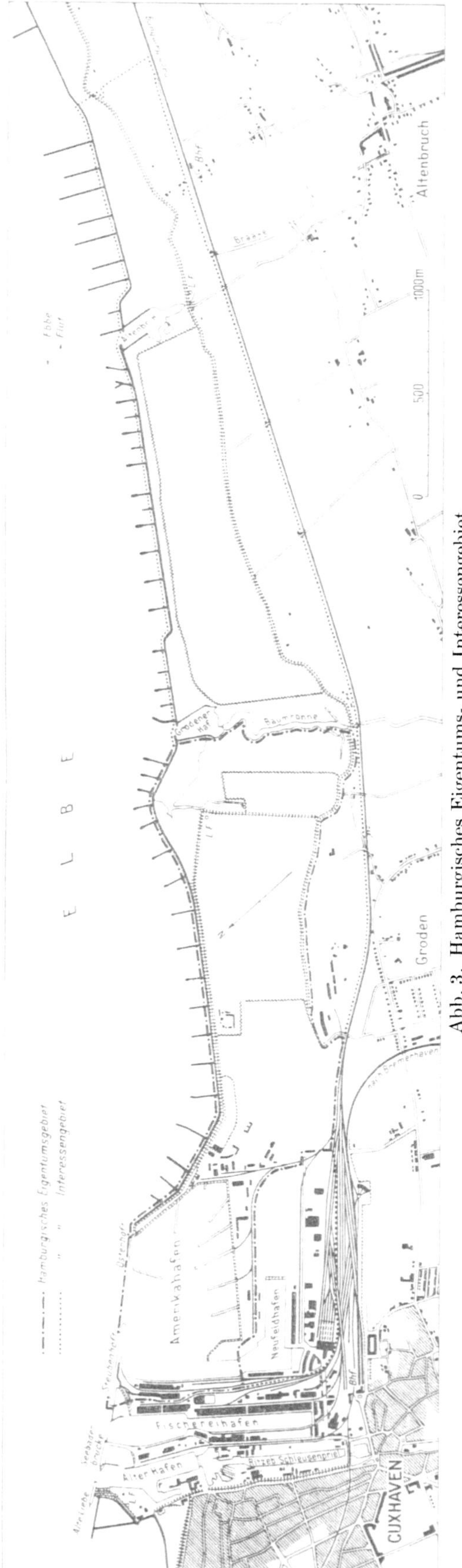

Abb. 3. Hamburgisches Eigentums- und Interessengebiet.

Am Steubenhöft hat die Hamburg-Amerika-Linie bis zum Ausbruch des zweiten Weltkrieges regelmäßig ihre Schnelldampfer des Hamburg-New-York-Dienstes ein- und ausgehend abgefertigt.

Wie dieser Rückblick zeigt, hat Hamburg seinen Cuxhavener Amtsbezirk mehr als fünfhundert Jahre lang gefördert und ihm sein heutiges Gepräge gegeben. Neben der Fürsorge für Stadt und Land an der Elbemündung hat die Hansestadt in vierfacher Hinsicht dem Hafen Cuxhaven wichtige Aufgaben übertragen, als Stützpunkt für die Betonnung, Befeuerung und den Ausbau der Unterelbe (bis zum Übergang der Wasserstraßen auf das Reich im Jahre 1921), als Zufluchtshafen für die hamburgische Schiffahrt, als Fischereihafen und als Vorhafen für den Fahrgastverkehr über den Nordatlantik.

Die Groß-Hamburg-Gesetzgebung hat der hamburgischen Hoheit über Cuxhaven ein jähes Ende bereitet und für den Hafen und die Wirtschaft im Cuxhavener Gebiet einschneidende Änderungen gebracht.

2. Cuxhaven in der Groß-Hamburg-Gesetzgebung.

Das Gesetz über Groß-Hamburg und andere Gebietsbereinigungen vom 26. Januar 1937 (RGBl., Teil I, S. 91) brachte dem Lande Hamburg die lange erstrebte Vereinigung der Stadt mit den Nachbarstädten Altona, Wandsbek und Hamburg-Wilhelmsburg sowie mit einer Anzahl kleinerer Landgemeinden, die wirtschaftlich mit dem hamburgischen Raum eng verbunden waren. Andererseits mußte Hamburg aber auf seinen Landesteil Cuxhaven verzichten. Im Artikel I, § 1 des Gesetzes wurde unter anderem bestimmt, daß die Stadt Cuxhaven und die zum Amte Ritzebüttel gehörenden Landgemeinden von Hamburg auf das Land Preußen übergehen und in den Kreis Land Hadeln, Regierungsbezirk Stade, eingegliedert werden sollten. Nach Artikel III, § 11 des Gesetzes hatte der Reichsminister des Innern zu bestimmen, inwieweit Landesbehörden, die ihren Sitz in einem auf ein anderes Land übergehenden Gebietsteil hatten, Landes- oder Gemeindebehörden der aufnehmenden Gebietskörperschaft werden sollten. Nach § 12 dieses Artikels gingen landeseigene Grundstücke und deren Zubehör, die sich im abgetretenen Gebiet befanden, soweit nichts anderes bestimmt wird, mit allen Lasten und Verbindlichkeiten auf das aufnehmende Land über. Soweit Betriebe, die einem Lande unmittelbar oder mittelbar gehörten, auf ein anderes Land übergingen, sollte das aufnehmende Land die für die Errichtung und den Ausbau der Anlagen des Betriebs seit 1924 aus außerordentlichen Mitteln geleisteten Ausgaben wie Anleiheschulden des abgebenden Landes verzinsen und tilgen. Im Artikel IV des Gesetzes wurde bestimmt, daß der Reichsminister des Innern die zur Durchführung und Ergänzung des Gesetzes erforderlichen Rechts- und Verwaltungsvorschriften im Einvernehmen mit den beteiligten Reichsministern zu erlassen habe.

Die für Cuxhaven entscheidenden Durchführungsbestimmungen brachte die Vierte Durchführungsverordnung zum Gesetz über Groß-Hamburg und andere

Gebietsbereinigungen vom 22. März 1937 (RGBl. S. 335). Die Stadt Cuxhaven wurde zum Stadtkreis innerhalb der Provinz Hannover erklärt. Die Wasserbauabteilung und das Hafenamt Cuxhaven gingen am 1. April 1937 auf Preußen über und wurden dem Regierungspräsidenten in Stade unterstellt. Zum gleichen Zeitpunkt wurden die sämtlichen Geschäftsanteile Hamburgs an der Fischmarkt Cuxhaven G.m.b.H. auf das Land Preußen übertragen.

Damit verlor Hamburg seinen Seefischmarkt in Cuxhaven. Das bedeutete zwar nicht ein gänzliches Ausscheiden Hamburgs aus der Hochseefischerei, denn Hamburg war ja gleichzeitig infolge der Groß-Hamburg-Gesetzgebung der Fischereihafen und Fischmarkt Altona zugefallen. Bedauerlich war aber, daß durch die Neuregelung der harte Wettbewerb zwischen den Fischmärkten in Cuxhaven und Altona nicht beendet, sondern — mit vertauschten Rollen — zur Fortsetzung verurteilt wurde.

Andererseits trugen die Bestimmungen der Vierten Durchführungsverordnung dem Umstande Rechnung, daß Hamburg nicht alle seine Interessen an den Hafenanlagen in Cuxhaven aufgeben konnte.

Im Eigentum des Landes Hamburg verblieben innerhalb der Stadtgemeinde Cuxhaven die dem Land Hamburg bisher gehörenden Grundstücke, die sich um den Amerikahafen herum und südostwärts bis an die Baumrönne heran erstreckten. Die Grenzen dieses sogenannten Eigentumsgebietes sind im Lageplan (Abb. 3) gekennzeichnet. Das Land Hamburg erhielt das Recht, die auf Preußen übergehende Wasserbauabteilung und das Hafenamt mit der Verwaltung und dem Ausbau des Amerikahafens und dieses Eigentumsgebietes auch weiterhin zu betrauen und diesen Ämtern entsprechende Anweisungen zu erteilen. Von diesem Recht hat Hamburg jedoch nur kurze Zeit Gebrauch gemacht und sehr bald ein eigenes Hafen- und Bauamt in Cuxhaven eingerichtet.

Darüber hinaus wurden der Hansestadt Hamburg im genannten Eigentumsgebiet und in dem südöstlich angrenzenden Gebiet bis zur damaligen hamburgisch-preußischen Landesgrenze bei Altenbruch, im Lageplan (Abb. 3) als Interessengebiet bezeichnet, besondere Rechte gesichert, um die Möglichkeit für eine spätere Inanspruchnahme dieses Geländes für hamburgische Hafenanlagen offen zu halten. Im Interessengebiet wurde die Einführung landesrechtlicher Vorschriften auf dem Gebiet des Wasser- und Wegerechtes sowie der Landesplanung durch die obersten preußischen Landesbehörden an die Zustimmung Hamburgs gebunden. Ferner wurde bestimmt, daß Bauten, die eine spätere Verwendung dieses Gebietes zu Hafenzwecken erschweren könnten, nicht errichtet werden sollen. Endlich wurden auch Maßnahmen auf dem Gebiet der Gewerbeaufsicht der Zustimmung Hamburgs unterworfen.

So wurde das Hafengebiet Cuxhaven in einen preußischen, später niedersächsischen Teil, der im wesentlichen den Alten Hafen und den Fischereihafen umfaßt, und einen hamburgischen Teil, der das Steubenhöft mit den Übersee-Fahrgastanlagen und den Amerikahafen mit einem ausgedehnten Erweiterungsgelände einschließt, aufgeteilt.

II. Der Niedersächsische Hafenteil.

1. Die historische Entwicklung seit 1937 und die wirtschaftliche Bedeutung der von Niedersachsen übernommenen Hafenanlagen.

Wenn auch, wie oben bereits ausgeführt, durch das Groß-Hamburg-Gesetz der Wettbewerb zwischen den Fischmärkten Cuxhaven und Altona nicht beendet, sondern — mit vertauschten Rollen — zur Fortsetzung verurteilt wurde, so hatte das Groß-Hamburg-Gesetz für die Fischerei doch den großen Vorteil, daß nunmehr die beiden bedeutendsten Fischmärkte — Wesermünde und Cuxhaven — unter einheitliche Verwaltung kamen und daß auf diese Weise jeder unwirtschaftliche Wettbewerb zwischen diesen beiden Plätzen ausgeschaltet wurde. Preußen hatte nunmehr etwa 75 % der gesamten Fischerei unter seiner Kontrolle. Nicht nur in der Zentrale, sondern auch in der Mittelinstanz, dem Regierungspräsidenten in Stade, wurden beide Fischmärkte betreut. Um eine einheitliche Ausrichtung zu gewährleisten, wurde auch die örtliche Verwaltung noch schärfer zusammengefaßt dadurch, daß der erste Geschäftsführer der Seefischmarkt Wesermünde G.m.b.H. zugleich erster Geschäftsführer der Seefischmarkt Cuxhaven G.m.b.H. wurde. Diesem an sich erfreulichen Zustand wurde nach dem Krieg ein jähes Ende bereitet. Die amerikanische Besatzungsmacht bestimmte als Nachschubhafen für ihre Truppen Bremen mit Bremerhaven. In der britischen Besatzungszone wurde eine amerikanische Enklave für Bremen und die Großgemeinde Wesermünde-Bremerhaven gebildet, die damit gleichzeitig politisch zum Land Bremen kam. Damit wurde auch der Fischereihafen Wesermünde der preußischen bzw. der niedersächsischen Verwaltung entzogen und ging auf das Land Bremen über. Aus der früheren Aufteilung der Fischmärkte auf zwei Länder, Preußen und Hamburg, wurden jetzt drei Länder: Bremen, Niedersachsen und Hamburg. Hinzu kam, daß nach dem Krieg das Land Schleswig-Holstein in dem verödeten Kriegshafen Kiel ebenfalls einen Fischmarkt aufzog, so daß nunmehr alle vier Küstenländer einen Fischmarkt verwalten. Daß dadurch manch ungesunder Wettbewerb entsteht, braucht nicht näher erläutert zu werden.

Der Cuxhavener Fischmarkt hat für die Stadtgemeinde Cuxhaven, darüber hinaus für das Land Niedersachsen eine erhebliche wirtschaftliche Bedeutung. Von den etwa 50000 Einwohnern der Stadt lebt ein erheblicher Teil der Bevölkerung von der Fischerei. Für das durch Flüchtlinge stark übersiedelte, industriearme Landgebiet um Cuxhaven bedeutet die Fischwirtschaft und besonders die Fischindustrie ein starkes Arbeitsfeld.

Wie die nachstehende Abb. 4 zeigt, hat der Seefischmarkt Cuxhaven eine stetige und teilweise stürmische Entwicklung seit seiner Gründung genommen. 1913 wurden etwa 10000 t, 1930 etwa 70000 t und 1938 etwa 150000 t angelandet. Der schwere Rückschlag durch den zweiten Weltkrieg wurde verhältnismäßig schnell aufgefangen. 1949 war die Anlandungsziffer von 1938 wieder erreicht. Allerdings sah die Zusammensetzung der Fischanlandungen anders aus als 1938. Während von den 150000 t 1938 nur 10000 t, also weniger als 10 % auf Importe entfielen, waren 1949 etwa 50000 t, d. h. etwa ein Drittel, Importe. Dies Bild hat sich nach 1949 sehr zugunsten der Eigenfänge gewandelt. Während 1950 ein kleiner Rückgang zu verzeichnen war, der hauptsächlich auf Kosten der Importe ging, war die Gesamtanladung 1951 eine seit Bestehen des Marktes nie dagewesene Rekordleistung von 154000 t, von denen nur ein verschwindend geringer Bruchteil auf die Importe entfiel.

Diese gewaltige Leistung war nur möglich durch den nach 1948 vollzogenen Wiederaufbau und die Modernisierung der deutschen Fischdampferflotte, die wohl heute als die modernste der Welt anzusprechen ist.

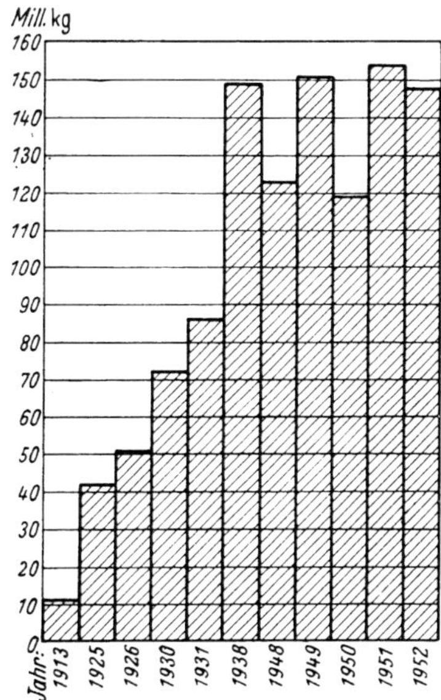

Abb. 4. Jahresanlandungen am Seefischmarkt Cuxhaven.

2. Der Ausbau des Niedersächsischen Hafenteiles seit 1937.

a) Der neue Fischereihafen

Die oben gezeigte stetige Entwicklung des Fischmarktes erforderte den weiteren Ausbau des Fischereihafens. Hamburg hatte kurz vor dem Übergang des Hafens auf Preußen mit der Planung für ein weiteres Hafenbecken südlich des Amerikahafens begonnen. Preußen übernahm diesen Plan und begann sogleich mit der Verwirklichung. Das Hafenbecken des neuen Fischereihafens südlich des Amerikahafens, das sich etwa von Westen nach Osten erstreckt, hat — wie Abb. 5 zeigt — eine Breite von 100 m und eine Länge von etwa 800 m beim endgültigen Ausbau. Die Wassertiefe beträgt 6 m bei normalem Niedrigwasser. Der erste Teil des Hafens mit der modernen Fischhalle IX war bei

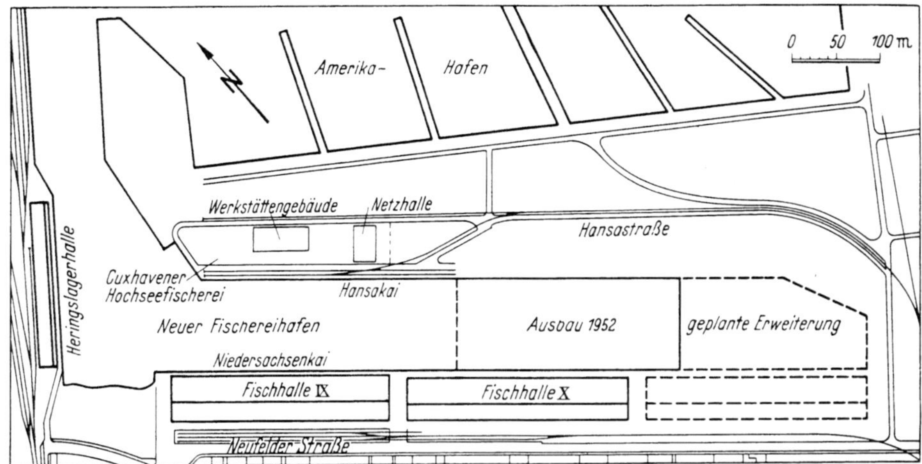

Abb. 5. Lageplan des neuen Fischereihafens.

Ausbruch des zweiten Weltkrieges fertig (Abb. 6 und 7). Die Fischhallen am neuen Hafen sind nach dem gleichen Prinzip wie die Hallen am alten Hafen ausgebildet, sind aber entsprechend der Weiterentwicklung und der Vergrößerung der Fischdampfer geräumiger gebaut, um vor allem mehr Stellfläche für die Fischkisten in der Auktionshalle zu bekommen. Die Abb. 8 zeigt einen Querschnitt durch den alten Fischereihafen mit den Fischhallen 3 bis 6, darüber einen Querschnitt durch den neuen Fischereihafen mit der Halle X. Wie aus diesen Abbildungen ersichtlich, hat die Versteigerungshalle am alten Fischereihafen eine Breite von 17 m gegen 31,60 m in der Fischhalle X, dagegen die Packhalle eine solche von 20 m am alten Hafen gegen 16 m der Halle X. Die Tiefen-Einengung der Packhalle zugunsten der Auktionshalle ist notwendig, um die erheblich größeren Mengen Fische der modernen Fischdampfer unterbringen zu können. Um den ebenfalls gesteigerten Platzbedarf der Packhallen erhalten zu können, sind die einzelnen Packhallen dafür wesentlich länger als in den alten Hallen.

Auf den den Auktionshallen gegenüberliegenden Kais befinden sich an beiden Häfen die Ausrüstungskais für die Fischdampferreedereien. Das Hafenbecken des neuen Fischereihafens ist ebenso wie beim alten Hafenteil mit Kaimauern in Stahlbeton eingefaßt. Der Nachteil in der mangelhaften Dichtung der Stahlbetonspundwand des Alten Hafens, die erhebliche Sackungen auf den Kais hervorgerufen hat und die ihre

Abb. 6. Die Fischhalle IX, Ansicht von der Landseite *[14]*.

Ursache darin hatte, daß die vorderen Stahlbetonspundbohlen mit Nuten gerammt waren, in die zur Dichtung ein — bald zerstörter — Jutesack mit Kiesfüllung eingebracht war, sind dadurch vermieden worden, daß hier an Stelle der Nuten Spundwände mit „Schweinsrücken“ verwendet wurden. In dem mehr als zehnjährigen Betrieb des Hafens haben sich keine Schäden gezeigt. 1950 wurde der bei Kriegsausbruch eingestellte Ausbau des neuen Fischereihafens wiederaufgenommen. 1950/51 wurden auf dem

Abb. 7. Die Fischhalle IX, Blick in die Versteigerungshalle *[14]*.

Nord- und Südkai je 250 m Kaimauer gebaut, im Jahre 1952 wurde das Hafenbecken zwischen diesen beiden Mauern ausgebaggert, so daß Ende 1952 weitere 250 m Hafen zur Verfügung standen. Diese letzteren 250 m Hafen sind von Kaimauern eingefaßt, die nicht auf einem hohen Pfahlrost aus Stahlbetonpfählen bzw. Stahlbetonspundwänden, sondern auf einem solchen aus Stahlpfählen und Stahlspundwänden ruhen. Wie die Abb. 9 zeigt, wurde in Abänderung zu der bisherigen Bauweise die vordere Stahlspundwand als tragender Konstruktionsteil ausgebildet, und zwar aus Peiner Spundbohlen PSp 50 L, die im Abstand von 1,26 m stehen. Zwischen diesen Peiner Bohlen sind jeweils zwei Füllbohlen Krupp KS II von 12 m Länge (die tragenden Peiner Bohlen sind 16,75 m lang) eingeschaltet. Die Stahlbeton-Winkelstützmauer ruht hinten auf einem Bock aus Stahlpfählen Peiner PSp. 30. Die vordere Stahlspundwand — die tragenden PSp 50 L — ist im Boden teilweise und in der oberen Winkelstützwand als voll eingespannt angenommen und entsprechend ausgebildet worden. Die Kräfte werden rechnerisch nur von den tragenden Bohlen und nicht von den Füllbohlen aufgenommen. Die Druckpfähle des rückwärtigen Bockes haben eine rechnungsmäßige Maximallast von 85 t bzw. von 125 t bei den mit besonderer Fußverstärkung versehenen Pfählen, die Zugpfähle eine Maximalbelastung von 40 t aufzunehmen. Die Bockpfähle sind 17,50 m lang, sie sind in Neigung 3:1 gerammt. Bei den Druckpfählen besteht die Fußverstärkung aus 2 m langen Peiner Spundwinkeln, die auf ganzer Länge angeschweißt sind. Die Druckpfähle stehen im Achsabstand von 1,26 m, die Zugpfähle von 1,68 m *[15]*.

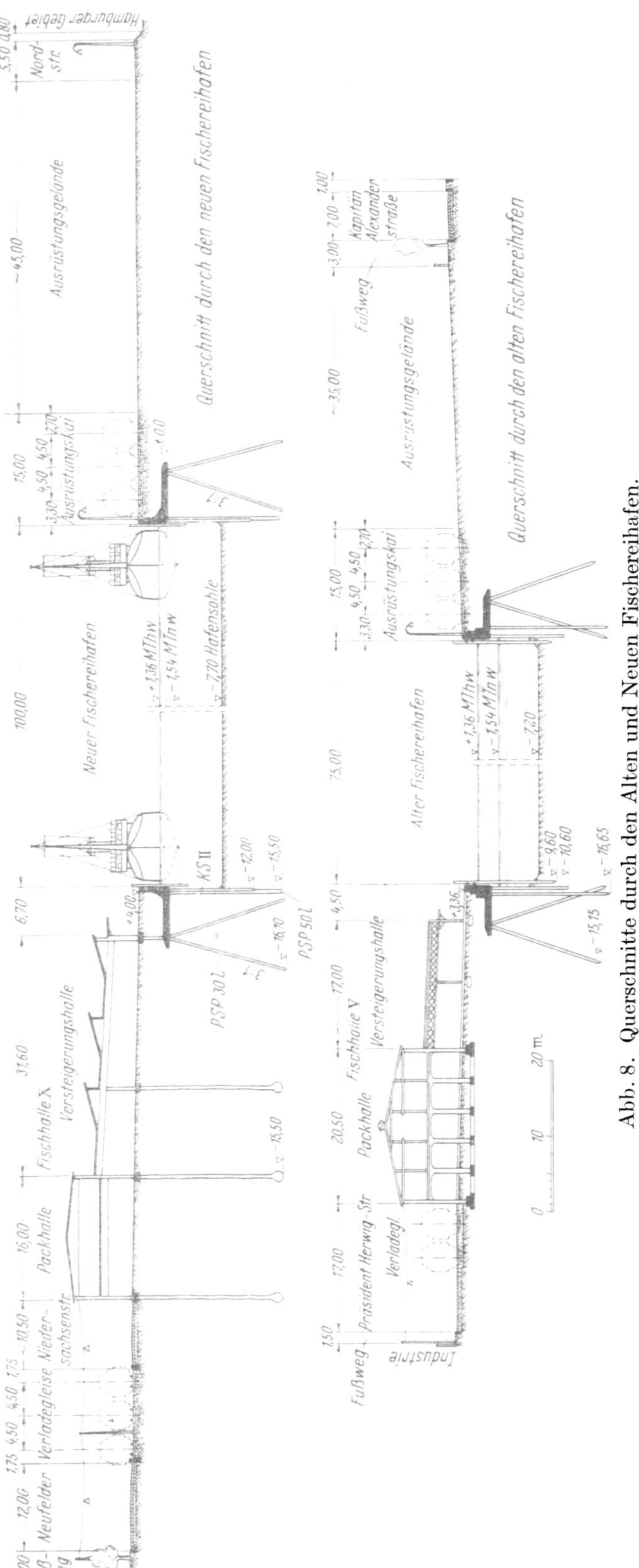

Abb. 8. Querschnitte durch den Alten und Neuen Fischereihafen.

Die Kaimauern wurden in trockener Baugrube bei Oberflächen-Wasserhaltung hergestellt. Der Boden aus den Baugruben der Kaimauer wurde mit Greifbaggern ausgehoben und auf dem Gelände des späteren Hafenbeckens abgesetzt, von wo er bei der Ausbaggerung des Beckens mit weggeschafft wurde. Die Stahlbeton-Winkelstützmauer enthält 9,4 m^3 Stahlbeton B 225 je lfd. m Mauer mit 108 kg Betonstahl II je m^3 Beton. Die fertige Mauer enthält je lfd. m etwa 5,5 t Spundwandstahl einschließlich aller Verstärkungen und etwa 1 t Betonstahl II. Die Baukosten für 1 lfd. m Kai betrugen etwa 3600,— DM. Die Kaimauer ist in Baublöcke von 25,20 m Länge aufgeteilt. Sie ist mit Pollern, für die ein Pollerzug von 30 t angenommen ist und mit Steigeleitern ausgerüstet. Im Gegensatz zu den bisher üblichen Reibepfählen, die unten in den Hafenboden eingerammt und oben an der Kaimauer befestigt wurden, sind hier nur kurze Reibehölzer angeordnet, die vor der Mauer aufgehängt sind und deren Unterkante auf — 2,80 m NN, d. h. etwa 1,20 m unter MTnw liegt. Auf diese Weise werden nicht unbeträchtliche Holzmengen gespart. Aus dem gleichen Grunde ist auf das sonst übliche Anbringen von Längshölzern vor der Kaimauer zwischen den Reibepfählen verzichtet.

Um den Wasserüberdruck hinter der Kaimauer auf ein Mindestmaß zu beschränken, ist zur Ableitung des Wassers unter der Mauer ein Kiesfilter angeordnet. In der vorderen Spundwand sind Abflußlöcher, die durch Rückschlagklappen geschlossen werden, angeordnet.

Das Hafenbecken wurde zunächst bis —7,70 m NN ausgebaggert, d. h. für eine Wassertiefe von etwa 6 m bei NW. Eine Vertiefung um einen weiteren Meter ist bei der Dimensionierung der Kaimauern berücksichtigt. Der Boden zwischen den Kaimauern wurde mit Schwimmbagger ausgehoben und mit Klappschuten an geeigneten Stellen im Elbstrom verklappt (Abb. 10).

Durch die Kriegseinwirkungen haben die Cuxhavener Hafenanlagen verhältnismäßig wenig gelitten. Ein erheblicher Nachholebedarf, hervorgerufen durch die während der Kriegszeit unterbliebene Unterhaltung war nach dem Kriege vorhanden. Die Instandsetzung der Anlagen brachte in den ersten Nachkriegsjahren bei dem Fehlen jeglichen Materials erhebliche Schwierigkeiten. Trotzdem wurde ein bedeutendes Bauvorhaben noch vor der Währungsreform begonnen.

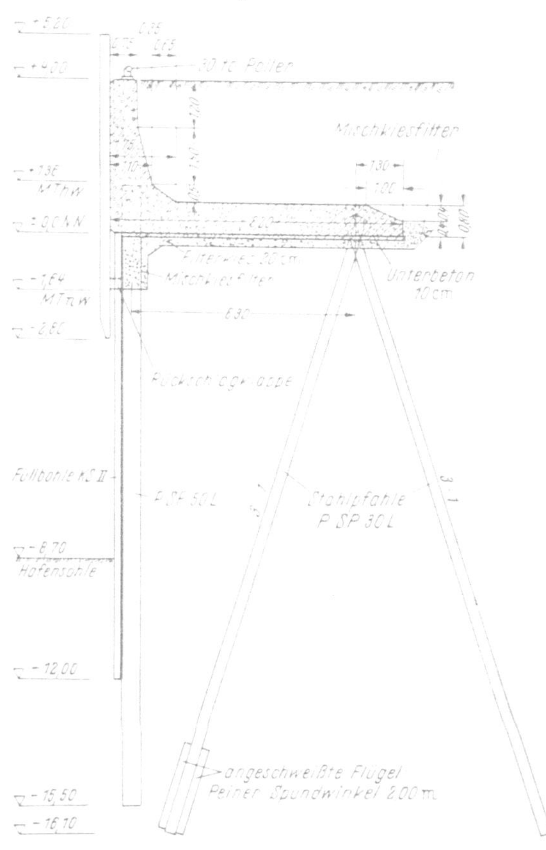

Abb. 9. Querschnitt Kaimauer Neuer Fischereihafen *[15]*.

b) Die Heringslagerhalle.

Gleich nach dem zweiten Weltkrieg wurden für die Versorgung der schwer hungernden deutschen Bevölkerung beträchtliche Mengen von Salzheringen eingeführt. Eine größere Anzahl von Salzheringsimporteuren aus den abgetrennten Ostgebieten, insbesondere aus Königsberg, Stettin und Danzig, die früher etwa drei Viertel des gesamten Heringsimportes nach Deutschland über die genannten Plätze geleitet hatten, war nach Cuxhaven gekommen, um von hier aus ihr Gewerbe neu aufzubauen. Das Land Niedersachsen unterstützte das Vorhaben und bewilligte Mittel für den Neubau einer besonderen Heringslager- und Umschlaghalle. Der Bau wurde mit einem Kostenaufwand von etwa 2 Mill. Mark an der Westseite des neuen Fischereihafens in Verlängerung des Lentzkais errichtet. Die Halle ist 183 m lang und 18 m breit (Abb. 11). Sie ist ganz aus Stahl gebaut, nicht nur die tragenden Teile, sondern auch die Wände und das Dach bestehen aus Stahl. Stahl wurde deswegen gewählt, weil es zur damaligen Zeit weder Holz noch Ziegelsteine in genügender Menge gab. Die Fundamente für diese Halle mußten bei der geringen Tragfähigkeit des Bodens im Cuxhavener Raum (0,5 kg/cm^2) erhebliche Abmessungen erhalten. Es zeigte sich daher bei der Entwurfsbearbeitung, daß die zweckmäßigste Gründung eine durchgehende Stahlbetonplatte darstellte, bei der mit verhältnismäßig geringen Mehrkosten ein Kellergeschoß mit Stahlbetonpilzdecke eingebaut werden konnte (Abb. 12). An den beiden in Mauerwerk ausgebildeten

Abb. 10. Blick auf den fertigen Kai. Im Vordergrund rechts der 1. Block der neuen Kaimauer. Im Hintergrund die Ausrüstungshallen der Cuxhavener Hochseefischerei *[15]*.

Giebelenden sind die Büroräume für die einzelnen Firmen untergebracht. Die Halle steht in der Nord-Süd-Richtung, in der oberen Laterne ist ein durchgehendes Entlüftungsband angeordnet, ein weiteres Entlüftungsband liegt unterhalb der Traufe und im Kellergeschoß, so daß, besonders in der heißen Jahreszeit, eine ständige und gute Durchlüftung der Halle gewährleistet ist. Auf der Landseite ist ein Verladegleis angeordnet, auf der Wasserseite befindet sich ein 6 m breiter Kai und eine 3 m breite Laderampe. Auf dem Kai stehen zwei elektrisch betriebene Wippdrehkräne, Bauart Demag, auf fahrbaren Vollportalen mit einer Tragkraft von 3 t bei 18 m Ausladung. Die Stromzuführung erfolgt durch Stromabnehmer von Kabelschienen, die unter der Rampe angeordnet sind. Der Betrieb der ganzen Halle ist mechanisiert. Auf der wasserseitigen Verladerampe und in der Mitte der Halle sind Faßrutschen angeordnet, auf denen die Fässer in den Keller befördert werden können. Demag-Züge und Faßaufzüge sorgen für die Beförderung der Fässer aus dem Keller in das Obergeschoß bzw. auf die beiderseitigen Laderampen und unmittelbar auf die Lastwagen oder Eisenbahnwagen. Die Halle hat ein Fassungsvermögen von 30000 Faß. Es hat sich gezeigt, daß sowohl die Lagerung als auch das Be- und Entladen allen gestellten Anforderungen gerecht werden konnte (Abb. 13). Mit dem Bau wurde im Herbst 1947 begonnen, nachdem die vielen Schwierigkeiten, die einem so großen Bauvorhaben in der damaligen Zeit entgegenstanden, beseitigt und nachdem die erforderlichen Baustoffkontingente wenigstens zum Teil gesichert waren *[14]*.

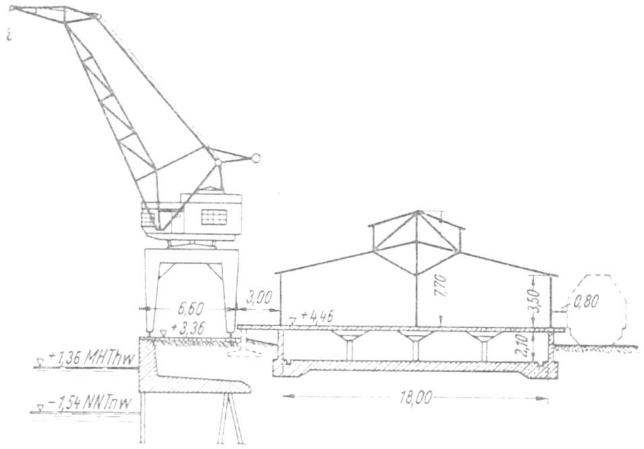

Abb. 11. Die Heringslagerhalle, Querschnitt *[14]*.

Abb. 12. Die Heringslagerhalle, Blick in den Keller *[14]*.

c) Die Anlagen der Cuxhavener Hochseefischerei.

Gegenüber der Fischhalle IX wurden die Ausrüstungsanlagen der Cuxhavener Hochseefischerei errichtet. Die Anlage besteht aus einer Werkstättenhalle und einer Netzhalle. Diese beiden Hallen wurden aus der ehemals als zweiten Heringslagerhalle bestimmten Stahlkonstruktion gebaut. Neben der oben bezeichneten Heringslagerhalle am Westkai des neuen Fischereihafens war 1946 eine zweite Heringslagerhalle bei der Gutehoffnungshütte A. G., Oberhausen-Sterkrade, in Auftrag gegeben worden. Diese zweite Halle von 25 m Breite und 110 m Länge sollte ursprünglich im Südosten des neuen Fischereihafens als Lagerhalle ohne Wasseranschluß aufgestellt werden. Da mit dem Aufbau der Fischdampferflotte seit 1948 die Importe stetig zurückgingen, für die Einlagerung der geringeren Importe und der „landgesalzenen" deutschen Ware jedoch die vorhandene Lagerhalle ausreichte, wurde die Lagerhalle II auf dem Hansa-Kai in zwei Teilstücken von 45 m und 65 m Länge als Werkstatt- und Netzhalle für die Cuxhavener Hochseefischerei aufgeteilt und aufgestellt. Die kurze, senkrecht zum Kai stehende Halle bildet die Netzhalle, während die andere, parallel zum Kai stehende die Werkstätten und das Magazin enthält.

Abb. 13. Die Heringslagerhalle, Ansicht vom Wasser *[14]*.

Die Hallen, deren Querschnitt Abb. 14 zeigt, werden von den kräftigen, unten eingespannten Mittelstützen getragen. Die Pfosten der Seitenwände wirken als Pendelstützen, sie sind über die Dachbinder mit der Mittelstützen-Tragkonstruktion verbunden (Abb. 15). Die Hallen besitzen eine durchgehende obere Laterne. Von der ursprünglich — wie bei der Halle 1 — vorgesehenen Verkleidung der Wände und Dächer

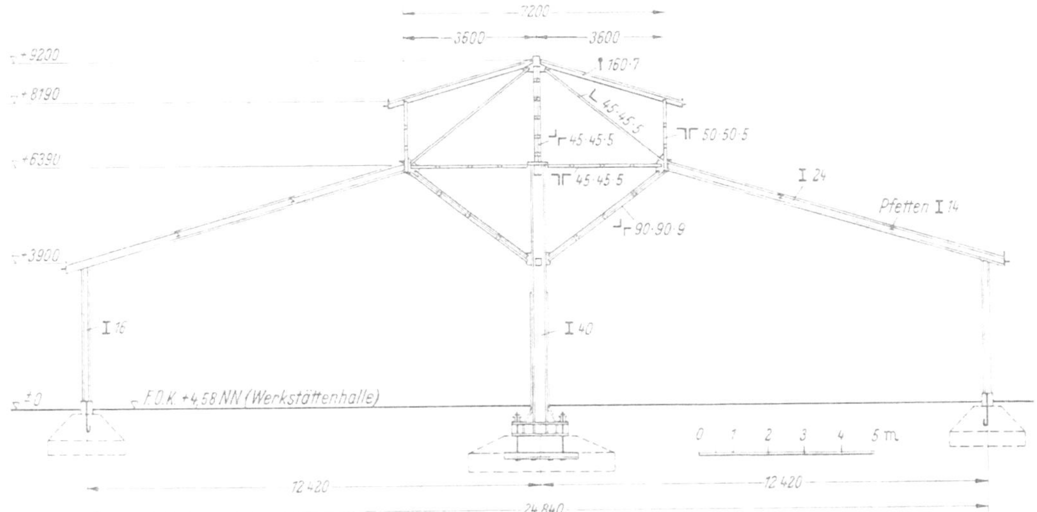

Abb. 14. Querschnitt der Ausrüstungshallen der Cuxhavener Hochseefischerei [15].

mit dünnen Blechplatten ist Abstand genommen. Dafür sind die Giebel und Seitenwände ausgemauert (Abb. 16). Als Dacheindeckung ist Wellfulgurit verwendet worden. Zur besseren Isolierung sind inwendig Hartfaserplatten eingebaut und der Zwischenraum mit Steinwolle ausgefüllt worden. Die in der kurzen Zeit mit Wellfulgurit gemachten Erfahrungen sind insofern bemerkenswert, als die Möwen die Dächer — vermutlich wegen der Wellen, auf denen sie nicht stehen können — meiden. Die besonders im Fischereihafen sehr zahlreich auftretenden Möwen beschädigen durch ihre scharfen Exkremente die Pappdächer sehr stark und schnell. Alle bislang gemachten Versuche mit entsprechenden Schutzanstrichen waren mehr oder weniger erfolglos. Eine weitere unangenehme Eigenschaft der Möwen ist, daß sie den frischen Kitt bei neu eingesetzten Fenstern, besonders den vielen Oberlichtern an den Fischhallen, auspicken. Bei den Ausrüstungshallen der Cuxhavener Hochseefischerei sind deshalb sowohl an der Laterne als auch an den Seitenfenstern nur kittlose Fenster — System Claus Meyn, Frankfurt/M. — verwendet worden. Die Außentüren sind — ebenso wie bei der Heringshalle — als Stahlschiebetüren mit kleinen Schlupftüren ausgebildet. Der Fußboden ist mit Holzpflaster, das auf einer mit Baustahlgewebe armierten Betonplatte ruht, versehen. Holzpflaster ist wegen seiner günstigen Wärmeisolierung für die in den Hallen beschäftigten Arbeitskräfte und wegen der zu erwartenden starken Beanspruchung durch Schwerlasten (u. a. Raupenkran von 5 t Tragkraft) gewählt.

Abb. 15. Blick in die Netzhalle. In der Mitte die kräftige Mittelstütze, die das ganze System trägt.

Abb. 16. Blick in die Werkstatthalle [15].

Die Werkstatt- und Netzhallenräume sind mit Warmwasser-Zentralheizungen und den notwendigen sanitären Einrichtungen versehen [15].

d) Die Fischhalle X.

Mit der ständigen Zunahme der Fischanlandungen stieg auch die Nachfrage nach Pack- und Verarbeitungsraum. Die Vergrößerung der Fischdampfereinheiten erforderte einen ständig wachsenden Stellraum für die Fischkisten in den Auktionshallen. In den Fischhallen am alten Fischereihafen, die vor 30 Jahren für Dampfer mit etwa $\frac{1}{3}$ Fassungsvermögen der heutigen Fahrzeuge gebaut sind, gestaltet sich das Aufstellen der Fischkisten immer schwieriger. Es lag daher nahe, vor dem Weiterbau des Hafenbeckens zunächst an dem neu geschaffenen Südkai die Fischhalle X, die nach dem Ausbauplan im Abstand von 20 m östlich der Halle IX vorgesehen ist, zu bauen. Die Halle hat die gleichen Grundmaße wie die Halle IX, 250 m lang und 50 m breit. Die Halle, deren Querschnitt aus Abb. 8 ersichtlich ist, weist gegenüber den bisherigen Hallen folgende Änderungen auf: Die Stellfläche für Fischkisten in der Auktionshalle ist auf Kosten der Packhalle und des Durchfahrtstreifens so vergrößert worden, daß die Ladungen von drei Fischdampfern mit je 5000 Zentnern in „einfacher Stellage" (d. h. ohne Kisten übereinander zu stellen) untergebracht werden können. Um diese großen Mengen nach der Auktion schnell abfahren zu können, wird neben der üblichen Durchfahrt zwischen Packhalle und Stellraum eine weitere Abfahrtstraße auf dem Kai geschaffen. Die Halle besteht aus zwei Flügeln von je 100 m Länge und einem Mittelbau von 50 m Länge und ist in vier Packabteilungen aufgeteilt. Die Packhallen sind zweigeschossig und teilweise unterkellert. Im Erdgeschoß befinden sich die Packräume, im Obergeschoß die Büro- und Lagerräume. Im Mittelbau befinden sich in den Obergeschossen Wohlfahrts-, Büro- und Verwaltungsräume. Das Tragwerk der Halle ist in Stahlbetonskelett, teilweise aus Spannbeton, ausgeführt, die Oberlichter in der Auktionshalle aus nach Nordosten gerichteten Sheds, um möglichst wenig Sonnenbestrahlung auf die Ware gelangen zu lassen. Für die Dacheindeckung sind 15 cm starke Leichtbetonplatten aus wärmetechnischen Gründen vorgesehen. Die wasserseitigen Tore in der Auktionshalle werden als stählerne Falttore ausgebildet. Erhebliche Schwierigkeiten bereitete die Wahl der günstigsten Gründungsart. Bei der Halle IX ist der Mittelbau auf Pfähle gesetzt, die Flügel dagegen sind auf Streifenfundamenten flach gegründet. Trotz der eingeschalteten Dehnungsfugen haben sich doch unliebsame Schäden eingestellt.

Die Untergrundverhältnisse sind recht schwierig. Unter einer oberen Klaischicht, die von vor etwa 40 Jahren aufgespültem Sandboden überlagert ist, befindet sich eine bis zu 6 m mächtige Sandschicht, die wiederum auf einer i. M. 6 m mächtigen Klaischicht ruht. Erst unter dieser Klaischicht steht der absolut tragfähige diluviale Untergrund an. In einem Wettbewerb unter einer beschränkten Anzahl namhafter Firmen wurde als die technisch und wirtschaftlich günstigste Gründungsart Tiefgründung bis in den diluvialen Untergrund auf Frankipfählen und Bohrpfählen gefunden. Als zulässige Tragfähigkeit wurde dabei 90 t für einen Pfahl angenommen. Die wasserseitige Wand der Auktionshalle wird mittels Bohrpfählen auf der Stahlbetonkaimauer gegründet *[15]*.

3. Die Verwaltung des Niedersächsischen Hafenteiles.

Der Hafen wird in der Ortsbehörde vom Hafenbau- und Verkehrsamt Cuxhaven, dem ein Hafenamt und ein Seemannsamt angegliedert sind, verwaltet. Daneben besteht für den Fischmarkt eine besondere Verwaltung. Die mit seiner Eröffnung im Jahre 1908 eingerichtete staatliche Fischereiinspektion wurde 1924 in eine Betriebsgesellschaft, die Seefischmarkt Cuxhaven G.m.b.H., umgewandelt, deren Anteile dem Hamburger Staat gehörten. Diese Umwandlung wurde vorgenommen, um der Verwaltung eine größere Beweglichkeit zu verleihen. Die G.m.b.H. unterhielt ihre Anlagen auch in baulicher Beziehung selbst, während der Staat alle Erweiterungsbauten aus öffentlichen Mitteln bestritt, die von der Gesellschaft verzinst und getilgt wurden. 1937 übernahm Preußen den Fischereihafen und führte seine Verwaltung in der gleichen Weise fort, trennte jedoch die Grundstücks- und Gebäudeverwaltung sowie die bauliche Unterhaltung ab und übertrug diese der staatlichen Hafenbauverwaltung, dem heutigen Hafenbau- und Verkehrsamt. Nach dem zweiten Weltkriege übernahm das Land Niedersachsen als Treuhänder des ehemaligen preußischen Vermögens den Fischereihafen und seine Verwaltung. Durch einen Betriebsüberlassungsvertrag wurde im Jahre 1947 zwischen dem Land Niedersachsen und der Seefischmarkt Cuxhaven G.m.b.H. die Verwaltung neu geregelt. Danach übertrug das Land Niedersachsen der Seefischmarktgesellschaft unter Aufrechterhaltung der Eigentumsverhältnisse die Verwaltung und die Benutzung des Fischereihafengeländes, die bevorzugte Benutzung der Kaimauern und Hafenbecken, den Betrieb, die Verwaltung, Unterhaltung und Erneuerung der überlassenen fischwirtschaftlichen Landanlagen, das alleinige Recht des Löschens, Entladens, Verkaufs, der Versteigerung oder Zuteilung der auf dem Wasser- oder Landwege angebrachten Fische, Meeresprodukte und daraus hergestellten Erzeugnissen auf Grund jeweils geltender Marktordnung und Tarife. Die Gesellschaft hat die Kosten des Betriebes, der laufenden Verwaltung, Unterhaltung und Erneuerung der ihr überlassenen Anlagen mit Ausnahme der Hafenbecken und ihrer Kaimauern zu tragen. Die Gesellschaft hat außerdem aus den Versteigerungsgebühren eine Staatsabgabe an das Land Niedersachsen für die Überlassung der Anlagen und Übertragung der Rechte abzuführen sowie eine Erneuerungsrücklage zu bilden, deren Höhe sich nach den Herstellungskosten der Anlagen und ihrer Lebensdauer richtet. Alle Erweiterungsanlagen im Fischereihafengebiet werden aus öffentlichen Mitteln gebaut und der Gesellschaft zur Benutzung überlassen. Die bauliche Unterhaltung aller Anlagen wird in der Regel durch die staatliche Hafenbauverwaltung ausgeführt. Um ein Gegeneinanderarbeiten zu vermeiden und die Zusammenarbeit der Fischmarktverwaltung und der Hafenbauverwaltung zu fördern, ist deshalb der jeweilige Leiter des Hafenbau- und Verkehrsamtes gleichzeitig technischer Geschäftsführer der Seefischmarktgesellschaft *[14]*.

III. Der Hamburgische Hafenteil.

1. Die Interessen der Freien und Hansestadt Hamburg an eigenen Hafenanlagen in Cuxhaven.

Wie der im ersten Abschnitt dieser Arbeit gegebene Rückblick zeigt, haben der Übergang der Wasserstraßen von den Ländern auf das Reich im Jahre 1921 und die Groß-Hamburg-Gesetzgebung vom Jahre 1937 die vielseitigen Interessen der Freien und Hansestadt Hamburg an eigenen Hafenanlagen in Cuxhaven erheblich vermindert. Aber auch heute noch hat Hamburg Anlaß genug, seinen Besitzstand im Cuxhavener Gebiet und die ihm verbliebenen Sonderrechte zu wahren, und es ist durchaus denkbar, daß in künftigen Zeiten Umstände eintreten können, die zu der Erkenntnis führen, daß die im Groß-Hamburg-Gesetz getroffene Regelung für Hamburg unbefriedigend ist.

Unbestritten ist und bleibt die Bedeutung der Überseefahrgastanlagen in Cuxhaven für den Seeschiffsverkehr des Hafens Hamburg. Wie groß der Anteil des Cuxhavener Fahrgastverkehrs am Gesamtverkehr Hamburgs vor dem letzten Kriege gewesen ist, ergibt sich daraus, daß im Jahre 1929 von insgesamt 124000 Reisenden, die sich auf Hamburg anlaufenden Schiffen befanden, 74000 in Cuxhaven abgefertigt wurden. Nach dem Kriege hat die Fahrgastabfertigungsanlage am Steubenhöft bereits wieder eine erhebliche Rolle gespielt. In den Sommermonaten des Jahres 1949 sind dort etwa 18000 Auswanderer eingeschifft worden, um auf Schiffen der Cunard-White-Star-Line die Reise über den Nordatlantik anzutreten. Wenn es sich hierbei allerdings noch nicht um einen ständigen Verkehr deutscher Auswanderer, sondern um die einmalige Wanderung im Kriege heimatlos gewordener Einzelpersonen und Familien gehandelt hat, so zeigt doch die Entwicklung in den letzten Jahren wieder erfreuliche Ansätze eines regelmäßigen Reiseverkehrs. Die Schiffe der Home Lines laufen Cuxhaven fahrplanmäßig an und landen bei jeder Ankunft bis zu 1200 Fahrgästen am Steubenhöft. Verschiedene Gesichtspunkte sprechen dafür, daß sich der Fahrgastverkehr über Cuxhaven weiterhin günstig entwickeln wird.

Der Überseefahrgastverkehr befindet sich infolge der engen politischen und wirtschaftlichen Bindung Europas und besonders der Deutschen Bundesrepublik an die USA im steten Anstieg trotz des Wettbewerbs durch das Flugzeug. Abgesehen von sehr eiligen Geschäftsreisenden und Politikern wählt der Besucher eines Erdteiles jenseits des Ozeans lieber den bequemen und oft erholsamen Seeweg als die meistens anstrengende Luftreise. Das zeigt sich deutlich darin, daß in neuester Zeit trotz vermehrter Luftreiseverbindungen die großen Schnelldampfer des Nordatlantikverkehrs immer auf lange Zeit voraus voll gebucht sind. In dieser Beziehung wird sich in absehbarer Zeit nichts ändern.

Für eine weitere günstige Entwicklung des hamburgischen Überseefahrgastverkehrs spricht ferner, daß sich das Hinterland des Hafens Hamburg in bezug auf den Fahrgastverkehr nicht in gleichem Maße verringert hat und künftig beschränkt sein wird, wie es für den Güterverkehr durch den sogenannten Eisernen Vorhang geschehen ist. Denn die Ostseehäfen werden im Fahrgastverkehr des Zeitvorsprungs Hamburgs wegen nicht wettbewerbsfähig sein.

Hamburg wird also eine leistungsfähige Anlage zur Einschiffung und Landung von Fahrgästen in Cuxhaven nicht entbehren können, wenn es nicht auf Weltgeltung in der Seeschiffahrt verzichten will. Dabei wird es heute mehr als früher auf Schnelligkeit beim Erreichen des Reisezieles ankommen. Die Abfertigungsanlagen für Fahrgäste können aus diesem Grund nicht nach Hamburg verlegt werden, sie müssen in Cuxhaven verbleiben, um den Reisenden und den an knappe Fahrplanzeiten gebundenen Schnelldampfern die langwierige Fahrt mit verminderter Geschwindigkeit auf dem Elbstrom zu ersparen.

Ferner ist der Gedanke nicht abwegig, daß Cuxhaven als hamburgischer Vor- und Anlaufhafen für die internationale Ostseeschiffahrt Bedeutung gewinnen könnte. Diese Schiffahrt, die den Nord-Ostsee-Kanal benutzt, wird vielleicht eines Tages die Gelegenheit wahrnehmen, Cuxhaven anzulaufen, nicht nur um Bunkerkohlen überzunehmen, wie es jetzt schon geschieht, sondern auch um dort Teilladungen für Hamburg abzusetzen oder zu übernehmen und einen Fahrgast- und Eilgutverkehr für Hamburg abzuwickeln. In diesem Falle würde der zur Zeit nur als Bunkerstation und als Nothafen benutzte Amerikahafen in Cuxhaven erst seine volle Bedeutung als Vorhafen Hamburgs gewinnen.

Die Unterhaltung eines Nothafens als Zufluchtshafen für havarierte Schiffe und für Küsten- und kleinere Seeschiffe bei schwerem Wetter an der Elbmündung ist heute eigentlich keine Aufgabe des Landes Hamburg mehr. Nach dem Grundgesetz der Deutschen Bundesrepublik ist es Aufgabe des Bundes, Nothäfen zu schaffen und zu unterhalten. Solange der Amerikahafen nicht für Zwecke des Güterumschlages gebraucht wird, kann die Freie und Hansestadt Hamburg diesen Hafen als Nothafen zur Verfügung stellen.

2. Der Ausbau der Hamburgischen Hafenanlagen in Cuxhaven.

a) Die Fahrgastanlagen am Steubenhöft.

Abgesehen von seinen festen, aus Senkkästen bestehenden Teilen, dem ehemaligen westlichen und östlichen Molenkopf, war das Steubenhöft bisher eine Holzkonstruktion, die auf fast 3000 hölzernen Rammpfählen ruhte. Die Pfähle waren von der Bohrmuschel (teredo navalis) befallen und zum größten Teil so weit zerstört, daß sie in den letzten Jahren nur noch einen Bruchteil ihrer Tragfähigkeit besaßen.

Das Höft ist in den Jahren 1912 bis 1914 erbaut worden. Da man in Cuxhaven infolge des Auftretens der Bohrmuschel höchstens mit einer Lebensdauer hölzerner Bauwerke von 30 Jahren rechnen kann, hätte mit der Erneuerung des Höftes spätestens im Jahre 1944 begonnen werden müssen. Aus kriegsbedingten Gründen ist dieses unterblieben. Um das Höft in den Nachkriegsjahren wenigstens noch teilweise benutzen zu können, sind in den Jahren 1948 und 1949 völlig abgängige Pfähle durch Stahlrammpfähle KP 24 ersetzt worden. Durch diese Maßnahme ließ sich zwar eine Sicherung der Landungsanlage auf kurze Zeit erreichen, ein Neubau aber nicht vermeiden.

In der Erkenntnis der Dringlichkeit einer völligen Erneuerung des Höftes haben Senat und Bürgerschaft der Freien und Hansestadt Hamburg zunächst im Jahre 1951 die erforderlichen Mittel für einen ersten Bauabschnitt und im Jahre 1952 die weiteren Mittel für den Neubau des gesamten Höftes und für die Modernisierung der Abfertigungsanlagen bewilligt. Auf Grund eines Ideenwettbewerbes mit bindendem Preisangebot wurden die Arbeiten zum Neubau des Höftes an den ersten Preisträger, eine Arbeitsgemeinschaft der Firmen Aug. Prien, Hamburg-Harburg, und Fluck & Sohn — J. P. A. Hintzpeter, Hamburg, vergeben. Der erste Bauabschnitt ist vollendet, die weiteren Bauarbeiten sind zur Zeit im Gange. Eine eingehende Veröffentlichung über dieses Baugeschehen muß bis zur Fertigstellung zurückgestellt werden.

An dieser Stelle sei nur erwähnt, daß die Konstruktion des neuen Höftes aus einer Stahlbetonplattform auf Stahlrammpfählen besteht (Abb. 17). Die Pfähle sind zum Teil lotrecht als Einzelpfähle, zum Teil aber auch schräg gerammt und zu Viererböcken vereinigt. Der Pfahlrost kann daher Trossenzüge aufnehmen. In je 30 lfd m Abstand sind Dehnungsfugen angeordnet. An der Rückseite des Pfahlrostes sind, mit Ausnahme der Strecken vor den alten massiven Hafenköpfen, Stahlspundwände als Abschluß gegen das dahinter liegende Gelände und den Amerikahafen gerammt. Zur Aufnahme von Schiffsstößen erhält die Plattform des Höftes in je 30 m Abstand je einen Torsionsfender. Die Fender sind nach Ideen von Minnich, Dr.-Ing. Rehder und Dipl.-Ing. Paffenholz für dieses Bauvorhaben besonders konstruiert worden. Sie bestehen im wesentlichen aus einem Stahlschild und horizontal eingespannt gelagerten Rundstählen aus hochwertigem Material, die beim Herandrücken des Schildes an das Höft auf Torsion beansprucht werden.

An der Rückseite des Höftes wird zunächst auf 120 m Länge ein zweistöckiger Stahlbetonbau nach Art eines Wandelganges errichtet. In den Obergeschossen soll das Gebäude an der Wasserseite durch verglaste Schiebetüren abgeschlossen werden. Für die Herstellung des Überganges von der Schiffspforte nach dem Gebäude werden zwei allseitig geschlossene Gangways beschafft, die je nach der Höhenlage der Schiffspforte am oberen oder unteren Stockwerk angesetzt werden können. Das jeweils von den Reisenden nicht benutzte Stockwerk kann für Zuschauer und Angehörige der Fahrgäste freigegeben werden. Für das Löschen und Laden von Gepäck, Kraftwagen und Postsendungen soll das Höft mit zwei verfahrbaren 3-t-Kränen auf Vollportalen ausgerüstet werden, die auch zum Einsetzen der Gangways benutzt werden können. Die Poller sind so angeordnet, daß die Festmacheleinen eines am Höft liegenden Schiffes den Längsverkehr auf dem Höft und das Verfahren der Kräne in ganzer Schiffslänge in keiner Weise behindern.

Zugleich mit dem Neubau des Höftes werden die gesamten übrigen Abfertigungsanlagen modernisiert und vervollständigt. Die Erfahrungen bei der Abfertigung der Hapagschiffe vor dem Kriege und bei den Schiffsabfertigungen in den letzten beiden Jahren haben erwiesen, daß die Gesamtanordnung der Abfertigungsanlagen in jeder Beziehung befriedigend ist und keiner grundsätzlichen Änderung bedarf. Nur unwesentliche Ergänzungsbauten haben sich als wünschenswert erwiesen, so z. B. die Verlängerung der Zollhalle, um den Fahrgästen zweier Schiffsklassen auf je halber Hallenlänge gleichzeitig die Abfertigung ihres Gepäcks zu ermöglichen. Dadurch können die Abfertigungszeiten fühlbar verkürzt werden. Im Bahnhofsgebäude, das durch Umbauten z. Z. modernisiert wird, werden die Fahrgäste nach Abschluß dieser Arbeiten einen geräumigen Wartesaal mit Gaststättenbetrieb, ein Reisebüro, eine Poststelle sowie Verkaufsstände für Zeitschriften, Blumen und Reiseandenken vorfinden. Unmittelbar vor dem Wartesaal liegt der Bahnsteig. Einen Lageplan der gesamten Abfertigungsbauten zeigt Abb. 18.

Der Gang der Abfertigung vom Schiff bis zum Einsteigen in den Sonderzug am Bahnsteig ist in Abb. 18 schematisch aufgezeichnet. Aus dieser Darstellung ist ersichtlich, daß die Reisenden in einen klaren Abfertigungsgang zwangsläufig gelenkt werden, wobei sie keine Verkehrswege der Zuschauer, des Gepäcks oder der Post zu kreuzen brauchen. Der Fahrgast verläßt das Schiff über die Gangway, gelangt unmittelbar in das untere oder obere Stockwerk des Wandelganges und von dort über einen Treppenlauf, der von dem durch die Zuschauer benutzten abgetrennt ist, in den gedeckten Gang und wird hier auf seine Personalausweise und Mitführung von Devisen überprüft. Er gelangt dann in die Zollhalle, wo er sein Gepäck abfertigen läßt und über dessen Weiterbeförderung mit der Bahn oder mit eigenem Kraftwagen verfügt. Der Besitzer eines Kraftwagens kann diesen an die Zollhalle heranfahren und sein Gepäck dort in den Wagen laden lassen. Bis zur Abfahrt des Sonderzuges kann sich der Fahrgast im Wartesaal aufhalten und mit abholenden Bekannten treffen.

Die nautischen Verhältnisse in Cuxhaven sind für das Anlegen größter Schiffe am Steubenhöft in jeder Beziehung als günstig zu bezeichnen. Die Wassertiefe unmittelbar an der Außenkante des Höftes beträgt etwa 12 m unter MTnw. Das Höft liegt unmittelbar am tiefen Fahrwasser, das an dieser Stelle etwa 900 m

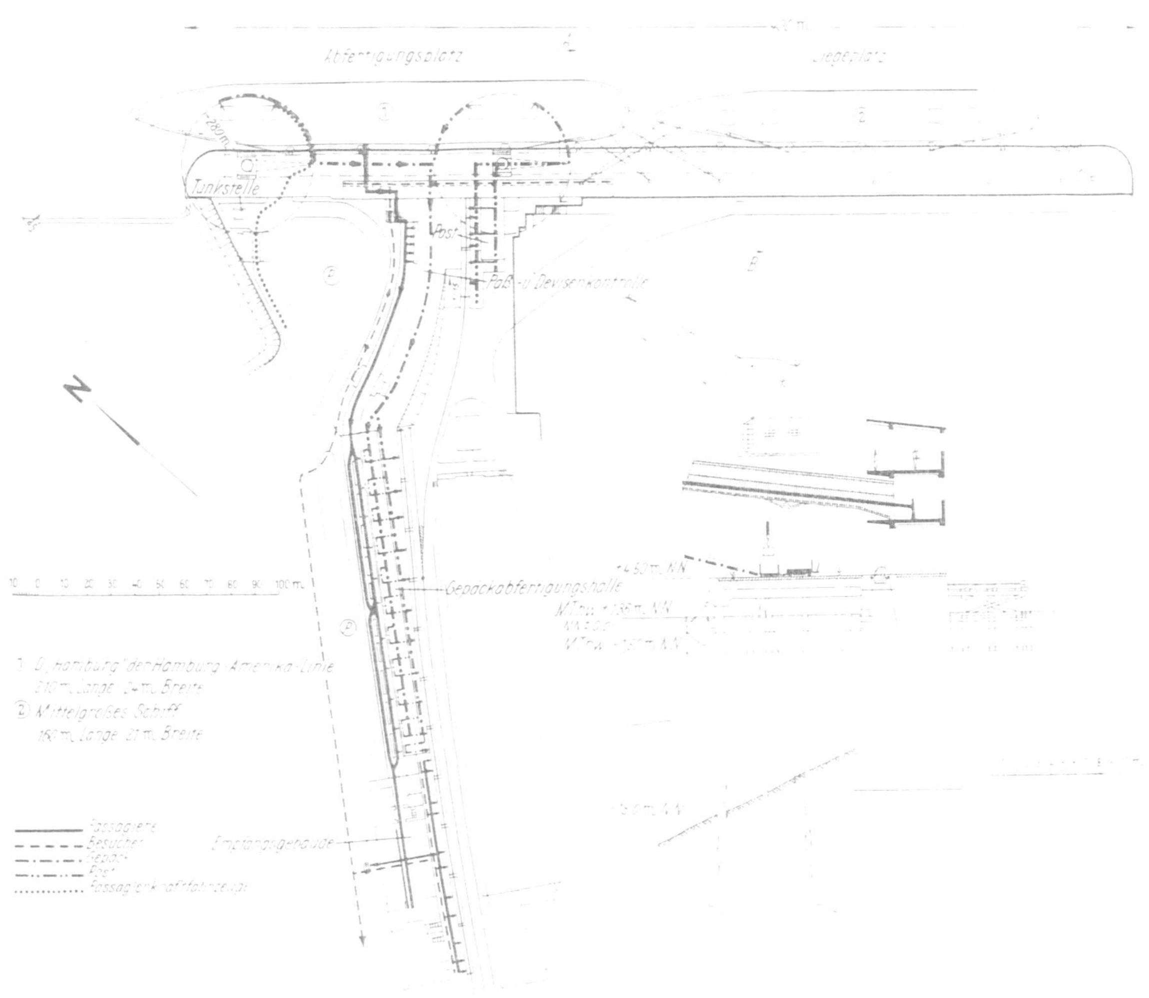

Abb. 18. Lageplan der Fahrgastanlage am Steubenhöft.

Abb. 17. Querschnitt des neuen Steubenhöftes.

breit ist und überall mehr als 11 m und bis über 20 m Wassertiefe bei MTnw aufweist. Infolgedessen können die größten Schiffe zu jeder Zeit einlaufen, vor dem Höft erforderlichenfalls drehen und immer gegen die Tideströmung anlegen. Infolge dieser günstigen Verhältnisse sind bisher größte Schiffe fast stets ohne Schlepperhilfe an das Höft gebracht worden. Da starke Winde in Cuxhaven überwiegend aus den Richtungen von SW bis NW wehen, sind sie beim Steubenhöft fast immer ablandig, so daß die Schiffe nicht gegen das Höft gedrückt werden.

Nach der Durchführung der jetzt im Gange befindlichen Umbau- und Erneuerungsmaßnahmen wird, spätestens vom Frühjahr 1954 ab, in Cuxhaven wieder eine allen Ansprüchen genügende Überseefahrgastanlage vorhanden sein.

b) Der Amerikahafen

Wie oben bereits gesagt wurde, wird der Amerikahafen heute im wesentlichen als Nothafen benutzt, nur sein nordwestliches Ufer, der Lentzkai, dient der Versorgung der Schiffe mit Bunkerkohlen und einem geringen Umschlagverkehr. Für andere weitergehende Aufgaben ist der Hafen in seinem heutigen Zustande aber auch nur sehr wenig geeignet. Er hat sehr unangenehme Eigenschaften und seine Anlage kann nicht als glückliche Lösung bezeichnet werden. Die Einfahrt des Hafens ist zwar fast 300 m breit, ihre Lage bedingt aber, daß die Schiffe quer zu den in der Elbe laufenden Flut- oder Ebbeströmungen ein- und auslaufen müssen. Das Durchfahren der Einfahrt wird noch weiter erschwert durch die verwickelten Strömungen, die in der Einfahrt selbst und im Innern des Hafens herrschen. Diese Strömungen sind sogar für erfahrene Lotsen schwer abzuschätzen, weil sie nicht nur von der Tide, sondern entscheidend auch von der stets wechselnden Wasserdichte infolge des verschiedenen Salzgehaltes des Flut- und Ebbewassers abhängen und in jeder Wassertiefe anders verlaufen. Diese Strömungserscheinungen sind zugleich die Ursache für den im Amerikahafen besonders starken Schlickfall, der zu jährlichen Baggerungen zwingt.

Mit der Feststellung dieser Tatsachen sollen keine Vorwürfe gegen die Erbauer des Hafens ausgesprochen werden. Der damalige Stand der Wasserbautechnik ließ ein richtiges Erkennen dieser Mängel im voraus nicht zu. Außerdem sind die unglücklichen Eigenschaften des Amerikahafens zum erheblichen Teil auch auf die später vorgenommenen Ergänzungsbauten zurückzuführen. Hamburg mußte 1936 der damaligen Kriegsmarine ein Erbbaurecht auf sechzig Jahre einräumen. Dadurch wurde Hamburg das Verfügungsrecht über einen großen Teil der Wasserfläche des Hafens, etwa die ganze südliche Hälfte, und über ein großes, unmittelbar am Hafen gelegenes Gelände entzogen. Die Marine hat, um den ihr abgetretenen Hafenteil zu einem geschützten Liegehafen für Minensuchboote auszugestalten, den hafeneinwärts abgebogenen Arm der Osterhöftmole gebaut. Hierdurch sind die ungünstigen Verhältnisse im Amerikahafen weiter wesentlich verschlechtert worden. Zusätzlich bewirkt dieser Molenarm eine Reflexion der von Nordwesten eintretenden Dünung in Richtung auf den Lentzkai, wodurch dieser für die Schiffahrt zeitweise unbenutzbar wird. Auch die Verwendbarkeit des Amerikahafens als Not- und Zufluchtshafen wird durch die außerordentlich ungünstigen Dünungserscheinungen gerade bei stürmischem Wetter, wenn er am dringendsten gebraucht wird, stark eingeschränkt. Im übrigen ist der bauliche Zustand der Osterhöftmole infolge einiger Bombentreffer im Kriege und schwerer Havariefälle ein sehr schlechter.

Alle diese Umstände drängen zu einer Umgestaltung des Amerikahafens. Um völlige und sichere Klarheit über die zweckmäßigsten Maßnahmen zu gewinnen, schienen Modellversuche unerläßlich zu sein. Solche Modellversuche sind zunächst in einfacher Form vom Strom- und Hafenbau in Hamburg auf einem Freigelände durchgeführt worden. Das Modell stellte den Amerikahafen mit dem Steubenhöft und der näheren Umgebung im Maßstab 1 : 200 dar und war mit den notwendigsten Einrichtungen wie Pumpen, Rohrleitungen, Behältern und Ventilen zur Darstellung einer Flut- und Ebbeströmung versehen. Naturähnliche Tiden und Schwereunterschiede des Wassers infolge wechselnden Salzgehaltes konnten in diesem einfachen Modell nicht nachgebildet werden, die Ergebnisse konnten daher nur als Anhalt gewertet werden. Die Versuche wurden im Sommer und Herbst 1948 gefahren und führten zu der Erkenntnis, daß nur durch die Schließung der heutigen Einfahrt und durch die Herstellung einer neuen Einfahrt von Osten her der Amerikahafen so gestaltet werden kann, daß er allen künftig auftretenden Ansprüchen genügen würde.

Um sicher zu sein, daß die im einfachen Modell gefundene Lösung grundsätzlich richtig ist, und um festzustellen, wie eine neue Hafeneinfahrt im einzelnen zu gestalten sei, wurde das Franzius-Institut der Technischen Hochschule Hannover mit der Durchführung eingehender Modellversuche unter möglichst weitgehender Nachbildung aller natürlichen Verhältnisse beauftragt. Über diese interessanten Versuche, bei denen es gelang, auch die Dichteunterschiede des Brackwassers naturähnlich darzustellen, berichtet der Leiter des Institutes, Professor Dr.-Ing. Hensen, in diesem Jahrbuch gesondert. Auf seinen Beitrag sei an dieser Stelle verwiesen. Die Versuche des Franzius-Institutes haben die Ergebnisse der vorläufigen hamburgischen Versuche bestätigt und darüber hinaus zu sicheren Erkenntnissen für die zweckmäßigste Lösung der künftig bei eintretendem Bedarf zu ergreifenden Baumaßnahmen geführt.

IV. Ausblick.

Mancherlei Probleme sind in Cuxhaven bereits aufgetreten und werden in naher Zukunft unter Umständen zu einer Entscheidung drängen.

Zunächst ist die Frage, ob die durch das Groß-Hamburg-Gesetz vollzogene Trennung der hamburgischen und der Cuxhavener Hochseefischerei und Fischwirtschaft auf die Dauer eine Lösung darstellt, die den Interessen beider Länder dient, noch offen.

Daß ein Umbau des Amerikahafens nur zu dem Zweck, ihn zu einem sicheren Not- und Zufluchtshafen zu machen, künftig eine Aufgabe des Bundes sein würde, ist oben schon erwähnt worden.

Schließlich könnte Hamburg eines Tages an der Verlegung der Einfahrt in den Amerikahafen interessiert sein, weil eine Verlängerung des Steubenhöftes über die jetzigen 400 m Anlegelänge hinaus nur in südöstlicher Richtung unter Verbauung der vorhandenen Einfahrt möglich sein wird. Bisher hat sich allerdings die Notwendigkeit, mehrere große Fahrgastschiffe gleichzeitig am Höft abfertigen zu müssen, noch nicht ergeben.

Schrifttum.

*[1]*Hamburg und seine Bauten unter Berücksichtigung der Nachbarstädte Altona und Wandsbek, herausgegeben vom Architekten- und Ingenieur-Verein zu Hamburg, Hamburg 1890, S. 493—498.

[2] 200 Jahre Wasserbauverwaltung in Ritzebüttel-Cuxhaven. Herausgegeben vom Hafenbau- und Verkehrsamt Cuxhaven, 1951.

[3] Grübeler: Bezeichnung des Elbfahrwassers. Hamburg und seine Bauten, herausgegeben vom Architekten- und Ingenieur-Verein zu Hamburg, Hamburg 1914.

[4] —: Die Betonnung und Befeuerung der Elbe durch Hamburg. Jahrb. Hafenbautechn. Ges., 10. Band, 1927, S. 172.

[5] —: Die Fürsorge des Deutschen Reichs für die Betonnung und Befeuerung der Unterelbe seit dem 1. März 1921. Jahrb. Hafenbautechn. Ges., 15. Band, 1936, S. 77.

[6] Schätzler: Die Fürsorge des Reiches für die Schiffbarkeit der Unterelbe. Jahrb. Hafenbautechn. Ges., 15. Band, 1936, S. 69.

[7] Hensen: Die Entwicklung der Fahrwasserverhältnisse in der Außenelbe. Jahrb. Hafenbautechn. Ges., 18. Band, 1939/40, S. 91.

[8] Heymann: Hafenbauten in Cuxhaven. Hamburg und seine Bauten, herausgegeben vom Architekten- und Ingenieur-Verein zu Hamburg, Hamburg 1914.

[9] Wendemuth und Böttcher: Der Hafen von Hamburg. Herausgegeben von der Deputation für Handel, Schifffahrt und Gewerbe, Hamburg 1931, S. 203—209.

[10] Schätzler u. Meinken: Der Cuxhavener Fischmarkt. Jahrb. Hafenbautechn. Ges., 3. Band, S. 142.

[11] Heymann: Die Fischmarktanlagen in Cuxhaven. Zbl. Bauverwaltung 1923, Nr. 59/60.

[12] Windolf: Arbeitsmethoden und Erfahrungen beim Bau der Fischereihafenerweiterung in Cuxhaven. Bautechn. 1925, S. 81.

[13] Teichgräber: Die Fischmarktanlagen in Cuxhaven und der neue Fischversandbahnhof, Jahrb. Hafenbautechn. Ges., 14. Band, 1934/35, S. 66.

[14] Hahn: Der Fischereihafen Cuxhaxen. Hansa, Zentralorgan Schiffahrt, Schiffbau, Hafen, Nr. 43, 87. Jahrgang.

[15] Hahn: Die technische und wirtschaftliche Entwicklung des Cuxhavener Fischereihafens seit 1950. Hansa Nr. 33/34, 89. Jahrgang.

Modellversuche für den Amerika-Hafen in Cuxhaven.

Von o. Professor Dr.-Ing. **Walter Hensen,** Hannover.

I. Zustand und allgemeine Strömungsverhältnisse des Amerika-Hafens.

Der Amerika-Hafen bildet einen Teil der Cuxhavener Hafenanlagen (Abb. 1). Er ist vor dem ersten Weltkriege gebaut worden und bei Kriegsausbruch 1914 bis auf die Baggerungen fertiggestellt gewesen.

In den Jahren vor dem zweiten Weltkriege wurde von der Kriegsmarine der südöstliche Teil des Amerika-Hafens zu einem Liegeplatz für kleine Fahrzeuge ausgebaut (Minensucherhafen).

So entstand durch den Bau der Osterhöftmole und der Brücke III — beides massive Bauwerke — ein Hafen im Hafen, der zwar den Anforderungen der Kriegsmarine genügte, aber die nautischen Verhältnisse im übrigen Amerika-Hafen erheblich verschlechterte.

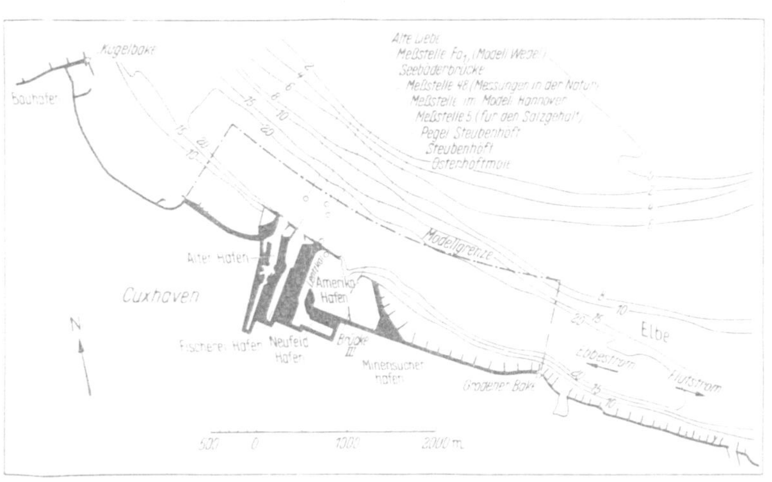

Abb. 1. Übersichtsplan des Modells.

Die neu erbaute Osterhöftmole veränderte die Dünungsverhältnisse im Amerika-Hafen ungünstig. Die aus N bis NW anlaufenden Wellen werden an der Osterhöftmole reflektiert und auf den Lentzkai geworfen, so daß besonders an diesem Kai das Liegen der Schiffe bei solchem Seegang erschwert, bei starker Dünung sogar unmöglich wird. Der Amerika-Hafen hat dadurch als Zufluchthafen an Wert verloren. Nur der abgelegene Neufeld-Hafen, der durch den Amerika-Hafen zu erreichen ist, kann Schiffen Schutz bieten, wegen seiner kleinen Fläche jedoch nur im beschränkten Umfange.

Die seit jeher im Bereiche der Hafeneinfahrt nautisch schwierigen Strömungsverhältnisse wurden durch den Bau der Osterhöftmole weiter verschlechtert. Die zahlreichen Havarien in der Hafeneinfahrt sind oft auf die unberechenbaren und nicht vorherzusehenden Strömungen zurückzuführen, die außer von der Tidebewegung im hohen Maße von Dichteausgleichströmungen abhängen. Diese Ausgleichströmungen, hervorgerufen durch die innerhalb der Brackwasserzone der Elbe im Laufe einer Tide stets wechselnde Dichte des Wassers, verlaufen in jeder Tiefe und in jeder Tidephase anders und können daher selbst von ortskundigen Lotsen nur schwer richtig beurteilt und abgeschätzt werden.

Die in der Hafeneinfahrt und im Amerika-Hafen auftretenden Strömungen werden durch drei Einflüsse bestimmt:

Läuft in einem Flusse eine Strömung an einem offenen Hafenbecken vorbei, so ruft sie in der Hafeneinfahrt und im Hafen selbst Ringströmungen (Walzen) hervor. Ist die Strömung noch von der Tideerscheinung abhängig, so wechselt der Drehsinn der Walzen mit dem Wechsel der Strömungsrichtung im Flusse.

Die senkrechte Tidebewegung in der Elbe verursacht ein Heben und Senken des Hafenwasserspiegels. Bei Flut muß also so viel Wasser durch die Hafeneinfahrt einströmen, wie dem Steigen des Wasserstandes (× Hafenfläche) entspricht. Bei Ebbe sind die Verhältnisse umgekehrt.

Bei Flutströmung nimmt die Dichte (der Salzgehalt) in der Elbe vor der Hafeneinfahrt besonders an der Sohle zu. Dadurch entsteht ein Dichtegefälle in den Hafen hinein, in dem sich leichteres — weniger salzhaltiges — Wasser befindet. Dieses Dichtegefälle verursacht Dichteausgleichströmungen, die in der Hafeneinfahrt an der Sohle in den Hafen hinein und an der Oberfläche aus dem Hafen heraus gerichtet sind. Bei Ebbeströmung sind die Verhältnisse umgekehrt.

Diese drei Strömungen überlagern sich und bilden dadurch die unübersichtlichen Strömungsverhältnisse in der Einfahrt. Allgemein kann gesagt werden, daß bei Flutströmung (in der Elbe) das Wasser vorwiegend an der Sohle in den Hafen eintritt und nach einer Ringströmung an der Oberfläche wieder austritt. Das Dichtegefälle vergrößert die Geschwindigkeiten in der Nähe der Sohle derart, daß in der Zeiteinheit eine größere Wassermenge einströmt, als dem Steigen des Wasserstandes während der Flut entspricht. Die an der Sohle verstärkt eintretende Flutströmung wirft „über Kopf" das weniger salzhaltige Wasser an der Oberfläche aus dem Hafen hinaus. Bei Flut ist also in der Hafeneinfahrt an der Oberfläche auslaufende Flutströmung vorhanden.

Bei Ebbeströmung (in der Elbe) sind die Verhältnisse umgekehrt: Im Hafenbecken hat sich durch die vorhergegangene Flut schweres Wasser angesammelt. Mit fallendem Wasserstand wird der Salzgehalt des Ebbewassers in der Elbe immer geringer und dadurch der Dichteunterschied zwischen Hafen und Elbe so groß, daß eine größere Wassermenge in der Zeiteinheit an der Sohle aus dem Hafen strömt, als allein auf Grund der jetzt herrschenden Ebbe hinausströmen würde. Dadurch wird ständig an der Oberfläche weniger salzhaltiges Wasser der Elbe in den Hafen gezogen. Bei fallendem Wasserstand auf der Elbe und im Hafen ist in der Hafeneinfahrt einlaufender Oberflächenstrom vorhanden.

Während jeder Tide findet also infolge der Dichteausgleichströmungen ein größerer Wasseraustausch zwischen dem Hafen und der Elbe statt, als allein durch die Füllung und Entleerung des Flutraumes des Hafens (= Hafenfläche × Tidehub) gegeben ist. Dieser aus der Brackwassererscheinung herrührende vermehrte Wasseraustausch erhöht die Verschlickung des Hafens, da das Maß der Verschlickung von der Größe des Wasseraustausches abhängt.

Grundsätzlich sind diese Verhältnisse in allen Häfen im Bereich der Brackwasserzone von Tideflüssen ähnlich. Deshalb haben z. B. auch Emden, Wilhelmshaven, Bremerhaven und Brunsbüttelkoog ähnliche Schwierigkeiten in ihren Tidebecken und Schleusenvorhäfen wie Cuxhaven.

II. Aufgaben der Modellversuche.

A. Veranlassung zur Durchführung der Versuche.

Das Steubenhöft (Abb. 1) ist durch Bohrwurmbefall stark abgängig. Im Zusammenhang mit den Planungen für die notwendige Erneuerung dieser Landungsanlage bot sich eine Gelegenheit zu überlegen und zu untersuchen, ob durch Baumaßnahmen die nautischen Verhältnisse im Amerika-Hafen und in seiner Einfahrt verbessert werden können. Daraus erwuchs die Aufgabe, in Modellversuchen verschiedene Um- und Ausbaumöglichkeiten des Steubenhöftes und des Amerika-Hafens zu untersuchen.

B. Ziele und Aufgaben der Versuche.

Ziele für den Umbau des Amerika-Hafens mußten sein:

1. die Strömungsverhältnisse nautisch zu verbessern, um den Schiffen das Ein- und Auslaufen zu erleichtern und Havarien weitgehend zu vermeiden;
2. durch geeignete Wahl der Breite und Lage der Hafeneinfahrt den Wasseraustausch zwischen Elbe und Amerika-Hafen zu vermindern, d. h. die Strömungsgeschwindigkeiten — insbesondere an der Sohle — herabzusetzen, um die Aufschlickung des Hafenbeckens zu verringern;
3. durch geeignete Ausbildung der Hafenzufahrt und durch Vermeidung von Reflexionserscheinungen die Dünung vom Hafen und insbesondere vom Lentzkai fernzuhalten, um bei Sturm und Seegang aus W bis N den Schiffen ausreichenden Schutz bieten zu können.

Im April 1950 erteilte die Hansestadt Hamburg, Behörde für Wirtschaft und Verkehr, Strom- und Hafenbau, der Hannoverschen Versuchsanstalt für Grundbau und Wasserbau, Franzius-Institut der Technischen Hochschule Hannover, den Auftrag, einen Modellversuch mit verschiedenen Vorschlägen für eine Umgestaltung des Amerika-Hafens in Cuxhaven und seiner Einfahrt durchzuführen, insbesondere dabei folgende Fragen zu behandeln:

1. Möglichkeiten, die Strömungsverhältnisse in der Einfahrt und im Innern des Amerika-Hafens zu verbessern und die Aufschlickungen des Hafens zu vermindern;
2. Möglichkeiten, die Wellenbewegung im Hafen zu schwächen;
3. überschlägliche Aussagen über Eintreiben von Eis bei verschiedener Lage der Hafeneinfahrt;
4. Darstellung der Schlickablagerungsgebiete im Versuchsmodell.

III. Bisher durchgeführte Modellversuche.

Die Kriegsmarine hat im Jahre 1942 Modellversuche an der Technischen Hochschule Dresden durchführen lassen, die sich leider nur auf den ungünstigsten Ebbestrom erstreckten und daher kaum verwertbar sind.

Die Strombauabteilung vom Strom- und Hafenbau Hamburg hat im Jahre 1948 eigene Modellversuche auf dem Gelände ihrer Stackmeisterei Bunthaus in einem vereinfachten Modell mit einheitlichem Wasser,

d. h. ohne Nachbildung der Brackwassererscheinung und ohne Nachbildung der Tide ausgeführt. Diese Versuche ergaben zwar ein anschauliches Bild von den Möglichkeiten einer Umgestaltung des Amerika-Hafens, sie mußten aber insofern noch unvollständig bleiben, als im Hafenbecken nur die Strömungen gemessen werden konnten, die durch das Vorbeiziehen der Flut- oder Ebbeströmung vor der Hafeneinfahrt entstehen.

Strom- und Hafenbau schließt aus diesem Versuch, daß jede Hafeneinfahrt besser sein wird, die nicht — wie heute — senkrecht, sondern schräg zur Hauptströmungsrichtung verläuft, und schlägt vor, das Steubenhöft bei seiner Erneuerung nach Osten zu verlängern, die Osterhöftmole zu beseitigen und eine geeignete Osteinfahrt für den Amerika-Hafen zu schaffen.

Das große Elbemodell der Bundesanstalt für Wasserbau, Außenstelle Seebau, in Wedel/Holstein ist für die hier gestellten Aufgaben zu klein (Längen: 1 : 500, Tiefen: 1 : 100); es ist auch deshalb nicht geeignet, weil in ihm die Brackwassererscheinung nicht nachgebildet werden kann.

IV. Grundlagen der Modellversuche.

A. Modellmaßstäbe.

Die gestellten Fragen erforderten ein Modell, das außer den Hafenanlagen des Amerika-Hafens, des Fischerei- und des Alten Hafens den Flußlauf der Elbe etwa 1,5 km unterhalb und etwa 2,5 km oberhalb des Steubenhöftes darstellte (Abb. 1). Die Elbe wurde in einer Breite von 500 m nachgebildet.

Für die Wahl der Modellgrenzen war einerseits der Gesichtspunkt maßgebend, daß die Grenzen des Modells die Strömungsverhältnisse im Amerika-Hafen und in seiner Nähe nicht beeinflussen dürfen. Andererseits wäre der Bau und der Betrieb eines zu großen Modells wesentlich kostspieliger geworden. Die gewählten Grenzen haben sich als ausreichend erwiesen.

Die östliche Begrenzung des Modells wurde den Oberflächenschwimmerbahnen bei Flutstrom und bei Ebbestrom angepaßt, die aus Schwimmermessungen in der Natur vorlagen.

Als Modellmaßstäbe wurden für die Längen und Breiten 1 : 250, für die Tiefen 1 : 100 gewählt. Die Tiefenverzerrung betrug mithin 1 : 2,5. Die am Modell gemessenen Werte sind nach dem Froudeschen Ähnlichkeitsgesetz auf die Natur zu übertragen. Dieses Gesetz sagt aus, daß bei Strömungsvorgängen, die vorwiegend durch Trägheitskräfte und Schwerkräfte bestimmt sind, in geometrisch ähnlichen Modellen die Strömungen auch dynamisch ähnlich verlaufen, wenn für beide Ausführungen (Modell und Natur) die dimensionslose Froudesche Kennziffer gleich groß, d. h.

$$F_K = \frac{V^2}{L \cdot g} = \frac{v^2}{l \cdot g} \text{ ist.}$$

Bezeichnen α (hier = 250) den gewählten Verkleinerungsmaßstab der Längen und Breiten und β (hier = 100) den gewählten Verkleinerungsmaßstab der Höhen und Tiefen, und

in der Natur		im Modell	in der Natur		im Modell
L	die Längen	l	F	die Querschnitte	f
B	die Breiten	b	Q	die sekdl. Wassermengen	q
H	die Höhen und Tiefen	h	T	die Zeiten	t
V	die Geschwindigkeiten	v	J	die Gefälle	i

so ergibt sich

allgemein:	für die gewählten Verkleinerungsmaßstäbe α und β:
$l = \frac{L}{\alpha}$	$l = \frac{1}{250} \cdot L$
$b = \frac{B}{\alpha}$	$b = \frac{1}{250} \cdot B$
$h = \frac{H}{\beta}$	$h = \frac{1}{100} \cdot H$
$v = \frac{V}{\beta^{0,5}}$	$v = \frac{1}{10} \cdot V$
$f = \frac{F}{\alpha \cdot \beta}$	$f = \frac{1}{25000} \cdot F$
$q = \frac{Q}{\alpha \cdot \beta^{1,5}}$	$q = \frac{1}{250000} \cdot Q$
$t = \frac{T}{\alpha/\beta^{0,5}}$	$t = \frac{1}{25} \cdot T$
$i = \frac{h}{l} = \frac{J}{\beta/\alpha}$	$i = 2,5 \cdot J\,.$

Weitere Umrechnungszahlen können entsprechend abgeleitet werden, z. B.

$$\begin{aligned} \text{für den Flutraum} &= \text{Oberfläche} \times \text{Tidehub} \\ &= \text{in der Natur: } L \cdot B \cdot H \\ &= \text{im Modell: } l \cdot b \cdot h = \frac{1}{6\,250\,000}\, L \cdot B \cdot H\,. \end{aligned}$$

Eine Naturtide von im Mittel 12,4 Std. Dauer läuft im Modell in etwa 0,5 Std. (genau in 29,76 Minuten) ab.

Da anzunehmen war, daß der Einfluß des Brackwassers auf die Strömungen im Amerika-Hafen nicht unerheblich sei, konnte man nicht auf die Darstellung des Brackwassers im Modell verzichten.

Soweit bekannt, ist bisher die mit der Tide wechselnde Dichte des Wassers noch nicht in einem Modell für das Brackwassergebiet eines Stromes dargestellt worden.

Im Franzius-Institut wurden deshalb zunächst Vorversuche grundsätzlicher Art durchgeführt, um Klarheit darüber zu gewinnen, wie die durch wechselnde Dichte während des Tideverlaufs entstehenden

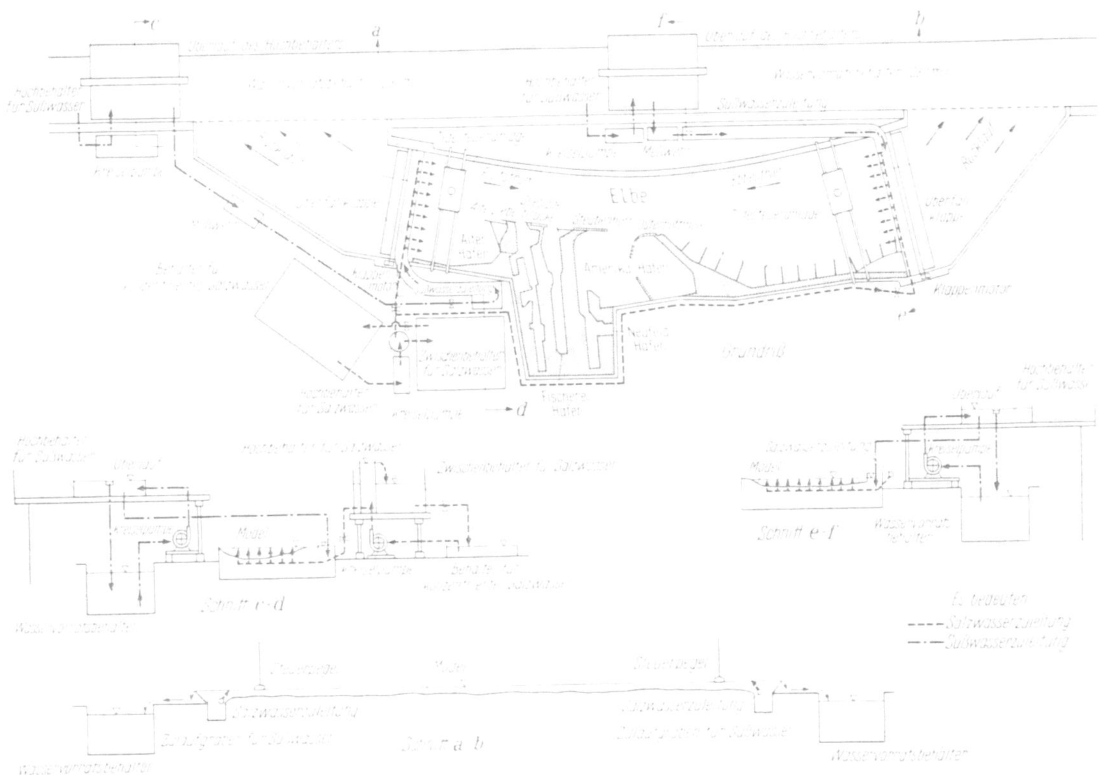

Abb. 2. Modellanordnung (nicht maßstäblich).

Strömungsverhältnisse im Modell naturähnlich nachgebildet werden können, und um den Modellmaßstab für die Dichte zu bestimmen.

Die Vorversuche erbrachten erwartungsgemäß den Nachweis, daß bei Modellversuchen mit Strömungen, die durch Dichteunterschiede des Wassers entstehen, ebenfalls das Froudesche Ähnlichkeitsgesetz angewendet werden kann, daß also die beiden Erscheinungen Tidebewegung und Brackwasser gleichzeitig in einem Modell nachgebildet werden können.

Außerdem zeigten die Vorversuche, daß im Modell unter den vorhandenen Verhältnissen der natürliche Salzgehalt des Elbewassers verwendet werden mußte, daß also der Modellmaßstab für den Salzgehalt 1:1 ist.

B. Modellaufbau.

Für den Aufbau des Versuchsstandes stellte das Wasser- und Schiffahrtsamt Cuxhaven Stromkarten der Elbe im Maßstab 1 : 25000 zur Verfügung. Als Grundlage für die Nachbildung der Modellsohle diente die Peilung aus dem Jahre 1949. Die Hafenanlagen wurden nach Plänen und Zeichnungen des Strom- und Hafenbaues hergestellt. Dabei mußte im Modell aus Raumgründen der östliche Teil des Neufeld-Hafens in Richtung seiner Einfahrt nach Süden verlängert werden (Abb. 2); der Neufeld-Hafen hat aber seine der Natur entsprechende Größe erhalten. Es wurde darauf verzichtet, die in Pfahlrostbauweise errichteten Piers naturähnlich nachzubilden, da sie die Versuchsergebnisse zweifellos nicht nennenswert beeinflußt hätten.

Das Modell erhielt eine feste Betonsohle. Versuche mit beweglicher Sohle waren nicht vorgesehen, da für sie ein noch wesentlich größerer Maßstab erforderlich gewesen wäre. Die gestellten Fragen konnten im übrigen auch ohne den Einbau einer beweglichen Sohle beantwortet werden.

C. Hydraulische Grundlagen.

Die Tide im Modell entsprach der mittleren Tide bei Cuxhaven für die Monate Juli bis September 1938 (Abb. 3)

mit einem Tidehub von 286 cm,
einer Flutdauer von 5.36 Std. und
einer Ebbedauer von 6.48 Std.
bei einer Höhenlage des Tnw von 350 cm NN — 5,00 m.

Diese Tidekurve ist aus allen einzelnen Tiden der drei Monate Juli bis September 1938 in je 12 Teilabschnitten bei Flut und Ebbe sowohl nach der Höhe als auch nach der Zeit gemittelt worden, stellt somit auch in ihrem Verlauf eine mittlere Tide dar.

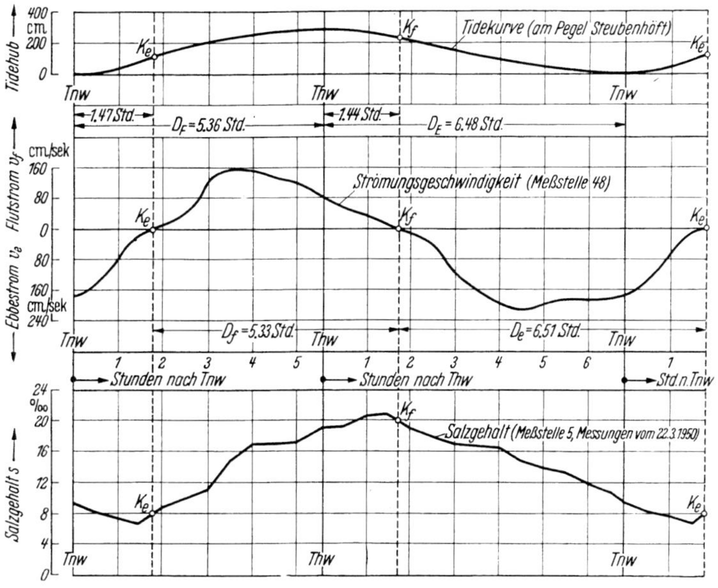

Abb. 3. Mittlere Tidewerte der Elbe bei Cuxhaven.

Der Strömungsverlauf wurde der Strömungskurve vom Juni/Juli 1938 (Abb. 3) aus dem Jahrbuch der HTG 1939/40, S. 121 („Die Entwicklung der Fahrwasserverhältnisse in der Außenelbe"), angepaßt.

Zum Vergleich wurde die entsprechende Geschwindigkeitskurve aus dem Elbemodell in Wedel herangezogen (Abb. 4 und Meßstelle *F a* 1 auf Abb. 1). Die Kurven stimmen hinreichend genau überein.

Auf Abb. 1 ist ebenfalls die Lage der Meßstelle im Modell angegeben. Sie weicht unbedeutend von der Lage der Meßstelle *F a* 1 (Modell Wedel) und der Meßstelle 48 (Messungen in der Natur) ab.

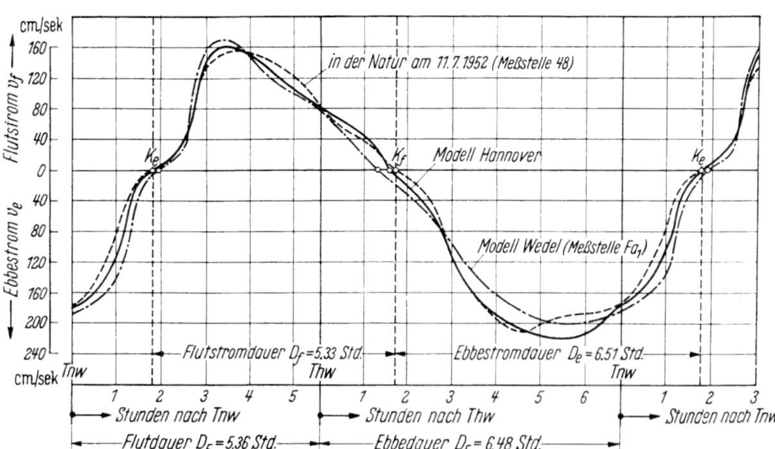

Abb. 4. Strömungsgeschwindigkeiten in der Elbe bei Cuxhaven.

Als Grundlage für die modellmäßige Nachbildung des Verlaufes des Salzgehaltes in der Elbe und im Amerika-Hafen dienten die Salzgehaltmessungen, die am 22. März 1950 auf Veranlassung des Strom- und Hafenbaues im Bereich des Amerika-Hafens ausgeführt und im Franzius-Institut ausgewertet wurden. Die Messungen wurden bei einer annähernd mittleren Tide und bei etwa mittlerem Oberwasser der Elbe vorgenommen. Der Verlauf des Salzgehaltes kann deshalb ebenfalls als ein mittlerer angesprochen werden. Als nachzubildende und für die Modellversuche maßgebende Salzgehaltkurve wurden die Ergebnisse der Meßstelle 5 ausgewählt (Abb. 3, Lage der Meßstelle 5 siehe Abb. 1).

D. Nachbildung der Tide.

Um andere Versuche des Franzius-Institutes durch das Brackwasser nicht zu stören, mußte für das Modell „Amerika-Hafen" ein eigener Kreislauf des Wassers geschaffen werden. Die im folgenden erläuterten Einrichtungen für den Betrieb des Modells mußten für die Zuleitung und Regelung der Flutwassermenge und der Ebbewassermenge — also doppelt — vorhanden sein (Abb. 2, 5 und 6). Eine Kreiselpumpe fördert das Wasser aus einem tiefliegenden Vorratsbehälter mit etwa 230 m^3 Inhalt in einen Hochbehälter (Hochbehälter für Süßwasser). Von hier strömt ständig eine gleichbleibende Wassermenge über ein Meßwehr in den Zulauf und je nach der Tidephase teils in das Modell, teils über die Überfallklappe wieder in den Vorratsbehälter zurück. Die Druckhöhe des Hochbehälters wird durch den Überlauf konstant gehalten.

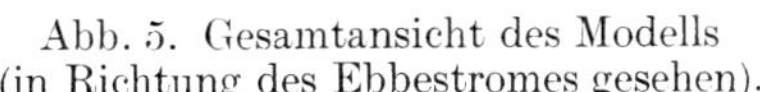

Abb. 5. Gesamtansicht des Modells (in Richtung des Ebbestromes gesehen).

Abb. 6. Gesamtansicht des Modells (in Richtung des Flutstromes gesehen).

Mit zwei Tidesteueranlagen (Abb. 2 und 7) wird die Tidebewegung im Modell folgendermaßen naturähnlich erzeugt:

Die aus Messing bestehende, etwa 10 mm breite und 1 mm starke Tidekurve (im Höhenmaßstabe des Modells) ist an einer Trommel befestigt, die sich — von einem Synchronmotor angetrieben — in einer Tide (im Modellzeitmaßstabe) einmal um ihre senkrechte Achse dreht. Die Tidekurve wird von zwei Kontaktstiften erfaßt (der eine unter, der andere über der Messingschiene bei einem Spiel von $^4/_{10}$ mm), die mit dem Befehlsschwimmer starr verbunden sind.

Die Überfallklappe an den Enden des Modells hängt mit Zugbändern — durch Gegengewichte zum Wasserdruck entlastet — an einer Welle, die über ein Getriebe von einem Wechselstrommotor angetrieben wird, wenn das Kipprelais durch Schwachstrom (18 Volt) eingeschaltet wird. Dieser Schwachstromkreis ist erst geschlossen, wenn einer der Kontaktstifte an der Tidekurve, einer der verschieden langen Lamellenkontakte im Unterbrecher und einer der Schleifkontakte gleichzeitig anliegen. Berührt der obere Kontaktstift die Tidekurve, so schließt das Relais durch Kippen nach einer Seite den Stromkreis, der Klappenmotor läuft an, die Welle wird in diesem Falle nach links gedreht und zieht mit den Zugbändern die Überfallklappe nach. Berührt der untere Kontaktstift die Tidekurve, so kippt das Relais zur anderen Seite, der Klappenmotor läuft anders herum, die Zugbänder werden von der Welle abgerollt, die Überfallklappe senkt sich.

Je eine solche Tidesteueranlage ist mit allen Nebenanlagen am unteren und am oberen Ende des Modells angeordnet. Beide Anlagen arbeiten getrennt voneinander.

Für die folgende Betrachtung möge im Modell Stauwasser (K_e) nach Tnw herrschen. Die ständig in den Zulauf einströmende konstante Wassermenge fließt restlos wieder über die Überlaufklappe in den Vorratsbehälter zurück. Im Modell ist also keine Strömung vorhanden.

Die Tidetrommel dreht sich gleichmäßig. Der ansteigende Flutast der Tidekurvenschiene auf der Trommel berührt jetzt den oberen Kontaktstift. Über die Schleifkontakte und den Unterbrecher wird der Schwachstromkreis geschlossen. Der Magnet zieht das Kipprelais auf einer Seite nach unten. Der Wechselstromkreis des Klappenmotors ist geschlossen, und zwar so, daß über ein Getriebe die Klappe angehoben wird. Der von Schleifkontakten geschlossene Stromkreis wird durch den Unterbrecher je nach seiner Einstellung verschieden lange unterbrochen, so daß der Klappenmotor nur Stromstöße erhält. Die Überfallklappe wird also nicht plötzlich und ununterbrochen hochgezogen, sondern stoßweise und verschieden schnell. Ist die Tidekurve steil, müssen die Kontakte so eingerichtet sein, daß sie den Stromkreis des Klappenmotors längere Zeit und häufiger schließen, damit der befohlene Wasserstand der Tidekurve entsprechend schnell hergestellt werden kann. Ist die Tidekurve dagegen flach geneigt, genügen entsprechend kurze Stromstöße des Klappenmotors, um den gewünschten Tideverlauf rasch genug herstellen zu können. In jedem Falle dürfen nicht zuviel Kontakte freigegeben werden, da ein „Überregeln“ unerwünschte Schwingungen des Wasserspiegels verursachen würde.

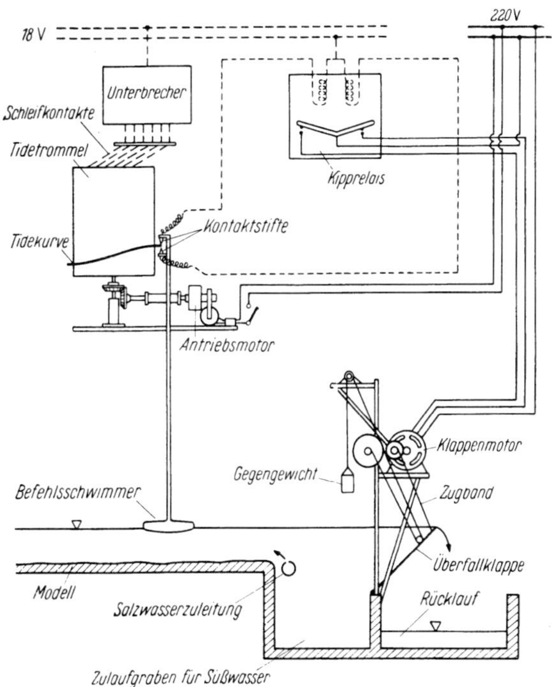

Abb. 7. Schema der Tidesteueranlage.

Mit der Aufwärtsbewegung der Überfallklappe steigt der Wasserspiegel im Modell, weil dann weniger Wasser über die Überfallklappe in den Vorratsbehälter zurückfließt, dagegen mehr als zuvor in das Modell strömt. Mit dem Wasserspiegel hebt sich der auf ihm ruhende Schwimmer; der an der Schwimmerstange befestigte Kontaktstift hebt sich von der Tidekurvenschiene wieder ab. Die Klappe bleibt in der erreichten Lage stehen, bis eine neue Berührung des oberen Kontaktstiftes den Vorgang wiederholt.

Die Abwärtsbewegung der Überfallklappe wird entsprechend umgekehrt gesteuert.

Mit den beiden Tidesteueranlagen mußte nicht nur der zeitliche Verlauf des Wasserstandes (Tidekurve am Steubenhöft im Amerika-Hafen), sondern — was für die Strömungen im Amerika-Hafen besonders wichtig war — auch gleichzeitig der Geschwindigkeitsverlauf (Strömungskurve) während der Tide naturähnlich nachgebildet werden. Das geschah dadurch, daß durch kleine zeitliche und Höhenänderungen der Tidekurven an den beiden Steuerpegeln das Gefälle so lange verändert wurde, bis die gewünschten Sollwerte für die Tide- und Strömungskurve in den Meßpunkten, für die sie in der Natur gelten, vorhanden waren.

Änderungen an den beiden Steuertidekurven waren schon deshalb erforderlich, weil zunächst mangels anderer Unterlagen beide Kurven der mittleren Tidekurve des Schreibpegels Cuxhaven-Steubenhöft (Abb. 3) nachgebildet werden mußten. Die Empfindlichkeit des Modells für kleine Änderungen in den Zeiten und Höhen der beiden Steuerpegel war sehr groß. Dadurch war zwar einerseits die Möglichkeit gegeben, die Tidekurve am Steubenhöft und die Strömungskurve in der Elbe vor der Einfahrt zum Amerika-Hafen naturähnlich nachzubilden, andererseits jedoch die Gefahr vorhanden, daß ganz geringe Unstimmigkeiten im Gang und in der Arbeitsweise der beiden Steuerpegel zu unbrauchbaren Ergebnissen führten. Durch Kontrollampen mußte und konnte an den Steuergeräten der synchrone Gang der Tidetrommeln ständig verfolgt werden.

Um den gleichmäßigen, nicht durch Überregelung gestörten Gang der Überfallklappe und damit die gleichmäßige Beschleunigung oder Verzögerung der Strömung überwachen und um etwa auftretende Störungen sofort erkennen zu können, wurde mit Rollenübertragung auf eine ebenfalls synchron umlaufende Schreibtrommel der Gang der Überfallklappe, die sogenannte „Klappenkurve“, aufgezeichnet. Da diese Einrichtung jedoch nur für den Betrieb des Modells Bedeutung hat, soll auf diese Aufzeichnungen nicht näher eingegangen werden.

Zu erwähnen bleibt noch, daß eine elektrische Uhr im Abstande von 60 Sekunden auf allen selbstschreibenden Meßgeräten einen Kontakt auslöste und dadurch eine Zeitmarke aufzeichnete. Auf diese Weise ließen sich alle aufgezeichneten Größen mit großer Genauigkeit auf den entsprechenden Zeitpunkt der Tide beziehen.

Die im Modell erzeugte Tidekurve und die den Versuchen zugrunde gelegte mittlere Tidekurve am Pegel Cuxhaven sind in Abb. 8 aufgetragen.

Da es erforderlich war, mit den beiden Tidesteueranlagen nicht nur den Gang des Wasserstandes, sondern auch gleichzeitig den Verlauf der Strömungen naturähnlich herzustellen, waren bei der Tidekurve geringe (unwesentliche) Abweichungen der Modellkurven von den Naturkurven nicht zu vermeiden. Weil jedoch die Strömungen im Amerika-Hafen und seine Verschlickung im wesentlichen vom Strömungsverlauf in der Elbe vor seiner Einfahrt, weniger vom zeitlichen Ablauf des Wasserstandes abhängen, mußte auf die Übereinstimmung der Strömungskurven der größere Wert gelegt werden (Abb. 4).

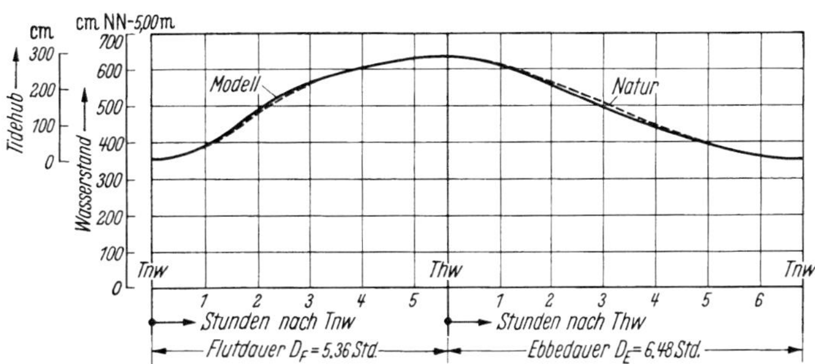

Abb. 8. Mittlere Tidekurven am Pegel Steubenhöft in Cuxhaven.

In Abb. 4 wurde neben der Sollkurve (Messungen 1938) und der im Modell aufgezeichneten Kurve als weitere Vergleichsmöglichkeit die entsprechende Strömungskurve aus dem Elbemodell in Wedel eingetragen. Außer einem etwas steileren und höheren Flutanstieg und einem etwas schwächeren Ebbeast zeigt diese Kurve den gleichen Verlauf. Da die Strömungskurven für die Natur von Punkt zu Punkt stark schwanken, war es besonders wesentlich, daß zum Vergleich im Modell stets an der gleichen Stelle gemessen wurde und daß der gemessene Strömungsverlauf mit den entsprechenden Kurven der vorher durchgeführten Versuche übereinstimmte.

E. Nachbildung des Brackwassers.

Die Ergebnisse der Vorversuche, bei denen für vereinfachte Verhältnisse die durch Dichteausgleichströmungen auftretenden Bewegungsvorgänge in der Einfahrtöffnung und im Hafenbecken allgemein festgestellt wurden, ließen erkennen, daß das Brackwasser die Strömungen nicht unerheblich beeinflußt und einen wesentlichen Anteil an den Vorgängen hat, die zur Verschlickung offener Häfen im Brackwassergebiet beitragen.

Deshalb wurde bei den Versuchen für die Umgestaltung des Amerika-Hafens in Cuxhaven außer der Tidebewegung auch noch der wechselnde Verlauf der Dichte (des Salzgehaltes) des Wassers nachgebildet.

Für die Nachbildung der im Laufe der Tide wechselnden Dichte (des wechselnden Salzgehaltes) in der Elbe und im Amerika-Hafen mußte eine Anlage geschaffen werden, die es ermöglichte, durch Zugabe einer konzentrierten Salzlösung das einheitliche Wasser während der Zeit des Flutstromes aufzusalzen und während der Zeit des Ebbestromes den Salzgehalt durch Verminderung der Salzzugabe wieder herabzusetzen (Abb. 2).

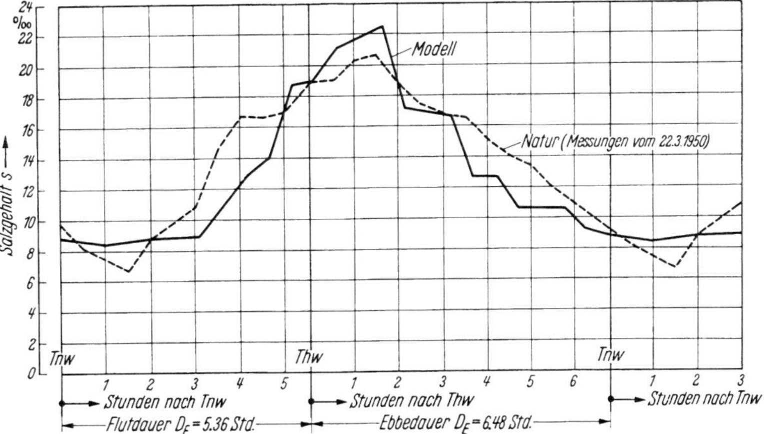

Abb. 9. Verlauf des Salzgehaltes in der Elbe bei Cuxhaven an der Sohle vor dem Steubenhöft (Meßstelle 5).

Zu diesem Zweck wurde in einem besonderen Behälter eine konzentrierte Salzlösung von 200‰ hergestellt und mit einer Kreiselpumpe in einen Hochbehälter gepumpt. Von hier führte je eine Rohrleitung von 50 mm ⌀ in den Flutzulaufgraben und in den Ebbezulaufgraben. Der im Zulaufgraben unter Wasser in Höhe der Modellsohle liegende Teil der Rohrleitung besaß etwa 100 Löcher verschiedener Weite, aus denen die konzentrierte Salzlösung austrat, die sich dann mit dem Süßwasser vermischen konnte. Mit je einem Schieber für den Flutzulauf und für den Ebbezulauf konnte die Zugabe der konzentrierten Salzlösung nach einem besonderen Zeitplan von Hand gesteuert werden. Die Zugabe der konzentrierten Salzlösung wurde so lange geändert, bis am Steubenhöft der gewünschte Gang des Salzgehaltes eintrat. Der so festgestellte Verlauf in der Zugabe von konzentrierter Salzlösung wurde bei allen Versuchen beibehalten.

Die im Modell und in der Natur über eine Tide gemessenen Salzgehaltswerte sind in Abb. 9 aufgetragen. In Anbetracht der zahlreichen Umstände, durch die Abweichungen von der Sollkurve des Salzgehaltes in der Natur und im Modell hervorgerufen werden können, darf die Übereinstimmung beider Kurven als hinreichend bezeichnet werden.

Durch eine an der Sohle der Elbe (Meßstelle 5, vgl. Abb. 1) endende Heberleitung wurden während einer „Tide mit Brackwasser" fortlaufend Wasserproben entnommen. Der Salzgehalt wurde mit einem Zeißschen Eintauch-Refraktometer bestimmt. Schwankungen in der Salzgehaltskurve verschiedener Tiden entstanden durch geringe Abweichungen des Strömungsverlaufes von der Sollkurve, die etwa $\pm 5\%$ betrugen.

Die Durchmischung nach der Zugabe der Salzlösung mußte der Strömung überlassen werden. Für den Bereich des Amerika-Hafens kann nach den vorliegenden Messungen (Abb. 9) angenommen werden, daß die Dichteausgleichströmungen naturähnlich verliefen.

Da während des Flutstromes das „Süßwasser" im Vorratsbehälter durch die aufgesalzene Flutwassermenge wieder ergänzt und dadurch selbst etwas aufgesalzen wird, wurde während der „Tiden mit Brackwasser" auch der Salzgehalt des konstant zulaufenden Flut- und Ebbewassers überwacht.

Nach mehreren Anlauftiden mit einheitlichem Wasser wurde mit der Brackwassertide drei Stunden nach Tnw begonnen, weil zu diesem Zeitpunkt in der Elbe und im Amerika-Hafen ungefähr der gleiche Salzgehalt vorhanden ist.

Durch diesen Umstand war es nicht erforderlich, der eigentlichen „Salztide" eine „Anlauf-Salztide" vorauszuschicken, um erst den Ausgangszustand für den vorherrschenden Salzgehalt im Strom und im Hafen einspielen zu müssen.

Bei der Nachbildung des Brackwassers wurde im übrigen immer nur mit Salzgehaltsunterschieden gearbeitet, da die Vorversuche gezeigt hatten, daß nicht die absolute Höhe des Salzgehaltes, sondern nur die Salzgehaltsschwankungen für die Dichteströmungen maßgebend sind.

Das nach einer „Tide mit Brackwasser" in dem Vorratsbehälter befindliche, durch Brackwasser etwas versalzene Süßwasser wurde nach jedem Versuch durch Tidedauerströmungen im Modell so lange gemischt, bis der Salzgehalt überall gleich groß war und damit das Wasser für den weiteren Betrieb des Modells wieder als einheitliches Wasser („Süßwasser") verwendet werden konnte.

Durch die Einleitung des Salzwassers in den Vorratsbehälter für „Süßwasser" stieg der Salzgehalt des „Süßwassers" um etwa $2^0/_{00}$ in einer Tide.

Nach vier „Tiden mit Brackwasser" wurde der gesamte Wasservorrat in das städtische Abwassernetz geleitet und durch Wasser aus dem Versorgungsnetz wieder erneuert (etwa 230 m³).

Bei allen Versuchen, die mit Brackwasser durchgeführt wurden, mußte die Einrichtung für Salzwasserzugabe zusätzlich eingeschaltet und bedient werden. Eine Störung der Tidesteueranlage trat dadurch nicht ein, da die Steueranlage sofort selbsttätig auf eine größere Wasserzugabe durch eine Änderung der Lage der Überfallklappe reagierte. Im übrigen betrug das Verhältnis des zuströmenden Süßwassers zu der konzentrierten Salzlösung mindestens etwa 20 : 1.

Um einen Begriff von der Größe dieser „Brackwasseranlage" zu vermitteln, sei vermerkt, daß für eine Tide etwa 1500 kg Salz benötigt wurden. Dieser hohe Salzverbrauch zwang zu einer Beschränkung der Modellabmessungen (vgl. Abschnitt IV A).

F. Allgemeine Angaben über die Versuchsdurchführung.

Alle Versuche wurden bei gleichem Verlauf des Wasserstandes, der Strömung und des Salzgehaltes in der Elbe durchgeführt. Der Verlauf dieser Werte wurde fortlaufend überwacht, der Gang des Salzgehaltes durch Entnahme und Salzgehaltsbestimmungen von Wasserproben, der Wasserstands- und Strömungsverlauf durch Aufzeichnungen von selbstschreibenden Geräten.

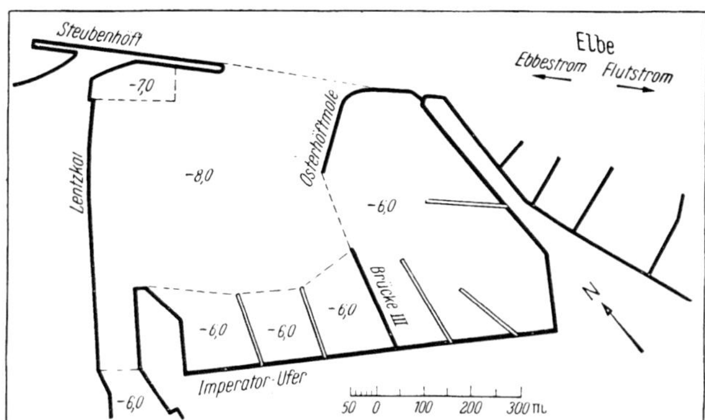

Abb. 10. Solltiefen im Amerika-Hafen (nach Angaben des Strom- und Hafenbaues Hamburg). Die Tiefenangaben sind bezogen auf Karten-Null = 340 cm NN — 5 m.

Zu jedem Versuch mußte das Modell erst mit mehreren Anlauftiden betrieben (eingespielt) werden, bevor die eigentlichen Messungen begonnen oder photographische Aufnahmen gemacht werden konnten.

Die Größe der Strömungen an der Sohle in der Hafeneinfahrt wurde mit geeichten selbstschreibenden Pendelstrommessern ermittelt. Zur Messung der Oberflächenströmungen wurden runde Papierscheiben von 18 mm Durchmesser verwendet. Alle photographischen Aufnahmen von Oberflächenströmungen wurden vom gleichen Standpunkt aus gemacht. Aus den in den jeweiligen Belichtungszeiten zurückgelegten Wegen wurden die Geschwindigkeiten berechnet. Die in diese Photos eingezeichneten Pfeile geben die Richtungen, die Zahlen die Geschwindigkeiten in cm/s (Natur) an.

Für den bestehenden Zustand des Amerika-Hafens (Versuch 1) wurde die Lage seiner Sohle nach der Peilung vom 17. Oktober bis 2. November 1949 hergestellt. Den übrigen Modellzuständen wurden Solltiefen zugrunde gelegt, die dem Solltiefenplan für den Amerika-Hafen (Abb. 10) entnommen oder jeweils sinngemäß geändert wurden.

V. Versuchsergebnisse.

A. Allgemeine Bemerkungen zu den Strömungsvorgängen im Amerika-Hafen.

Die Ursachen für die unübersichtlichen Strömungsverhältnisse im Amerika-Hafen und in seiner Einfahrt und für die starke Verschlickung sind im wesentlichen die folgenden drei Strömungen:

1. Ringströmungen im Hafen, hervorgerufen durch die Flut- und Ebbeströmungen in der Elbe vor der Hafeneinfahrt.

2. Tideströmungen, dadurch verursacht, daß in jeder Tide der Flutraum des Hafens zwischen Tnw und Thw gefüllt und wieder entleert wird.

3. Dichteausgleichströmungen, hervorgerufen durch die sich im Verlaufe jeder Tide periodisch ändernde Dichte des Elbewassers.

Diese drei Strömungen überlagern sich ständig. Die Dichteausgleichströmungen und die Ringströmungen verstärken beträchtlich den zwischen der Elbe und dem Hafen stattfindenden Wasseraustausch, der sich allein durch die Füllung und Entleerung des Flutraumes des Hafens ergeben würde, und vermehren somit im entsprechenden Maße die Verschlickung des Hafens.

Die genannten Ursachen lassen sich nicht beseitigen, wohl aber kann das Maß ihrer anteiligen Wirkung vermindert werden. Die Wirkung dieser drei verschiedenen Strömungsarten auf die Verschlickung im Hafen kann folgendermaßen bewertet werden:

Der Anteil an der Verschlickung, der sich aus den Ringströmungen ergibt, ist durch die Lage und Winkelgeschwindigkeit der Drehwalze und durch die Größe des dabei stattfindenden Wasseraustausches gegeben, bedingt durch die Form der Einfahrt, durch ihre Lage zur vorbeilaufenden Strömung in der Elbe und durch Bauwerke in und an der Hafeneinfahrt. Dieser Anteil ist somit offenbar in verhältnismäßig weiten Grenzen zu verändern.

Die durch die Tide (Füllung und Entleerung des Flutraumes) verursachten Strömungen liefern einen Wasseraustausch, der dem Inhalt des Flutraumes des Hafens entspricht, also von der Größe der Hafenfläche und des Tidehubes abhängig ist; die dadurch in den Hafen gelangenden Schwebstoffe sind durch den jeweiligen Schwebstoffgehalt des Elbewassers gegeben. Solange die Hafenfläche nicht geändert wird und der Tidehub derselbe bleibt, wird — vorausgesetzt, daß der Schwebstoffgehalt ebenfalls unverändert bleibt — an der Menge des aus dieser Ursache in den Hafen gelangenden Schwebstoffes nichts geändert werden können.

Die Dichteausgleichströmungen können sehr verschieden groß sein, weil der von der Größe des Oberwassers der Elbe abhängige Salzgehalt des Elbewassers stark schwankt. Bei einem geringen Oberwasserzufluß sind der Salzgehalt und seine Schwankung während einer Tide groß. Da hierbei der Dichteausgleich lebhafter und die Schwebstoffzufuhr entsprechend größer ist, treten Verflachungen schneller und in größerem Umfange ein, so daß Baggerungen in größerem Maße und häufiger notwendig werden. Dagegen wird bei hohen Oberwassermengen weniger zu baggern sein.

Da der Dichteausgleich zwischen Elbe und Hafen eine gewisse Zeit erfordert, wird es nicht zu einer vollen Angleichung der Dichte (der Salzgehalte) kommen können, da die Scheitelwerte in der Elbe nur kurze Zeit vorhanden sind. Die Amplitude der Dichteschwankungen in einer Tide wird im Hafen also kleiner sein als in der Elbe („Dämpfung des Dichteausgleiches"). Das Maß der Dämpfung wird im wesentlichen von der Größe der Hafeneinfahrt abhängen.

Sollen die Sinkstoffablagerungen im Hafen verringert werden, müssen die Strömungsgeschwindigkeiten in der Hafeneinfahrt durch geeignete Wahl der Breite und der Lage der Einfahrtöffnung herabgesetzt werden. Die Breite einer Hafeneinfahrt beeinflußt folgendermaßen die Geschwindigkeiten der drei Strömungsarten:

Die von der Flut- und Ebbeströmung im Fluß angeregten Ringströmungen innerhalb des Hafens werden naturgemäß mit kleinerer Einfahrtöffnung schwächer. Mit Rücksicht darauf empfiehlt sich also eine kleinere Einfahrtöffnung.

Die durch die Tidebewegung verursachte Strömung in der Hafeneinfahrt wird um so größer sein, je kleiner die Einfahrtöffnung ist. Sie erfordert also eine möglichst große Breite der Hafeneinfahrt.

Je kleiner die Einfahrtöffnung ist, desto größer wird bei Flut das Dichtegefälle des Wassers und damit die Geschwindigkeit des in den Hafen einströmenden Wassers sein. Bei einer großen Einfahrtöffnung ist das Dichtegefälle und damit auch die Geschwindigkeit des einlaufenden Salzwassers geringer. Im Hinblick auf die Dichteausgleichströmung ist insoweit also eine große Einfahrtöffnung erwünscht. Allerdings wird bei einer engeren Einfahrt durch die größere „Dämpfung des Dichteausgleichs“ der gesamte Wasseraustausch etwas verringert, jedoch überwiegt der Einfluß des Dichtegefälles den der Dämpfung.

Auch die Lage der Einfahrt zum vorbeilaufenden Strom beeinflußt die Strömungen im Hafen und seine Verschlickung:

Die Ringströmungen werden bei einer Einfahrtsrichtung, die senkrecht zur Strömungsrichtung des Flusses liegt, größer sein als bei einer Einfahrt, die schräg zur Strömungsrichtung des Flusses liegt (mit ihr einen spitzen Winkel bildet).

Durch eine Änderung der Lage und der Winkelgeschwindigkeit der Drehwalze wird auch die Schwebstoffzufuhr und -ablagerung verändert werden.

Die Tideströmungen (Füllen und Entleeren des Hafenbeckens) werden durch eine veränderte Lage der Hafeneinfahrt nur insofern beeinflußt, als in der Einfahrt örtlich und zeitlich unterschiedliche Strömungen auftreten können.

Für die Strömungen im Hafen wird der Einfluß der Lage der Hafeneinfahrt nicht bedeutend sein, da die Tidebewegung im Hafen, wenn überhaupt, nur ganz geringfügig durch die Lage seiner Einfahrt geändert werden kann.

Eine veränderte Lage der Hafeneinfahrt wird auch den Verlauf der Dichteausgleichströmungen im Hafen und in seiner Einfahrt — wenn auch nur im geringen Umfange — beeinflussen.

Die Schwankungen des Salzgehaltes und damit auch das Maß der Dichteausgleichströmungen werden in abgelegenen Hafenteilen bei einer Hafeneinfahrt, die schräg zur Hauptströmungsrichtung des Flusses oder nicht unmittelbar am Hauptstrom liegt, kleiner sein als bei einer Einfahrt, deren Einfahrtrichtung senkrecht zur Hauptströmungsrichtung und unmittelbar am Hauptstrom liegt (bestehender Zustand des Amerika-Hafens). Außerdem wird der Dichteausgleich noch durch die Ringströmungen beeinflußt werden.

Bei einer Hafeneinfahrt, die unmittelbar am Hauptstrom liegt, trifft die Dichteausgleichströmung senkrecht, schräg oder sogar in die gleiche Richtung fallend auf die im Hafen angeregte Ringströmung. Die Dichteausgleichströmung wird durch die Ringströmung nur wenig daran gehindert, in den Hafen einzudringen; sie kann sich verhältnismäßig schnell durchsetzen und den Austauschvorgang zwischen Fluß und Hafen beschleunigen.

Dagegen verlaufen die Dichteausgleichströmung und die Ringströmung bei einer Einfahrt, die schräg zur Hauptstromrichtung liegt, zum großen Teil entgegengesetzt. Die Dichteausgleichströmung wird durch die Ringströmung gehemmt, der Austauschvorgang zwischen Fluß und Hafen verzögert.

B. Strömungsverhältnisse in der Einfahrt und innerhalb des Amerika-Hafens.

Vorbemerkung. Die im folgenden beschriebenen Versuchsergebnisse für verschiedene Modellzustände erhielten die Nummern 1 bis 6.

Für jeden einzelnen Modellzustand wurden mehrere Versuche mit und ohne Brackwasser durchgeführt. Jeder Versuch mußte zunächst während einiger Anlauftiden eingespielt werden. Dann erst konnten anschließend während der „Meßtide“ die in Betracht kommenden Messungen vorgenommen werden.

Insgesamt wurden 57 Versuche, davon 24 mit Brackwasser, angestellt. Es wurden nur die Ergebnisse derjenigen Versuche ausgewertet, die einen naturähnlichen Verlauf des Wasserstandes, der Strömung und des Salzgehaltes in der Elbe zeigten und außerdem frei von anderen Störungen und Fehlern waren.

Das Modell war wegen seiner geringen Länge und beiderseitigen Steuerung sehr empfindlich gegen geringe Zeitunterschiede in den beiden Befehlspegeln. Das Einspielen der Naturähnlichkeit, besonders die Beseitigung von Oberschwingungen bei den Tidewellen im Modell und das Einregeln des Salzgehaltverlaufes gelang erst nach zahlreichen langwierigen Probeläufen; es waren dafür 240 Vorversuche im bestehenden Zustande des Amerika-Hafens erforderlich.

Um die Größe und Richtung der Oberflächenströmungen im Verlauf einer Tide festzuhalten, wurden in Abständen von einer Stunde (in der Natur), bezogen auf Tnw und Thw, photographische Aufnahmen gemacht. Jedes Bild wurde sechsmal (intermittierend) belichtet.

Für die Beurteilung der Strömungsverhältnisse im Amerika-Hafen können die schwachen Strömungen im Neufeld-Hafen bei allen Um- und Ausbaumöglichkeiten außer acht bleiben. Bei den Photoaufnahmen lag der Neufeld-Hafen außerhalb des Bildfeldes; seine Zufahrt ist auf den Photos in der linken unteren Ecke zu erkennen.

a) Versuch 1 (bestehender Zustand des Amerika-Hafens).

Der Versuch 1 erfaßt den Amerika-Hafen im bestehenden Zustande (Abb. 5 und 6). Seine Lage sowie die Tiefen der Hafensohle sind aus Abb. 11 zu ersehen. Die Breite der Hafeneinfahrt beträgt etwa 250 m. Die Versuche wurden „ohne“ und „mit Brackwasser“ durchgeführt.

Die Strömungen im Minensucherhafen sind während der gesamten Tide so gering, daß sie für die Beurteilung der Strömungsverhältnisse des bestehenden Zustandes unbeachtet bleiben können. Der Verlauf der Strömungen an der Oberfläche ist den Abb. 12 bis 23 zu entnehmen. Aus ihnen wurde die in der Zahlentafel 1 gegebene Übersicht gewonnen.

Der Verlauf der Grundströmungen in der Hafeneinfahrt während einer Tide ist aus Abb. 24 zu ersehen, die Lage der Meßstellen aus dem Lageplan, Abb. 11. Die gestrichelten Linien zeigen den Verlauf der Geschwindigkeiten bei den Versuchen „ohne Brackwasser“, die ausgezogenen Linien die Geschwindigkeiten bei den Versuchen „mit Brackwasser“.

Bei der Betrachtung der Versuchsergebnisse sind zwei Zeitabschnitte zu unterscheiden. In der Zeit von 5 Std. nach Thw bis 3 Std. nach Tnw bestehen keine wesentlichen Unterschiede in dem Verlaufe der Strömungen in der Hafeneinfahrt und innerhalb des Amerika-Hafens bei den Versuchen mit und ohne Brackwasser. An der Oberfläche und am Grunde herrschen in der Hafeneinfahrt und im Hafen im wesentlichen Ringströmungen vor, angeregt durch die vor der Hafeneinfahrt entlangziehenden Ebbe- und Flutströmungen.

Der Einfluß des Brackwassers fällt hauptsächlich in die Zeit zwischen 3 Std. nach Tnw und 5 Std. nach Thw:

Während bei den Versuchen mit Brackwasser von 4 Std. nach Tnw bis 4 Std. nach Thw die Oberflächenströmungen im Hafen auf die Einfahrt zu gerichtet sind, die Oberflächenströmung also bereits etwa 2 Std. vor Thw aus dem Hafen austritt, ist bei den Versuchen ohne Brackwasser innerhalb des Hafens eine klare Ringströmung zu erkennen, bei Flutströmung in der Elbe rechtsdrehend, bei Ebbeströmung in der Elbe linksdrehend. Die durchschnittliche Geschwindigkeit der Oberflächenströmung innerhalb des Hafens schwankt (bei dem Versuch mit Brackwasser) während einer Tide zwischen 10 und 20 cm/s. Bei den Versuchen ohne Brackwasser sind die Oberflächenströmungen klarer ausgeprägt, ihre durchschnittlichen Geschwindigkeiten sind zum Teil etwas größer als bei den Versuchen mit Brackwasser.

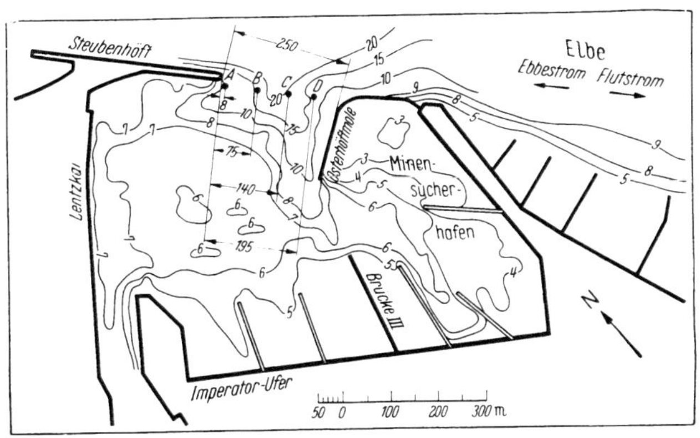

Abb. 11. Versuch 1 (bestehender Zustand). Peilung vom 17. 10. bis 4. 11. 1949. Die Tiefenangaben sind bezogen auf Karten-Null = 340 cm NN — 5 m.

In der Hafeneinfahrt tritt die Oberflächenströmung bei den Versuchen mit Brackwasser von 4 Std. nach Tnw bis etwa 1 Std. nach Thw auf der ganzen Breite der Einfahrt aus dem Hafen aus, infolge des vermehrten Einströmens an der Sohle der Hafeneinfahrt, hervorgerufen durch das große Dichtegefälle von der Elbe in den Hafen. Diese austretende Oberflächenströmung ist so stark, daß sie die Flutströmung in der Elbe aus ihrer geradlinigen Bahn abdrängt (vgl. Photo „4 Std. nach Tnw“ auf Abb. 21). Dies ist die Tidezeit, in der die im örtlichen Sprachgebrauch als „Kalverdans“ (Kälbertanz) bezeichnete Erscheinung auch in der Natur besonders deutlich auftritt.

Bei den Versuchen ohne Brackwasser liegt dagegen von 4 Std. nach Tnw bis 1 Std. nach Thw in der Hafeneinfahrt eine rechtsdrehende Walze; an der Osterhöftmole tritt die Oberflächenströmung in den Hafen ein, im Bereich des Steubenhöftes aus dem Hafen aus.

Bei den Grundströmungen ist der Einfluß des Brackwassers besonders deutlich an den Meßstellen *C* und *D* (Abb. 24) zu erkennen. Durch die Dichteausgleichströmungen tritt hier eine erhebliche Vergrößerung der ein- und auslaufenden Grundströmung auf. Ferner ist bemerkenswert, daß nicht nur bei Flutströmung die einlaufende und bei Ebbeströmung die auslaufende Grundströmung erhöht wird, sondern daß bei Ebbeströmung auch die einlaufende Grundströmung (Meßstellen *A* und *B*) vergrößert wird.

Der Einfluß des Brackwassers ist auch in der Elbe aus dem Geschwindigkeitsverlauf der Oberflächenströmung vor dem Amerika-Hafen zu erkennen (Zahlentafel 1). Dichteausgleichströmungen allein lassen entgegengesetzt gerichtete Strömungen an der Sohle und an der Oberfläche entstehen. Diese aus verschiedener Dichte folgenden Geschwindigkeiten überlagern sich den aus der Tidebewegung hervorgerufenen Strömungen. Da das Seewasser schwerer als das Flußwasser ist, tritt an der Oberfläche eine stromab gerichtete Dichteströmung ein, d. h. bei Ebbestrom wird die Oberflächenströmung durch die Dichteausgleichströmungen verstärkt, bei Flutstrom dagegen verzögert.

Bei den Versuchen mit Brackwasser sind die Geschwindigkeiten an der Oberfläche bei Flutströmung kleiner, bei Ebbeströmung größer als bei den Versuchen ohne Brackwasser.

Diese Ergebnisse bei den Modellversuchen bestätigen sowohl die theoretischen Untersuchungen über den Einfluß von Dichteunterschieden als auch die Messungen in der Natur.

Für die nautischen Belange ist die Kenntnis des Strömungsverlaufes in den größeren Tiefen der Hafeneinfahrt von besonderer Bedeutung. Dabei genügt es zu wissen, ob Oberflächenströmungen und Grundströmungen gleich oder entgegengesetzt gerichtet sind.

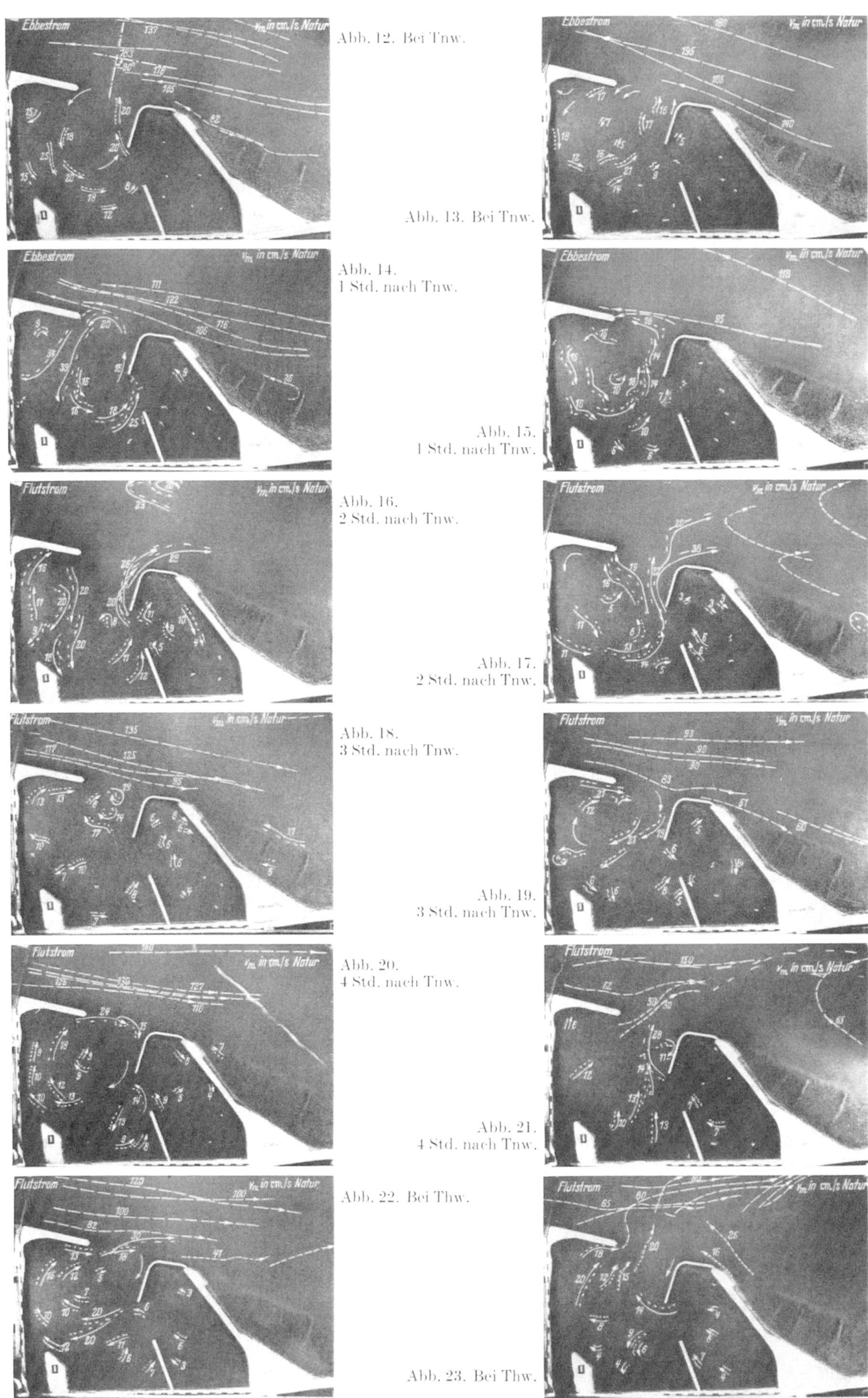

Abb. 12. Bei Tnw.

Abb. 13. Bei Tnw.

Abb. 14. 1 Std. nach Tnw.

Abb. 15. 1 Std. nach Tnw.

Abb. 16. 2 Std. nach Tnw.

Abb. 17. 2 Std. nach Tnw.

Abb. 18. 3 Std. nach Tnw.

Abb. 19. 3 Std. nach Tnw.

Abb. 20. 4 Std. nach Tnw.

Abb. 21. 4 Std. nach Tnw.

Abb. 22. Bei Thw.

Abb. 23. Bei Thw.

ohne Brackwasser | mit Brackwasser

Abb. 12—23. Oberflächenströmungen bei Versuch 1 (bestehender Zustand).

Zahlentafel 1. Übersicht zu Versuch 1 (bestehender Zustand).
(Die Geschwindigkeitsangaben gelten für die Natur.)

Tidezeit	Brackwasser	Strömungen an der Oberfläche: in der Elbe vor der Hafeneinfahrt: Richtung	Geschwindigkeit cm/s ohne Brackwasser	Geschwindigkeit cm/s mit Brackwasser	im Hafen allgemeiner Verlauf: ohne Brackwasser	im Hafen allgemeiner Verlauf: mit Brackwasser	in der Hafeneinfahrt ohne Brackwasser, Meßstellen* A B C D	in der Hafeneinfahrt mit Brackwasser, Meßstellen* A B C D	Bemerkungen
bei Tnw	ohne	Ebbe	165		Linksdrehende Ringströmung	Linksdrehende Ringströmung			
	mit			175					
1 Std. nach Tnw	ohne	Ebbe	109		Linksdrehende Ringströmung	Linksdrehende Ringströmung			
	mit			118					
2 Std. nach Tnw	ohne	Kentern			Linksdrehende Ringströmung	Linksdrehende Ringströmung			Kentern der Ebbeströmung in der Elbe erkennbar
	mit								
3 Std. nach Tnw	ohne	Flut	135		Rechtsdrehende Ringströmung	Rechtsdrehende Ringströmung			Nur geringe Unterschiede zwischen dem Salzgehalt in der Elbe und im Amerika-Hafen
	mit			93					
4 Std. nach Tnw	ohne	Flut	152		Rechtsdrehende Ringströmung	Strömungen in Richtung auf die Hafeneinfahrt			Abdrängen des Flutstromes in die Elbe durch den austretenden Oberflächenstrom
	mit			119					
bei Thw	ohne	Flut	100		Rechtsdrehende Ringströmung	Strömungen in Richtung auf die Hafeneinfahrt			
	mit			87					
1 Std. nach Thw	ohne	Flut	86		Rechtsdrehende Ringströmung	Strömungen in Richtung auf die Hafeneinfahrt			
	mit	Kentern							
2 Std. nach Thw	ohne	Ebbe	22		Rechtsdrehende Ringströmung	Strömungen in Richtung auf die Hafeneinfahrt			
	mit			54					
3 Std. nach Thw	ohne	Ebbe	127		Linksdrehende Ringströmung	Strömungen in Richtung auf die Hafeneinfahrt			
	mit			163					
4 Std. nach Thw	ohne	Ebbe	188		Linksdrehende Ringströmung	Strömungen in Richtung auf die Hafeneinfahrt			
	mit			220					
5 Std. nach Thw	ohne	Ebbe	178		Linksdrehende Ringströmung	Linksdrehende Ringströmung			
	mit			193					
6 Std. nach Thw	ohne	Ebbe	162		Linksdrehende Ringströmung	Linksdrehende Ringströmung			
	mit			177					

* Lage der Meßstellen: Abb. 11.

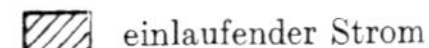 einlaufender Strom

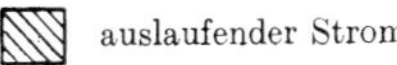 auslaufender Strom

Aus den Aufzeichnungen der Grundströmungen und der Oberflächenströmungen in der Hafeneinfahrt kann in jeder Tidephase die lotrechte Verteilung der Strömungen entnommen werden. Die nachstehende Betrachtung gilt für die Strömungsverhältnisse mit Brackwasser.

Von 5 Std. nach Thw bis 3 Std. nach Tnw bestehen in der lotrechten Verteilung der Strömungen keine nennenswerten Unterschiede, so daß in nautischer Hinsicht die Strömungen in den größeren Tiefen genügend genau nach der Größe und Richtung der Oberflächenströmung beurteilt werden können.

Von etwa 2½ bis 3½ Std. nach Tnw sind im Bereiche des Steubenhöftes Oberflächen- und Grundströmungen entgegengesetzt, im Bereiche der Osterhöftmole dagegen gleich gerichtet.

Von etwa 3½ Std. nach Tnw bis 1 Std. nach Thw sind in der gesamten Hafeneinfahrt Oberflächen- und Grundströmung entgegengesetzt gerichtet.

Von 1 Std. nach Thw bis 4 Std. nach Thw sind Oberflächen- und Grundströmungen nur noch im Bereiche des Steubenhöftes entgegengesetzt gerichtet.

Bei einer Einfahrtsrichtung senkrecht zur Hauptströmungsrichtung in der Elbe ist es schwierig, aus der Hauptströmung heraus die Hafeneinfahrt anzusteuern. Dabei ist die Gefahr nicht gering, je nach der Richtung der seitlichen Anströmung gegen den Molenkopf des Steubenhöftes oder gegen die Osterhöftmole gedrängt zu werden.

Die Dünungsverhältnisse im Hafeninnern, die ebenfalls von nautischer Bedeutung sind, werden später gesondert behandelt werden.

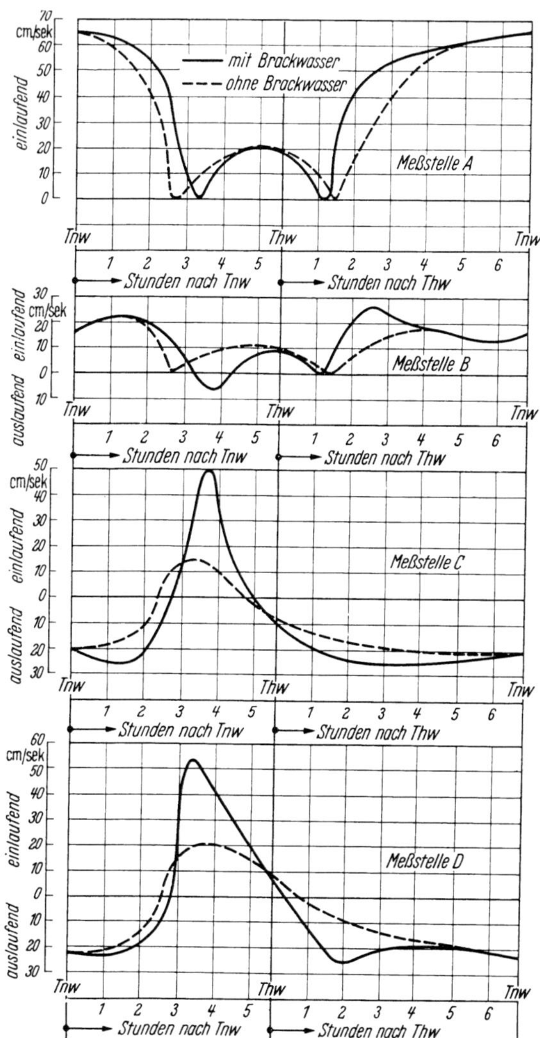

Abb. 24. Grundströmungen in der Hafeneinfahrt. Versuch 1 (bestehender Zustand).

b) Versuch 2 (ohne Osterhöftmole).

Der in den Amerika-Hafen hineinragende Teil der Osterhöftmole wurde entfernt, die bisher höher gelegene Hafensohle hinter der Osterhöftmole der übrigen Höhenlage der Sohle angeglichen. Die Breite der Hafeneinfahrt betrug dadurch 295 m.

Dieser Modellzustand (Versuch 2) wurde „ohne Osterhöftmole" bezeichnet, obwohl der zum Steubenhöft parallel verlaufende Teil der Osterhöftmole erhalten blieb (Abb. 25). Die Versuche wurden nur im einheitlichen Wasser („ohne Brackwasser") durchgeführt.

Die Oberflächenströmungen während einer Tide verlaufen nach der Beseitigung des in den Hafen hineinragenden Teiles der Osterhöftmole grundsätzlich ähnlich wie im bestehenden Zustand (Versuch 1). Während der Flutströmung in der Elbe (Abb. 26) besteht in der Hafeneinfahrt und innerhalb des Hafens eine rechtsdrehende, während der Ebbeströmung (Abb. 27) eine weit ausholende, linksdrehende Ringströmung, angeregt jeweils durch die Strömungen in der Elbe. Die durchschnittliche Geschwindigkeit der Oberflächenströmung im Hafeninnern während einer Tide schwankt zwischen 9 und 25 cm/s.

Da der Strömungsverlauf der Versuche 1 und 2 bei den Untersuchungen „ohne Brackwasser" grundsätzlich ähnlich war, konnte beim Versuch 2 auf die Nachbildung des Brackwassers verzichtet werden. Bei den Untersuchungen mit Brackwasser im Versuch 1 zeigte sich (Abb. 28 bis 39), daß nicht nur die Strömungen in der Hafeneinfahrt und in der Mitte des Hafenbeckens zunehmen, sondern auch die Neerströmungen am Lentzkai und die Bewegungen im Minensucherhafen unter dem Einfluß der Dichteströmungen wachsen. Die Vergrößerung der Oberflächenströmung wird im wesentlichen durch die Verbreiterung der Hafeneinfahrt von 250 m auf 295 m verursacht.

Den Verlauf der Grundströmung in der Hafeneinfahrt während einer Tide zeigt Abb. 40. Die Lage der Meßstellen (Abb. 25) ist die gleiche wie bei Versuch 1. Es sind die Geschwindigkeiten mit denen ohne Brackwasser (gestrichelte Linien) des Versuches 1 zu vergleichen (Abb. 24).

Während der Ebbestromdauer liegt in der Hafeneinfahrt auch am Grunde eine linksdrehende (im Bereiche des Steubenhöftes einlaufend, im Bereiche der Osterhöftmole auslaufend), während der Flutstromdauer bis Thw eine rechtsdrehende Ringströmung. Nach Thw läßt die einlaufende Grundströmung bald nach, so daß 1 bis 2 Std. nach Thw in der ganzen Breite der Hafeneinfahrt die Grundströmung aus dem Hafen austritt. An den Meßstellen A und B herrscht jetzt (im Gegensatz zu Versuch 1) auch während der Flutstromdauer auslaufende Grundströmung. Bei Ebbeströmung hat sich die Stärke der Grundströmung nicht wesentlich verändert. An den Meßstellen C und D bleibt der Strömungsverlauf erhalten, wobei an der Meßstelle C die Grundströmung schwächer, an der Meßstelle D dagegen stärker geworden ist, was durch verstärktes Einströmen im Bereiche der Einfahrterweiterung hervorgerufen wird. Der übrige Verlauf der Grundströmung ist ähnlich wie bei Versuch 1. Es kann daher angenommen werden, daß auch der Einfluß des Brackwassers ähnlich sein wird.

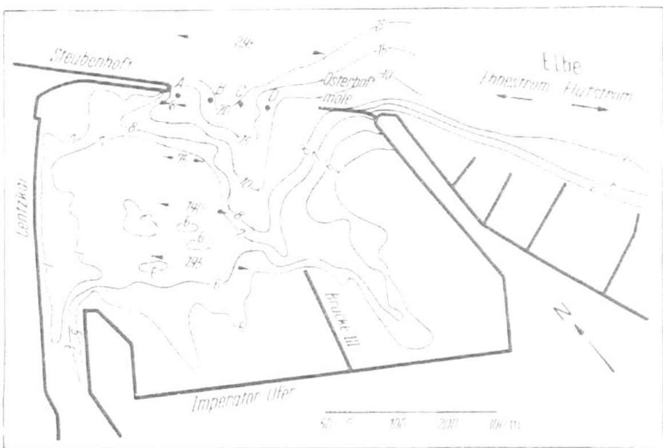

Abb. 25. Versuch 2 (ohne Osterhöftmole). Die Tiefenangaben sind bezogen auf Karten-Null = 340 cm NN — 5 m.

In nautischer Hinsicht bietet die breitere Hafeneinfahrt für das Einlaufen in den Hafen lediglich den Vorteil, daß die Gefahr, durch eine starke Flut- oder Ebbeströmung in der Elbe seitlich gegen die Molenköpfe gedrängt zu werden, geringer wird. Wenn jedoch die vorhandene Einfahrtbreite (254 m) bereits als groß genug angesehen wird, so wäre die für das Einlaufen vorteilhaftere Verbreiterung der Hafeneinfahrt hinsichtlich der Strömungen nur ein sehr geringer Gewinn.

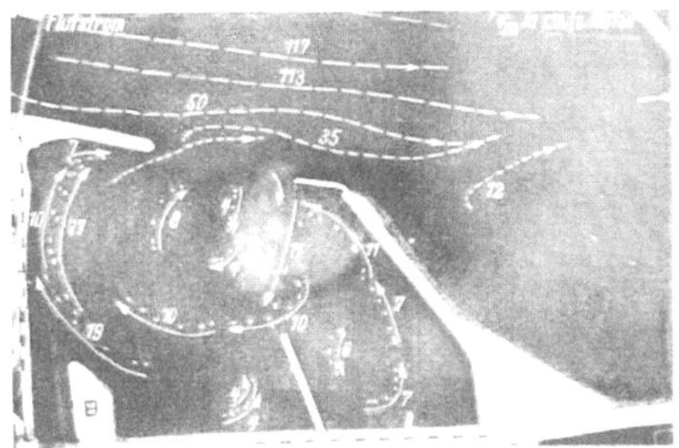
Abb. 26. Versuch 2 (ohne Osterhöftmole). Oberflächenströmungen ohne Brackwasser; bei Thw.

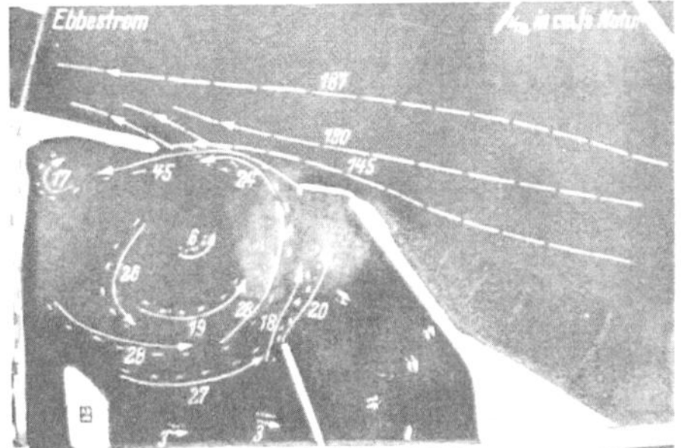

Abb. 27. Versuch 2 (ohne Osterhöftmole). Oberflächenströmungen ohne Brackwasser; 5 Std. nach Thw.

Da die Strömungen im Innern des Hafens und in der Einfahrt mit der Beseitigung der Osterhöftmole und der gleichzeitigen Verbreiterung der Einfahrt wachsen, im übrigen aber die Strömungsverhältnisse in der Einfahrt und innerhalb des Hafens sich nicht ändern, müssen die Strömungsverhältnisse insgesamt als ungünstiger angesehen werden, als sie es im bestehenden Zustande bereits sind.

c) Versuch 3 (Nordost-Einfahrt I).

Der Versuch 3 wurde mit „Nordost-Einfahrt I" bezeichnet. Hierbei wurde das Steubenhöft um 160 m verlängert und der restliche Teil der Osterhöftmole von etwa 100 m Länge, der bei Versuch 2 noch vorhanden war, vollständig beseitigt. Die Breite der Hafeneinfahrt betrug 250 m (Abb. 41). Die Versuche wurden „ohne Brackwasser" durchgeführt.

Während bei den Versuchen 1 und 2 immer nur eine große Ringströmung innerhalb des Hafens auftritt, bilden sich bei der Nordost-Einfahrt I zu den Zeiten der Hauptströmung in der Elbe zwei Ringströmungen im Innern des Hafens aus: eine Primärwalze unmittelbar hinter der Einfahrt und eine Sekundärwalze zwischen Steubenhöft, Brücke III, Imperator-Ufer und Lentzkai (Abb. 42).

Die Oberflächen- und die Grundströmungen in der Hafeneinfahrt zeigen im großen und ganzen einen ähnlichen Verlauf wie bei den Versuchen 1 und 2.

Die Strömungsverhältnisse im Amerika-Hafen mit der Nordost-Einfahrt I (Versuch 3) können nur deshalb als etwas besser bezeichnet werden, weil zeitweilig im Hafeninnern Ringströmungen sekundärer Art auftreten, die nicht den Umfang annehmen wie die entsprechenden Primärwalzen bei den Strömungen des Versuches 1 (bestehender Zustand), und weil die Grundströmungen in der Hafeneinfahrt bei der Nordost-Einfahrt I insgesamt auch etwas geringer sind als die Grundströmungen in der Hafeneinfahrt des Versuches 1.

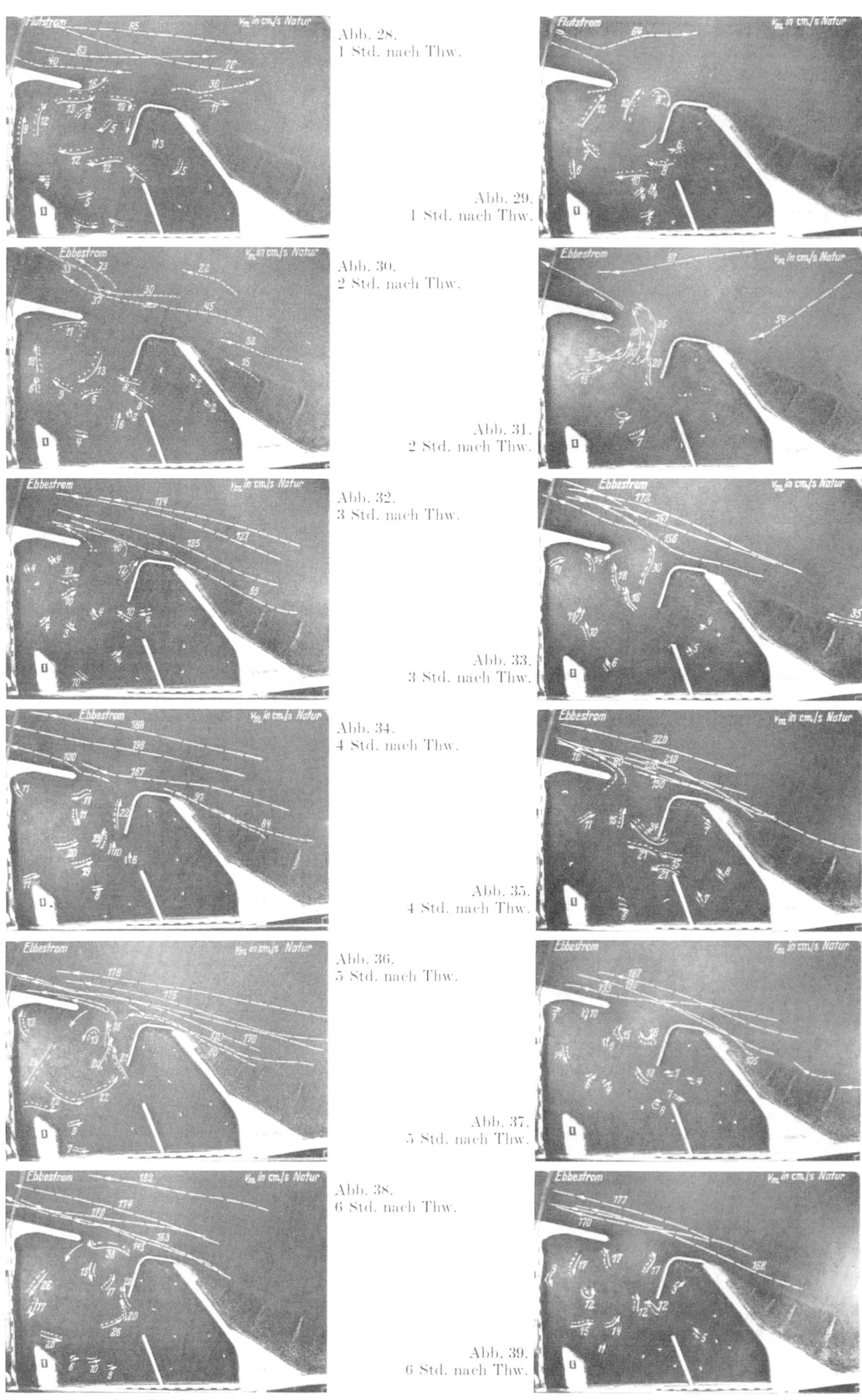

Abb. 28. 1 Std. nach Thw.

Abb. 29. 1 Std. nach Thw.

Abb. 30. 2 Std. nach Thw.

Abb. 31. 2 Std. nach Thw.

Abb. 32. 3 Std. nach Thw.

Abb. 33. 3 Std. nach Thw.

Abb. 34. 4 Std. nach Thw.

Abb. 35. 4 Std. nach Thw.

Abb. 36. 5 Std. nach Thw.

Abb. 37. 5 Std. nach Thw.

Abb. 38. 6 Std. nach Thw.

Abb. 39. 6 Std. nach Thw.

ohne Brackwasser — mit Brackwasser

Abb. 28—39. Oberflächenströmungen bei Versuch 1 (bestehender Zustand).

Da die Verbesserungen insgesamt nur ziemlich gering sind, kommt ihnen auch keine besondere Bedeutung zu. Die Strömungsverhältnisse bei Anordnung der Nordost-Einfahrt I bieten auch in nautischer Hinsicht keine Vorzüge, abgesehen von dem Fehlen einer in den Hafen hineinragenden Mole, die, wie im bestehenden Zustand, für das Einlaufen der Schiffe erschwerend wirkt, weil sie die Strömung teilweise zusammenfaßt und daran hindert, sich im größeren Maße über die Hafenfläche zu verteilen.

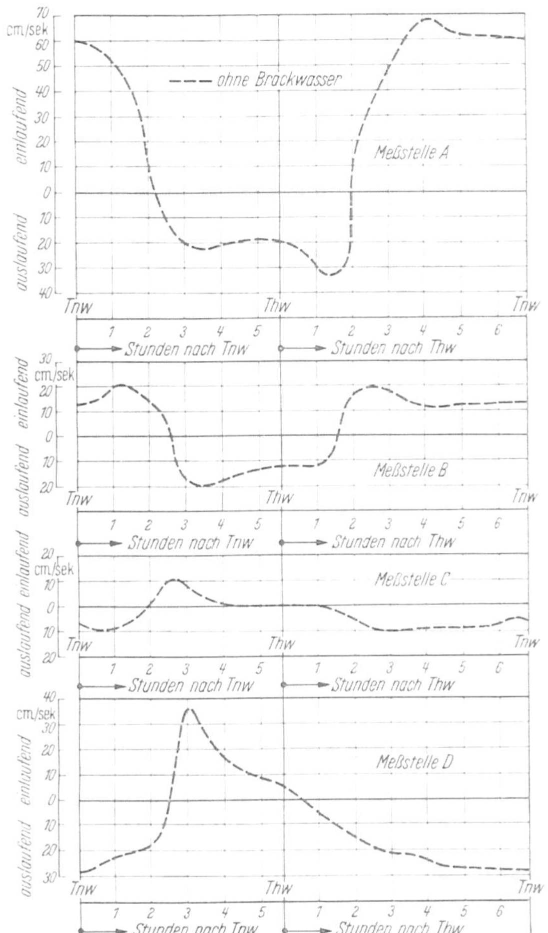

Abb. 40. Grundströmungen in der Hafeneinfahrt. Versuch 2 (ohne Osterhöftmole).

d) Versuch 4 (Nordost-Einfahrt II).

Bei diesem Modellzustand wurde das Steubenhöft um 270 m verlängert und die Ostmole um 130 m verkürzt, so daß die Hafeneinfahrt nur noch etwa zur Hälfte unmittelbar am Hauptstrom liegt. Ihre Breite beträgt 250 m. Die Tiefen der Hafensohle, die Lage der Einfahrt und der Meßstellen sowie die Anordnung eines Stacks (Ib) sind im Lageplan (Abb. 43) dargestellt.

Bei Vorversuchen ohne dieses zusätzliche Stack setzte der Ebbestrom in voller Breite in den Hafen hinein, wurde vom Lentzkai bis zur Einfahrt zurückgeworfen und verursachte dadurch für kurze Zeit ein Ausströmen,

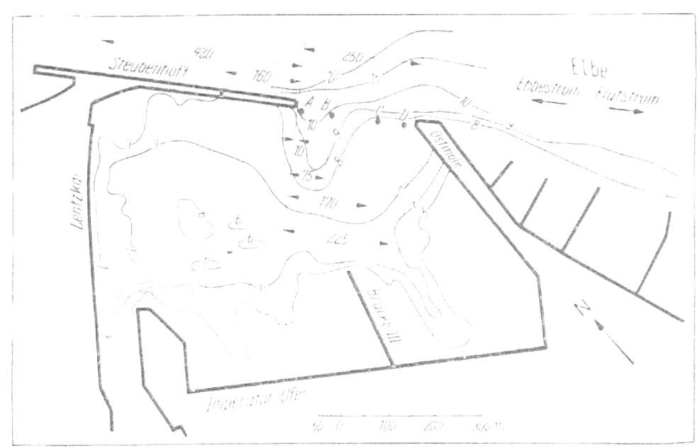

Abb. 41. Versuch 3 (Nordost-Einfahrt I). Die Tiefenangaben sind bezogen auf Karten-Null = 340 cm NN — 5 m.

bis der Ebbestrom wieder so stark wurde, daß er erneut in den Hafen eindrang, und dieses Wechselspiel erneut begann.

Die Anlage eines Stacks war also erforderlich, um den Ebbestrom von der Hafeneinfahrt abzudrängen und somit sein unmittelbares Einströmen in den Hafen zu verhindern. Die nördliche Böschung des Stacks reichte bis zur Sohle der Hafenzufahrt hinunter, um den Höhenunterschied zwischen der Sohle der Hafenzufahrt und dem hochliegenden Watt zu überbrücken.

Die Versuche wurden „ohne“ und „mit Brackwasser“ durchgeführt.

Der Verlauf der Strömungen an der Oberfläche und der Grundströmungen in der Hafeneinfahrt ist aus Abb. 44 bis 47 zu ersehen. Die Lage der Meßstellen ist in den Lageplan (Abb. 43) eingetragen.

Der Vergleich der Versuchsergebnisse „ohne“ und „mit Brackwasser“ führt dazu, für den Hafen und seine Einfahrt drei Zeitabschnitte zu unterscheiden:

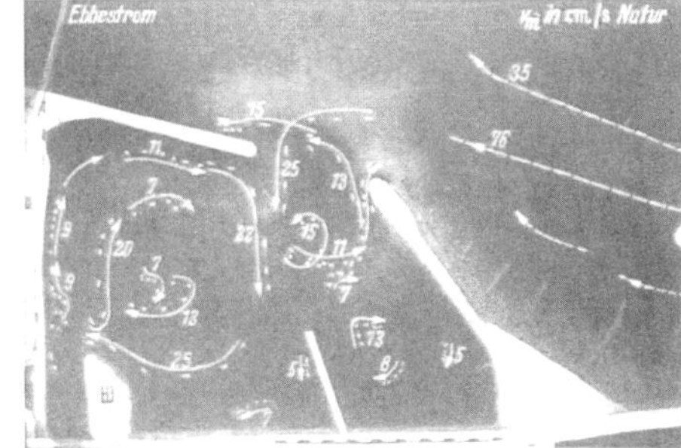

Abb. 42. Versuch 3 (Nordost-Einfahrt I). Oberflächenströmungen ohne Brackwasser; 1 Std. nach Tnw.

Von 3 Std. nach Thw bis 3 Std. nach Tnw sind keine wesentlichen Unterschiede in dem Verlauf der Strömungen in der Hafeneinfahrt und innerhalb des Amerika-Hafens bei den Versuchen ohne und mit Brackwasser zu verzeichnen. An der Oberfläche und am Grund herrschen in der Hafeneinfahrt und im Hafen im wesentlichen Ringströmungen vor, angeregt durch die Flut- und Ebbeströmungen in der Elbe (Abb. 44 und 45).

Der Einfluß des Brackwassers fällt ungefähr in die Zeit von 4 Std. nach Tnw bis 1 Std. nach Thw.

Während bei den Versuchen mit Brackwasser 4 Std. nach Tnw und bis Thw die Oberflächenströmungen im Hafen auf die Einfahrt zu gerichtet sind, die Oberflächenströmung also bereits etwa 2 Std. vor Thw aus dem Hafen austritt, sind bei den Versuchen ohne Brackwasser innerhalb des Hafens deutliche Ringströmungen zu erkennen, hinter der Einfahrt rechtsdrehend, vor dem Lentzkai linksdrehend. Die durchschnittliche Geschwindigkeit der Oberflächenströmung innerhalb des Hafens schwankt bei den Versuchen mit Brackwasser (bei den Versuchen ohne Brackwasser) während einer Tide zwischen 8 und 22 cm/s (7 und 20 cm/s) hinter der Hafeneinfahrt und zwischen 5 und 10 cm/s (4 und 10 cm/s) vor dem Lentzkai.

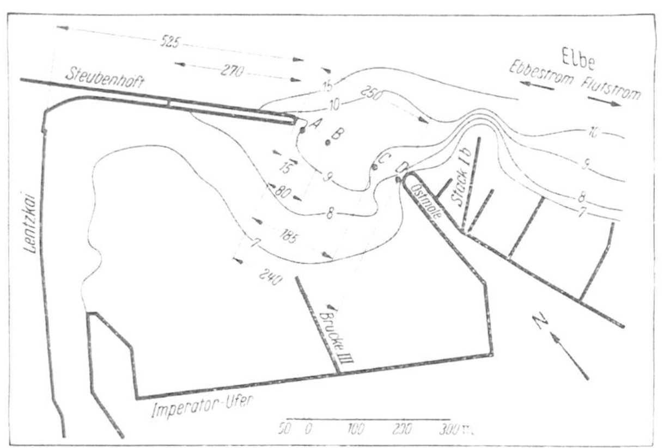

Abb. 43. Versuch 4 (Nordost-Einfahrt II). Die Tiefenangaben sind bezogen auf Karten-Null = 340 cm NN — 5 m.

Bei den Versuchen mit Brackwasser tritt der Oberflächenstrom von 4 Std. nach Tnw und bis 1 Std. nach Thw in der ganzen Breite der Hafeneinfahrt aus dem Hafen aus infolge des vermehrten Einströmens an der Sohle der Hafeneinfahrt, hervorgerufen durch das Dichtegefälle von der Elbe in den Hafen. Dieser austretende Oberflächenstrom ist so stark, daß er den Flutstrom in der Elbe aus seiner geradlinigen Bahn nach Osten abdrängt (Abb. 46 und 47). Bei den Versuchen ohne Brackwasser liegt dagegen während dieser Zeit in der Hafeneinfahrt eine rechtsdrehende Ringströmung, an der Ostmole in den Hafen einlaufend, im Bereiche des Steubenhöftes aus dem Hafen auslaufend.

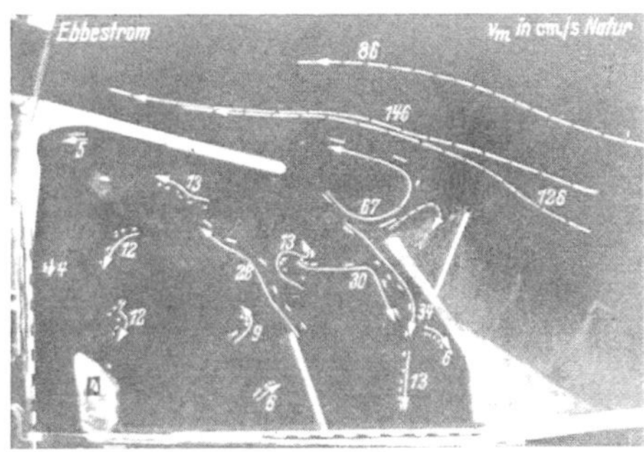

Abb. 44. Versuch 4 (Nordost-Einfahrt II). Oberflächenströmungen ohne Brackwasser; 1 Std. nach Tnw.

Abb. 45. Versuch 4 (Nordost-Einfahrt II). Oberflächenströmungen mit Brackwasser; 1 Std. nach Tnw.

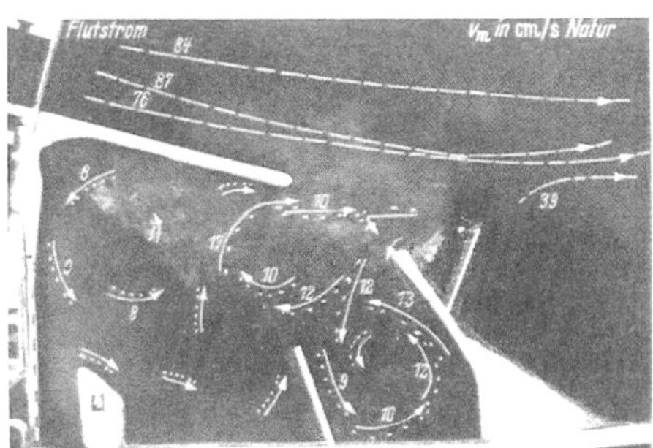

Abb. 46. Versuch 4 (Nordost-Einfahrt II). Oberflächenströmungen ohne Brackwasser; bei Thw.

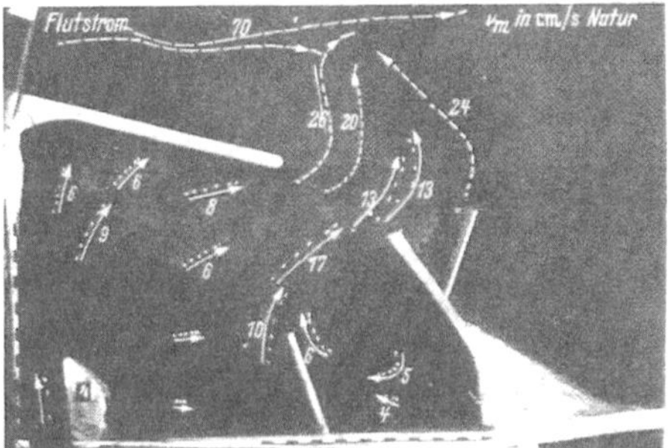

Abb. 47. Versuch 4 (Nordost-Einfahrt II). Oberflächenströmungen mit Brackwasser; bei Thw.

Bei den Grundströmungen in der Hafeneinfahrt (Abb. 48) ist der Einfluß des Brackwassers während einer Tide besonders deutlich zu erkennen. Durch die Dichteausgleichströmungen tritt hier teilweise eine erhebliche Veränderung der ein- und auslaufenden Grundströmung ein.

Der Einfluß des Brackwassers auf den Verlauf der Oberflächenströmung in der Elbe vor der Hafeneinfahrt ist auch noch aus der Übersicht (Zahlentafel 2) zu entnehmen. Bei den Versuchen mit Brackwasser sind die Geschwindigkeiten an der Oberfläche bei Flutströmung kleiner, bei Ebbeströmung größer als bei den Versuchen ohne Brackwasser.

Da sich durch eine Verlegung der Einfahrt des Amerika-Hafens die Tide- und Strömungsverhältnisse in der Elbe nicht merkbar ändern werden, wird auch bei allen weiteren Möglichkeiten für eine Einfahrt in den Amerika-Hafen der Einfluß von Dichteunterschieden auf die Strömungen in der Elbe bestehen bleiben.

Von 1 bis 3 Std. nach Thw treten ebenfalls keine wesentlichen Unterschiede in dem Verlauf der Strömungen in der Hafeneinfahrt und innerhalb des Hafens bei den Versuchen mit und ohne Brackwasser auf. An der Oberfläche herrscht in der ganzen Breite und am Grund mit Ausnahme an der Meßstelle *B* aus dem Hafen auslaufende Strömung.

Die Oberflächenströmungen zwischen Steubenhöft, Brücke III, Imperator-Ufer und Lentzkai sind geringer geworden. Durch die „Ecklage" der Hafeneinfahrt und durch die Anordnung des Stacks I b (Abb. 43) liegt die Hauptringströmung jetzt vor, in und hinter der Hafeneinfahrt und erfaßt nicht mehr das gesamte Hafenbecken.

Auffallend in dem Verlaufe der Oberflächenströmung in der Hafeneinfahrt ist die Tatsache, daß bereits 2 Std. nach Tnw an der Ostmole die Oberflächenströmung in den Hafen einläuft und daß sich 3 Std. nach Tnw eine rechtsdrehende Ringströmung in der Hafeneinfahrt gebildet hat, während dieser Vorgang im bestehenden Zustand etwa 1 Std. später stattfindet, wobei sich eine rechtsdrehende Ringströmung kaum entwickeln kann. Entsprechend umgekehrt ist es nach dem Kentern der Ebbeströmung. Während im bestehenden Zustand noch bis 4 Std. nach Thw in der ganzen Breite die Oberflächenströmung aus dem Hafen austritt, tritt bei der Nordost-Einfahrt II schon 3 Std. nach Thw die Oberflächenströmung im Bereich des Steubenhöftes ein, so daß bereits 4 Std. nach Thw in der Hafeneinfahrt eine linksdrehende Walze liegt. Aus diesem unterschiedlichen Strömungsverlauf ergibt sich, daß sich die Ringströmungen bei Versuch 4 schneller durchsetzen können.

Bei den Grundströmungen (Abb. 48) ist bemerkenswert, daß das vermehrte Einströmen zwischen 4 Std. nach Tnw und Thw im bestehenden Zustand im Bereich der Osterhöftmole (Meßstellen *C* und *D*) stattfindet, bei der Nordost-Einfahrt II dagegen auch noch an der Meßstelle *B*. Die einlaufenden Grundströmungen an den Meßstellen *C* und *D* zeigen auch keinen steilen Anstieg und Abfall wie bei Versuch 1. Über eine Tide betrachtet, sind bei Versuch 4 die einlaufenden Grundströmungen kleiner und die auslaufenden Grundströmungen größer als im bestehenden Zustande.

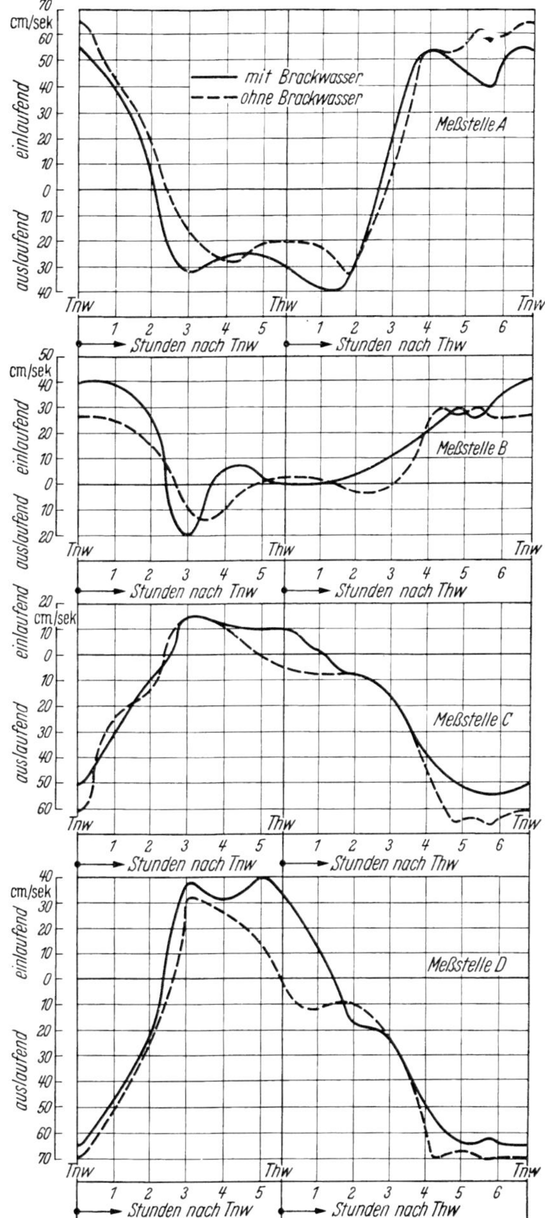

Abb. 48. Grundströmungen in der Hafeneinfahrt. Versuch 4 (Nordost-Einfahrt II).

Da zwischen 1 Std. nach Thw und 3 Std. nach Tnw keine wesentlichen Unterschiede zwischen dem Strömungsverlaufe an der Oberfläche und am Grunde eintreten, können für die nautischen Belange die Strömungen in den größeren Tiefen genügend genau nach dem Verlauf der Oberflächenströmung beurteilt werden.

Von etwa $3\frac{1}{2}$ Std. nach Tnw bis etwa $1\frac{1}{2}$ Std. nach Thw sind die Oberflächen- und Grundströmungen entgegengesetzt gerichtet, im allgemeinen am Grunde einlaufend, an der Oberfläche auslaufend.

Beim Ansteuern der Hafeneinfahrt bietet die Nordost-Einfahrt II den Vorteil, daß die Schiffe, aus nordöstlicher Richtung kommend, jetzt schräg mit der Ebbeströmung oder schräg gegen die Flutströmung das Hauptfahrwasser der Elbe verlassen können. Die Gefahr, durch die Hauptströmung seitlich versetzt zu werden, ist dadurch verringert worden.

Zahlentafel 2. Übersicht zu Versuch 4 (Nordost-Einfahrt II).
(Die Geschwindigkeitsangaben gelten für die Natur.)

Tidezeit	Brackwasser	in der Elbe vor der Hafeneinfahrt: Richtung	Geschwindigkeit cm/s ohne Brackwasser	Geschwindigkeit cm/s mit Brackwasser	Strömungen an der Oberfläche im Hafen allgemeiner Verlauf: ohne Brackwasser	im Hafen allgemeiner Verlauf: mit Brackwasser	in der Hafeneinfahrt ohne Brackwasser Meßstellen* A B C D	in der Hafeneinfahrt mit Brackwasser Meßstellen* A B C D	Bemerkungen
bei Tnw	ohne	Ebbe	164		Linksdrehende Ringströmung in der Einfahrt	Wie ohne Brackwasser			
	mit			198					
1 Std. nach Tnw	ohne	Ebbe	126		Linksdrehende Ringströmung in der Einfahrt; linksdrehende Tertiär-Ringströmung vor dem Lentzkai	Wie ohne Brackwasser			
	mit			96					
2 Std. nach Tnw	ohne	Kentern	26		Linksdrehende Primär-Ringströmung in der Einfahrt; rechtsdrehende Sekundär-Ringströmung hinter der Einfahrt	Rechtsdrehende Ringströmung hinter der Einfahrt			
	mit	Flut		48					
3 Std. nach Tnw	ohne	Flut	124		Rechtsdrehende Primär-Ringströmung in und hinter der Einfahrt; linksdrehende Sekundär-Ringströmung vor dem Lentzkai	Wie ohne Brackwasser			
	mit								
4 Std. nach Tnw	ohne	Flut	133		Rechtsdrehende Primär-Ringströmung in und hinter d. Einfahrt; linksdrehende Sekundär-Ringströmung vor dem Lentzkai	Strömungen in Richtung auf die Hafeneinfahrt			Stark auslaufender Strom an der Oberfläche
	mit			109					
bei Thw	ohne	Flut	87		Rechtsdrehende Primär-Ringströmg. i. u. hinter d. Einfahrt; linksdrehende Sekundär-Ringströmung vor d. Lentzkai u. im südöstlichen Teil d. Hafens	Strömungen in Richtung auf die Hafeneinfahrt			Stark auslaufender Strom an der Oberfläche
	mit			70					
1 Std. nach Thw	ohne	Flut	52		Rechtsdrehende Primär-Ringströmg. i. u. hinter d. Einfahrt; linksdrehende Sekundär-Ringströmung vor d. Lentzkai u. im südöstlichen Teil d. Hafens	Strömungen in Richtung auf die Hafeneinfahrt			
	mit	Kentern							
2 Std. nach Thw	ohne	Kentern			Ringströmung hinter der Hafeneinfahrt ändert die Drehrichtung. Linksdrehende Ringströmung vor dem Lentzkai bleibt noch erhalten	Strömungen in Richtung auf die Hafeneinfahrt			
	mit	Ebbe		62					
3 Std. nach Thw	ohne	Ebbe	129		Linksdrehende Primär-Ringströmung in der Einfahrt	Strömungen in Richtung auf die Hafeneinfahrt			
	mit			165					
4 Std. nach Thw	ohne	Ebbe	158		Linksdrehende Primär-Ringströmung in der Einfahrt	Linksdrehende Ringströmung in der Einfahrt; übrige Strömungen in Richtung auf d. Einfahrt			
	mit			179					
5 Std. nach Thw	ohne	Ebbe	162		Linksdrehende Primär-Ringströmung in der Einfahrt; rechtsdrehende Sekundärströmung hinter der Einfahrt	Linksdrehende Ringströmung in der Einfahrt; übrige Strömungen in Richtung auf d. Einfahrt			
	mit			190					
6 Std. nach Thw	ohne	Ebbe	165		Linksdrehende Primär-Ringströmung in der Einfahrt; rechtsdrehende Sekundärströmung hinter der Einfahrt	Wie ohne Brackwasser			
	mit			209					

* Lage der Meßstellen: Abb. 43.

 einlaufender Strom

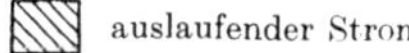 auslaufender Strom

Die Strömungsverhältnisse bei der vorliegenden Anordnung der Hafeneinfahrt sind als besser und übersichtlicher und deshalb auch in nautischer Hinsicht als günstiger zu bezeichnen als die des bestehenden Zustandes.

e) Versuch 5 (Ost-Einfahrt I).

Bei diesem Modellzustand wurde das Steubenhöft um 390 m in südöstlicher Richtung verlängert und die Ostmole um die Einfahrtbreite von 200 m verkürzt (Abb. 49). Um die Ebbeströmung von der Hafeneinfahrt abzudrängen und ihr unmittelbares Einlaufen in den Hafen zu verhindern, mußte entsprechend dem Versuch 4 das Stack II b angeordnet werden. Die Hafensohle wurde den Tiefen des Solltiefenplanes (Abb. 10) angepaßt.

Die Versuche wurden ohne und mit Brackwasser durchgeführt.

Der Verlauf der Strömungen an der Oberfläche und der Grundströmungen in der Hafeneinfahrt während einer Tide sind in Zahlentafel 3 und Abb. 50 dargestellt. Die Lage der Meßstellen ist in Abb. 49 eingetragen.

In der Zeit von 4 Std. nach Thw bis 2 Std. nach Tnw bestehen keine wesentlichen Unterschiede in dem Verlaufe der Strömungen in der Hafeneinfahrt und innerhalb des Amerika-Hafens bei den Versuchen mit und ohne Brackwasser. An der Oberfläche und am Grund herrschen in der Hafeneinfahrt und im Hafen im wesentlichen Ringströmungen vor, angeregt durch die vor der Hafeneinfahrt entlangziehenden Ebbe- und Flutströmungen.

Der Einfluß des Brackwassers fällt hauptsächlich in die Zeit zwischen 3 Std. nach Tnw und 4 Std. nach Thw:

Während bei den Versuchen mit Brackwasser von 4 Std. nach Tnw bis 4 Std. nach Thw die Oberflächenströmungen im Hafen auf die Einfahrt zu gerichtet sind, die Oberflächenströmung also bereits etwa 2 Std. vor Thw aus dem Hafen austritt, sind bei den Versuchen ohne Brackwasser innerhalb des Hafens deutliche Ringströmungen zu erkennen. Die durchschnittliche Geschwindigkeit der Oberflächenströmung innerhalb des Hafens schwankt bei den Versuchen mit Brackwasser (bei den Versuchen ohne Brackwasser) während einer Tide zwischen 3 und 35 cm/s (7 und 28 cm/s) hinter der Hafeneinfahrt und zwischen Lentzkai, Steubenhöft und Brücke III zwischen 3 und 8 cm/s (2 und 10 cm/s).

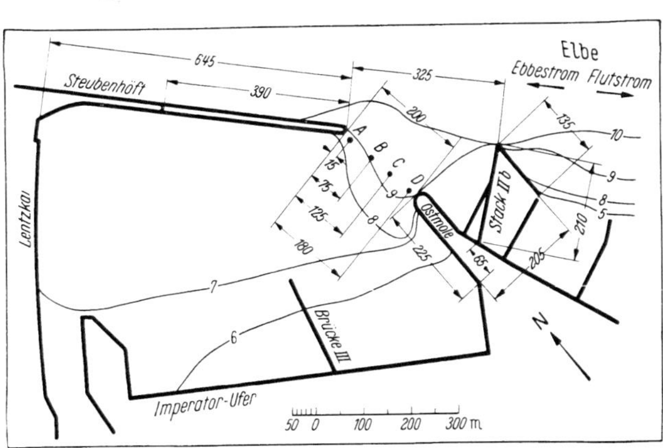

Abb. 49. Versuch 5 (Ost-Einfahrt I). Die Tiefenangaben sind bezogen auf Karten-Null = 340 cm NN — 5 m.

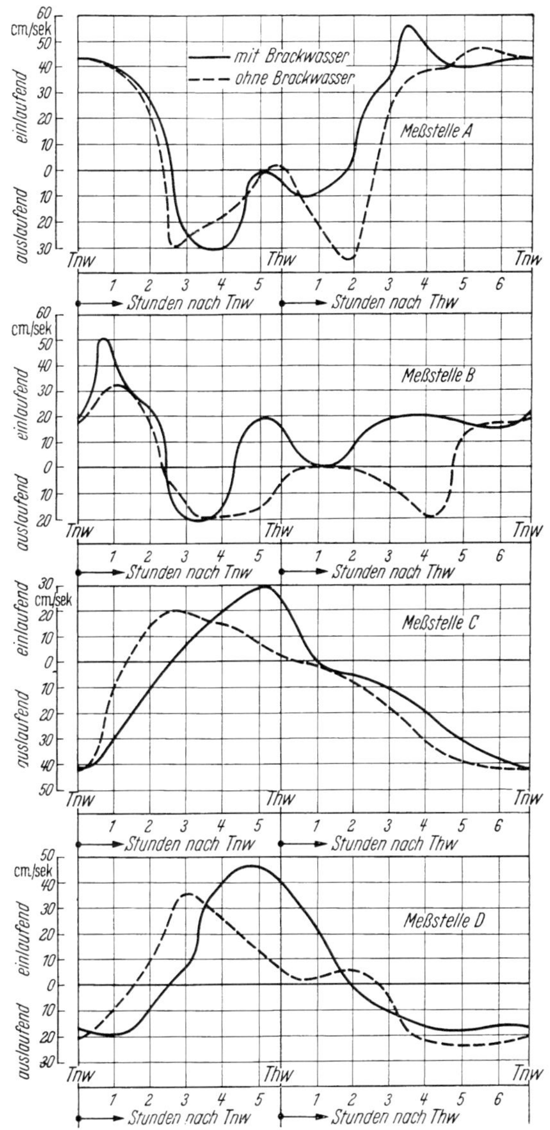

Abb. 50. Grundströmungen in der Hafeneinfahrt. Versuch 5 (Ost-Einfahrt I).

Infolge des vermehrten Einströmens an der Sohle der Hafeneinfahrt, hervorgerufen durch das Dichtegefälle von der Elbe in den Hafen, tritt die Oberflächenströmung bei den Versuchen mit Brackwasser von 4 Std. nach Tnw bis etwa 2 Std. nach Thw auf der ganzen Breite der Einfahrt vermehrt aus dem Hafen aus. Diese austretende Oberflächenströmung ist so stark, daß sie die Flutströmung in der Elbe aus

Zahlentafel 3. Übersicht zu Versuch 5 (Ost-Einfahrt I).
(Die Geschwindigkeitsangaben gelten für die Natur.)

Tidezeit	Brackwasser	Strömungen an der Oberfläche: in der Elbe vor der Hafeneinfahrt – Richtung	Geschwindigkeit cm/s ohne Brackwasser	Geschwindigkeit cm/s mit Brackwasser	im Hafen allgemeiner Verlauf – ohne Brackwasser	im Hafen allgemeiner Verlauf – mit Brackwasser	in der Hafeneinfahrt ohne Brackwasser, Meßstellen* A B C D	in der Hafeneinfahrt mit Brackwasser, Meßstellen* A B C D	Bemerkungen
bei Tnw	ohne	Ebbe	180		Linksdrehende Primär-Ringströmung in der Einfahrt; rechtsdrehende Sekundär-Ringströmung hinter der Einfahrt	Wie ohne Brackwasser			
	mit			190					
1 Std. nach Tnw	ohne	Ebbe	82		Wie bei Tnw	Wie ohne Brackwasser			
	mit			85					
2 Std. nach Tnw	ohne	Kentern			Wie bei Tnw	Wie ohne Brackwasser			
	mit								
3 Std. nach Tnw	ohne	Flut	139		Rechtsdrehende Primär-Ringströmung in und hinter der Einfahrt; Sekundär-Ringströmungen in den übrigen Teilen des Hafens	Wie ohne Brackwasser			
	mit			135					
4 Std. nach Tnw	ohne	Flut	144		Rechtsdrehende Primär-Ringströmung in der Einfahrt; Sekundär- und Tertiär-Ringströmungen innerhalb des Hafens	Strömungen in Richtung auf die Hafeneinfahrt			Abdrängen des Flutstromes in d. Elbe durch den austretenden Oberflächenstrom
	mit			102					
bei Thw	ohne	Flut	118		Wie 4 Std. nach Tnw	Strömungen in Richtung auf die Hafeneinfahrt			Abdrängen des Flutstromes in d. Elbe durch den austretenden Oberflächenstrom
	mit			96					
1 Std. nach Thw	ohne	Flut	72		Wie 4 Std. nach Tnw	Strömungen in Richtung auf die Hafeneinfahrt			
	mit			71					
2 Std. nach Thw	ohne	Ebbe	32		Geringe Bewegungen im ganzen Hafenbecken	Strömungen in Richtung auf die Hafeneinfahrt			
	mit			55					
3 Std. nach Thw	ohne	Ebbe	135		Wie 2 Std. nach Thw	Strömungen in Richtung auf die Hafeneinfahrt			
	mit			181					
4 Std. nach Thw	ohne	Ebbe	180		Linksdrehende Primär-Ringströmung in der Einfahrt	Wie ohne Brackwasser			
	mit			200					
5 Std. nach Thw	ohne	Ebbe	175		Linksdrehende Primär-Ringströmung in d. Einfahrt; Beginn der Sekundär-Ringströmungen im Hafen	Wie ohne Brackwasser			
	mit			198					
6 Std. nach Thw	ohne	Ebbe	180		Linksdrehende Primär-Ringströmung in d. Einfahrt; Sekundär-Ringströmungen hinter der Einfahrt	Wie ohne Brackwasser			
	mit			190					

* Lage der Meßstellen: Abb. 49. — einlaufender Strom — auslaufender Strom

ihrer geradlinigen Bahn abdrängt (Abb. 51 und 52). Bei den Versuchen ohne Brackwasser liegt dagegen von 4 Std. nach Tnw bis 1 Std. nach Thw in der Hafeneinfahrt eine rechtsdrehende Ringströmung, an der Ostmole in den Hafen einlaufend, im Bereiche des Steubenhöftes aus dem Hafen auslaufend.

Bei den Grundströmungen in der Hafeneinfahrt (Abb. 50) ist der Einfluß des Brackwassers während einer Tide besonders deutlich zu erkennen. Durch die Dichteausgleichströmungen tritt hier eine teilweise erhebliche Veränderung der ein- und auslaufenden Grundströmung ein. Besonders deutlich wird die Erhöhung der einlaufenden Grundströmung an den Meßstellen C und D während der Zeit von 4 Std. nach

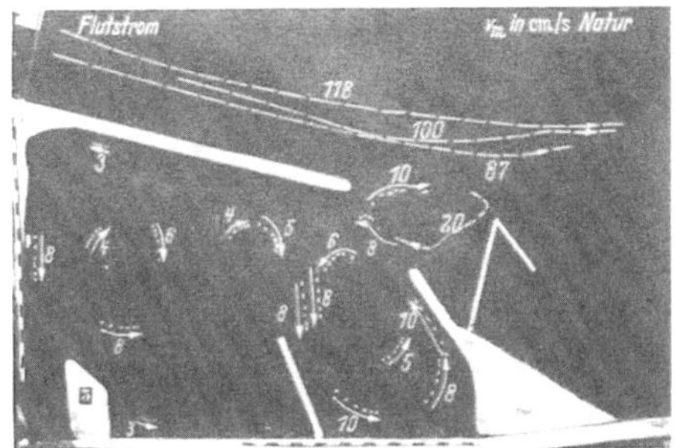

Abb. 51. Versuch 5 (Ost-Einfahrt I). Oberflächenströmungen ohne Brackwasser; bei Thw.

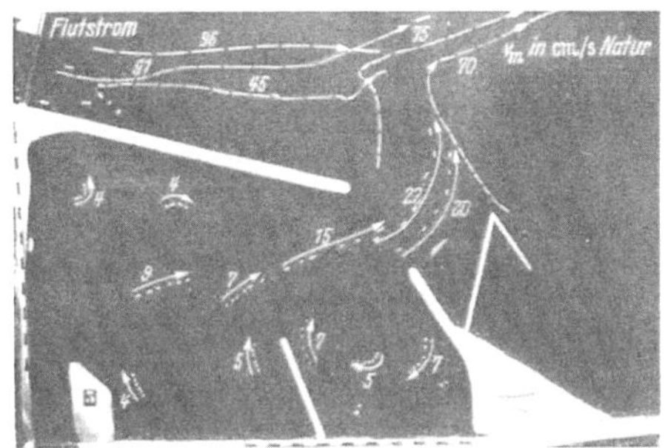

Abb. 52. Versuch 5 (Ost-Einfahrt I). Oberflächenströmungen mit Brackwasser; bei Thw.

Tnw bis 1 Std. nach Thw durch die zusätzlichen Dichteausgleichströmungen (Versuche mit Brackwasser) sichtbar. Ferner fällt auf, daß nicht nur die auslaufende Grundströmung teils vermindert und teils vermehrt, sondern auch die einlaufende Grundströmung bei fallendem Wasserstand und kleiner werdendem Salzgehalt in der Elbe teilweise erhöht wird.

Der Einfluß des Brackwassers ist auch in der Elbe aus dem Geschwindigkeitsverlauf der Oberflächenströmung vor dem Amerika-Hafen zu erkennen (Zahlentafel 3). Bei den Versuchen mit Brackwasser sind die Geschwindigkeiten an der Oberfläche bei Flutströmung kleiner, bei Ebbeströmung größer als bei den Versuchen ohne Brackwasser.

Die Strömungen zwischen Lentzkai, Steubenhöft, Brücke III und Imperator-Ufer sind gegenüber den entsprechenden Strömungen bei der Nordost-Einfahrt (Versuch 4) noch geringer geworden. Durch die vom

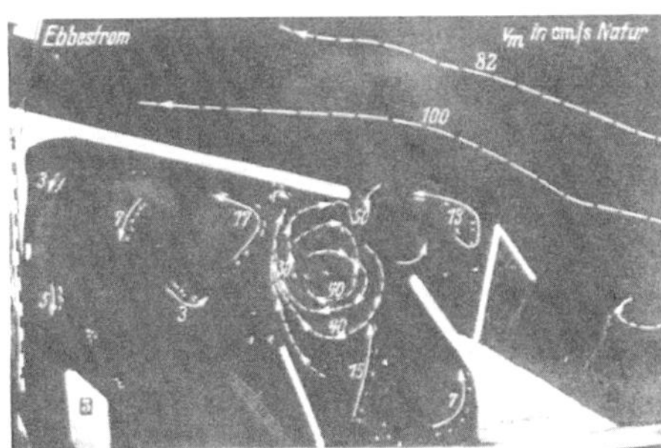

Abb. 53. Versuch 5 (Ost-Einfahrt I). Oberflächenströmungen ohne Brackwasser; 1 Std. nach Tnw.

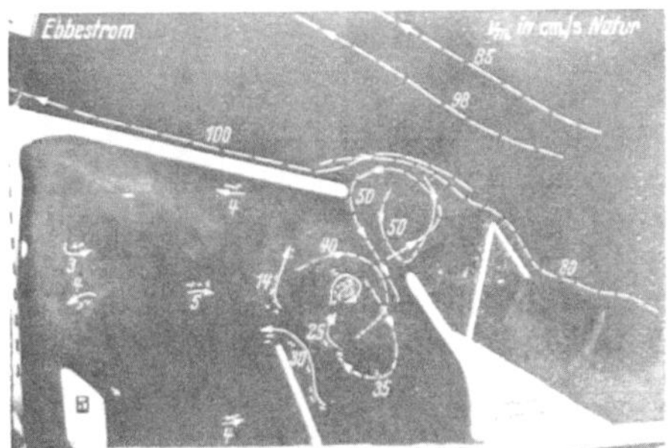

Abb. 54. Versuch 5 (Ost-Einfahrt I). Oberflächenströmungen mit Brackwasser; 1 Std. nach Tnw.

Hauptstrom der Elbe abgerückte und seitliche Lage der Hafeneinfahrt und durch das Stack IIb liegt die Hauptringströmung jetzt zum größten Teil vor der Hafeneinfahrt. Der Hauptteil des Amerika-Hafens (zwischen Lentzkai und Brücke III) wird von Ringströmungen nur noch wenig erfaßt (Abb. 53 und 54).

Während bei der Ost-Einfahrt I (bei den Versuchen mit Brackwasser) 2 Std. nach Tnw die Oberflächenströmung weder ein- noch austritt und sich 3 Std. nach Tnw eine rechtsdrehende Ringströmung in der Hafeneinfahrt gebildet hat, bleibt bei dem bestehenden Zustand die von der Ebbeströmung herrschende linksdrehende Ringströmung 2 Std. nach Tnw noch erhalten, so daß 3 Std. nach Tnw die durch die Flutströmung angeregte rechtsdrehende Ringströmung in der Hafeneinfahrt sich kaum entfalten kann. Entsprechend umgekehrt sind die Verhältnisse nach dem Kentern der Ebbeströmung in der Elbe; während im bestehenden Zustand noch bis 4 Std. nach Thw in der ganzen Breite die Oberflächenströmung aus dem Hafen austritt, liegt bei der Ost-Einfahrt I schon 3 Std. nach Thw in der Hafeneinfahrt eine linksdrehende Walze. Bei den Grundströmungen ist bemerkenswert, daß das vermehrte Einströmen zwischen 4 Std. nach Tnw und 1 Std. nach Thw im bestehenden Zustand an den Meßstellen C und D stattfindet (Abb. 24), bei der Ost-Einfahrt I dagegen auch noch an der Meßstelle B.

Aus den Grundströmungen und den Oberflächenströmungen in der Hafeneinfahrt kann in jeder Tidephase die lotrechte Verteilung der Strömungen entnommen werden, deren Kenntnis nautisch von Bedeutung ist. Da zwischen 3 Std. nach Thw und 2 Std. nach Tnw keine wesentlichen Unterschiede zwischen dem Strömungsverlauf an der Oberfläche und am Grunde eintreten, können die Strömungen in den größeren Tiefen genügend genau nach dem Verlauf der Oberflächenströmung beurteilt werden. Entgegengesetzt gerichtet sind die Oberflächen- und Grundströmungen in der Zeit von etwa $3\frac{1}{2}$ Std. nach Tnw bis etwa 1 Std. nach Thw, mit Ausnahme der Meßstelle *A* (Nähe Steubenhöft), an der am Grunde die Strömung ausläuft und infolge des vermehrten Einströmens in dem übrigen Bereiche der Hafeneinfahrt bereits 5 Std. nach Tnw Null geworden ist.

Der Winkel, den die Einfahrtrichtung mit der Hauptströmungsrichtung bildet, beträgt bei der Nordost-Einfahrt II ungefähr 70° (Abb. 46), bei der Ost-Einfahrt I (Versuch 5) nur noch etwa 50° (Abb. 51). Dies bedeutet für das Anlaufen des Hafens eine weitere Verbesserung.

Wenn die besseren Strömungsverhältnisse gegenüber dem bestehenden Zustande hinzugenommen werden, so stellt die Ost-Einfahrt I bereits eine brauchbare Lösung dar.

f) Versuch 6 (Ost-Einfahrt II).

Bei der Ost-Einfahrt II (Abb. 55) wurde das Steubenhöft um 402 m geradlinig nach Südosten geführt, dann nach Süden abgeknickt und um weitere 45 m verlängert, ferner die Ostmole so weit zurückgenommen, daß eine 225 m breite Hafeneinfahrt frei blieb.

Das hochliegende Watt zwischen den Neufelder Stacks ist durch eine Mole begrenzt, die gleichzeitig die Aufgabe hat, die Ebbeströmung von der Hafeneinfahrt abzudrängen. Die Hafeneinfahrt ist jetzt vom Hauptstrom abgerückt, seiner unmittelbaren Einwirkung also entzogen. Die Hafensohle ist den Solltiefen angepaßt. Die Versuche wurden ohne und mit Brackwasser durchgeführt.

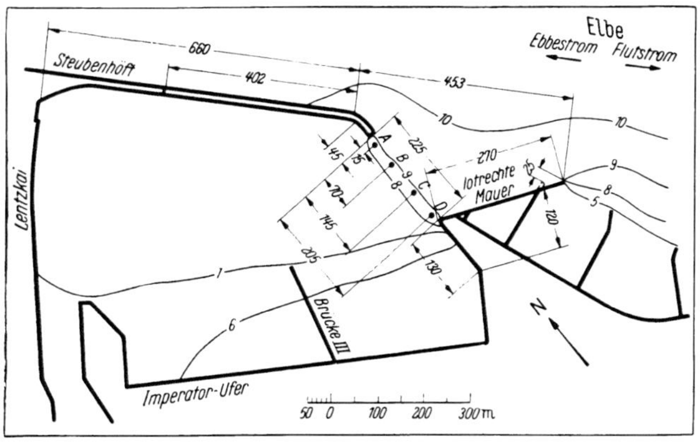

Abb. 55. Versuch 6 (Ost-Einfahrt II). Die Tiefenangaben sind bezogen auf Karten-Null = 340 cm NN — 5 m.

Die Strömungen an der Oberfläche zeigen Zahlentafel 4 und Abb. 56 bis 79; die ein- und auslaufenden Grundströmungen während einer Tide sind in Abb. 80 aufgetragen. Die Lage der Meßstellen ist in dem Lageplan (Abb. 55) eingetragen.

Von 4 Std. nach Thw bis 1 Std. nach Tnw sind keine wesentlichen Unterschiede in dem Verlaufe der Strömungen in der Hafeneinfahrt und innerhalb des Amerika-Hafens zwischen den Versuchen ohne und mit Brackwasser zu verzeichnen. An der Oberfläche und am Grunde herrschen in und hinter der Hafeneinfahrt im wesentlichen Ringströmungen vor, angeregt durch die vor der Hafeneinfahrt entlangziehende Ebbe- und Flutströmung. Der Einfluß des Brackwassers fällt hauptsächlich in die Zeit von 4 Std. nach Tnw bis 4 Std. nach Thw.

Während bei den Versuchen mit Brackwasser von 4 Std. nach Tnw bis 4 Std. nach Thw die Oberflächenströmungen im Hafen auf die Einfahrt zu gerichtet sind, die Oberflächenströmung also bereits etwa 2 Std. vor Thw aus dem Hafen austritt, sind bei den Versuchen ohne Brackwasser innerhalb des Hafens 4 Std. nach Tnw und Thw Sekundärwalzen und 1 Std. bis 4 Std. nach Thw nur sehr geringe Bewegungen im Hafen zu erkennen. Die durchschnittliche Geschwindigkeit der Oberflächenströmung schwankt bei den Versuchen mit Brackwasser während einer Tide innerhalb des Hafens zwischen der Hafeneinfahrt, der Brücke III und dem Steubenhöft zwischen 10 und 20 cm/s. Bei den Versuchen ohne Brackwasser sind die Geschwindigkeiten an der Oberfläche des Hafens im allgemeinen geringer als bei den Versuchen mit Brackwasser.

Bei den Versuchen mit Brackwasser tritt der Oberflächenstrom von 4 Std. nach Tnw bis etwa 3 Std. nach Thw in der ganzen Hafeneinfahrt infolge des vermehrten Einströmens an der Sohle aus dem Hafen aus. Diese austretende Oberflächenströmung ist so stark, daß sie die Flutströmung in der Elbe aus seiner geradlinigen Bahn nach Osten abdrängt. Bei den Versuchen ohne Brackwasser liegt dagegen während der gleichen Tidezeit bei Flutströmung eine rechtsdrehende Walze, an der Ostmole ein-, am Steubenhöft auslaufend, bei Ebbeströmung (3 Std. nach Thw) eine linksdrehende Walze.

Bei den Grundströmungen ist der Einfluß des Brackwassers besonders deutlich an den Meßstellen *C* und *D* (Abb. 80) zu erkennen. Durch die Dichteausgleichströmungen tritt eine erhebliche Veränderung (meist Vergrößerung) der ein- und auslaufenden Grundströmung auf.

Der Einfluß des Brackwassers auf den Verlauf der Oberflächenströmung in der Elbe vor der Hafeneinfahrt ist ebenfalls aus der Zahlentafel 4 und den Abb. 56 bis 79 zu entnehmen. Bei den Versuchen

Zahlentafel 4. Übersicht zu Versuch 6 (Ost-Einfahrt II).
(Die Geschwindigkeitsangaben gelten für die Natur.)

Tidezeit	Brackwasser	Strömungen an der Oberfläche: in der Elbe vor der Hafeneinfahrt – Richtung	Geschwindigkeit cm/s ohne Brackwasser	Geschwindigkeit cm/s mit Brackwasser	im Hafen allgemeiner Verlauf – ohne Brackwasser	im Hafen allgemeiner Verlauf – mit Brackwasser	Bemerkungen
bei Tnw	ohne	Ebbe	162		Linksdrehende Primär-Ringströmung in der Einfahrt; rechtsdrehende Sekundär-Ringströmung hinter der Einfahrt	Linksdrehende Primär-Ringströmung in d. Einfahrt	
	mit			177			
1 Std. nach Tnw	ohne	Ebbe	77		Linksdrehende Primär-Ringströmung in und hinter der Einfahrt	Linksdrehende Primär-Ringströmung in d. Einfahrt; Sekundär- und Tertiär-Ringströmung im Hafen	
	mit			86			
2 Std. nach Tnw	ohne	Flut			Linksdrehende Primär-Ringströmung in d. Einfahrt; im Hafen Tideströmungen (Füllen des Flutraumes)	Rechtsdrehende Primär-Ringströmung in d. Einfahrt. Im Hafen im wesentlichen Tideströmungen	
	mit						
3 Std. nach Tnw	ohne	Flut	181		Rechtsdrehende Primär-Ringströmung in d. Einfahrt; Sekundär- und Tertiär-Ringströmungen im Hafen	Wie ohne Brackwasser	
	mit			179			
4 Std. nach Tnw	ohne	Flut	155		Rechtsdrehende Primär-Ringströmung in d. Einfahrt; Sekundär- und Tertiär-Ringströmungen im Hafen	Ringströmungen lösen sich auf; Strömungen in Richtung auf die Einfahrt	Abdrängen des Flutstromes in der Elbe durch den austretenden Oberflächenstrom
	mit			130			
bei Thw	ohne	Flut	113		Rechtsdrehende Primär-Ringströmung in d. Einfahrt; Sekundär- und Tertiär-Ringströmungen im Hafen	Strömung in Richtung auf die Hafeneinfahrt	Abdrängen des Flutstromes in der Elbe durch den austretenden Oberflächenstrom
	mit			107			
1 Std. nach Thw	ohne	Flut	63		Rechtsdrehende Primär-Ringströmung in d. Einfahrt; Sekundär- und Tertiär-Ringströmungen im Hafen	Strömung in Richtung auf die Hafeneinfahrt	
	mit			41			
2 Std. nach Thw	ohne	Kentern			Nur sehr geringe Bewegungen im Hafen	Strömung in Richtung auf die Hafeneinfahrt	
	mit						
3 Std. nach Thw	ohne	Ebbe	90		Nur sehr geringe Bewegungen im Hafen	Strömung in Richtung auf die Hafeneinfahrt	
	mit			97			
4 Std. nach Thw	ohne	Ebbe	171		Nur sehr geringe Bewegungen im Hafen	Strömung in Richtung auf die Hafeneinfahrt	
	mit			217			
5 Std. nach Thw	ohne	Ebbe	192		Ausbildung einer linksdrehenden Primär-Ringströmung in d. Einfahrt; sehr geringe Bewegungen im Hafen	Wie ohne Brackwasser	
	mit			205			
6 Std. nach Thw	ohne	Ebbe	181		Linksdrehende Primär-Ringströmung in d. Einfahrt; Sekundär-Ringströmung hinter der Hafeneinfahrt	Wie ohne Brackwasser	
	mit			209			

* Lage der Meßstellen: Abb. 55.

einlaufender Strom — auslaufender Strom

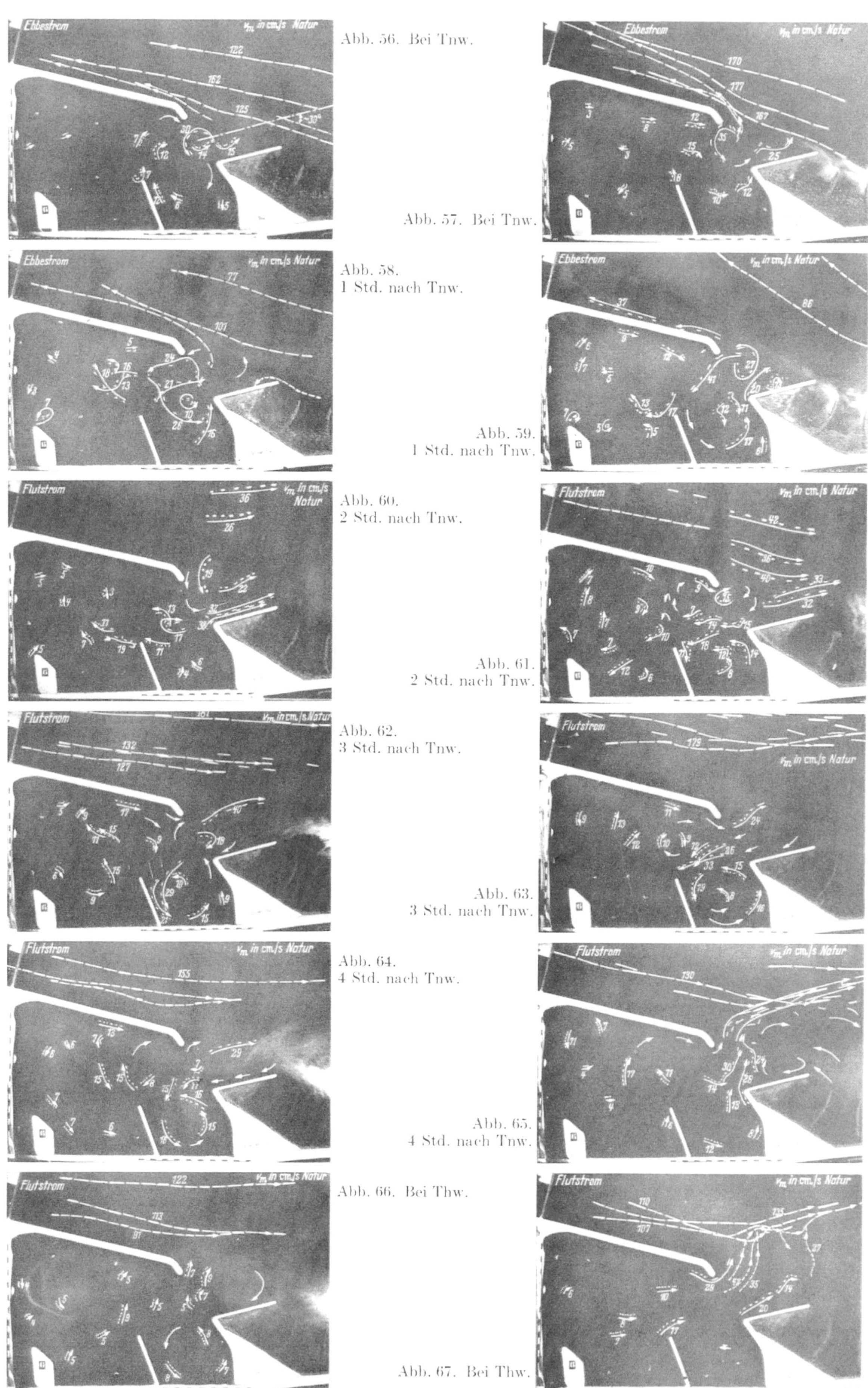

Abb. 56. Bei Tnw.

Abb. 57. Bei Tnw.

Abb. 58. 1 Std. nach Tnw.

Abb. 59. 1 Std. nach Tnw.

Abb. 60. 2 Std. nach Tnw.

Abb. 61. 2 Std. nach Tnw.

Abb. 62. 3 Std. nach Tnw.

Abb. 63. 3 Std. nach Tnw.

Abb. 64. 4 Std. nach Tnw.

Abb. 65. 4 Std. nach Tnw.

Abb. 66. Bei Thw.

Abb. 67. Bei Thw.

ohne Brackwasser mit Brackwasser

Abb. 56—67. Oberflächenströmungen bei Versuch 6 (Ost-Einfahrt II).

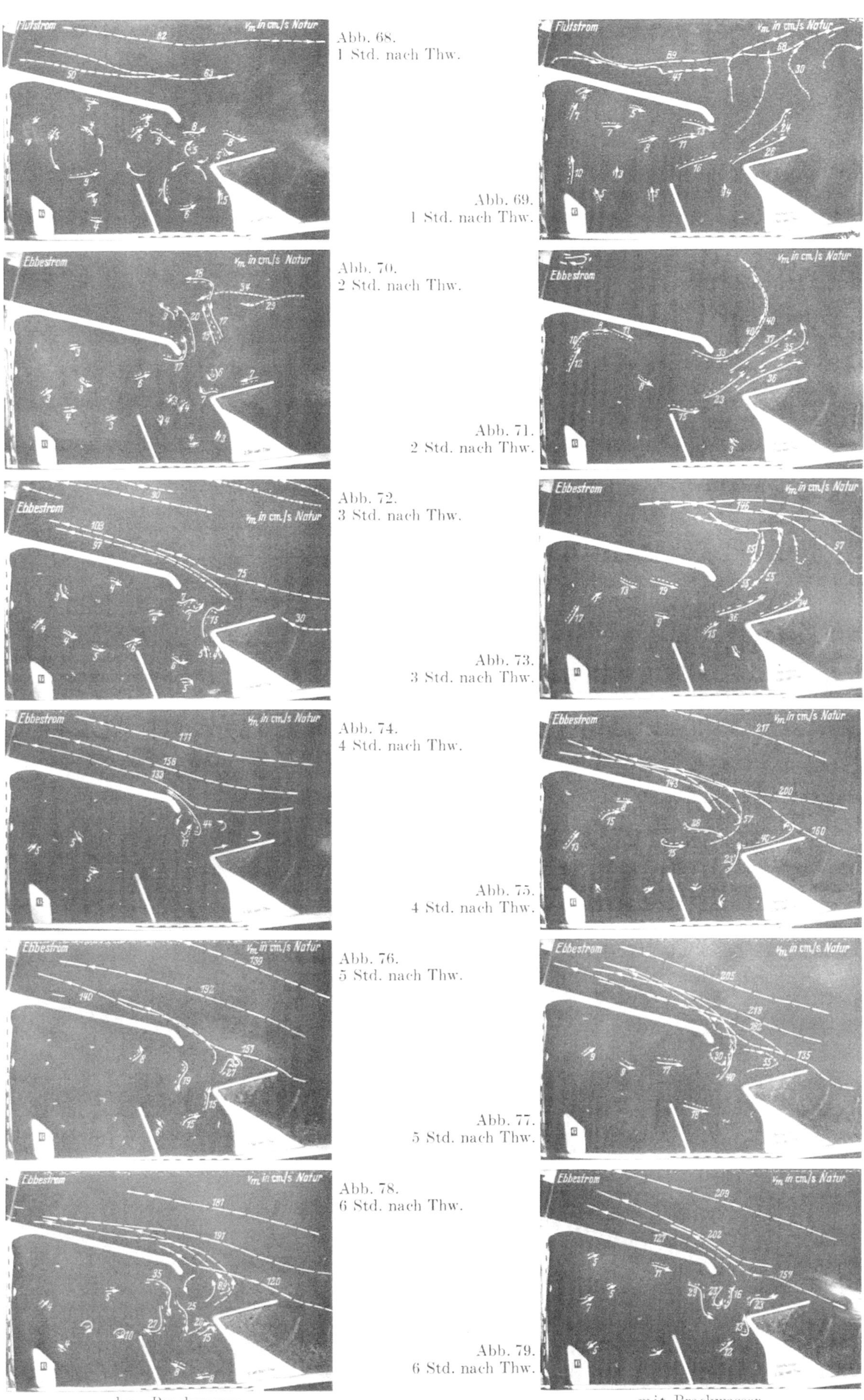

Abb. 68. 1 Std. nach Thw.

Abb. 69. 1 Std. nach Thw.

Abb. 70. 2 Std. nach Thw.

Abb. 71. 2 Std. nach Thw.

Abb. 72. 3 Std. nach Thw.

Abb. 73. 3 Std. nach Thw.

Abb. 74. 4 Std. nach Thw.

Abb. 75. 4 Std. nach Thw.

Abb. 76. 5 Std. nach Thw.

Abb. 77. 5 Std. nach Thw.

Abb. 78. 6 Std. nach Thw.

Abb. 79. 6 Std. nach Thw.

ohne Brackwasser — mit Brackwasser

Abb. 68—79. Oberflächenströmungen bei Versuch 6 (Ost-Einfahrt II).

mit Brackwasser sind die Geschwindigkeiten an der Oberfläche bei Flutströmung kleiner, bei Ebbeströmung größer als bei den Versuchen ohne Brackwasser, also ähnlich wie bei Versuch 1 (bestehender Zustand).

Da zwischen 4 Std. nach Thw und 2 Std. nach Tnw keine wesentlichen Unterschiede zwischen dem Strömungsverlauf an der Oberfläche und am Grunde eintreten, können für die nautischen Belange die Strömungen in den größeren Tiefen genügend genau nach dem Verlauf der Oberflächenströmung beurteilt werden.

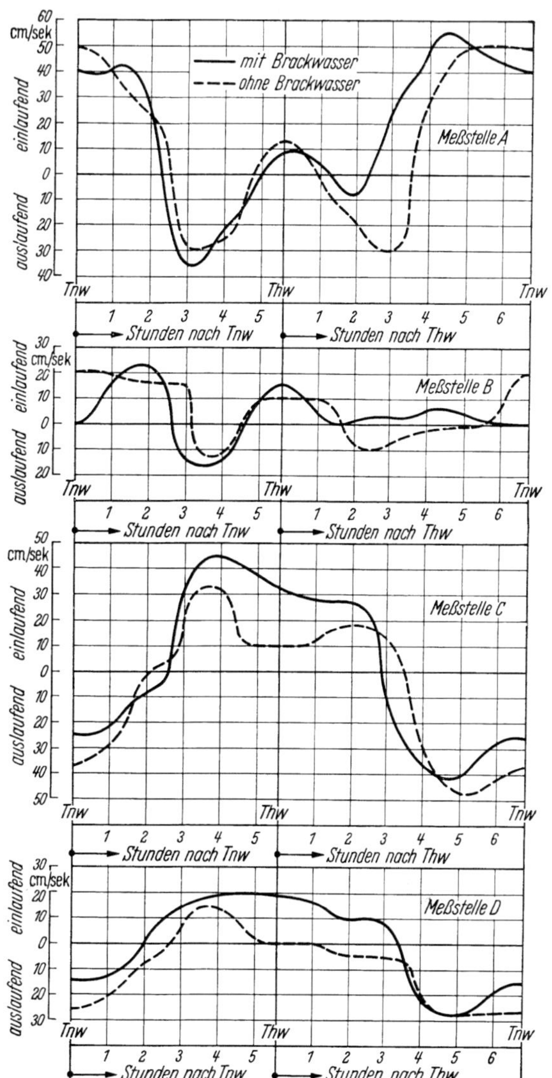

Abb. 80. Grundströmungen in der Hafeneinfahrt. Versuch 6 (Ost-Einfahrt II).

In der Hafeneinfahrt dagegen herrschen von 2 Std. nach Tnw bis 4 Std. nach Thw an der Sohle und an der Oberfläche folgende Strömungen:

2 Std. nach Tnw mit Ausnahme der Meßstelle *B* entgegengesetzt gerichtete Strömungen,
3 Std. nach Tnw gleichgerichtete,
4 Std. nach Tnw im Bereich des Steubenhöftes gleichgerichtete, im Bereich der Ostmole entgegengesetzt gerichtete Strömungen,
bei Thw und 1 Std. nach Thw entgegengesetzt gerichtete Strömungen,
2 Std. nach Thw mit Ausnahme der Meßstelle *A* und
3 Std. nach Thw mit Ausnahme der Meßstelle *B* entgegengesetzt gerichtete Strömungen.

Das Hafenbecken wird von den Ringströmungen nicht mehr unmittelbar erfaßt. Die Hauptringströmung liegt jetzt vor und in der Hafeneinfahrt. Die nur noch zeitweise auftretenden Ringströmungen im Hafen sind sekundärer und tertiärer Art und haben nur eine geringe Geschwindigkeit.

Zwischen Steubenhöft, Lentzkai, Imperator-Ufer und Brücke III treten nur geringe Strömungen auf. Zum großen Teil wird der Hafen nur noch von Strömungen erfaßt, die durch das Füllen und Entleeren des Hafenbeckens entstehen, und von Dichteausgleichströmungen, von denen angenommen werden kann, daß sie für den Neufeld-Hafen und den Lentzkai geringer geworden sind, weil das Maß der Schwankung des Salzgehaltes während einer Tide in diesen Teilen des Hafens nicht mehr so groß ist wie bisher.

Bei einem Vergleich des Strömungsverlaufs in der Hafeneinfahrt zwischen Versuch 1 (Zahlentafel 1) und Versuch 6 (Zahlentafel 4) (beide mit Brackwasser) läßt sich erkennen, daß bei Versuch 6 bereits 4 Std. nach Thw, bei Versuch 1 erst 5 Std. nach Thw eine linksdrehende Ringströmung an der Oberfläche und am Grund herrscht. Während bei Versuch 1 diese linksdrehende Ringströmung noch 2 Std. nach Tnw an der Oberfläche und am Grund besteht, ist bei Versuch 6 die Ringströmung nur noch am Grund linksdrehend, an der Oberfläche bereits rechtsdrehend. Ferner ist bemerkenswert, daß in der Zeit des durch Dichteausgleichströmungen besonders erhöhten Wasseraustausches (von etwa 4 Std. nach Tnw bis etwa 1 Std. nach Thw) bei Versuch 1 die Strömung am Grund keilförmig, an der Oberfläche mit der einlaufenden Ringströmung in den Hafen eintritt, während bei Versuch 6 die Grundströmung auf der ganzen Breite in den Hafen einläuft und die Oberflächenströmung auf der ganzen Breite aus dem Hafen ausläuft.

Bei der Ost-Einfahrt II laufen die Schiffe schräg gegen die Hauptwind- und Wellenrichtung in den Hafen ein. Der Winkel zwischen Einfahrtrichtung und Hauptströmungsrichtung beträgt etwa 30° (Abb.56). In bezug auf die Flut- und Ebberichtung liegt die Einfahrtrichtung bedeutend besser als im bestehenden Zustand, in dem die Schiffe fast senkrecht zur Hauptstrom- und Hauptwindrichtung in den Hafen einlaufen müssen (Abb. 12 links oben).

Wie schon bei Versuch 5 sind die Strömungsverhältnisse bei der Ost-Einfahrt II günstiger als die des bestehenden Zustandes zu bewerten. Auch das Anlaufen des Hafens wird bei der Ost-Einfahrt II weiter erleichtert.

In bezug auf die Strömungsverhältnisse und die nautischen Anforderungen ist die Ost-Einfahrt II von allen anderen Hafeneinfahrten (Versuche 2 bis 5) als die beste anzusprechen.

C. Eisverhältnisse.

Bei der Beurteilung einer Umgestaltung des Amerika-Hafens muß die Möglichkeit des Eintreibens von Eis berücksichtigt werden.

Bei Flutströmung ist die Gefahr des Eintreibens von Eis bei den besprochenen Varianten geringer als bei Ebbeströmung. Die Flutströmung wird bei allen Einfahrten, die parallel zum Strom liegen, glatt vorbeigeführt oder sogar noch durch die aus dem Hafen auslaufende Oberflächenströmung von der Hafeneinfahrt abgedrängt.

Die übrigen oben beschriebenen Einfahrten, die als Ost-Einfahrten bezeichnet werden können, liegen in dieser Hinsicht noch günstiger als der bestehende Zustand.

Bei Ebbeströmung ist die Möglichkeit des Eintreibens von Eis bei den „Nordost"-Einfahrten, wie sie bei den Versuchen 1 bis 3 angeordnet sind, gering; sie ist allerdings bei paralleler Lage zum Strom mit zunehmender Breite größer (Versuch 2).

Bei den Ausbaumöglichkeiten des Amerika-Hafens, die eine Ost-Einfahrt vorsehen, ist die Gefahr des Eintreibens von Eis gegeben, besonders dann, wenn die Hafeneinfahrt unmittelbar von der Ebbeströmung erfaßt wird.

Bei den Versuchen 4 und 5 ist auch aus diesem Grunde ein Stack bis zu dem Schnittpunkt mit der Verlängerungslinie des Steubenhöfts in den Strom vorgeschoben und bei der Ost-Einfahrt II (Versuch 6) eine Mole angeordnet worden, die die Strömung und den Eisgang so weit abdrängen, daß dadurch die Gefahr des Eintreibens von Eis (Abb. 43, 49 und 55) vermindert wird.

Der Verlauf der Ebbeströmung, insbesondere das Abdrängen der Strömung durch das Stack vor der Hafeneinfahrt, ist aus den Strömungsbildern zu ersehen.

D. Dünungsverhältnisse.

Um die Dünungsverhältnisse bei den verschiedenen Vorschlägen für die Umgestaltung der Hafeneinfahrt zum Amerika-Hafen beurteilen zu können, wurde im Modell eine Wellenmaschine aufgestellt, die bei allen Versuchen Ausgangswellen mit der gleichbleibenden Wellenhöhe von $H = 2{,}90$ m in der Elbe vor dem Amerika-Hafen erzeugte.

Da in Cuxhaven die gefährlichste Windrichtung Nord bis Nordwest ist und die stärkste Dünung aus dieser Richtung kommt, wurde im Modell als Richtung der erzeugten Wellen NNW gewählt und bei allen Versuchen beibehalten. Da es bei diesen Untersuchungen nicht darauf ankam, bestehende Dünungsverhältnisse auch im Modell naturähnlich nachzubilden, sondern darauf, brauchbare Vergleiche der Wellenhöhe im Amerika-Hafen bei verschiedenen Hafeneinfahrten zu erhalten, genügte die gewählte Anordnung den gestellten Anforderungen.

Die Versuche konnten nur bei Stauwasser (K_f) ohne Tideströmung im einheitlichen Wasser durchgeführt werden, da bei gleichzeitigem Tidebetrieb im Modell die Steueranlage durch die Wellen gestört worden wäre. Mit Spitzenpegeln wurden die Wellenhöhen vor und im Amerika-Hafen gemessen. In der Zusammenstellung dieser Messungen sind aus Gründen der besseren Übersicht die Ergebnisse bereits insofern zusammengefaßt, als die angegebenen Wellenhöhen für jeden Bereich die Höchstwerte darstellen (Zahlentafel 5).

Zahlentafel 5. Wellenhöhen im Amerika-Hafen.
Ausgangswellen aus NNW (Wellenhöhe 2,90 m).
Die Tafel gibt die Größe der Wellen in dem angegebenen Bereich im Verhältnis zu der auf der Elbe vorhandenen Wellenhöhe (= 100 gesetzt) an.

Bereich der Messung	Versuch-Nr.					
	1	2	3	4	5	6
	Bestehender Zustand	ohne Osterhöftmole	Nordost-Einfahrt I	Nordost-Einfahrt II	Ost-Einfahrt I	Ost-Einfahrt II
Ankommende Wellen im Fahrwasser der Elbe	100	100	100	100	100	100
Osterhöftmole (Versuch 1 und 2) / Hafeneinfahrt (Versuch 3 bis 6)	121	107	113	120	33	27
Lentzkai	55	29	26	20	21	10
Imperator-Ufer	26	23	22	14	13	13
Minensucher-Hafen	67	89	67	94	27	27
Steubenhöft (innerhalb des Hafens)	—	—	44	20	21	10
Mole vor der Einfahrt	—	—	—	—	—	111

Aus diesen Messungen geht besonders deutlich der schädliche Einfluß der Osterhöftmole auf den Lentzkai hervor. Nach der Beseitigung der Osterhöftmole ermäßigt sich die Wellenhöhe am Lentzkai auf etwa die Hälfte gegenüber dem bestehenden Zustande.

Abb. 81. Dünungsverhältnisse im Amerika-Hafen bei Stauwasser in der Elbe. Ausgangswellen aus Richtung NNW, Höhe = 2,90 m. Versuch 2 (ohne Osterhöftmole).

Abb. 82. Dünungsverhältnisse im Amerika-Hafen bei Stauwasser in der Elbe. Ausgangswellen aus Richtung NNW, Höhe = 2,90 m. Versuch 4 (Nordost-Einfahrt II).

Abb. 83. Dünungsverhältnisse im Amerika-Hafen bei Stauwasser in der Elbe. Ausgangswellen aus Richtung NNW, Höhe = 2,90 m. Versuch 6 (Ost-Einfahrt II).

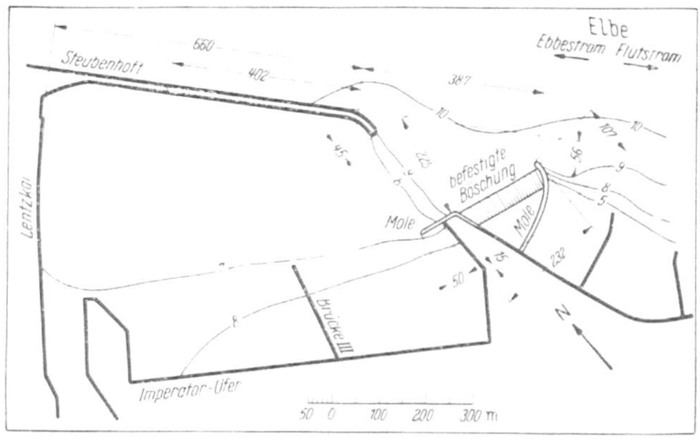

Abb. 84. Ost-Einfahrt II. Die Tiefenangaben sind bezogen auf Karten-Null = 340 cm NN — 5 m.

Nach der Entfernung der Osterhöftmole wird der Minensucherhafen wesentlich unruhiger. Bei Versuch 3 und 4 sind die Werte für den Lentzkai und für das Imperator-Ufer gegenüber dem bestehenden Zustand erwartungsgemäß kleiner, für den Minensucherhafen größer.

Die Dünungsverhältnisse werden mit einer Verschiebung der Einfahrt nach Osten bis einschließlich der Nordost-Einfahrt II (Versuch 4) für den Minensucherhafen schlechter, für alle übrigen Teile des Amerika-Hafens jedoch besser.

Erst bei den Versuchen 5 und 6 werden die Verhältnisse für alle Teile des Hafens besser. Besonders auffällig ist die Verminderung der Wellenhöhe im Minensucherhafen gegenüber dem Versuch 2 (Abb. 81 bis 83).

Der Vergleich der photographischen Aufnahmen auf Abb. 81 bis 83 zeigt den großen Einfluß der Lage der Hafeneinfahrt zur Wellenrichtung.

Bei der Ost-Einfahrt II (Versuch 6) wurde das hochliegende Wattgebiet zwischen den Stacks durch eine Mole begrenzt, um den Ebbestrom von der Hafeneinfahrt abzulenken und das Eintreiben von Eis zu verhindern.

Im Hinblick auf die Dünung aus NW bis NO ist es jedoch vorteilhafter, diese Begrenzung als befestigte Böschung auszubilden, um einen Teil der Energie der auflaufenden Wellen zu vernichten und so die Zufahrt zum Hafen ruhiger zu gestalten (Abb. 84).

Bei der Ost-Einfahrt II werden die Schutzmöglichkeiten im Amerika-Hafen bei Dünung aus O bis NO als ausreichend, bei Dünung aus N bis NW als gut beurteilt.

E. Natürliche Verflachungen im Amerika-Hafen.

a) Rechnerische Ermittlung des Wasseraustausches in der Hafeneinfahrt.

Das Ziel der Versuche war nicht nur, die jetzt bestehenden Strömungs- und Dünungsverhältnisse zu verbessern, sondern auch eine solche Lage für die Hafeneinfahrt zu finden, bei der die laufend eintretenden Verflachungen im Hafen vermieden oder wenigstens vermindert werden. Dadurch könnte der Umfang der künftig notwendigen Baggerungen, die dazu dienen, die Solltiefen im Hafen aufrechtzuerhalten, so niedrig wie möglich gehalten werden.

In jeder Tide tritt eine bestimmte Wassermenge in den Hafen ein und aus ihm aus. Setzt man zunächst an, daß jedes Kubikmeter Wasser dabei denselben Sinkstoffgehalt hat und einen prozentual gleichen Betrag davon während seines Aufenthaltes im Hafenbecken niederschlägt, dann ist der gesamte Wasserumsatz bei den einzelnen Modellzuständen in einer mittleren Tide ein Vergleichsmaß für die Verschlickungsgefahr.

Diese Annahmen widersprechen zweifellos den tatsächlichen Verhältnissen in der Natur. Da aber nur relative Zahlen von Bedeutung sind, können diese vereinfachenden Voraussetzungen unbedenklich gemacht werden. Eine genauere Berechnung ist im übrigen schon deshalb nicht durchzuführen, weil die Fragen der Sinkstofführung und des Ausfällens der Sinkstoffe in Hafenbecken noch nicht hinreichend geklärt sind.

Der Wasseraustausch im Amerika-Hafen während einer Tide konnte überschläglich aus den Ergebnissen der Messungen in der Hafeneinfahrt ermittelt werden. Für 12 gleiche Zeitabschnitte einer Tide wurden folgende Mittelwerte über die ganze Breite der Hafeneinfahrt — getrennt für ein- und auslaufendes Wasser — bestimmt:

die mittlere Schichtdicke h_m des ein- bzw. auslaufenden Wassers in m und

die mittlere Strömungsgeschwindigkeit v_m in jeder dieser Schichten in m/s.

Damit ergibt sich für einen bestimmten der 12 Tideabschnitte einer mittleren Tide die während dieser Zeit durch die Hafeneinfahrt ein- bzw. ausströmende Wassermenge in m³ zu:

$$Q_m = v_m \cdot h_m \cdot B \cdot t$$

wenn B die Breite der Hafeneinfahrt in m, und

t die Dauer eines Tideabschnittes in Sekunden bedeuten.

Werden die Wassermengen Q_m aller 12 Tideabschnitte jeweils für einlaufende und auslaufende Strömung zusammengezählt, so ergibt sich die einlaufende und die auslaufende Wassermenge einer mittleren Tide.

Dieses Verfahren wurde für alle Versuche durchgeführt. Die Ergebnisse sind in Zahlentafel 6 enthalten, im oberen Abschnitt für die Versuche mit Brackwasser, im unteren Abschnitt für die Versuche ohne Brackwasser. Die Zahlen geben die Wassermenge in einer mittleren Tide in Millionen m³ an.

Zahlentafel 6. Wasseraustausch in der Einfahrt des Amerika-Hafens in einer mittleren Tide bei den verschiedenen Modellzuständen.

Versuch		einlaufend		auslaufend		Summe der ein- bzw. auslaufenden Wassermengen	
Nr.	Bezeichnung	Grund	Oberfläche	Grund	Oberfläche	in Mill. m³	in % bezogen auf den bestehenden Zustand
				mit Brackwasser			
1	Bestehender Zustand	6,9	2,5	4,4	5,0	9,4	100
4	Nordost-Einfahrt II	5,2	2,8	4,3	3,7	8,0	85
5	Ost-Einfahrt I	4,7	1,8	2,3	4,2	6,5	69
6	Ost-Einfahrt II	4,4	1,4	2,2	3,6	5,8	62
				ohne Brackwasser			
1	Bestehender Zustand	4,6	2,9	3,6	3,9	7,5	100
2	Ohne Osterhöftmole	4,8	4,5	5,0	4,3	9,3	124
3	Nordost-Einfahrt I	4,1	3,0	3,8	3,3	7,1	95

Bei einem mittleren Tidehub von 2,86 m und einer Hafenfläche von 488000 m² beträgt der gesamte Flutraum (Raum zwischen Tnw und Thw) des Hafens 1396000 m³.

Um die Ergebnisse der Versuche ohne Brackwasser (Versuche 2 und 3) mit dem bestehenden Zustand (Versuch 1) vergleichen zu können, wurde auch die in einer mittleren Tide ein- und auslaufende Wassermenge ohne Brackwasser bei Versuch 1 ermittelt. Es ergab sich, daß während einer Tide im bestehenden Zustand (Versuch 1) 9,4—7,5 = 1,9 Mill. m³ zusätzlich durch Dichteausgleichströmungen in den Hafen hinein- und aus ihm wieder herausfließen, also etwa 20% der Gesamtwassermenge (9,4 Mill. m³).

Versuch 2 weist den größten Wasserumsatz auf (bereits 9,3 Mill. m³ ohne Brackwassereinfluß). Die Vergrößerung des Wasserumsatzes ist auf die Verbreiterung der Hafeneinfahrt von 254 m auf 295 m zurückzuführen. Dabei ist zu beachten, daß der prozentuale Anteil der Zunahme des Wasseraustausches (von 100% auf 124%) größer ist als der prozentuale Anteil der Einfahrtverbreiterung (von 100% auf 116%).

Der Wasserumsatz bei Versuch 3 (ohne Brackwasser) beträgt 7,1 Mill. m³, er ist gegenüber dem bestehenden Zustand kaum geringer.

Bei Versuch 4 (mit Brackwasser) beträgt der Wasserumsatz 8,0 Mill. m³ gegenüber 9,4 Mill. m³ des bestehenden Zustandes.

Der Wasseraustausch bei Versuch 5 (mit Brackwasser) beträgt 6,5 Mill. m³, das sind nur noch 69% des bestehenden Zustandes.

Diese Verminderung wird verursacht durch die Verkleinerung der Einfahrtbreite und durch das Abrücken der Einfahrtöffnung vom Hauptstrom.

Den geringsten Wasseraustausch weist im Versuch 6 (mit Brackwasser) die Ost-Einfahrt II auf; er beträgt 5,8 Mill. m³, d. s. nur noch 62% des bestehenden Zustandes. Trotz einer Verbreiterung von 200 m auf 225 m gegenüber der Ost-Einfahrt I (Versuch 5) hat die Verschiebung der Einfahrtöffnung nach Süden durch das Abrücken vom Hauptstrom noch eine geringe Verbesserung zur Folge.

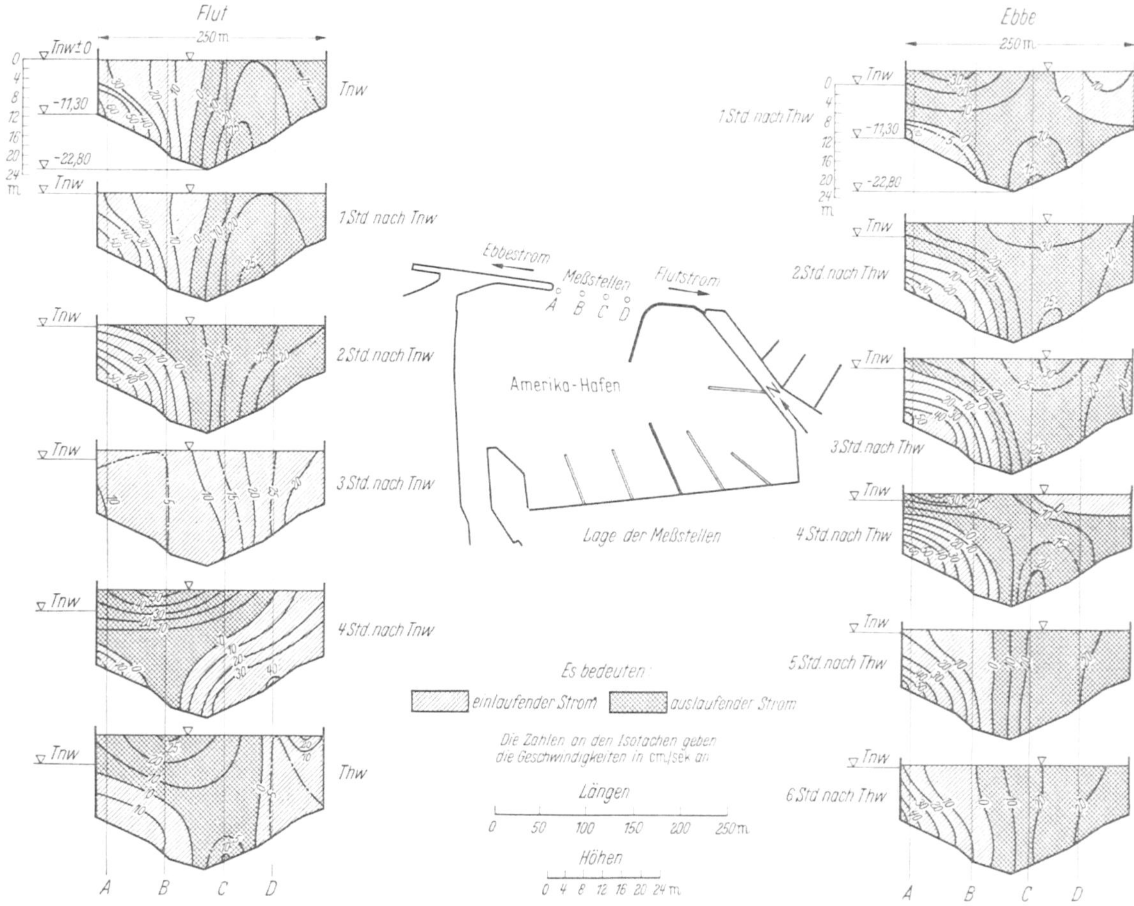

Abb. 85. Strömungen in der Hafeneinfahrt während einer Tide in cm/s mit Brackwasser. Versuch 1 (bestehender Zustand).

Um den Wasseraustausch in der Hafeneinfahrt näher zu erläutern, wurden aus den Auftragungen der Grund- und Oberflächenströmungen in der Hafeneinfahrt während einer Tide Linien gleicher Geschwindigkeiten dargestellt und zwar für den bestehenden Zustand des Amerika-Hafens in Abb. 85 und für die Ost-Einfahrt II in Abb. 86. Die einzelnen Abbildungen stellen die mittleren Strömungsverhältnisse während des jeweiligen Tideabschnittes dar. Besonders deutlich wird bei der Ost-Einfahrt II (Abb. 86) die waagerechte Schichtung der am Grund einlaufenden und an der Oberfläche auslaufenden Wassermenge in der Zeit des durch Dichteausgleichströmungen erhöhten Wasseraustausches zwischen der Elbe und dem Amerika-Hafen von 4 Std. nach Tnw bis 2 Std. nach Thw.

b) Ermittlung des Wasseraustausches innerhalb des Amerika-Hafens (mit dem Kolorimeter).

Da quantitative Sinkstoff- und Ablagerungsmessungen bei den vorliegenden Modellmaßstäben naturähnlich nicht möglich waren, wurde in einem besonderen Verfahren der Wasseraustausch unmittelbar gemessen. Hierbei wurde wie zu Beginn des vorigen Abschnittes vorausgesetzt, daß der Sinkstoffgehalt des Elbewassers in jeder Tidephase gleich groß ist und daß aus jedem Kubikmeter Wasser jeweils die gleichen relativen Mengen an Sinkstoffen im Hafen ausgefällt werden. In der Natur strömt sinkstoffhaltiges Wasser in den Hafen hinein und wird gegen weniger sinkstoffhaltiges Wasser ausgetauscht. Bei den Untersuchungen im Modell wurde das weniger sinkstoffhaltige Hafenwasser durch einheitlich gefärbtes Wasser, das einströmende, stärker sinkstoffhaltige Elbewasser durch klares Wasser dargestellt.

Mit einem Kolorimeter (Farbhelligkeitsmesser) wurde der Wasseraustausch zwischen dem Amerika-Hafen und der Elbe auf folgende Weise bestimmt:

Beim Kentern der Ebbeströmung (K_e) wurde das Tidesteuergerät abgeschaltet und der Amerika-Hafen durch eine lotrechte Wand in der Hafeneinfahrt gegen den Strom wasserdicht abgesperrt, das Wasser im Amerika-Hafen (einschließlich Neufeld-Hafen) durch Zugabe von 15 g Methylen-Blau gleichmäßig gefärbt, eine Wasserprobe entnommen (Ausgangslösung A), die Trennwand wieder entfernt und gleichzeitig

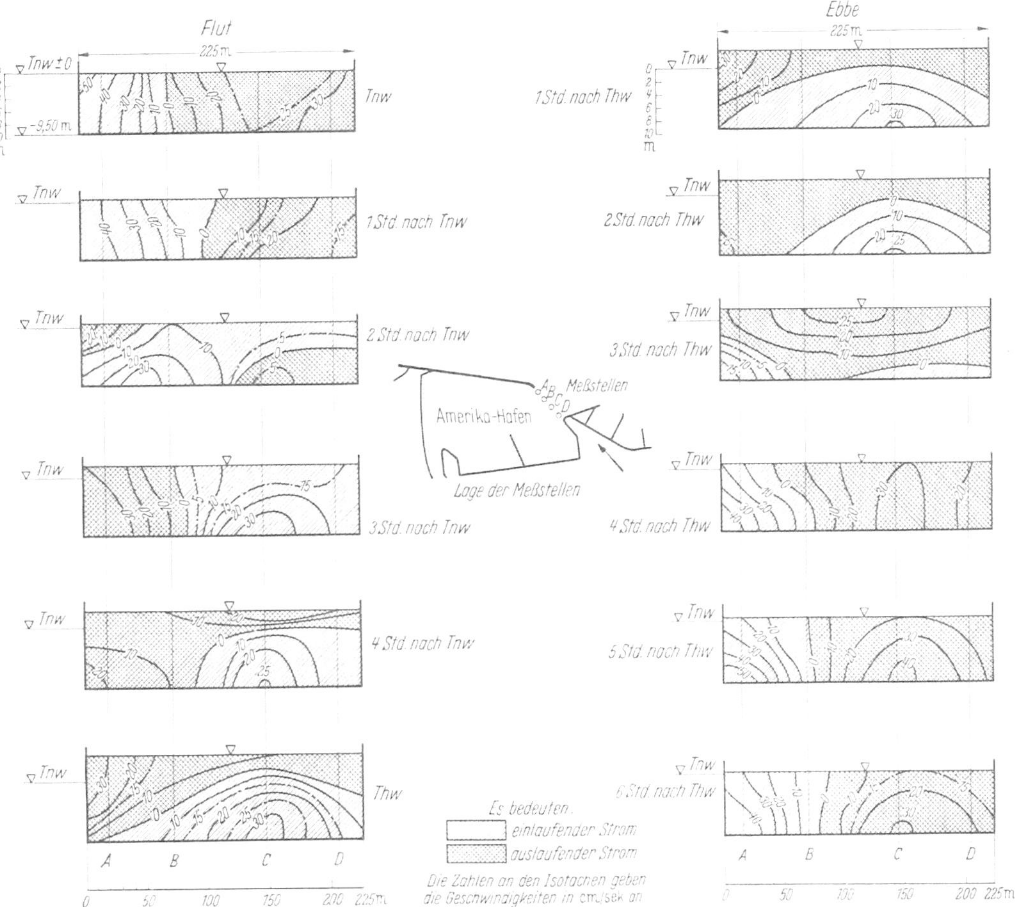

Abb. 86. Strömungen in der Hafeneinfahrt während einer Tide in cm/s mit Brackwasser. Versuch 6 (Ost-Einfahrt II).

das Tidesteuergerät für die Dauer einer vollen Tide eingeschaltet. Nach einer vollen Tide wurde die Trennwand wieder eingesetzt, das Wasser im Hafenbecken durch Mischen erneut einheitlich gefärbt und wieder eine Wasserprobe (Endlösung E) entnommen. Durch den während der Tide stattfindenden Wasseraustausch zwischen Amerika-Hafen und Elbe wurde die Ausgangslösung im Hafen mit dem klaren Elbewasser vermischt und dadurch aufgehellt. Mit einem Kolorimeter wurde das Verhältnis der Helligkeiten der beiden Wasserproben $A : E$ festgestellt.

Da die Helligkeiten zweier Flüssigkeiten — mit demselben Farbstoff gefärbt — sich wie ihre Entmischungen durch klares Wasser verhalten, läßt sich auch hieraus die Größe des stattgefundenen Wasseraustausches berechnen. Verhalten sich z. B. zwei Helligkeiten $A : E = 1 : 4$, dann ist in E noch $\frac{1}{4} \cdot 100 = 25\%$ der Lösung A (Ausgangslösung) enthalten und $100—25 = 75\%$ klares Wasser hinzugekommen. Der Wasseraustausch betrug in diesem Beispiel also 75%. Es wird hier unter Wasseraustausch diejenige Wassermenge verstanden, die während einer Tide aus dem Hafenbecken vollständig durch Außenwasser ersetzt (ausgetauscht) wird.

Die Messungen des Wasseraustausches mit dem Kolorimeter wurden bei Versuch 1 (bestehender Zustand) und Versuch 6 (Ost-Einfahrt II) ohne und mit Brackwasser durchgeführt. Die Ergebnisse sind in

Zahlentafel 7 zusammengestellt. Die %-Zahlen beziehen sich auf den Inhalt des Hafenbeckens bei einem Wasserstand von 465 cm NN — 5,00 m und bei Stauwasser (K_e), dem Beginn und Ende der Meßtide. Der Wasseraustausch beträgt im bestehenden Zustand 50%, bei der Ost-Einfahrt II nur noch 32%. Der Wasseraustausch ist also um etwa ⅓ vermindert worden.

Zahlentafel 7. Wasseraustausch innerhalb des Amerika-Hafens in einer mittleren Tide. (mit dem Kolorimeter bestimmt).

Versuch	Brackwasser	Aufhellung in 1 Tide (A : E)	nach 1 Tide noch vorhandene Ausgangslösung (A)	Wasseraustausch in 1 Tide
1 (bestehender Zustand)	ohne	1 : 1,64	61%	39%
	mit	1 : 2,00	50%	50%
6 (Ost-Einfahrt II)	ohne	1 : 1,30	77%	23%
	mit	1 : 1,47	68%	32%

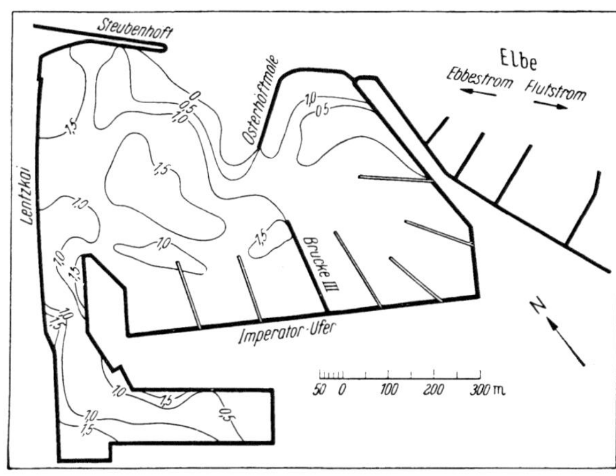

Abb. 87. Jährliche Verschlickung des Amerika-Hafens in m (nach Angaben der Strombauabteilung des Strom- und Hafenbaues Hamburg).

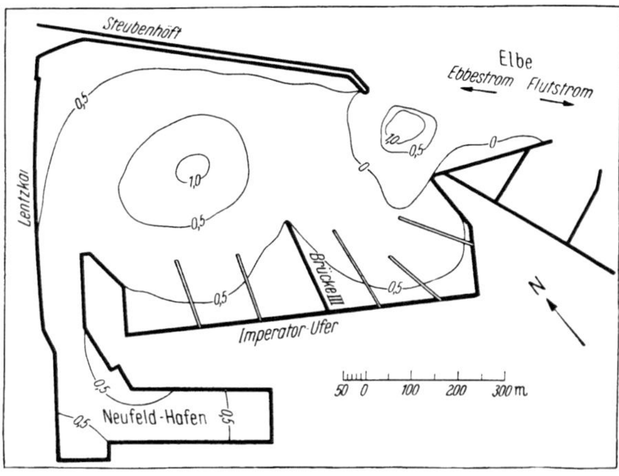

Abb. 88. Voraussichtliche jährliche Verschlickung des Amerika-Hafens in m bei der Ost-Einfahrt II.

Die bisher im Mittel jährlich auftretende Verschlickung des Amerika-Hafens beträgt nach planimetrischer Auswertung von Abb. 87 etwa 400000 m³, das entspricht einer Verflachung von im Mittel etwa 80 cm/Jahr.

Unter der Voraussetzung künftig gleichbleibender Sinkstofführung in der Elbe vor Cuxhaven kann angenommen werden, daß bei Ausführung der Ost-Einfahrt II die Verschlickung des Hafens voraussichtlich um das gleiche Maß herabgesetzt werden wird wie der Wasseraustausch, mithin um etwa ⅓. Die jährliche Verschlickung des Amerika-Hafens wird sich künftig etwa so über den Hafen verteilen, wie in Abb. 88 dargestellt ist und etwa 270000 m³ bei einer mittleren Höhe von 55 cm betragen.

Die mittlere jährliche Verschlickung des Amerika-Hafens von 400000 m³ entspricht bei 70 Tiden/Jahr einer Ablagerung von 560 m³/Tide oder auf die Hafenfläche von 488000 m² bezogen 560 : 488000 = 1,15 mm/Tide. Abgelagert werden von den in den Hafen einlaufenden Wassermengen im bestehenden Zustande

$$560\,\text{m}^3\ \text{Sinkstoffe/Tide aus}\ 9400000\,\text{m}^3\ \text{Wasser/Tide} = 60\ \text{cm}^3\ \text{Sinkstoffe}/1\ \text{m}^3\ \text{Wasser}.$$

c) Einfluß des Brackwassers auf die Verschlickung des Hafens.

Die Ursachen des Wasseraustausches und der daraus entstehenden Verschlickung des Amerika-Hafens sind — wie bereits ausgeführt — Ring-, Tide- und Dichteausgleichströmungen. Die anteiligen Größen dieser drei Austauschströmungen lassen sich aus diesen Untersuchungen angenähert bestimmen. Es muß jedoch dabei an die oben gemachten, vereinfachenden Voraussetzungen erinnert werden, daß jedes Kubikmeter Wasser, das in den Hafen einströmt, denselben Sinkstoffgehalt hat und einen prozentual gleichen Betrag davon während seines Aufenthaltes im Hafenbecken niederschlägt. Aus den vorliegenden Ergebnissen ist zunächst der Einfluß des Brackwassers auf den Wasseraustausch auszusondern.

Der Wasseraustausch vergrößert sich nach den Kolorimetermessungen durch das Brackwasser

im bestehenden Zustande (Versuch 1) von 39 auf 50%,
bei der Ost-Einfahrt II (Versuch 6) von 23 auf 32% (vgl. Zahlentafel 7).

Wird der Wasseraustausch bei dem Versuch ohne Brackwasser jeweils mit 100% angesetzt, so beträgt der Wasseraustausch mit Brackwasser:

$$\frac{50}{39} \cdot 100 = 128\% \text{ bei Versuch 1,} \quad \text{und} \quad \frac{32}{23} \cdot 100 = 139\% \text{ bei Versuch 6.}$$

Der relative Einfluß des Brackwassers ist bei der Ost-Einfahrt II deshalb größer, weil die anteilige Größe aus den Ringströmungen erheblich geringer ist als bei dem bestehenden Zustand.

Die Vergrößerung der Verschlickung des Hafens durch die Dichteausgleichströmungen beträgt somit

bei Versuch 1: 28% und
bei Versuch 6: 39%

gegenüber dem Maß, das ohne Brackwasser, d. h. wenn der Hafen außerhalb des Brackwassergebietes liegen würde, zu erwarten wäre.

Diese Zahlen liefern einen Maßstab für die große Bedeutung des Brackwassers bei den Strömungsvorgängen, die zu Verschlickungen von offenen Häfen im Brackwassergebiet führen. Sie machen auch deutlich, daß es bei Versuchen für solche Häfen erforderlich ist, außer der Tidebewegung auch noch den Verlauf der wechselnden Dichte des Wassers nachzubilden.

Zur Übersicht über die drei Anteile des Wasseraustausches während einer Tide soll die nebenstehende Zusammenstellung dienen.

Anteil	Bei Versuch 1 (bestehender Zustand) ohne Brackwasser 10^6 m³	Bei Versuch 1 mit Brackwasser 10^6 m³	Bei Versuch 6 (Ost-Einfahrt II) ohne Brackwasser 10^6 m³	Bei Versuch 6 mit Brackwasser 10^6 m³
des Flutraumes	1,4	1,4	1,4	1,4
der Ringströmung ..	6,1	6,1	2,8	2,8
des Brackwassers...	—	1,9	—	1,6
Summe....	7,5	9,4	4,2	5,8

In Prozenten ergibt sich

Anteil	Bei Versuch 1 (bestehender Zustand) ohne Brackwasser %	Bei Versuch 1 mit Brackwasser %	bei Versuch 6 (Ost-Einfahrt II) ohne Brackwasser %	bei Versuch 6 mit Brackwasser %
des Flutraumes	19	15	33	24
der Ringströmung ..	81	65	67	48
des Brackwassers...	0	20	0	28
Summe....	100	100	100	100

Der Umsatz des Wassers im Hafen in einer Tide mit Brackwasser beträgt ohne den Anteil des Flutraumes bei Versuch 1 8,0 Mill. m³, d. h. bei der Hafenfläche von 488000 m² und der mittleren Wassertiefe von etwa 7 m unter KN das

$$\frac{8\,000\,000}{488\,000 \cdot 7} = 2{,}34\text{fache des Wasservolumens}$$

im Hafenbecken (unter MTnw).

Ein zusammenfassender Vergleich der Modellzustände 1 und 6 ergibt folgendes:

Der Wasseraustausch in einer Tide nimmt von 9,4 Mill. m³ im bestehenden Zustand (Versuch 1) auf 5,8 Mill. m³ bei einer Verlegung der Einfahrt zum Amerika-Hafen in die Lage der „Ost-Einfahrt II" (Versuch 6), d. h. um 3,6 Mill. m³ = 38% ab.

Der Flutraum behält seine alte Größe. Die größte Abnahme des Wasseraustausches ergibt sich aus der Verminderung der Ringströmung, und zwar deshalb, weil die Ost-Einfahrt II nicht so nahe an der Hauptströmung der Elbe liegt wie die bestehende Einfahrt. Auch die Dichteausgleichströmung nimmt ab.

Es empfiehlt sich somit, wenn nicht andere Belange eine andere Entscheidung verlangen, die Einfahrt des Amerika-Hafens nach Osten zu verlegen.

VI. Zusammenfassung.

Die Untersuchungen führten zu folgenden Ergebnissen:

Strömungsverhältnisse. Bei einer Lage der Hafeneinfahrt unmittelbar an der Hauptströmung der Elbe (Versuche 1 bis 3) sind die Strömungsverhältnisse im Bereich der Hafeneinfahrt ungünstig. Während der ganzen Tide, besonders aber in der Zeit von 3½ Std. nach Tnw bis 1 Std. nach Thw, werden Ring- und Tideströmungen von Dichteausgleichströmungen überlagert, die im Bereiche der Hafeneinfahrt zu Strömungen führen, deren Richtungen in den einzelnen Tiefen sehr verschieden sind und schwanken und die in ihrer Richtung und Stärke nur sehr schwer abgeschätzt werden können. Das Gesamtbild der Strömungen ist deshalb so unübersichtlich, weil die Dichteausgleichströmungen, selbst in der Zeit des größten Dichtegefälles, nicht so stark und einflußreich sind, daß sie die Ringströmungen völlig verdrängen können. Nur durch eine erhebliche Verringerung der Einfahrtbreite könnten die Strömungen übersichtlicher werden. Da mit kleinerer Einfahrtöffnung das Dichtegefälle größer und die Ringströmungen kleiner werden, könnten in diesem Falle die Dichteausgleichströmungen während des Flutstromes die Ringströmungen verdrängen, d. h. die Grundströmung und die Oberflächenströmung wären während der Flutstromdauer in der ganzen Breite der Hafeneinfahrt entgegengesetzt gerichtet (am Grunde in den Hafen ein-, an der Oberfläche auslaufend).

Um größeren Schiffen das Anlaufen des Hafens ohne Gefahr zu ermöglichen, kann aber aus nautischen Gründen eine weniger als 225 m breite Einfahrt nicht empfohlen werden.

Auch während des Ebbestromes werden die Ring- und Tideströmungen in der Hafeneinfahrt durch Dichteausgleichströmungen, die durch das immer größer werdende Gefälle vom Hafen zur Elbe hervorgerufen werden, verändert. Diese Veränderung ist jedoch nicht so stark, daß die Dichteausgleichströmungen das allgemeine Bild der während des Ebbestromes in der Hafeneinfahrt bestehenden linksdrehenden Ringströmung wesentlich beeinflussen könnten, weil bei Ebbestrom nur eine begrenzte Menge Salzwasser im Hafen vorhanden ist, die durch die Abmessungen des Hafenbeckens gegeben ist.

Die Strömungsverhältnisse könnten zwar auch mit einer Verbreiterung der Hafeneinfahrt übersichtlicher gestaltet werden, aber schon bei einer Einfahrtbreite von 295 m (Versuch 2) sind die Bewegungen in der Einfahrt und im Hafen so groß und weit ausholend, daß allein schon aus nautischen Rücksichten von einer derart breiten Hafeneinfahrt abgeraten werden muß.

Durch den Bau der Osterhöftmole wurden s. Z. die bereits bestehenden, nicht übersehbaren Strömungsverhältnisse im Bereiche der Hafeneinfahrt insofern noch weiter verschlechtert, als die Osterhöftmole die Strömungen zusammenfaßt und daran hindert, sich über die Hafenfläche zu verteilen. Wird beabsichtigt, nur die Osterhöftmole zu beseitigen, so sollte (abweichend von Versuch 2) nur der gerade, in das Hafeninnere hineinragende Teil der Osterhöftmole abgebrochen werden. Um den südöstlichen Teil des Amerika-Hafens gegen starken Seegang zu schützen, könnte dabei die Brücke III etwas verlängert und dann nach Osten geführt werden.

Die Anordnung der Hafeneinfahrt der Versuche 1 bis 3 ist in nautischer Hinsicht insofern noch ungünstig, als es für große Schiffe schwierig ist, fast senkrecht zur Hauptströmung in den Hafen einzulaufen.

Bei den Hafeneinfahrten, die nur noch teilweise (Versuch 4) oder nicht mehr unmittelbar am Hauptstrom der Elbe liegen (Versuche 5 und 6), sind die Strömungsverhältnisse im Bereiche der Hafeneinfahrt klarer und übersichtlicher als bei einer Einfahrt, die unmittelbar an der Hauptströmung liegt (Versuche 1 bis 3). Je weiter die Hafeneinfahrt vom Hauptstrom nach Osten verlegt wird, desto kleiner wird der Winkel zwischen Hauptströmungs- und Einfahrtrichtung (Versuch 6) und desto geringer wird für große Schiffe die Schwierigkeit, in den Hafen einzulaufen. Schon aus nautischen Gründen ist jede Einfahrt besser, die schräg zur Hauptströmungsrichtung verläuft.

Eisverhältnisse. Bei Flutströmung ist die Gefahr des Eintreibens von Eis bei allen Ausbaumöglichkeiten des Amerika-Hafens gering, ebenso bei Ebbeströmung, wenn die Einfahrt parallel zur Elbe liegt. Bei allen Nordost- und Ost-Einfahrten ist die Gefahr des Eintreibens von Eis bei Ebbestrom gegeben; sie kann aber durch den Bau eines Abweisbauwerkes (einer Mole) hinreichend vermindert werden.

Dünungsverhältnisse. Nach der Beseitigung der Osterhöftmole sind die Wellenhöhen am Lentzkai nur noch halb so groß wie im bestehenden Zustande.

Mit einer Verschiebung der Einfahrt nach Osten bis einschließlich der Nordost-Einfahrt II (Versuche 3 und 4) werden die Wellenhöhen — außer im Minensucherhafen — noch geringer.

Bei den Ost-Einfahrten (Versuche 5 und 6) ist die Dünung in allen Teilen des Hafens wesentlich schwächer als im bestehenden Zustande.

Verschlickung des Amerika-Hafens. Der Wasseraustausch in der Hafeneinfahrt während einer Tide beträgt im bestehenden Zustande 9,4 Mill. m³ (= 100%).

Er wächst bei Versuch 2 (ohne Osterhöftmole) auf 124%.

Der Wasseraustausch ermäßigt sich dagegen

bei Versuch 3 auf 95%
bei Versuch 4 auf 85%
bei Versuch 5 auf 69%
bei Versuch 6 auf 62%.

Nach Kolorimetermessungen wird der Wasseraustausch innerhalb des Amerika-Hafens bei der Ost-Einfahrt II (Versuch 6) um etwa ⅓ ermäßigt.

Die mittlere jährliche Verschlickung des Amerika-Hafens, die bisher etwa 400000 m³ betrug, wird bei der Ost-Einfahrt II nur noch etwa 270000 m³ erreichen.

Die Dichteausgleichströmungen infolge des Brackwassers vergrößern die Verschlickung des Hafens

bei Versuch 1 um 28%
bei Versuch 6 um 39%

gegenüber dem Maß, das zu erwarten wäre, wenn der Hafen ober- oder unterhalb des Brackwassergebietes liegen würde.

Gegenüber den anderen Modellzuständen (Versuche 1 bis 5) besitzt die Lage der Hafeneinfahrt nach Versuch 6 (Ost-Einfahrt II) folgende Vorteile:

in der Hafeneinfahrt sind die Strömungsverhältnisse am übersichtlichsten; die Strömungen innerhalb des Hafens sind am geringsten;

großen Schiffen wird das Einlaufen in den Hafen weitgehend erleichtert;

bei starker Dünung aus NW bis N sind die Wellenhöhen im Hafen am geringsten;

die Verschlickung des Hafens ist am geringsten.

Es empfiehlt sich daher, die Osterhöftmole zu beseitigen, die bestehende Hafenöffnung zu schließen und die Einfahrt des Amerika-Hafens, wie die Anordnung bei der Ost-Einfahrt II zeigt, an den östlichen Rand des Hafenbeckens zu verlegen.

Aus der Arbeit des Ausschusses für Hafenumschlagstechnik.

Von Baudirektor i. R. Dipl.-Ing. **Oskar Wundram**, Hamburg.

Der Ausschuß konnte gelegentlich der Hauptversammlung der Hafenbautechnischen Gesellschaft 1951 in Bremen sein 25jähriges Bestehen feiern; er wurde 1926, damals unter dem Namen „Ausschuß für Umschlagsgeräte", gegründet, sein erster Vorsitzender war der damalige Kaidirektor Buschmeyer, Hamburg. Nach seinem Übertritt in den Ruhestand 1933 übernahm der Verfasser dieses Berichtes die Leitung, bis 1940 der Krieg die Arbeiten lahmlegte. Die früheren Ergebnisse der Ausschußarbeiten sind in den jeweiligen Jahrbüchern der HTG veröffentlicht worden. Als 1949 die Gesellschaft wieder zum Leben erweckt wurde, wurden auch ihre Arbeitsausschüsse nach der erzwungenen Untätigkeit von rund 10 Jahren wieder in Gang gebracht. Auf Veranlassung vom Gesellschaftsvorsitzenden Prof. Dr.-Ing. e. h. Dr.-Ing. Agatz übernahm der Verfasser den Vorsitz vom neu zu gründenden Ausschuß, der nun den Namen: „Ausschuß für Hafenumschlagstechnik" erhielt, weil nicht nur die Umschlagsgeräte, sondern auch Verfahrensweise, Betrieb und Wirtschaftlichkeit des gesamten Hafenumschlages beleuchtet werden sollten, soweit er sich mit technischen Mitteln abwickelte. Die zur Behandlung in den ersten Sitzungen vorgeschlagenen Fragen ergaben selbst bei Bescheidung auf das Notwendigste ein so umfangreiches Programm, daß zur Bearbeitung der einzelnen Aufgaben der Ausschuß, dessen Mitgliederzahl im Laufe der Jahre, abgesehen von kleinen Schwankungen, sich auf rund 30 belief, getrennte Arbeitsgruppen mit je einem Leiter einsetzen mußte. Diese Einteilung war nicht starr, sondern war abhängig von der fachlichen und zeitlichen Bedeutung der Aufgaben, so daß nach Abschluß der Arbeiten und Bedarf Arbeitsgruppen aufgelöst oder neu zusammengesetzt werden konnten. Der Ausschußvorsitzende hat jeweils in den Hauptversammlungen 1950 in Karlsruhe, 1951 in Bremen und 1952 in Duisburg kurz über das Erarbeitete berichtet, während die Arbeiten selbst in vollem Wortlaut in unserem Gesellschaftsorgan „Hansa", Zeitschrift für Schiffahrt, Schiffbau und Hafen, Hamburg, im Laufe der Jahre 1951/52 veröffentlicht wurden. Sie brauchen deshalb hier nicht in vollem Umfang wiedergegeben werden, doch fühlt sich der Verfasser verpflichtet, aus zwei Gründen hier das Wichtigste aus diesen Veröffentlichungen (siehe Nachweis am Schluß des Berichtes) zu wiederholen, einmal, weil nicht alle Gesellschaftsmitglieder die Zeitschrift „Hansa" lesen, dann, weil unsere HTG-Jahrbücher als zuverlässige Nachschlagewerke doch Kunde geben müssen von den Ergebnissen der in der Gesellschaft geleisteten Arbeiten. Außer den hier gebrachten Veröffentlichungen sind natürlich noch andere Aufgaben in laufender Bearbeitung, die nach Abschluß wiederum in der „Hansa" erscheinen werden, da das nächste Jahrbuch, das wahrscheinlich nicht vor der Hauptversammlung 1954 in Kiel herauskommt, die Bekanntgabe zu sehr verzögern würde.

Die wichtigste und umfangreichste Arbeit, welche eine von Direktor Dr.-Ing. Berghaus, Bremen, geleitete Arbeitsgruppe behandelte, bezog sich auf die Frage: **Erhöht der Uferkran die Leistungsfähigkeit und Wirtschaftlichkeit eines Seehafens?** Sie war eine Stellungnahme zur Kranausstattung europäischer und nordamerikanischer Häfen, hervorgerufen durch die Tatsache, daß die Häfen der Vereinigten Staaten von Amerika den gesamten Stückgutumschlag ohne Uferkrane, die europäischen ihn aber im wesentlichen mit Uferkranen bewerkstelligen. Dieser bemerkenswerte Zustand hatte schon seit Beginn des Jahrhunderts bis in die jüngste Zeit die Hafenfachleute, darunter auch Bremer und Hamburger, und Schiffahrtskongresse (Philadelphia 1912, London 1923) beschäftigt, ohne daß man in allen Punkten zu einer Einigung kommen konnte. Immerhin wurden etwa 1925 Erkenntnisse vermerkt, die auch den folgenden neueren Untersuchungen nicht widersprechen. Später nach den Vereinigten Staaten von Amerika entsandte deutsche Studienkommissionen (1929, 1949 und 1950) wurden wiederum durch die Kranlosigkeit im nordamerikanischen Stückgutumschlag so stark beeindruckt, daß nunmehr die möglichst erschöpfende Klärung der Frage, ob Uferkrane notwendig und wirtschaftlich sind, unausweichlich erschien. Der Ausschuß für Hafenumschlagstechnik durfte sich wohl mit Fug und Recht als die fachkundige und unabhängige Stelle zur Bearbeitung dieses Fragenkomplexes — es müssen hierbei tatsächlich eine Reihe verschiedenartiger Gesichtspunkte berücksichtigt werden — betrachten und hat dann auch 1950 die vorerwähnte Arbeitsgruppe aus mehreren Hafenumschlagssachverständigen eingesetzt, welche im April 1951 den abschließenden Bericht erstattete. Die erarbeiteten Ergebnisse wurden in folgenden Unterabschnitten dargestellt:

1. Der Unterschied zwischen den Seehäfen in Europa und den Vereinigten Staaten von Amerika.
2. Der Umschlag mit und ohne Uferkran.
3. Ergebnisse des Vergleiches.
4. Zahl der Uferkrane.
5. Zusammenfassung.

Der Unterschied im Kaiumschlag zwischen den beiden Erdteilen ist vielfach durch den in Amerika an der Atlantik- und Golfküste geringen Tidenhub (meist kleiner als 1 m) gegeben, da dieser die Arbeit mit dem Schiffsgeschirr (Ladebäume mit Winden oder Deckskrane) außerordentlich erleichtert, wohingegen die Flutverhältnisse in Europa meist die kaiseitige Arbeit des Schiffsgeschirrs stark erschweren oder gar unmöglich machen, weshalb auch dieses Gerät meist nur außenbords nach der Wasserseite des Seeschiffes verwendet wird. Der Hafen von New York, der als ältester und bedeutendster Hafen Nordamerikas stärksten Einfluß auf die Einrichtung der übrigen Häfen Nordamerikas ausübte, ist schon städtebaulich so sehr auf enge Pieranlagen eingestellt, daß die äußerst schmalen Rampen keinen Platz für Uferkrane zuließen. Hier wurde das Arbeiten des Schiffsgeschirrs durch Anbringen von Blockrollen hoch oben an der Pierschuppenvorderwand erleichtert (Burtoning). Dies Vorbild war maßgebend für die anderen nordamerikanischen Seehäfen. Ein anderer allerdings auch stark in der Überlieferung wurzelnder Grund war für die amerikansichen Häfen der, daß die Vereinigten Staaten von Amerika vor dem ersten Weltkrieg und noch ausgesprochener früher keine nennenswerte eigene Handelsflotte besaßen und damit keinen Anlaß, auf fremder Schiffe Bordgeschirr besondere Rücksicht zu nehmen. Auch die Organisation der amerikanischen Häfen, die vielfach der Endpunkt mehrerer Eisenbahnlinien sind, die ihre Güter an verschiedenen Pierschuppen bearbeiten lassen, zu welchen dann die Seeschiffe verholen müssen, erzeugt wegen der dadurch bedingten schwächeren Ausnutzung der Hafenanlagen eine Abneigung der privaten Hafenbetreiber gegen kostspielige Kranausstattungen. Trotzdem heute in den amerikanischen Häfen staatliche und städtische Einflüsse mehr Gewicht gewinnen, bleibt die Vorliebe für Kranlosigkeit bestehen. Auch die gegenüber der Eisenbahn in den Vereinigten Staaten von Amerika weit geringere Bedeutung der beiden Verkehrsträger Binnenschiff und Lastkraftwagen im Hafenumschlag spielt in der Bewertung der Unnötigkeit von Uferkranen eine bedeutende Rolle. Die Art der Ladung in amerikanischen Häfen, massenhaft in gleichmäßiger Verpackung angeliefertes Ausfuhrgut, ermöglicht den Behelf mit Schiffsgeschirr, während die europäische Art der „bunten Ladung“ in vielen kleinen Einzelpartien für Ein- und Ausfuhr die Hilfe der anpassungsfähigeren Uferkrane notwendig macht. Die behördlichen Vorschriften in den Vereinigten Staaten von Amerika (Unfallverhütung, Gewerbeaufsicht, Feuerschutz) sind nicht entfernt so streng wie z. B. in Deutschland und erleichtern drüben eine einfachere und billigere mechanische Hafenausrüstung, wobei die Ausnutzung der Menschenkraft allerdings eine schärfere ist.

Die Gründe für die Kranlosigkeit haben natürlich drüben ihre besondere Einwirkung auf die Bauweise und den Betrieb der Pierschuppen gehabt, die neuerdings ausschließlich einstöckig mit wachsenden Breiten — dies allerdings später als in Europa — gebaut wurden. Auf der Wasserseite sind niemals Rampen vorhanden, weil das Schiffsgeschirr nur eine beschränkte Reichweite hat und die Flurfördergeräte die Güter über den Niveausprung, den eine Rampe bietet, nicht in den Schuppen befördern könnten. In Deutschland werden nur Schuppen mit wasser- und landseitigen Rampen gebaut, westeuropäische Häfen bevorzugen eine Umstellung auf rampenlose Schuppen, England weist nur rampenlose Schuppen auf, gelegentlich mit einer Eisenbahnrampe auf der Landseite. Die Eisenbahnzu- und -abfahrt findet in den amerikanischen Häfen meist an der landseitigen Rampe statt, manchmal auch im Inneren des Schuppens auf vertieft verlegten Gleisen. New York hat überhaupt keinen Gleisanschluß für seine Piers, sondern holt und bringt die Eisenbahngüter mittels Wagenfähren (carfloats) vom und zum gegenüberliegenden Flußufer. Neuere Pieranlagen bekommen in anderen Häfen schon Gleisanschlüsse auf der Wasserseite. Lastkraftwagen werden meist im Schuppen und auf der wasserseitigen Fläche des Piers, seltener an derLand- oder Stirnseite der Schuppen abgefertigt.

Ob der Schiffsumschlag mit oder ohne Uferkrane bewerkstelligt wird, hat weitgehenden Einfluß auf die Gestaltung des Kai- bzw. des Pierquerschnittes. Außer dem obenerwähnten Umstand, daß die Arbeit mit dem Schiffsladegeschirr wegen der Weiterförderung der Güter in den Schuppen keine Rampen verträgt, macht der auf der wasserseitigen Pierfläche stattfindende Verkehr der Flurfördergeräte (Kraftkarren und Gabelstapler), der sich quer zur Längsrichtung der Pierkante erstreckt, einen ungestörten Verkehr von Eisenbahn- und Lastkraftwagen längs der Schuppen unmöglich. Das ist ja auch der Hauptgrund dafür, daß Eisenbahn- und Lastwagenabfertigung in amerikanischen Häfen meist im Schuppen oder an seiner Landseite erledigt wird. Die Bedienung von Binnen- und Hafenlastschiffen ist beim Fehlen von Uferkranen an der Pierkante außerordentlich erschwert und kann nur in Amerika bei der geringen Bedeutung der Binnenschiffahrt sich auf primitive Hilfsmittel beschränken; hin und wieder werden Schwimmkräne dafür eingesetzt. In Hamburg, wo der unmittelbare Umschlag zwischen Kai und Binnen- bzw. Hafenschiff eine bedeutende Rolle spielt, ist schon aus diesem Grunde das Fehlen von Uferkränen geradezu undenkbar, verlangt doch dieser Binnenschiffsumschlag manchmal umfangreichere Kranhilfe als die Bearbeitung eines Seeschiffes. In Rotterdam geht man noch weiter und hat zur Bedienung einer mehrfachen Reihe von am Ufer liegenden Kähnen Krane mit Ausladungen bis zu 36 m angeschafft, die sehr teuer sind.

Der Vorgang des Umschlages mit Hilfe des Schiffsgeschirrs spielt sich in zwei Arten ab, wobei die Benutzung von Bordwippkranen außer Betracht bleiben kann, weil sie, obschon sehr bequem für Lösch- und Ladearbeiten, wegen ihrer sehr hohen Anschaffungskosten bislang wenig eingebaut werden. Das Schiffsladegeschirr besteht grundsätzlich aus den feststehenden Lademasten mit schwenkbar daran angeordneten Ladebäumen und den dazugehörigen Seilwinden, die mit Dampf oder elektrischem Strom angetrieben werden. Gewöhnlich arbeiten zwei Ladebäume mit je einer Winde zusammen, der eine Ladebaum steht über der Ladeluke, während der andere über die Bordkante nach Land ausgeschwungen werden kann. Über die Seilrollen an der Spitze der Ladebäume laufen die Hubseile von den Winden, die am Lasthaken zusammengekuppelt sind, so daß die Last von jeder Winde beeinflußt werden kann. Durch geschicktes Steuern der Windenleute wird erreicht, daß die Last aus der Luke gehoben, zum landseitig ausgelegten Ladebaum herübergezogen und dann auf die Pierfläche abgesenkt wird. Die Reichweite auf der Pier beträgt höchstens 7 m, die Seitenbewegung des Lasthakens am landseitigen Ladebaum etwa 4 m, so daß rund 28 qm vor einem Schiffsgeschirr an Land bedient werden können. Diese recht geringe Bewegungsfreiheit des Schiffsgeschirrs wird in vielen Häfen der Vereinigten Staaten von Amerika dadurch vergrößert, daß man den landseitig auszuschwingenden Ladebaum durch eine Blockrolle ersetzt, die an eisernen Gerüsten hoch über der landseitigen Dachkante des Pierschuppens angebracht sind; dadurch kann man die Reichweite über Land ganz erheblich erweitern, während die Querbewegung auch hier auf kleine Ausmaße beschränkt bleibt. Es ist ohne weiteres einzusehen, daß die Bewegungsfreiheit des Uferkranes besonders in der Form des elektrischen, verfahrbaren Wippkranes eine viel größere ist. So kann z. B. ein Halbportalwippkran mit 6 m Mindest- und 20 m Höchstausladung eine Kaifläche von rund 700 qm bestreichen, wobei die Blockierung der Absatzfläche durch das Halbportal schon in Abzug gebracht ist; Vollportale mit noch größeren Ausladungen der darauf stehenden Wippkrane gestatten entsprechend größere Arbeitsflächen. Der Wert des beweglichen Uferkranes mit Wippausleger läßt sich in folgenden Sätzen zusammenfassen:

a) Bei Direktverladung auf dem Kai in Waggons oder Lkw können gleichzeitig mehrere Fahrzeuge bedient werden. Bei Waggonverladung auf zwei Gleisen z. B. erreicht der Kran 7 Waggons. Dadurch entfällt ein großer Teil der bei Bedienung des Schiffsgeschirrs laufend erforderlichen Verschiebearbeit, und man erspart sich die damit verbundene Störung des übrigen Verkehrs auf dem Kai.

b) Bei indirektem Umschlag hebt der Kran die Lasten über dem Längsverkehr auf dem Kai hinweg, setzt sie unmittelbar vor dem Schuppen ab, wobei er bezüglich des Absetzpunktes wesentlich freizügiger ist als das Schiffsgeschirr und infolgedessen die Beladung von Elektrokarren und anderen Flurfördergeräten erheblich vereinfacht wird, ohne den Längsverkehr am Kai zu stören.

c) Die gleichzeitige Verwendung von Uferkran und Schiffsgeschirr schließlich gibt die Möglichkeit, allen Erfordernissen beim Umschlag leicht zu entsprechen. So kann z. B. der Kran (wie insbesondere in Rotterdam üblich) über das Schiff hinweg arbeiten und eine dahinterliegende mehrfache Reihe von Kähnen erreichen. Hierbei kann das Schiffsgeschirr gleichzeitig nach außenbord oder nach Land zu arbeiten. Die Krane mit großen Ausladungen übernehmen dann häufig die Verteilung der Güter in die Kähne über das Seeschiff hinweg, eine Arbeit, die das Schiffsgeschirr wegen seiner beschränkten Reichweite und wegen seines starren Lastweges nicht zu leisten vermag.

Schiffsgeschirr und Kran können, wie zum Teil in englischen Häfen üblich, beide an Land arbeiten und dadurch die Umschlagsleistung steigern.

Ferner kann das Schiffsgeschirr, wie in Deutschland üblich, vornehmlich zum Hervorholen der Last unter Deck bzw. Trimmen der Ladung benutzt werden und dadurch zur Beschleunigung des Arbeitstempos des Kranes erheblich beitragen. Zur Erzielung besonders großer Löschleistungen kann außerdem das Schiffsgeschirr mit dem Uferkran derartig zusammenarbeiten, daß das Schiffsgeschirr die Last an Deck setzt, von wo der Uferkran sie an Land bringt.

Die Frage nach der Umschlagsleistung des Schiffsgeschirrs, bei dem nach amerikanischen Berichten eine höhere Gangleistung erreicht wird als bei einem Krangang, ist in dieser einfachen Aussage nicht maßgebend. Nach deutschen Untersuchungen haben kaum mehr als die Hälfte aller Frachtschiffe so viel Ladegeschirr an Bord, daß sie mit mehr als 5 Gängen arbeiten könnten. Rechnet man bei größeren Schiffen mit 6—7 Gängen, so steht dieser Zahl gegenüber die doppelte Zahl von Gängen, die bei Verwendung von Uferkränen einem Frachtschiff im Bestfall angedient werden kann, wobei dann die Schiffswinden für den Außenbordumschlag zur Verfügung stehen. Selbst wenn man dem Schiffsgeschirrgang eine höhere Tonnenleistung je Stunde zugestehen will, so ist für die Erledigung des Schiffsumschlages doch nur die Gesamtzahl der anzubringenden Gänge maßgebend. In dem so wichtigen Begriff der Umlaufszeit der Frachtschiffe kommt es nur darauf an, wie schnell das ganze Schiff be- oder entladen wird, und da sind die mit Uferkranen bestückten Häfen doch die schnelleren; das spielt bei den hohen Liegekosten der Schiffe in den Häfen wohl die ausschlaggebende Rolle. Auch die drüben dem Schiffsgeschirr von Land aus gegebene Unterstützung durch verbesserte Flurförder- und Stapelgeräte und durch schnell einsatzbereite Automobilkräne vermag an dieser Tatsache nichts zu ändern. Wartezeiten, welche nicht durch das Umschlagsverfahren selbst verursacht werden, bleiben bei diesem Vergleich außer Betracht.

Die Ergebnisse des Vergleichs beziehen sich auf folgende drei Hauptgesichtspunkte, erstens auf die Baugestaltung und den Bauaufwand, dann auf die Umschlagstechnik selbst und schließlich auf die Wirtschaftlichkeit. Die Kranlosigkeit beeinflußt weitgehend Art und Kosten der hafenbaulichen Anlagen, wie folgende Zusammenstellung ergibt:

a) Bei Anwendung des Schiffsgeschirrs ohne Hilfsmittel dürfte der Kai eine Breite von 7 m bis zur Schuppenwand nicht überschreiten und es müßte damit auf drei oder mehr Gleise auf dem Kai verzichtet werden. Soweit dies nicht tragbar ist, wären die Schuppen mit über das Dach hinausragenden Gerüsten für die Anbringung der Rollen zur Anwendung des „burtoning“-Systems auszustatten.

b) Bei Anwendung des Schiffsgeschirrs mit nachgeschalteten Flurfördergeräten müßten alle Rampen auf der Wasserseite der Schuppen entfallen, da der Querverkehr mit Flurfördergeräten von der Kaikante in den Schuppen hinein diesen Niveausprung nicht überwinden kann.

c) Die Schuppenflure müßten zur landseitigen Laderampe hin ansteigen, sofern man nicht die rückwärtigen Straßen und Gleise in das Gelände einschneiden will. Da dies in den räumlich beengten deutschen Häfen in Anbetracht der dann notwendigen Steigungen und Gefälle in den Zufahrten nicht erwünscht ist, und auch das Gefälle des Schuppenflurs den Verkehr im Schuppen stark behindert, müßten in letzter Konsequenz alle Rampen am Schuppen entfallen.

d) Der Kai müßte für den Verkehr der Lkw und Flurfördergeräte betoniert oder mit Betonplatten belegt werden. Pflasterung wäre nicht zweckmäßig, da der Verkehr der kleinräderigen Flurfördergeräte hierdurch behindert wird und die Geräte durch die dauernde Erschütterung leiden.

e) Die gesamte Kailänge müßte größer sein, um mit dem Schiffsgeschirr die gleiche Ladungsmenge in gleicher Zeit über den Kai umschlagen zu können wie mit dem Uferkran. Genaue Zahlen über die notwendige Verlängerung der Kaistrecke können wegen des in den einzelnen Häfen zu unterschiedlichen Ladungsaufkommens nicht mit Sicherheit angegeben werden.

Versucht man von der Baukostenseite her zu errechnen, welche Kailänge man bei Einsatz von Uferkränen gegenüber dem langsamer arbeitenden Schiffsgeschirr einsparen kann, so ergibt eine überschlägige Rechnung, daß die Beschaffung von Uferkranen sich dabei bezahlt macht, wenn sie bezogen auf die Gesamtleistung des Hafens 25% mehr im Gefolge hat. Dieser theoretische Prozentsatz wird nach europäischen Hafenerfahrungen in der Praxis sicher noch überschritten. Sind bei wesentlichem Binnenschiffsverkehr Uferkräne überhaupt unentbehrlich, so erübrigen sich solche Wirtschaftlichkeitsberechnungen.

Hinsichtlich der Umschlagstechnik ergeben sich folgende Unterschiede zwischen dem Betrieb nur mit Schiffsladegeschirr und dem mit Uferkranen. Diese verlegen den Gütertransport vom Schiff zum Land quer zur Schuppenlängsrichtung in eine höhere Ebene, unter welcher der Längeverkehr von Lastkraft- und Eisenbahnwagen ungehindert sich abspielen kann. Das Schiffsgeschirr, das nur dicht am Schiff auf die Pierkante absetzen kann, bedarf zahlreicher Flurfördermittel, um die abgesetzten Güter weiter in den Schuppen zu befördern, das läßt auf schmalen Pierflächen praktisch keinen Längsverkehr zu, der dann unter Inanspruchnahme wertvoller Stapelfläche in den Schuppen abgedrängt wird. Neuere amerikanische Piers haben infolgedessen schon breitere Pierflächen bis zu 85 m gebaut, um unter erträglichen Verhältnissen Lastkraft- und Eisenbahnwagen unmittelbar am Schiff abfertigen zu können. Ein weiterer Vorteil des Uferkranes ist der, daß er unter Beherrschung einer viel größeren Kaifläche direkt auf die wasserseitige Schuppenrampe absetzen kann, von wo unter Einsparung von Hubarbeit Landfahrzeuge bequem belanden werden können. In rampenlosen oder rampenarmen Pieranlagen ist daher folgerichtig das Flurfördergerät mit Hubvorrichtung, der Hub- oder Gabelstapler, notwendig geworden und hat in den Vereinigten Staaten von Amerika eine weite Verbreitung gefunden. Der Uferkran erspart viel Platz im Schuppen, nicht nur, weil er Lastautos direkt be- und entladen kann, sondern weil er auch nicht so viele Hubstapler im Schuppen verlangt. Daß er zur Bedienung von Flußschiffen an der Kaikante unerläßlich ist, war schon gesagt.

Zur Beurteilung der Wirtschaftlichkeit von Uferkranen sind zunächst die Anlagekosten einer Umschlaganlage mit Kranen denen einer Pierstrecke ohne Krane gegenüberzustellen. Die Anlagekosten für Krane mit ihrem baulichen Zubehör und für die Anlage einer Schuppenrampe betragen nach überschläglichen Berechnungen nur die Hälfte der Kosten für einen kranlosen Pier, der zahlreiche Flurfördergeräte mit Ladepritschen, Ladestation und geeignete Fahrbahn auf der Pierfläche verlangt, dazu Straßenkrane zum Bedienen von Binnen- und Hafenschiffen. Der Verlust von Schuppenfläche sowie eine zusätzliche Kailänge, die wegen der langsameren Abfertigung mit Schiffsgeschirr nötig wird, erhöhen diese Kosten ungemein. In der Quelle für diesen Bericht sind die Kosten im einzelnen ausgewiesen. Die auf das gleiche Frachtvolumen und die gleiche Abfertigungszeit berechneten, fast doppelt so hohen Anlagekosten erzeugen natürlich ähnlich erhöhte Betriebskosten. Bei dieser Betrachtung ist die Ersparnis der auf der Schiffsseite liegenden Kosten noch gar nicht in Ansatz gebracht. Die schnellere Abfertigung mit Kranen ermöglicht den Schiffen einen schnelleren Umlauf und damit Frachtgewinne und verringert die Hafenliegezeit mit ihren Unkosten, Summen, die gewaltig ins Gewicht fallen.

Wenn nun schon die Benutzung von Uferkranen als vorteilhafter angesehen werden muß, so entsteht die nächste Frage: Welche Zahl von Uferkranen ist nötig? Theoretische Berechnungen, etwa abhängig von der Größe und Lukenzahl der Schiffe, Länge der Kaistrecken, Breite der Schuppen u. ä. führen hier nicht zum Ziel, die Bedingungen in den einzelnen Häfen sind zu verschieden. Die Praxis hat hier die wirtschaftlichen Krandichten ergeben, sie liegen bei Häfen mit nennenswertem Stückgutumschlag zwischen rd. 20 bis 40 m Kaistrecke je Kran. Im übrigen wird hierbei auf den weiter unten folgenden Auszug aus dem Bericht der Arbeitsgruppe „Wirtschaftlichkeit und Zahl der Hafenkrane“ verwiesen.

Die hier zu lösende Frage, ob Uferkrane Leistungsfähigkeit und Wirtschaftlichkeit eines Seehafens erhöhen, ob sie zweckmäßig oder nötig sind, wird in folgender Zusammenfassung bejaht:

1. Europäische Seehäfen benötigen zur Abfertigung des umfangreichen Eisenbahn- und Lkw-Verkehrs eine breite Kaifläche zwischen Kaikante und Kaischuppenwand. Der Uferkran verlegt die Kreuzung dieses Längsverkehrs durch den Querverkehr Schiff—Land in eine höhere Ebene unter Vermeidung jeglicher Störung.

2. Der Uferkran bestreicht eine wesentlich größere Fläche auf dem Kai und ermöglicht Rampen auf der Wasserseite des Schuppens, wodurch Hubarbeit erspart wird.

3. Die Rücksichtnahme auf die Bedienung der Binnenschiffahrt, die in den USA-Häfen weitgehend entfällt, macht in den europäischen Häfen die Kranhilfe unentbehrlich.

4. Ein großer Teil des Schiffsgeschirrs wird in europäischen Häfen durch den wichtigen Umschlag außenbords zwischen See- und Binnenschiff in Anspruch genommen, so daß es für den Umschlag nach Land ausfällt.

5. In dem größten Teil der europäischen Häfen spielt der Wasserstandsunterschied bei den Tiden eine nicht zu übersehende Rolle. Er erschwert das Arbeiten mit Bordgeschirr im Kaiumschlag ungemein.

6. Mag die Leistung je Gang auf das Schiffsgeschirr bezogen gleich oder größer sein als beim Uferkran, so ist doch die Gesamtumschlagsleistung, auf die es entscheidend ankommt, mit Kranen größer, weil wesentlich mehr Gänge am Seeschiff angesetzt werden können. Bei langsamerer Schiffsabfertigung im Hafen müßten mehr Schiffsliegeplätze mit allem Zubehör vorgehalten werden, wenn der Hafen seine gesamte Leistungsfähigkeit erhalten will.

Die in europäischen Häfen zu behandelnden Umschlagsaufgaben lassen sich daher am zweckmäßigsten durch den Einsatz von Uferkranen lösen.

Eine weitere wichtige Arbeit des Umschlagtechnischen Ausschusses bezog sich auf den **Kostenvergleich zwischen Benzin- und Elektrofahrzeugen zur Flurförderung und Stapelung im Hafenumschlag.** Die Untersuchung führte die Arbeitsgruppe „Flurförderung und Stapelung" unter Leitung des leider vor Abschluß der Arbeiten bei einem Autounfall tödlich verunglückten Herrn Hans Still, Hamburg. Geräte zur Flurförderung und Stapelung sind mit der Zunahme der Mechanisierung im Hafenumschlag immer zahlreicher notwendig geworden, und zwar in der Form von kraftgetriebenen, freizügigen (ohne Gleise) und wendigen Fahrzeugen, die als Transportkarren (Plattformwagen) als Schleppkarren für mehrere Anhänger und als fahrbare Stapelgeräte (Fahrkran, Hubstapler, Gabelstapler) Verwendung finden. Sie können durch Brennkraftmotoren (Otto- oder Dieselmotor), durch Elektromotoren aus einer Speicherbatterie oder durch eine Kombination von Brennkraft- und Elektromotoren (diesel- oder benzinelektrisch) angetrieben werden. Die letzterwähnte sehr teure Betriebsform kommt vorerst für Deutschland nicht in Frage, sie ist auch bei der Untersuchung außer acht gelassen worden. Bevor auf die Betriebskostenfrage eingegangen wird, stellt die Arbeitsgruppe zunächst Vor- und Nachteile der beiden Antriebsarten einander gegenüber:

Elektromotorantrieb	Brennkraftmotorantrieb
Vorteile:	
Leichtere Bedienbarkeit Schnellere Einsatzbereitschaft Einfachere Wartung und Instandhaltung Größere Lebensdauer der Motoren Keine Belästigung durch Auspuffgase Größere Schleppleistung Größere Beschleunigung Fahrzeuge benötigen keinen besonderen Abstellplatz	Höhere Spitzengeschwindigkeit Ununterbrochene Benutzungsmöglichkeit in 2 oder 3 Schichten Fortfall einer Ladestation unter der Voraussetzung, daß das Brennstofftanken ohne Umstände erfolgen kann
Nachteile:	
Stoßempfindlichkeit der Speicherbatterien Notwendigkeit der Batteriereserve je Fahrzeug für 2. und 3. Schicht Notwendigkeit einer Ladestation	Umständliche Schaltung Auspuffgase mit Geruchsbelästigung und u. U. Feuersgefahr Umständliche Wartung und Instandhaltung Geringere Lebensdauer der Motoren und größerer Verschleiß an Schalt- und Getriebeteilen, daher Reservehaltung eines Fahrzeuges auf je 6 Fahrzeuge Notwendigkeit von Garagen Devisenbeschwerter Brennstoff Höhere Versicherungskosten Etwaige Notwendigkeit einer Tankstelle

Die Bewertung der Vor- und Nachteile ist in den einzelnen Betrieben recht unterschiedlich. Bei längeren Fahrstrecken kann die höhere Spitzengeschwindigkeit des Brennkraftmotors erwünscht sein, auch ist die größere Unempfindlichkeit dieses Motors gegen schlechtere Fahrbahnen durchaus von Vorteil. Im Hafenumschlagsbetrieb überwiegen allerdings die kürzeren Fahrstrecken, und die Fahrbahnen im Schuppen, auf Rampen und Kaistraßen und in Lagerhallen sind durchaus erträglich für die Batterien, zumal bei luftgummibereiften Fahrzeugen. Die Energiereserve in der Batterie verleiht dem Elektromotor eine hohe Anzugskraft und Elastizität, die bekanntlich bei Brennkraftmotoren zu wünschen übrigläßt. Bei geruchsempfindlichen und feuergefährlichen Gütern sind Motoren mit Auspuffgasen unzulässig. Ausschlaggebender als die Beurteilung dieser Vor- und Nachteile sind allerdings die Betriebskosten, deren Ermittlung in in- und ausländischen Häfen oft angeregt worden ist. Im folgenden ist das für deutsche Verhältnisse durchgeführt, doch werden auch ausländische Beurteilungen angeführt.

Verglichen werden die Kosten 1. von Transportkarren (2 t Tragfähigkeit), 2. von Gabelstaplern (1 t Tragfähigkeit), und zwar jeweils für benzinmotorischen oder elektromotorischen Antrieb.

1. Transportkarren:

a) Elektrokarren, Tragkraft 2 t, luftbereift, Batterie 160 Amperestunden, Motorleistung 2,75 PS, Geschwindigkeit leer 14,5 km/h, mit Belastung 2 t 11,5 km/h, desgl. und 8 t Anhängelast 7,5 km/h.

b) Benzinkarren, Tragkraft 2 t, luftbereift, Zweizylinder-Zweitakt-Benzinmotor 10 PS, $n = 3000$, Höchstgeschwindigkeit bei zulässiger Anhängelast von 2 t 15 km/h.

Es wurden unter möglichster Wahrung der Vergleichbarkeit und unter Benutzung praktischer Erfahrungen alle Kostenglieder lückenlos erfaßt. Sie bezogen sich im einzelnen auf die Anschaffungskosten der Elektrokarren mit Batterie und Ladestation, der Benzinkarren ohne Anteil an einer Tankanlage. Auf diese Beschaffungskosten wurden ordnungsgemäß die zutreffenden Kapitalzinsen und Abschreibungssätze bezogen. Die Instandsetzungskosten wurden für die Einzelteile ermittelt für Kontroller, elektrische Schalter, Ersatzanker, Ritzel und Lager, Batterieersatzteile, für Austauschbenzinmotor, Lenkorgane, Kupplung, Bremsbeläge, Reifen u. ä. Desgleichen wurden die Kosten für Wartung, Treibstoff und Strom gehörig eingesetzt. Nach allen Einzelangaben, die in der Originalarbeit mit Zahlen belegt sind, belaufen sich die Jahreskosten für einen Elektrokarren auf 3101,— DM und für einen Benzinkarren auf 4075,— DM.

2. Gabelstapler, 1 t Tragfähigkeit, 3 m Hub:

a) Elektro-Gabelstapler, Batterie 400 Amperestunden, Fahrgeschwindigkeit leer 10 km/h, Fahrgeschwindigkeit belastet 8 km/h, Hubgeschwindigkeit 13 cm/sec.

b) Benzingabelstapler, Fahrgeschwindigkeit leer 15,5 km/h, Fahrgeschwindigkeit belastet 12,8 km/h, Hubgeschwindigkeit 23 cm/sec.

Der Kostenvergleich wurde hier in derselben Weise durchgeführt wie bei den Transportkarren, indem alle Posten wie Beschaffungspreis, Kapitaldienst, Abschreibung, Aufwendungen für Instandhaltung, Wartung, Strom und Benzin in gehöriger Weise errechnet und eingesetzt wurden mit dem Bestreben, den Benzinantrieb nicht zu ungünstig wegkommen zu lassen. Die Gesamt-Jahreskosten betragen danach für einen Elektro-Gabelstapler 3577,— DM, für einen Benzin-Gabelstapler 7063,— DM.

Selbstverständlich kann bei diesen Vergleichen nicht eine für alle Fälle bestimmte Genauigkeit erwartet werden, dazu sind die Bedingungen in Preislage, Ausmaß der Pflege und Wartung, Art des Einsatzes usw. zu verschieden, aber selbst größere Abweichungen können an der Überlegenheit der Elektrofahrzeuge für innerbetrieblichen Verkehr nichts ändern. Um ganz sicherzugehen in dieser Beurteilung, wurden auch Angaben und Werturteile ausländischer Sachverständiger zum Vergleich herangezogen. Da die Vergleiche sich am besten auf die Kosten je Betriebsstunde beziehen lassen, seien hier die oben errechneten Jahresbetriebskosten auf die Stunde (2200 Betriebsstunden im Jahr) umgelegt.

Elektrokarren	1,41 DM/h
Benzinkarren	1,85 DM/h
Elektrogabelstapler	1,62 DM/h
Benzingabelstapler	3,20 DM/h

Die holländische Zeitschrift „Bedrijfsvervoer“ vom 22. September 1951 vergleicht Gabelstapler von 1 und 2 t bei Diesel-, Benzin- und Elektroantrieb und kommt zu folgendem Ergebnis, wobei gewisse Korrekturen in Anpassung auf deutsche Verhältnisse angewendet wurden. Es ergaben sich für

2-t-Benzingabelstapler	4,53 DM/h
2-t-Elektrogabelstapler	2,75 DM/h
2-t-Dieselgabelstapler	3,38 DM/h

Betriebskosten; bei den 1-t-Geräten waren die Zahlen

Benzingabelstapler	3,24 DM/h
Elektrogabelstapler	1,46 DM/h

Auch drei amerikanische Fachberichte betonen die Vorteile der Elektrofahrzeuge, wobei natürlich die Verwendung geeigneter Batterien vorausgesetzt wird. Eine amerikanische Firma (Mercury Materials Handling Equipment Comp.) faßt ihre Erfahrung in folgenden Betriebskostenvergleichen zusammen (ohne Löhne und Kapitaldienst):

Benzinfahrzeuge	1,30 DM/h
Benzin-elektrische Fahrzeuge	0,84 DM/h
Batteriebetriebene Fahrzeuge	0,35 DM/h

Ähnlich günstige Ergebnisse zeigt ein Bericht einer anderen amerikanischen Firma (Edgewater Assembl. Plant Manufactory Engineering Department), welcher die Stundenkosten für Gabelstapler wie folgt angibt:

Benzin-Fahrzeuge	2,21 DM/h
Benzin-elektrische Fahrzeuge	1,60 DM/h

Aus allen diesen Berichten geht eindeutig die Überlegenheit des Elektro-Fahrzeuges für Flurförderung und Stapelung hervor, wobei besonders auffällig ist, daß die amerikanischen Urteile trotz der Billigkeit und des Reichtums ihrer Treibstoffe den Elektrobetrieb bevorzugen. Auch wird der Batterieantrieb mit der schon spürbaren Verbesserung in der Lebensdauer dem Elektrofahrzeug noch weitere Vorteile verschaffen.

Wirtschaftlichkeit und Zahl der Hafenkrane zu untersuchen, war früher schon oft angeregt worden, besonders hielt man es für notwendig, die für eine bestimmte Stückgutumschlagmenge nötige Anzahl von Kranen feststellen zu können. Berechnungsversuche, Kranzahlen durch Formeln zu ermitteln, in denen Kailängen, Schuppenlängen und -flächen, Anzahl der Schiffe, ihre Größe und Lukenzahl, Menge des umzuschlagenden Gutes und ähnliche Faktoren eine Rolle spielen, haben nie zu einem brauchbaren Ergebnis geführt, zu verschieden waren die Verhältnisse in den betreffenden Häfen. Die bisherige Praxis war, die notwendige Kranzahl nach reiner Erfahrung auf die Kailänge zu beziehen, wobei Krandichten von 20 bis 40 m Kailänge je Kran in Stückguthäfen für gut gehalten wurden. Die von Direktor Dr.-Ing. Berghaus, Bremen, geleitete Arbeitsgruppe für die oben angegebene Fragestellung hielt es zunächst für richtig, die Zahl der Krane auf den Schuppenkai, d. h. die Länge des Kais, die ausnutzbar vor einem Schuppen liegt, zu beziehen, sodann empfahl sie eine Bestückung von 4 Kranen auf je 100 m Schuppenkailänge als Bestwert, eine Zahl, die nach Erfahrung durch die Praxis u. U. verringert werden kann. Sehr wichtig bei der Beurteilung der Wirtschaftlichkeit und Kranzahl ist die Benutzungsdauer der Uferkrane, sie ist gegenüber der theoretisch möglichen in der Praxis sehr gering. Die Zahl der Betriebsstunden liegt zwischen 1800 und 3000 im Jahre, als mittlere Benutzungsdauer mag eine Zahl von 2000 Stunden angenommen werden.

Um die Wirtschaftlichkeit von Hafen-Stückgutkranen prüfen zu können, sind zunächst die Einsatzkosten festzustellen, und zwar in einem Rahmen, der es den Häfen auch bei verschiedenartigen Verhältnissen ermöglicht, zu vergleichbaren Ergebnissen zu kommen. Dieser Rahmen ist schematisch in der weiter unten abgedruckten Tabelle dargestellt. Grundlage für die Kapitalkosten ist der Gestehungspreis gleich Wiederbeschaffungspreis der Krane, für die Verzinsung ist ein Satz von 6% als langjähriges Mittel, für die Abschreibung einen Satz von 4% bei normaler Nutzungsdauer der Krane angenommen worden. Zur Bestimmung der Einsatzkosten für die Betriebsstunde ist, wie gesagt, die Ermittlung der jährlichen Benutzungsstunden von ausschlaggebender Bedeutung; wenn auch oben eine mittlere Jahresbenutzung von 2000 Stunden angegeben wurde, so ist diese Zahl doch in jedem Hafen genau nachzuprüfen.

Tabelle zur Ermittlung der Einsatzkosten von Stückgutkranen.

Hafen: .... Kai: ....
Untersuchung umfaßt: Krane: .... Zeitraum: ......
Krantyp: .... Tragkraft: ... t Stromart: ... V
Ausladung: ... m

A. Allgemeine Auswertung

01 Kraneinsatz, bezogen auf
a) Schuppenkai ..... m: ... Krane .... m/Kran
b) Schuppenfläche ... qm: ... Krane .... qm/Kran
c) Umschlagsmenge .. t: ... Krane .... t/Kran
02 mittlere Betriebsstundenzahl .... h/Kran + J
03 mittlere Umschlagsleistung .... t/h
04 Kraneinsatz je Seeschiff
a) maximal ..... Krane/Schiff
b) im Mittel ..... Krane/Schiff
05 Kraneinsatz je Binnenschiff
a) maximal ..... Krane/Schiff
b) im Mittel ..... Krane/Schiff

B. Kapitalkosten

DM/h
11 Gestehungspreis (Wiederbeschaffungswert) .... DM/Kran
12 Verzinsung (langjähriges Mittel) 6%
13 Abschreibung (für 20-30 Jahre Nutzungsdauer) 4%
14 Kapitaldienst [11 × (12 + 13) : 100] ... DM/Kran u. Jahr
15 Kapitaldienst je Betriebsstunde (14:02) ....

C. Betriebskosten

21 Kranführerlohn ... DM/Betriebs-h + ...% Soziale Lasten + Regie ....
22 Kranmeisterlohn ... DM/Arbeits-h + ...%: ... zu überwachende Krane ....
23 Kranschmiererlohn ... DM/Arbeits-h + ...%: ... zu überwachende Krane ....
24 Schmiermaterial ... DM/Jahr: ... Krane × ... h/Kran u. Jahr ....
25 Stromverbrauch ... Mill. kWh/J: .. Krane × .. h/Kran u. J. = ... kWh/Kran-h
26 Stromkosten frei Kran (25 × 26a, b oder c) ....
a) Eigenerzeugung ... Pfg/kWh + Verteilung ... Pfg/kWh = ... Pfg/kWh
b) Hochspgsbezug ... Pfg/kWh + Verteilung + Umformg. ... Pfg/kWh = ... Pfg/kWh
c) Niederspannungsbezug ... Pfg/kWh
27 Kranheizung (elektr.)* ... kWh/h × ... h/Jahr × ... Pfg/kWh: ... h/Kran u. Jahr ....
28
29 Summe Betriebskosten ....

D. Unterhaltungskosten

31 Werkstattarbeit
a) Löhne ... DM/J + ...% Zuschlag = ... DM/J: ... Kranbetriebs/h ....
b) Material ... DM/J + ...% Zuschlag = ... DM/J: ... Kranbetriebs/h ....
c^1) Kapitaldienst für Werkstattbauten ...% v. ... DM = ... DM/J
c^2) Kapitaldienst für Werkstätteneinrichtung ...% v. ... DM = ... DM/J
c^3) Kapitaldienst insgesamt ... DM/J
c^4) Kapitaldienst, anteiliger, f. Kranunterhaltung (... % von 31 c^3) ... DM/J: ... Kranbetriebs-h ....
32 Lieferungen und Leistungen Fremder ... DM/J: ... Kranbetriebs-h ....
39 Summe Unterhaltungskosten

E. Sonstige Kosten

41 Maschinenversicherung ... DM/J
42 Feuerversicherung ... DM/J
43 Transportversicherung ... DM/J
44 Haftpflichtversicherung ... DM/J (...% der Gesamtprämie für Krane angesetzt)
45 Summe Versicherungen ... DM/J: ... Kranbetriebs-h ....

F. Zusammenstellung

1 Kapitalkosten ....
2 Betriebskosten ....
3 Unterhaltungskosten ....
4 Sonstige Kosten ....
....

* Bei Koks- oder Kohleheizung ist der Aufwand in ähnlicher Weise zu ermitteln.

Die Betriebskosten des Kranes, d. i. der Lohn für Kranführer, Kranschmierer, Kranmeister, das Schmiermaterial und der Strombedarf, ergeben sich aus der Betriebsabrechnung. Bei der Erfassung dieser Kosten ist es wichtig, daß auch alle indirekten Kosten, wie Soziallasten und Regie (Fertigungsgemeinkosten) berücksichtigt werden. Es ist vorgesehen, sie in Form eines allgemeinen Kostenzuschlages auf den Bruttolohn zu erfassen, der in jedem Fall errechnet werden muß. Soweit Kranführer nur dann auf dem Kran arbeiten, wenn er im Umschlag eingesetzt ist, kann der Bruttostundenlohn zugrunde gelegt werden. Wo aber der Kranführer auch außerhalb der eigentlichen Betriebszeiten auf dem Kran verbleibt und ihn pflegt, sind die dafür aufgewendeten Lohnstunden als Unterhaltungskosten auszuweisen. Der Lohnaufwand für Kranschmierer und Kranmeister ist unter Berücksichtigung der Gesamtzahl der von diesen Kräften zu betreuenden Krane zu verteilen. — Bei der Ermittlung der Stromkosten ist zu unterscheiden, ob der Strom selbst erzeugt, hochspannungsseitig bezogen, umgespannt, gleichgerichtet und im Hafenbereich verteilt wird, oder ob er als Niederspannungsstrom frei Betriebsstelle bezogen wird. Das Schema ist so gefaßt, daß diese Möglichkeiten, entsprechend den jeweiligen örtlichen Verhältnissen, erfaßt werden können. Bezüglich der Kosten für die elektrische Beheizung der Krane sind Annahmen für die jährliche Benutzungsdauer der Heizeinrichtungen zu treffen.

Bei den Unterhaltungskosten der Krane sind insbesondere alle Reparaturen und nachträglichen Verbesserungen zu erfassen. Diese Kosten setzen sich zusammen aus den für die Unterhaltung aufgewendeten Löhnen und dem Wert des verbrauchten Materials. Da es sich vornehmlich um Werkstattarbeiten handelt, sind außer den Gemeinkostenzuschlägen für die Löhne auch anteilige Beträge für die Amortisation der Werkstätteneinrichtung zuzuschlagen. — Soweit es sich um Kosten für Lieferungen und Leistungen Fremder handelt, können diese Beträge mit nur geringen Zuschlägen in die Kostenrechnung eingehen.

Nachdem die Gemeinkosten jeweils bei der Erfassung der Löhne zugeschlagen werden, ist unter dem Posten „Sonstige Kosten" im wesentlichen der Aufwand für Versicherungen zu sammeln. Es handelt sich hierbei um die Maschinenversicherung (nicht in allen Häfen üblich), Feuerversicherung, Transportversicherung (für das etwaige Umsetzen mittels Schwimmkran) sowie die Haftpflichtversicherung. Für Haftpflichtversicherung, die üblicherweise für den Betrieb eines Hafens global abgeschlossen wird, ist ein für den Kranbetrieb angemessener Anteil einzusetzen.

Sobald an Hand dieses Berechnungsschemas vergleichbare Unterlagen für einzelne Häfen vorliegen, wird sich zeigen, wie weit die heutigen Kosten für den Kranbetrieb durch die in den einzelnen Häfen geltenden Gebühren für die Kranbenutzung tatsächlich gedeckt werden. Eine erste überschlägliche Betrachtung läßt erwarten, daß bei den heutigen Gestehungspreisen für Stückgutkrane von rund DM 120000,— in modernster Ausführung mit 2½ bis 3 t Tragkraft und Ausladungen von 20 bis 25 m die Kosten der Kranbetriebsstunde zwischen DM 12,— und DM 15,— liegen. Hiervon entfallen in Abhängigkeit von der Ausnutzung des Kranes DM 4,— bis DM 6,— auf den Kapitaldienst, rund DM 5,— auf die Betriebskosten und der Rest auf Unterhaltung und sonstige Kosten. Bei Kranen mit weiteren Ausladungen, z. B. in den Beneluxhäfen, bis zu 36 m, ist der Anschaffungspreis erheblich höher und der Anteil des Kapitaldienstes, wenn gleiche Betriebsstunden eingesetzt werden, beträchtlich größer.

Ein Maß für die Wirtschaftlichkeit des Stückgutkranes ist mit der Betriebsstunden-Kostenermittlung allein noch nicht gegeben. Man muß dazu wissen, wieviel Stückgut der Kran umgeschlagen hat und wieviel Kräne man für das zu bedienende Schiff nötig hatte, auch muß man durch Vergleich mit Kosten und Leistung von Kranen an anderen Kaistrecken oder gar in anderen Häfen sich ein Bild über erreichbare Wirtschaftlichkeit machen. Um möglichst umfassende Unterlagen dafür zu gewinnen, werden die interessierten Leser gebeten, das Berechnungsschema kritisch zu prüfen und die darin auszufüllenden Kennzahlen für eine weitere Auswertung dem Ausschuß für Umschlagstechnik zur Verfügung zu stellen.

*

Die **Stromarten für Kaikräne in Seeschiffshäfen** waren bereits zu verschiedenen Zeiten Gegenstand eingehender Erörterungen gewesen. Entweder ging der Anstoß zur Beschäftigung mit diesem Problem von der Weiterentwicklung und Modernisierung der Umschlagsanlagen aus oder von dem Aufkommen neuer Motorenarten. Nach dem letzten Kriege wurden viele europäische Seehäfen, die ihre zerstörten Anlagen wieder aufzubauen hatten, erneut gezwungen, sich mit der Stromart für den Kranbetrieb zu befassen. Wenn überhaupt eine Änderung des Stromsystems ins Auge gefaßt werden sollte, so war beim Wiederaufbau ganzer Hafenteile hierzu die beste Gelegenheit gegeben. Bei dieser Sachlage hat der Ausschuß für Hafenumschlagstechnik der Hafenbautechnischen Gesellschaft es für wertvoll erachtet, daß sich eine seiner Arbeitsgruppen mit den Strom- und Motorenarten für Hafenkräne befaßte unter der Leitung von Baudirektor Dr.-Ing. Hans Neumann.

Diese Frage, die im wesentlichen darauf hinausläuft, Gleichstrom oder Drehstrom für den Kranbetrieb zu empfehlen, ist bereits früher in der Hafenbautechnischen Gesellschaft erörtert worden[1], wobei das Ergebnis war, daß z. B. bei den Hamburger Hafenbetriebsverhältnissen der Gleichstrom die zweckmäßigste Stromart für den Betrieb von Stückgutkränen ist. Für Binnenhäfen und für Greiferkräne für den Schütt-

[1] Vgl. Jahrb. der Hafenbautechn. Gesellschaft 13. Bd., 1932/33, S. 69ff.

gutumschlag gelten diese Überlegungen nicht, da dort der Drehstrom mit Erfolg verwendet wird. Die Anforderungen des Umschlagbetriebes an die elektrische Kranausrüstung waren bereits in der früheren Arbeit herausgestellt worden, ebenso der Erfolg, mit dem die verschiedenen Motorenarten diesen Forderungen entsprechen. Der Drehstrom-Asynchronmotor hat die Schwierigkeiten zu überwinden, die in seiner Geschwindigkeitscharakteristik (Nebenschlußverhalten) und in seinem schlechten Leistungsfaktor $\cos\varphi$ bei leerem Haken und kleiner Last liegen.

Ein anzustrebendes Ziel ist, den überhaupt einfachsten Motor, den Drehstrom-Kurzschlußläufer, im Kranbetrieb zu verwenden. Dies scheiterte bisher an zwei Schwierigkeiten, nämlich einmal dem Fehlen der Regelmöglichkeit zum vorsichtigen Anheben und Absetzen der Lasten und zum andern an der schlechten Abführmöglichkeit der Wärme, die bei häufigen Schaltungen im Kurzschlußläufer entsteht. Wegen seiner konstanten Drehzahl müßte das Hubwerk auf der mechanischen Seite geregelt werden, da der Stückgut-Kranbetrieb ohne eine Regelung nicht auskommt. Für eine solche Regelung sind verschiedene Vorschläge gemacht worden oder Arbeiten im Gange. Vielleicht führen Versuche mit der z. Z. nur für kleinere übertragbare Leistungen entwickelten Magnetpulverkupplung zu einem brauchbaren Ergebnis, das die Frage Drehstrom-Gleichstrom für Stückgutkräne entscheidend beeinflussen könnte.

Für die Beurteilung der Frage ist von Wichtigkeit, die Wirtschaftlichkeit zu untersuchen und ein Bild zu geben über das Ausmaß der etwaigen Mehrkosten einer Gleichstromausrüstung des Stückgutkranes.

Die Ergebnisse zahlreicher Kranausschreibungen der letzten Zeit in einem großen Seehafen zeigen, daß die elektrische Gleichstromausrüstung eines Stückgutkranes 18—23% der Gesamtkosten des Kranes ausmacht. Zu dieser elektrischen Ausrüstung gehören Motoren, Kontroller, Widerstände, Endschalter, Schleifringkörper, Kranbeleuchtung, Kranschaltkasten, Bremslüfter, Heizkörper und die Installation. Werden die Kosten einer Drehstromausrüstung des gleichen Kranes auf der gleichen Grundlage ermittelt, ergibt sich, daß die Gleichstromausrüstung insgesamt etwa 35% teurer ist als die gleichartige Drehstromausrüstung. Es wurde nun eine Vergleichsrechnung angestellt, wobei die Kosten der Gleichstromausrüstung mit 22% der Gesamtkosten angenommen wurden. Zu der elektrischen Anlage des Kranes sind dann noch die anteiligen Stromzuführungskosten und der Stromabnehmer zu rechnen, die für den dreipoligen Drehstrom etwas höher sind als für den zweipoligen Gleichstrom. Die Durchführung der Vergleichsrechnung mit den tatsächlichen Preisen ergibt, daß der Kran mit Gleichstromausrüstung um nicht ganz 5% teurer ist als der Kran mit Drehstromausrüstung. Diese Kostenvergleichsrechnung beweist, daß der Gleichstrom für Stückgutkräne durchaus nicht immer unverhältnismäßig hohe Kosten ergibt. Wenn nicht andere Gesichtspunkte bei den Überlegungen den Ausschlag geben, wird bei diesen Kosten die Wirtschaftlichkeit allein nicht für den Drehstrom entscheidend sein.

Man hat nun in den letzten Jahren mehrfach vorgeschlagen, die Frage Gleichstrom-Drehstrom für Stückgutkräne dadurch zu lösen, daß man zwar die bewährte Gleichstromausrüstung eines Kranes beibehält, diese aber über einen auf dem Kran befindlichen Selen-Trockengleichrichter an das Drehstrom-Versorgungsnetz anschließt. Dann könnte das gesamte Kabelnetz des Hafens für Drehstrom vorgesehen werden und die Kranschleifleitungen aus Wandlerstationen in den Schwerpunkten gespeist werden. Gewisse technische Schwierigkeiten sind hierbei zu überwinden, wie z. B. die Aufnahme der Bremsenergie des Kranmotors. Soll hierfür das Netz herangezogen werden, wäre der Einsatz von Wechselrichtern erforderlich, andernfalls von zusätzlichen Bremswiderständen. Für einzelne Kräne oder kleinere Krangruppen wird diese bestechende Lösung mit Trockengleichrichtern ihre Vorteile haben. Für ganze Hafengruppen wird eine Wirtschaftlichkeitsrechnung nachweisen müssen, ob sie wettbewerbsfähig ist. Das wäre in den verschiedenen Häfen nachzuprüfen, wobei der Inhalt der Stromlieferungsverträge, die für jeden Hafen unterschiedlich sind, eine wesentliche Rolle spielt. Die durchgeführte Vergleichsrechnung für einen großen Seehafen ergab die eindeutige wirtschaftliche Überlegenheit einer zentralen Versorgung durch eine Großgleichrichteranlage gegenüber den Einzelgleichrichtern auf jedem Kran.

Für den Hafenmann ist es nun von Interesse, zu erfahren, wie in anderen Häfen das Problem der Stromarten für Stückgutkräne gelöst ist. Dabei interessieren vor allem die europäischen Häfen, da die Verhältnisse in überseeischen Häfen schwierig zu übersehen und miteinander zu vergleichen sind. Ferner können unter den europäischen Häfen auch nur diejenigen mit größeren zusammenhängenden Krananlagen und größerem Jahresumschlag verglichen werden. Die Unterlagen, die der Arbeitsgruppe zur Verfügung standen, sollen nachstehend im einzelnen erörtert werden. Sie beruhen durchweg auf unmittelbaren Mitteilungen aus den aufgeführten Häfen selbst.

Hamburg (Gesamtumschlag 1950 = 10,9 Mill. t, 1951 = 14,3 Mill. t Umschlag, davon 4,2 bzw. 5,2 Mill. t Stückgut). Der Hafen von Hamburg ist seit Einführung des elektrischen Antriebs für Kaikräne mit Gleichstrom versorgt worden. Das ausgedehnte Gleichstrom-Kabelnetz ist während des letzten Krieges so weit erhalten geblieben, daß diese Tatsache die beim Wiederaufbau des Hafens nach 1945 getroffene Entscheidung zugunsten des Gleichstroms erleichtert hat. Es ist in Hamburg durchaus bekannt, daß die Tendenz der Elektrizitätsversorgungs-Unternehmen und der Elektroindustrie zur ausschließlichen Verwendung des Drehstroms in den Hafenkrananlagen geht. Trotzdem werden in Hamburg die betrieblichen Vorzüge des

Gleichstroms für so beachtlich gehalten, daß sie die wirtschaftlichen Vorteile des Drehstroms wettmachen, so daß es bei dem jetzigen Stande der Technik im derzeit ausgebauten Hafengebiet nicht zu einem Wechsel der Stromart kommen wird.

Hamburg hat z. Z. 692 Kaikräne im staatlichen Betrieb. Die hierin enthaltenen etwa 10 Greiferkräne werden wie die Stückgutkräne mit Gleichstrom versorgt. Die einheitliche Betriebsspannung beträgt 550 Volt.

Bremen (Gesamtumschlag 1950 = 5,9 Mill. t, davon 1,5 Mill. t Stückgut). Die Stückgutkräne des Hafens Bremen wurden bisher mit Gleichstrom 440 Volt versorgt. Nach dem letzten Kriege hat Bremen zunächst seinen Überseehafen wieder aufgebaut. Da hier ein leistungsfähiges Gleichstromkabelnetz vorhanden war, werden die etwa 100 Kaikräne dieses Hafens wie früher mit Gleichstrom betrieben. Im Hafen von Bremen wird der hochgespannte Drehstrom an einer Übergabestelle von den Städtischen Elektrizitätswerken übernommen und in hafeneigenen Gleichrichterstationen in die Gebrauchsspannung umgeformt. Die Umständlichkeit der Gleichrichtung veranlaßte Bremen zu dem Entschluß, in den neuen Hafenteilen (Weserbahnhof, Europahafen) Drehstromantrieb zu wählen. Die niedrigeren Investitionskosten und die niedrigeren Umwandlungs- und Netzverluste haben diese Entscheidung unterstützt, zumal in diesen Hafenteilen ein neues Versorgungskabelnetz verlegt werden mußte, und Bremen eine Beeinträchtigung der Umschlagsleistung der Kräne nicht erwartet. Die Stückgutkräne des Europahafens werden daher Drehstromantrieb 380 Volt erhalten.

Emden (Gesamtumschlag 1951 = 5,4 Mill. t, davon 71000 t Stückgut). Emden als ausgesprochener Schüttguthafen besitzt z. Z. nur 11 Stückgutkräne, von denen 8 mit Gleichstrom 500 Volt, 3 mit Gleichstrom 220 Volt betrieben werden. Bei künftigen Neubauten von Stückgutkränen wird wahrscheinlich Drehstrom 380 Volt benutzt werden.

Lübeck (Gesamtumschlag 1950 = 1 Mill. t, davon 9000 t Stückgut). Im Hafen von Lübeck werden 23 Stückgutkräne mit Gleichstrom 440 Volt, 6 mit Drehstrom 380 Volt betrieben. Bei der Wahl der Stromart ist der Hafen an die örtlichen Verhältnisse gebunden. Die Stromversorgung einiger Stückgutkräne mit Drehstrom wird als Notlösung angesehen, da die Lübecker Hafen-Gesellschaft aus technischen Gründen beabsichtigt, ausschließlich Gleichstrom für Stückgutkräne zu verwenden. Die 7 Greiferkräne für den Schüttgutumschlag werden mit Drehstrom 380 Volt betrieben.

Stockholm (Gesamtumschlag 1950 = 4,67 Mill. t, davon etwa 1,3 Mill. t Stückgut, 1951 = 5,25 Mill. t, davon etwa 1,5 Mill. t Stückgut). Im Stockholmer Hafen befinden sich 137 Stückgutkräne und etwa 40 Greiferkräne. Alle Kräne werden mit Gleichstrom 500 Volt betrieben. Für Hub- und Kranfahrwerke werden Hauptschlußmotoren verwendet, in einigen Fahrwerken auch Kompoundmotoren. Für die Dreh- und Einziehbewegungen werden hauptsächlich Kompoundmotoren benutzt. Eine Umstellung auf eine andere Stromart als Gleichstrom ist nicht beabsichtigt.

Göteborg (Gesamtumschlag 1950 = 4,8 Mill. t, davon 2,4 Mill. t Stückgut). Alle 173 Kräne des Hafens Göteborg werden mit Gleichstrom 600 Volt betrieben, der auch für Greiferkräne verwendet wird. Die älteren Kräne haben Hauptschlußmotoren, während die Hub-, Wipp- und zum Teil auch die Drehwerke der neueren Kräne Kompoundmotoren besitzen. Auch in Zukunft wird in Göteborg Gleichstrom beibehalten werden.

Oslo (Gesamtumschlag 1950 = 3 Mill. t, 1951 = 3,8 Mill. t). Überwiegend verwendet der Hafen von Oslo für Stückgutkräne Gleichstromantrieb mit Hauptschlußmotoren für das Heben, insbesondere im Hafenzentrum, wo Gleichstromkabelnetze vorhanden sind. Vor dem letzten Kriege sind bereits Versuche mit Drehstrom-Kollektormotoren gemacht worden, deren gutes Ergebnis in den letzten Jahren zur Beschaffung von 5 Kranausrüstungen mit dieser Motortype und 10 Ausrüstungen mit Deri-Einphasen-Kollektormotoren geführt hat.

Rotterdam (Gesamtumschlag 1950 = 29,7 Mill. t, 1951 = 36 Mill. t). Rotterdam verfügte 1950 über 235 Kaikräne, überwiegend für Stückgutumschlag, wozu noch 13 Verladebrücken für den Umschlag von Schüttgütern kommen. Die Kranzahl wird durch Neubauten erhöht. Alle Kräne werden mit Gleichstrom 600 Volt betrieben. Der Strom wird dem städtischen Netz entnommen (Straßenbahnspannung). Ein Teil der älteren Kais wird noch mit Gleichstrom 440 Volt versorgt. Jetzt ist der Umbau dieser Anlagen auf die zukünftige Einheitsspannung von 600 Volt Gleichstrom im Gange. Dies kennzeichnet die eindeutige Entscheidung der Rotterdamer Hafenverwaltung zugunsten des Gleichstroms, denn man würde die erheblichen Umbaukosten jetzt nicht aufwenden, wenn in absehbarer Zeit ein Wechsel des Systems auf Drehstrom beabsichtigt wäre.

Amsterdam (Gesamtumschlag 1950 = 5,1 Mill. t). Die Kräne im Hafengebiet von Amsterdam wurden vor dem letzten Kriege mit Gleichstrom 600 Volt versorgt, der einer zentralen Verteilerstation entnommen wurde. Nur der 6 km westlich des alten Hafenschwerpunktes gelegene Coenhaven wurde mit Drehstrom versorgt mit Rücksicht auf die Verteilungsverluste bei den längeren Kabelstrecken. Für die Hubwerke wurden Deri-Motoren gewählt. Beim Wiederaufbau der Amsterdamer Hafenanlagen ist aus betriebstechnischen Gründen diese Antriebsart aufgegeben worden, so daß der Hafen Amsterdam (insgesamt 216 Kräne) einheitlich mit Gleichstrom 600 Volt betrieben wird. Auch die für den westlichen Teil des Hafens noch zu beschaffenden Kräne werden daher Gleichstromantrieb erhalten. Die beim Wiederaufbau vorgenommene Verstärkung des Gleichstromkabelnetzes läßt erkennen, daß diese Lösung als endgültig angesehen wird.

Antwerpen (Gesamtumschlag 1950 = 21,2 Mill. t, 1951 = 28 Mill. t). Außer einer größeren Zahl älterer hydraulischer Kräne verfügt Antwerpen heute über 318 elektrische Kräne, von denen weit über 90% mit Gleichstrom 550 Volt betrieben werden. Nur etwa 30 Kräne vom 2. und 3. Hafenbecken haben Drehstromversorgung mit der ungewöhnlichen Spannung von 270 Volt. In Zukunft soll der Hafen auch in seinen Erweiterungen mit Gleichstrom 550 Volt versorgt werden. Über die Elektrifizierung der hydraulischen Kräne des Antwerpener Hafens ist eine umfangreiche wissenschaftliche Arbeit erschienen, die den Gleichstrom als die geeignetste Stromart empfiehlt (de Cavel/Prof. Dekans: „Over de Keuze van Gelijkstroom of Wisselstroom bij het Ontwerpen van Havenkranen". Technisch. Wetenschappelijk Tijdschrift 1942, Heft 6). Auch die große Schüttgut-Umschlagsanlage im Hansadock mit 7 Verladebrücken wird mit Gleichstrom 550 Volt betrieben.

Gent (Gesamtumschlag 1950 = 4,4 Mill. t, davon etwa 800000 t Stückgut). Der größte Teil der insgesamt 123 Kräne des Genter Hafens hat Gleichstromantrieb 440 Volt, ein kleiner Teil Drehstromantrieb. Die Vorzüge des Gleichstroms werden als so erheblich angesehen, daß eine einheitliche Versorgung des Hafens mit Gleichstrom beabsichtigt ist, für die bereits eine neue Gleichrichterstation, die ferngeschaltet werden kann, errichtet worden ist.

London (Gesamtumschlag 1950 = 41,7 Mill. t). Die der Port of London Authority unterstehenden 320 Stückgutkräne werden mit Gleichstrom betrieben, auch die Greiferkräne haben Gleichstromantrieb. Für die Zukunft ist hierin keine Änderung vorgesehen. Für alle Bewegungen werden Hauptschlußmotoren, für das Wippen Kompoundmotoren verwendet.

Liverpool (Gesamtumschlag 1950 = 14,7 Mill. t, davon 11,7 Mill. t Stückgut). Nach Mitteilung des Mersey Dock and Harbour Board werden in Liverpool Gleichstrom- wie auch Drehstromantriebe verwendet, und zwar sowohl für Stückgut- als auch für Schüttgutkräne.

Bristol (Gesamtumschlag 1950 = etwa 3 Mill. t, davon etwa 1,5 Mill. t Stückgut). Von 110 Stückgutkränen des Hafens Bristol werden 70 mit Drehstrom betrieben, und zwar die neueren Krananlagen. 40 ältere Kräne besitzen Gleichstromantrieb 500 Volt. Für Greiferkräne besteht ein ähnliches Verhältnis.

Le Havre (Gesamtumschlag 1950 = 9,9 Mill. t, davon 2,2 Mill. t Stückgut). Im Zuge der nach dem letzten Kriege vorgenommenen weitgehenden Typisierung der französischen Hafenkräne sollen diese im Laufe der Zeit auf die einheitliche Drehstromspannung von 380 Volt gebracht werden. Da beim Wiederaufbau des stark kriegszerstörten Hafens von Le Havre auch ältere vorhandene Kräne instand gesetzt werden mußten, ist die Stromversorgung z. Z. noch nicht einheitlich. Von den z. Z. vorhandenen 120 Stückgutkränen (40 weitere im Bau), die meistens dem Port Autonome gehören, werden etwa 30 mit Gleichstrom 550 Volt, 60 mit Drehstrom 380 Volt und etwa 30 diesel-elektrisch (Gleichstrom 220 Volt) betrieben.

Bordeaux (Gesamtumschlag 1950 = 4,2 Mill. t, davon 2 Mill. t Stückgut). Die bis 1939 in Dienst gestellten etwa 100 Kräne haben Drehstromantrieb 440 Volt, die nach dem letzten Krieg beschafften 14 Anlagen Drehstrom 400 Volt. Für alle Bewegungen werden Asynchronmotoren verwendet, nur eine kleinere Serie aus dem Jahre 1913 verwendet Drehstrom-Kollektormotoren nur für das Heben. Entsprechend der Normalisierung in den französischen Häfen soll in Zukunft ausschließlich Drehstrom 400 Volt mit Asynchronmotoren benutzt werden. Für Greiferkräne gilt natürlich die gleiche Entscheidung.

Genua (Gesamtumschlag 1950 = 8 Mill. t, 1951 = 8,4 Mill. t, davon 2,5 bzw. 2,8 Mill. t Stückgut). Die dem Consorzio Autonomo gehörenden 91 Stückgutkräne werden mit Gleichstrom 550 Volt betrieben, ebenso wie die vorhandenen Greiferkräne. Dabei werden für das Heben Kompoundmotoren, für alle sonstigen Bewegungen Hauptschlußmotoren verwendet. Diese Stromart soll auch in Zukunft beibehalten werden.

Triest (Gesamtumschlag 1950 = 2,2 Mill. t, davon 1,3 Mill. t Stückgut). Im Hafen Triest werden alle 52 Stückgutkräne mit Gleichstrom 460/480 Volt betrieben, der auch künftig verwendet werden soll. Für das Wippwerk werden Kompoundmotoren, für alle anderen Antriebe Hauptschlußmotoren benutzt. Für Greiferkräne ist Drehstrom 550 Volt vorgeschrieben.

Zusammenfassung. Aus den vorstehenden Angaben läßt sich die nachstehende schematische Übersicht gewinnen.

Stromarten für Stückgutkräne.

Lfd. Nr.	Hafen	Gleichstrom		Drehstrom		ausgeglichen	zukünftig geplant	
		ausschließlich	überwiegend	ausschließlich	überwiegend		Gleichstrom	Drehstrom
1	Hamburg	1					1	
2	Bremen		1					1
3	Emden	1						1
4	Lübeck		1				1	
5	Stockholm	1					1	
6	Göteborg.......	1					1	
7	Oslo		1					
8	Rotterdam	1					1	
9	Amsterdam.....	1					1	
10	Antwerpen		1				1	
11	Gent		1				1	
12	London	1					1	
13	Liverpool					1		
14	Bristol.........				1			1
15	Le Havre				1			1
16	Bordeaux			1				1
17	Genua	1					1	
18	Triest..........	1					1	
		9	5	1	2	1	11	5

Die Übersicht kann keinen Anspruch auf Vollständigkeit erheben, denn das exakte Zahlenmaterial ist aus verschiedenen Häfen nur schwierig zu erhalten. Auch behandeln die Angaben aus den europäischen Häfen in der Regel die zur staatlichen Hafenverwaltung gehörenden oder von ihr beaufsichtigten Kräne. In zahlreichen Häfen sind private Umschlagsübernehmer Eigentümer der Krananlagen. Es liegt auf der Hand, daß für eine kleinere private Anlage z. B. die Umformung des aus dem städtischen Netz bezogenen Stromes unwirtschaftlich wird. Daher wird der Private sich eher mit der Drehstromversorgung der Kräne abfinden als ein geschlossener großer Hafenbetrieb. Vielleicht erklärt sich hieraus ein gewisser Widerspruch der vorliegenden Zusammenstellung, die eindeutig eine Bevorzugung des Gleichstroms für Stückgutkräne in den großen europäischen Seehäfen ausweist, mit den Angaben der Elektroindustrie, die von einer Bevorzugung des Drehstroms für Hafenkräne berichtet.

Wichtig ist bei Vergleichen, daß diese nur jeweils bei Häfen gleicher Ordnung angestellt werden, wobei die jährliche Gesamtumschlagsmenge einen etwaigen Anhalt geben mag. Keinem Hafen wird — insbesondere beim Wiederaufbau oder bei der Erweiterung durch neue Hafenteile — eine Entscheidung in dieser Frage erspart werden. Jede Hafenverwaltung muß selbstkritisch entscheiden, ob das Festhalten an der bisher verwendeten Stromart auf das natürliche Beharrungsvermögen im Menschen zurückzuführen ist. Weiter, ob früher erhobene Forderungen im Interesse des Güterumschlags auch heute noch aufrechterhalten werden müssen oder ob mit einer vorhandenen Tradition auch auf diesem Gebiete gebrochen werden muß. Ein allgemein gültiges Rezept ist hier nicht zu geben, dazu liegen die Verhältnisse in jeder Beziehung zu verschieden. Bei der vorliegenden Arbeit konnte es daher nur darauf ankommen, die Grundgedanken und den derzeitigen Stand aufzuzeigen. Auf wenigen Spezialgebieten in der Hafenumschlagstechnik ist so erbittert gerungen worden, wie auf diesem Gebiet. Eine nüchterne Beurteilung der Lage wird die jeweils geeignetste Lösung finden lassen, für die die einschlägige Industrie ihre reichen Erfahrungen zur Verfügung hält.

Schrifttum.

1. Henney u. Neumann: Erhöht der Uferkran die Leistungsfähigkeit und Wirtschaftlichkeit eines Seehafens? „Hansa" 1951, S. 631ff.

2. Neumann u. Wundram: Kostenvergleich zwischen Benzin- und Elektrofahrzeugen zur Flurförderung und Stapelung im Hafenumschlag. „Hansa" 1952, S. 1631ff.

3. Berghaus u. Henney: Wirtschaftlichkeit und Zahl der Hafenkrane. „Hansa" 1952, S. 1642ff.

4. H. Neumann: Die Stromarten für Kaikrane in Seeschiffhäfen. „Hansa" 1952, S. 1635ff.

Register.

I. Verfasser- und Namenverzeichnis.

II. Orts- und Gewässerverzeichnis.

III. Sachverzeichnis.

Zeitfracht Medien GmbH
Ferdinand-Jühlke-Straße 7
99095 Erfurt, Deutschland
produktsicherheit@kolibri360.de